普通高等教育"十一五"国家级规划教材

教育部国家级精品课程配套教材

大学数学应用教程

第二版

仉志余　编著

北京大学出版社
PEKING UNIVERSITY PRESS

内容简介

本书是普通高等教育"十一五"国家级规划教材和教育部国家级精品课程配套教材的第二版，是根据教育部制定的《高职高专教育基础课程数学基本要求》和《高职高专教育专业人才培养目标及规格》，深入总结多年来数学改革和国家级精品课程建设与研究的经验，在第一版的基础上，充分吸收使用院校同仁的宝贵意见修订而成的.

全书内容包括函数、极限与连续，导数与微分，不定积分与定积分，导数与微分的应用，定积分的应用，常微分方程，空间解析几何与向量代数，多元函数微分学及其应用，多元函数积分学及其应用等微积分的内容；还包括行列式，矩阵，n 维向量，线性方程组等线性代数的内容和随机事件与概率，随机变量及其数字特征等概率论的内容. 其中打"*"者为选学内容.

本书适合对数学要求较高的高职高专工科和财经管理类专业使用，也适合同层次的成人教育以及工程技术人员使用.

图书在版编目(CIP)数据

大学数学应用教程(第二版)/仉志余编著. —北京：北京大学出版社，2009.9
(普通高等教育"十一五"国家级规划教材)
ISBN 978-7-301-05128-3

Ⅰ. 大… Ⅱ. 仉… Ⅲ. 高等数学-高等学校：技术学校-教材 Ⅳ. O13

中国版本图书馆 CIP 数据核字(2009)第 155878 号

书　　名：大学数学应用教程(第二版)
著作责任者：仉志余　编著
责 任 编 辑：潘丽娜
标 准 书 号：ISBN 978-7-301-05128-3/O・0790
出 版 发 行：北京大学出版社
地　　址：北京市海淀区成府路 205 号　100871
网　　址：http://www.pup.cn　电子邮箱：zpup@pup.pku.edu.cn
电　　话：邮购部 62752015　发行部 62750672　编辑部 62752021　出版部 62754962
印 刷 者：北京大学印刷厂
经 销 者：新华书店
787 毫米×980 毫米　16 开本　25.75 印张　515 千字
2005 年 7 月第 1 版　2009 年 9 月第 2 版　2016 年 9 月第 7 次印刷
定　　价：49.00 元

第二版前言

《大学数学应用教程》(上、下)第一版由北京大学出版社于2005年出版以来,深受高等院校同仁青睐,已6次重印,2008年又被教育部评为普通高等教育"十一五"国家级规划教材.随着我国高等教育大众化过程的推进和高职高专教育教学改革的深入,高职高专学生的构成和人才培养目标要求已经发生了很大变化.为了及时适应变化了的实际教学要求,根据许多使用原教程教师的意见,作者认为很有必要按照进一步精简的方向将其修订为高职高专普通型和少学时型两种不同版本使用.这是普通型版本.

这一版本精简为一册,其内容仍然包括高等数学、线性代数和概率论三大模块.但其深度和广度均作了较大幅度的降低.本次修订的指导思想是,在保证满足教学基本要求的基础上,大力度改革课程内容体系,降低例题、习题的难度和数量,以缓解与理论教学时数不足的矛盾.本次修订仍然保持了第一版强调应用的特色,并且在减少理论、突出应用上又作了进一步的努力.

这一版本适合于普通高职高专一般工科类专业和具有较高要求的财经、管理类文科专业使用.其另一特点是,模块化意识更强了,各教学管理部门和教师可以根据各院校人才培养方案自主地选择教学模块.

本次修订,山西省多所高职高专院校的多位教师做了大量工作,在此一并致谢!

仉志余

2009年6月7日

第一版前言

本书是根据教育部制定的《高职高专教育基础课程数学基本要求》和《高职高专教育专业人才培养目标及规格》,深入总结多年来参与高职高专教学改革和国家级精品课程建设与研究的经验,并充分考虑到高职高专学制转换的要求而编写的.

自从1993年原国家教委在高等工程专科教育中实施专业教学改革试点工作以来,我校高分子材料加工专业被确定为第一批国家级试点专业. 随之,我们对数学课程的改革按照"以应用为目的"、"以必需、够用为度"的原则设计改革方案,将原属《高等数学》和《工程数学》的多门课程有机地构成了工科数学课群. 1997年我们又展开了由原中国兵器工业总公司批准立项的课题"高等工科数学课程体系、教学内容与教学模式的研究"的教改研究与实践工作. 1998年我校化工工艺专业被教育部批准为全国第四批产学结合的试点专业,我们又积极投入了高职高专教育数学课程教改实践. 经过十年的不懈努力,我们取得了阶段性成果,形成了符合高职高专人才培养目标,特色明显的数学课程体系、教学内容和教学模式,2002年获得了省级教学成果一等奖. 其中"线性代数"课程于2003年被教育部确定为首届国家级精品课程之一.

根据高职高专教育人才培养目标及规格的要求,我们认为,高职高专教育既要"质高",又要"专职",而数学课程是满足这一要求的必修课之一. 因此定名为《大学数学应用教程》的这套教材,力图充分体现以下特色.

(1) 精选内容,构架新的课程体系,使受教育者学会运用数学方法与工具分析问题、解决问题,达到"质高"的人才培养目标. 同时,又要考虑到"专职"和以"必需、够用"为度,因而必须对数学的"系统性"和"严密性"赋予新的认识. 本书中对数学结论的严密性和论证的简明化处理就是一种较好的处理方法. 例如,极限方法可以跳出"ε-δ"语言体系,微分学中值定理可以用几何方法证明等.

(2) 新的课程体系充分体现"以应用为目的"的要求. 众所周知,数学的产生和发展就是从实践中来再到实践中去的,我们理应取其精髓,还其本来面目,使受教育者明其应用背景,知其应用方法. 因此本书的目的就是使学生学会如何应用数学方法解决实际问题. 于是,本书大量的篇幅是数学应用,而不是公式的推导或定理的证明.

(3) 在第二篇一元微积分的应用部分,本书选择典型问题介绍了数学建模方法,这是数学应用的重要方法之一. 而第四篇线性代数构建的体系就是按照"建立数学模型—寻找解模工具—解模答问"这条主线进行的.

(4) 考虑到文科学生的需要，本书特意在第二篇引入了数学在经济学中的应用问题. 当然理工科学生了解一些数学在经济学中的应用基础也是很有必要的.

(5) 考虑到高职高专教育学制和学生基础实际情况，本书在内容安排上尽力做到重点突出，难点分散；在问题的阐述上，尽力做到开门见山、简明扼要、循序渐进和深入浅出；并注重几何解释、抽象概括与逻辑推理的有机结合，以培养学生数学应用的意识、兴趣和综合能力.

本书既适合高等专科和高等职业技术教育院校或少学时本科专业使用，也适合同层次的成人教育以及工程技术人员使用. 为了便于教师更好地使用本教材，我们充分考虑到高等教育大众化对教学设计多样性和学生发展个性化的要求，并根据多年的教学经验，提出如下几套教学方案，以供参考.

(1) 对于数学要求较高的专业，可以安排 160～180 学时，分两个学期，全部讲完第一至第五篇；也可安排 150 学时左右，分两个学期，在对带"＊"的内容作适当取舍后，讲完第一至第五篇.

(2) 对于只安排 120 学时左右的专业，可以完成第一篇、第二篇(其中第九章除外)和第三篇的讲授；或者可以选择第一篇，第二篇(其中第九章除外)，第四篇的第一、二、三章，以及第五篇的第一、二、三章讲授.

(3) 对于仅给 80 学时左右的专业，可以完成第一篇、第二篇(其中第八、第九章除外)和第四篇第一、二、三章的讲授. 而第四篇完全可以放在其他各篇之前讲授.

本书的出版得到了山西省教育厅有关领导和高职高专人才培养委员会各领导及专家的大力支持和帮助. 此外，十多年来，在实施教改过程中，也得到了校内外专家和同仁的大力支持，特别是精品课程组成员的积极参与等，在此一并致谢.

由于本人水平所限，书中不妥甚至错误之处在所难免，敬请各位同仁与读者批评指正.

编　者

2005 年 2 月

目　　录

第一篇　一元微积分

第三篇 多元微积分及其应用

第四篇 线性代数

第五篇 概 率 论

第一篇　一元微积分

微积分学是大学数学的主体内容. 本篇主要讲述一元函数的极限与连续；导数与微分以及不定积分与定积分的基本知识. 它们是大学数学的重要基础，因此是各科大学生必须掌握的基本内容. 中学数学中已经学习过函数、极限、连续和导数等初步知识，这里需要进一步扩展和系统化.

第一章　函数、极限与连续

函数关系是变量之间的依赖关系，微积分学以函数为主要研究对象. 极限理论是微积分研究函数的重要工具，借助极限方法可用函数的连续性刻画函数的整体性质. 本章是学习微积分学的重要基础. 本章将介绍函数、极限和函数的连续性等基本概念和性质.

第一节　函　数

一、函数的概念

在中学数学中，我们已经学习过有关函数的概念和性质等. 为了进一步学习微积分的知识，我们再概要介绍如下.

定义 1　假设在某一变化过程中有两个变量 x 和 y. 如果当变量 x 在其变化范围内任取一个数值时，变量 y 按照一定法则总有唯一确定的数值与之对应，则称 y 是 x 的**一元单值函数**(简称为**函数**)，记做 $y=f(x)$. x 称为**自变量**，y 称为**因变量**.

自变量 x 的变化范围 D 称为函数的**定义域**，因变量 y 的取值范围 W 称为函数的**值域**，f 称为**对应关系**或**函数关系**.

函数 $y=f(x)$在 $x=x_0$ 点的值常用 $f(x_0)$或 $y|_{x=x_0}$ 表示.

在上述定义中，如果对应于自变量 x 的一个值，因变量 y 的值不唯一时，称函数 $y=f(x)$ 为**多值函数**. 例如，满足关系 $x^2+y^2=R^2$ 的函数 $y=\pm\sqrt{R^2-x^2}$，对于定义域$[-R,R]$中的每一个值，对应的函数 y 有两个值，因此 y 是 x 的多值函数.

今后，若无特别说明，所指函数均为单值函数.

函数定义包括**两个要素**：定义域和对应法则. 当定义域和对应法则都确定之后，函数就唯一确定了. 只有当定义域与对应法则都分别相同时，两个函数才是相同的函数.

例如，$f(x)=\dfrac{x^2}{x}$ 和 $g(x)=x$ 是两个不同的函数，再如，$y=2\log_a x$ 与 $y=\log_a x^2$ 也是两个不同的函数.

例 1　求函数 $y=\dfrac{1}{\log_a(3x-2)}$ $(a>0$，且 $a\neq1)$ 的定义域.

解　函数的定义域就是使得上式有意义的全体实数 x 集. 当 $3x-2>0$ 且 $3x-2\neq1$ 时，上式才有意义，即有 $x>\dfrac{2}{3}$ 且 $x\neq1$，所以定义域为 $\left(\dfrac{2}{3},1\right)\cup(1,+\infty)$.

设函数 $y=f(x)$ 的定义域为 D，则对任意取定的 $x\in D$，总有 $y=f(x)$ 与之对应. 这样，以 x 为横坐标、y 为纵坐标在 Oxy 平面上确定了一点 (x,y)，这些点的集合

$$\{(x,y)\mid y=f(x),x\in D\}$$

称为函数 $y=f(x)$ 的**图形**.

函数的表示法通常有三种：**公式法**，即用数学式子表示自变量与因变量之间的关系的方法，如例 1；**表格法**，即将一系列自变量与对应函数值列成表格的方法，如对数表、三角函数表等；**图示法**，即用直角坐标系中曲线表示函数的方法，例如，用温度自动记录仪描出 24 小时的温度变化曲线，就表示温度 T 与时间 t 的函数关系.

今后，常用公式法与图示法结合，表示函数.

例 2　函数 $y=|x|=\begin{cases}x, & x\geqslant0,\\ -x, & x<0\end{cases}$ 的定义域为 $(-\infty,+\infty)$，值域为 $[0,+\infty)$，图形如图 1-1 所示. 该函数称为**绝对值函数**.

例 3　函数 $y=\operatorname{sgn}x=\begin{cases}1, & x>0,\\ 0, & x=0,\\ -1, & x<0\end{cases}$ 称为**符号函数**，它的定义域为 $(-\infty,+\infty)$，值域为集合 $\{-1,0,1\}$，它的图形如图 1-2 所示. 对于任何实数 x，有 $|x|=x\cdot\operatorname{sgn}x$.

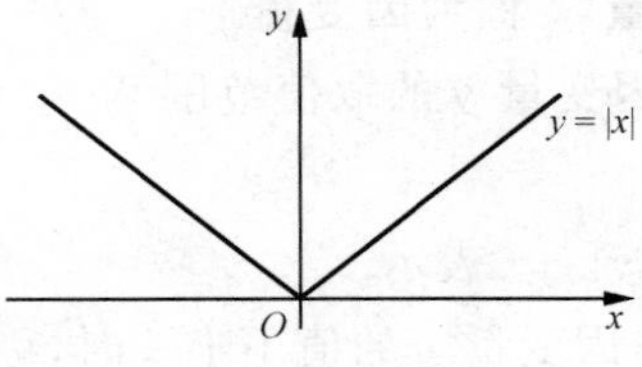

图　1-1

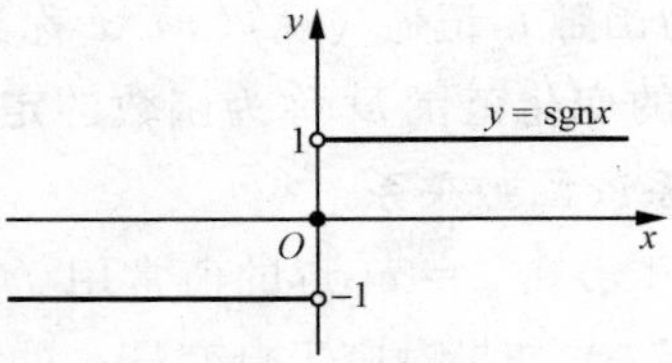

图　1-2

注意，例 2 和例 3 中的函数都是用几个式子表示的一个函数，而不是几个函数. 这种在自变量的不同变化范围内，对应法则用不同式子表示的函数，称为**分段函数**.

二、函数的基本性态

1. 奇偶性

设函数 $f(x)$ 的定义域 D 是以原点为中心的对称区间，若对于任意 $x\in D$，总有 $f(-x)=f(x)$，则称 $f(x)$ 为**偶函数**；若总有 $f(-x)=-f(x)$，则称 $f(x)$ 为**奇函数**. 偶函数的图形关于 y 轴对称，如图 1-3(a)所示；奇函数的图形关于原点对称，如图 1-3(b)所示.

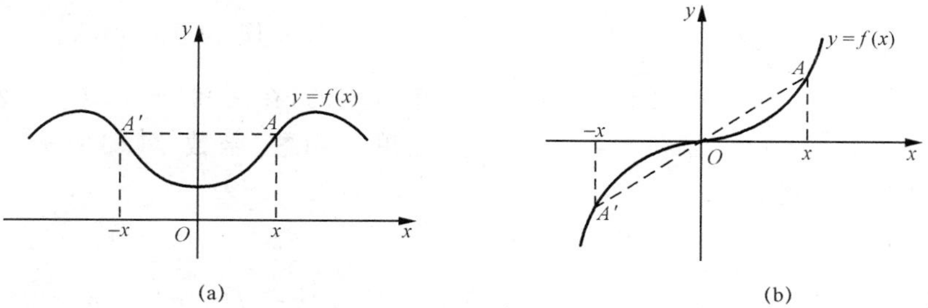

图　1-3

例如，函数 $y=x^2$ 是偶函数，函数 $y=x^3$ 是奇函数，而函数 $y=x^2+x^3$ 为非奇非偶函数.

2. 有界性

设函数 $f(x)$ 在数集 X 上有定义，如果存在正数 M，使得对于 X 内的任何 x 值，恒有 $|f(x)|\leqslant M$，则称函数 $f(x)$ 在 X 上**有界**. 如果这样的 M 不存在，就称函数 $f(x)$ 在 X 上**无界**.

易见，函数 $y=\sin x$ 在定义域 $D=(-\infty,+\infty)$ 内有界，因为对任意 $x\in D$，恒有 $|\sin x|\leqslant 1$. 函数 $y=x^{-1}$ 在 $(0,1]$ 上无界，因为在 $(0,1]$ 上，x 取值可以与零无限接近，所以 $|x^{-1}|$ 可以无限增大. 但函数 $y=x^{-1}$ 在 $[1/2,1]$ 上有界，因为对任意 $x\in[1/2,1]$，恒有 $|x^{-1}|\leqslant 2$.

3. 单调性

设函数 $f(x)$ 的定义域为 D，区间 $I\subset D$. 如果对于区间 I 上任意两点 x_1,x_2，当 $x_1<x_2$ 时，恒有

$$f(x_1)<f(x_2)\quad(\text{或 } f(x_1)>f(x_2)),$$

则称函数 $f(x)$ 在区间 I 上是**单调增**(或**单调减**)的. 单调增和单调减函数统称为**单调函数**.

单调增函数，其图形是随着 x 增加而上升的曲线；单调减函数，其图形是随着 x 增加而下降的曲线，分别如图 1-4 和图 1-5 所示.

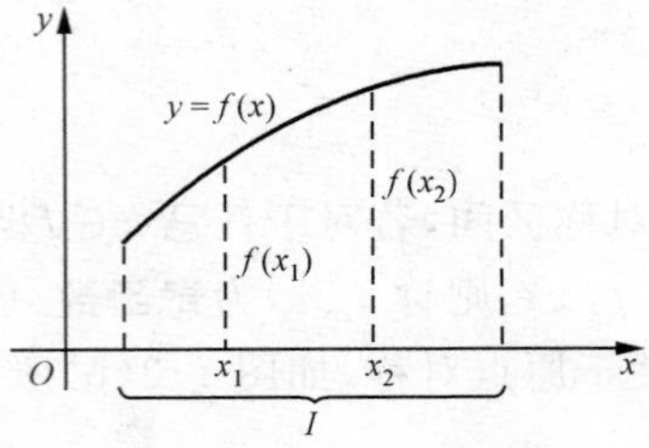

图　1-4

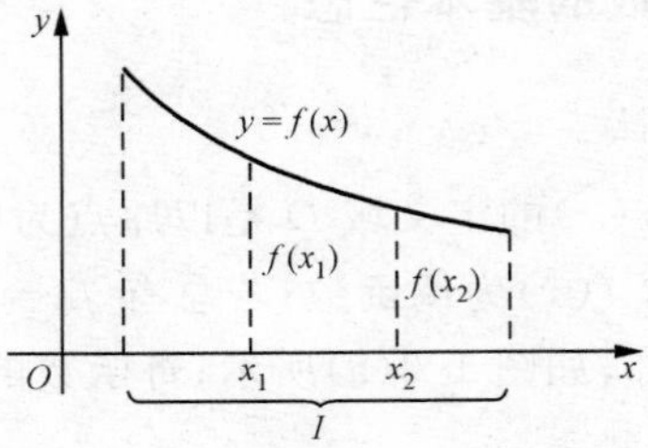

图　1-5

例如，函数 $f(x)=x^2$ 在区间 $[0,+\infty)$ 上是单调增的，在区间 $(-\infty,0]$ 上是单调减的，但在区间 $(-\infty,+\infty)$ 内，函数 $f(x)=x^2$ 不是单调函数. 函数 $f(x)=x^3$ 在其定义域 $(-\infty,+\infty)$ 内是单调增的.

4. 周期性

对于函数 $y=f(x)$，如果存在不为零的常数 l，使关系式 $f(x+l)=f(x)$ 对于定义域内任何 x 都成立，则称 $f(x)$ 为**周期函数**. 通常把满足这个等式的最小正常数 l 称为该函数的**周期**.

例如，函数 $y=\sin x$，$y=\cos x$ 是以 2π 为周期的周期函数. 函数 $y=\tan x$，$y=\cot x$ 是以 π 为周期的周期函数.

三、反函数

定义 2　设函数 $y=f(x)$ 的值域为 W，如果对于任意 $y\in W$，至少可以确定一个数值 x，使 $f(x)=y$，这样得到的函数称为函数 $y=f(x)$ 的**反函数**，记做 $x=\varphi(y)$. 相对于反函数 $x=\varphi(y)$ 来说，原来的函数称为**直接函数**.

习惯上，常常用 x 表示自变量，y 表示因变量，因此将反函数 $x=\varphi(y)$ 改写成 $y=\varphi(x)$. 这时称 $y=f(x)$ 和 $y=\varphi(x)$ **互为反函数**.

注意，在同一个坐标平面上，函数 $y=f(x)$ 与其反函数 $y=\varphi(x)$ 的图形关于直线 $y=x$ 对称（如图 1-6 所示），它们经翻转可以重叠. 但 $y=f(x)$ 与 $x=\varphi(y)$ 的图形是同一条曲线.

此外，容易知道，虽然直接函数 $y=f(x)$ 是单值函数，但其反函数 $y=\varphi(x)$ 却不一定是单值的，例如，$y=x^2$. 但如果 $y=f(x)$ 单值且单调时，其反函数 $y=\varphi(x)$ 也是单值单调的.

例 4　求 $y=x^3$ 的反函数并作图.

解　从 $y=x^3$ 中解得 $x=\sqrt[3]{y}$，交换 x 与 y，得 $y=\sqrt[3]{x}$，即为 $y=x^3$ 的反函数. 作出它们

的图形(如图 1-7 所示),易见它们关于直线 $y=x$ 对称.

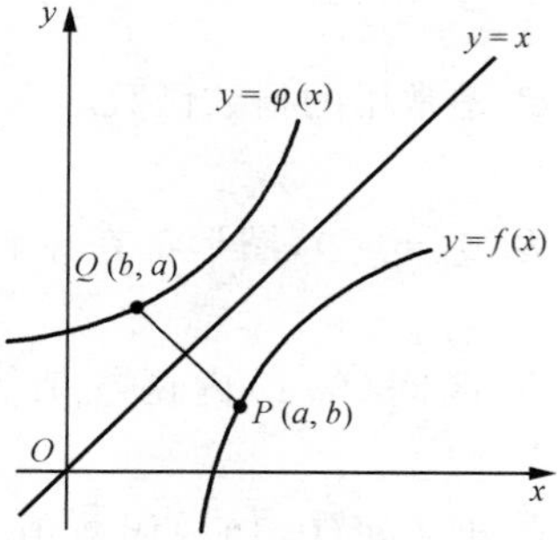

图　1-6

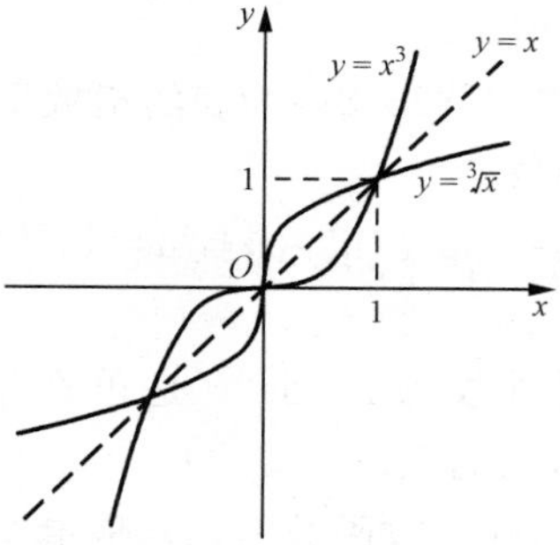

图　1-7

四、初等函数

1. 基本初等函数

幂函数($y=x^{\mu}$(μ 为任意实数))、指数函数($y=a^x$($a>0$,且 $a\neq1$))、对数函数($y=\log_a x$($a>0$,且 $a\neq1$))、三角函数($y=\sin x$,$y=\cos x$,$y=\tan x$ 等)和反三角函数($y=\arcsin x$,$y=\arccos x$,$y=\arctan x$ 等)统称为**基本初等函数**. 为了便于今后的应用,我们再作简单复述如下.

(1) 幂函数

幂函数 $y=x^{\mu}$ 的定义域 D 随 μ 值而定,但无论 μ 为何值,总有 $D\supset(0,+\infty)$,且图形都经过点(1,1). 在 $y=x^{\mu}$ 中,$\mu=1,2,3,1/2,-1$ 最常见,它们的图形如图 1-8 所示.

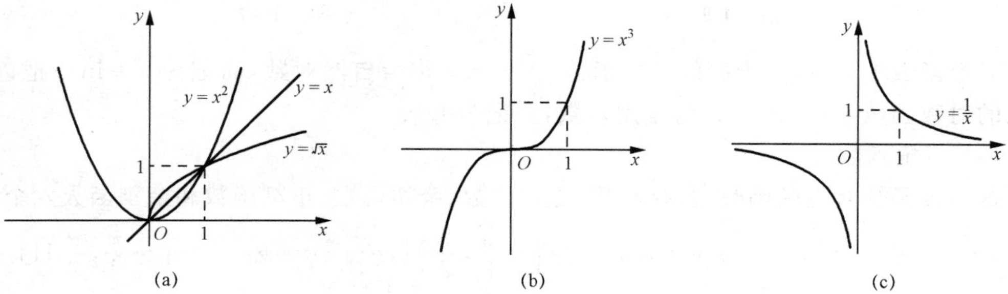

图　1-8

(2) 指数函数

指数函数 $y=a^x$($a>0$,且 $a\neq1$)的定义域为($-\infty$,$+\infty$),图形都在 x 轴上方且过点(0,1).

若 $a>1$,则指数函数 $y=a^x$ 是单调增的;若 $0<a<1$,则指数函数 $y=a^x$ 是单调减的.

由于 $y=\left(\frac{1}{a}\right)^x=a^{-x}$，所以 $y=\left(\frac{1}{a}\right)^x$ 的图形与 $y=a^x$ 的图形关于 y 轴对称（如图 1-9 所示）.

以常数 e=2.7182818…为底的指数函数 $y=\mathrm{e}^x$ 是常用的指数函数.

（3）对数函数

对数函数 $y=\log_a x\,(a>0$，且 $a\neq1)$ 的定义域为 $(0,+\infty)$，图形都在 y 轴右方且经过点 $(1,0)$.

若 $a>1$，则对数函数 $\log_a x$ 是单调增的，在开区间 $(0,1)$ 内函数值为负，而在区间 $(1,+\infty)$ 内函数值为正.

若 $0<a<1$，则对数函数 $\log_a x$ 是单调减的，在开区间 $(0,1)$ 内函数值为正，而在区间 $(1,+\infty)$ 内函数值为负.

对数函数 $y=\log_a x$ 与指数函数 $y=a^x$ 互为反函数，它们的图形关于直线 $y=x$ 对称（如图 1-10 所示）.

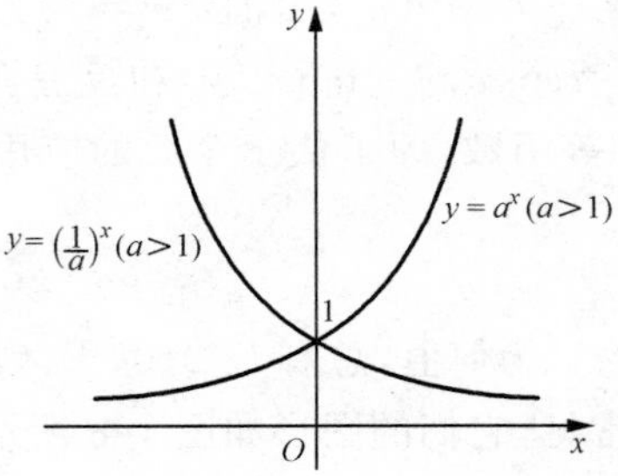

图　1-9

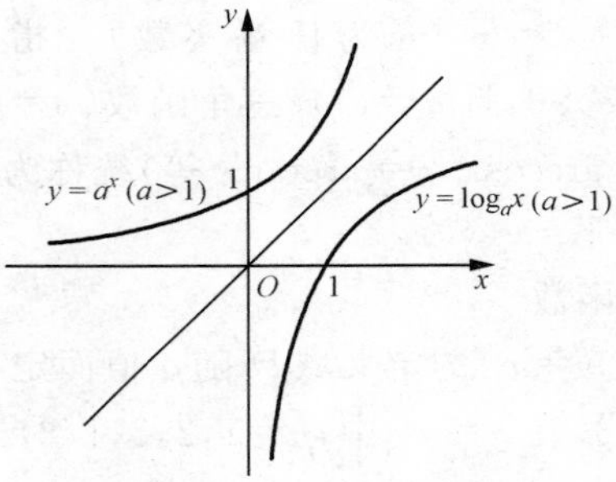

图　1-10

对数函数中，把以 e 为底的对数函数 $y=\log_{\mathrm{e}} x$ 称为**自然对数**，简记为 $y=\ln x$；把以 10 为底的对数函数 $y=\log_{10} x$ 称为**常用对数**，简记为 $\lg x$.

（4）三角函数

这一类函数有正弦函数、余弦函数、正切函数、余切函数、正割函数和余割函数六个：

$$y=\sin x,\ x\in(-\infty,+\infty);\ y=\tan x,\ x\in\left(-\frac{\pi}{2},\frac{\pi}{2}\right)\cup\cdots;\ y=\sec x,\ x\in\left(-\frac{\pi}{2},\frac{\pi}{2}\right)\cup\cdots;$$

$$y=\cos x,\ x\in(-\infty,+\infty);\ y=\cot x,\ x\in(0,\pi)\cup\cdots;\ y=\csc x,\ x\in(0,\pi)\cup\cdots,$$

其中自变量均以孤度单位来表示.

正弦函数和余弦函数都是以 2π 为周期的周期有界函数，正弦函数是奇函数，余弦函数是偶函数（如图 1-11 所示）.

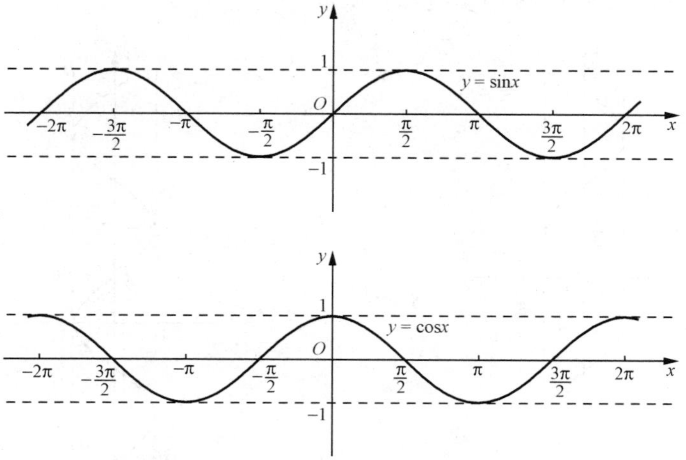

图　1-11

正切函数和余切函数都是以 π 为周期的周期函数，它们都是奇函数且无界(如图 1-12 所示).

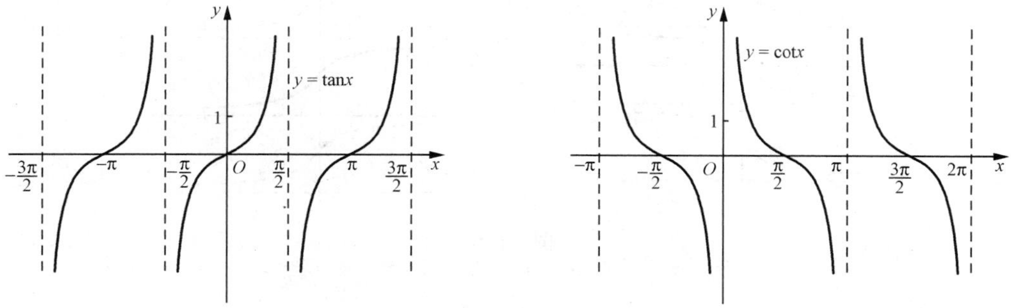

图　1-12

此外，$\sec x=\dfrac{1}{\cos x}$，$\csc x=\dfrac{1}{\sin x}$.

(5) 反三角函数

反正弦函数 $y=\arcsin x$，定义域为$[-1,1]$，值域为$\left[-\dfrac{\pi}{2},\dfrac{\pi}{2}\right]$.

反余弦函数 $y=\arccos x$，定义域为$[-1,1]$，值域为$[0,\pi]$.

反正切函数 $y=\arctan x$，定义域为$(-\infty,+\infty)$，值域为$\left(-\dfrac{\pi}{2},\dfrac{\pi}{2}\right)$.

反余切函数 $y=\operatorname{arccot} x$，定义域为$(-\infty,+\infty)$，值域为$(0,\pi)$.

它们的图形分别如图 1-13 中实线部分所示.

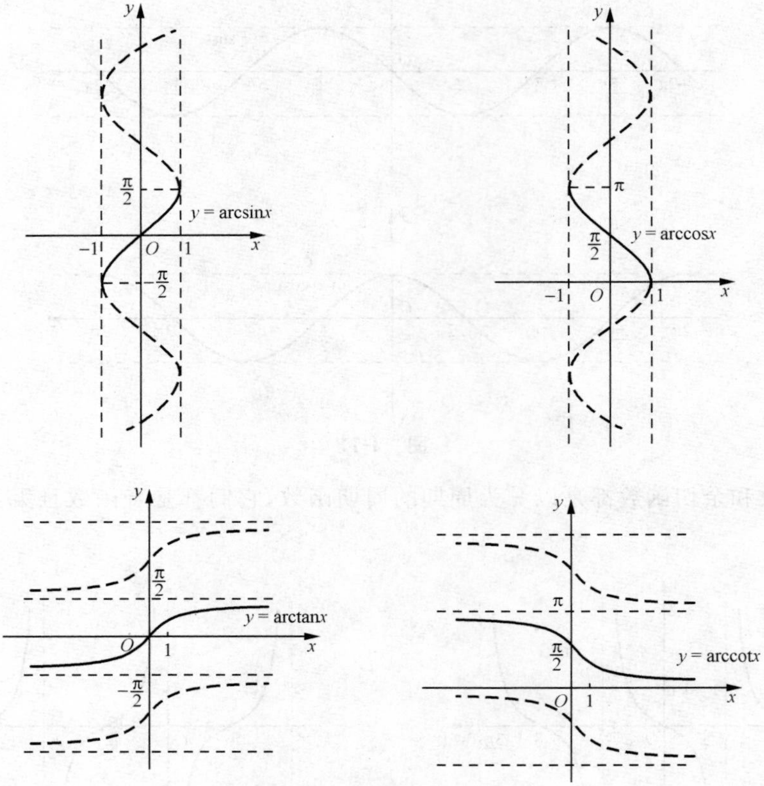

图　1-13

2. 复合函数

实际中,两个函数叠加起来可以得到一个新的函数. 例如,一质量为 m 的质点以速度 v 作直线运动,其动能 E 是速度的函数: $E=\frac{1}{2}mv^2$. 如果质点的速度为时间 t 的函数: $v=\mathrm{e}^t$,则 E 通过 v 成为 t 的函数: $E=\frac{1}{2}m\mathrm{e}^{2t}$.

定义 3　设函数 $y=f(u)$的定义域为 D_1,函数 $u=\varphi(x)$在 D_2 上有定义,且 $u=\varphi(x)$的值域与 D_1 的交集非空,则 y 通过**中间变量** u 构成 x 的函数,称为 x 的**复合函数**,记做 $y=f[\varphi(x)]$.

例 5　设 $y=\sqrt{u}$,$u=\sin x$,则 y 通过中间变量 u 构成复合函数 $y=\sqrt{\sin x}$. 这个函数的定义域是 $x\in[2n\pi,(2n+1)\pi]$($n=0,\pm1,\pm2,\cdots$),它是函数 $u=\sin x$ 定义域的一部分.

例 6　设 $y=\arctan u$，$u=e^x$，则构成复合函数 $y=\arctan e^x$，其定义域 $(-\infty,+\infty)$ 是 $u=e^x$ 的定义域的全体.

值得注意的是，不是任何两个函数都可以复合成一个复合函数. 例如，$y=\arcsin u$ 和 $u=2+x^2$ 就不能复合成一个复合函数，即 $y=\arcsin(2+x^2)$ 无定义.

此外，复合函数也可以由两个以上的函数经过复合构成.

例 7　设 $y=\sqrt{u}$，$u=\cot v$，$v=\dfrac{x}{2}$，则它们可以构成复合函数 $y=\sqrt{\cot\dfrac{x}{2}}$，其定义域为 $x\in(2n\pi,(2n+1)\pi)$，$n=0,\pm1,\pm2,\cdots$.

在实际应用中，将一个复合函数按照实际需要**分解**成几个简单函数的复合是相当重要的.

例 8　函数 $y=\ln(1-x)$ 可以分解为函数 $y=\ln u$ 和 $u=1-x$. 而函数 $y=\sqrt[3]{(1+x-x^2)^2}$ 可以分解为函数 $y=u^{\frac{2}{3}}$ 和 $u=1+x-x^2$.

3. 初等函数

由基本初等函数和常数经过有限次的四则运算和有限次的复合运算所构成的并可用一个式子表示的函数称为**初等函数**.

例如，函数 $y=\sqrt{1-x^2}$，$y=\cos^2 x$，$y=\sqrt{\cot\dfrac{x}{2}}$ 等都是初等函数. 以后我们遇到的大部分函数都是初等函数.

习　题　1-1

1. 下列各题中的两个函数是否相同？

(1) $y=\dfrac{x^2-1}{x+1}$，$y=x-1$；　(2) $y=\sqrt{x^2}$，$y=x$；　(3) $y=3^{2x}$，$y=9^x$.

2. 求下列函数的定义域：

(1) $y=\sqrt{2x+1}$；　(2) $y=\dfrac{1}{x^2-2x}$；　(3) $y=\lg(3x+1)$.

3. 已知 $f(x)=\begin{cases}\dfrac{\sin x}{x}, & 当\ x\neq0,\\ 1, & 当\ x=0.\end{cases}$ 求：

(1) $f(-\pi)$；　(2) $f(0)$；　(3) $f(1)$；　(4) $f\left(\dfrac{\pi}{2}\right)$.

4. 判断下列函数的奇偶性：

(1) $y=\dfrac{1}{x^2}$；　(2) $y=\tan x$；　(3) $y=a^x$；　(4) $y=\dfrac{a^x+a^{-x}}{2}$.

5. 下列函数哪些是周期函数？对于周期函数指出其周期：

(1) $y=\sin\dfrac{x}{2}$；　(2) $y=\sin(x+1)$；　(3) $y=\sin^2 x$；

6. 求下列函数的反函数：

(1) $y=2x+1$；　(2) $y=x^3+2$.

7. 分解下列复合函数：

(1) $y=(3x+2)^{10}$；　(2) $y=\sqrt{1-x^2}$；　(3) $y=10^{-x}$；

(4) $y=2^{x^2}$；　(5) $y=\log_2(x^2+1)$；　(6) $y=\sin 5x$.

8. 设 $f(x)$的定义域是$[0,1]$,问：

(1) $f(x^2)$；(2) $f(\sin x)$；(3) $f(x+a)(a>0)$；(4) $f(x+a)+f(x-a)(a>0)$

的定义域各是什么？

第二节　极　　限

一、数列极限

无穷多个按一定次序排列的一列数

$$x_1, x_2, \cdots, x_n, \cdots$$

称为**数列**(或**序列**),简记为$\{x_n\}$. 数列中的每一个数称为数列的**项**,第 n 项 x_n 称为**通项**(或**一般项**).

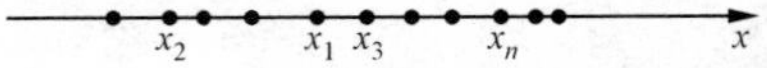

图　1-14

在几何上,数列$\{x_n\}$可看做数轴上的一个动点集,它依次取数轴上的点 $x_1, x_2, \cdots, x_n, \cdots$(如图 1-14 所示).对于一个数列,我们主要关心当 n 趋于无穷大时,它的通项的变化趋势.

例 1　数列：$1, \dfrac{1}{2}, \dfrac{1}{3}, \cdots, \dfrac{1}{n}, \cdots$,通项为$\dfrac{1}{n}$. 当 n 无限增大时,$\dfrac{1}{n}$无限接近于零. 我们说,当 n 趋于无穷大时,数列$\left\{\dfrac{1}{n}\right\}$的极限为零.

定义 1　对于数列$\{x_n\}$,如果当 n 无限增大时,x_n 无限接近于某一常数 a,则称当 n 趋向无穷大时,数列$\{x_n\}$的**极限**为 a,或称数列$\{x_n\}$**收敛**到 a,记为

$$\lim_{n\to\infty} x_n = a,\ 或\ x_n \to a\ (n\to\infty).$$

如果数列没有极限,就称数列是**发散**的.

极限还有如下的精确定义(亦称“ε-N 定义”).

定义 1′　若对任意给定的正数 ε(无论多么小),总存在正整数 N,使得当 $n>N$ 时,恒有

$$|x_n - a| < \varepsilon$$

成立，则称当 n 趋于无穷大时，数列 $\{x_n\}$ 的**极限**为 a，记做

$$\lim_{n\to\infty} x_n = a,\ 或\ x_n \to a\ (n \to \infty).$$

定理 1(必要条件)　若数列 $\{x_n\}$ 收敛，则数列 $\{x_n\}$ 一定有界.

* **证**　因为数列 $\{x_n\}$ 收敛，设 $\lim\limits_{n\to\infty} x_n = a$. 根据数列极限的定义 1′，对于 $\varepsilon=1$，存在着正整数 N，使得对于 $n>N$ 时的一切 x_n，不等式 $|x_n - a|<1$ 都成立. 于是当 $n>N$ 时，

$$|x_n| = |(x_n - a) + a| \leqslant |x_n - a| + |a| < 1 + |a|.$$

取 $M=\max\{|x_1|, |x_2|, \cdots, |x_N|, 1+|a|\}$，则数列 $\{x_n\}$ 中的一切 x_n 都满足 $|x_n|\leqslant M$. 故得数列 $\{x_n\}$ 有界.

证毕

需要注意的是，有界数列不一定收敛，但无界数列必定发散.

由定义 1 或定义 1′容易得到数列收敛的另一个必要条件如下.

定理 2(必要条件)　若数列 $\{x_n\}$ 收敛于 a，且有 $b<a<c$，则存在正整数 N，使当 $n\geqslant N$ 时恒有 $b<x_n<c$ 成立.

定义 2　数列 $\{x_n\}$ 的部分数列 $\{x_{n_k}\}$：$x_{n_1}, x_{n_2}, \cdots, x_{n_k}, \cdots$ 称为数列 $\{x_n\}$ 的**子数列**.

例如，$\{x_{2m-1}\}$：$x_1, x_3, x_5, \cdots, x_{2m-1}, \cdots$ 和 $\{x_{2m}\}$：$x_2, x_4, x_6, \cdots, x_{2m}, \cdots$ 都是 $\{x_n\}$ 的子数列. 我们不加证明地给出如下数列收敛的充分必要条件.

定理 3(充分必要条件)　数列 $\{x_n\}$ 收敛于 a 的充分必要条件是其任一子数列都收敛于 a.

定理 4(充分必要条件)　数列 $\{x_n\}$ 收敛于 a 的充分必要条件是其子数列 $\{x_{2m-1}\}$ 与 $\{x_{2m}\}$ 都收敛于 a.

二、函数极限

函数极限与数列极限类似. 如果在自变量的某一变化过程中，函数值无限接近于某一常数，则称在自变量的变化过程中，函数的**极限**是这一常数. 这里，自变量的变化过程可以是趋于一个有限数，也可以是趋于无穷大.

1. $x\to\infty$ 的情形

记号"$x\to\infty$"称为"x 趋于无穷"，实际上它包括以下三种情形：

(1) x 取正值无限增大，记做 $x\to+\infty$，称为"x **趋于正无穷**"；

(2) x 取负值而 $|x|$ 无限增大，记做 $x\to-\infty$，称为"x **趋于负无穷**"；

(3) x 可取正值也可取负值，而 $|x|$ 无限增大，记做 $x\to\infty$，称为"x **趋于无穷**".

当 $x\to+\infty$ 时，函数 $f(x)$ 的极限与数列极限极为类似. 仿照数列极限的定义，我们有如下定义.

定义 3　设函数 $f(x)$ 当 x 大于某一正数时有定义，如果当 x 无限增大，即 $x\to+\infty$ 时，

相应的函数值无限接近于常数 A，则称函数 $f(x)$ 当 $x\to+\infty$ 时的极限为 A，记做

$$\lim_{x\to+\infty} f(x)=A,\ 或\ f(x)\to A\ (x\to+\infty).$$

类似可定义函数 $f(x)$ 当 $x\to-\infty$ 或 $x\to\infty$ 时的极限，且容易证明，$\lim\limits_{x\to\infty} f(x)=A$ 等价于 $\lim\limits_{x\to+\infty} f(x)=A$ 与 $\lim\limits_{x\to-\infty} f(x)=A$ 同时成立.

例 2 讨论极限 $\lim\limits_{x\to-\infty}\arctan x$，$\lim\limits_{x\to+\infty}\arctan x$ 及 $\lim\limits_{x\to\infty}\arctan x$.

解 观察 $y=\arctan x$ 的图形. 当 $x\to-\infty$ 时，对应的函数值 y 与 $-\dfrac{\pi}{2}$ 无限接近；当 $x\to+\infty$ 时，对应的函数值 y 与 $\dfrac{\pi}{2}$ 无限接近. 于是

$$\lim_{x\to-\infty}\arctan x=-\frac{\pi}{2},\quad \lim_{x\to+\infty}\arctan x=\frac{\pi}{2}.$$

由于 $\lim\limits_{x\to-\infty}\arctan x\neq\lim\limits_{x\to+\infty}\arctan x$，所以 $\lim\limits_{x\to\infty}\arctan x$ 不存在.

同样可以给出 $\lim\limits_{x\to+\infty} f(x)=A$ 的精确定义(亦称“ε-X 定义”).

定义 3′ 设函数 $f(x)$ 当 x 大于某一正数时有定义，如果对于任意给定的正数 ε(无论多么小)，总存在正数 X，使得当 $x>X$ 时，恒有

$$|f(x)-A|<\varepsilon$$

成立，则称当 $x\to+\infty$ 时，函数 $f(x)$ 的**极限**为 A，记做

$$\lim_{x\to+\infty} f(x)=A,\ 或\ f(x)\to A\ (x\to+\infty).$$

注意到，不等式 $|f(x)-A|<\varepsilon$ 等价于 $A-\varepsilon<f(x)<A+\varepsilon$. 从图形上看，$y=f(x)$ 是一条曲线，$y=A-\varepsilon$ 和 $y=A+\varepsilon$ 都是与 x 轴平行的直线. $A-\varepsilon<f(x)<A+\varepsilon$ 表示曲线 $y=f(x)$ 夹在直线 $y=A-\varepsilon$ 与 $y=A+\varepsilon$ 之间(如图 1-15 所示). 因此有极限 $\lim\limits_{x\to+\infty} f(x)=A$ 的**几何解释**：

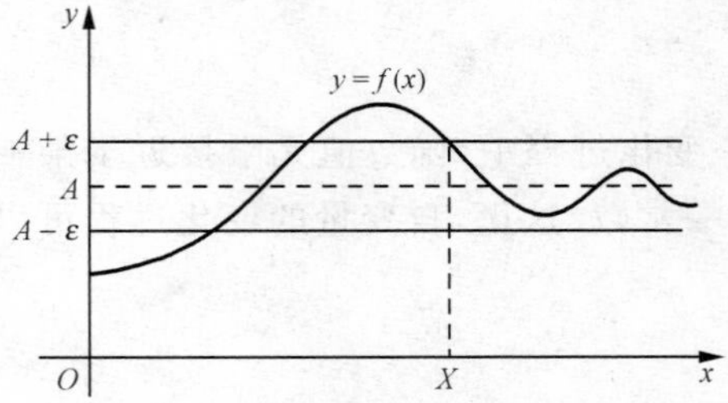

图 1-15

对任意给定的 $\varepsilon>0$，总存在 $X>0$，使得当 $x>X$ 时，曲线 $y=f(x)$ 必夹在两直线 $y=A-\varepsilon$ 与 $y=A+\varepsilon$ 之间(如图 1-15 所示).

例 3 证明 $\lim\limits_{x\to+\infty} e^{-x}=0$.

* **证** 对任意给定的正数 ε(不妨设 $\varepsilon<1$)，要使

$$|f(x)-A|=|e^{-x}|=e^{-x}<\varepsilon,$$

也就是要使 $x>-\ln\varepsilon$. 取 $X=-\ln\varepsilon$，则当 $x>X$ 时，恒有 $|e^{-x}-0|<\varepsilon$，即

$$\lim_{x\to+\infty} e^{-x}=0.$$

2. $x\to x_0$ 的情形

这里，先介绍一下邻域的概念. 设 δ 是一正数，则称开区间 $(x_0-\delta,x_0+\delta)$ 为点 x_0 的 δ **邻域**，记做 $N(x_0,\delta)$，点 x_0 称为这个邻域的**中心**，δ 称为这个邻域的**半径**. 将 $N(x_0,\delta)$ 中的 x_0 去掉后，称为 x_0 的**空心邻域**，记为 $N(\hat{x}_0,\delta)$.

定义 4 设函数 $f(x)$ 在某一空心邻域 $N(\hat{x}_0,\delta)$ 内有定义，如果当自变量 x 在 $N(\hat{x}_0,\delta)$ 内无限接近于 x_0 时，相应的函数值无限接近于常数 A，则称 $f(x)$ 当 $x\to x_0$ 时的**极限**为 A，记做

$$\lim_{x\to x_0} f(x)=A,\ \text{或}\ f(x)\to A\ (x\to x_0).$$

注意，定义 4 中没有要求函数 $f(x)$ 在点 x_0 处有定义，所以当 $x\to x_0$ 时 $f(x)$ 有没有极限，与 $f(x)$ 在点 x_0 的函数值无关，甚至 $f(x)$ 可以在 $x=x_0$ 处没有定义.

在上述 $x\to x_0$ 时函数 $f(x)$ 的极限概念中，x 是既从 x_0 的左侧，也从 x_0 的右侧趋于 x_0 的. 但有时只能或只需考虑 x 仅从 x_0 的左侧趋于 x_0（记做 $x\to x_0^-$）的情形，或 x 仅从 x_0 的右侧趋于 x_0（记做 $x\to x_0^+$）的情形. 这就是所谓左极限和右极根的概念.

对于 $x\to x_0^-$ 的情形，由于 x 总在 x_0 的左侧，即 $x<x_0$. 所以，在 $\lim\limits_{x\to x_0} f(x)=A$ 的定义中，加上 $x<x_0$，就得到**左极限**的定义，记做

$$\lim_{x\to x_0^-} f(x)=A,\ \text{或}\ f(x)\to A\ (x\to x_0^-),\ \text{或}\ f(x_0-0)=A.$$

类似地，在 $\lim\limits_{x\to x_0} f(x)=A$ 的定义中，加上 $x>x_0$，可得到**右极限**的定义，记做

$$\lim_{x\to x_0^+} f(x)=A,\ \text{或}\ f(x)\to A\ (x\to x_0^+),\ \text{或}\ f(x_0+0)=A.$$

容易证明以下结论.

定理 5 当 $x\to x_0$ 时，函数 $f(x)$ 极限存在的充分必要条件是其左极限与右极限均存在且相等，即

$$\lim_{x\to x_0} f(x)=A \Longleftrightarrow \lim_{x\to x_0^-} f(x)=\lim_{x\to x_0^+} f(x)=A.$$

例 4 对于函数

$$f(x)=\begin{cases}-1, & x<0,\\ 0, & x=0,\\ 1, & x>0,\end{cases}$$

观察其图形可知 $\lim\limits_{x\to 0^-} f(x)=-1$，$\lim\limits_{x\to 0^+} f(x)=1$，所以 $\lim\limits_{x\to 0} f(x)$ 不存在.

例 5 容易证明 $\lim\limits_{x\to x_0} C=C$（$C$ 为一常数）. 又容易证明 $\lim\limits_{x\to x_0} x=x_0$.

"$f(x)$ 与 A 无限接近"同样可以用 $|f(x)-A|<\varepsilon$ 来表示，其中 ε 是任意给定的正数.

因为函数值 $f(x)$无限接近于 A 是在 $x\to x_0$ 的过程中实现的，所以对于任意给定的正数 ε，只要求充分接近于 x_0 的 x 所对应的函数值 $f(x)$满足不等式 $|f(x)-A|<\varepsilon$，而充分接近于 x_0 的 x 可以表达为 $0<|x-x_0|<\delta$，其中 δ 是某个正数.

因此，我们可以给出 $x\to x_0$ 时函数极限的精确定义(亦称“ε-δ 定义”).

定义 4′ 设函数 $f(x)$在点 x_0 的某一空心邻域 $N(\hat{x}_0,\delta_0)$内有定义，如果对于任意给定的正数 ε(无论多么小)，总存在正数 δ，使得对于适合不等式 $0<|x-x_0|<\delta$ 的一切 x，恒有

$$|f(x)-A|<\varepsilon$$

成立，则称函数 $f(x)$当 $x\to x_0$ 时的**极限**为 A，记做

$$\lim_{x\to x_0} f(x)=A,\ 或\ f(x)\to A\ (x\to x_0).$$

三、无穷小与无穷大

定义 5 如果函数 $f(x)$当 $x\to x_0$(或 $x\to\infty$)时的极限为零，则称函数 $f(x)$为当 $x\to x_0$(或 $x\to\infty$)时的**无穷小**，记做

$$\lim_{x\to x_0} f(x)=0\quad(或\ \lim_{x\to\infty} f(x)=0).$$

例 6 (1) 因为 $\lim\limits_{x\to+\infty} \mathrm{e}^{-x}=0$，所以函数 e^{-x}为当 $x\to+\infty$时的无穷小；

(2) 因为 $\lim\limits_{n\to+\infty}\dfrac{1}{n}=0$，所以$\dfrac{1}{n}$是当 $n\to+\infty$时的无穷小.

定理 6(无穷小与极限的关系) 函数 $f(x)$以 A 为极限的充分必要条件是函数 $f(x)$可以表示为 A 与一个无穷小的和，即 $f(x)=A+a(x)$，其中 $a(x)$是一个无穷小.

这一定理的证明可由极限和无穷小的定义容易得到，这里从略了. 这一结论可见下例.

例 7 设 $f(x)=1+\mathrm{e}^{-x}$，由例 6 及定理 6 知 $\lim\limits_{x\to+\infty} f(x)=1$.

定义 6 如果当 $x\to x_0$(或 $x\to\infty$)时，对应的函数值 $|f(x)|$无限增大，则称函数 $f(x)$为当 $x\to x_0$(或 $x\to\infty$)时的**无穷大**，记做

$$\lim_{x\to x_0} f(x)=\infty\quad(或\ \lim_{x\to\infty} f(x)=\infty).$$

当 $x\to x_0$(或 $x\to\infty$)时为无穷大的函数 $f(x)$，按函数极限的定义来说，极限是不存在的. 但为了便于叙述函数的这一性态，我们也说“函数的极限是无穷大”.

如果当 $x\to x_0$(或 $x\to\infty$)时，对应的函数值 $f(x)$无限增大，则称函数 $f(x)$为当 $x\to x_0$(或 $x\to\infty$)时的**正无穷大**，记做

$$\lim_{x\to x_0} f(x)=+\infty\quad(或\ \lim_{x\to\infty} f(x)=+\infty).$$

若对应的函数值 $f(x)<0$，且 $|f(x)|$无限增大，则称函数 $f(x)$为当 $x\to x_0$(或 $x\to\infty$)时的**负无穷大**，记做

$$\lim_{x\to x_0} f(x)=-\infty \quad (\text{或} \lim_{x\to\infty} f(x)=-\infty).$$

例 8　易知 $\lim\limits_{x\to1}\dfrac{1}{x-1}=\infty$.

容易得到关于无穷大与无穷小关系的如下结论.

定理 7(无穷大与无穷小的关系)　在自变量的同一变化过程中,如果 $f(x)$为无穷大,则$\dfrac{1}{f(x)}$为无穷小;反之,如果 $f(x)$为无穷小,且 $f(x)\neq0$,则$\dfrac{1}{f(x)}$为无穷大.

定理的证明从略,可从例 8、例 9 的情形略见一般.

例 9　当 $x\to+\infty$时,e^{-x}是无穷小.由定理 7 知,当 $x\to+\infty$时,$e^x=\dfrac{1}{e^{-x}}$就是无穷大;又因 $e^x>0$,所以当 $x\to+\infty$时,e^x 是正无穷大,即 $\lim\limits_{x\to+\infty} e^x=+\infty$.

习　题　1-2

1. 求 $f(x)=\dfrac{x}{x}$,$\varphi(x)=\dfrac{|x|}{x}$当 $x\to0$ 时的左、右极限,并说明它们在 $x\to0$ 时的极限是否存在?
2. 判断是非:
(1) 无界数列一定是无穷大量;　　(2) 无穷小量一定是愈变愈小.
3. 函数 $f(x)=x\cos x$ 在$(-\infty,+\infty)$上是否有界? 当 $x\to+\infty$时,$f(x)$是否为无穷大? 为什么?

第三节　极限的四则运算法则

首先,我们考查下面的例子.

例 1　求 $\lim\limits_{x\to+\infty}\left(e^{-x}+\dfrac{1}{x}\right)$和 $\lim\limits_{x\to+\infty}\dfrac{1}{x}e^{-x}$.

解　从第二节容易知道 $\lim\limits_{x\to+\infty} e^{-x}=0$, $\lim\limits_{x\to+\infty}\dfrac{1}{x}=0$,从而 $\lim\limits_{x\to+\infty}\left(e^{-x}+\dfrac{1}{x}\right)=0$.

又容易知道 $\lim\limits_{x\to+\infty}\dfrac{1}{x}e^{-x}=0$, 且$|e^{-x}|\leqslant1$ $(x\geqslant0)$.

推而广之,可以得到如下的一般结论.

定理 1　有限个无穷小的代数和仍为无穷小.

定理 2　有界函数与无穷小的乘积为无穷小.

推论 1　常数与无穷小的乘积是无穷小.

推论 2　有限个无穷小的乘积仍是无穷小.

于是,可以得到如下关于**极限的四则运算法则**.

定理 3　设当 $x\to x_0$ 时,函数 $f(x)$和 $g(x)$的极限均存在,且

$$\lim_{x\to x_0} f(x) = A, \quad \lim_{x\to x_0} g(x) = B,$$

则

(1) $\lim\limits_{x\to x_0}[f(x)\pm g(x)]=\lim\limits_{x\to x_0} f(x)\pm\lim\limits_{x\to x_0} g(x)=A\pm B$;

(2) $\lim\limits_{x\to x_0}[f(x)g(x)]=\lim\limits_{x\to x_0} f(x)\cdot\lim\limits_{x\to x_0} g(x)=A\cdot B$;

(3) $\lim\limits_{x\to x_0}\dfrac{f(x)}{g(x)}=\dfrac{\lim\limits_{x\to x_0} f(x)}{\lim\limits_{x\to x_0} g(x)}=\dfrac{A}{B}\ (B\neq 0)$.

证　根据极限与无穷小的关系(第二节定理 6),有 $f(x)=A+\alpha(x)$,$g(x)=B+\beta(x)$,其中 $\lim\limits_{x\to x_0}\alpha(x)=0$,$\lim\limits_{x\to x_0}\beta(x)=0$. 于是

(1) $f(x)\pm g(x)=A\pm B+\alpha(x)\pm\beta(x)$,又由定理 1 知

$$\lim_{x\to x_0}[\alpha(x)\pm\beta(x)]=0,$$

再根据极限与无穷小的关系,有

$$\lim_{x\to x_0}[f(x)\pm g(x)]=A\pm B;$$

(2) $f(x)\cdot g(x)=[A+\alpha(x)]\cdot[B+\beta(x)]=A\cdot B+[A\cdot\beta(x)+B\cdot\alpha(x)+\alpha(x)\cdot\beta(x)]$,且又由推论 1、推论 2 知

$$\lim_{x\to x_0}A\cdot\beta(x)=0, \quad \lim_{x\to x_0}B\cdot\alpha(x)=0, \quad \lim_{x\to x_0}\alpha(x)\cdot\beta(x)=0.$$

所以

$$\lim_{x\to x_0}[f(x)g(x)]=A\cdot B;$$

(3) 证明从略.　　**证毕**

注意,定理 3 对 x 的其他变化趋势也成立.

例 2　求 $\lim\limits_{x\to 2}(x^3-1)$.

解　$\lim\limits_{x\to 2}(x^3-1)=\lim\limits_{x\to 2}x\cdot\lim\limits_{x\to 2}x\cdot\lim\limits_{x\to 2}x-\lim\limits_{x\to 2}1=2\cdot 2\cdot 2-1=7$.

例 3　求 $\lim\limits_{x\to -1}\dfrac{x-2}{x^2+x+1}$.

解　$\lim\limits_{x\to -1}\dfrac{x-2}{x^2+x+1}=\dfrac{\lim\limits_{x\to -1}(x-2)}{\lim\limits_{x\to -1}(x^2+x+1)}=\dfrac{-1-2}{1-1+1}=-3$.

例 4　求 $\lim\limits_{x\to 3}\dfrac{x-3}{x^2-9}$.

解　因 $\lim\limits_{x\to 3}(x^2-9)=0$,故不能直接用定理 3. 但分子及分母有公因式 $x-3$,而当 $x\to 3$ 时,$x\neq 3$,即 $x-3\neq 0$,可约去这个不为零的公因子. 所以

$$\lim_{x\to 3}\frac{x-3}{x^2-9}=\lim_{x\to 3}\frac{1}{x+3}=\frac{\lim\limits_{x\to 3}1}{\lim\limits_{x\to 3}x+3}=\frac{1}{6}.$$

例 5　求 $\lim\limits_{x\to\infty}\dfrac{3x^3+4x^2+2}{7x^3+5x^2-3}$.

解　分子及分母同除以 x^3，然后取极限，得

$$\lim_{x\to\infty}\frac{3x^3+4x^2+2}{7x^3+5x^2-3}=\lim_{x\to\infty}\frac{3+\dfrac{4}{x}+\dfrac{2}{x^3}}{7+\dfrac{5}{x}-\dfrac{3}{x^3}}=\frac{3}{7}.$$

例 6　求 $\lim\limits_{x\to\infty}\dfrac{3x^2-2x-1}{2x^3-x^2+5}$.

解　$\lim\limits_{x\to\infty}\dfrac{3x^2-2x-1}{2x^3-x^2+5}=\lim\limits_{x\to\infty}\dfrac{\dfrac{3}{x}-\dfrac{2}{x^2}-\dfrac{1}{x^3}}{2-\dfrac{1}{x}+\dfrac{5}{x^3}}=0.$

应用例 6 的结果并利用无穷小与无穷大的关系，得 $\lim\limits_{x\to\infty}\dfrac{2x^3-x^2+5}{3x^2-2x-1}=\infty$.

一般地，当 $a_0\neq 0,b_0\neq 0,m$ 和 n 为非负整数时，有

$$\lim_{x\to\infty}\frac{a_0x^m+a_1x^{m-1}+\cdots+a_m}{b_0x^n+b_1x^{n-1}+\cdots+b_n}=\begin{cases}\dfrac{a_0}{b_0}, & \text{当 } n=m,\\ 0, & \text{当 } n>m,\\ \infty, & \text{当 } n<m.\end{cases}$$

例 7　求 $\lim\limits_{x\to\infty}\dfrac{\sin x}{x}$.

解　当 $x\to\infty$ 时，分子及分母的极限都不存在，故不能直接用定理 3. 但 $\dfrac{1}{x}$ 当 $x\to\infty$ 时为无穷小，而 $\sin x$ 是有界函数，由无穷小的性质(定理 2)有 $\lim\limits_{x\to\infty}\dfrac{\sin x}{x}=0$.

最后，我们介绍极限的**保号性定理**.

定理 4　若 $\lim\limits_{x\to x_0}f(x)=A$，而 $A>0$(或 $A<0$)，则必存在 $\delta>0$，使得当 $0<|x-x_0|<\delta$ 时，有 $f(x)>0$(或 $f(x)<0$).

***证**　由 $\lim\limits_{x\to x_0}f(x)=A$，而 $A>0$，所以对 $\dfrac{A}{2}>0$，存在 $\delta>0$，使得当 $0<|x-x_0|<\delta$ 时，有

$$|f(x)-A|<\frac{A}{2},\ 即\ \frac{A}{2}<f(x)<\frac{3}{2}A.$$

因此，

$$f(x)>\frac{A}{2}>0.$$

类似可证 $A<0$ 时的情况. **证毕**

定理 5 如果 $f(x)\geqslant 0$(或 $f(x)\leqslant 0$),而 $\lim\limits_{x\to x_0}f(x)=A$,则必有 $A\geqslant 0$(或 $A\leqslant 0$).

证 用反证法.若 $A<0$,则由定理 4 知,存在 $\delta>0$,使得当 $0<|x-x_0|<\delta$ 时,就有

$$f(x)<0.$$

这与假设 $f(x)\geqslant 0$ 矛盾,所以 $A\geqslant 0$.

$A\leqslant 0$ 时类似可证. **证毕**

推论 3 如果 $\varphi(x)\geqslant\psi(x)$,而 $\lim\limits_{x\to x_0}\varphi(x)=A$,$\lim\limits_{x\to x_0}\psi(x)=B$,则必有 $A\geqslant B$.

注 保号性定理及其推论均可推广到极限的其他情形.例如,$x\to\infty$ 的情形和数列极限的情形等.请读者自己写出相应结论.

习 题 1-3

1. 求下列极限:

(1) $\lim\limits_{x\to 0}\dfrac{x^3+4x}{x^3+x}$;　(2) $\lim\limits_{x\to 1}\dfrac{x^2-2x+1}{x^2-1}$;　(3) $\lim\limits_{h\to 0}\dfrac{(x+h)^2-x^2}{h}$;

(4) $\lim\limits_{x\to\infty}\left(2-\dfrac{1}{x}+\dfrac{1}{x^2}\right)$;　(5) $\lim\limits_{x\to\infty}\dfrac{x^3+x}{x^4-3x^2+1}$;　(6) $\lim\limits_{x\to\infty}\dfrac{x^4-5x}{x^2-3x+1}$.

2. 设 $f(x)=\begin{cases}\dfrac{-1}{x-1}, & x<0,\\ x, & 0\leqslant x<1,\\ 1, & 1\leqslant x<2.\end{cases}$ 求 $f(x)$ 分别在 $x\to 0$ 及 $x\to 1$ 时的左极限与右极限,并说明在这两点,函数的极限是否存在.

3. 设 $f(x)=\begin{cases}x^2+2x-3, & x\leqslant 1,\\ x, & 1<x<2,\\ 2x-2, & x\geqslant 2.\end{cases}$ 求:(1) $\lim\limits_{x\to 1}f(x)$;　(2) $\lim\limits_{x\to 2}f(x)$;　(3) $\lim\limits_{x\to 3}f(x)$.

4. 计算下列极限:

(1) $\lim\limits_{n\to\infty}\dfrac{(n-1)^2}{n+1}$;　(2) $\lim\limits_{n\to\infty}\dfrac{1000n}{n^2+1}$;　(3) $\lim\limits_{n\to\infty}\left(1+\dfrac{1}{2}+\dfrac{1}{4}+\cdots+\dfrac{1}{2^n}\right)$;

(4) $\lim\limits_{n\to\infty}\dfrac{(n+1)(n+2)(n+3)}{5n^3}$;　(5) $\lim\limits_{x\to 1}\dfrac{x^n-1}{x-1}$ (n 为正整数);　(6) $\lim\limits_{x\to 1}\left(\dfrac{1}{1-x}-\dfrac{3}{1-x^3}\right)$.

第四节 两个重要极限

一、极限存在准则

准则Ⅰ 如果数列 $\{x_n\}$,$\{y_n\}$,$\{z_n\}$ 满足下列条件:

(1) $y_n\leqslant x_n\leqslant z_n$ ($n=N+1,N+2,\cdots$;$N\geqslant 0$ 为整数);

(2) $\lim\limits_{n\to\infty}y_n=a$, $\lim\limits_{n\to\infty}z_n=a$,

则数列$\{x_n\}$的极限存在,且 $\lim\limits_{n\to\infty}x_n=a$.

其证明可由数列极限的"ε-N 定义"给出,这里从略了. 对于函数极限,也有类似的结论.

准则Ⅰ′　如果函数 $f(x)$,$g(x)$及 $h(x)$满足下列条件:

(1) 存在 $\delta>0$,使得当 $0<|x-x_0|<\delta$ 时,有 $g(x)\leqslant f(x)\leqslant h(x)$;

(2) $\lim\limits_{x\to x_0}g(x)=A$, $\lim\limits_{x\to x_0}h(x)=A$,

则当 $x\to x_0$ 时 $f(x)$的极限存在,且 $\lim\limits_{x\to x_0}f(x)=A$.

准则Ⅰ和Ⅰ′都称为极限存在的**夹逼准则**,该准则对于自变量的其他变化趋势也有相应结论,请读者自己给出.

例 1　求 $\lim\limits_{n\to\infty}\left(\dfrac{1}{n^2+1}+\dfrac{1}{n^2+2}+\cdots+\dfrac{1}{n^2+n}\right)$.

解　由于

$$\frac{n}{n^2+n}\leqslant\frac{1}{n^2+1}+\frac{1}{n^2+2}+\cdots+\frac{1}{n^2+n}\leqslant\frac{n}{n^2+1},$$

又知

$$\lim_{x\to\infty}\frac{n}{n^2+n}=0,\quad \lim_{x\to\infty}\frac{n}{n^2+1}=0,$$

所以,由夹逼准则,立即可得 $\lim\limits_{n\to\infty}\left(\dfrac{1}{n^2+1}+\dfrac{1}{n^2+2}+\cdots+\dfrac{1}{n^2+n}\right)=0$.

如果数列$\{x_n\}$满足条件

$$x_1\leqslant x_2\leqslant x_3\leqslant\cdots\leqslant x_n\leqslant x_{n+1}\leqslant\cdots,$$

则称数列$\{x_n\}$是**单调增的**;如果数列$\{x_n\}$满足条件

$$x_1\geqslant x_2\geqslant x_3\geqslant\cdots\geqslant x_n\geqslant x_{n+1}\geqslant\cdots,$$

则称数列$\{x_n\}$是**单调减的**. 单调增和单调减的数列统称为**单调数列**.

准则Ⅱ　单调有界数列必有极限.

准则Ⅱ的**几何解释**:从数轴上看,对应于单调数列的点 x_n 只能向一个方向移动,所以只有两种可能情形,或者点 x_n 沿数轴移向无穷远($x_n\to+\infty$或 $x_n\to-\infty$);或者点 x_n 无限趋近于某一定点 A(如图 1-16 所示),也就是数列$\{x_n\}$趋于一个极限. 但现在假定数列是有界的,而有界数列的点 x_n 都落在数轴上某一个区间$[-M,M]$内,那么上述第一种情形就不可能发生了. 这就表示这个数列趋于一个极限,而且这个极限的绝对值不超过 M.

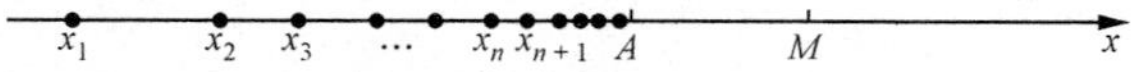

图　1-16

二、两个重要极限

重要极限Ⅰ $\lim\limits_{x\to 0}\dfrac{\sin x}{x}=1.$

例 2 证明 $\lim\limits_{x\to 0}\dfrac{\sin x}{x}=1.$

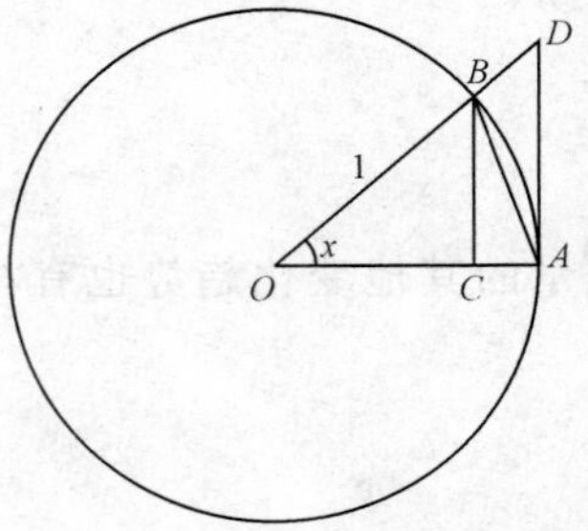

图 1-17

证 首先,我们利用几何图形来推导一个不等式.如图 1-17 所示,设 $0<x<\dfrac{\pi}{2}$,在单位圆中,设角 $\angle AOB=x$,BC 和 DA 都垂直于 OA.从图 1-17 可以看到,$\triangle AOB$ 的面积<扇形 AOB 的面积<$\triangle AOD$ 的面积,所以

$$\frac{1}{2}\sin x<\frac{1}{2}x<\frac{1}{2}\tan x.$$

不等号各边都除以$\dfrac{1}{2}\sin x$,就有

$$1<\frac{x}{\sin x}<\frac{1}{\cos x},\text{或 }\cos x<\frac{\sin x}{x}<1.$$

对于 $\cos x$ 和$\dfrac{\sin x}{x}$,易知把 x 换成 $-x$ 其值不变,所以对于 $-\dfrac{\pi}{2}<x<0$,这一不等式也成立.因此,当 $0<|x|<\dfrac{\pi}{2}$时,有 $\cos x<\dfrac{\sin x}{x}<1.$

其次,我们证明 $\lim\limits_{x\to 0}\cos x=1$.考虑 $|1-\cos x|=\left|2\sin^2\dfrac{x}{2}\right|<2\cdot\left(\dfrac{x}{2}\right)^2=\dfrac{1}{2}x^2$,而 $\lim\limits_{x\to 0}\dfrac{1}{2}x^2=0$,所以 $\lim\limits_{x\to 0}(1-\cos x)=0$,从而

$$\lim_{x\to 0}\cos x=\lim_{x\to 0}[1-(1-\cos x)]=1-0=1.$$

最后,利用夹逼准则,我们有 $\lim\limits_{x\to 0}\dfrac{\sin x}{x}=1.$

例 3 求 $\lim\limits_{x\to 0}\dfrac{\tan x}{x}.$

解 $\lim\limits_{x\to 0}\dfrac{\tan x}{x}=\lim\limits_{x\to 0}\left(\dfrac{\sin x}{x}\cdot\dfrac{1}{\cos x}\right)=\lim\limits_{x\to 0}\dfrac{\sin x}{x}\cdot\lim\limits_{x\to 0}\dfrac{1}{\cos x}=1.$

例 4 求 $\lim\limits_{x\to 0}\dfrac{\sin 8x}{x}.$

解 将 $8x$ 看成新变量 t,即令 $t=8x$,则当 $x\to 0$ 时,$t\to 0$,于是有

$$\lim_{x\to 0}\frac{\sin 8x}{x}=\lim_{t\to 0}\frac{8\sin t}{t}=8\lim_{t\to 0}\frac{\sin t}{t}=8.$$

例 5　求 $\lim\limits_{x\to 0}\dfrac{1-\cos x}{x^2}$.

解　$\lim\limits_{x\to 0}\dfrac{1-\cos x}{x^2}=\lim\limits_{x\to 0}\dfrac{2\sin^2\dfrac{x}{2}}{x^2}=\lim\limits_{x\to 0}\dfrac{\dfrac{1}{2}\sin^2\dfrac{x}{2}}{\left(\dfrac{x}{2}\right)^2}=\dfrac{1}{2}\lim\limits_{x\to 0}\left(\dfrac{\sin\dfrac{x}{2}}{\dfrac{x}{2}}\right)^2=\dfrac{1}{2}$.

重要极限Ⅱ　$\lim\limits_{n\to\infty}\left(1+\dfrac{1}{n}\right)^n=\mathrm{e}$.

记 $u_n=\left(1+\dfrac{1}{n}\right)^n$，可以证明数列$\{u_n\}$单调增且有界，由准则Ⅱ知，$\{u_n\}$极限存在，其极限值就是常数 $\mathrm{e}=2.71828182\cdots$. 可以证明，将此重要极限中的正整数变量换为实数变量 x 后，结论仍成立，即有

$$\lim_{x\to\infty}\left(1+\frac{1}{x}\right)^x=\mathrm{e}. \tag{1}$$

在 $\lim\limits_{x\to\infty}\left(1+\dfrac{1}{x}\right)^x=\mathrm{e}$ 中，令 $y=\dfrac{1}{x}$，则当 $x\to\infty$ 时 $y\to 0$，因此可得第二个重要极限(1)的另一种形式为

$$\lim_{x\to 0}(1+x)^{\frac{1}{x}}=\mathrm{e}. \tag{2}$$

例 6　求 $\lim\limits_{x\to\infty}\left(1+\dfrac{1}{x}\right)^{x+3}$.

解　$\lim\limits_{x\to\infty}\left(1+\dfrac{1}{x}\right)^{x+3}=\lim\limits_{x\to\infty}\left(1+\dfrac{1}{x}\right)^x\left(1+\dfrac{1}{x}\right)^3=\lim\limits_{x\to\infty}\left(1+\dfrac{1}{x}\right)^x\lim\limits_{x\to\infty}\left(1+\dfrac{1}{x}\right)^3=\mathrm{e}$.

例 7　求 $\lim\limits_{x\to\infty}\left(1-\dfrac{1}{x}\right)^x$.

解　$\lim\limits_{x\to\infty}\left(1-\dfrac{1}{x}\right)^x=\lim\limits_{x\to\infty}\left[\left(1+\dfrac{1}{-x}\right)^{-x}\right]^{-1}=\lim\limits_{x\to\infty}\dfrac{1}{\left(1+\dfrac{1}{-x}\right)^{-x}}=\dfrac{1}{\mathrm{e}}$.

三、无穷小的阶

设 α 与 β 都是在同一个自变量的变化过程中的无穷小，则当 $\alpha\neq 0$ 时，$\lim\dfrac{\beta}{\alpha}$也是在这个变化过程中的极限.

定义　(1) 如果 $\lim\dfrac{\beta}{\alpha}=0$，则称 β 是**比 α 高阶的无穷小**，记做 $\beta=o(\alpha)$，或称 α 是**比 β 低阶的无穷小**；

(2) 如果 $\lim\dfrac{\beta}{\alpha}=C\neq 0$，则称 β 与 α 是**同阶无穷小**，特别当 $C=1$ 时，称 β 与 α 是**等价无**

穷小，记做 $\alpha\sim\beta$.

例 8　(1) 因为 $\lim\limits_{x\to 0}\dfrac{3x^2}{x}=0$，所以当 $x\to 0$ 时，$3x^2$ 是比 x 高阶的无穷小，即

$$3x^2=o(x)\ (x\to 0);$$

(2) 因为 $\lim\limits_{x\to 3}\dfrac{x^2-9}{x-3}=6$，所以当 $x\to 3$ 时，x^2-9 与 $x-3$ 是同阶无穷小；

(3) 因为 $\lim\limits_{x\to 0}\dfrac{\sin x}{x}=1$，所以当 $x\to 0$ 时，$\sin x$ 与 x 是等价无穷小，即 $\sin x\sim x\ (x\to 0)$.

定理(等价无穷小代换)　设 $\alpha\sim\alpha'$，$\beta\sim\beta'$，且 $\lim\dfrac{\beta'}{\alpha'}$ 存在，则

$$\lim\frac{\beta}{\alpha}=\lim\frac{\beta'}{\alpha'}.$$

证　$\lim\dfrac{\beta}{\alpha}=\lim\left(\dfrac{\beta}{\beta'}\cdot\dfrac{\beta'}{\alpha'}\cdot\dfrac{\alpha'}{\alpha}\right)=\lim\dfrac{\beta}{\beta'}\cdot\lim\dfrac{\beta'}{\alpha'}\cdot\lim\dfrac{\alpha'}{\alpha}=\lim\dfrac{\beta'}{\alpha'}$.　　　**证毕**

例 9　求 $\lim\limits_{x\to 0}\dfrac{\sin 3x}{x}$.

解　当 $x\to 0$ 时，$\sin 3x\sim 3x$，所以 $\lim\limits_{x\to 0}\dfrac{\sin 3x}{x}=\lim\limits_{x\to 0}\dfrac{3x}{x}=3$.

例 10　求 $\lim\limits_{x\to 0}\dfrac{\tan x-\sin x}{\sin^3 x}$.

解　$\lim\limits_{x\to 0}\dfrac{\tan x-\sin x}{\sin^3 x}=\lim\limits_{x\to 0}\dfrac{\tan x-\sin x}{x^3}=\lim\limits_{x\to 0}\left(\dfrac{1-\cos x}{x^2}\cdot\dfrac{\sin x}{x}\cdot\dfrac{1}{\cos x}\right)=\dfrac{1}{2}\cdot 1\cdot 1=\dfrac{1}{2}$.

习　题　1-4

1. 求下列极限：

(1) $\lim\limits_{x\to 0}\dfrac{\sin 3x}{\tan x}$；　(2) $\lim\limits_{x\to 0}\dfrac{\sin 5x}{\sin 7x}$；　(3) $\lim\limits_{x\to 0}\dfrac{\tan x-\sin x}{x}$.

2. 求下列极限：

(1) $\lim\limits_{x\to\infty}\left(1+\dfrac{1}{x}\right)^5$；　(2) $\lim\limits_{x\to\infty}\left(1+\dfrac{1}{x}\right)^{5x}$；　(3) $\lim\limits_{x\to\infty}\left(1-\dfrac{5}{x}\right)^x$.

3. 利用极限存在准则证明 $\lim\limits_{n\to\infty}\left(\dfrac{1}{n^2+\pi}+\dfrac{1}{n^2+2\pi}+\cdots+\dfrac{1}{n^2+n\pi}\right)=0$.

4. 当 $x\to 0$ 时，下列函数哪些是 x 的高阶无穷小？哪些是 x 的同阶无穷小？哪些是 x 的等价无穷小？

(1) $x^4+\sin 2x$；　(2) $1-\cos 2x$；　(3) $\tan^3 x$；　(4) $\dfrac{2}{\pi}\cos\dfrac{\pi}{2}(1-x)$.

5. 利用等价无穷小代换，求下列极限：

(1) $\lim\limits_{x\to 0}\dfrac{\tan 5x}{\sin 2x}$；　(2) $\lim\limits_{x\to 0}\dfrac{\sin^2 x}{1-\cos x}$；　(3) $\lim\limits_{x\to 0}\dfrac{\sin x^n}{(\sin x)^m}$ (n,m 为正整数).

第五节　函数的连续性

一、函数连续的概念

设函数 $y=f(x)$ 在 x_0 点的某一邻域内有定义，当自变量 x 在这邻域内从 x_0 变到 $x_0+\Delta x$（Δx 可正可负，称为自变量 x 的**增量**）时，函数 y 相应地从 $f(x_0)$ 变到 $f(x_0+\Delta x)$，因此函数 y 对应的增量为

$$\Delta y = f(x_0+\Delta x) - f(x_0).$$

假如 x_0 保持不动而让自变量的增量 Δx 变动，一般说来，函数 y 的增量 Δy 也要随着变动（如图 1-18 所示）.

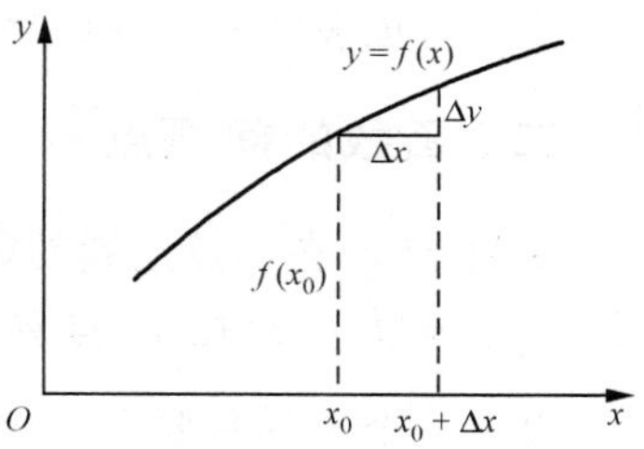

图　1-18

定义 1　设函数 $y=f(x)$ 在 x_0 点的某一邻域内有定义，如果当自变量的增量 Δx 趋于零时，对应的函数的增量 $\Delta y=f(x_0+\Delta x)-f(x_0)$ 也趋于零，则称函数 $y=f(x)$ 在 x_0 点**连续**.

设 $x=x_0+\Delta x$，则 $\Delta x\to 0$ 就是 $x\to x_0$. 又由于 $\Delta y=f(x_0+\Delta x)-f(x_0)=f(x)-f(x_0)$，即

$$f(x) = f(x_0) + \Delta y,$$

可见 $\Delta y\to 0$ 就是 $f(x)\to f(x_0)$. 因此，函数 $y=f(x)$ 在 x_0 点连续的定义又可叙述如下.

定义 2　设函数 $y=f(x)$ 在 x_0 点的某一邻域内有定义，若 $\lim\limits_{x\to x_0} f(x)=f(x_0)$，则称函数 $y=f(x)$ 在 x_0 点**连续**.

例 1　证明 $y=3x+1$ 在 $x=1$ 点连续.

证　函数在 $x=1$ 处的改变量

$$\Delta y = f(1+\Delta x) - f(1) = [3(1+\Delta x)+1] - 4 = 3\Delta x,$$

因 $\lim\limits_{\Delta x\to 0}\Delta y=\lim\limits_{\Delta x\to 0}3\Delta x=0$，所以 $y=3x+1$ 在 $x=1$ 点连续.

利用左、右极限的概念，我们可以得到函数左、右连续的概念：

(1) 如果 $\lim\limits_{x\to x_0^-} f(x)=f(x_0)$，则称函数 $y=f(x)$ 在 x_0 点**左连续**；

(2) 如果 $\lim\limits_{x\to x_0^+} f(x)=f(x_0)$，则称函数 $y=f(x)$ 在 x_0 点**右连续**.

若一函数在开区间 (a,b) 内每一点处都连续，则称该函数**在开区间** (a,b) **内连续**；若该函数又在 a 点右连续，在 b 点左连续，则称该函数**在闭区间** $[a,b]$ **上连续**. 连续函数的图形是一条连续的曲线.

例 2　试证 $y=\sin x$ 在 $(-\infty,+\infty)$ 内连续.

证　任意取一点 x_0，给 x 以改变量 Δx，对应的函数改变量是

$$\Delta y = \sin(x_0 + \Delta x) - \sin x_0 = 2\cos\left(x_0 + \frac{\Delta x}{2}\right)\sin\frac{\Delta x}{2}.$$

注意到

$$\left|\cos\left(x_0 + \frac{\Delta x}{2}\right)\right| \leqslant 1, \quad \left|\sin\frac{\Delta x}{2}\right| \leqslant \left|\frac{\Delta x}{2}\right|,$$

所以 $0 \leqslant |\Delta y| \leqslant |\Delta x|$. 由夹逼准则知

$$\lim_{\Delta x \to 0} \Delta y = 0,$$

所以 $y = \sin x$ 在 $(-\infty, +\infty)$ 内连续.

类似可证 $y = \cos x$ 在 $(-\infty, +\infty)$ 内连续.

二、函数的间断点

函数 $f(x)$ 在一点连续的定义表明，$f(x)$ 在 x_0 点连续必须同时满足下列三个条件：(1) 函数 $f(x)$ 在 x_0 点有定义；(2) 极限 $\lim\limits_{x \to x_0} f(x)$ 存在；(3) $\lim\limits_{x \to x_0} f(x) = f(x_0)$.

以上三个条件只要有一个不满足，就有函数 $f(x)$ 在 x_0 点不连续，而点 x_0 称为函数 $f(x)$ 的**间断点**.

例 3　对于函数 $f(x) = \begin{cases} x-1, & x<0, \\ 0, & x=0, \\ x+1, & x>0, \end{cases}$

$$\lim_{x \to 0^-} f(x) = \lim_{x \to 0^-} (x-1) = -1, \quad \lim_{x \to 0^+} f(x) = \lim_{x \to 0^+} (x+1) = 1.$$

因 $\lim\limits_{x \to 0^-} f(x) \neq \lim\limits_{x \to 0^+} f(x)$，所以 $x=0$ 是 $y = f(x)$ 的间断点(如图 1-19 所示).

像这样左右极限都存在但不相等的间断点，因为在它的图形上总有个跳跃，所以称为**跳跃间断点**.

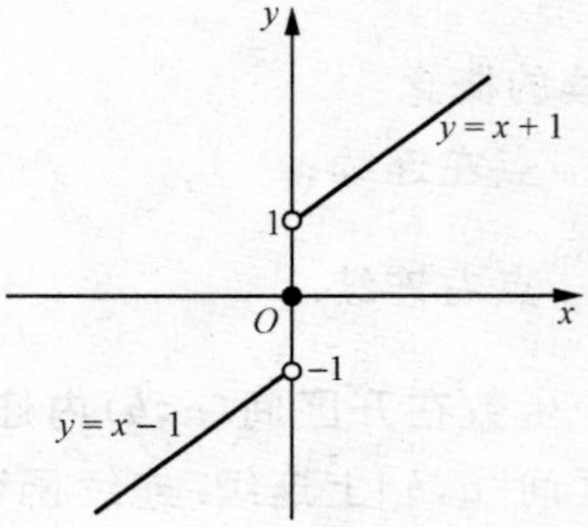

图　1-19

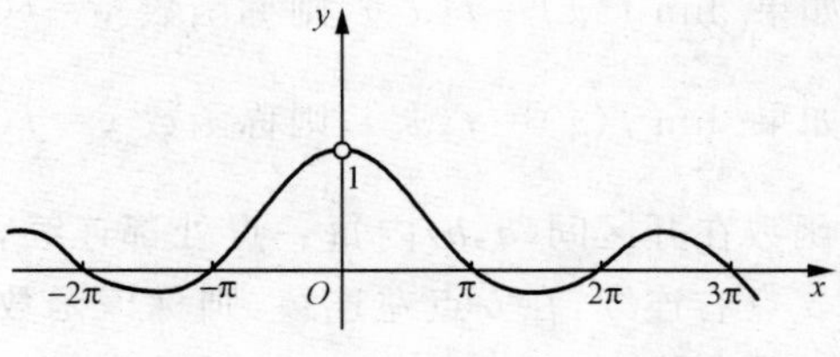

图　1-20

例 4 函数 $f(x)=\dfrac{\sin x}{x}$ 在 $x=0$ 点无定义，所以 $f(x)$ 在 $x=0$ 点间断（如图 1-20 所示）. 但当 $x\to 0$ 时，$f(x)\to 1$，如果我们补充定义 $f(0)=1$，那么它就在 $x=0$ 点连续了. 我们把这样的间断点称为**可去间断点**.

例 5 对于函数 $f(x)=\begin{cases} x, & x\neq 1, \\ 1/2, & x=1, \end{cases}$ 这里 $\lim\limits_{x\to 1}f(x)=\lim\limits_{x\to 1}x=1$，但 $f(1)=\dfrac{1}{2}$，所以 $\lim\limits_{x\to 1}f(x)\neq f(1)$. 因此，点 $x=1$ 是函数 $f(x)$ 的间断点（如图 1-21 所示）. 但如果重新定义 $f(1)=1$，则 $f(x)$ 在 $x=1$ 点连续，所以点 $x=1$ 为 $f(x)$ 的可去间断点.

例 6 函数 $y=\tan x$ 在 $x=\dfrac{\pi}{2}$ 处没有定义，所以点 $x=\dfrac{\pi}{2}$ 是 $y=\tan x$ 的间断点，因为 $\lim\limits_{x\to\frac{\pi}{2}}\tan x=\infty$，所以，称这种间断点为**无穷间断点**（如图 1-22 所示）.

例 7 函数 $y=\sin\dfrac{1}{x}$ 在 $x=0$ 点没有定义，当 $x\to 0$ 时，函数值在 -1 与 $+1$ 之间无限次地振荡，所以点 $x=0$ 称为函数 $\sin\dfrac{1}{x}$ 的**振荡间断点**（如图 1-23 所示）.

根据函数 $f(x)$ 在 x_0 处间断的各种情况，可把间断点分成两类：如果 $f(x)$ 在点 x_0 的左极限 $f(x_0-0)$ 及右极限 $f(x_0+0)$ 都存在，那么称 x_0 是 $f(x)$ 的**第一类间断点**；除第一类间断点以外的其他间断点都称为 $f(x)$ 的**第二类间断点**. 因此，第一类间断点包括可去、跳跃这两种间断点，而无穷间断点和振荡间断点显然是第二类间断点.

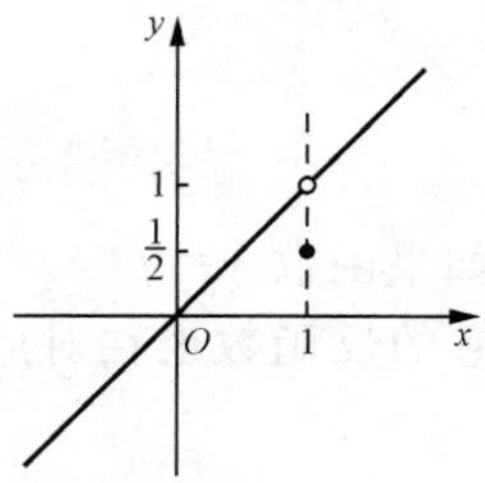

图 1-21

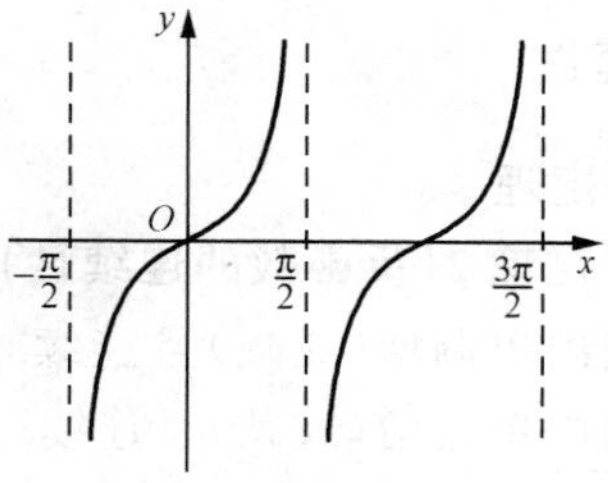

图 1-22

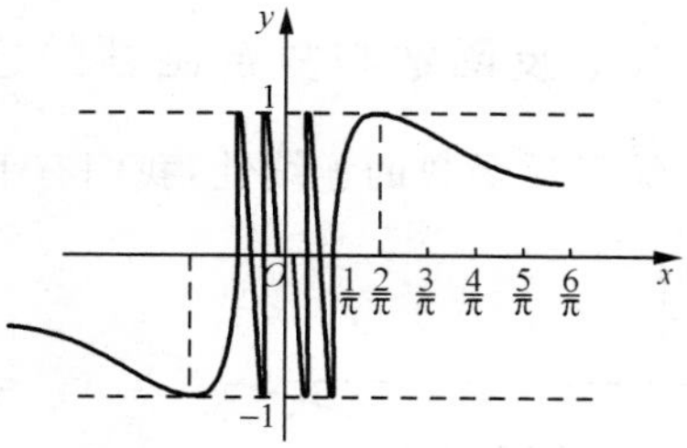

图 1-23

习 题 1-5

1. 研究下列函数在 $x=0$ 点的连续性，若是间断的，指出间断点的类型：

(1) $f(x)=\begin{cases} \dfrac{\sin x}{x}, & x\neq 0, \\ 1, & x=0; \end{cases}$　　(2) $f(x)=\begin{cases} x\sin\dfrac{1}{x}, & x\neq 0, \\ 2, & x=0; \end{cases}$

(3) $f(x)=\begin{cases}\sin\dfrac{1}{x}, & x\neq 0,\\ a, & x=0.\end{cases}$ (a 为任意实数)

2. 下列函数在指出的点处间断，说明这些间断点属于哪一类. 如果是可去间断点，则补充或改变函数的定义使它连续：

(1) $y=\dfrac{x^2-1}{x^2-3x+2}$, $x=1$, $x=2$； (2) $y=\dfrac{x}{\tan x}$, $x=0$, $x=-\pi$；

(3) $y=\begin{cases}x-1, & x\leqslant 1,\\ 3-x, & x>1\end{cases}$ 在 $x=1$ 点.

第六节 初等函数的连续性

一、连续函数的四则运算

由极限的四则运算法则容易得到连续函数的四则运算法则.

定理 1 (1) 有限个在某点连续的函数的代数和是一个在该点连续的函数；

(2) 有限个在某点连续的函数的乘积是一个在该点连续的函数；

(3) 两个在某点连续的函数的商是一个在该点连续的函数，只要分母在该点不为零.

例 1 证明三角函数在其定义域内处处连续.

证 因 $\tan x=\dfrac{\sin x}{\cos x}$, $\cot x=\dfrac{\cos x}{\sin x}$, $\sec x=\dfrac{1}{\cos x}$, $\csc x=\dfrac{1}{\sin x}$，而 $\sin x$ 和 $\cos x$ 都在 $(-\infty,+\infty)$ 内连续，由定理 1 知，$\tan x$, $\cot x$, $\sec x$, $\csc x$ 在其定义域内处处连续.

二、反函数与复合函数的连续性

关于反函数的连续性，我们有下述定理.

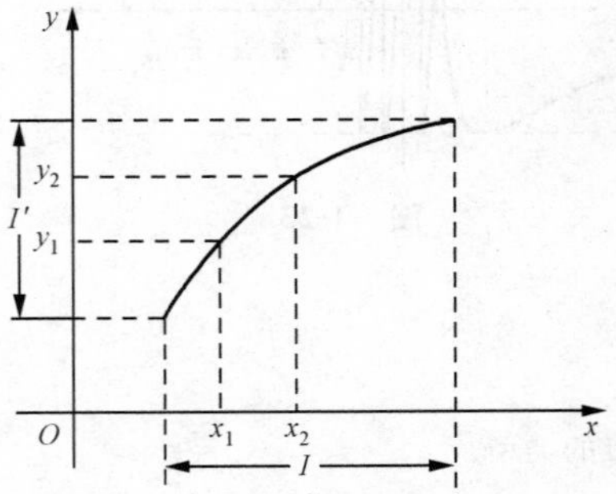

图 1-24

定理 2(反函数的连续性) 如果函数 $y=f(x)$ 在某区间内单调增(或减)且连续，则它的反函数也在对应的区间内单调增(或减)且连续.

定理 2 的证明从略. 从图 1-24 来看，定理的正确性是十分明显的.

例 2 证明反三角函数在其定义域内处处连续.

证 函数 $y=\sin x$ 在区间 $\left[-\dfrac{\pi}{2},\dfrac{\pi}{2}\right]$ 上单调增且连续，对应的值域为 $-1\leqslant y\leqslant 1$，根据定理 2 可知，它的反函数 $x=\arcsin y$ 在区间 $[-1,1]$ 上也单调增且连续.

同理可证其他反三角函数也在其定义域内处处连续.

定理 3 设 $\lim\limits_{x \to x_0} \varphi(x) = a$，而函数 $y = f(u)$ 在 $u = a$ 点连续，则

$$\lim_{x \to x_0} f[\varphi(x)] = f(a).$$

***证** 任意给定正数 ε，由于 $y = f(u)$ 在 $u = a$ 点连续，必可找到 $\eta > 0$，使得对于满足 $|u - a| < \eta$ 的一切 u，都有 $|f(u) - f(a)| < \varepsilon$. 又因 $\lim\limits_{x \to x_0} \varphi(x) = a$，所以对上述 η，必存在 $\delta > 0$，使得当 $0 < |x - x_0| < \delta$ 时，有

$$|\varphi(x) - a| < \eta,$$

从而当 $0 < |x - x_0| < \delta$ 时，有 $|f[\varphi(x)] - f(a)| < \varepsilon$，即

$$\lim_{x \to x_0} f[\varphi(x)] = f(a).$$

证毕

例 3 求 $\lim\limits_{x \to 3} \sqrt{\dfrac{x-3}{x^2-9}}$.

解 $y = \sqrt{\dfrac{x-3}{x^2-9}}$ 可看做由 $y = \sqrt{u}$ 与 $u = \dfrac{x-3}{x^2-9}$ 复合而成. 因为 $\lim\limits_{x \to 3} \dfrac{x-3}{x^2-9} = \dfrac{1}{6}$，而函数 $y = \sqrt{u}$ 在点 $u = \dfrac{1}{6}$ 处连续，所以 $\lim\limits_{x \to 3} \sqrt{\dfrac{x-3}{x^2-9}} = \sqrt{\lim\limits_{x \to 3} \dfrac{x-3}{x^2-9}} = \sqrt{\dfrac{1}{6}} = \dfrac{\sqrt{6}}{6}$.

定理 4(复合函数的连续性) 设函数 $u = \varphi(x)$ 在 $x = x_0$ 点连续，且 $\varphi(x_0) = u_0$，而函数 $y = f(u)$ 在 $u = u_0$ 点连续，则复合函数 $y = f[\varphi(x)]$ 在 $x = x_0$ 点连续.

证 由定理 3，得

$$\lim_{x \to x_0} f[\varphi(x)] = f[\lim_{x \to x_0} \varphi(x)] = f[\varphi(x_0)],$$

即 $f[\varphi(x)]$ 在 x_0 点连续.

证毕

我们指出，利用连续函数的定义及连续函数的性质可以证明：

所有基本初等函数在它们的定义区间内都是连续的.

例 4 证明 $\lim\limits_{x \to 0} \dfrac{\ln(1+x)}{x} = 1$.

证 $\lim\limits_{x \to 0} \dfrac{\ln(1+x)}{x} = \lim\limits_{x \to 0} \ln(1+x)^{\frac{1}{x}} = \ln[\lim\limits_{x \to 0}(1+x)^{\frac{1}{x}}] = \ln e = 1$.

三、初等函数的连续性

由于初等函数是由基本初等函数和常数经过有限次的四则运算及有限次的复合所构成的，因此由基本初等函数的连续性，根据连续函数的运算法则可知下列结论：

任何初等函数在其定义区间内都是连续的. 所谓**定义区间**，就是包含在定义域内的区间.

根据函数 $f(x)$ 在 x_0 点连续的定义可知，如果已知 $f(x)$ 在 x_0 点连续，那么求 $f(x)$ 当 $x\to x_0$ 的极限时，只要求出 $f(x)$ 在 x_0 的函数值就行了.

例 5 求 $\lim\limits_{x\to 0}\dfrac{\sqrt{1+x^2}-1}{x}$.

解 $\lim\limits_{x\to 0}\dfrac{\sqrt{1+x^2}-1}{x}=\lim\limits_{x\to 0}\dfrac{(\sqrt{1+x^2}-1)(\sqrt{1+x^2}+1)}{x(\sqrt{1+x^2}+1)}=\lim\limits_{x\to 0}\dfrac{x}{\sqrt{1+x^2}+1}=0.$

例 6 求函数 $f(x)=\begin{cases}\dfrac{1}{x-1}, & 0\leqslant x<2, x\neq 1,\\ x^2, & -1<x<0\end{cases}$ 的连续区间.

解 当 $-1<x<0$ 时，$f(x)=x^2$ 是连续的. 又当 $0<x<1$ 及 $1<x<2$ 时，$f(x)=\dfrac{1}{x-1}$ 是连续的. 而 $f(x)$ 在 $x=1$ 点无定义，所以 $x=1$ 是 $f(x)$ 的间断点.

$f(x)$ 在 $x=0$ 点有定义 $f(0)=-1$，但

$$\lim_{x\to 0^-}f(x)=\lim_{x\to 0^-}x^2=0,\quad \lim_{x\to 0^+}f(x)=\lim_{x\to 0^+}\frac{1}{x-1}=-1,$$

即左右极限存在但不相等，所以 $x=0$ 是 $f(x)$ 的间断点.

综上所述，函数 $f(x)$ 的连续区间为 $(-1,0)$，$(0,1)$ 和 $(1,2)$.

四、闭区间上连续函数的性质

在闭区间上连续的函数，具有下述两个重要性质. 这些性质的几何意义是十分明显的.

1. 最值性质

对于在区间 I 上有定义的函数 $f(x)$，如果存在 $x_0\in I$，使得对于任一 $x\in I$ 都有

$$f(x)\leqslant f(x_0)\quad (\text{或 } f(x)\geqslant f(x_0)),$$

则称 $f(x_0)$ 是函数 $f(x)$ 在区间 I 上的**最大值(或最小值)**.

定理 5(最值定理) 设函数 $f(x)$ 在闭区间 $[a,b]$ 上连续，则函数 $f(x)$ 必在 $[a,b]$ 上有最大值和最小值.

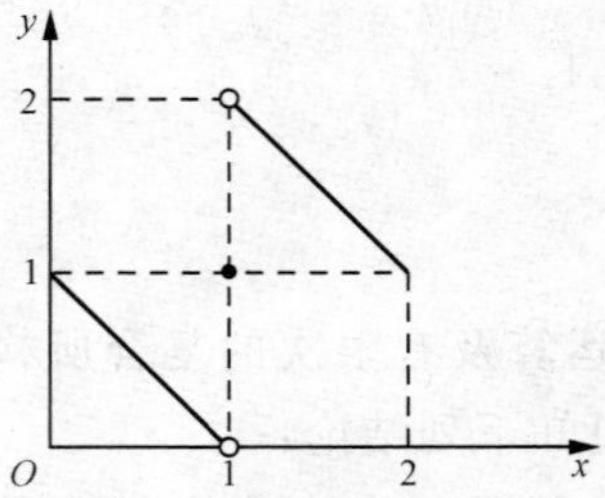

图 1-25

注意，这个定理的条件"在闭区间上连续"是不可缺少的.

例如，函数 $f(x)=\begin{cases}-x+1, & 0\leqslant x<1,\\ 1, & x=1,\\ -x+3, & 1<x\leqslant 2\end{cases}$ 在闭区间 $[0,2]$ 上有间断点 $x=1$，如图 1-25 所示，这函数在闭区间 $[0,2]$ 上既无最大值又无最小值.

推论 1 闭区间上连续的函数必有界.

2. 介值性质

定理 6(介值定理)　设函数 $f(x)$ 在 $[a,b]$ 上连续，且

$$f(a)=A,\quad f(b)=B,\quad A\neq B,$$

则对介于 A,B 之间的任意一个数 C，在开区间 (a,b) 内至少有一点 ξ，使得

$$f(\xi)=C\quad(a<\xi<b).$$

该定理的几何意义是：连续曲线弧 $y=f(x)$ 与水平直线 $y=C$ 至少相交于一点(如图 1-26 所示).

由介值定理，我们可以得到两个推论.

推论 2　在闭区间上连续的函数必取得介于最大值与最小值之间的任何值.

设最大值 $M=f(x_1)$，最小值 $m=f(x_2)$，而 $m\neq M$(如图 1-27 所示)，在闭区间 $[x_1,x_2]$ 上应用介值定理，即得上述推论.

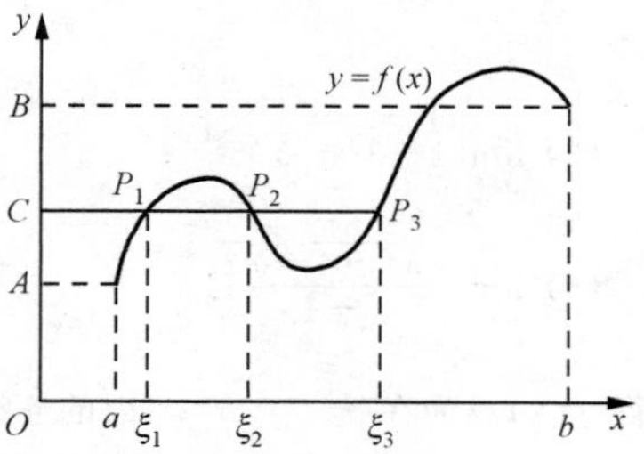

图　1-26

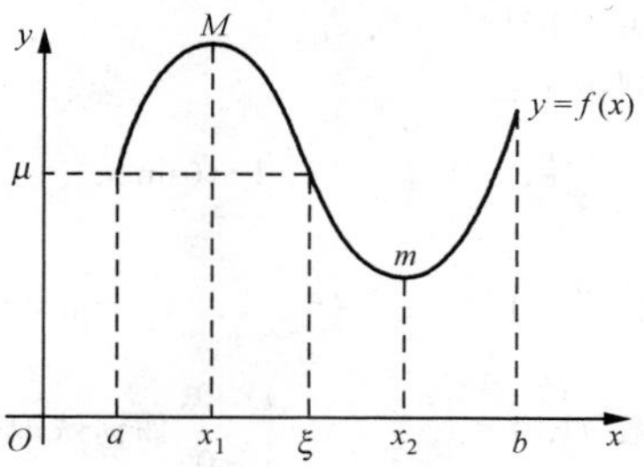

图　1-27

推论 3　设函数 $f(x)$ 在闭区间 $[a,b]$ 上连续，且 $f(a)$ 与 $f(b)$ 异号，则在开区间 (a,b) 内至少有一点 ξ，使得 $f(\xi)=0$.

推论 3 也常称为**零点定理**. 零点定理常应用于证明方程的根的存在性并确定根的区间.

例 7　证明方程 $x^3-4x^2+1=0$ 在区间 $(0,1)$ 内至少有一个根.

证　因为函数 $f(x)=x^3-4x^2+1$ 在闭区间 $[0,1]$ 上连续，又

$$f(0)=1>0,\quad f(1)=-2<0.$$

根据零点定理，在 $(0,1)$ 内至少有一点 ξ，使得 $f(\xi)=0$，即

$$\xi^3-4\xi^2+1=0\ (0<\xi<1).$$

这等式说明方程 $x^3-4x^2+1=0$ 在区间 $(0,1)$ 内至少有一个根 ξ.

习　题　1-6

1. 求下列函数的连续区间，并求极限：

(1) $f(x)=\dfrac{x^3+3x^2-x-3}{x^2+x-6}$，并求 $\lim\limits_{x\to 0}f(x)$，$\lim\limits_{x\to 2}f(x)$；　(2) $f(x)=\lg(2-x)$，并求 $\lim\limits_{x\to -8}f(x)$.

2. 设 $f(x)=\begin{cases} x-1, & 0<x\leqslant 1, \\ 2-x, & 1<x\leqslant 3. \end{cases}$

(1) 求 $f(x)$ 当 $x\to 1$ 时的左右极限，且当 $x\to 1$ 时，$f(x)$ 的极限是否存在；

(2) $f(x)$ 在 $x=1$ 点是否连续；

(3) 求函数的连续区间；

(4) 求 $\lim\limits_{x\to 2}f(x)$ 和 $\lim\limits_{x\to 1/2}f(x)$.

3. 设函数 $f(x)=\begin{cases} x^2-1, & 0\leqslant x\leqslant 1, \\ x+3, & x>1. \end{cases}$ 当 $x=1,\dfrac{1}{2},2$ 时，$f(x)$ 是否都连续？确定 $f(x)$ 的定义域及连续区间，作出它的图形.

4. 求下列极限：

(1) $\lim\limits_{x\to 0}\ln\dfrac{\sin x}{x}$；　(2) $\lim\limits_{a\to \frac{\pi}{4}}(\sin 2a)^3$；　(3) $\lim\limits_{x\to 0}(1+3\tan^2 x)^{\cot^2 x}$；

(4) $\lim\limits_{x\to \infty}\left(\dfrac{x}{x+1}\right)^{-x}$；　(5) $\lim\limits_{x\to -\infty}(e^x+\arctan x)$；　(6) $\lim\limits_{x\to 1}\dfrac{\sqrt{5x-4}-\sqrt{x}}{x-1}$.

5. 设函数 $f(x)=\begin{cases} e^x, & x<0, \\ a+x, & x\geqslant 0. \end{cases}$ 如何选取数 a，使得 $f(x)$ 成为在 $(-\infty,+\infty)$ 内的连续函数？

6. 证明方程 $\sin x+x+1=0$ 在开区间 $\left(-\dfrac{\pi}{2},\dfrac{\pi}{2}\right)$ 内至少有一个根.

7. 设函数 $f(x)$ 在闭区间 $[a,b]$ 上连续，$f(a)>a$，$f(b)<b$，试证在开区间 (a,b) 内至少有一点 ξ，使 $f(\xi)=\xi$.

第二章　导数与微分

从本章起，学习微积分学的第二个基本内容——微分学，它有两个基本概念：导数与微分. 导数反映函数相对于自变量变化快慢的程度即变化率，如物体运动速度，电流强度，化学反应速度等. 而微分则指明当自变量有微小变化时，函数大体上变化多少.

第一节　导数的概念

一、导数概念

实例 1　变速直线运动的速度.

一质点作变速直线运动，在时间区间$[0,t]$内走过的路程为 $s=s(t)$，求质点在 t_0 时刻的瞬时速度.

在时间区间$[0,t_0]$内质点走过的路程是 $s(t_0)$，在时间区间$[0,t_0+\Delta t]$内质点走过的路程是 $s(t_0+\Delta t)$. 因此，在 Δt 时间内，质点走过的路程（如图 2-1 所示）为

$$\Delta s = s(t_0+\Delta t) - s(t_0).$$

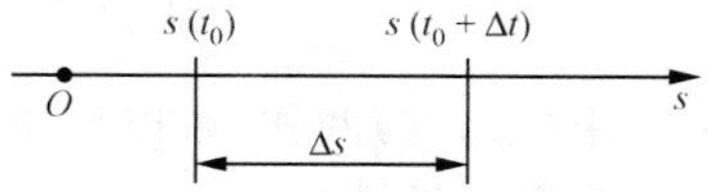

图　2-1

如果质点作匀速直线运动，它的速度为 $v=\dfrac{\Delta s}{\Delta t}$；如果质点作变速直线运动，那么在运动的不同时间间隔内，上述比值会不同，这种变速直线运动的质点在某一时刻 t_0 的瞬时速度应如何求呢？

首先可以求质点在$[t_0,t_0+\Delta t]$这段时间内的平均速度 $\bar{v}$：

$$\bar{v} = \frac{\Delta s}{\Delta t} = \frac{s(t_0+\Delta t)-s(t_0)}{\Delta t}.$$

当 Δt 很小时，$\bar{v}$ 可作为质点在 t_0 时刻的瞬时速度的近似值. Δt 越小，这个平均速度就越接近于 t_0 时刻的瞬时速度，令 $\Delta t\to 0$，平均速度的极限就是瞬时速度 $v(t_0)$：

$$v(t_0) = \lim_{\Delta t\to 0}\frac{s(t_0+\Delta t)-s(t_0)}{\Delta t}. \tag{1}$$

实例 2　切线问题.

设曲线方程为 $y=f(x)$. 在曲线 $y=f(x)$上取定一点 $M(x_0,f(x_0))$，再在曲线上另取一点 $N(x_0+\Delta x,f(x_0+\Delta x))$，连接 M 和 N 得割线 MN（如图 2-2 所示）. 当点 N 沿曲线趋

于点 M 时，如果割线 MN 绕点 M 旋转而趋于极限位置 MT，则直线 MT 就称为曲线在点 M 处的**切线**.

以 φ 表示割线 MN 与 x 轴正向的夹角，则割线 MN 的斜率为 $\tan\varphi$，于是有

$$\tan\varphi = \frac{\Delta y}{\Delta x} = \frac{f(x_0+\Delta x)-f(x_0)}{\Delta x}.$$

当点 N 沿曲线趋于点 M 时，割线 MN 趋于它的切线 MT，这时 φ 也趋向于切线 MT 与 x 轴正向的夹角 α，同时也有 $\Delta x\to 0$（如图 2-3 所示），因而切线 MT 的斜率为

$$k = \tan\alpha = \lim_{\Delta x\to 0}\frac{\Delta y}{\Delta x} = \lim_{\Delta x\to 0}\frac{f(x_0+\Delta x)-f(x_0)}{\Delta x}. \tag{2}$$

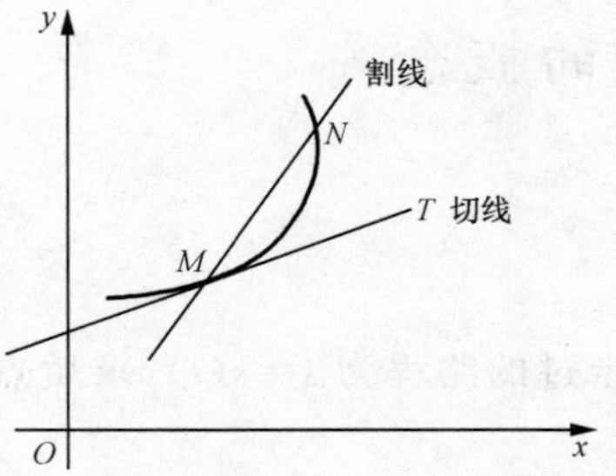

图　2-2

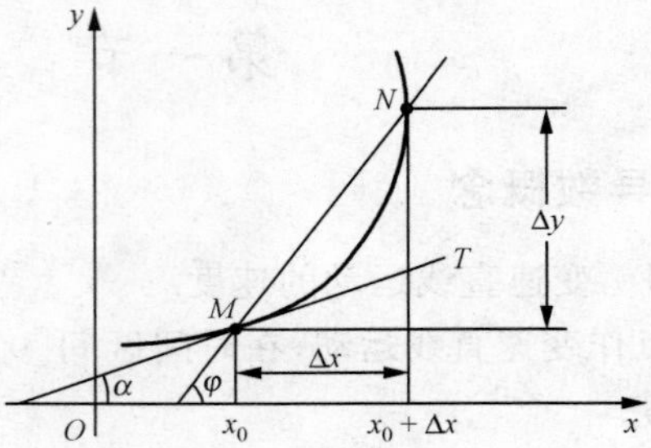

图　2-3

由(1)、(2)两式，可以抽象出函数的导数定义.

定义　设函数 $y=f(x)$ 在点 x_0 的某邻域内有定义，当自变量 x 在 x_0 处有改变量 Δx 时，函数 y 相应地有改变量

$$\Delta y = f(x_0+\Delta x)-f(x_0).$$

如果极限

$$\lim_{\Delta x\to 0}\frac{\Delta y}{\Delta x} = \lim_{\Delta x\to 0}\frac{f(x_0+\Delta x)-f(x_0)}{\Delta x}$$

存在，则称函数 $f(x)$ 在点 x_0 处**可导**. 此极限值称为函数 $f(x)$ 在 x_0 处的**导数**，记为

$$f'(x_0),\ y'\big|_{x=x_0},\ \left.\frac{\mathrm{d}y}{\mathrm{d}x}\right|_{x=x_0}\ 或\ \left.\frac{\mathrm{d}f(x)}{\mathrm{d}x}\right|_{x=x_0},$$

即

$$f'(x_0) = \lim_{\Delta x\to 0}\frac{f(x_0+\Delta x)-f(x_0)}{\Delta x}.$$

如果 $\lim\limits_{\Delta x\to 0}\dfrac{\Delta y}{\Delta x}$ 不存在，则称函数 $y=f(x)$ 在点 x_0 处**不可导**. 如果 $\lim\limits_{\Delta x\to 0}\dfrac{\Delta y}{\Delta x}=\infty$，为了方便，也称函数 $y=f(x)$ 在点 x_0 处的**导数为无穷大**.

令 $x_0+\Delta x=x$，则当 $\Delta x\to 0$ 时，有 $x\to x_0$，因此，函数 $y=f(x)$ 在点 x_0 处的导数 $f'(x_0)$

也可表示为

$$f'(x_0)=\lim_{x\to x_0}\frac{f(x)-f(x_0)}{x-x_0}.$$

根据 $f'(x_0)$的定义，$f(x)$在点 x_0 处可导的充分必要条件是

$$\lim_{h\to 0^-}\frac{f(x_0+h)-f(x_0)}{h}\ \text{及}\ \lim_{h\to 0^+}\frac{f(x_0+h)-f(x_0)}{h}$$

都存在且相等. 这两个极限分别称为 $f(x)$在点 x_0 处的**左导数**和**右导数**，分别记做 $f'_-(x_0)$及 $f'_+(x_0)$，即

$$f'_-(x_0)=\lim_{h\to 0^-}\frac{f(x_0+h)-f(x_0)}{h},\quad f'_+(x_0)=\lim_{h\to 0^+}\frac{f(x_0+h)-f(x_0)}{h}.$$

如果函数 $y=f(x)$在开区间(a,b)内的每点处都可导，则称函数 $y=f(x)$在**开区间(a,b)内可导**；如果 $y=f(x)$在(a,b)内可导，且在 a 点处右可导，b 点处左可导，则称函数 $y=f(x)$在**闭区间$[a,b]$上可导**.

如果函数 $y=f(x)$在区间 I 中的每一个 x 点可导(但在闭区间的左端点只需右可导，右端点只需左可导)，则对于任一 $x\in I$，都对应着 $f(x)$的一个确定的导数值. 这样就构成了一个新的函数，这个新函数叫做函数 $y=f(x)$的**导函数**，记做

$$f'(x),\ y',\ \frac{\mathrm{d}y}{\mathrm{d}x}\ \text{或}\ \frac{\mathrm{d}f(x)}{\mathrm{d}x},$$

即

$$f'(x)=\lim_{\Delta x\to 0}\frac{f(x+\Delta x)-f(x)}{\Delta x}.$$

显然，函数 $y=f(x)$在点 x_0 处的导数 $f'(x_0)$就是导函数 $f'(x)$在点 x_0 处的函数值，即

$$f'(x_0)=f'(x)\big|_{x=x_0}.$$

今后，在不至于发生混淆的地方，我们把导函数也简称为**导数**.

二、求导数举例

根据导数的定义，求函数 $y=f(x)$的导数可按如下三个步骤进行：

(1) 求函数的改变量 $\Delta y=f(x+\Delta x)-f(x)$；

(2) 求平均变化率$\dfrac{\Delta y}{\Delta x}=\dfrac{f(x+\Delta x)-f(x)}{\Delta x}$；

(3) 求极限 $y'=\lim\limits_{\Delta x\to 0}\dfrac{\Delta y}{\Delta x}$.

例 1　易知常数 C 的导数$(C)'=0$.

例 2　求函数 $f(x)=x^n$(n 为正整数)的导数.

解　因为

$$\begin{aligned}\Delta y &= f(x+\Delta x)-f(x)=(x+\Delta x)^n-x^n\\ &= x^n+nx^{n-1}\Delta x+\frac{n(n-1)}{2!}x^{n-2}(\Delta x)^2+\cdots+(\Delta x)^n-x^n\\ &= nx^{n-1}\Delta x+\frac{n(n-1)}{2!}x^{n-2}(\Delta x)^2+\cdots+(\Delta x)^n,\end{aligned}$$

则

$$\frac{\Delta y}{\Delta x}=nx^{n-1}+\frac{n(n-1)}{2!}x^{n-2}\Delta x+\cdots+(\Delta x)^{n-1}.$$

所以

$$f'(x)=\lim_{\Delta x\to 0}\frac{\Delta y}{\Delta x}=\lim_{\Delta x\to 0}\left[nx^{n-1}+\frac{n(n-1)}{2!}\Delta x+\cdots+(\Delta x)^{n-1}\right]=nx^{n-1},$$

即

$$(x^n)'=nx^{n-1}.$$

更一般地，对于幂函数 $y=x^\mu$（μ 为常数），有 $(x^\mu)'=\mu x^{\mu-1}$.

例 3 求函数 $f(x)=\sin x$ 的导数.

解 因为

$$\Delta y=f(x+\Delta x)-f(x)=\sin(x+\Delta x)-\sin x=2\cos\left(x+\frac{\Delta x}{2}\right)\sin\frac{\Delta x}{2},$$

则

$$\frac{\Delta y}{\Delta x}=\frac{2\cos\left(x+\frac{\Delta x}{2}\right)\sin\frac{\Delta x}{2}}{\Delta x}=\cos\left(x+\frac{\Delta x}{2}\right)\frac{\sin\frac{\Delta x}{2}}{\frac{\Delta x}{2}}.$$

所以

$$f'(x)=\lim_{\Delta x\to 0}\frac{\Delta y}{\Delta x}=\lim_{\Delta x\to 0}\cos\left(x+\frac{\Delta x}{2}\right)\frac{\sin\frac{\Delta x}{2}}{\frac{\Delta x}{2}}=\cos x,$$

即

$$(\sin x)'=\cos x.$$

用类似的方法，可求得 $(\cos x)'=-\sin x$.

例 4 求函数 $f(x)=\log_a x\,(a>0, a\neq 1)$ 的导数.

解 因为

$$\Delta y=f(x+\Delta x)-f(x)=\log_a(x+\Delta x)-\log_a x=\log_a\left(1+\frac{\Delta x}{x}\right),$$

所以

$$f'(x)=\lim_{\Delta x\to 0}\frac{\Delta y}{\Delta x}=\lim_{\Delta x\to 0}\frac{1}{\Delta x}\log_a\left(1+\frac{\Delta x}{x}\right)=\lim_{\Delta x\to 0}\frac{1}{x}\log_a\left(1+\frac{\Delta x}{x}\right)^{\frac{x}{\Delta x}}=\frac{1}{x}\log_a \mathrm{e}=\frac{1}{x\ln a},$$

即

$$(\log_a x)'=\frac{1}{x\ln a}.$$

特别地，对以 e 为底的自然对数函数 $y=\ln x$，有 $(\ln x)'=\dfrac{1}{x}$.

例 5　求函数 $f(x)=a^x(a>0,a\neq 1)$ 的导数.

解　因为

$$\Delta y=f(x+\Delta x)-f(x)=a^{x+\Delta x}-a^x=a^x(a^{\Delta x}-1),$$

所以

$$f'(x)=\lim_{\Delta x\to 0}\frac{\Delta y}{\Delta x}=\lim_{\Delta x\to 0}a^x\frac{a^{\Delta x}-1}{\Delta x}=a^x\lim_{\Delta x\to 0}\frac{a^{\Delta x}-1}{\Delta x}.$$

令 $a^{\Delta x}-1=t$，则 $\Delta x=\log_a(1+t)$，当 $\Delta x\to 0$ 时，$t\to 0$，于是

$$\lim_{\Delta x\to 0}\frac{a^{\Delta x}-1}{\Delta x}=\lim_{t\to 0}\frac{t}{\log_a(1+t)}=\lim_{t\to 0}\frac{1}{\frac{1}{t}\log_a(1+t)}=\frac{1}{\log_a \mathrm{e}}=\ln a.$$

因此 $f'(x)=a^x\ln a$，即 $(a^x)'=a^x\ln a$.

特别地，当 $a=\mathrm{e}$ 时，因 $\ln\mathrm{e}=1$，则有 $(\mathrm{e}^x)'=\mathrm{e}^x$.

三、导数的几何意义

切线问题(2)式给出了导数的**几何意义**：函数 $f(x)$ 在点 x_0 处的导数 $f'(x_0)$ 是曲线 $y=f(x)$ 在相应点 $M_0(x_0,f(x_0))$ 处切线的斜率，即 $f'(x_0)=\tan\alpha$（如图 2-4 所示）.

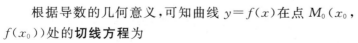

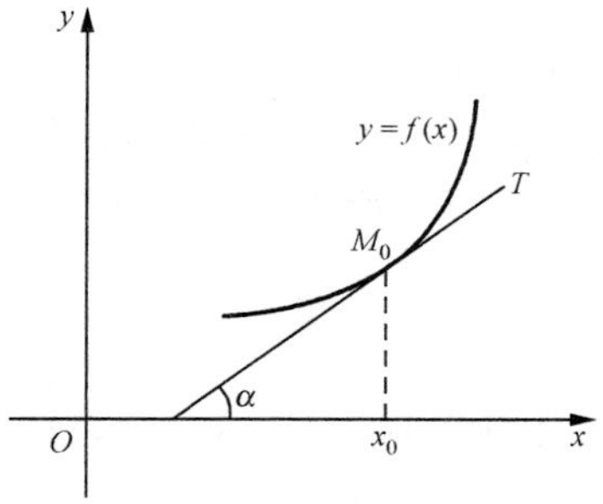

图　2-4

如果 $f(x)$ 在点 x_0 处连续，且其导数为无穷大，这时曲线在 M_0 点切线的倾角 $\alpha=\dfrac{\pi}{2}$，因而曲线在 M_0 点有与 x 轴垂直的切线.

根据导数的几何意义，可知曲线 $y=f(x)$ 在点 $M_0(x_0,f(x_0))$ 处的**切线方程**为

$$y-f(x_0)=f'(x_0)(x-x_0).$$

过切点 $M_0(x_0,f(x_0))$ 且与切线垂直的直线称为曲线 $y=f(x)$ 在点 M_0 处的**法线**. 如果 $f'(x_0)\neq 0$，则法线的斜率为 $-\dfrac{1}{f'(x_0)}$，从而**法线方程**为

$$y - f(x_0) = -\frac{1}{f'(x_0)}(x - x_0).$$

例 6　求等边双曲线 $y=\frac{1}{x}$ 在点 $\left(\frac{1}{2},2\right)$ 处切线的斜率，并写出该点处的切线方程和法线方程.

解　$y'=\left(\frac{1}{x}\right)'=-\frac{1}{x^2}$，于是 $y=\frac{1}{x}$ 在点 $\left(\frac{1}{2},2\right)$ 处切线的斜率为 $k_1=y'|_{x=\frac{1}{2}}=-4$. 切线方程为

$$y - 2 = -4\left(x - \frac{1}{2}\right),\ 即\ 4x + y - 4 = 0.$$

$y=\frac{1}{x}$ 在点 $\left(\frac{1}{2},2\right)$ 处法线的斜率为 $k_2=-\frac{1}{k_1}=\frac{1}{4}$，法线方程为

$$y - 2 = \frac{1}{4}\left(x - \frac{1}{2}\right),\ 即\ 2x - 8y + 15 = 0.$$

四、可导与连续的关系

定理　若函数 $y=f(x)$ 在点 x_0 处可导，则函数 $y=f(x)$ 在点 x_0 处连续.

证　因为函数 $y=f(x)$ 在点 x_0 处可导，则 $\lim\limits_{\Delta x\to 0}\frac{\Delta y}{\Delta x}=f'(x_0)$ 存在，故

$$\lim_{\Delta x\to 0}\Delta y = \lim_{\Delta x\to 0}\frac{\Delta y}{\Delta x}\cdot\Delta x = f'(x_0)\cdot 0 = 0.$$

因此，函数 $y=f(x)$ 在点 x_0 处连续.　**证毕**

注意，上述定理的逆命题不成立，即一个函数在某一点连续，却不一定在该点可导.

例 7　证明 $f(x)=|x|$ 在点 $x=0$ 处不可导.

证　因为

$$\Delta y = f(0+\Delta x) - f(0) = |\Delta x|,$$

当 $\Delta x<0$ 时，$\frac{|\Delta x|}{\Delta x}=-1$，故 $\lim\limits_{\Delta x\to 0^-}\frac{|\Delta x|}{\Delta x}=-1$；当 $\Delta x>0$ 时，$\frac{|\Delta x|}{\Delta x}=1$，故 $\lim\limits_{\Delta x\to 0^+}\frac{|\Delta x|}{\Delta x}=1$. 所以，$\lim\limits_{\Delta x\to 0}\frac{f(0+\Delta x)-f(0)}{\Delta x}$ 不存在，即函数 $f(x)=|x|$ 在 $x=0$ 处不可导.

从图形上看，曲线 $f(x)=|x|$ 在点 $x=0$ 处为角点，在该点处切线不存在(见图 2-5).

例 8　证明 $y=\sqrt[3]{x}$ 在点 $x=0$ 处不可导.

证　因为 $\Delta y=f(0+\Delta x)-f(0)=\sqrt[3]{\Delta x}$，所以

$$\lim_{\Delta x\to 0}\frac{\Delta y}{\Delta x} = \lim_{\Delta x\to 0}\frac{\sqrt[3]{\Delta x}}{\Delta x} = \lim_{\Delta x\to 0}\frac{1}{(\Delta x)^{2/3}} = \infty,$$

即函数 $y=\sqrt[3]{x}$ 在点 $x=0$ 处不可导.

从图形上看，曲线 $y=\sqrt[3]{x}$ 在原点 O 具有垂直于 x 轴的切线 $x=0$（如图 2-6 所示）．

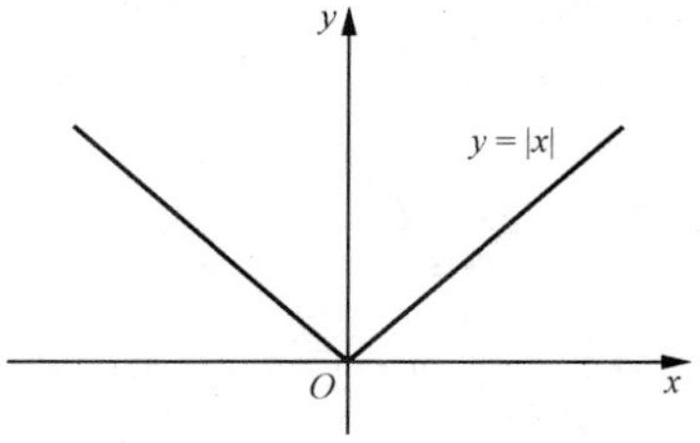

图　2-5

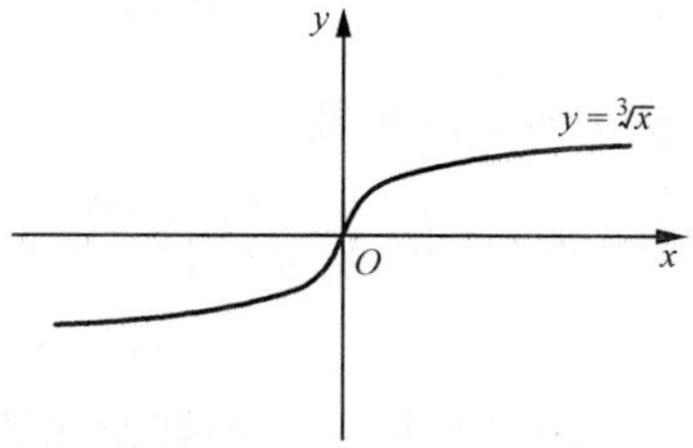

图　2-6

习　题　2-1

1．求下列函数的导数：

(1) $y=x^{1.6}$；　(2) $y=\sqrt[3]{x^2}$；　(3) $y=x^3\cdot\sqrt[5]{x}$；　(4) $y=\dfrac{1}{x^2}$．

2．下列各题中均假定 $f'(x_0)$ 存在，按照导数定义观察下列极限，指出 A 表示什么？

(1) $\lim\limits_{h\to0}\dfrac{f(x_0+h)-f(x_0-h)}{h}=A$；　(2) $\lim\limits_{x\to0}\dfrac{f(x)}{x}=A$，其中 $f(0)=0$，且 $f'(0)$ 存在．

3．求下列函数在指定点处的导数：

(1) $f(x)=C$（C 为常数），求 $f'(8)$；　(2) $f(x)=\log_a x$，求 $f'(3)$；　(3) $f(x)=\sin x$，求 $f'\left(\dfrac{\pi}{3}\right)$．

4．一质点作直线运动，它所经过的路程和时间的关系是 $s=3t^2+1$．求 $t=2$ 时的瞬时速度．

5．求下列曲线在指定点处的切线方程和法线方程：

(1) $y=\ln x$ 在点 $(e,1)$ 处；　(2) $y=\cos x$ 在点 $\left(\dfrac{\pi}{4},\dfrac{\sqrt{2}}{2}\right)$ 处．

第二节　基本求导法则

一、四则求导法则

定理 1　设函数 $u=u(x)$ 及 $v=v(x)$ 在点 x 处可导，则 $u\pm v$，$u\cdot v$ 及 $\dfrac{u}{v}$（$v(x)\neq0$）在点 x 处也可导，且

(1) $(u\pm v)'=u'\pm v'$；　(2) $(uv)'=u'v+uv'$；　(3) $\left(\dfrac{u}{v}\right)'=\dfrac{u'v-uv'}{v^2}$ $(v\neq0)$．

例 1　求 $y=\tan x$ 的导数．

解　$y'=(\tan x)'=\left(\dfrac{\sin x}{\cos x}\right)'=\dfrac{(\sin x)'\cos x-\sin x(\cos x)'}{\cos^2 x}=\dfrac{\cos^2 x+\sin^2 x}{\cos^2 x}=\dfrac{1}{\cos^2 x}=$

$\sec^2 x$，即

$$(\tan x)' = \frac{1}{\cos^2 x} = \sec^2 x.$$

例 2　求 $y=\sec x$ 的导数.

解　$y'=(\sec x)'=\left(\dfrac{1}{\cos x}\right)'=\dfrac{1'\cos x-1\cdot(\cos x)'}{\cos^2 x}=\dfrac{\sin x}{\cos^2 x}=\sec x\ \tan x$，即

$$(\sec x)' = \sec x\ \tan x.$$

用类似方法，还可求得余切函数及余割函数的导数公式：

$$(\cot x)' = -\frac{1}{\sin^2 x} = -\csc^2 x;$$

$$(\csc x)' = -\csc x\cot x.$$

由定理 1 容易推得，如果有限个函数 $u_1=u_1(x), u_2=u_2(x), \cdots, u_m=u_m(x)$ 均在点 x 处可导，则其和与积在点 x 处都可导，且

$$(u_1+u_2+\cdots+u_m)' = u_1'+u_2'+\cdots+u_m',$$

$$(u_1\ u_2\cdots u_m)' = u_1' u_2\cdots u_m + u_1 u_2' u_3\cdots u_m + \cdots + u_1 u_2\cdots u_{m-1} u_m'.$$

特别地，如果函数 $u=u(x)$ 在点 x 处可导，C 为常数，则 Cu 在点 x 处可导，且

$$(Cu)' = Cu'.$$

二、反函数求导法则

为了推导基本初等函数导数公式的需要，我们给出函数的导数与其反函数的导数的关系.

定理 2　如果函数 $x=\varphi(y)$ 在某区间 I_y 内单调、可导，且 $\varphi'(y)\neq 0$，那么它的反函数 $y=f(x)$ 在对应区间 I_x 内也可导，且有

$$f'(x) = \frac{1}{\varphi'(y)},\ \text{或}\ \frac{\mathrm{d}y}{\mathrm{d}x} = \frac{1}{\dfrac{\mathrm{d}x}{\mathrm{d}y}}.$$

证　这可以从 $\dfrac{\Delta y}{\Delta x}=\dfrac{1}{\dfrac{\Delta x}{\Delta y}}$ 两边取极限得到

$$f'(x) = \lim_{\Delta x\to 0}\frac{\Delta y}{\Delta x} = \lim_{\Delta y\to 0}\frac{1}{\dfrac{\Delta x}{\Delta y}} = \frac{1}{\lim\limits_{\Delta y\to 0}\dfrac{\Delta x}{\Delta y}} = \frac{1}{\varphi'(y)}.$$

证毕

例 3　求 $y=\arcsin x$ 的导数.

解　$y=\arcsin x$ 是 $x=\sin y$ 的反函数. 由于函数 $x=\sin y$ 在区间 $\left(-\dfrac{\pi}{2},\dfrac{\pi}{2}\right)$ 内单调、可

导，且$\frac{dx}{dy}=(\sin y)'=\cos y\neq 0$. 由定理 2 知，在对应区间$(-1,1)$内有

$$(\arcsin x)'=\frac{1}{(\sin y)'}=\frac{1}{\cos y}=\frac{1}{\sqrt{1-\sin^2 y}}=\frac{1}{\sqrt{1-x^2}}.$$

$\left(\text{因当}-\frac{\pi}{2}<y<\frac{\pi}{2}\text{时，}\cos y>0\text{，所以根号前只取正号.}\right)$

类似地，有

$$(\arccos x)'=\frac{-1}{\sqrt{1-x^2}}.$$

例 4　求 $y=\arctan x$ 的导数.

解　$y=\arctan x$ 是 $x=\tan y$ 的反函数. 由于函数 $x=\tan y$ 在区间$\left(-\frac{\pi}{2},\frac{\pi}{2}\right)$内单调、可导，且$\frac{dx}{dy}=(\tan y)'=\sec^2 y\neq 0$. 由定理 2，在对应区间$(-\infty,+\infty)$内有

$$(\arctan x)'=\frac{1}{(\tan y)'}=\frac{1}{\sec^2 y}=\frac{1}{1+\tan^2 y}=\frac{1}{1+x^2}.$$

类似地，有

$$(\operatorname{arccot} x)'=\frac{-1}{1+x^2}.$$

三、复合求导法则

定理 3　设函数 $u=\varphi(x)$在点 x 处可导，函数 $y=f(u)$在对应的点 u 处可导，则复合函数 $y=f[\varphi(x)]$在点 x 处可导，且有

$$\frac{dy}{dx}=\frac{dy}{du}\frac{du}{dx}.$$

证　对于自变量的增量 Δx，设函数 $u=\varphi(x)$和 $y=f(u)$的增量分别为 Δu 和 Δy. 不防设当 $\Delta x\neq 0$ 时，$\Delta u\neq 0$，则由

$$\frac{\Delta y}{\Delta x}=\frac{\Delta y}{\Delta u}\frac{\Delta u}{\Delta x},$$

两边令 $\Delta x\to 0$，取极限，得

$$\frac{dy}{dx}=\frac{dy}{du}\frac{du}{dx}.$$

证毕

此法则也称为复合函数求导的**链锁法则**，即函数 $y=f[\varphi(x)]$对自变量 x 的导数等于 f 对中间“链环”u 的导数乘以 u 对 x 的导数.

例 5　设 $y=\sin 2x$，求$\frac{dy}{dx}$.

解 $y=\sin 2x$ 可看做由 $y=\sin u, u=2x$ 复合而成,所以

$$\frac{dy}{dx}=\frac{dy}{du}\frac{du}{dx}=\cos u\cdot 2=2\cos 2x.$$

在运算熟练后,可以只在心中引进中间变量,而不必写出来.

例 6 设 $y=e^{x^2}$,求$\frac{dy}{dx}$.

解 $y=e^{x^2}$ 可看做由 $y=e^u, u=x^2$ 复合而成,所以

$$\frac{dy}{dx}=(e^{x^2})'=e^{x^2}(x^2)'=e^{x^2}\cdot 2x=2xe^{x^2}.$$

复合求导法则可以推广到多个中间变量的情形.我们以两个中间变量为例,设 $y=f(u), u=\varphi(v), v=\psi(x)$,则

$$\frac{dy}{dx}=\frac{dy}{du}\frac{du}{dx},\quad \frac{du}{dx}=\frac{du}{dv}\frac{dv}{dx}.$$

故复合函数 $y=f\{\varphi[\psi(x)]\}$ 的导数为

$$\frac{dy}{dx}=\frac{dy}{du}\frac{du}{dv}\frac{dv}{dx}.$$

当然,这里假定上式右端所出现的导数在相应点处都存在.

例 7 设 $y=\sin^4 5x$, 求$\frac{dy}{dx}$.

解 $y=\sin^4 5x$ 可看做由 $y=u^4, u=\sin 5x$ 复合而成,但 $u=\sin 5x$ 仍为复合函数,继续分解为 $u=\sin v, v=5x$,所以

$$\begin{aligned}\frac{dy}{dx}&=(\sin^4 5x)'=4\sin^3 5x\cdot(\sin 5x)'=4\sin^3 5x\cdot\cos 5x\cdot(5x)'\\&=4\sin^3 5x\cdot\cos 5x\cdot 5=20\sin^3 5x\cdot\cos 5x.\end{aligned}$$

四、基本导数公式

综合前面的讨论,我们有如下的基本导数公式:

(1) $(C)'=0$ (C 为常数); (2) $(x^\mu)'=\mu x^{\mu-1}$(μ 为常数);

(3) $(a^x)'=a^x\ln a$ ($a>0, a\neq 1$); (4) $(e^x)'=e^x$;

(5) $(\log_a x)'=\frac{1}{x\ln a}$ ($a>0, a\neq 1$); (6) $(\ln x)'=\frac{1}{x}$;

(7) $(\sin x)'=\cos x$; (8) $(\cos x)'=-\sin x$;

(9) $(\tan x)'=\sec^2 x$; (10) $(\cot x)'=-\csc^2 x$;

(11) $(\sec x)'=\sec x\tan x$; (12) $(\csc x)'=-\csc x\cot x$;

(13) $(\arcsin x)'=\frac{1}{\sqrt{1-x^2}}$; (14) $(\arccos x)'=\frac{-1}{\sqrt{1-x^2}}$;

(15) $(\arctan x)'=\dfrac{1}{1+x^2}$；　　(16) $(\text{arccot}x)'=\dfrac{-1}{1+x^2}$.

例 8　求函数 $y=x^a-a^x+a^a(a>0,a\neq1)$ 的导数.

解　$y'=(x^a-a^x+a^a)'=ax^{a-1}-a^x\ln a$.

五、初等函数的导数

为了解决初等函数的求导问题，前面已经求出了常数和全部基本初等函数的导数，还给出了函数的和、差、积、商的求导法则以及复合求导法则. 有了这些基本公式和求导法则，几乎所有的初等函数的导数均可求出.

例 9　设 $y=\ln(x+\sqrt{x^2+1})$，求 $\dfrac{\mathrm{d}y}{\mathrm{d}x}$.

解　$\dfrac{\mathrm{d}y}{\mathrm{d}x}=[\ln(x+\sqrt{x^2+1})]'$

$$=\frac{1}{x+\sqrt{x^2+1}}(x+\sqrt{x^2+1})'=\frac{1}{x+\sqrt{x^2+1}}\left(1+\frac{x}{\sqrt{x^2+1}}\right)=\frac{1}{\sqrt{x^2+1}}.$$

习　题　2-2

1. 求下列函数的导数：

(1) $y=x^{10}-10^x+10^{10}$；　(2) $y=xe^x$；　(3) $y=\log_3x-\log_5x$；

(4) $y=\dfrac{1}{\ln x}$；　(5) $y=\dfrac{\sin x}{x}$；　(6) $y=x\arcsin x$.

2. 求下列函数的导数：

(1) $y=\sqrt{x\sqrt{x\sqrt{x}}}$；　(2) $y=\dfrac{5x^2-3x+4}{x^2-1}$；　(3) $y=\dfrac{\arctan x}{1+x^2}$.

3. 求下列函数在给定点处的导数：

(1) $y=\sin x-\cos x$，求 $y'|_{x=\frac{\pi}{6}}$ 和 $y'|_{x=\frac{\pi}{4}}$；　(2) $f(t)=\dfrac{1-\sqrt{t}}{1+\sqrt{t}}$，求 $f'(4)$.

4. 求下列函数的导数：

(1) $y=x\arctan x-\dfrac{1}{2}\ln(1+x^2)$；　(2) $y=\sqrt{x}\sin\sqrt{x}+\cos\sqrt{x}$；

(3) $y=x\sqrt{1-x^2}+\arcsin x$.

5. 讨论下列函数在指定点处的连续性和可导性：

(1) $f(x)=\begin{cases}x, & x\leqslant1,\\ -x^2+2x, & x>1\end{cases}$ 在 $x=1$ 处；　(2) $f(x)=\begin{cases}x\sin\dfrac{1}{x}, & x\neq0,\\ 0, & x=0\end{cases}$ 在 $x=0$ 处.

6. 设 $f(x)$ 可导，求下列函数的导数 $\dfrac{\mathrm{d}y}{\mathrm{d}x}$：

(1) $y=f(\sin^2 x)+f(\cos^2 x)$； (2) $y=[f(x)]^n$； (3) $y=f(x^n)$.

第三节 高阶导数

我们知道，变速直线运动的速度 $v(t)$ 是路程函数 $s(t)$ 对时间 t 的导数，即

$$v=\frac{\mathrm{d}s}{\mathrm{d}t},\ \text{或}\ v=s'.$$

而加速度又是速度 $v=v(t)$ 对时间 t 的导数，即

$$a=\frac{\mathrm{d}v}{\mathrm{d}t}=\frac{\mathrm{d}}{\mathrm{d}t}\left(\frac{\mathrm{d}s}{\mathrm{d}t}\right),\ \text{或}\ a=(s')'.$$

这种导数的导数 $\frac{\mathrm{d}}{\mathrm{d}t}\left(\frac{\mathrm{d}s}{\mathrm{d}t}\right)$ 或 $(s')'$ 称为 s 对 t 的二阶导数. 所以，直线运动的加速度就是路程函数 $s=s(t)$ 对时间 t 的二阶导数.

一般地，考虑函数 $y=f(x)$ 的导函数 $y'(x)$，若它还可导，则称导函数的导数为函数 $y=f(x)$ 的**二阶导数**，记做

$$f''(x),\quad y'',\quad \frac{\mathrm{d}^2 y}{\mathrm{d}x^2},\ \text{或}\ \frac{\mathrm{d}^2 f}{\mathrm{d}x^2}.$$

与导数类似，在一点 x_0 处的二阶导数仍用符号

$$f''(x_0),\quad y''\big|_{x=x_0},\quad \left.\frac{\mathrm{d}^2 y}{\mathrm{d}x^2}\right|_{x=x_0},\ \text{或}\ \left.\frac{\mathrm{d}^2 f}{\mathrm{d}x^2}\right|_{x=x_0}$$

表示.

相应地，把 $y=f(x)$ 的导数 $f'(x)$ 称为函数 $y=f(x)$ 的**一阶导数**. 同样地，若 $f''(x)$ 在点 x 处可导，则 $f''(x)$ 的导数就称为 $f(x)$ 的**三阶导数**，记做

$$f'''(x),\quad y''',\quad \frac{\mathrm{d}^3 y}{\mathrm{d}x^3},\ \text{或}\ \frac{\mathrm{d}^3 f}{\mathrm{d}x^3}.$$

依次类推，可以定义函数 $f(x)$ 的 n 阶导数，即若 $f(x)$ 的 $n-1$ 阶导数可导，则 $f(x)$ 的 $n-1$ 阶导数的导数称为 $f(x)$ 的 **n 阶导数**，记做

$$f^{(n)}(x),\quad y^{(n)},\quad \frac{\mathrm{d}^n y}{\mathrm{d}x^n},\ \text{或}\ \frac{\mathrm{d}^n f}{\mathrm{d}x^n}.$$

二阶及二阶以上的导数统称为**高阶导数**.

函数 $y=f(x)$ 具有 n 阶导数，也常说函数 $f(x)$ **n 阶可导**. 如果函数 $f(x)$ 在点 x 处具有 n 阶导数，那么 $f(x)$ 在点 x 的某一邻域内必定具有一切低于 n 阶的导数.

例 1 设 $y=ax+b$，求 y''.

解 $y'=a,\ y''=0$.

下面介绍几个初等函数的 n 阶导数.

例 2　设 $y=x^n$（n 为正整数），求 $y^{(n)}$ 与 $y^{(n+1)}$.

解　$y'=(x^n)'=nx^{n-1}$，　$y''=(nx^{n-1})'=n(n-1)x^{n-2}$，　$\cdots$

容易看出

$$y^{(n)}=n!.$$

注意到 $y^{(n)}=n!$ 为常数，于是 $y^{(n+1)}=0$.

例 3　设 $y=\ln(1+x)$，求 y 的 n 阶导数.

解　$y'=[\ln(1+x)]'=\dfrac{1}{1+x}=(1+x)^{-1}$，　$y''=[(1+x)^{-1}]'=(-1)(1+x)^{-2},\cdots,$

$$y^{(n)}=(-1)(-2)\cdots(-(n-1))(1+x)^{-n}=(-1)^{n-1}\frac{(n-1)!}{(1+x)^n}.$$

例 4　设 $y=\sin x$，求 y 的 n 阶导数.

解　$y'=(\sin x)'=\cos x=\sin\left(x+\dfrac{\pi}{2}\right)$，

$$y''=\left[\sin\left(x+\frac{\pi}{2}\right)\right]'=\cos\left(x+\frac{\pi}{2}\right)=\sin\left(x+2\cdot\frac{\pi}{2}\right),$$

$$y'''=\left[\sin\left(x+2\cdot\frac{\pi}{2}\right)\right]'=\cos\left(x+2\cdot\frac{\pi}{2}\right)=\sin\left(x+3\cdot\frac{\pi}{2}\right),$$

…………

$$y^{(n)}=\sin\left(x+n\cdot\frac{\pi}{2}\right),$$

即

$$(\sin x)^{(n)}=\sin\left(x+\frac{n\pi}{2}\right).$$

用类似方法可得

$$(\cos x)^{(n)}=\cos\left(x+\frac{n\pi}{2}\right).$$

例 5　求指数函数 $y=e^x$ 的 n 阶导数.

解　$y'=e^x$，　$y''=e^x$，　$y'''=e^x$，　$y^{(4)}=e^x$，　$\cdots$，　$y^{(n)}=e^x$，即

$$(e^x)^{(n)}=e^x.$$

习　题　2-3

1. 设 $y=1-x^2-x^4$，求 y''，y'''.
2. 设 $y=(x+10)^6$，求 $y'''|_{x=2}$.
3. 求下列函数的二阶导数：

(1) $y=xe^{x^2}$；　　(2) $y=\dfrac{1}{1+x^3}$；　　(3) $y=\dfrac{1}{a+\sqrt{x}}$；

(4) $y=(1+x^2)\arctan x$； (5) $y=\cos^2 x\ln x$； (6) $y=\dfrac{e^x}{x}$.

4. 写出下列函数的 n 阶导数的一般表达式：

(1) $y=xe^x$； (2) $y=x\ln x$； (3) $y=\sin^2 x$； (4) $y=\dfrac{1}{(1-x)^2}$.

5. 验证函数 $y=e^x\sin x$ 满足关系式 $y''-2y'+2y=0$.

第四节 隐函数与参数求导法则

一、隐函数求导法则

设由方程 $F(x,y)=0$ 确定的以 x 为自变量、y 为因变量的函数 $y=y(x)$，称为**隐函数**，并且 $y=y(x)$ 可导. 这里介绍不必从方程 $F(x,y)=0$ 解出 $y=y(x)$，就可求出 y 对 x 的导数的方法，即**隐函数求导法则**.

例 1 显然方程

$$x^2+y^2-r^2=0$$

确定了一个以 x 为自变量、y 为因变量的隐函数. 为了求 y 对 x 的导数，可将上式两边逐项对 x 求导，并将 y^2 看做 x 的复合函数. 右端的导数显然为 0，则有

$$\frac{d}{dx}(x^2)+\frac{d}{dx}(y^2)-\frac{d}{dx}(r^2)=0,\ 即\ 2x+2y\frac{dy}{dx}=0,$$

所以

$$\frac{dy}{dx}=-\frac{x}{y}.$$

从上例可以看到，在等式两边逐项对自变量求导数，即可得到一个包含 y' 的一次方程，解出 y'，即得隐函数的导数.

例 2 设方程 $\sqrt{x^2+y^2}=e^{\arctan\frac{y}{x}}$ 确定的隐函数为 $y=y(x)$，求 $\dfrac{dy}{dx}$，$\dfrac{d^2y}{dx^2}$.

解 方程两边对 x 求导，注意到 y 是 x 的函数，有

$$\frac{1}{2\sqrt{x^2+y^2}}(2x+2y\cdot y')=e^{\arctan\frac{y}{x}}\cdot\frac{1}{1+\left(\dfrac{y}{x}\right)^2}\cdot\frac{y'x-y}{x^2},$$

即

$$\frac{x+yy'}{\sqrt{x^2+y^2}}=e^{\arctan\frac{y}{x}}\frac{y'x-y}{x^2+y^2},$$

注意到 $\sqrt{x^2+y^2}=e^{\arctan\frac{y}{x}}$，得

$$y'=\frac{x+y}{x-y}.$$

上式两边再对 x 求导，注意到 y 还是 x 的函数，有

$$y''=\frac{(1+y')(x-y)-(x+y)(1-y')}{(x-y)^2}=\frac{2(x^2+y^2)}{(x-y)^3}.$$

在某些场合，利用**对数求导法**求导数比用通常的方法简便. 这种方法是，先在 $y=f(x)$ 的两边取对数，然后再根据隐函数求导法则求出 y 的导数.

例 3　设 $y=x^{\sin x}(x>0)$，求 y'.

解　方程两边取对数，得

$$\ln y=\sin x\cdot\ln x.$$

再对上式两边求导，注意到 y 是 x 的函数，因此 $\ln y$ 是 x 的复合函数，故

$$\frac{1}{y}y'=\cos x\cdot\ln x+\sin x\cdot\frac{1}{x}.$$

于是

$$y'=y\left(\cos x\cdot\ln x+\sin x\cdot\frac{1}{x}\right)=x^{\sin x}\left(\cos x\cdot\ln x+\frac{\sin x}{x}\right).$$

二、参数求导法则

一般地，若参数方程

$$\begin{cases}x=\varphi(t),\\ y=\psi(t)\end{cases}\tag{1}$$

确定了 y 与 x 间的函数关系 $y=y(x)$（或 $x=x(y)$），则称此函数关系所表达的函数为由参数方程(1)所确定的函数.

下面介绍借助于参数 t 求 $\dfrac{\mathrm{d}y}{\mathrm{d}x}$ 的方法，称为**参数求导法则**. 假定函数 $x=\varphi(t)$，$y=\psi(t)$ 都可导，且 $\varphi'(t)\neq0$. 于是根据复合求导法则与反函数的导数公式，得

$$\frac{\mathrm{d}y}{\mathrm{d}x}=\frac{\mathrm{d}y}{\mathrm{d}t}\frac{\mathrm{d}t}{\mathrm{d}x}=\frac{\mathrm{d}y}{\mathrm{d}t}\frac{1}{\dfrac{\mathrm{d}x}{\mathrm{d}t}}=\frac{\psi'(t)}{\varphi'(t)},$$

即

$$\frac{\mathrm{d}y}{\mathrm{d}x}=\frac{\psi'(t)}{\varphi'(t)}.\tag{2}$$

如果 $\varphi(t)$ 与 $\psi(t)$ 二阶可导，只要将(2)式再对 x 求导，注意 $\dfrac{\mathrm{d}y}{\mathrm{d}x}$ 一般是 t 的函数，所以仍把 t 看做中间变量，运用复合求导法则和反函数的导数公式，得

$$\begin{aligned}\frac{\mathrm{d}^2y}{\mathrm{d}x^2}&=\frac{\mathrm{d}}{\mathrm{d}x}\left(\frac{\mathrm{d}y}{\mathrm{d}x}\right)=\frac{\mathrm{d}}{\mathrm{d}t}\left(\frac{\psi'(t)}{\varphi'(t)}\right)\frac{\mathrm{d}t}{\mathrm{d}x}=\frac{\psi''(t)\varphi'(t)-\psi'(t)\varphi''(t)}{[\varphi'(t)]^2}\frac{1}{\varphi'(t)}\\&=\frac{\psi''(t)\varphi'(t)-\psi'(t)\varphi''(t)}{[\varphi'(t)]^3},\end{aligned}$$

即

$$\frac{d^2y}{dx^2}=\frac{\psi''(t)\varphi'(t)-\psi'(t)\varphi''(t)}{[\varphi'(t)]^3}.$$

在求二阶导数时，不必死套公式，而要掌握求导的思路.

例 4　求由参数方程 $\begin{cases}x=a\cos t,\\ y=b\sin t\end{cases}$ $(0\leqslant t\leqslant 2\pi)$所确定的函数 y 对 x 的一阶、二阶导数.

解　运用参数求导法则，可得

$$\frac{dy}{dx}=\frac{\psi'(t)}{\varphi'(t)}=\frac{(b\sin t)'}{(a\cos t)'}=\frac{b\cos t}{-a\sin t}=-\frac{b}{a}\cot t,$$

$$\frac{d^2y}{dx^2}=\frac{d}{dt}\left(-\frac{b}{a}\cot t\right)\frac{1}{\frac{dx}{dt}}=\frac{b}{a}\csc^2 t\cdot\frac{1}{-a\sin t}=\frac{-b}{a^2\sin^3 t}.$$

习　题　2-4

1. 求下列函数的导数：

(1) $y=x^{2x}$；　(2) $x^y=y^x$；　(3) $y=\frac{\sqrt{x+2}(3-x)^4}{(x+1)^5}$.

2. 求下列曲线在指定点处的切线方程和法线方程：

(1) $ye^x+\ln y=1$ 在点$(0,1)$处；　(2) $\begin{cases}x=\sin t,\\ y=\cos 2t\end{cases}$ 在 $t=\frac{\pi}{6}$ 处.

3. 验证由方程 $xy-\ln y=1$ 所确定的函数 y 满足方程 $y^2+(xy-1)y'=0$.

4. 求由下列方程所确定的隐函数 y 的二阶导数$\frac{d^2y}{dx^2}$：

(1) $x^2-y^2=1$；　(2) $y=1+xe^y$；　(3) $e^x+xy=e$ 在点 $x=1$ 处的二阶导数$\frac{d^2y}{dx^2}$.

5. 求下列参数方程所确定的函数的导数：

(1) $\begin{cases}x=a\cos^3\varphi,\\ y=a\sin^3\varphi,\end{cases}$ 求$\frac{dy}{dx},\frac{d^2y}{dx^2}$；　(2) $\begin{cases}x=1-t^2,\\ y=t-t^3,\end{cases}$ 求$\frac{dy}{dx},\frac{d^2y}{dx^2}$.

第五节　函数的微分

一、微分的概念

1. 微分的定义

引例　设一块正方形金属薄片受温度变化的影响，其边长由 x_0 变到 $x_0+\Delta x$(如图 2-7 所示)，问此薄片的面积改变了多少？

解　设正方形的边长为 x，则正方形的面积 $S=x^2$. 薄片受温度变化的影响对面积的改变量，可看成是当自变量 x 从 x_0 变到 $x_0+\Delta x$ 时，函数 S 相应的改变量 ΔS，即

$$\Delta S=(x_0+\Delta x)^2-x_0^2=2x_0\Delta x+(\Delta x)^2.$$

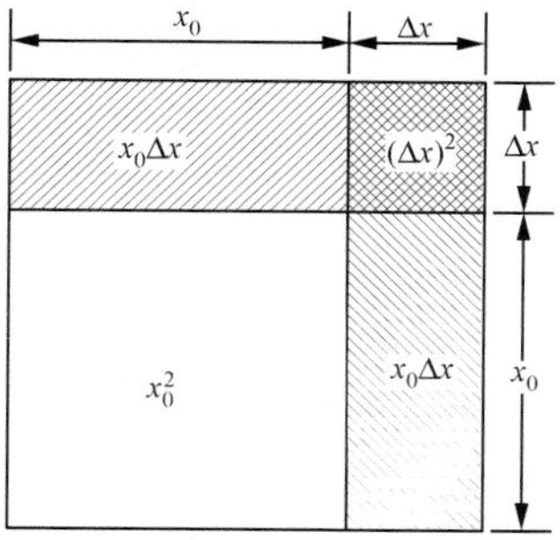

图　2-7

从上式可以看出，ΔS 可分为两部分：第一部分 $2x_0\Delta x$ 为 Δx 的线性函数，即图 2-7 中带有斜线的两个矩形面积之和，它是面积改变量的主要部分；第二部分 $(\Delta x)^2$，当 $\Delta x\to 0$ 时是比 Δx 高阶的无穷小，即 $(\Delta x)^2=o(\Delta x)(\Delta x\to 0)$，它在图 2-7 中是带有交叉斜线的小正方形面积. 由此可见，如果边长改变很小，即 $|\Delta x|$ 很小时，面积的改变量 ΔS 可近似地用第一部分来代替，即

$$\Delta S\approx 2x_0\Delta x.$$

一般地，如果函数 $y=f(x)$ 满足一定条件，则函数的改变量 Δy 可表示为

$$\Delta y=A\Delta x+o(\Delta x),$$

其中 A 是不依赖于 Δx 的常数，因此 $A\Delta x$ 是 Δx 的线性函数，且 Δy 与 $A\Delta x$ 之差是比 Δx 高阶的无穷小，即

$$\Delta y-A\Delta x=o(\Delta x).$$

所以，当 $A\neq 0$，且 $|\Delta x|$ 很小时，我们就可以近似地用 $A\Delta x$ 来代替 Δy.

定义　设函数 $y=f(x)$ 在某区间内有定义，x_0 及 $x_0+\Delta x$ 在这区间内，如果函数的改变量 $\Delta y=f(x_0+\Delta x)-f(x_0)$ 可表示为

$$\Delta y=A\Delta x+o(\Delta x),$$

其中 A 是不依赖于 Δx 的常数，而 $o(\Delta x)$ 是比 Δx 高阶的无穷小，那么称函数 $y=f(x)$ 在点 x_0 处**可微**，而 $A\Delta x$ 称为函数 $y=f(x)$ 在点 x_0 相应于自变量 x 的改变量 Δx 的**微分**，记做 $\mathrm{d}y|_{x=x_0}$，即

$$\mathrm{d}y\,|_{x=x_0}=A\Delta x.$$

2. 函数可微的条件

定理　函数 $y=f(x)$ 在点 x_0 处可微的充分必要条件是 $y=f(x)$ 在点 x_0 处可导.

证　设 $y=f(x)$ 在点 x_0 处可微，由微分定义有

$$\Delta y=A\Delta x+o(\Delta x),$$

上式两端除以 Δx，再取极限，得

$$\lim_{\Delta x\to 0}\frac{\Delta y}{\Delta x}=\lim_{\Delta x\to 0}\left(A+\frac{o(\Delta x)}{\Delta x}\right)=A,$$

即 $y=f(x)$ 在点 x_0 处可导，且

$$f'(x_0) = A.$$

反之,设 $y=f(x)$ 在点 x_0 处可导,即

$$\lim_{\Delta x\to 0}\frac{\Delta y}{\Delta x} = f'(x_0).$$

由极限与无穷小的关系,有

$$\frac{\Delta y}{\Delta x} = f'(x_0) + \alpha,$$

其中 $\lim\limits_{\Delta x\to 0}\alpha=0$,由此有

$$\Delta y = f'(x_0)\Delta x + \alpha\Delta x.$$

因 $\alpha\Delta x=o(\Delta x)$,且 $f'(x_0)$ 不依赖于 Δx,根据微分定义,$y=f(x)$ 在点 x_0 处可微.　**证毕**

由定理证明可见,函数 $y=f(x)$ 在点 x_0 处可导与在点 x_0 处可微是等价的,且当 $f(x)$ 在点 x_0 处可微时,其微分

$$\mathrm{d}y\,|_{x=x_0} = f'(x_0)\Delta x.$$

若函数 $y=f(x)$ 在某一区间 I 内每一点处都可微,则称函数 $y=f(x)$ **在区间 I 内可微**. 函数在区间内任意点 x 的微分称为**函数的微分**,记做 $\mathrm{d}y$ 或 $\mathrm{d}f(x)$,即

$$\mathrm{d}y = f'(x)\Delta x.$$

特别地,当 $f(x)=x$ 时,$\mathrm{d}f(x)=\mathrm{d}x=(x)'\Delta x=\Delta x$,即自变量 x 的微分 $\mathrm{d}x$ 等于自变量 x 的改变量 Δx. 于是,函数 $y=f(x)$ 在点 x 处的微分 $\mathrm{d}y$ 又可写做

$$\mathrm{d}y = f'(x)\mathrm{d}x.$$

从而有

$$\frac{\mathrm{d}y}{\mathrm{d}x} = f'(x),$$

即函数的微分 $\mathrm{d}y$ 与自变量的微分 $\mathrm{d}x$ 之商等于该函数的导数. 因此,导数也叫做**微商**.

显然,函数的微分 $\mathrm{d}y=f'(x)\Delta x$ 与 x 和 Δx 有关.

例 1　求函数 $y=x^2$ 在点 $x=1$ 和 $x=3$ 处的微分.

解　函数 $y=x^2$ 在点 $x=1$ 处的微分为

$$\mathrm{d}y\,|_{x=1} = (x^2)'\,|_{x=1}\mathrm{d}x = 2\mathrm{d}x;$$

在点 $x=3$ 处的微分为

$$\mathrm{d}y\,|_{x=3} = (x^2)'\,|_{x=3}\mathrm{d}x = 6\mathrm{d}x.$$

例 2　求函数 $y=\dfrac{x}{1-x^2}$ 的微分.

解　$y'=\dfrac{1-x^2-x(-2x)}{(1-x^2)^2}=\dfrac{1+x^2}{(1-x^2)^2}$,则 $\mathrm{d}y=\dfrac{1+x^2}{(1-x^2)^2}\mathrm{d}x$.

当 $f(x)$ 在点 x_0 处可微时,Δy 与 Δx 有下列关系:

$$\Delta y = f'(x_0)\Delta x + o(\Delta x).$$

因此在 $f'(x_0)\neq 0$ 的条件下,我们称 $\mathrm{d}y=f'(x_0)\Delta x$ 是 Δy 的**线性主部**.

二、微分的运算法则

1. 基本初等函数的微分公式

(1) $\mathrm{d}C=0$ (C 为常数);

(2) $\mathrm{d}x^{\mu}=\mu x^{\mu-1}\mathrm{d}x$ (μ 为常数);

(3) $\mathrm{d}a^x=a^x\ln a\mathrm{d}x$ $(a>0,a\neq 1)$;

(4) $\mathrm{d}\mathrm{e}^x=\mathrm{e}^x\mathrm{d}x$;

(5) $\mathrm{d}\log_a x=\dfrac{1}{x\ln a}\mathrm{d}x$ $(a>0,\ a\neq 1)$;

(6) $\mathrm{d}\ln x=\dfrac{1}{x}\mathrm{d}x$;

(7) $\mathrm{d}\sin x=\cos x\mathrm{d}x$;

(8) $\mathrm{d}\cos x=-\sin x\mathrm{d}x$;

(9) $\mathrm{d}\tan x=\sec^2 x\mathrm{d}x$;

(10) $\mathrm{d}\cot x=-\csc^2 x\mathrm{d}x$;

(11) $\mathrm{d}\sec x=\sec x\tan x\mathrm{d}x$;

(12) $\mathrm{d}\csc x=-\csc x\cot x\mathrm{d}x$;

(13) $\mathrm{d}\arcsin x=\dfrac{1}{\sqrt{1-x^2}}\mathrm{d}x$;

(14) $\mathrm{d}\arccos x=\dfrac{-1}{\sqrt{1-x^2}}\mathrm{d}x$;

(15) $\mathrm{d}\arctan x=\dfrac{1}{1+x^2}\mathrm{d}x$;

(16) $\mathrm{d}\mathrm{arccot}\, x=\dfrac{-1}{1+x^2}\mathrm{d}x$.

2. 四则微分法则

(1) $\mathrm{d}[u(x)\pm v(x)]=\mathrm{d}u(x)\pm \mathrm{d}v(x)$;

(2) $\mathrm{d}[u(x)v(x)]=v(x)\mathrm{d}u(x)+u(x)\mathrm{d}v(x)$;

(3) $\mathrm{d}[Cu(x)]=C\mathrm{d}u(x)$ (C 为常数);

(4) $\mathrm{d}\left[\dfrac{u(x)}{v(x)}\right]=\dfrac{v(x)\mathrm{d}u(x)-u(x)\mathrm{d}v(x)}{v^2(x)}$ $(v(x)\neq 0)$.

由函数的四则求导法则可推得上面的法则,下面仅对乘积的微分法则进行推导:

设 $u=u(x),v=v(x)$,则

$$\begin{aligned}\mathrm{d}(uv) &= (uv)'\mathrm{d}x = (u'v+uv')\mathrm{d}x \\ &= v(u'\mathrm{d}x)+u(v'\mathrm{d}x) = v\mathrm{d}u+u\mathrm{d}v.\end{aligned}$$

3. 复合微分法则

根据微分的定义,当 u 是自变量时,函数 $y=f(u)$ 的微分是

$$\mathrm{d}y = f'(u)\mathrm{d}u,$$

此时 $\mathrm{d}u=\Delta u$.

现在,设复合函数 $y=f(u)=f[\varphi(x)]$,由于 $\mathrm{d}y=f'(u)\varphi'(x)\mathrm{d}x$,但 $\varphi'(x)\mathrm{d}x=\mathrm{d}u$. 所以,复合函数 $y=f[\varphi(x)]$ 的微分公式也可以写成

$$\mathrm{d}y = f'(u)\mathrm{d}u.$$

由此可见，无论 u 是自变量还是可微的中间变量，函数 $y=f(u)$ 的微分总保持同一形式

$$dy = f'(u)du.$$

这就是函数的**复合微分法则**，这一性质称为**微分形式不变性**.

例 3 设 $y=\sin(2x+1)$，求 dy.

解 把 $2x+1$ 看成中间变量 u，则

$$\begin{aligned}dy &= d(\sin u) = \cos u du = \cos(2x+1)d(2x+1)\\ &= \cos(2x+1)\cdot 2dx = 2\cos(2x+1)dx.\end{aligned}$$

例 4 求方程 $x^2+2xy-y^2=a^2$ 确定的隐函数 $y=f(x)$ 的微分 dy.

解 根据复合微分法则，对方程两端求微分

$$2xdx + 2ydx + 2xdy - 2ydy = 0,$$

$$(y-x)dy = (x+y)dx,$$

故有

$$dy = \frac{x+y}{y-x}dx.$$

例 5 在下列等式的括号中填入适当的函数，使等式成立.

(1) $d(\quad)=xdx$； (2) $d(\quad)=\cos\omega t dt$.

解 (1) 我们知道 $d(x^2)=2xdx$，可见

$$xdx = \frac{1}{2}d(x^2) = d\left(\frac{x^2}{2}\right), \text{ 即 } d\left(\frac{x^2}{2}\right) = xdx.$$

一般地，有 $d\left(\frac{x^2}{2}+C\right)=xdx$（$C$ 为任意常数）.

(2) 因为 $d(\sin\omega t)=\omega\cos\omega t dt$，可见

$$\cos\omega t dt = \frac{1}{\omega}d(\sin\omega t) = d\left(\frac{1}{\omega}\sin\omega t\right), \text{ 即 } d\left(\frac{1}{\omega}\sin\omega t\right) = \cos\omega t dt.$$

一般地，有 $d\left(\frac{1}{\omega}\sin\omega t+C\right)=\cos\omega t dt$（$C$ 为任意常数）.

习 题 2-5

1. 已知 $y=x^3-x$，在 $x=2$ 时计算：当 Δx 分别等于 1，0.1，0.01 时的 Δy 及 dy.

2. 求下列函数在指定点的导数与微分：

(1) $y=\frac{1}{x}, x=1$； (2) $y=\ln x, x=1$； (3) $y=\cos x, x=0$.

3. 设 u,v 是 x 的可微函数，求下列函数的微分 dy：

(1) $y=uv^{-2}$； (2) $y=-\frac{1}{2}(u^2+v^2)$； (3) $y=\arctan\frac{u}{v}$.

4. 求下列函数的微分：

(1) $y=(1-x^2)^n$；　(2) $y=\sqrt{x+\sqrt{x^2+1}}$；　(3) $y=e^x+e^{e^x}+e^{e^{2x}}$.

5. 将适当的函数填入下列括号内，使等式成立：

(1) d(　)$=2dx$；　(2) d(　)$=3xdx$；　(3) d(　)$=\cos t dt$；

(4) d(　)$=\sin\omega x dx$；　(5) d(　)$=\frac{1}{1+x}dx$；　(6) d(　)$=e^{-2x}dx$.

6. 对于线性函数 $y=ax+b$，证明其函数改变量 Δy 与微分 dy 相同.

7. 设 $f(x)=2\sqrt{x-\sin^2 x}(x>0)$，当 x 有微小改变量 Δx 时，求 $f(x)$ 改变量的线性主部.

第六节　微分学中值定理

本节中我们利用导数的几何意义，很容易地得到三个重要定理，即微分学中值定理，它们是微分学的基本定理，其分析证明在其他参考书中可以找到，这里从略了，只说明它们的意义. 今后我们将会看到它们在微积分的理论和应用中均占有重要地位.

一、罗尔(Rolle)定理

定理 1　若函数 $f(x)$ 在闭区间 $[a,b]$ 上连续，在开区间 (a,b) 内可导，且在区间端点的函数值相等，即 $f(a)=f(b)$，则在 (a,b) 内至少有一点 $\xi(a<\xi<b)$，使得 $f'(\xi)=0$.

证明从略.

根据导数的几何意义，罗尔定理有着明显的几何解释. 在图 2-8 中，设函数 $y=f(x)$ $(a\leqslant x\leqslant b)$ 的图形是曲线弧 $\overset{\frown}{AB}$. 罗尔定理的条件表示：$\overset{\frown}{AB}$ 是一条连续的曲线弧，除端点外，处处具有不垂直于 x 轴的切线，且两个端点的纵坐标相等. 显然有结论：在曲线弧 $\overset{\frown}{AB}$ 上至少有一点 C，在该点处曲线的切线是水平的.

取消 $f(a)=f(b)$ 的条件，可将罗尔定理改造成下面更重要的拉格朗日中值定理.

二、拉格朗日(Lagrange)中值定理

定理 2　如果函数 $f(x)$ 在闭区间 $[a,b]$ 上连续，在开区间 (a,b) 内可导，则在 (a,b) 内至少有一点 $\xi(a<\xi<b)$，使等式

$$f(b)-f(a)=f'(\xi)(b-a) \tag{1}$$

成立.

拉格朗日中值定理的几何意义也是显然的. 首先，拉格朗日中值定理的结论(1)式可以变形为

$$\frac{f(b)-f(a)}{b-a}=f'(\xi).$$

由图 2-9 可以看出，$\dfrac{f(b)-f(a)}{b-a}$ 为弦$\overline{AB}$的斜率，而 $f'(\xi)$ 为曲线在点 C 处的切线斜率. 而当连续曲线 $y=f(x)$ 的弧$\overset{\frown}{AB}$上除端点外处处具有不垂直于 Ox 轴的切线时，弧$\overset{\frown}{AB}$上确实至少有一点 C，使曲线在点 C 处的切线平行于弦$\overline{AB}$.

下面我们对该定理作如下几点说明：

(1) 拉格朗日中值定理是罗尔定理的推广；

(2) $b<a$ 时，公式(1)仍成立，也称为**拉格朗日中值公式**(或**微分学中值公式**)；

(3) 公式(1)的几种变形：

$$f(b)-f(a)=f'[a+\theta(b-a)](b-a)\quad(0<\theta<1);$$

$$f(x+\Delta x)-f(x)=f'(x+\theta\Delta x)\Delta x\quad(0<\theta<1);$$

$$\Delta y=f'(x+\theta\Delta x)\Delta x\quad(0<\theta<1),\tag{2}$$

其中公式(2)称为**有限增量公式**. 因此拉格朗日中值定理又称为**有限增量定理**或**微分中值定理**. 与 $\Delta y\approx f'(x)\mathrm{d}x$ 相比，有限增量公式是精确表达式，有着更重要的理论价值.

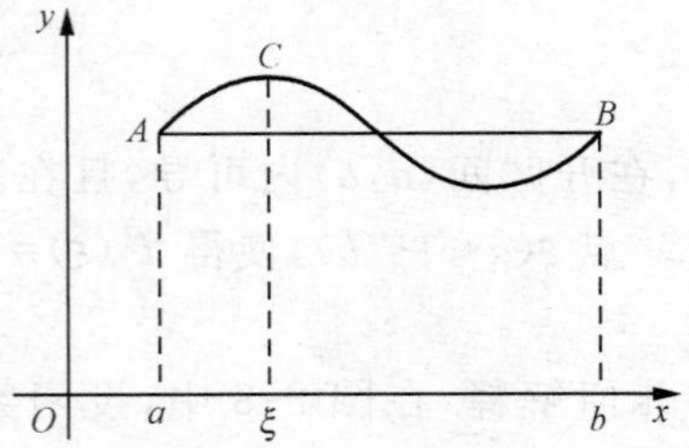

图 2-8

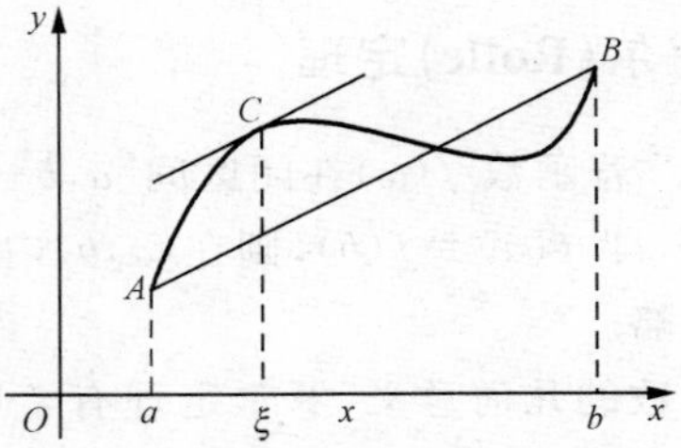

图 2-9

由拉格朗日中值定理，可推出以下两个重要推论.

推论 1 设函数 $f(x)$ 在 (a,b) 内可导，则 $f'(x)\equiv0\,(x\in(a,b))$ 的充分必要条件是 $f(x)\equiv C$，其中 $x\in(a,b)$，C 为常数.

推论 2 设函数 $f(x)$ 与 $g(x)$ 在 (a,b) 内可导，则 $f'(x)\equiv g'(x)\,(x\in(a,b))$ 的充分必要条件是 $f(x)\equiv g(x)+C$，其中 $x\in(a,b)$，C 为常数.

例 1 设 $f(x)=(x+1)(x-1)(x-2)$，试证明 $f'(x)=0$ 有两个实根，并指出它们所在的区间(不具体求出导数).

证 显然 $f(x)$ 在 $(-\infty,+\infty)$ 内连续、可导，且 $f(-1)=f(1)=f(2)=0$. 由罗尔定理可知，分别在区间 $(-1,1)$ 和 $(1,2)$ 内至少有两个点 ξ_1 和 ξ_2，使得 $f'(\xi_1)=f'(\xi_2)=0$. 所以方程 $f'(x)=0$ 至少有两个实根分别在区间 $(-1,1)$ 和 $(1,2)$ 内. 又 $f'(x)=0$ 是一个不高于 2 次的代数方程，由代数学基本定理知 $f'(x)$ 最多有两个实根. 因此，$f'(x)=0$ 恰有两个实根且分别在区间 $(-1,1)$ 和 $(1,2)$ 内.

例 2　证明当 $x>0$ 时，$\frac{x}{1+x}<\ln(1+x)<x$.

证　设 $f(x)=\ln(1+x)$，显然 $f(x)$ 在区间 $[0,x]$ 上满足拉格朗日中值定理的条件，根据此定理，应有

$$f(x)-f(0)=f'(\xi)(x-0)\quad(0<\xi<x).$$

由于 $f(0)=0$，$f'(x)=\frac{1}{1+x}$，因此上式即为

$$\ln(1+x)=\frac{x}{1+\xi}.$$

又由 $0<\xi<x$，有

$$\frac{x}{1+x}<\frac{x}{1+\xi}<x,$$

即

$$\frac{x}{1+x}<\ln(1+x)<x.$$

例 3　证明在 $[-1,1]$ 上，$\arcsin x+\arccos x=\frac{\pi}{2}$.

证　令 $f(x)=\arcsin x+\arccos x$，$-1\leqslant x\leqslant 1$，则 $f(x)$ 在 $[-1,1]$ 上连续，在 $(-1,1)$ 内可导，且

$$f'(x)=(\arcsin x)'+(\arccos x)'=\frac{1}{\sqrt{1-x^2}}-\frac{1}{\sqrt{1-x^2}}=0.$$

由拉格朗日中值定理的推论 1 得 $f(x)\equiv C$（C 为常数），故

$$f(x)=f(0)=\frac{\pi}{2}\quad(-1\leqslant x\leqslant 1).$$

三、柯西(Cauchy)中值定理

定理 3　如果函数 $f(x)$ 与 $g(x)$ 在闭区间 $[a,b]$ 上连续，在开区间 (a,b) 内可导，且 $g'(x)$ 在 (a,b) 内每一点处均不为零，则在 (a,b) 内至少有一点 ξ，使等式

$$\frac{f(b)-f(a)}{g(b)-g(a)}=\frac{f'(\xi)}{g'(\xi)}\tag{3}$$

成立.

此定理中，如果 $g(x)=x$，则 $g(b)-g(a)=b-a$，$g'(x)=1$，那么(3)式可写成

$$\frac{f(b)-f(a)}{b-a}=f'(\xi).$$

这就是**拉格朗日中值公式**，因此柯西中值定理是拉格朗日中值定理的推广.

习　题　2-6

1. 验证罗尔定理对函数 $f(x)=\frac{1}{1+x^2}$ 在区间$[-2,2]$上的正确性.

2. 验证拉格朗日中值定理对函数 $f(x)=4x^3-5x^2+x-2$ 在区间$[0,1]$上的正确性.

3. 不用求出函数 $f(x)=(x-1)(x-2)(x-3)(x-4)$ 的导数,说明方程 $f'(x)=0$ 有几个实根,并指出它们所在的区间.

第三章　不定积分

上一章我们介绍了一元函数微分学，讨论了如何从已知函数求出其导函数的问题. 本章将研究它的反问题，即求一个函数，使其导函数恰好是某一个已知函数，这是积分学的基本问题之一.

第一节　不定积分的概念与性质

一、原函数与不定积分的概念

在前面微分学部分我们曾经讨论了若一质点作变速直线运动，其运动方程（路程与时间的关系）为 $s=s(t)$，则其运动速度为 $v(t)=s'(t)$. 但在实际中常常需要解决相反的问题：已知运动速度 $v(t)$，将运动方程即路程函数 $s(t)$ 还原出来. $s(t)$ 就称为 $v(t)$ 的原函数.

定义 1　设函数 $F(x)$ 与 $f(x)$ 在区间 I 上都有定义且满足 $F'(x)=f(x)$，则称 $F(x)$ 为 $f(x)$ 在区间 I 上的一个**原函数**.

例如，$\sin x$ 是 $\cos x$ 在 $(-\infty,+\infty)$ 上的一个原函数，因为 $(\sin x)'=\cos x$；$\frac{1}{5}x^5$ 是 x^4 在区间 $(-\infty,+\infty)$ 上的一个原函数，因为 $\left(\frac{1}{5}x^5\right)'=x^4$.

定理 1（原函数存在定理）　若函数 $f(x)$ 在区间 I 上连续，则 $f(x)$ 在 I 上存在原函数 $F(x)$.

这就是说，连续函数一定有原函数. 由于初等函数在其有定义的区间上是连续的，因此，从定理 1 可知每个初等函数在其定义区间上都有原函数.

定理 2　设 $F(x)$ 是 $f(x)$ 在区间 I 上的一个原函数，则 $f(x)$ 在区间 I 上的任一原函数都可表示成 $F(x)+C$（C 为任意常数）的形式.

证　因为在区间 I 上，$(F(x)+C)'=F'(x)=f(x)$，所以 $F(x)+C$ 是 $f(x)$ 在区间 I 上的一个原函数. 另一方面，设 $\Phi(x)$ 也是 $f(x)$ 在区间 I 上的一个原函数，则在区间 I 上有

$$[\Phi(x)-F(x)]'=\Phi'(x)-F'(x)=f(x)-f(x)\equiv 0.$$

根据拉格朗日中值定理有

$$\Phi(x)-F(x)\equiv C,$$

即

$$\Phi(x) = F(x) + C.$$

由 $\Phi(x)$的任意性即得所要证的结果. **证毕**

这个定理表明,如果一个函数有原函数,则必有无穷多个,且它们彼此间相差一个常数,本章使用 C 表示任意常数,以后求不定积分时,将不再说明 C 代表的意义. 根据原函数的这种性质我们引入下面定义.

定义 2 $f(x)$在区间 I 上的全体原函数称为 $f(x)$在 I 上的**不定积分**,记做

$$\int f(x)\mathrm{d}x,$$

其中 $\int$ 称为**积分号**, $f(x)$称为**被积函数**, $f(x)\mathrm{d}x$ 称为**被积表达式**, x 称为**积分变量**.

由此定义及定理 2 知,若 $F(x)$为 $f(x)$在区间 I 上的一个原函数,则

$$\int f(x)\mathrm{d}x = F(x) + C.$$

例如, $\int \cos x\mathrm{d}x = \sin x + C$, $\int x^4\mathrm{d}x = \frac{1}{5}x^5 + C$.

例 1 验证 $\int \frac{1}{x}\mathrm{d}x = \ln|x| + C\ (x \neq 0)$.

证 当 $x>0$ 时, $(\ln|x|)'=(\ln x)' = \frac{1}{x}$;

当 $x<0$ 时, $(\ln|x|)'=(\ln(-x))' = \frac{1}{-x}\cdot(-x)' = \frac{1}{x}$.

无论 x 大于 0 还是小于 0, $\ln|x|$都是$\frac{1}{x}$的一个原函数,故原式成立.

例 2 设曲线过点(1,0),且其任一点处的切线斜率等于这点横坐标的两倍,求此曲线的方程.

解 设所求曲线的方程为 $y=F(x)$,由题设,曲线上任意一点(x,y)处切线的斜率为

$$\frac{\mathrm{d}y}{\mathrm{d}x} = 2x,$$

即 $F(x)$是 $2x$ 的一个原函数. 因为 $\int 2x\mathrm{d}x = x^2 + C$, 故必存在一常数 C,使 $F(x)=x^2+C$,即曲线方程为 $y=x^2+C$. 又所求曲线通过点(1,0),所以 $0=1^2+C$, $C=-1$. 于是所求曲线方程为 $y=x^2-1$.

二、基本积分公式

如何求一给定函数的原函数(即不定积分)呢? 由不定积分 $\int f(x)\mathrm{d}x = F(x) + C$(其

中 $F'(x)=f(x)$）可知，求原函数是求导数的逆运算，从而由每一个基本初等函数的导数公式，就可相应地得到一个不定积分公式. 现将最常用的基本公式(**基本积分表**)列出如下：

1. $\int 0\mathrm{d}x=C$；
2. $\int 1\mathrm{d}x=x+C$（常简写为$\int \mathrm{d}x=x+C$）；
3. $\int x^{\mu}\mathrm{d}x=\frac{1}{\mu+1}x^{\mu+1}+C\ (\mu\neq -1, x>0)$；
4. $\int \frac{1}{x}\mathrm{d}x=\ln|x|+C\ (x\neq 0)$；
5. $\int \mathrm{e}^{x}\mathrm{d}x=\mathrm{e}^{x}+C$；
6. $\int a^{x}\mathrm{d}x=\frac{1}{\ln a}a^{x}+C\ (a>0, a\neq 1)$；
7. $\int \cos x\mathrm{d}x=\sin x+C$；
8. $\int \sin x\mathrm{d}x=-\cos x+C$；
9. $\int \sec^2 x\mathrm{d}x=\tan x+C$；
10. $\int \csc^2 x\mathrm{d}x=-\cot x+C$；
11. $\int \sec x\tan x\mathrm{d}x=\sec x+C$；
12. $\int \csc x\cot x\mathrm{d}x=-\csc x+C$；
13. $\int \frac{1}{\sqrt{1-x^2}}\mathrm{d}x=\arcsin x+C$；
14. $\int \frac{1}{1+x^2}\mathrm{d}x=\arctan x+C$，

以上基本积分公式是求不定积分的基础，读者应牢牢记住.

例 3　求 $\int \frac{\mathrm{d}x}{x\sqrt{x\sqrt{x}}}$.

解　被积函数化简为

$$\frac{1}{x\sqrt{x\sqrt{x}}}=\frac{1}{x(x\cdot x^{\frac{1}{2}})^{\frac{1}{2}}}=x^{-\frac{7}{4}},$$

在基本积分公式 3 中，取 $u=-\frac{7}{4}$ 得

$$\int \frac{1}{x\sqrt{x\sqrt{x}}}\mathrm{d}x=\int x^{-\frac{7}{4}}\mathrm{d}x=-\frac{4}{3}x^{-\frac{3}{4}}+C.$$

例 4　求 $\int 3^{x}\mathrm{e}^{2x}\mathrm{d}x$.

解　因为 $3^{x}\mathrm{e}^{2x}=(3\mathrm{e}^{2})^{x}$，所以在基本积分公式 6 中取 $a=3\mathrm{e}^{2}$，可得

$$\int 3^{x}\mathrm{e}^{2x}\mathrm{d}x=\int (3\mathrm{e}^{2})^{x}\mathrm{d}x=\frac{1}{\ln(3\mathrm{e}^{2})}(3\mathrm{e}^{2})^{x}+C=\frac{3^{x}\mathrm{e}^{2x}}{\ln 3+2}+C.$$

三、不定积分的性质

根据不定积分的定义，可以推得它有如下性质：

性质 1　$\left[\int f(x)\mathrm{d}x\right]'=f(x)$；

性质 2　$\int f'(x)\mathrm{d}x = f(x) + C$.

从以上两个性质可进一步看出，在不计相差一个常数的情况下，求导运算和不定积分运算相互抵消，即求导数与求积分互为逆运算. 同时应注意，性质 2 中等式右端的任意常数 C 不能丢掉，因为等式左端是一个不定积分.

由导数的线性运算法则，可推得下面不定积分运算的线性性质：

性质 3　$\int kf(x)\mathrm{d}x = k\int f(x)\mathrm{d}x$ (k 为常数)；

性质 4　$\int [f(x) \pm g(x)]\mathrm{d}x = \int f(x)\mathrm{d}x \pm \int g(x)\mathrm{d}x$.

性质 3 与性质 4 合并，且可推广到有限个函数的情况，即

$$\int [k_1 f_1(x) + k_2 f_2(x) + \cdots + k_n f_n(x)]\mathrm{d}x = k_1\int f_1(x)\mathrm{d}x + k_2\int f_2(x)\mathrm{d}x + \cdots + k_n\int f_n(x)\mathrm{d}x,$$

其中 $k_1,\cdots,k_n$ 为常数. 根据上述性质及基本积分表，可求得较简单的函数的不定积分.

例 5　求 $I = \int\left(\sin x + 10^x - \frac{3}{\sqrt{1-x^2}} + \frac{2}{x}\right)\mathrm{d}x$.

解　$I = \int \sin x\mathrm{d}x + \int 10^x\mathrm{d}x - 3\int \frac{1}{\sqrt{1-x^2}}\mathrm{d}x + 2\int \frac{1}{x}\mathrm{d}x$

$= -\cos x + \frac{10^x}{\ln 10} - 3\arcsin x + 2\ln|x| + C$.

例 6　求 $\int \frac{2x^2}{1+x^2}\mathrm{d}x$.

解　$\int \frac{2x^2}{1+x^2}\mathrm{d}x = 2\int \frac{1+x^2-1}{1+x^2}\mathrm{d}x = 2\int\left(1 - \frac{1}{1+x^2}\right)\mathrm{d}x = 2\int \mathrm{d}x - 2\int \frac{1}{1+x^2}\mathrm{d}x$

$= 2x - 2\arctan x + C$.

例 7　求 $I = \int \frac{1+2x^2}{x^2(1+x^2)}\mathrm{d}x$.

解　$I = \int \frac{1+x^2+x^2}{x^2(1+x^2)}\mathrm{d}x = \int \frac{1}{x^2}\mathrm{d}x + \int \frac{1}{1+x^2}\mathrm{d}x = -\frac{1}{x} + \arctan x + C$.

例 8　求 $\int \tan^2 x\mathrm{d}x$.

解　$\int \tan^2 x\mathrm{d}x = \int (\sec^2 x - 1)\mathrm{d}x = \int \sec^2 x\mathrm{d}x - \int \mathrm{d}x = \tan x - x + C$.

习　题　3-1

1. 一曲线通过点(e^2,3)，且任一点处切线的斜率等于该点横坐标的倒数，求该曲线的方程.

2. 一质点作直线运动，已知其速度为 $v(t)=5\sin t$，且当 $t=0$ 时，路程满足 $s(0)=5$，求该质点的运动规律，即质点所经过的路程与时间的关系.

3. 求下列不定积分：

(1) $\int x^2\sqrt[3]{x}\,\mathrm{d}x$；　(2) $\int\frac{(x-3)^2}{\sqrt{x}}\mathrm{d}x$；　(3) $\int(2^x+\mathrm{e}^x)\mathrm{d}x$；

(4) $\int\frac{\mathrm{e}^x}{10^x}\mathrm{d}x$；　(5) $\int\mathrm{e}^x\left(1-\frac{\mathrm{e}^{-x}}{\sqrt{x}}+\frac{2\mathrm{e}^{-x}}{\sqrt{1-x^2}}\right)\mathrm{d}x$；　(6) $\int\frac{x^4}{1+x^2}\mathrm{d}x$；

(7) $\int\sin^2\frac{x}{2}\mathrm{d}x$；　(8) $\int\frac{\cos2x}{\cos x-\sin x}\mathrm{d}x$.

第二节 换元积分法

利用基本积分表与不定积分的性质，所能计算的不定积分相当有限，有必要进一步来研究不定积分的求法.

由复合函数的求导公式，我们引出如下基本积分方法——**换元积分法**，简称**换元法**.

一、第一换元法(凑微分法)

考查不定积分 $\int\cos2x\mathrm{d}x$，它不能直接用基本积分公式积出，但若把被积表达式 $\cos2x\mathrm{d}x$ 看成 $\cos2x$ 与 $\mathrm{d}x$ 的乘积，再借助变量代换的方法及基本积分表，问题就容易解决了，具体过程如下.

$$\int\cos2x\mathrm{d}x=\int\cos2x\cdot\frac{1}{2}\mathrm{d}(2x)=\frac{1}{2}\int\cos2x\mathrm{d}(2x)$$

$$\xlongequal{令\ u=2x}\frac{1}{2}\int\cos u\mathrm{d}u=\frac{1}{2}\sin u+C=\frac{1}{2}\sin2x+C.$$

上述积分方法称为**第一换元积分法**，也称为**凑微分法**. 这种方法可以推广到一般形式.

定理 1 设 $f(u)$具有原函数 $F(u)$，且 $u=\varphi(x)$可导，则

$$\int f[\varphi(x)]\varphi'(x)\mathrm{d}x=F[\varphi(x)]+C.$$

证 由复合求导法则，得

$$\{F[\varphi(x)]\}'=F'[\varphi(x)]\varphi'(x).$$

又 $F'(u)=f(u)$，从而 $F'[\varphi(x)]=f[\varphi(x)]$，所以

$$\{F[\varphi(x)]\}'=f[\varphi(x)]\varphi'(x),$$

即 $F[\varphi(x)]$是 $f[\varphi(x)]\varphi'(x)$的一个原函数，从而定理 1 得证. **证毕**

例 1 求 $\int(1-2x)^9\mathrm{d}x$.

解　被积函数$(1-2x)^9$是一个复合函数，由$(1-2x)^9=u^9$，$u=1-2x$复合而成，那么在被积表达式中凑出$1-2x$微分的形式，便有

$$\int(1-2x)^9\,\mathrm{d}x=\int(1-2x)^9\left(-\frac{1}{2}\right)\mathrm{d}(1-2x)=-\frac{1}{2}\int(1-2x)^9\,\mathrm{d}(1-2x)$$

$$=-\frac{1}{2}\times\frac{1}{10}(1-2x)^{10}+C=-\frac{1}{20}(1-2x)^{10}+C.$$

一般地，对形如$\int f(ax+b)\,\mathrm{d}x\,(a\neq 0)$的不定积分，总可凑出$ax+b$的微分，把它化为

$$\int f(ax+b)\,\mathrm{d}x=\frac{1}{a}\int f(ax+b)\,\mathrm{d}(ax+b).$$

例 2　求$\int\frac{1}{a^2+x^2}\mathrm{d}x$.

解　$$\int\frac{1}{a^2+x^2}\mathrm{d}x=\int\frac{1}{a^2}\frac{1}{1+\left(\frac{x}{a}\right)^2}\mathrm{d}x=\frac{1}{a}\int\frac{1}{1+\left(\frac{x}{a}\right)^2}\mathrm{d}\left(\frac{x}{a}\right)=\frac{1}{a}\arctan\frac{x}{a}+C.$$

例 3　求$\int\frac{1}{\sqrt{a^2-x^2}}\mathrm{d}x\ (a>0)$.

解　$$\int\frac{1}{\sqrt{a^2-x^2}}\mathrm{d}x=\int\frac{1}{a}\frac{1}{\sqrt{1-\left(\frac{x}{a}\right)^2}}\mathrm{d}x=\int\frac{\mathrm{d}\left(\frac{x}{a}\right)}{\sqrt{1-\left(\frac{x}{a}\right)^2}}=\arcsin\frac{x}{a}+C.$$

例 4　求$\int\frac{1}{x^2-a^2}\mathrm{d}x$.

解　由于$\frac{1}{x^2-a^2}=\frac{1}{2a}\left(\frac{1}{x-a}-\frac{1}{x+a}\right)$，所以

$$\int\frac{1}{x^2-a^2}\mathrm{d}x=\frac{1}{2a}\int\left(\frac{1}{x-a}-\frac{1}{x+a}\right)\mathrm{d}x=\frac{1}{2a}\left(\int\frac{1}{x-a}\mathrm{d}x-\int\frac{1}{x+a}\mathrm{d}x\right)$$

$$=\frac{1}{2a}\left[\int\frac{1}{x-a}\mathrm{d}(x-a)-\int\frac{1}{x+a}\mathrm{d}(x+a)\right]$$

$$=\frac{1}{2a}(\ln|x-a|-\ln|x+a|)+C=\frac{1}{2a}\ln\left|\frac{x-a}{x+a}\right|+C.$$

用类似思路，将分母因式分解，对被积函数作恒等变形，常常可将其化为比较容易积分的形式.

例 5　求$\int\tan x\,\mathrm{d}x$.

解　$$\int\tan x\,\mathrm{d}x=\int\frac{\sin x}{\cos x}\mathrm{d}x=-\int\frac{1}{\cos x}\mathrm{d}(\cos x)=-\ln|\cos x|+C.$$

同理有

$$\int \cot x \mathrm{d}x = \ln|\sin x| + C.$$

例 6　求 $\int \csc x \mathrm{d}x$.

解　$$\int \csc x \mathrm{d}x = \int \frac{1}{\sin x}\mathrm{d}x = \int \frac{1}{2\sin\frac{x}{2}\cos\frac{x}{2}}\mathrm{d}x = \int \frac{\mathrm{d}\left(\frac{x}{2}\right)}{\tan\frac{x}{2}\cos^2\frac{x}{2}} = \int \frac{\sec^2\frac{x}{2}}{\tan\frac{x}{2}}\mathrm{d}\left(\frac{x}{2}\right)$$

$$= \int \frac{1}{\tan\frac{x}{2}}\mathrm{d}\left(\tan\frac{x}{2}\right) = \ln\left|\tan\frac{x}{2}\right| + C = \ln|\csc x - \cot x| + C.$$

上式最后一步用到三角恒等式

$$\tan\frac{x}{2} = \frac{\sin\frac{x}{2}}{\cos\frac{x}{2}} = \frac{2\sin^2\frac{x}{2}}{2\sin\frac{x}{2}\cos\frac{x}{2}} = \frac{1-\cos x}{\sin x} = \csc x - \cot x.$$

同理可得

$$\int \sec x \mathrm{d}x = \ln|\sec x + \tan x| + C.$$

另外，对一些三角函数的不定积分，可以通过三角恒等变换达到化简目的.

例 7　求 $\int \sin^2 x\cos^5 x\mathrm{d}x$.

解　$$\int \sin^2 x\cos^5 x\mathrm{d}x = \int \sin^2 x\cos^4 x\cos x\mathrm{d}x = \int \sin^2 x(1-\sin^2 x)^2\mathrm{d}(\sin x)$$

$$= \int (\sin^2 x - 2\sin^4 x + \sin^6 x)\mathrm{d}(\sin x) = \frac{1}{3}\sin^3 x - \frac{2}{5}\sin^5 x + \frac{1}{7}\sin^7 x + C.$$

例 8　求 $\int \sin 5x\cos 3x\mathrm{d}x$.

解　$$\int \sin 5x\cos 3x\mathrm{d}x = \int \frac{1}{2}(\sin 8x + \sin 2x)\mathrm{d}x = \frac{1}{2}\int \sin 8x\mathrm{d}x + \frac{1}{2}\int \sin 2x\mathrm{d}x$$

$$= \frac{1}{16}\int \sin 8x\mathrm{d}(8x) + \frac{1}{4}\int \sin 2x\mathrm{d}(2x) = -\frac{1}{16}\cos 8x - \frac{1}{4}\cos 2x + C.$$

一般地，对形如 $\int \sin^m x\cos^n x\mathrm{d}x (m \neq n)$ 的不定积分，当 m,n 均为偶数时，可用公式 $\sin^2 x + \cos^2 x = 1$ 消去 $\sin x$ 或 $\cos x$，将被积函数化成只含 $\cos x$ 或 $\sin x$ 的函数，再用半角公式降低它的幂次直到可积出；当 m,n 至少一个为奇数时，不妨假设 n 为奇数，可将 $\cos x\mathrm{d}x$ 凑成 $\sin x$ 的微分，再用公式 $\sin^2 x + \cos^2 x = 1$ 把 $\cos^{n-1} x$ 化成 $\sin x$ 的函数便可积出. 对形如

$\int \sin\alpha x\cos\beta x\,\mathrm{d}x$，$\int \sin\alpha x\sin\beta x\,\mathrm{d}x$ 及 $\int \cos\alpha x\cos\beta x\,\mathrm{d}x$ $(\alpha\neq\beta)$ 的不定积分，需要用积化和差的公式便可化简之.

从上面的例子可以看出，第一换元积分法理论上很简单，但关键是选取适当的中间变量. 这需要一定的技巧，且没有一般的规律可循. 因此要掌握第一换元法，除了对导数公式十分熟练之外，还要做较多的练习，熟悉一些典型例子才行.

二、第二换元法

在第一换元法中，我们把不定积分 $\int f(x)\mathrm{d}x$ 的积分变量 x 看成自变量，来凑一中间变量 $u=\varphi(x)$ 的微分. 这里，我们把 x 看成一中间变量，再引入一变换 ψ：$x=\psi(t)$，得到

$$\int f(x)\mathrm{d}x=\int f[\psi(t)]\psi'(t)\mathrm{d}t,$$

使它变为较容易的积分. 当然这种换元法是在一定条件下才成立的：首先，$f[\psi(t)]\psi'(t)$ 存在且有原函数；其次，求出的不定积分 $\int f[\psi(t)]\psi'(t)\mathrm{d}t$ 是 t 的函数，必须用 $x=\psi(t)$ 的反函数 $t=\psi^{-1}(t)$ 代回去，这就要求 $x=\psi(t)$ 的反函数存在. 从而有如下定理.

定理 2　设 $x=\psi(t)$ 是单调可导函数，且 $\psi'(t)\neq 0$. 若 $f[\psi(t)]\psi'(t)$ 有原函数，则有

$$\int f(x)\mathrm{d}x=\int f[\psi(t)]\psi'(t)\mathrm{d}t\Big|_{t=\psi^{-1}(x)},$$

其中 $t=\psi^{-1}(x)$ 是 $x=\psi(t)$ 的反函数.

例 9　求 $\int\frac{\sqrt{x-1}}{x}\mathrm{d}x$.

解　被积函数中含有因子 $\sqrt{x-1}$，用第一换元法不易积出. 那就想办法去掉根号，可设 $\sqrt{x-1}=t$，则 $x=t^2+1$，$\mathrm{d}x=2t\mathrm{d}t$，从而有

$$\begin{aligned}\int\frac{\sqrt{x-1}}{x}\mathrm{d}x&=\int\frac{t}{t^2+1}2t\mathrm{d}t=2\int\frac{t^2}{t^2+1}\mathrm{d}t=2\int\left(1-\frac{1}{t^2+1}\right)\mathrm{d}t\\&=2(t-\arctan t)+C=2(\sqrt{x-1}-\arctan\sqrt{x-1})+C.\end{aligned}$$

例 10　求 $\int\frac{1}{\sqrt{x}+\sqrt[3]{x}}\mathrm{d}x$.

解　计算这个不定积分的主要困难是被积函数中含有两个根式 $\sqrt{x}$ 及 $\sqrt[3]{x}$，要将两根式同时去掉，可令 $\sqrt[6]{x}=t$，则 $x=t^6$，$\mathrm{d}x=6t^5\mathrm{d}t$，从而所求积分为

$$\int\frac{1}{\sqrt{x}+\sqrt[3]{x}}\mathrm{d}x=\int\frac{1}{t^3+t^2}6t^5\mathrm{d}t=6\int\frac{t^3}{t+1}\mathrm{d}t=6\int\left(t^2-t+1-\frac{1}{t+1}\right)\mathrm{d}t$$

$$= 6\left(\frac{1}{3}t^3 - \frac{1}{2}t^2 + t - \ln|t+1|\right) + C$$

$$= 2\sqrt{x} - 3\sqrt[3]{x} + 6\sqrt[6]{x} - 6\ln|\sqrt[6]{x}+1| + C.$$

由以上例子可以看出,当被积函数含有两个一次项根式 $\sqrt[m]{ax+b}$ 及 $\sqrt[n]{ax+b}$,则可令 $\sqrt[l]{ax+b}=t$,其中 l 为 m 与 n 的最小公倍数.当被积函数中含有二次项根式时如何积分呢?

例 11　求 $\int \sqrt{1-x^2}\,\mathrm{d}x$.

解　为了去掉被积函数中的根号,可令 $x=\sin t$,$t\in\left(-\frac{\pi}{2},\frac{\pi}{2}\right)$,于是被积函数化为

$$\sqrt{1-x^2} = \sqrt{1-\sin^2 t} = |\cos t| = \cos t.$$

而此时 $\mathrm{d}x=\cos t\mathrm{d}t$,所以

$$\int \sqrt{1-x^2}\,\mathrm{d}x = \int \cos t \cdot \cos t\mathrm{d}t = \int \cos^2 t\mathrm{d}t = \int \frac{1+\cos 2t}{2}\mathrm{d}t$$

$$= \frac{1}{2}\left(\int \mathrm{d}t + \int \cos 2t\mathrm{d}t\right) = \frac{1}{2}\left(t + \frac{1}{2}\sin 2t\right) + C$$

$$= \frac{1}{2}(t + \sin t\cos t) + C = \frac{1}{2}(\arcsin x + x\sqrt{1-x^2}) + C.$$

最后一步是根据换元关系式 $x=\sin t$ 把变量 t 换回到 x,通常可作一个以 t 为锐角的直角三角形(如图 3-1 所示),从而求得 t 的其他三角函数值.

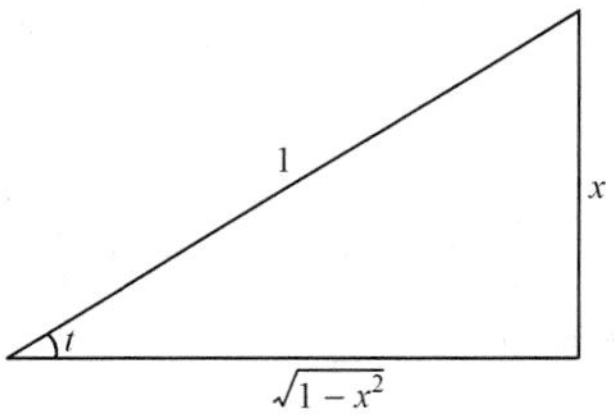

图　3-1

例 12　求 $\int \frac{1}{\sqrt{a^2+x^2}}\mathrm{d}x\ (a>0)$.

解　为了去掉根号,可令 $x=a\tan t$,$t\in\left(-\frac{\pi}{2},\frac{\pi}{2}\right)$,则

$$\mathrm{d}x = a\sec^2 t\mathrm{d}t.$$

从而

$$\int \frac{1}{\sqrt{a^2+x^2}}\mathrm{d}x = \int \frac{1}{\sqrt{a^2+a^2\tan^2 t}}a\sec^2 t\mathrm{d}t = \int \frac{\sec^2 t}{\sqrt{1+\tan^2 t}}\mathrm{d}t$$

$$= \int \sec t\mathrm{d}t = \ln(\sec t + \tan t) + C.$$

由关系式 $x=a\tan t$ 有 $\tan t=\frac{x}{a}$,作直角三角形(如图 3-2 所示),得 $\sec t=\frac{\sqrt{a^2+x^2}}{a}$,于是

$$\int \frac{1}{\sqrt{a^2+x^2}}\mathrm{d}x = \ln\left(\frac{\sqrt{a^2+x^2}}{a} + \frac{x}{a}\right) + C = \ln(x+\sqrt{a^2+x^2}) + C',$$

其中 $C'=C-\ln a$.

例 13　求 $\int \frac{1}{\sqrt{x^2-a^2}}\mathrm{d}x \ (a>0)$.

解　令 $x=a\sec t, t\in\left(0,\frac{\pi}{2}\right)$，则 $\mathrm{d}x=a\sec t\tan t\mathrm{d}t$，于是

$$\begin{aligned}\int \frac{1}{\sqrt{x^2-a^2}}\mathrm{d}x&=\int \frac{1}{\sqrt{a^2\sec^2 t-a^2}}a\sec t\tan t\mathrm{d}t\\&=\int \frac{1}{\sqrt{\sec^2 t-1}}\sec t\tan t\mathrm{d}t=\int \sec t\mathrm{d}t=\ln|\sec t+\tan t|+C.\end{aligned}$$

由关系式 $x=a\sec t$ 有 $\sec t=\frac{x}{a}$，作直角三角形(如图 3-3 所示)，得 $\tan t=\frac{\sqrt{x^2-a^2}}{a}$. 从而

$$\int \frac{1}{\sqrt{x^2-a^2}}\mathrm{d}x=\ln\left|\frac{x}{a}+\frac{\sqrt{x^2-a^2}}{a}\right|+C=\ln|x+\sqrt{x^2-a^2}|+C',$$

其中 $C'=C-\ln a$.

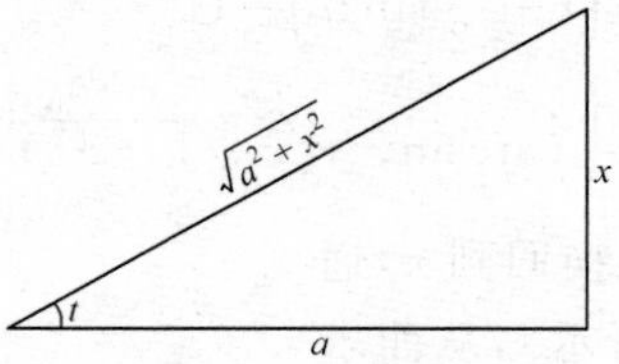

图　3-2

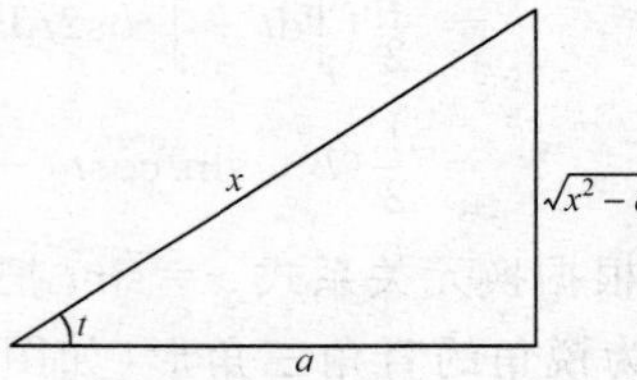

图　3-3

换元积分法理论上难度不大，但选取恰当的换元关系式，技巧性较强，望读者在做题过程中不断总结.

例 14　求 $\int \frac{1+\sin x}{\sin x(1+\cos x)}\mathrm{d}x$.

解　被积函数中含有三角函数 $\sin x$ 和 $\cos x$，可令 $t=\tan\frac{x}{2}$，则由万能公式有

$$\sin x=\frac{2\tan\frac{x}{2}}{1+\tan^2\frac{x}{2}}=\frac{2t}{1+t^2},\quad \cos x=\frac{1-\tan^2\frac{x}{2}}{1+\tan^2\frac{x}{2}}=\frac{1-t^2}{1+t^2}.$$

此时 $x=2\arctan t, \mathrm{d}x=\frac{2}{1+t^2}\mathrm{d}t$，于是原不定积分化为

$$\begin{aligned}\int \frac{1+\sin x}{\sin x(1+\cos x)}\mathrm{d}x&=\frac{1}{2}\int \frac{1+t^2+2t}{t}\mathrm{d}t=\frac{1}{2}\int\left(\frac{1}{t}+t+2\right)\mathrm{d}t\\&=\frac{1}{2}\left(\ln|t|+\frac{1}{2}t^2+2t\right)+C=\frac{1}{2}\ln\left|\tan\frac{x}{2}\right|+\frac{1}{4}\tan^2\frac{x}{2}+\tan\frac{x}{2}+C.\end{aligned}$$

本例我们旨在介绍换元的方法，此法称为“**万能代换法**”. 由于此种换元比较烦琐，往往是不得已而为之.

本节例题中，有几个不定积分以后会经常遇到. 现归纳如下，作为基本积分表的补充：

15. $\int \tan x \mathrm{d}x = -\ln|\cos x| + C$；　16. $\int \cot x \mathrm{d}x = \ln|\sin x| + C$；

17. $\int \sec x \mathrm{d}x = \ln|\sec x + \tan x| + C$；　18. $\int \csc x \mathrm{d}x = \ln|\csc x - \cot x| + C$；

19. $\int \frac{1}{a^2 + x^2}\mathrm{d}x = \frac{1}{a}\arctan\frac{x}{a} + C$；　20. $\int \frac{1}{x^2 - a^2}\mathrm{d}x = \frac{1}{2a}\ln\left|\frac{x-a}{x+a}\right| + C$；

21. $\int \frac{1}{\sqrt{a^2 - x^2}}\mathrm{d}x = \arcsin\frac{x}{a} + C$；　22. $\int \frac{1}{\sqrt{x^2 \pm a^2}}\mathrm{d}x = \ln|x + \sqrt{x^2 \pm a^2}| + C$.

习　题　3-2

1. 求使下列等式成立的常数 k：

(1) $\mathrm{d}x = k\mathrm{d}(1-2x)$；　(2) $\frac{1}{\sqrt{x}}\mathrm{d}x = k\mathrm{d}(\sqrt{x})$；　(3) $\mathrm{e}^{-x}\mathrm{d}x = k\mathrm{d}(\mathrm{e}^{-x})$；

(4) $\frac{1}{x}\mathrm{d}x = k\mathrm{d}(2-3\ln x)$.

2. 若 $\int f(x)\mathrm{d}x = F(x) + C$，求：

(1) $\int f(ax^2+b)x\mathrm{d}x\ (a \neq 0)$；　(2) $\int f\left(\frac{1}{x}\right)\frac{1}{x^2}\mathrm{d}x$；　(3) $\int f(\cos x)\sin x\mathrm{d}x$.

3. 求下列不定积分：

(1) $\int (1-3x)^{20}\mathrm{d}x$；　(2) $\int \cos^2 2x\mathrm{d}x$；　(3) $\int \frac{\sin\sqrt{x}}{\sqrt{x}}\mathrm{d}x$；

(4) $\int \frac{1}{\mathrm{e}^x + \mathrm{e}^{-x}}\mathrm{d}x$；　(5) $\int \frac{1}{x^2+2x+2}\mathrm{d}x$；　(6) $\int \left[\sin\left(2x+\frac{\pi}{4}\right)\right]^{-2}\mathrm{d}x$；

(7) $\int \sin 2x\cos 3x\mathrm{d}x$；　(8) $\int \cos x\cos\frac{x}{2}\mathrm{d}x$.

4. 已知 $f'(\cos x + 2) = \sin^2 x + \tan^2 x$，求 $f(x)$.

第三节　分部积分法

上一节，我们在复合求导法则的基础上，得到了换元积分法，从而使大量的不定积分计算问题得到解决，但对于像 $\int x\cos x\mathrm{d}x$，$\int \ln x\mathrm{d}x$，$\int \arcsin x\mathrm{d}x$ 等这样一类不定积分还难于计算，为此本节将介绍另一种基本积分方法——**分部积分法**，它与微分学中乘积的微分公式相对应.

设函数 $u=u(x)$，$v=v(x)$ 具有连续的导函数，由两个函数乘积的微分法则知

$$\mathrm{d}(uv)=u\mathrm{d}v+v\mathrm{d}u,$$

即

$$u\mathrm{d}v=\mathrm{d}(uv)-v\mathrm{d}u,$$

对上式两边积分，得

$$\int u\mathrm{d}v=uv-\int v\mathrm{d}u. \tag{1}$$

公式(1)称为**分部积分公式**. 此公式说明，对不定积分 $\int u\mathrm{d}v$ 与 $\int v\mathrm{d}u$，只要能求出其中之一，另一个的积分结果即可得到.

例 1　求 $\int x\cos x\mathrm{d}x$.

解　现用分部积分法来求它. 这里我们选取 $u=x$，$\mathrm{d}v=\cos x\mathrm{d}x=\mathrm{d}\sin x$，那么，$\mathrm{d}u=\mathrm{d}x$，$v=\sin x$，代入分部积分公式(1)得

$$\int x\cos x\mathrm{d}x=\int x\mathrm{d}\sin x=x\sin x-\int\sin x\mathrm{d}x=x\sin x+\cos x+C.$$

求这个积分时，若选取 $u=\cos x$，$\mathrm{d}v=x\mathrm{d}x$，则 $\mathrm{d}u=-\sin x\mathrm{d}x$，$v=\frac{x^2}{2}$，再代入公式(1)得

$$\int x\cos x\mathrm{d}x=\int\cos x\mathrm{d}\left(\frac{x^2}{2}\right)=\frac{x^2}{2}\cos x-\int\frac{x^2}{2}\mathrm{d}(\cos x)=\frac{x^2}{2}\cos x+\int\frac{x^2}{2}\sin x\mathrm{d}x.$$

上式右端不定积分 $\int\frac{x^2}{2}\sin x\mathrm{d}x$ 比原来的不定积分 $\int x\cos x\mathrm{d}x$ 更不容易求出，所以这种选择 u 和 $\mathrm{d}v$ 的方法不可取.

那么，如何选取 u 与 $\mathrm{d}v$ 呢？ u，$\mathrm{d}v$ 的选取一般遵循以下原则：

(1) v 要容易求出；

(2) $\int v\mathrm{d}u$ 要比 $\int u\mathrm{d}v$ 更容易积出.

例 2　求 $\int x\mathrm{e}^x\mathrm{d}x$.

解　令 $u=x$，$\mathrm{d}v=\mathrm{e}^x\mathrm{d}x$，则 $\mathrm{d}u=\mathrm{d}x$，$v=\mathrm{e}^x$，于是得

$$\int x\mathrm{e}^x\mathrm{d}x=\int x\mathrm{d}(\mathrm{e}^x)=x\mathrm{e}^x-\int\mathrm{e}^x\mathrm{d}x=x\mathrm{e}^x-\mathrm{e}^x+C.$$

读者容易验证，若令 $u=\mathrm{e}^x$，$\mathrm{d}v=x\mathrm{d}x$ 也不可行.

对于分部积分公式，在做题过程中可以多次使用，如下面的例 3.

例 3　求 $\int x^2\mathrm{e}^x\mathrm{d}x$.

解 令 $u=x^2$，$\mathrm{d}v=\mathrm{e}^x\mathrm{d}x$，则 $\mathrm{d}u=2x\mathrm{d}x$，$v=\mathrm{e}^x$，于是得

$$\int x^2\mathrm{e}^x\mathrm{d}x=\int x^2\mathrm{d}(\mathrm{e}^x)=x^2\mathrm{e}^x-\int\mathrm{e}^x\mathrm{d}(x^2)=x^2\mathrm{e}^x-2\int x\mathrm{e}^x\mathrm{d}x$$

$$\xlongequal{\text{用例 2 结果}}x^2\mathrm{e}^x-2(x\mathrm{e}^x-\mathrm{e}^x)+C=\mathrm{e}^x(x^2-2x+2)+C.$$

需要注意的是，上例中在第二次用分部积分法时，u，$\mathrm{d}v$ 的选取必须与第一次一致，即必须还选取 $v=\mathrm{e}^x$，否则，再用一次将会还原到题目上了.

对于有理多项式 $p(x)=a_kx^k+a_{k-1}x^{k-1}+\cdots+a_1x+a_0$，其中 k 为正整数，$a_0,a_1,\cdots,a_k$ 为常数. 由前面三个例子可知，形如

$$\int p(x)\sin ax\,\mathrm{d}x,\quad \int p(x)\cos ax\,\mathrm{d}x,\quad \int p(x)\mathrm{e}^{ax+b}\mathrm{d}x$$

(这里 a,b 为常数)的不定积分，都可以用分部积分法，并且都选取多项式作为公式(1)中的 u，用 k 次分部积分公式后即可求得积分结果.

例 4 求 $\int x\arctan x\mathrm{d}x$.

解 令 $u=\arctan x$，$\mathrm{d}v=x\mathrm{d}x$，则原不定积分可化为

$$\int x\arctan x\mathrm{d}x=\int\arctan x\mathrm{d}\left(\frac{x^2}{2}\right)=\frac{x^2}{2}\arctan x-\int\frac{x^2}{2}\mathrm{d}(\arctan x)=\frac{1}{2}x^2\arctan x-\frac{1}{2}\int\frac{x^2}{1+x^2}\mathrm{d}x$$

$$=\frac{1}{2}x^2\arctan x-\frac{1}{2}\int\left(1-\frac{1}{1+x^2}\right)\mathrm{d}x=\frac{1}{2}x^2\arctan x-\frac{1}{2}(x-\arctan x)+C$$

$$=\frac{1}{2}(x^2+1)\arctan x-\frac{1}{2}x+C.$$

例 5 求 $\int\arcsin x\mathrm{d}x$.

解 令 $u=\arcsin x$，$\mathrm{d}v=\mathrm{d}x$，则原不定积分化为

$$\int\arcsin x\mathrm{d}x=x\arcsin x-\int x\mathrm{d}(\arcsin x)=x\arcsin x-\int\frac{x}{\sqrt{1-x^2}}\mathrm{d}x$$

$$=x\arcsin x+\frac{1}{2}\int(1-x^2)^{-\frac{1}{2}}\mathrm{d}(1-x^2)=x\arcsin x+\sqrt{1-x^2}+C.$$

由例 4，例 5 知，对不定积分

$$\int p(x)\arcsin x\mathrm{d}x,\quad \int p(x)\arctan x\mathrm{d}x$$

可用分部积分法，且选取有理多项式 $p(x)$ 与 $\mathrm{d}x$ 的积为 $\mathrm{d}v$，即 $\mathrm{d}v=p(x)\mathrm{d}x$，则用一次分部积分公式可消去被积函数中的反三角函数.

例 6 求 $\int(x^2+x+1)\ln x\mathrm{d}x$.

解 令 $u=\ln x$，$\mathrm{d}v=(x^2+x+1)\mathrm{d}x$，则原不定积分化为

$$\begin{aligned}\int(x^2+x+1)\ln x\,dx &= \int \ln x\,d\left(\frac{x^3}{3}+\frac{x^2}{2}+x\right)\\ &= \left(\frac{x^3}{3}+\frac{x^2}{2}+x\right)\ln x-\int\left(\frac{x^3}{3}+\frac{x^2}{2}+x\right)d(\ln x)\\ &= \left(\frac{x^3}{3}+\frac{x^3}{2}+x\right)\ln x-\int\left(\frac{x^2}{3}+\frac{x}{2}+1\right)dx\\ &= \left(\frac{x^3}{3}+\frac{x^2}{2}+x\right)\ln x-\left(\frac{1}{9}x^3+\frac{1}{4}x^2+x\right)+C.\end{aligned}$$

由此例知,对形如 $\int p(x)\ln x\,dx$ 的不定积分可用分部积分法,且选取 $u=\ln x$,则用一次分部积分公式后即可消去被积函数中的对数函数.

例 7　求 $I=\int e^{ax}\cos bx\,dx$,其中 a,b 为常数.

解　令 $u=e^{ax}$,$dv=\cos bx\,dx$,则

$$\begin{aligned}I &= \int e^{ax}\cos bx\,dx=\frac{1}{b}\int e^{ax}\,d(\sin bx)\\ &= \frac{1}{b}e^{ax}\sin bx-\frac{1}{b}\int \sin bx\,d(e^{ax})\\ &= \frac{1}{b}e^{ax}\sin bx-\frac{a}{b}\int e^{ax}\sin bx\,dx\\ &= \frac{1}{b}e^{ax}\sin bx+\frac{a}{b^2}\int e^{ax}\,d(\cos bx)\\ &= \frac{1}{b}e^{ax}\sin bx+\frac{a}{b^2}e^{ax}\cos bx-\frac{a}{b^2}\int \cos bx\,d(e^{ax})\\ &= \frac{1}{b}e^{ax}\sin bx+\frac{a}{b^2}e^{ax}\cos bx-\frac{a^2}{b^2}\int e^{ax}\cos bx\,dx\\ &= \frac{1}{b}e^{ax}\sin bx+\frac{a}{b^2}e^{ax}\cos bx-\frac{a^2}{b^2}I,\end{aligned}$$

移项,解得

$$I=\frac{e^{ax}}{a^2+b^2}(b\sin bx+a\cos bx)+C.$$

在例 7 中,e^{ax} 与 $\cos bx$ 的原函数或导函数都比较简单,而且仍分别为指数函数和三角函数,这样选哪个为 u 都行,但要注意在第二次用分部积分公式时选择的 u 应与第一次选择的 u 是同一类函数才行. 再者,这种通过移项求出不定积分时不要丢了常数 C.

类似例 7,有 $\int e^{ax}\sin bx\,dx=\frac{e^{ax}}{a^2+b^2}(a\sin bx-b\cos bx)+C$,其中 a,b 为常数.

例 8　求 $I_n=\int\cos^n x\,\mathrm{d}x$，其中 n 为正整数.

解

$$\begin{aligned}I_n&=\int\cos^{n-1}x\,\mathrm{d}(\sin x)=\sin x\cos^{n-1}x-\int\sin x\,\mathrm{d}(\cos^{n-1}x)\\&=\sin x\cos^{n-1}x+(n-1)\int\sin^2x\cos^{n-2}x\,\mathrm{d}x\\&=\sin x\cos^{n-1}x+(n-1)\int(1-\cos^2x)\cos^{n-2}x\,\mathrm{d}x\\&=\sin x\cos^{n-1}x+(n-1)\int\cos^{n-2}x\,\mathrm{d}x-(n-1)\int\cos^n x\,\mathrm{d}x\\&=\sin x\cos^{n-1}x+(n-1)I_{n-2}-(n-1)I_n,\end{aligned}$$

移项，整理得递推公式

$$I_n=\frac{1}{n}\sin x\cos^{n-1}x+\frac{n-1}{n}I_{n-2}. \tag{2}$$

用一次递推公式(2)，降低两次幂，最后就归结为求 $I_1=\int\cos x\,\mathrm{d}x$，或 $I_0=\int\mathrm{d}x$. 显然，$I_1=\sin x+C$，$I_0=x+C$，从而可求得$\int\cos^n x\,\mathrm{d}x$.

用同样的方法也可求得递推公式

$$\int\sin^n x\,\mathrm{d}x=\frac{1}{n}\sin^{n-1}x\cos x+\frac{n-1}{n}\int\sin^{n-2}x\,\mathrm{d}x. \tag{3}$$

至此，我们已经学过了求不定积分的基本方法及常见函数的不定积分方法. 其实，所谓的求不定积分就是用初等函数把某一给定函数的不定积分(或原函数)表示出来. 必须指出，在这种意义下，不是所有的初等函数的积分都可以求出来的. 例如，下列不定积分

$$\int e^{x^2}\mathrm{d}x,\quad \int\frac{\sin x}{x}\mathrm{d}x,\quad \int\frac{1}{\ln x}\mathrm{d}x,\quad \int\frac{1}{\sqrt{1+x^4}}\mathrm{d}x,\quad \int\sqrt{1-k^2\sin^2x}\,\mathrm{d}x\quad (k\neq 0,1)$$

虽然按原函数存在定理，在其连续区间内，上述不定积分存在，但它们都不能用初等函数表示出来，此即通常所谓**积不出来的不定积分**. 从另一角度来说，初等函数的导函数是初等函数，但初等函数的原函数(或不定积分)却不一定是初等函数.

最后顺便说明一点，积分需要一定的技巧，有时还需要做许多复杂的计算. 为了应用的方便，往往把常用的积分汇集成表，称为**积分表**. 积分表是按照被积函数的类型分类编排的，求积分时，可根据被积函数的类型直接地或经过简单变形后，在积分表中查得所需结果. 本书末附有一个简单的积分表，以供读者查阅. 但对初学者来说，在做不定积分的练习时，应尽量运用前面所介绍的方法，通过一定数量的训练，力争达到运算自如的目的.

习 题 3-3

1. 求下列不定积分：

(1) $\int x\sin x\mathrm{d}x$；　(2) $\int (x^2-2x+5)\mathrm{e}^{2x}\mathrm{d}x$；　(3) $\int \ln x\mathrm{d}x$；

(4) $\int \mathrm{e}^x\sin 2x\mathrm{d}x$；　(5) $\int \cos(\ln x)\mathrm{d}x$；　(6) $\int \frac{x\arctan x}{\sqrt{1+x^2}}\mathrm{d}x$.

2. 已知 $f(x)$ 的一个原函数为 $\frac{\sin x}{x}$，求 $\int xf'(x)\mathrm{d}x$.

3. 推导 $I_n=\int \tan^n x\mathrm{d}x$（$n$ 为正整数）的递推公式.

第四章 定 积 分

在上一章，作为导数的逆运算，引进了不定积分，它是积分学的第一个基本问题．本章要讨论的定积分，是积分学的第二个基本问题，它在几何、物理中有着广泛的应用．

第一节 定积分的概念

一、两个实例

实例 1 求曲边梯形的面积．

所谓曲边梯形，如图 4-1 所示，它是三边为直线，其中两边平行，第三边与之垂直，第四边是曲线的平面图形．下面讨论它的面积计算问题．

设曲边梯形的底是区间$[a,b]$，曲边是连续函数 $y=f(x)$，如图 4-2 所示．我们知道

$$矩形面积 = 高 \times 底.$$

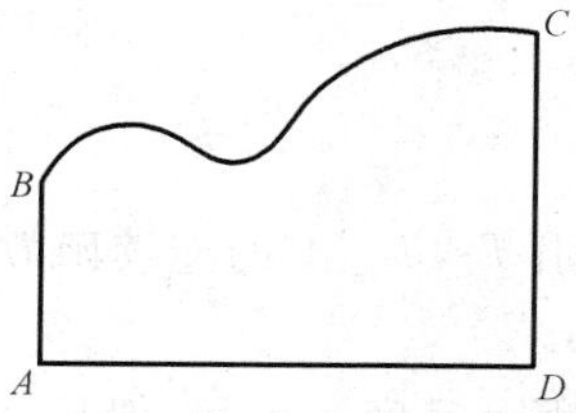

图 4-1

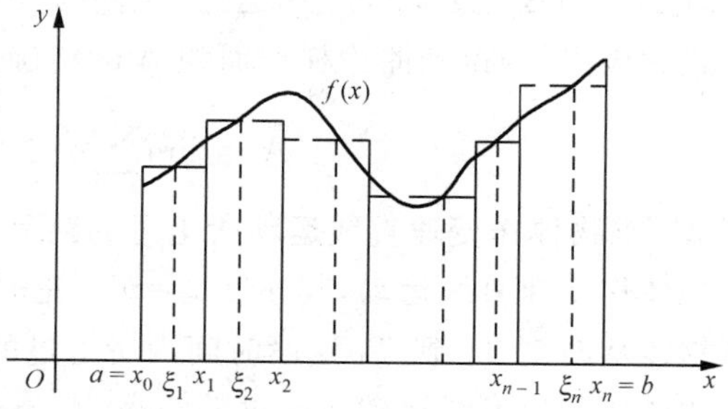

图 4-2

而曲边梯形与矩形的面积主要差别在于，曲边梯形的高是变化的，而矩形的高是不变的．为此，将曲边梯形分割成若干个小曲边梯形，对于每一个小曲边梯形，由于它的底很窄，而它的高变化不大，可以看做高不变．这时，每个小曲边梯形的面积可以近似地用小矩形的面积来代替，把这些小曲边梯形面积的近似值加起来，就得到曲边梯形面积的近似值．分割的越细，所得的近似值就越接近于曲边梯形的面积．因此，我们将其无限细分（即每个小矩形的底边长趋于零）时所得的近似值的极限值，就是曲边梯形的面积．

于是，可将求曲边梯形面积的具体方法叙述如下．

(1) **分割**　在区间$[a,b]$中任意插入 $n-1$ 个分点 $a=x_0<x_1<x_2<\cdots<x_{n-1}<x_n=b$，把区间$[a,b]$分成 n 个小区间：$[x_0,x_1],[x_1,x_2],\cdots,[x_{n-1},x_n]$，每一个小区间的长度为 $\Delta x_i=x_i-x_{i-1}(i=1,2,\cdots,n)$. 经过各分点作平行于 y 轴的直线段，把曲边梯形分为 n 个小曲边梯形(如图 4-2 所示).

(2) **替代**　在每个小区间$[x_{i-1},x_i](i=1,2,\cdots,n)$上，任取一点 ξ_i，以这些小区间为底，ξ_i 处的函数值 $f(\xi_i)$ 为高的小矩形代替相应的小曲边梯形，则得小曲边梯形面积 ΔA_1，$\Delta A_2,\cdots,\Delta A_n$ 的近似值

$$\Delta A_1 \approx f(\xi_1)\Delta x_1,$$
$$\Delta A_2 \approx f(\xi_2)\Delta x_2,$$
$$\cdots\cdots$$
$$\Delta A_n \approx f(\xi_n)\Delta x_n.$$

(3) **求和**　把各个小矩形面积相加，就得到曲边梯形面积 A 的近似值

$$A \approx \sum_{i=1}^{n} f(\xi_i)\Delta x_i,$$

其中，$\sum_{i=1}^{n} f(\xi_i)\Delta x_i$ 表示 $f(\xi_i)\Delta x_i$ 中 i 依次为 $1,2,\cdots,n$ 时，所得的 n 项之和.

(4) **取极限**　为了保证所有小区间的长度都无限缩小，我们让小区间长度中的最大值趋于零，如记 $\lambda=\max\{\Delta x_1,\Delta x_2,\cdots,\Delta x_n\}$，则上述条件可表为 $\lambda\to 0$. 因此，当 $\lambda\to 0$ 时，取上式右端和式的极限，即得到曲边梯形面积 A 的精确值

$$A = \lim_{\lambda\to 0}\sum_{i=1}^{n} f(\xi_i)\Delta x_i. \tag{1}$$

实例 2　求物体作变速直线运动所走过的路程.

设一物体作变速直线运动，其速度 $v=v(t)$是时间区间$[T_1,T_2]$上的连续函数，且 $v(t)\geqslant 0$，计算物体从时刻 T_1 到 T_2 这段时间内所走过的路程 s.

对于物体作匀速直线运动所走过的路程，有公式：路程＝速度×时间. 但是，对于作变速直线运动的物体，由于速度不是常量，因此，所求路程 s 不能直接按上述公式来计算. 由于物体运动的速度 $v=v(t)$是随时间连续变化的，所以完全采用例 1 的办法，可求得变速直线运动的路程 s 的精确值，即仍需以下四个步骤：

(1) **分割**　将总路程 s 任意分成 n 段小路程. 在时间区间$[T_1,T_2]$内，任意插入分点 $T_1=t_0<t_1<t_2<\cdots<t_{n-1}<t_n=T_2$，把$[T_1,T_2]$分成 n 个小时间区间$[t_{i-1},t_i](i=1,2,\cdots,n)$，每个小时间区间的长度为 $\Delta t_i=t_i-t_{i-1}(i=1,2,\cdots,n)$，物体在每个小时间区间内走过的路程为 $\Delta s_i(i=1,2,\cdots,n)$.

(2) **替代**　求每段小路程的近似值. 在每个小时间区间$[t_{i-1},t_i]$上，任取一个时刻 τ_i，

以 $v(\tau_i)$ 近似代替 $[t_{i-1},t_i]$ 上各时刻的速度，从而可求得每段小路程 Δs_i 的近似值

$$\Delta s_i \approx v(\tau_i)\Delta t_i \quad (i=1,2,\cdots,n).$$

(3) **求和**　求总路程 s 的近似值. 把每段小路程的近似值加起来，即得 s 的近似值

$$s \approx \sum_{i=1}^{n} v(\tau_i)\Delta t_i.$$

(4) **取极限**　对总路程 s 的近似值取极限得到精确值. 将时间区间 $[T_1,T_2]$ 无限细分下去，且当小时间区间的最大长度 $\lambda=\max\{\Delta t_1,\Delta t_2,\cdots,\Delta t_n\}\to 0$ 时，极限 $\lim\limits_{\lambda\to 0}\sum\limits_{i=1}^{n} v(\tau_i)\Delta t_i$ 就是变速直线运动的物体从时刻 T_1 到 T_2 的时间内所走过的路程 s，即有

$$s = \lim_{\lambda\to 0}\sum_{i=1}^{n} v(\tau_i)\Delta t_i. \tag{2}$$

二、定积分的概念

以上两个例子，一个是几何问题，一个是物理问题，尽管它们的实际意义不同，但处理问题的方法及最终数量表达式是相同的. 在实际中，类似的问题还很多，因此我们抛开其实际意义，抓住它们在数量关系上的本质特征，概括抽象出下述定积分的定义.

定义　设函数 $f(x)$ 在区间 $[a,b]$ 上有定义，任取分点 $a=x_0<x_1<x_2<\cdots<x_{n-1}<x_n=b$，将 $[a,b]$ 分为 n 个子区间 $[x_{i-1},x_i]$ $(i=1,2,\cdots,n)$，其长度为 $\Delta x_i=x_i-x_{i-1}$；在 $[x_{i-1},x_i]$ 上任取一点 ξ_i $(x_{i-1}\leqslant\xi_i\leqslant x_i)$，作和式 $\sum\limits_{i=1}^{n} f(\xi_i)\Delta x_i$，如果当 $\lambda=\max\limits_{1\leqslant i\leqslant n}\{\Delta x_i\}\to 0$ 时，不论子区间怎么划分以及 ξ_i 怎样选取，极限 $\lim\limits_{\lambda\to 0}\sum\limits_{i=1}^{n} f(\xi_i)\Delta x_i$ 都存在，则称此极限值为函数 $f(x)$ 在区间 $[a,b]$ 上的**定积分**，记做 $\int_a^b f(x)\mathrm{d}x$，即

$$\int_a^b f(x)\mathrm{d}x = \lim_{\lambda\to 0}\sum_{i=1}^{n} f(\xi_i)\Delta x_i,$$

其中 x 称为**积分变量**，$f(x)$ 称为**被积函数**，$f(x)\mathrm{d}x$ 称为**被积表达式**，$[a,b]$ 称为**积分区间**，a 与 b 分别称为积分的**下限**与**上限**，$\int$ 称为**积分号**.

有关定积分概念应注意的几个问题：

(1) 定积分 $\int_a^b f(x)\mathrm{d}x$ 是一个极限值，这个值只与被积函数 $f(x)$ 和积分区间 $[a,b]$ 有关，而与积分变量取哪个字母无关. 例如，如果只把积分变量 x 改为 t，则有

$$\int_a^b f(x)\mathrm{d}x = \int_a^b f(t)\mathrm{d}t;$$

(2) 上述定义中，我们只考虑了下限 a 小于上限 b 的情形. 当 $a>b$ 时，有

$$\int_a^b f(x)\mathrm{d}x = -\int_b^a f(x)\mathrm{d}x,$$

当 $a=b$ 时，规定积分的值为零，即

$$\int_a^a f(x)\mathrm{d}x = 0;$$

(3) 按上述定积分的定义，当和式极限存在时，我们就说 $f(x)$ 在 $[a,b]$ 上的定积分存在，或者称 $f(x)$ 在 $[a,b]$ 上**可积**.

函数 $f(x)$ 在 $[a,b]$ 上满足什么条件时可积呢？有下面两个定理.

定理 1　设 $f(x)$ 在区间 $[a,b]$ 上连续，则 $f(x)$ 在 $[a,b]$ 上可积.

定理 2　设 $f(x)$ 在区间 $[a,b]$ 上有界，且只有有限个第一类间断点，则 $f(x)$ 在 $[a,b]$ 上可积.

三、定积分的几何意义

如果在 $[a,b]$ 上 $f(x)\geqslant 0$，则根据第一节实例 1 可知，定积分 $\int_a^b f(x)\mathrm{d}x$ 在几何上表示由曲线 $y=f(x)$，直线 $x=a, x=b, y=0$ 所围成的曲边梯形的面积（如图 4-2 所示）.

如果在 $[a,b]$ 上 $f(x)<0$，则由曲线 $y=f(x)$，直线 $x=a, x=b, y=0$ 所围成的曲边梯形在 x 轴下方，这时 $f(\xi_i)<0, \Delta x_i>0$，故

$$I_n = \sum_{i=1}^n f(\xi_i)\Delta x_i < 0, \quad \int_a^b f(x)\mathrm{d}x = \lim_{\lambda\to 0}\sum_{i=1}^n f(\xi_i)\Delta x_i < 0,$$

于是定积分 $\int_a^b f(x)\mathrm{d}x$ 的几何意义是曲边梯形面积的相反数（如图 4-3 所示）.

如果在 $[a,b]$ 上 $f(x)$ 有正也有负，则定积分的几何意义是在 $[a,b]$ 上曲边梯形面积的代数和，即在 x 轴上方取正号，下方取负号（如图 4-4 所示）.

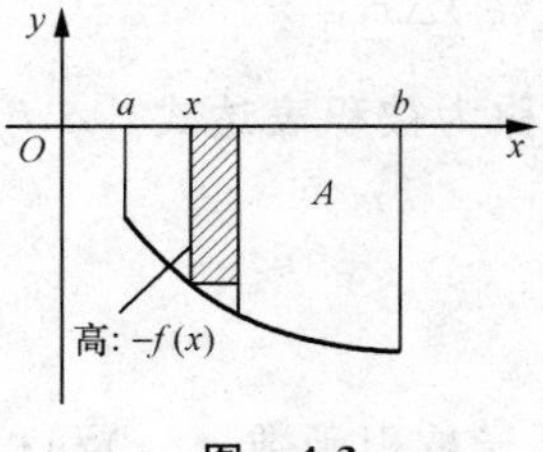

图　4-3

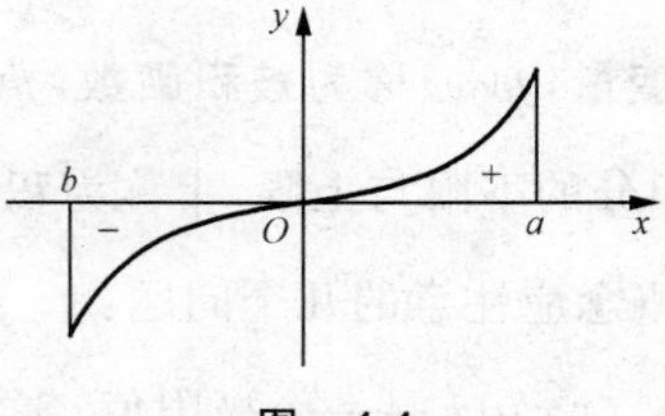

图　4-4

习　题　4-1

1. 已知一质量分布不均匀的细直棒，其长为 l，线密度 $\rho=\rho(x)$，其中 $0\leqslant x\leqslant l$.

(1) 用积分和式表示细直棒质量 m 的近似值；

(2) 用定积分表示 m 的准确值.

2. 根据定积分的几何意义，判断下列定积分值的正、负：

(1) $\int_0^{\frac{\pi}{2}} \sin x \mathrm{d}x$；　　(2) $\int_{-1}^{2} x^2 \mathrm{d}x$.

第二节　定积分的性质

为讨论定积分的计算问题，本节介绍定积分的基本性质. 下列各性质中，积分上、下限的大小，如不特别指出，均不加限制，同时假定各性质中所列函数都是可积的.

性质 1　被积函数的常数因子可以提到积分号外面来，即

$$\int_a^b kf(x)\mathrm{d}x = k\int_a^b f(x)\mathrm{d}x \quad (k \text{ 为常数}).$$

证　$\int_a^b kf(x)\mathrm{d}x = \lim\limits_{\lambda\to 0}\sum\limits_{i=1}^{n} kf(\xi_i)\Delta x_i$

$$= k\lim_{\lambda\to 0}\sum_{i=1}^{n} f(\xi_i)\Delta x_i = k\int_a^b f(x)\mathrm{d}x.$$

证毕

性质 2　两函数和(或差)的定积分等于两函数定积分的和(或差)，即

$$\int_a^b [f(x) \pm g(x)]\mathrm{d}x = \int_a^b f(x)\mathrm{d}x \pm \int_a^b g(x)\mathrm{d}x.$$

证明同样用定积分的定义易得，请读者自己完成.

结合性质 1,2，可得到**定积分的线性性质**，即

$$\int_a^b [k_1 f_1(x) + k_2 f_2(x) + \cdots + k_n f_n(x)]\mathrm{d}x$$

$$= k_1\int_a^b f_1(x)\mathrm{d}x + k_2\int_a^b f_2(x)\mathrm{d}x + \cdots + k_n\int_a^b f_n(x)\mathrm{d}x \quad (k_1, k_2, \cdots, k_n \text{ 为常数}).$$

性质 3(定积分对积分区间的可加性)　不论 a,b,c 的相对位置如何，恒有

$$\int_a^b f(x)\mathrm{d}x = \int_a^c f(x)\mathrm{d}x + \int_c^b f(x)\mathrm{d}x.$$

证　先设 $a<c<b$. 因定积分存在，故积分和的极限与 $[a,b]$ 的分法无关，因此，总可使 c 成为分点，于是

$$\sum_{[a,b]} f(\xi_i)\Delta x_i = \sum_{[a,c]} f(\xi_i)\Delta x_i + \sum_{[c,b]} f(\xi_i)\Delta x_i.$$

当 $\lambda = \max\limits_{1\leqslant i\leqslant n}\{\Delta x_i\} \to 0$ 时，对上式两端同时取极限便得

$$\int_a^b f(x)\mathrm{d}x = \int_a^c f(x)\mathrm{d}x + \int_c^b f(x)\mathrm{d}x.$$

其次，当 $a<b<c$ 时，则由上面的证明知

$$\int_a^c f(x)\mathrm{d}x=\int_a^b f(x)\mathrm{d}x+\int_b^c f(x)\mathrm{d}x.$$

因而

$$\int_a^b f(x)\mathrm{d}x=\int_a^c f(x)\mathrm{d}x-\int_b^c f(x)\mathrm{d}x=\int_a^c f(x)\mathrm{d}x+\int_c^b f(x)\mathrm{d}x.$$

类似可以证明 a,b,c 相对位置的其他情况. **证毕**

性质 4　若在闭区间$[a,b]$上，$f(x)\equiv 1$，则 $\int_a^b 1\mathrm{d}x=b-a$.

性质 5　如果在闭区间$[a,b]$上，$f(x)\geqslant 0$，则 $\int_a^b f(x)\mathrm{d}x\geqslant 0$.

推论 1　如果在闭区间$[a,b]$上，$f(x)\leqslant g(x)$，则 $\int_a^b f(x)\mathrm{d}x\leqslant\int_a^b g(x)\mathrm{d}x$.

推论 2　当 $a<b$ 时，有 $\left|\int_a^b f(x)\mathrm{d}x\right|\leqslant\int_a^b |f(x)|\mathrm{d}x$.

证　因为 $-|f(x)|\leqslant f(x)\leqslant|f(x)|$，由推论 1 及性质 1 可得

$$-\int_a^b |f(x)|\,\mathrm{d}x\leqslant\int_a^b f(x)\mathrm{d}x\leqslant\int_a^b |f(x)|\,\mathrm{d}x,$$

即

$$\left|\int_a^b f(x)\mathrm{d}x\right|\leqslant\int_a^b |f(x)|\,\mathrm{d}x.$$

注　$|f(x)|$在区间$[a,b]$上的可积性可由 $f(x)$在$[a,b]$上的可积性推出(证明从略).

性质 6(定积分估值定理)　设 M 和 m 分别是函数 $f(x)$在闭区间$[a,b]$上的最大值与最小值，则有

$$m(b-a)\leqslant\int_a^b f(x)\mathrm{d}x\leqslant M(b-a).$$

证　因为 $m\leqslant f(x)\leqslant M$，由性质 5 的推论 1，得

$$\int_a^b m\,\mathrm{d}x\leqslant\int_a^b f(x)\mathrm{d}x\leqslant\int_a^b M\mathrm{d}x,$$

再由性质 1 及性质 4，得

$$m(b-a)\leqslant\int_a^b f(x)\mathrm{d}x\leqslant M(b-a).$$ **证毕**

性质 7(定积分中值定理)　如果函数 $f(x)$在闭区间$[a,b]$上连续，则在积分区间$[a,b]$上至少存在一点 ξ，使得

$$\int_a^b f(x)\mathrm{d}x=f(\xi)(b-a)\quad(a\leqslant\xi\leqslant b).$$

这个公式叫做**积分中值公式**.

证　因为函数 $f(x)$在闭区间$[a,b]$上连续，所以函数 $f(x)$在$[a,b]$上必有最大值 M 和

最小值 m. 由性质 6，得

$$m(b-a) \leqslant \int_a^b f(x) \leqslant M(b-a),$$

不等式同除以 $b-a(>0)$，得

$$m \leqslant \frac{1}{b-a}\int_a^b f(x)\mathrm{d}x \leqslant M.$$

这表明，数值 $\frac{1}{b-a}\int_a^b f(x)\mathrm{d}x$ 介于函数 $f(x)$ 的最小值 m 与最大值 M 之间. 根据闭区间上连续函数的介值定理推论 2（第一章第六节），在区间 $[a,b]$ 上至少存在一点 ξ，使得

$$f(\xi) = \frac{1}{b-a}\int_a^b f(x)\mathrm{d}x \quad (a \leqslant \xi \leqslant b),$$

即

$$\int_a^b f(x)\mathrm{d}x = f(\xi)(b-a).$$

证毕

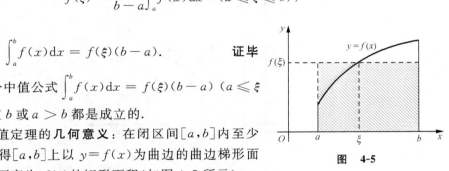

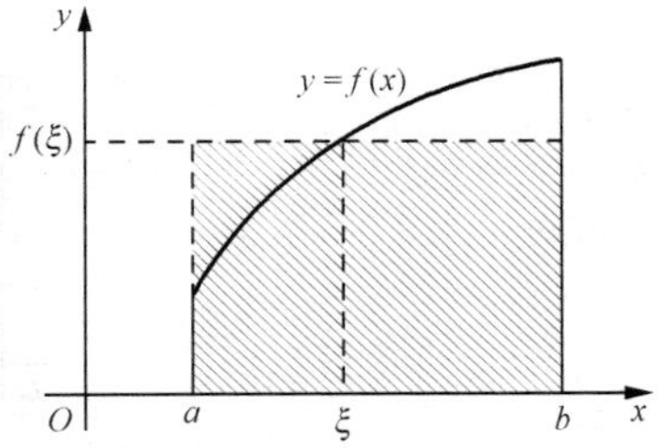

图 4-5

显然，积分中值公式 $\int_a^b f(x)\mathrm{d}x = f(\xi)(b-a)$ $(a \leqslant \xi \leqslant b)$ 不论 $a<b$ 或 $a>b$ 都是成立的.

定积分中值定理的**几何意义**：在闭区间 $[a,b]$ 内至少存在一点 ξ，使得 $[a,b]$ 上以 $y=f(x)$ 为曲边的曲边梯形面积等于同底边而高为 $f(\xi)$ 的矩形面积（如图 4-5 所示）.

习　题　4-2

1. 比较下列每组定积分的大小：

(1) $\int_0^1 2^x\mathrm{d}x$ 与 $\int_0^1 \mathrm{e}^x\mathrm{d}x$；　(2) $\int_0^1 x^2\mathrm{d}x$ 与 $\int_0^1 x^3\mathrm{d}x$；　(3) $\int_1^2 \ln x\mathrm{d}x$ 与 $\int_1^2 (\ln x)^2\mathrm{d}x$.

2. 试估计下列各定积分的范围：

(1) $\int_1^2 \frac{x}{x^2+1}\mathrm{d}x$；　(2) $\int_{\frac{\pi}{4}}^{\frac{5\pi}{4}} (1+\sin^2 x)\mathrm{d}x$；　(3) $\int_0^1 \mathrm{e}^{-\frac{x^2}{2}}\mathrm{d}x$；　(4) $\int_1^4 (x^2+1)\mathrm{d}x$.

第三节　微积分基本定理

前面已经介绍了定积分的概念及其基本性质，但到目前为止，我们还只能根据定义计算定积分. 一般说来，用这种方法计算定积分是非常困难的. 我们期望寻求计算定积分简便易行的方法，这就是本章所要讨论的重点.

一、变上限定积分

设函数 $f(x)$ 在 $[a,b]$ 上连续，任取一点 $x\in[a,b]$，则 $\int_b^x f(t)\mathrm{d}t$ 存在. 这个积分称为**变上限定积分**，它是上限 x 的函数，记做 $\Phi(x)$，即

$$\Phi(x)=\int_a^x f(t)\mathrm{d}t \quad (a\leqslant x\leqslant b).$$

在几何上，$\Phi(x)$ 表示图 4-6 中曲边梯形阴影部分的面积. 这个面积随 x 变化而变化，因而 $\Phi(x)$ 是 x 的函数，称为**面积函数**. 关于 $\Phi(x)$，有下面的定理.

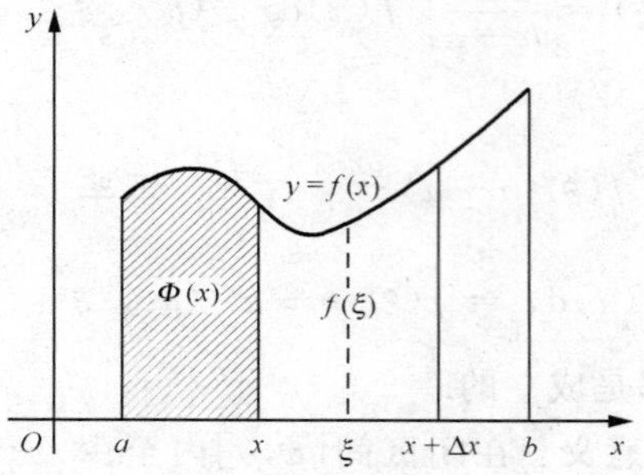

图　4-6

定理 1　若函数 $f(x)$ 在 $[a,b]$ 上连续，则变上限的定积分 $\Phi(x)=\int_a^x f(t)\mathrm{d}t$ 在 $[a,b]$ 上可导，且它的导数是 $\Phi'(x)=\dfrac{\mathrm{d}}{\mathrm{d}x}\int_a^x f(t)\mathrm{d}t=f(x)\ (a\leqslant x\leqslant b)$.

证　给 x 以增量 Δx，使 $x+\Delta x$ 仍在 $[a,b]$ 上，则

$$\begin{aligned}\Delta\Phi&=\Phi(x+\Delta x)-\Phi(x)=\int_a^{x+\Delta x}f(t)\mathrm{d}t-\int_a^x f(t)\mathrm{d}t\\&=\int_a^x f(t)\mathrm{d}t+\int_x^{x+\Delta x}f(t)\mathrm{d}t-\int_a^x f(t)\mathrm{d}t=\int_x^{x+\Delta x}f(t)\mathrm{d}t.\end{aligned}$$

根据积分中值定理，在 x 和 $x+\Delta x$ 之间至少存在一点 ξ（如图 4-6 所示）使

$$\Delta\Phi=\int_x^{x+\Delta x}f(t)\mathrm{d}t=f(\xi)(x+\Delta x-x)=f(\xi)\Delta x.$$

从而 $\dfrac{\Delta\Phi}{\Delta x}=f(\xi)$. ξ 在 x 和 $x+\Delta x$ 之间，当 $\Delta x\to0$ 时，$x+\Delta x\to x$，$\xi\to x$，由 $f(x)$ 的连续性可知，$f(\xi)\to f(x)$，故

$$\Phi'(x)=\lim_{\Delta x\to0}\frac{\Delta\Phi}{\Delta x}=\lim_{\xi\to x}f(\xi)=f(x).$$

证毕

这个定理指出了两个重要结论：第一，连续函数 $f(x)$ 的变上限 x 的定积分的导数是 $f(x)$ 本身；第二，根据原函数的定义可知，$\Phi(x)$ 是 $f(x)$ 的一个原函数，这说明连续函数的原函数一定存在. 此定理也称为**原函数存在定理**.

二、牛顿-莱布尼茨公式

引例　求变速直线运动的路程.

由本章第一节知道，物体在时间区间 $[T_1,T_2]$ 内走过的路程可用速度函数 $v(t)$ 在 $[T_1,T_2]$ 上的定积分 $\int_{T_1}^{T_2} v(t)\mathrm{d}t$ 表示；另一方面，这段路程又可以用位置函数 $s(t)$ 在 $[T_1,T_2]$ 上的增量 $s(T_2)-s(T_1)$ 来表示. 由此可见，$s(t)$ 与 $v(t)$ 间有如下关系：

$$\int_{T_1}^{T_2} v(t)\mathrm{d}t = s(T_2) - s(T_1). \tag{1}$$

因为 $s'(t)=v(t)$，即 $s(t)$ 是 $v(t)$ 的原函数，所以上面关系式表示：$v(t)$ 在 $[T_1,T_2]$ 上的定积分等于 $v(t)$ 的原函数 $s(t)$ 在 $[T_1,T_2]$ 上的增量.

从上述特殊问题中得到的关系，在一定条件下具有普遍性，即有下面的定理.

定理 2　若 $F(x)$ 是 $[a,b]$ 上的连续函数 $f(x)$ 的原函数，则

$$\int_a^b f(x)\mathrm{d}x = F(b) - F(a). \tag{2}$$

证　因 $F(x)$ 与 $\Phi(x)=\int_a^x f(t)\mathrm{d}t$ 都是 $f(x)$ 的原函数，而一个函数的任意原函数之间只相差一个常数，故

$$\int_a^x f(t)\mathrm{d}t = F(x) + C.$$

当 $x=a$ 时，有

$$0 = F(a) + C,\ \text{即}\ C = -F(a);$$

当 $x=b$ 时，有

$$\int_a^b f(t)\mathrm{d}t = F(b) + C = F(b) - F(a).$$

由于定积分与积分变量的形式无关，所以有

$$\int_a^b f(x)\mathrm{d}x = F(b) - F(a).$$

证毕

为书写方便，记 $F(b)-F(a)=F(x)\Big|_a^b$（或 $[F(x)]_a^b$），即有

$$\int_a^b f(x)\mathrm{d}x = F(x)\Big|_a^b = F(b) - F(a).$$

定理 2 称为**微积分基本定理**，公式(2)称为**牛顿-莱布尼茨公式**，它将定积分的计算归

结为求被积函数原函数的增量问题. 这揭示了定积分与不定积分间的关系,也极大地简化了定积分的计算.

例 1 求 $\int_{-1}^{1}\frac{\mathrm{d}x}{1+x^2}$.

解 因 $\arctan x$ 是 $\frac{1}{1+x^2}$ 的一个原函数,所以

$$\int_{-1}^{1}\frac{\mathrm{d}x}{1+x^2}=\arctan x\Big|_{-1}^{1}=\arctan 1-\arctan(-1)=\frac{\pi}{2}.$$

例 2 求 $\frac{\mathrm{d}}{\mathrm{d}x}\int_a^{x^2}f(t)\mathrm{d}t$.

解 设 $u=x^2$,故 $\int_a^{x^2}f(t)\mathrm{d}t=\int_a^u f(t)\mathrm{d}t$ 是 x 的复合函数,按函数的复合求导法则,有

$$\frac{\mathrm{d}}{\mathrm{d}x}\int_a^{x^2}f(t)\mathrm{d}t=\frac{\mathrm{d}}{\mathrm{d}u}\left(\int_a^u f(t)\mathrm{d}t\right)\frac{\mathrm{d}u}{\mathrm{d}x}=f(u)\cdot 2x=2xf(x^2).$$

更一般地,我们有

$$\frac{\mathrm{d}}{\mathrm{d}x}\int_{u(x)}^{v(x)}f(t)\mathrm{d}t=f(v(x))v'(x)-f(u(x))u'(x).$$

习 题 4-3

1. 求 $y=\int_0^x \sin t\mathrm{d}t$ 当 $x=0$, $x=\frac{\pi}{4}$ 时的导数.

2. 计算下列定积分:

(1) $\int_0^{\frac{\pi}{4}}\tan^2 x\mathrm{d}x$; (2) $\int_{-2}^{-1}\left(\frac{1}{3}\right)^x\mathrm{d}x$;

(3) 设 $f(x)=\begin{cases}x+1, & x\leqslant 1,\\ 2x^2, & x>1,\end{cases}$ 求 $\int_0^2 f(x)\mathrm{d}x$.

3. 求下列函数的导数:

(1) $F(x)=\int_0^x xf(t)\mathrm{d}t$; (2) $F(x)=\sin\left(\int_0^{x^2}f(t)\mathrm{d}t\right)$.

第四节 定积分的计算

在上节,我们介绍了牛顿-莱布尼茨公式,它把计算定积分的问题化为求被积函数不定积分的问题. 但从第三章中可知,仅利用基本积分表与积分性质,能够计算的不定积分非常有限,对于复杂函数求积分的方法通常有换元积分法和分部积分法. 相类似地,在一定条件下,求定积分问题也有这两种方法,下面将分别讨论之. 读者在学习时,要注意它与不定积

分的换元法和分部积分法的异同点.

一、定积分的换元法

先看一个例子.

例 1　计算 $\int_1^4 \frac{\mathrm{d}x}{1+\sqrt{x}}$.

解　先求 $\frac{1}{1+\sqrt{x}}$ 的原函数,令 $\sqrt{x}=t$,可得 $x=t^2$,$\mathrm{d}x=2t\mathrm{d}t$,则

$$\int \frac{\mathrm{d}x}{1+\sqrt{x}} = \int \frac{2t}{1+t}\mathrm{d}t = 2\int\left(1-\frac{1}{1+t}\right)\mathrm{d}t = 2(t-\ln|1+t|)+C.$$

因为,当 $x=1$ 时,$t=1$;当 $x=4$ 时,$t=2$,所以

$$\int_1^4 \frac{\mathrm{d}x}{1+\sqrt{x}} = \int_1^2 \frac{2t}{1+t}\mathrm{d}t = 2(t-\ln|1+t|)\Big|_1^2 = 2\left(1+\ln\frac{2}{3}\right).$$

本例的步骤是:

(1) 换元,令 $\sqrt{x}=t$,$x=t^2$,则 $\mathrm{d}x=2t\mathrm{d}t$.

(2) 变限,即确定新积分变量的积分限. 当 $x=1$ 时,$t=1$;当 $x=4$ 时,$t=2$.

(3) 用牛顿-莱布尼茨公式计算新积分.

由此可见,定积分的换元法不必像不定积分的换元法那样还原成原变量,而只需在换元的同时换限即可. 一般地,有如下定理.

定理 1　若 $f(x)$ 在 $[a,b]$ 上连续,作变换 $x=\varphi(t)$,使满足

(1) $\varphi(\alpha)=a$,$\varphi(\beta)=b$;

(2) 当 t 在 $[\alpha,\beta]$(或 $[\beta,\alpha]$)上变化时,$\varphi(t)$ 单调且有连续导数 $\varphi'(t)$,则有

$$\int_a^b f(x)\mathrm{d}x = \int_\alpha^\beta f(\varphi(t))\varphi'(t)\mathrm{d}t.$$

证　因 $f(x)$ 在 $[a,b]$ 上连续,故其原函数存在,设为 $F(x)$. 由牛顿-莱布尼茨公式得

$$\int_a^b f(x)\mathrm{d}x = F(b)-F(a).$$

另一方面,因 $f(\varphi(t))\varphi'(t)$ 在 $[\alpha,\beta]$(或 $[\beta,\alpha]$)上连续,故其原函数存在,由于

$$\frac{\mathrm{d}}{\mathrm{d}t}F(\varphi(t)) = \frac{\mathrm{d}}{\mathrm{d}x}F(x)\,\frac{\mathrm{d}x}{\mathrm{d}t} = f(x)\varphi'(t) = f(\varphi(t))\varphi'(t),$$

即 $F(\varphi(t))$ 为 $f(\varphi(t))\varphi'(t)$ 的原函数,故

$$\int_\alpha^\beta f(\varphi(t))\varphi'(t)\mathrm{d}t = F(\varphi(t))\Big|_\alpha^\beta = F(\varphi(\beta))-F(\varphi(\alpha)) = F(b)-F(a).$$

所以

$$\int_a^b f(x)\mathrm{d}x=\int_\alpha^\beta f(\varphi(t))\varphi'(t)\mathrm{d}t.$$

证毕

例 2　计算 $\int_0^a x^2\sqrt{a^2-x^2}\mathrm{d}x\ (a>0)$.

解　**第一步**(换元)，设 $x=a\sin t$，则 $\mathrm{d}x=a\cos t\mathrm{d}t$；

第二步(变限)，当 $x=0$ 时，$t=0$；当 $x=a$ 时，$t=\frac{\pi}{2}$；

第三步(积分)，

$$\int_0^a x^2\sqrt{a^2-x^2}\mathrm{d}x=\int_0^{\frac{\pi}{2}}a^2\sin^2t\cdot a^2\cos^2t\mathrm{d}t=\frac{a^4}{4}\int_0^{\frac{\pi}{2}}\sin^2 2t\mathrm{d}t=\frac{a^4}{4}\int_0^{\frac{\pi}{2}}\frac{1-\cos 4t}{2}\mathrm{d}t$$

$$=\frac{a^4}{8}\int_0^{\frac{\pi}{2}}(1-\cos 4t)\mathrm{d}t=\frac{a^4}{8}\left(t-\frac{1}{4}\sin 4t\right)\Big|_0^{\frac{\pi}{2}}=\frac{\pi}{16}a^4.$$

例 3　证明：

(1) 若 $f(x)$ 在 $[-a,a]$ 上连续，且为偶函数，则 $\int_{-a}^a f(x)\mathrm{d}x=2\int_0^a f(x)\mathrm{d}x$；

(2) 若 $f(x)$ 在 $[-a,a]$ 上连续，且为奇函数，则 $\int_{-a}^a f(x)\mathrm{d}x=0$.

证　由定积分性质 3，有

$$\int_{-a}^a f(x)\mathrm{d}x=\int_{-a}^0 f(x)\mathrm{d}x+\int_0^a f(x)\mathrm{d}x.$$

为了把等式右边第一项积分区间 $[-a,0]$ 变换成 $[0,a]$，用换元法，设 $x=-t$，则 $\mathrm{d}x=-\mathrm{d}t$. 当 $x=-a$ 时，$t=a$；当 $x=0$ 时，$t=0$，于是

$$\int_{-a}^0 f(x)\mathrm{d}x=-\int_a^0 f(-t)\mathrm{d}t=\int_0^a f(-t)\mathrm{d}t=\int_0^a f(-x)\mathrm{d}x.$$

故

$$\int_{-a}^a f(x)\mathrm{d}x=\int_0^a f(-x)\mathrm{d}x+\int_0^a f(x)\mathrm{d}x=\int_0^a[f(-x)+f(x)]\mathrm{d}x.$$

(1) 若 $f(x)$ 为偶函数，即 $f(-x)=f(x)$，则 $f(x)+f(-x)=2f(x)$，从而

$$\int_{-a}^a f(x)\mathrm{d}x=2\int_0^a f(x)\mathrm{d}x.$$

(2) 若 $f(x)$ 为奇函数，即 $f(-x)=-f(x)$，则 $f(x)+f(-x)=0$，从而

$$\int_{-a}^a f(x)\mathrm{d}x=0.$$

例 3 的两个结论是很重要的，借助它常可简化计算关于偶函数、奇函数在对称于原点的区间上的积分. 例如，由于 $\frac{x^2\sin x}{\sqrt{1+\cos^2 x}}$ 是奇函数，所以

$$\int_{-\frac{\pi}{4}}^{\frac{\pi}{4}} \frac{x^2 \sin x}{\sqrt{1+\cos^2 x}} \mathrm{d}x = 0.$$

例 4　设 $f(x)$ 为 $(-\infty,+\infty)$ 上以 T 为周期的连续函数，试证明：对任何实数 a，有

$$\int_a^{a+T} f(x)\mathrm{d}x = \int_0^T f(x)\mathrm{d}x.$$

证　由定积分的性质 3 有

$$\int_a^{a+T} f(x)\mathrm{d}x = \int_a^0 f(x)\mathrm{d}x + \int_0^T f(x)\mathrm{d}x + \int_T^{a+T} f(x)\mathrm{d}x.$$

对等式右端第三个积分换元 $x=t+T$，又 T 为 $f(x)$ 的周期，则

$$\int_T^{a+T} f(x)\mathrm{d}x = \int_0^a f(t+T)\mathrm{d}(t+T) = \int_0^a f(t)\mathrm{d}t = -\int_a^0 f(x)\mathrm{d}x.$$

将其代入上面等式即得结论成立.

例 4 说明，周期函数在任何长度为一个周期的区间上的定积分都是相等的.

这里特别指出，换元法在定积分的计算中占有相当重要的位置，同时换元法技巧性较强，有三角代换、倒数代换、根式代换等. 因篇幅有限，这里不再举例，读者可参照不定积分的有关内容进一步探讨.

二、定积分的分部积分法

先看下例.

例 5　计算 $\int_0^{\pi} x\cos x \mathrm{d}x$.

解　由不定积分的分部积分法知

$$\int x\cos x\mathrm{d}x = \int x\mathrm{d}(\sin x) = x\sin x - \int \sin x\mathrm{d}x = x\sin x + \cos x + C.$$

于是有

$$\int_0^{\pi} x\cos x\mathrm{d}x = (x\sin x + \cos x)\Big|_0^{\pi} = -2.$$

这种解法是先求出原函数，再代入上限、下限算出积分结果.

实际上，对于定积分来说，积出一部分结果后，可以先将积分限代入，余下的部分再继续积分，即

$$\int_0^{\pi} x\cos x\mathrm{d}x = x\sin x\Big|_0^{\pi} - \int_0^{\pi}\sin x\mathrm{d}x = \cos x\Big|_0^{\pi} = -2.$$

下面给出关于定积分的分部积分法的定理.

定理 2　若 $u=u(x)$，$v=v(x)$ 在 $[a,b]$ 上都有连续导数，则

$$\int_a^b u\mathrm{d}v = uv\Big|_a^b - \int_a^b v\mathrm{d}u. \tag{1}$$

证　因 $d(uv)=udv+vdu$，即

$$u\mathrm{d}v = \mathrm{d}(uv) - v\mathrm{d}u,$$

对等式两边在$[a,b]$上取积分，得

$$\int_a^b u\mathrm{d}v = uv\Big|_a^b - \int_a^b v\mathrm{d}u.$$

证毕

公式(1)即为**定积分的分部积分公式**.

例 6　计算 $\int_0^1 x\mathrm{e}^x\mathrm{d}x$.

解　令 $u=x$，$\mathrm{d}v=\mathrm{e}^x\mathrm{d}x$，则 $\mathrm{d}u=\mathrm{d}x$，$v=\mathrm{e}^x$，所以

$$\int_0^1 x\mathrm{e}^x\mathrm{d}x = x\mathrm{e}^x\Big|_0^1 - \int_0^1 \mathrm{e}^x\mathrm{d}x = \mathrm{e} - \mathrm{e}^x\Big|_0^1 = \mathrm{e} - (\mathrm{e}-1) = 1.$$

例 7　证明

$$I_n = \int_0^{\frac{\pi}{2}} \cos^n x\mathrm{d}x = \int_0^{\frac{\pi}{2}} \sin^n x\mathrm{d}x = \begin{cases} \dfrac{(n-1)(n-3)\cdots 3\cdot 1}{n(n-2)\cdots 4\cdot 2}\cdot\dfrac{\pi}{2}, & n \text{ 为偶数}, \\ \dfrac{(n-1)(n-3)\cdots 4\cdot 2}{n(n-2)\cdots 5\cdot 3}, & n \text{ 为奇数}. \end{cases}$$

证　先证 $\int_0^{\frac{\pi}{2}} \cos^n x\mathrm{d}x = \int_0^{\frac{\pi}{2}} \sin^n x\mathrm{d}x$.

设 $x=\frac{\pi}{2}-t$，则 $\mathrm{d}x=-\mathrm{d}t$. 当 $x=0$ 时，$t=\frac{\pi}{2}$；当 $x=\frac{\pi}{2}$时，$t=0$. 所以

$$\int_0^{\frac{\pi}{2}} \cos^n x\mathrm{d}x = \int_{\frac{\pi}{2}}^0 \cos^n\left(\frac{\pi}{2}-t\right)(-\mathrm{d}t) = \int_0^{\frac{\pi}{2}} \sin^n t\mathrm{d}t,$$

即

$$\int_0^{\frac{\pi}{2}} \cos^n x\mathrm{d}x = \int_0^{\frac{\pi}{2}} \sin^n x\mathrm{d}x.$$

当 $n=0$ 时，$I_0 = \int_0^{\frac{\pi}{2}} \mathrm{d}x = x\Big|_0^{\frac{\pi}{2}} = \frac{\pi}{2}$；当 $n=1$ 时，$I_1 = \int_0^{\frac{\pi}{2}} \sin x\mathrm{d}x = -\cos x\Big|_0^{\frac{\pi}{2}} = 1$.

以下讨论 $n\geqslant 2$ 的情形：

$$\begin{aligned} I_n &= \int_0^{\frac{\pi}{2}} \sin^n x\mathrm{d}x = \int_0^{\frac{\pi}{2}} \sin^{n-1}x\cdot\sin x\mathrm{d}x = -\int_0^{\frac{\pi}{2}} \sin^{n-1}x\mathrm{d}(\cos x) \\ &= -\cos x\cdot\sin^{n-1}x\Big|_0^{\frac{\pi}{2}} + \int_0^{\frac{\pi}{2}} \cos x\mathrm{d}(\sin^{n-1}x) \\ &= 0 + \int_0^{\frac{\pi}{2}} \cos x\cdot(n-1)\sin^{n-2}x\cdot\cos x\mathrm{d}x \\ &= (n-1)\int_0^{\frac{\pi}{2}} \sin^{n-2}x(1-\sin^2 x)\mathrm{d}x \end{aligned}$$

$$= (n-1)\int_0^{\frac{\pi}{2}} \sin^{n-2}x\,dx - (n-1)\int_0^{\frac{\pi}{2}} \sin^n x\,dx,$$

即有

$$I_n = (n-1)I_{n-2} - (n-1)I_n.$$

于是得递推公式

$$I_n = \frac{n-1}{n}I_{n-2} \quad (n \geqslant 2). \tag{2}$$

由递推公式(2)可得如下结果：

$$I_n = \frac{n-1}{n}I_{n-2} = \frac{n-1}{n}\cdot\frac{n-3}{n-2}I_{n-4} = \frac{n-1}{n}\cdot\frac{n-3}{n-2}\cdot\frac{n-5}{n-4}I_{n-6} = \cdots.$$

当 n 为偶数时，最后可得 $I_0 = \frac{\pi}{2}$；当 n 为奇数时，最后可得 $I_1 = 1$. 所以

$$I_n = \int_0^{\frac{\pi}{2}} \cos^n x\,dx = \int_0^{\frac{\pi}{2}} \sin^n x\,dn$$

$$= \begin{cases} \frac{n-1}{n}\cdot\frac{n-3}{n-2}\cdot\frac{n-5}{n-4}\cdots\frac{3}{4}\cdot\frac{1}{2}\cdot\frac{\pi}{2}, & n\text{ 为偶数}, \\ \frac{n-1}{n}\cdot\frac{n-3}{n-2}\cdot\frac{n-5}{n-4}\cdots\frac{4}{5}\cdot\frac{2}{3}\cdot 1, & n\text{ 为奇数}. \end{cases} \tag{3}$$

习　题　4-4

1. 用换元法求下列定积分：

(1) $\int_0^1 \frac{\sqrt{x}}{1+\sqrt{x}}dx$；　(2) $\int_0^1 te^{-\frac{t^2}{2}}dt$；　(3) $\int_0^1 \frac{dx}{e^x + e^{-x}}$；　(4) $\int_0^{\frac{\pi}{2}} \frac{\cos\theta}{\sin\theta + \cos\theta}d\theta$；

(5) $\int_1^5 (|2-x|+|\sin x|)dx$；　(6) $\int_0^{\pi} \sqrt{\sin x - \sin^3 x}\,dx$；　(7) $\int_{-2}^0 \frac{1}{x^2+2x+2}dx$.

2. 求下列定积分：

(1) $\int_0^1 e^{\sqrt{x}}dx$；　(2) $\int_1^2 \sqrt{x}\ln x\,dx$；　(3) $\int_{\frac{\pi}{4}}^{\frac{\pi}{3}} \frac{x}{\sin^2 x}dx$；　(4) $\int_1^e \sin(\ln x)dx$.

第五节　广 义 积 分

前面讨论了定积分，它要求被积函数在有限的积分区间上有界. 但在实际问题中，经常会遇到积分区间无限或被积函数无界的情形，这里我们把定积分概念在这两方面加以推广，称之为**广义积分**.

一、无穷限的广义积分

定义1 设函数 $f(x)$ 在区间 $[a,+\infty)$ 上连续，若对任意的 $b>a$，极限 $\lim\limits_{b\to+\infty}\int_a^b f(x)\mathrm{d}x$ 存在，则称此极限值为 $f(x)$ 在 $[a,+\infty)$ 上的**广义积分**，记做 $\int_a^{+\infty} f(x)\mathrm{d}x$，即

$$\int_a^{+\infty} f(x)\mathrm{d}x = \lim_{b\to+\infty}\int_a^b f(x)\mathrm{d}x.$$

此时称广义积分 $\int_a^{+\infty} f(x)\mathrm{d}x$ **收敛**. 若上述极限不存在，则称广义积分 $\int_a^{+\infty} f(x)\mathrm{d}x$ **发散**.

由牛顿-莱布尼茨公式知，如果 $F(x)$ 是 $f(x)$ 在 $[a,+\infty)$ 上的一个原函数，那么

$$\int_a^{+\infty} f(x)\mathrm{d}x = \lim_{b\to+\infty}[F(b)-F(a)] = F(+\infty)-F(a) = F(x)\Big|_a^{+\infty},$$

其中 $F(+\infty)=\lim\limits_{b\to+\infty}F(b)$.

类似地，可定义 $f(x)$ 在 $(-\infty,b]$ 上的广义积分为

$$\int_{-\infty}^{b} f(x)\mathrm{d}x = \lim_{a\to-\infty}\int_a^b f(x)\mathrm{d}x.$$

上述极限存在时称广义积分 $\int_{-\infty}^{b} f(x)\mathrm{d}x$ **收敛**，否则称其**发散**.

对于广义积分 $\int_{-\infty}^{+\infty} f(x)\mathrm{d}x$ 定义为

$$\int_{-\infty}^{+\infty} f(x)\mathrm{d}x = \int_{-\infty}^{C} f(x)\mathrm{d}x + \int_{C}^{+\infty} f(x)\mathrm{d}x,$$

其中 C 为任意常数. 当且仅当上式右边两个广义积分都收敛时称广义积分 $\int_{-\infty}^{+\infty} f(x)\mathrm{d}x$ **收敛**，否则称其**发散**.

例1 讨论广义积分 $\int_1^{+\infty}\frac{1}{x^p}\mathrm{d}x$（$p$ 为常数）的敛散性.

解 当 $p=1$ 时，

$$\int_1^{+\infty}\frac{1}{x}\mathrm{d}x = \lim_{b\to+\infty}\int_1^b\frac{1}{x}\mathrm{d}x = \lim_{b\to+\infty}[\ln b-\ln 1] = +\infty;$$

当 $p\neq1$ 时，

$$\int_1^{+\infty}\frac{1}{x^p}\mathrm{d}x = \lim_{b\to+\infty}\int_1^b\frac{1}{x^p}\mathrm{d}x = \lim_{b\to+\infty}\left[\frac{1}{1-p}(b^{1-p}-1)\right] = \begin{cases}\dfrac{1}{p-1}, & p>1,\\ +\infty, & p<1.\end{cases}$$

所以对于广义积分 $\int_1^{+\infty}\frac{1}{x^p}\mathrm{d}x$，当 $p>1$ 时，收敛；当 $p\leqslant1$ 时，发散.

例 2　计算广义积分 $\int_{-\infty}^{+\infty}\frac{1}{1+x^2}\mathrm{d}x$.

解　$$\begin{aligned}\int_{-\infty}^{+\infty}\frac{1}{1+x^2}\mathrm{d}x &= \int_{-\infty}^{0}\frac{1}{1+x^2}\mathrm{d}x+\int_{0}^{+\infty}\frac{1}{1+x^2}\mathrm{d}x\\ &= \lim_{a\to-\infty}\int_a^0\frac{1}{1+x^2}\mathrm{d}x+\lim_{b\to+\infty}\int_0^b\frac{1}{1+x^2}\mathrm{d}x\\ &= \lim_{a\to-\infty}\arctan x\Big|_a^0+\lim_{b\to+\infty}\arctan x\Big|_0^b\\ &= \lim_{a\to-\infty}(-\arctan a)+\lim_{b\to+\infty}\arctan b=\frac{\pi}{2}+\frac{\pi}{2}=\pi.\end{aligned}$$

二、无界函数的广义积分

定义 2　设函数 $f(x)$ 在区间 $(a,b]$ 上连续，而 $\lim\limits_{x\to a^+}f(x)=\infty$（即 $f(x)$ 在 a 处无界）. 若极限 $\lim\limits_{\varepsilon\to0^+}\int_{a+\varepsilon}^b f(x)\mathrm{d}x$ 存在，则称此极限为 $f(x)$ 在 $(a,b]$ 上的**广义积分**，仍然记做

$$\int_a^b f(x)\mathrm{d}x,\ \text{即}\ \int_a^b f(x)\mathrm{d}x=\lim_{\varepsilon\to0^+}\int_{a+\varepsilon}^b f(x)\mathrm{d}x.$$

此时称广义积分 $\int_a^b f(x)\mathrm{d}x$ **收敛**，若上式右端极限不存在，则称此广义积分**发散**.

类似地，若 $f(x)$ 在 $[a,b)$ 上连续，在 b 处无界，则广义积分 $\int_a^b f(x)\mathrm{d}x$ 定义为

$$\int_a^b f(x)\mathrm{d}x=\lim_{\varepsilon\to0^+}\int_a^{b-\varepsilon}f(x)\mathrm{d}x,$$

上式右端极限存在时称该广义积分**收敛**，否则称其**发散**.

当函数 $f(x)$ 在区间 $[a,b]$ 上除 $c\,(a<c<b)$ 外连续，而在 c 处无界时，定义广义积分 $\int_a^b f(x)\mathrm{d}x$ 为

$$\int_a^b f(x)\mathrm{d}x=\int_a^c f(x)\mathrm{d}x+\int_c^b f(x)\mathrm{d}x.$$

当且仅当上式右端的两个广义积分都收敛时，称广义积分 $\int_a^b f(x)\mathrm{d}x$ **收敛**，否则称其**发散**.

例 3　计算广义积分 $\int_0^a\frac{1}{\sqrt{a^2-x^2}}\mathrm{d}x\ (a>0)$.

解　因为 $\lim\limits_{x\to a^-}\frac{1}{\sqrt{a^2-x^2}}=+\infty$，即被积函数在 a 处无界，所以广义积分

$$\int_0^a\frac{1}{\sqrt{a^2-x^2}}\mathrm{d}x=\lim_{\varepsilon\to0^+}\int_0^{a-\varepsilon}\frac{1}{\sqrt{a^2-x^2}}\mathrm{d}x=\lim_{\varepsilon\to0^+}\arcsin\frac{x}{a}\Big|_0^{a-\varepsilon}$$

$$= \lim_{\varepsilon \to 0^+} \arcsin \frac{(a-\varepsilon)}{a} = \arcsin 1 = \frac{\pi}{2}.$$

例 4　计算 $\int_{-1}^{1} \frac{1}{x^2} dx$.

解　被积函数 $\frac{1}{x^2}$ 在积分区间 $[-1,1]$ 上除点 $x=0$ 外连续，且在点 $x=0$ 处被积函数无界，所以 $\int_{-1}^{1} \frac{1}{x^2} dx$ 是广义积分，又由于

$$\int_{0}^{1} \frac{1}{x^2} dx = \lim_{\varepsilon \to 0^+} \int_{\varepsilon}^{1} \frac{1}{x^2} dx = \lim_{\varepsilon \to 0^+} \left(-\frac{1}{x} \Big|_{\varepsilon}^{1} \right) = \lim_{\varepsilon \to 0^+} \left(\frac{1}{\varepsilon} - 1 \right) = +\infty,$$

即广义积分 $\int_{0}^{1} \frac{1}{x^2} dx$ 发散，由广义积分的定义知 $\int_{-1}^{1} \frac{1}{x^2} dx$ 发散.

这里请读者注意，由于被积函数在积分区间上不连续，所以它不能直接用牛顿-莱布尼茨公式，否则就会得到下面的错误结果

$$\int_{-1}^{1} \frac{1}{x^2} dx = -\frac{1}{x} \Big|_{-1}^{1} = -2.$$

习　题　4-5

判别下列各广义积分的敛散性，若收敛，计算其值：

(1) $\int_{0}^{+\infty} \frac{\arctan x}{(1+x^2)} dx$；　(2) $\int_{2}^{+\infty} \frac{1}{x \ln x} dx$；　(3) $\int_{-\infty}^{+\infty} \frac{1}{(1+x^2)^n} dx$（$n$ 为正整数）；

(4) $\int_{-\infty}^{+\infty} \frac{dx}{x^2+2x+2}$；　(5) $\int_{0}^{1} \frac{x dx}{(2-x^2)\sqrt{1-x^2}}$；　(6) $\int_{0}^{2} \frac{dx}{(1-x)^2}$.

第二篇　一元微积分的应用

应用是理论学习的目的.在第一篇学习一元微积分基本知识的基础上,本篇着重学习它们的应用.本篇内容包括导数与微分的应用,定积分的应用和常微分方程等.

第五章　导数与微分的应用

本章我们将运用导数研究未定式极限的求法,函数单调性及曲线性态的判定;并利用导数和微分解决一些实际问题.

第一节　未定式极限的求法

若在自变量的某一变化过程中,两个函数 $f(x)$ 与 $g(x)$ 都趋于零或都趋于无穷大,那么极限 $\lim \frac{f(x)}{g(x)}$ 可能存在也可能不存在,通常称这种极限为**未定式极限**(也简称为**未定式**),并分别简记为 $\frac{0}{0}$ 或 $\frac{\infty}{\infty}$.第一章中讨论过的极限 $\lim\limits_{x\to 0}\frac{\sin x}{x}$ 就是未定式 $\frac{0}{0}$ 型的一个例子,它的极限为 1.而未定式 $\lim\limits_{x\to 0}\frac{\sin x}{x^2}$ 则不存在.解决未定式极限的计算问题通常是比较困难的,本节介绍利用函数的导数求这类极限的一种简便而重要的方法——**洛必达(L'Hospital)法则**.

定理 1　设函数 $f(x)$ 与 $g(x)$ 满足

(1) $\lim\limits_{x\to x_0} f(x)=\lim\limits_{x\to x_0} g(x)=0$;

(2) 在点 x_0 的某个邻域内(点 x_0 可以除外)可导,且 $g'(x)\neq 0$;

(3) $\lim\limits_{x\to x_0}\frac{f'(x)}{g'(x)}=A$(或为$\infty$),

则有

$$\lim_{x\to x_0}\frac{f(x)}{g(x)}=\lim_{x\to x_0}\frac{f'(x)}{g'(x)}. \qquad (1)$$

证　由于函数在 x_0 点的极限与函数在 x_0 点的值无关，所以可补充 $f(x)$，$g(x)$ 在 $x=x_0$ 处的定义 $f(x_0)=g(x_0)=0$，则 $f(x)$，$g(x)$ 在 x_0 点就连续了. 在 x_0 附近任取一点 x，并应用第二章中的柯西中值定理得

$$\frac{f(x)}{g(x)}=\frac{f(x)-f(x_0)}{g(x)-g(x_0)}=\frac{f'(\xi)}{g'(\xi)}\quad(\xi\text{ 在 }x\text{ 与 }x_0\text{ 之间}).$$

由于 $x\to x_0$ 时，$\xi\to x_0$，所以，对上式取极限便得(1)式成立. **证毕**

这就是说，当 $\lim\limits_{x\to x_0}\dfrac{f'(x)}{g'(x)}$ 存在时，$\lim\limits_{x\to x_0}\dfrac{f(x)}{g(x)}$ 也存在且等于 $\lim\limits_{x\to x_0}\dfrac{f'(x)}{g'(x)}$；当 $\lim\limits_{x\to x_0}\dfrac{f'(x)}{g'(x)}$ 为无穷大时，$\lim\limits_{x\to x_0}\dfrac{f(x)}{g(x)}$ 也是无穷大.

这种在一定条件下，通过对分子、分母分别求导，再求极限来确定未定式极限的方法称为**洛必达法则**.

如果 $\lim\limits_{x\to x_0}\dfrac{f'(x)}{g'(x)}$ 还是 $\dfrac{0}{0}$ 型的未定式，且函数 $f'(x)$，$g'(x)$ 仍满足定理中 $f(x)$ 与 $g(x)$ 所满足的条件，则可继续使用洛必达法则直到求出极限.

例 1　求 $\lim\limits_{x\to 0}\dfrac{\sin ax}{\sin bx}$ (a，b 为常数，且 $b\neq 0$).

解　$\lim\limits_{x\to 0}\dfrac{\sin ax}{\sin bx}=\lim\limits_{x\to 0}\dfrac{a\cos ax}{b\cos bx}=\dfrac{a}{b}$.

例 2　求 $\lim\limits_{x\to 1}\dfrac{x^3-3x+2}{x^3-x^2-x+1}$.

解　$\lim\limits_{x\to 1}\dfrac{x^3-3x+2}{x^3-x^2-x+1}=\lim\limits_{x\to 1}\dfrac{3x^2-3}{3x^2-2x-1}=\lim\limits_{x\to 1}\dfrac{6x}{6x-2}=\dfrac{3}{2}$.

注意，上式中的 $\lim\limits_{x\to 1}\dfrac{6x}{6x-2}$ 已不是未定式，不能再应用洛必达法则，否则将会导致错误的结果.

对于 $x\to x_0$ 时的 $\dfrac{\infty}{\infty}$ 型未定式，也有相应的洛必达法则.

定理 2　设函数 $f(x)$ 与 $g(x)$ 满足

(1) $\lim\limits_{x\to x_0}f(x)=\lim\limits_{x\to x_0}g(x)=\infty$；

(2) 在点 x_0 的某个邻域内(点 x_0 可除外)可导，且 $g'(x)\neq 0$；

(3) $\lim\limits_{x\to x_0}\dfrac{f'(x)}{g'(x)}=A$(或为$\infty$)，

则有

$$\lim_{x\to x_0}\frac{f(x)}{g(x)}=\lim_{x\to x_0}\frac{f'(x)}{g'(x)}.$$

证明从略.

例 3 求 $\lim\limits_{x\to\frac{\pi}{2}}\frac{\tan x}{\tan 3x}$.

解 $\lim\limits_{x\to\frac{\pi}{2}}\frac{\tan x}{\tan 3x}=\lim\limits_{x\to\frac{\pi}{2}}\frac{\sec^2 x}{3\sec^2 3x}=\frac{1}{3}\lim\limits_{x\to\frac{\pi}{2}}\frac{\cos^2 3x}{\cos^2 x}$

$$=\frac{1}{3}\lim_{x\to\frac{\pi}{2}}\frac{2\cos 3x(-3\sin 3x)}{2\cos x(-\sin x)}=\lim_{x\to\frac{\pi}{2}}\frac{\sin 6x}{\sin 2x}=\lim_{x\to\frac{\pi}{2}}\frac{6\cos 6x}{2\cos 2x}=3.$$

上述关于 $x\to a$ 时的$\frac{0}{0}$型或$\frac{\infty}{\infty}$型未定式的洛必达法则对于 $x\to\infty$时的$\frac{0}{0}$型或$\frac{\infty}{\infty}$型未定式同样适用,即有

$$\lim_{x\to\infty}\frac{f(x)}{g(x)}=\lim_{x\to\infty}\frac{f'(x)}{g'(x)}\quad\left(\frac{0}{0}\text{ 型或}\frac{\infty}{\infty}\text{ 型}\right).$$

例 4 求 $\lim\limits_{x\to+\infty}\frac{\pi/2-\arctan x}{1/x}$.

解 $\lim\limits_{x\to+\infty}\frac{\pi/2-\arctan x}{1/x}=\lim\limits_{x\to+\infty}\frac{-1/1+x^2}{-1/x^2}=1.$

例 5 求 $\lim\limits_{x\to+\infty}\frac{e^x}{x^n}$ ($n>0$ 为整数).

解 $\lim\limits_{x\to+\infty}\frac{e^x}{x^n}=\lim\limits_{x\to+\infty}\frac{e^x}{nx^{n-1}}=\lim\limits_{x\to+\infty}\frac{e^x}{n(n-1)x^{n-2}}=\cdots=\lim\limits_{x\to+\infty}\frac{e^x}{n!}=+\infty.$

有些较复杂的未定式,不一定只用洛必达法则求解,可与其他求极限的方法结合使用,如下面给出的例子.

例 6 求 $\lim\limits_{x\to 0}\frac{\sin x-x\cos x}{\sin^3 x}$.

解 $\lim\limits_{x\to 0}\frac{\sin x-x\cos x}{\sin^3 x}=\lim\limits_{x\to 0}\frac{x\sin x}{3\sin^2 x\cos x}=\lim\limits_{x\to 0}\frac{x}{3\sin x\cos x}=\frac{1}{3}\lim\limits_{x\to 0}\frac{x}{\sin x}\ \lim\limits_{x\to 0}\frac{1}{\cos x}=\frac{1}{3}.$

$\left(\text{将极限值不为零的乘积因子 }\lim\limits_{x\to 0}\frac{1}{\cos x}=1\text{ 先提取出来}\right)$

例 7 求 $\lim\limits_{x\to 0}\frac{1-\cos^2 x}{x(1-e^x)}$.

解 $\lim\limits_{x\to 0}\frac{1-\cos^2 x}{x(1-e^x)}=\lim\limits_{x\to 0}\frac{(1+\cos x)(1-\cos x)}{x(1-e^x)}=\lim\limits_{x\to 0}(1+\cos x)\ \lim\limits_{x\to 0}\frac{1-\cos x}{x(1-e^x)}$

(将极限值不为零的乘积因子 $\lim\limits_{x\to 0}(1+\cos x)=2$ 先提取出来)

$=2\lim\limits_{x\to 0}\frac{1-\cos x}{x(1-e^x)}\quad\left(\text{因}(1-\cos x)\sim\frac{1}{2}x^2\ (x\to 0)\right)$

$$=2\lim_{x\to 0}\frac{\frac{1}{2}x^2}{x(1-e^x)}=2\times\frac{1}{2}\lim_{x\to 0}\frac{x}{1-e^x}=\lim_{x\to 0}\frac{1}{-e^x}=-1.$$

在应用洛必达法则求极限时,应注意以下几点:

(1) 每次使用前,必须检验是否属于$\frac{0}{0}$型或$\frac{\infty}{\infty}$型未定式,若已经不是未定式,则不能再使用该法则.

例如

$$\lim_{x\to 0}\frac{e^x-\cos x}{x\sin x}=\lim_{x\to 0}\frac{e^x+\sin x}{x\cos x+\sin x}=\infty.$$

如果不检查,盲目地继续使用该法则,将出现下面的错误结果:

$$\lim_{x\to 0}\frac{e^x+\sin x}{x\cos x+\sin x}=\lim_{x\to 0}\frac{e^x+\cos x}{-x\sin x+2\cos x}=\frac{2}{2}=1.$$

(2) 如果有可约去的因子,或有非零极限值的因子,可以先行约去或提取出去,以简化运算步骤,有时还可将等价无穷小的代换与洛必达法则兼用.

(3) 定理的条件是充分而非必要的,也就是说,当遇到 $\lim\frac{f'(x)}{g'(x)}$不存在时(等于无穷大的情况除外),不能断定 $\lim\frac{f(x)}{g(x)}$不存在.

另外,虽然某些极限问题满足洛必达法则所要求的条件,但无法定出极限,这时需使用其他方法.

例 8　求 $\lim_{x\to 0}\frac{x^2\sin\frac{1}{x}}{\sin x}$.

解　原极限属于$\frac{0}{0}$型未定式,可使用洛必达法则,对分子、分母分别求导后的极限为

$$\lim_{x\to 0}\frac{2x\sin\frac{1}{x}-\cos\frac{1}{x}}{\cos x},$$

其振荡且无极限,但不能由此说原极限不存在.实际上

$$\lim_{x\to 0}\frac{x^2\sin\frac{1}{x}}{\sin x}=\lim_{x\to 0}\frac{x}{\sin x}x\sin\frac{1}{x}=\frac{\lim\limits_{x\to 0}x\sin\frac{1}{x}}{\lim\limits_{x\to 0}\frac{\sin x}{x}}=\frac{0}{1}=0.$$

例 9　求 $\lim_{x\to +\infty}\frac{\sqrt{1+x^2}}{x}$.

解 $\lim\limits_{x\to+\infty}\dfrac{\sqrt{1+x^2}}{x}=\lim\limits_{x\to+\infty}\dfrac{\dfrac{2x}{2\sqrt{1+x^2}}}{1}=\lim\limits_{x\to+\infty}\dfrac{x}{\sqrt{1+x^2}}=\lim\limits_{x\to+\infty}\dfrac{1}{x/\sqrt{1+x^2}}=\lim\limits_{x\to+\infty}\dfrac{\sqrt{1+x^2}}{x}$.

使用两次洛必达法则后，又还原为原来的问题，此时洛必达法则失效. 实际上

$$\lim_{x\to+\infty}\frac{\sqrt{1+x^2}}{x}=\lim_{x\to+\infty}\sqrt{\frac{1}{x^2}+1}=1.$$

例 10 设 $f(x),g(x)$ 在点 $x=0$ 的某邻域内连续且 $g(0)\neq0$，求 $\lim\limits_{x\to0}\dfrac{\int_0^x f(t)\mathrm{d}t}{\int_0^x g(t)\mathrm{d}t}$.

解 由变上限定积分的求导法则知

$$\lim_{x\to0}\frac{\int_0^x f(t)\mathrm{d}t}{\int_0^x g(t)\mathrm{d}t}=\lim_{x\to0}\frac{f(x)}{g(x)}=\frac{f(0)}{g(0)}.$$

除了 $\dfrac{0}{0}$ 和 $\dfrac{\infty}{\infty}$ 型未定式外，还有如 $0\cdot\infty,\infty-\infty,0^0,1^\infty$ 和 ∞^0 型的未定式，它们可用代数变换，先化为 $\dfrac{0}{0}$ 或 $\dfrac{\infty}{\infty}$ 型未定式后，再利用洛必达法则求极限，限于篇幅这里不作介绍了.

习 题 5-1

1. 利用洛必达法则求下列极限：

(1) $\lim\limits_{x\to\pi}\dfrac{\sin3x}{\tan5x}$； (2) $\lim\limits_{x\to0}\dfrac{\sin(\sin x)}{x}$； (3) $\lim\limits_{x\to0}\dfrac{\ln(1+x)}{x}$； (4) $\lim\limits_{x\to0}\dfrac{\mathrm{e}^x-\mathrm{e}^{-x}}{\sin x}$；

(5) $\lim\limits_{x\to a}\dfrac{\sin x-\sin a}{x-a}$； (6) $\lim\limits_{x\to0^+}\dfrac{\ln\tan7x}{\ln\tan2x}$； (7) $\lim\limits_{x\to-\infty}\dfrac{\ln(\mathrm{e}^x+1)}{\mathrm{e}^x}$； (8) $\lim\limits_{x\to+\infty}\dfrac{x^2+\ln x}{\mathrm{e}^x}$.

2. 验证极限 $\lim\limits_{x\to\infty}\dfrac{x+\sin x}{x}$ 存在，但不能用洛必达法则得出.

3. 设 $f(x)$ 在 $x=0$ 点连续，且 $f(0)\neq0$，求 $\lim\limits_{x\to0}\dfrac{\int_0^x xf(t)\mathrm{d}t}{\sin\int_0^x f(t)\mathrm{d}t}$.

第二节 函数单调性的判别法

在第一章第一节中已经介绍了函数在区间上单调的概念，现在我们可以利用导数来研究函数的单调性.

从几何直观上来看，如果函数 $y=f(x)$ 在区间 $[a,b]$ 上单调增加，那么它的图形是一条

沿 x 轴正向上升的曲线，其上每一点处的切线斜率为正，即 $f'(x)>0$（个别点处可为零），如图 5-1(a)所示；如果函数 $f(x)$ 在区间 $[a,b]$ 上单调减少，那么它的图形是一条沿 x 轴正向下降的曲线，其上每一点处的切线斜率为负，即 $f'(x)<0$（个别点处可为零），如图 5-1(b)所示.

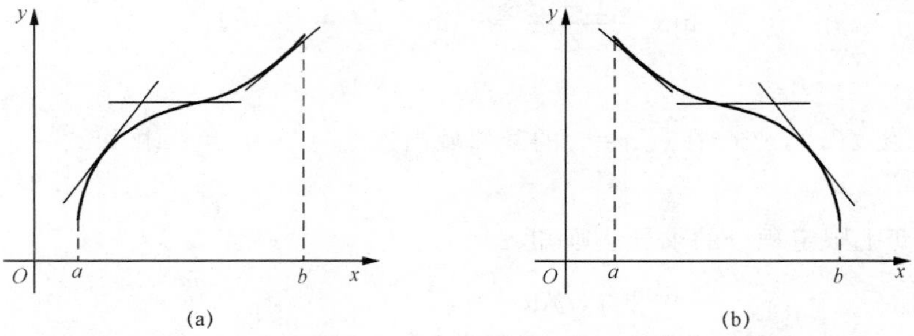

图　5-1

由此看出，函数在 $[a,b]$ 上的单调增减性，反映出它的导数在 $[a,b]$ 上具有固定的符号. 反之，利用导数的符号，可得到函数在区间 $[a,b]$ 上单调性的判定法.

定理 1　设函数 $y=f(x)$ 在闭区间 $[a,b]$ 上连续，在开区间 (a,b) 内可导.

(1) 如果在 (a,b) 内，$f'(x)>0$，则函数 $y=f(x)$ 在 $[a,b]$ 上单调增加；

(2) 如果在 (a,b) 内，$f'(x)<0$，则函数 $y=f(x)$ 在 $[a,b]$ 上单调减少.

证　设 x_1,x_2 是 $[a,b]$ 上任意两点，且 $x_1<x_2$，由拉格朗日中值定理，有

$$f(x_2)-f(x_1)=f'(\xi)(x_2-x_1)\quad (x_1<\xi<x_2).$$

上式中 $x_2-x_1>0$，因此，如果在 (a,b) 内，$f'(x)>0$，那么也有 $f'(\xi)>0$，于是

$$f(x_2)-f(x_1)=f'(\xi)(x_2-x_1)>0,$$

即 $f(x_1)<f(x_2)$，函数 $y=f(x)$ 在 $[a,b]$ 上单调增加. 类似地，如果在 (a,b) 内，$f'(x)<0$，那么 $f'(\xi)<0$，于是 $f(x_2)-f(x_1)<0$，即 $f(x_1)>f(x_2)$，函数 $y=f(x)$ 在 $[a,b]$ 上单调减少.

证毕

注意，从上面的讨论中知道，对于无限区间，定理 1 也是成立的.

例 1　判定函数 $y=x-\sin x$ 在区间 $[0,2\pi]$ 上的单调性.

解　因为在 $(0,2\pi)$ 内

$$y'=1-\cos x>0.$$

由定理 1 知，函数 $y=x-\sin x$ 在 $[0,2\pi]$ 上单调增加.

有时，函数在其定义域上并不具有单调性，但是在定义域的不同区间上却具有单调性，称这些区间为函数的**单调区间**. 对于可导函数来说，曲线从单调增加到单调减少，其导数 $f'(x)$ 从 $f'(x)>0$ 到 $f'(x)<0$，经过了使导数等于零的点，故单调区间的分界点应是使导

数为零的点. 但反过来，导数为零的点不一定是单调区间的分界点. 因此，若要确定可导函数 $f(x)$ 的单调区间，应先求出满足方程 $f'(x)=0$ 的所有 x 的值，用它们将定义域分为若干部分区间，再进一步讨论函数在各个区间上的单调性.

例 2　确定函数 $f(x)=2x^3-9x^2+12x-3$ 的单调区间.

解　函数的定义域为 $(-\infty,+\infty)$. 对函数求导

$$f'(x) = 6x^2 - 18x + 12 = 6(x-1)(x-2).$$

当 $x=1,2$ 时，$f'(x)=0$，则 $x=1$ 与 $x=2$ 将定义域 $(-\infty,+\infty)$ 分为三个部分区间：

(1) $(-\infty,1)$，在此区间内，$f'(x)>0$，因此函数 $f(x)$ 在 $(-\infty,1]$ 上单调增加；

(2) $(1,2)$，在此区间内，$f'(x)<0$，因此函数 $f(x)$ 在 $[1,2]$ 上单调减少；

(3) $(2,+\infty)$，在此区间内，$f'(x)>0$，因此函数 $f(x)$ 在 $[2,+\infty)$ 上单调增加. 函数的图形如图 5-2 所示.

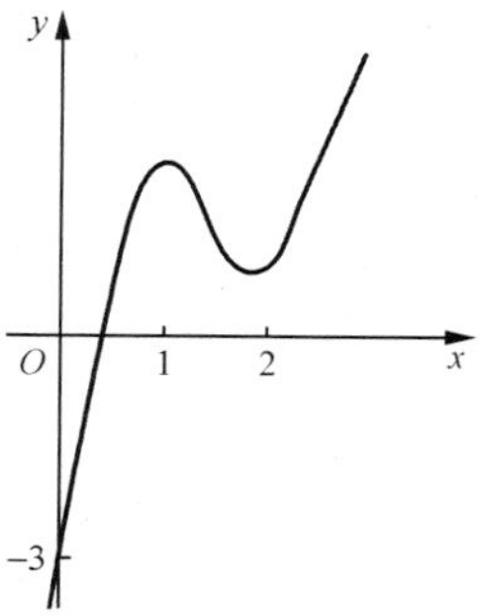

图　5-2

习　题　5-2

1. 判定函数 $f(x)=\arctan x-x$ 的单调性.

2. 求下列函数的单调区间：

(1) $y=x-e^x$；　　(2) $y=\sqrt[3]{(2x-a)(a-x)^2}$ ($a>0$ 为常数)；

(3) $y=x^4-2x^2+2$；　　(4) $y=\ln(x+\sqrt{x^2+1})$.

第三节　函数极值与最值的求法

定义　设函数 $f(x)$ 在区间 (a,b) 内有定义，x_0 是 (a,b) 内的一个点. 如果存在点 x_0 的一个邻域，对于这个邻域内的任何点 x，除了点 x_0 外，$f(x)<f(x_0)$ 均成立，则称 $f(x_0)$ 是函数 $f(x)$ 的一个**极大值**；如果存在点 x_0 的一个邻域，对于这个邻域内的任何点 x，除了点 x_0 外，$f(x)>f(x_0)$ 均成立，则称 $f(x_0)$ 是函数 $f(x)$ 的一个**极小值**. 函数的极大值与极小值统称为函数的**极值**，使函数取得极值的点 x_0 称为**极值点**.

值得注意的是，函数的极值是函数的局部性质，是与一点附近的函数值比较而言的，它与函数在区间上的最大值和最小值不同，最大值、最小值是就整个区间比较来说的. 函数在一个区间上还可能有几个极值点，而且在这个区间上有的极小值也可能大于极大值. 如图 5-3 所示，函数 $f(x)$ 有极小值 $f(x_1)$，$f(x_4)$，$f(x_6)$，极大值 $f(x_2)$，$f(x_5)$，其中极大值 $f(x_2)$ 比极小值 $f(x_6)$ 还小. 在整个区间 $[a,b]$ 上，只有极小值 $f(x_1)$ 同时也是最小值，而没

有一个极大值是最大值.

又由图 5-3 可看出,可导函数 $f(x)$的图形在它的极值点处的切线都是水平的,但曲线上切线为水平的地方,函数不一定取到极值.如图中曲线在点$(x_3,f(x_3))$处有水平切线,但 x_3 不是极值点.于是有下面的定理.

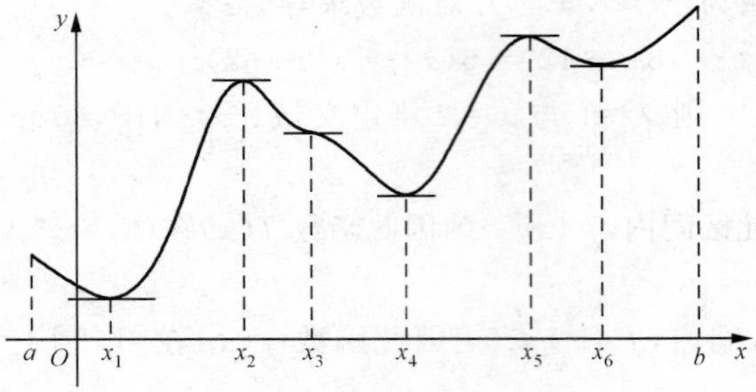

图　5-3

定理 1(极值存在的必要条件)　设函数 $f(x)$在点 x_0 的某一邻域 $N(x_0,\delta)$内可导且在 x_0 处取到极值,则 $f'(x_0)=0$.

$f'(x)$的零点,也就是使得 $f'(x)=0$ 的点 x,称为函数 $f(x)$的**驻点**.极值存在的必要条件,为我们提供了寻找极值点的一个途径.因为具有导数的函数,它的极值点一定是它的驻点,所以对于这种函数求极值点时,可以先找出它的驻点.不过驻点不一定就是极值点,例如,对于 $y=x^3$,$y'(0)=0$,但 0 并不是它的极值点.

另外,导数不存在的点可能是函数的极值点,也可能不是函数的极值点.例如,$y=|x|$在 $x=0$ 处导数不存在,但 $x=0$ 是极小点,如图 5-4 所示.又如,函数 $y=\sqrt[3]{x}$,由其导函数 $y'=\dfrac{1}{3\sqrt[3]{x^2}}$可知,$y'(0)$不存在,但在点 $x=0$ 处函数无极值,如图 5-5 所示.

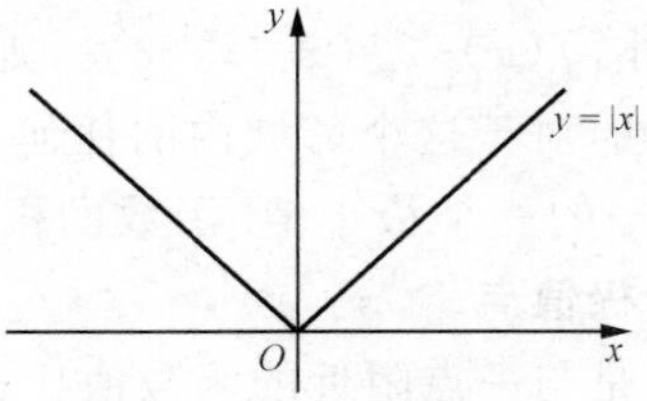

图　5-4

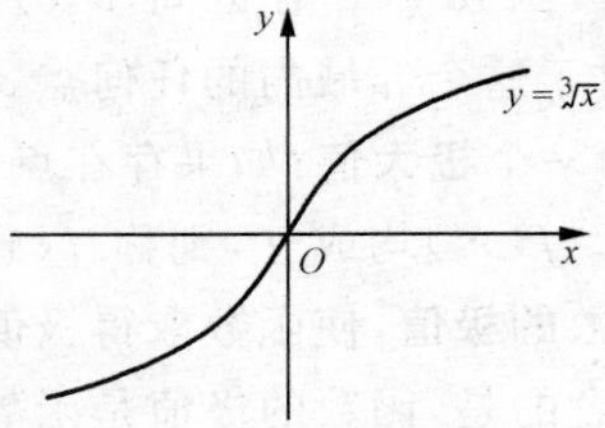

图　5-5

综合上面讨论可知,函数的极值点应该在函数的驻点或导数不存在的点中去寻找.现在的问题是:如何去判断驻点以及导数不存在的点是否为极值点,以及在该点究竟取得极大值还是极小值.下面给出两个判别极值点的法则,即函数具有极值的充分条件.

定理 2(第一充分条件)　设函数 $f(x)$ 在点 x_0 的某一邻域 $N(x_0,\delta)$ 内连续并且可导(但 $f'(x_0)$ 可以不存在).

(1) 如果当 $x\in(x_0-\delta,x_0)$ 时，$f'(x)>0$；而当 $x\in(x_0,x_0+\delta)$ 时，$f'(x)<0$，则函数 $f(x)$ 在点 x_0 处取得极大值 $f(x_0)$；

(2) 如果当 $x\in(x_0-\delta,x_0)$ 时，$f'(x)<0$；而当 $x\in(x_0,x_0+\delta)$ 时，$f'(x)>0$，则函数 $f(x)$ 在点 x_0 处取得极小值 $f(x_0)$；

(3) 如果当 $x\in(x_0-\delta,x_0+\delta)(x\neq x_0)$ 时，$f'(x)$ 不变号，则 $f(x)$ 在点 x_0 处无极值.

证　(1) 当 $x\in(x_0-\delta,x_0)$ 时，$f'(x)>0$，则 $f(x)$ 在 $(x_0-\delta,x_0)$ 内单调增加，所以 $f(x)<f(x_0)$；而当 $x\in(x_0,x_0+\delta)$ 时，$f'(x)<0$，则 $f(x)$ 在 $(x_0,x_0+\delta)$ 内单调减少，所以 $f(x)<f(x_0)$. 即对区间 $(x_0-\delta,x_0+\delta)$ 内的所有 $x(x\neq x_0)$ 总有 $f(x_0)>f(x)$，于是 $f(x_0)$ 为 $f(x)$ 的极大值.

(2) 类似(1)可证.

(3) 因为在 $(x_0-\delta,x_0+\delta)(x\neq x_0)$ 内，$f'(x)$ 不变号，即恒有 $f'(x)>0$ 或 $f'(x)<0$. 因此，$f(x)$ 在 x_0 的左右两边均单调增加或单调减少，所以不可能在 x_0 处取得极值.　**证毕**

例 1　求 $f(x)=(x-1)^2(x-2)^3$ 的单调区间和极值.

解　$f(x)$ 的定义域为 $(-\infty,+\infty)$，先求导数得

$$f'(x)=2(x-1)(x-2)^3+3(x-1)^2(x-2)^2=(x-1)(x-2)^2(5x-7).$$

令 $f'(x)=0$，得驻点 $x_1=1, x_2=\frac{7}{5}, x_3=2$. 这三个点将定义域 $(-\infty,+\infty)$ 分为四部分：

$$(-\infty,1],\ \left[1,\frac{7}{5}\right],\ \left[\frac{7}{5},2\right],\ [2,+\infty).$$

为方便起见，列表 5-1 讨论如下：

表　5-1

x	$(-\infty,1)$	1	$\left(1,\frac{7}{5}\right)$	$\frac{7}{5}$	$\left(\frac{7}{5},2\right)$	2	$(2,+\infty)$
$f'(x)$	$+$	0	$-$	0	$+$	0	$+$
$f(x)$	↗	有极大值 0	↘	有极小值 $-\frac{108}{3125}$	↗	无极值	↗

函数 $f(x)$ 在 $(-\infty,1]$ 上单调增加，在 $\left[1,\frac{7}{5}\right]$ 上单调减少，在点 $x=1$ 处有极大值 $f(1)=0$；函数 $f(x)$ 在 $\left[\frac{7}{5},2\right]$ 上单调增加，在点 $x=\frac{7}{5}$ 处有极小值 $f\left(\frac{7}{5}\right)=-\frac{108}{3125}$；函数 $f(x)$ 在 $[2,+\infty)$ 上单调增加，$f'(x)$ 在邻域 $N(2,\delta)$ 内不变号，所以点 $x=2$ 不是极值点.

例 2 求函数 $f(x)=x-\frac{3}{2}x^{\frac{2}{3}}$ 的单调区间和极值.

解 $f(x)$的定义域为$(-\infty,+\infty)$,先求导数得

$$f'(x)=1-\frac{1}{\sqrt[3]{x}}.$$

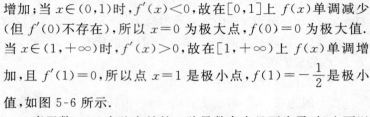

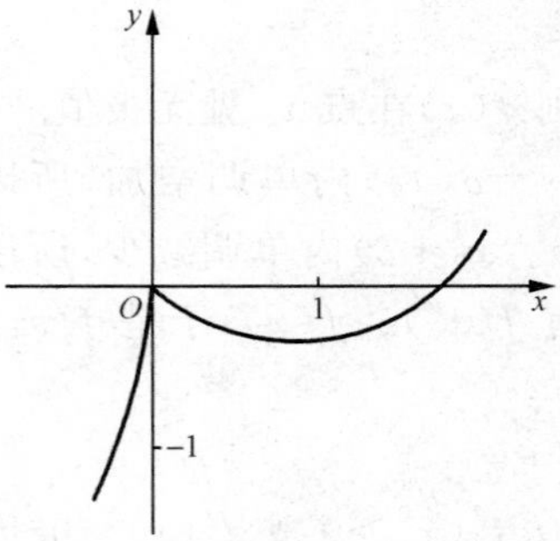

图 5-6

当 $x=0$ 时,$f'(x)$不存在;当 $x=1$ 时,$f'(x)=0$,所以函数 $f(x)$只可能在点 $x=0$ 或点 $x=1$ 处取得极值.

当 $x\in(-\infty,0)$时,$f'(x)>0$,故在$(-\infty,0]$上 $f(x)$单调增加;当 $x\in(0,1)$时,$f'(x)<0$,故在$[0,1]$上 $f(x)$单调减少(但 $f'(0)$不存在),所以 $x=0$ 为极大点,$f(0)=0$ 为极大值. 当 $x\in(1,+\infty)$时,$f'(x)>0$,故在$[1,+\infty)$上 $f(x)$单调增加,且 $f'(1)=0$,所以点 $x=1$ 是极小点,$f(1)=-\frac{1}{2}$是极小值,如图 5-6 所示.

当函数 $f(x)$在驻点处的二阶导数存在且不为零时,也可以利用下面定理来判定 $f(x)$在驻点处取得极大值还是极小值.

定理 3(第二充分条件) 设函数 $f(x)$在点 x_0 的某一邻域 $N(x_0,\delta)$内可导,且在点 x_0 处具有二阶导数,$f'(x_0)=0$,$f''(x_0)=0$,则

(1) 当 $f''(x_0)>0$ 时,函数 $f(x)$在 x_0 处取得极小值;

(2) 当 $f''(x_0)<0$ 时,函数 $f(x)$在 x_0 处取得极大值.

证 在情形(1)中,由于 $f''(x_0)>0$,按二阶导数的定义有

$$f''(x_0)=\lim_{x\to x_0}\frac{f'(x)-f'(x_0)}{x-x_0}>0.$$

由极限的保号性知,在点 x_0 的某邻域内必有

$$\frac{f'(x)-f'(x_0)}{x-x_0}>0\ (x\neq x_0),\ 即\ \frac{f'(x)}{x-x_0}>0\ (x\neq x_0).$$

从而,当 $x<x_0$ 时,$f'(x)<0$;当 $x>x_0$ 时,$f'(x)>0$,由定理 2 知,$f(x)$在 x_0 处取得极小值. 类似地可以证明情形(2). **证毕**

例 3 求函数 $f(x)=x^3-3x$ 的极值.

解 易知 $f'(x)=3x^2-3=3(x+1)(x-1)$,$f''(x)=6x$. 令 $f'(x)=0$,得 $x=\pm1$,由于 $f''(-1)=-6<0$,所以 $f(-1)=2$ 为极大值;又 $f''(1)=6>0$,所以 $f(1)=-2$ 为极小值.

接下来再讨论最值问题. 在实际问题中,为了发挥最大的经济效益,常常会遇到如何能使用料最省、产量最大、效率最高等等的问题. 这样的问题可以化为求一个函数的最大值或最小值的问题.

由闭区间上连续函数的性质可知,如果函数 $f(x)$在闭区间$[a,b]$上连续,则 $f(x)$在

$[a,b]$上的最大值和最小值一定存在.

若 $f(x)$在点 $x_0\in(a,b)$处取得最大值或最小值,则显然在 x_0 处亦取极值. 因此,这样的函数必然或是在内部极值点上或是在边界点上达到最大值或最小值. 故最大值点及最小值点必在下列各种点之中: 导数等于零的点,导数不存在的点或边界点. 只要求出这些点的函数值并加以比较便知,其中最大的就是最大值,最小的就是最小值,如图 5-7 所示.

例 4 求函数 $f(x)=\dfrac{5-x}{9-x^2}$在$[0,2]$上的最大值与最小值.

解 易知

$$f'(x)=\left(\frac{5-x}{9-x^2}\right)'=\frac{-(x^2-10x+9)}{(9-x^2)^2}=-\frac{(x-1)(x-9)}{(9-x^2)^2}.$$

令 $f'(x)=0$,得驻点 $x=1,x=9$,但 $x=9$ 不在区间$[0,2]$内,于是只须考虑 $x=1$ 及区间端点. 于是对点 $x=0,1,2$ 处的函数值进行比较:

$$f(0)=\frac{5}{9},\quad f(1)=\frac{1}{2},\quad f(2)=\frac{3}{5},$$

可得所求最小值和最大值分别为 $m=\dfrac{1}{2},M=\dfrac{3}{5}$.

如果函数 $f(x)$在一个区间(有限或无限,开或闭)内可导且只有一个驻点 x_0,并且这个驻点 x_0 是函数 $f(x)$的极值点,那么,当 $f(x_0)$是极大(或极小)值时,$f(x_0)$就是 $f(x)$在该区间上的最大(或最小)值,如图 5-8(a)和(b)所示.

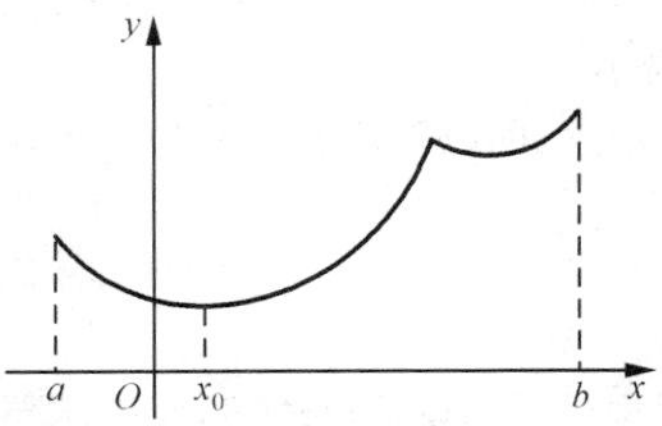

图 5-7

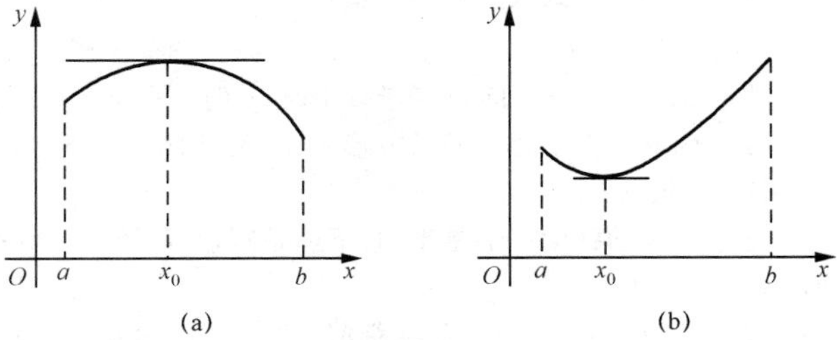

图 5-8

在实际问题中,往往根据问题的性质就可以断定可导函数 $f(x)$必在区间内部取得最大值(或最小值),且 $f(x)$在该区间内部又只有一个驻点,这时不必讨论 $f(x_0)$是不是极值,就可以断定 $f(x_0)$是最大值(或最小值).

例 5 要做一个容积为 V 的圆柱形罐头筒,怎样设计才能使所用的材料最省?

解 要使所用的材料最省,就是要使罐头筒的总表面积最小.

设罐头筒的表面积为 S,筒的底圆半径为 r,高为 h,则它的侧面积为 $2\pi rh$,底圆面积为 πr^2,因此

$$S = 2\pi r^2 + 2\pi rh.$$

再由关系式 $V=\pi r^2 h$，得 $h=\dfrac{V}{\pi r^2}$. 于是

$$S = 2\pi r^2 + \frac{2V}{r}\ (0 < r < +\infty).$$

由问题的实际情况来看，如果半径 r 过小，由于容积一定，则上式中 $\dfrac{2V}{r}$ 就很大，因而表面积也就很大；如果半径 r 过大，则上、下底面积 $2\pi r^2$ 就很大. 因此，必有一适当的 r 值，使得表面积 S 取得最小值. 在上式中将 S 对 r 求导，得

$$S' = 4\pi r - \frac{2V}{r^2} = \frac{2(2\pi r^3 - V)}{r^2},$$

令 $S'=0$，得驻点 $r=\sqrt[3]{\dfrac{V}{2\pi}}\left(这时\ h=2\sqrt[3]{\dfrac{V}{2\pi}}=2r\right)$. 因为只有一个驻点，所以在此点表面积最小. 故当所做的罐头筒的高和底圆直径相等时，所用材料最省.

习　题　5-3

1. 求下列函数的极值：

(1) $y=x(2-x)^2$；　(2) $y=2x+3\sqrt[3]{x^2}$；　(3) $y=-x^4+2x^2$；　(4) $y=(x-5)^2\sqrt[3]{(x+1)^2}$.

2. 当 a 为何值时，函数 $f(x)=a\sin x+\dfrac{1}{3}\sin 3x$ 在点 $x=\dfrac{\pi}{3}$ 处具有极值，是极大值还是极小值？并求此极值.

3. 求下列函数的最大值和最小值：

(1) $y=2x^3-3x^2(-1\leqslant x\leqslant 4)$；　(2) $y=x^4-8x^2+2(-1\leqslant x\leqslant 3)$；　(3) $y=x+\sqrt{1-x}(-5\leqslant x\leqslant 1)$.

4. 设 $y=x^2-2x-1$，问 x 等于多少时，y 的值最小？并求出它的最小值.

5. 某车间靠墙壁要盖一间长方形小屋，现有存砖只够砌 20 m 长的墙壁，问应围成怎样的长方形才能使小屋的面积最大？

6. 某防空洞的截面上部是半圆，下部是矩形，如图 5-9 所示，周长为 15 m，问底宽 x 为多少时，才能使截面的面积最大？

7. 因 A, B 两单位合用一变压器 M，如图 5-10 所示，若两单位用同型号线架设输电线路，问变压器应设在输电干线 $\overline{CD}$ 何处时，所需电线最短？

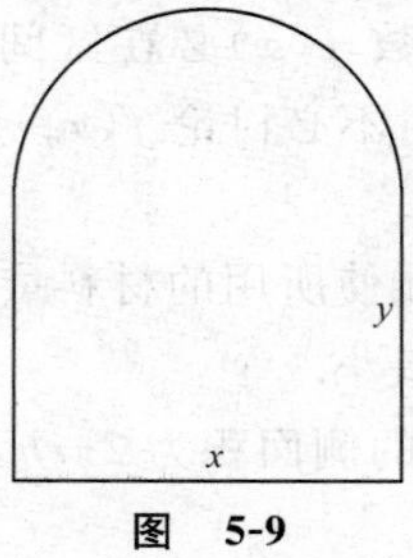

图　5-9

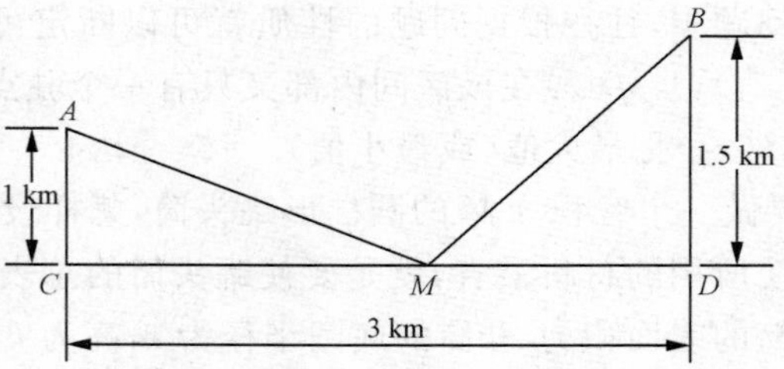

图　5-10

第四节　曲线凹凸及拐点的判别法

我们已经研究了函数的单调性与极值,这对于描绘函数的图形有很大作用.但仅仅知道这些,还是不够的.例如,同是区间$[a,b]$上的单调增加函数,但图形的弯曲方向也可能不同,如图5-11所示,$\overparen{ACB}$弧与$\overparen{ADB}$弧同是单调增加的,但前者是凸的,而后者是凹的.下面我们就来研究曲线的凹凸性及拐点.

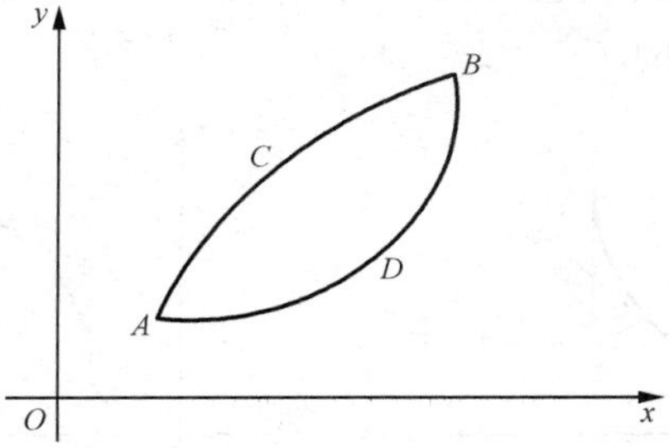

图　5-11

从几何上看,有的曲线弧在其上任取两点,联结这两点的弦总位于这两点间的弧段的上方,如图5-12(a)所示.而有的曲线弧,在其上任取两点,联结这两点的弦总位于这两点间的弧段的下方,如图5-12(b)所示.曲线的这种性质就是曲线的凹凸性.

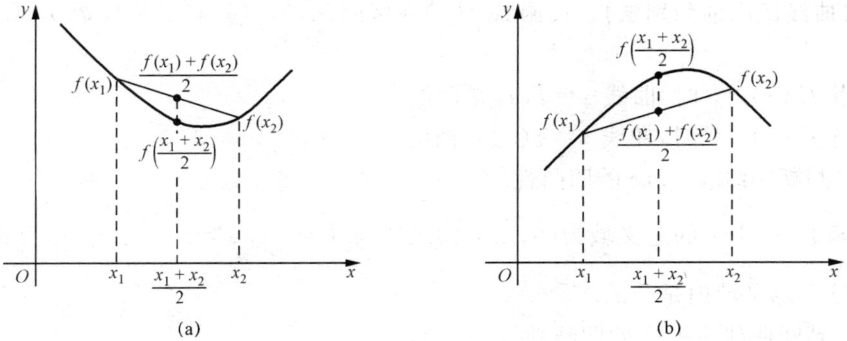

图　5-12

定义　设$f(x)$在(a,b)内连续,如果对(a,b)内任意两点x_1,x_2恒有

$$f\left(\frac{x_1+x_2}{2}\right)<\frac{f(x_1)+f(x_2)}{2},$$

则称$f(x)$在(a,b)内的图形是**凹的**;如果恒有

$$f\left(\frac{x_1+x_2}{2}\right)>\frac{f(x_1)+f(x_2)}{2},$$

则称 $f(x)$ 在 (a,b) 内的图形是**凸的**(如图 5-12 所示). 曲线 $y=f(x)$ 的凹部与凸部的分界点称为曲线 $y=f(x)$ 的**拐点**.

从图 5-13 可以看出,对于凹曲线弧,如图 5-13(a)所示,切线的斜率随 x 增大而变大;对于凸曲线弧,如图 5-13(b)所示,切线的斜率随 x 增大而变小. 由于切线的斜率就是函数 $y=f(x)$ 的导数,因此,凹的曲线弧,导数 $f'(x)$ 是单调增加的;凸的曲线弧,导数 $f'(x)$ 是单调减少的. 反之,从几何直观上也可以看出,导数 $f'(x)$ 单调增加,曲线弧是凹的;导数 $f'(x)$ 单调减少,曲线弧是凸的.

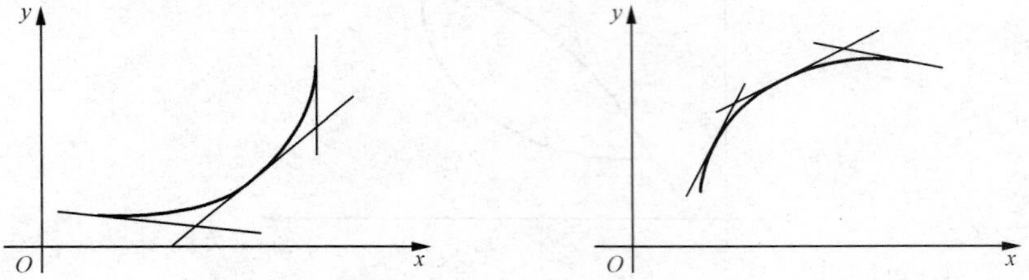

(a)　　(b)

图　5-13

导数 $f'(x)$ 的单调性,可通过 $f''(x)$ 的正负号判定,于是利用二阶导数的符号,可以得到判定曲线凹凸的方法.

定理(曲线凹凸的判别法)　设函数 $f(x)$ 在区间 (a,b) 内具有二阶导数 $f''(x)$,则在该区间内有

(1) 当 $f''(x)>0$ 时,曲线 $y=f(x)$ 是凹的;

(2) 当 $f''(x)<0$ 时,曲线 $y=f(x)$ 是凸的.

例 1　判断曲线 $y=\ln x$ 的凹凸性.

解　函数 $y=\ln x$ 的定义域为 $(0,+\infty)$,求导得 $y'=\dfrac{1}{x}$, $y''=-\dfrac{1}{x^2}$. 当 $x>0$ 时, $y''<0$,故曲线在整个定义域内是凸的.

例 2　判断曲线 $y=x^3$ 的凹凸性.

解　函数 $y=x^3$ 的定义域为 $(-\infty,+\infty)$,求导得 $y'=3x^2$, $y''=6x$. 当 $x<0$ 时, $y''<0$,故曲线在 $(-\infty,0]$ 内是凸的;当 $x>0$ 时, $y''>0$,故曲线在 $[0,+\infty)$ 内是凹的. 曲线 $y=x^3$ 有一个拐点 $(0,0)$.

根据曲线凹凸的判别法可知,若连续函数 $f(x)$ 在区间 (a,b) 内除点 x_0 外具有二阶连续导数 $f''(x)$,且 $f''(x)$ 在点 x_0 的左右两侧具有相反的符号,则点 $(x_0,f(x_0))$ 是曲线 $y=$

$f(x)$的拐点,且 $f''(x_0)=0$ 或不存在.因此,曲线拐点的横坐标应该在使 $f''(x)=0$ 或不存在的点中去寻找.

例 3 讨论曲线 $y=(x-1)\sqrt[3]{x^5}$的凹凸及拐点.

解 函数的定义域为$(-\infty,+\infty)$,又有

$$y' = x^{5/3}+(x-1)\frac{5}{3}x^{2/3} = \frac{8}{3}x^{5/3}-\frac{5}{3}x^{2/3},$$

$$y'' = \frac{40}{9}x^{2/3}-\frac{10}{9}x^{-1/3} = \frac{10}{9}\times\frac{4x-1}{\sqrt[3]{x}}.$$

当 $x=\frac{1}{4}$时,$y''=0$,而在 $x=0$ 处,y''不存在,故点 $x=0$ 和 $x=\frac{1}{4}$可将定义域$(-\infty,+\infty)$分成三个区间:$(-\infty,0]$,$\left[0,\frac{1}{4}\right]$,$\left[\frac{1}{4},+\infty\right)$,并列表 5-2 讨论如下:

表 5-2

x	$(-\infty,0)$	0	$\left(0,\frac{1}{4}\right)$	$\frac{1}{4}$	$\left(\frac{1}{4},+\infty\right)$
y''	$+$	不存在	$-$	0	$+$
y	凹	有拐点	凸	有拐点	凹

因 $y(0)=0$, $y\left(\frac{1}{4}\right)=-\frac{3}{16}\frac{1}{\sqrt[3]{16}}$,故拐点为$(0,0)$和$\left(\frac{1}{4},-\frac{3}{16}\frac{1}{\sqrt[3]{16}}\right)$,如图 5-14 所示.

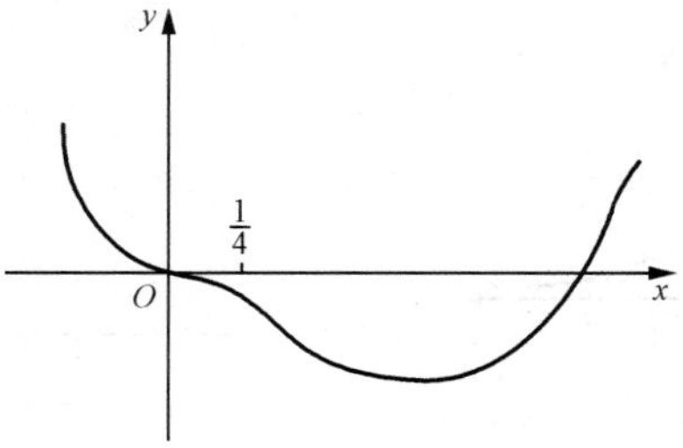

图 5-14

习 题 5-4

1. 求下列函数图形的拐点及凹凸区间:

(1) $y=x^3-5x^2+3x-5$; (2) $y=\sqrt[3]{x}$; (3) $y=e^{\arctan x}$.

2. 问 a,b 为何值时,点$(1,3)$为曲线 $y=ax^3+bx^2$ 的拐点?

3. 试确定函数 $y=k(x^2-3)^2$ 中 k 的值,使曲线拐点处的法线通过原点.

第五节　函数作图法

函数的图形有助于直观了解函数的性质.函数图形描绘的基本方法是描点法,若使用描点法作图,由于预先对于函数图像的特征没有进行分析,往往给描绘工作带有很大的盲目性.现在应用导数来研究函数,使我们预先对函数图形的升降和极值,凹凸和拐点等情况有一个全面的了解,再加上对曲线有无铅直渐近线或水平渐近线的讨论,就可以比较准确地作出函数的图形了.

有些曲线在趋于无穷远时无限逼近某条直线,我们把这种直线称为曲线的**渐近线**.对于曲线 $y=f(x)$,若有 $\lim\limits_{x\to x_0^-}f(x)=+\infty$(或 $-\infty$)或 $\lim\limits_{x\to x_0^+}f(x)=+\infty$(或 $-\infty$),则称直线 $x=x_0$ 为曲线 $y=f(x)$的**铅直渐近线**.这时,点 $x=x_0$ 显然是函数 $f(x)$的一个无穷间断点.例如,曲线 $y=\dfrac{1}{x-1}$,因 $\lim\limits_{x\to1^-}\dfrac{1}{x-1}=-\infty$,$\lim\limits_{x\to1^+}\dfrac{1}{x-1}=+\infty$,所以 $y=\dfrac{1}{x-1}$有铅直渐近线 $x=1$,如图 5-15 所示.

对于曲线 $y=f(x)$,若有 $\lim\limits_{x\to-\infty}f(x)=A$ 或 $\lim\limits_{x\to+\infty}f(x)=A$,则称直线 $y=A$ 为曲线 $y=f(x)$的**水平渐近线**.例如,曲线 $y=\arctan x$,有 $\lim\limits_{x\to-\infty}\arctan x=-\dfrac{\pi}{2}$,$\lim\limits_{x\to+\infty}\arctan x=\dfrac{\pi}{2}$,所以曲线 $y=\arctan x$ 有水平渐近线 $y=-\dfrac{\pi}{2}$和 $y=\dfrac{\pi}{2}$,如图 5-16 所示.

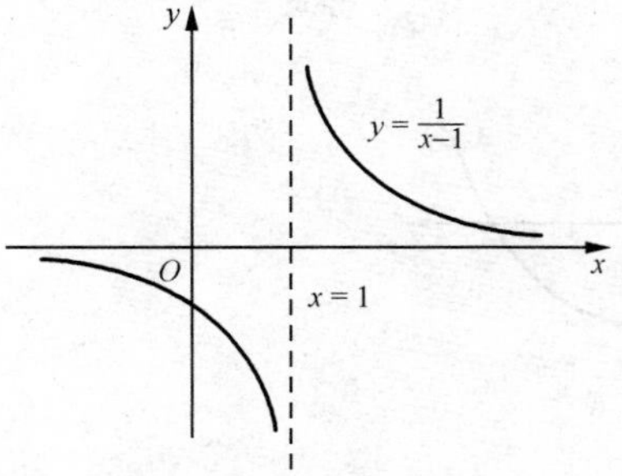

图　5-15

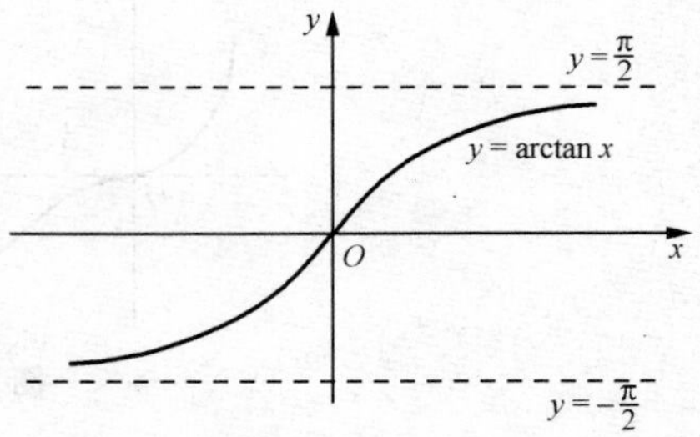

图　5-16

利用导数描绘函数图形的一般步骤如下:

(1) 确定函数的定义域、值域;

(2) 确定曲线的对称性、周期性;

(3) 求函数 y 的一阶导数 y'和二阶导数 y'',并求出 $y'=0$,$y''=0$ 的根和 y',y''不存在的点,用这些点把定义域分成若干区间,并列表讨论单调性和凹凸性,确定极值点和拐点；

(4) 求出曲线的渐近线；

(5) 求出若干个有代表性的点，例如，曲线与坐标轴的交点等，最终绘出图形.

例 1　描绘高斯(Gauss)曲线 $y=e^{-x^2}$ 的图形.

解　(1) 所给函数 $y=f(x)$ 的定义域为 $(-\infty,+\infty)$；

(2) $y=e^{-x^2}$ 为偶函数，图形关于 y 轴对称，因此可以只讨论区间 $[0,+\infty)$ 上的函数图形；

(3) 求导得

$$f'(x)=-2xe^{-x^2},\quad f''(x)=e^{-x^2}(4x^2-2)=2e^{-x^2}(2x^2-1).$$

在 $[0,+\infty)$ 上，方程 $f'(x)=0$ 的根为 $x=0$；方程 $f''(x)=0$ 的根为 $x=\frac{1}{\sqrt{2}}$. 用点 $x=0,\frac{1}{\sqrt{2}}$ 把定义域 $[0,+\infty)$ 划分成两个区间：

$$\left[0,\frac{1}{\sqrt{2}}\right],\ \left[\frac{1}{\sqrt{2}},+\infty\right).$$

因在 $\left(0,\frac{1}{\sqrt{2}}\right)$ 内 $f'(x)<0, f''(x)<0$，所以函数 $f(x)$ 在 $\left[0,\frac{1}{\sqrt{2}}\right]$ 上的曲线弧下降而且是凸的. 结合 $f'(0)=0$ 以及图形关于 y 轴对称可知，在 $x=0$ 处函数 $f(x)$ 有极大值.

又因在 $\left(\frac{1}{\sqrt{2}},+\infty\right)$ 内，$f'(x)<0, f''(x)>0$，所以函数 $f(x)$ 在 $\left[\frac{1}{\sqrt{2}},+\infty\right)$ 上的曲线弧下降而且是凹的. 为明确起见，我们把所得的结论列成表 5-3.

表　5-3

x	0	$\left(0,\frac{1}{\sqrt{2}}\right)$	$\frac{1}{\sqrt{2}}$	$\left(\frac{1}{\sqrt{2}},+\infty\right)$
$f'(x)$	0	$-$	$-$	$-$
$f''(x)$	$-$	$-$	0	$+$
$y=f(x)$ 的图形	有极大值	凸	有拐点	凹

(4) 当 $x\to\infty$ 时，$e^{-x^2}\to 0$，故 $y=0$ 为水平渐近线.

(5) 算出 $x=0,\frac{1}{\sqrt{2}}$ 处的函数值 $f(0)=1, f\left(\frac{1}{\sqrt{2}}\right)=\frac{1}{\sqrt{e}}$，从而得到函数 $y=e^{-x^2}$ 图形上的两个点 $(0,1),\left(\frac{1}{\sqrt{2}},\frac{1}{\sqrt{e}}\right)$，结合(3)，(4)得到的结果，先作出第一象限的图形，然后根据对称性画出第二象限的图形，如图 5-17 所示.

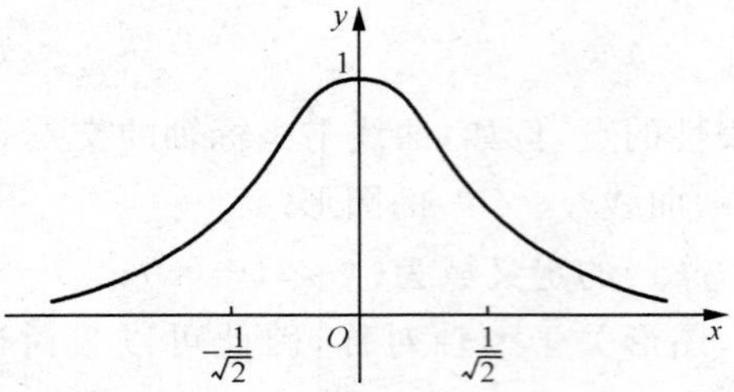

图 5-17

例 2 描绘函数 $y=\dfrac{1-2x}{x^2}+1$ 的图形.

解 (1) 函数 $y=f(x)$的定义域为$(-\infty,0)\cup(0,+\infty)$.

(2) 求导得

$$f'(x)=\frac{2(x-1)}{x^3},\quad f''(x)=\frac{2(3-2x)}{x^4}.$$

令 $f'(x)=0$,得 $x=1$;令 $f''(x)=0$,得 $x=\dfrac{3}{2}$. 用点 $x=1,\dfrac{3}{2}$将定义域划分为 4 个区间:

$$(-\infty,0),\ (0,1],\ \left[1,\frac{3}{2}\right],\ \left[\frac{3}{2},+\infty\right).$$

列表 5-4 讨论如下:

表 5-4

x	$(-\infty,0)$	$(0,1)$	1	$\left(1,\frac{3}{2}\right)$	$\frac{3}{2}$	$\left(\frac{3}{2},+\infty\right)$
$f'(x)$	+	−	0	+	+	+
$f''(x)$	+	+	+	+	0	−
$y=f(x)$	凹	凹	有极小值	凹	有拐点	凸

(3) 由于 $\lim\limits_{x\to 0}\left(\dfrac{1-2x}{x^2}+1\right)=\infty$,所以图形有铅直渐近线 $x=0$. 又 $\lim\limits_{x\to\infty}\left(\dfrac{1-2x}{x^2}+1\right)=1$,所以图形有水平渐近线 $y=1$.

(4) 算出 $x=1,\dfrac{3}{2}$处的函数值 $f(1)=0,f\left(\dfrac{3}{2}\right)=\dfrac{1}{9}$,得图形上两点$(1,0),\left(\dfrac{3}{2},\dfrac{1}{9}\right)$. 再找出图形上几点:

$$\left(-2,2\frac{1}{4}\right),\ (-1,4),\ \left(2,\frac{1}{4}\right).$$

描出函数的图形如图 5-18 所示.

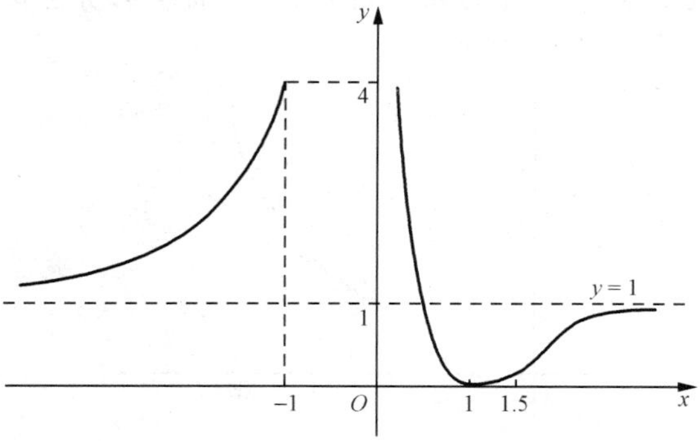

图　5-18

习　题　5-5

描绘下列函数的图形：

(1) $y=\frac{x^2}{x+1}$；　(2) $y=\frac{x}{1+x^2}$；　(3) $y=x^2+\frac{1}{x}$；

(4) $y=\frac{1}{\sqrt{2\pi}}e^{-\frac{x^2}{2}}$；　(5) $y=\frac{1}{5}(x^4-6x^2+8x+7)$.

第六节　微分的应用

一、弧微分公式

在第二章中，我们介绍了函数 $y=f(x)$ 在点 x 处的导数 $f'(x)$ 是曲线 $y=f(x)$ 在点 $P(x,f(x))$ 的切线斜率，即 $f'(x)=\tan\alpha$，如图 5-19 可见，$dy=f'(x)dx=\tan\alpha PN=NT$. 所以微分的**几何意义**是：函数 $y=f(x)$ 在点 x 处(关于 Δx)的微分 dy 表示，当自变量有改变量 Δx 时，曲线 $y=f(x)$ 在对应点 $P(x,f(x))$ 处的切线上纵坐标的改变量.

图 5-19 中，直角三角形 PNT 的两直角边 PN，NT 分别表示 dx 和 dy，斜边 PT 就是 $\sqrt{(dx)^2+(dy)^2}$，它有什么意义呢？可以证明，曲线 $y=f(x)$ 上小弧段 $\overset{\frown}{PP_1}$ 的长 Δs 与相应切线上的线段 PT 长度之差是比 Δx 高阶的无穷小量. 根据微分定义知，曲线 $y=f(x)$ 的弧长 $s=s(x)$①的微分，即**弧微分** $ds=PT$，亦即

$$ds=\sqrt{(dx)^2+(dy)^2}. \tag{1}$$

① 假定取曲线上 $P_0(x_0,y_0)$ 为计算曲线弧长的起点，$P(x,y)$ 是其上任一点，则弧 $\overset{\frown}{P_0P}$ 的长度 s 是 x 的函数.

公式(1)称为**弧微分公式**,图 5-19 中直角三角形 PNT 称为**微分三角形**.

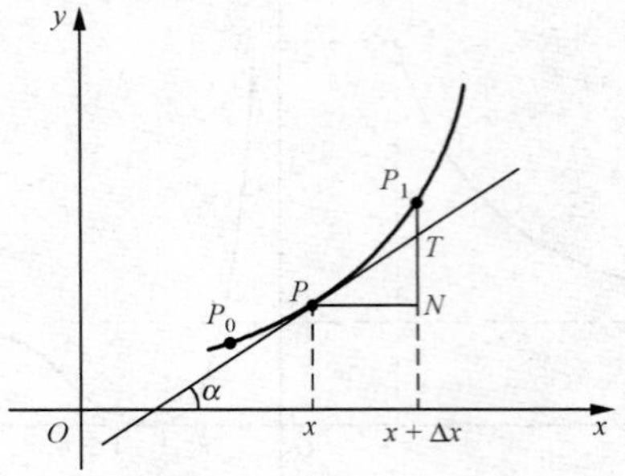

图　5-19

若曲线弧由参数方程 $\begin{cases} x=\varphi(t), \\ y=\psi(t) \end{cases}$ $(\alpha\leqslant t\leqslant\beta)$表示,则 $\mathrm{d}x=\varphi'(t)\mathrm{d}t$, $\mathrm{d}y=\psi'(t)\mathrm{d}t$,**弧微分公式**为

$$\mathrm{d}s = \sqrt{\varphi'^2(t)+\psi'^2(t)}\,\mathrm{d}t. \tag{2}$$

二、微分在近似计算中的应用

近似计算是科学研究和工程技术中经常遇到的问题.至于用什么公式,一般有两点要求:有足够好的精度和简便的计算.用微分来作近似计算常常能满足这些要求.

在第二章第五节中,我们知道,当函数 $y=f(x)$在点 x_0 处的导数 $f'(x_0)\neq 0$ 且$|\Delta x|$很小时(记做$|\Delta x|\ll 1$),有

$$\Delta y = f(x_0+\Delta x)-f(x_0)\approx \mathrm{d}y = f'(x_0)\Delta x, \tag{3}$$

或

$$f(x_0+\Delta x)\approx f(x_0)+f'(x_0)\Delta x, \tag{4}$$

或

$$f(x)\approx f(x_0)+f'(x_0)(x-x_0). \tag{5}$$

这里,公式(3)可以用于求函数增量的近似值,而公式(4),(5)可用来求函数的近似值.

例 1　计算 arctan1.05 的近似值.

解　设 $f(x)=\arctan x$,由公式(4),有

$$\arctan(x_0+\Delta x)\approx \arctan x_0+\frac{1}{1+x_0^2}\Delta x.$$

取 $x_0=1$, $\Delta x=0.05$ 有

$$\arctan 1.05=\arctan(1+0.05)\approx \arctan 1+\frac{1}{1+1^2}\times 0.05=\frac{\pi}{4}+\frac{0.05}{2}\approx 0.810.$$

例 2　一个充好气的气球，半径为 4 m. 升空后，因外部气压降低使气球半径增大了 0.1 m，问气球的体积近似增加多少？

解　球的体积公式是 $v=\frac{4}{3}\pi r^3$，当半径 r 由 4 m 增加到 $(4+0.1)$ m 时，体积 v 增加了 Δv，由公式(3)，有

$$\Delta v \approx \mathrm{d}v = 4\pi r^2 \Delta r \Big|_{r=4,\Delta r=0.1} = 4 \times 3.14 \times 4^2 \times 0.1 = 20(\mathrm{m}^3).$$

习　题　5-6

1. 计算 $\sqrt{4.2}$ 的近似值.
2. 计算 $\cos 30°12'$ 的近似值.
3. 已知单摆的运动周期为 $T=2\pi\sqrt{\frac{l}{g}}$ (其中 l 表示摆长，$g=980\ \mathrm{cm/s^2}$). 若摆长 l 由 20 cm 增加到 20.1 cm，问此时周期大约变化多少？

*第七节　导数的经济学应用

本节将导数应用于几个经济函数，并介绍一下边际分析与弹性分析的概念.

一、成本函数与收入函数

某产品的总成本是指生产一定数量的产品所需的全部经济资源投入(劳力、原料、设备等)的价格或费用总额. 设 q 为产量，C 为总成本，则**成本函数**为 $C=C(q)$.

而**收入函数** $R=R(q)$ 是指生产者出售数量为 q 的某种产品所获得的总收入. 当价格 p 是常数时，显然有 $R=pq$.

设**总利润**为 L，则有

$$L = L(q) = R(q) - C(q).$$

二、边际分析

边际概念是经济学中的重要概念，通常指经济变化的变化率. 利用导数研究经济变量的边际变化方法，即**边际分析方法**，是经济理论中的一个重要方法.

1. 边际成本

在经济学中，**边际成本**定义为产量每增加一个单位产品时总成本的增量，即总成本 C 对产量 q 的变化率. 因此，若 $C(q)$ 可导，则当产量 $q=q_0$ 时，边际成本为

$$MC = C'(q_0) = \lim_{\Delta q \to 0} \frac{C(q_0 + \Delta q) - C(q_0)}{\Delta q} = \left.\frac{\mathrm{d}C}{\mathrm{d}q}\right|_{q=q_0},$$

即边际成本是总成本函数 $C(q)$ 关于产量 q 的导数. 其**经济意义**是: $C'(q)$ 近似等于产量为 q 时,再增加一个单位产品所需增加的成本,这是因为

$$C(q+1) - C(q) = \Delta C(q) \approx C'(q).$$

2. 边际收入

在经济学中,**边际收入**定义为每多销售一个单位产品时总收入的增量,即边际收入为总收入 R 关于产品销售量 q 的变化率. 因此, 若 $R(q)$ 可导,则边际收入为

$$MR = R'(q) = \lim_{\Delta q \to 0} \frac{R(q + \Delta q) - R(q)}{\Delta q}.$$

其**经济意义**为 $R'(q)$ 近似等于当销售量为 q 时,再多销售一个单位产品所增加的收入,这是因为

$$R(q+1) - R(q) = \Delta R(q) \approx R'(q).$$

3. 边际利润

同样地,当总利润 $L(q)$ 可导时,$L'(q)$ 称为销售量为 q 时的**边际利润**,它近似等于销售量为 q 时,再多销售一个单位产品所增加的利润.

4. 最大利润原则

设总利润为 L,由于 $L=L(q)=R(q)-C(q)$,所以,$L'(q)=R'(q)-C'(q)$. 于是根据函数极值存在的充分必要条件,可得最大利润存在的条件为

$$\begin{cases} L'(q) = 0 & \text{(必要条件)}, \\ L''(q) < 0 & \text{(充分条件)}. \end{cases} \tag{1}$$

即**最大利润原则**为

$$\begin{cases} R'(q) = C'(q) & \text{(边际收入等于边际成本)}, \\ R''(q) < C''(q) & \text{(边际收入的变化率小于边际成本的变化率)}. \end{cases} \tag{2}$$

例 1　已知某产品的价格与销售量的关系为 $p=10-\frac{q}{5}$,成本函数为 $C=50+2q$. 求产量 q 为多少时,总利润 L 最大? 并验证是否符合最大利润原则.

解　已知 $p(q)=10-\frac{q}{5}$,$C(q)=50+2q$,则有

$$R(q) = pq = 10q - \frac{q^2}{5},$$

$$L(q) = R(q) - C(q) = 8q - \frac{q^2}{5} - 50,$$

$$C'(q) = 2, \quad C''(q) = 0,$$

$$R'(q)=10-\frac{2}{5}q,\quad R''(q)=-\frac{2}{5},$$

$$L'(q)=8-\frac{2}{5}q,\quad L''(q)=-\frac{2}{5}.$$

令 $L'(q)=0$,得 $q=20$,这时 $L''(20)<0$. 所以,当 $q=20$ 时,总利润 L 最大.

此时,因 $R'(20)=2, C'(20)=2$,有

$$R'(20)=C'(20).$$

又因

$$R''(20)=-\frac{2}{5},\quad C''(20)=0,$$

有

$$R''(20)<C''(20).$$

所以符合最大利润原则.

三、弹性分析

弹性概念是经济学中的另一个重要概念,用来定量地描述一个经济变量对另一个经济变量变化的反应程度,或者说,一个经济变量变动百分之一会使另一个经济变量变动百分之几.

定义　设函数 $f(x)$ 在点 x_0 的某邻域内有定义,且 $y_0=f(x_0)\neq 0$,如果函数的相对改变量 $\frac{\Delta y}{y_0}$ 与自变量的相对改变量 $\frac{\Delta x}{x_0}$ 之比的极限

$$\lim_{\Delta x\to 0}\frac{\Delta y/f(x_0)}{\Delta x/x_0}=\lim_{\Delta x\to 0}\frac{[f(x_0+\Delta x)-f(x_0)]/f(x_0)}{\Delta x/x_0}$$

存在,则称此极限为函数 $y=f(x)$ 在点 x_0 处的**点弹性**,记为 $\left.\frac{Ey}{Ex}\right|_{x=x_0}$,即

$$\left.\frac{Ey}{Ex}\right|_{x=x_0}=\frac{x_0}{f(x_0)}f'(x_0). \tag{3}$$

如果函数 $y=f(x)$ 在区间 (a,b) 内可导,且 $f(x)\neq 0$,则称

$$\frac{Ey}{Ex}=\frac{x}{f(x)}f'(x) \tag{4}$$

为函数 $y=f(x)$ 在区间 (a,b) 内的**点弹性函数**,简称为**弹性函数**.

由弹性函数的定义知,若 q 表示某商品的市场需求量,p 为价格,且需求函数 $q=q(p)$ 可导,则称

$$\frac{Eq}{Ep}=\frac{p}{q(p)}\frac{\mathrm{d}q}{\mathrm{d}p}$$

为商品的**需求价格弹性**,简称**需求弹性**,记为 η_p,即

$$\eta_p = \frac{Eq}{Ep} = \frac{p}{q(p)}\frac{\mathrm{d}q}{\mathrm{d}p}. \tag{5}$$

需求弹性 η_p 表示某商品需求量 q 对价格 p 变动的反应程度. 由于需求函数 $q=q(p)$ 为价格 p 的减函数,故需求弹性 η_p 为负,从而当 $\Delta p \to 0$ 时,需求弹性的极限非正,即一般地有 $\eta_p<0$. 这表明,当商品的价格上涨(或下降)1%时,其需求量将减少(或增加)约 $|\eta_p|$%. 因此,在经济学中,比较商品需求弹性大小时,采用需求弹性的绝对值 $|\eta_p|$. 当我们说商品的需求弹性大时,是指其绝对值大.

当 $\eta_p=-1$(即 $|\eta_p|=1$)时,称 η_p 为**单位弹性**. 此时商品需求量变动的百分比与价格变动的百分比相等.

当 $\eta_p<-1$(即 $|\eta_p|>1$)时,称 η_p 为**高弹性**. 此时商品需求量变动的百分比高于价格变动的百分比,价格的变动对需求量的影响较大.

当 $-1<\eta_p<0$(即 $|\eta_p|<1$)时,称为**低弹性**. 此时商品需求量变动的百分比低于价格变动的百分比,价格的变动对需求量的影响较小.

在商品经济中,商品经营者关心的是提价($\Delta p>0$)或降价($\Delta p<0$)对总收入的影响. 设销售收入 $R=qp$,则当价格 p 有微小改变量 Δp 时,有

$$\Delta R \approx \mathrm{d}R = \mathrm{d}(qp) = q\mathrm{d}p + p\mathrm{d}q = \left(1+\frac{p\mathrm{d}q}{q\mathrm{d}p}\right)q\mathrm{d}p,$$

即

$$\Delta R \approx (1+\eta_p)q\mathrm{d}p.$$

当 $\eta_p<0$ 时,有

$$\Delta R \approx (1-|\eta_p|)q\mathrm{d}p.$$

由此可知,当 $|\eta_p|>1$(即高弹性)时,降价($\mathrm{d}p<0$)可使总收入增加($\Delta R>0$),薄利多销多收入;提价($\mathrm{d}p>0$)将使总收入减少($\Delta R<0$). 当 $|\eta_p|<1$(即低弹性)时,降价使总收入减少($\Delta R<0$);提价使总收入增加. 当 $|\eta_p|=1$(即单位弹性)时,总收入改变近似为 0($\Delta R\approx 0$),即提价或降价对总收入无明显影响.

例 2　设某商品需求函数 $q=\mathrm{e}^{-\frac{p}{5}}$,求:

(1) 需求弹性 η_p;

(2) 当 $p=3, p=5$ 和 $p=6$ 时的需求弹性,并说明其经济意义.

解　(1) 因为 $\frac{\mathrm{d}q}{\mathrm{d}p}=-\frac{1}{5}\mathrm{e}^{-\frac{p}{5}}$,所以,由公式(5),得需求弹性为

$$\eta_p = -\frac{1}{5}\mathrm{e}^{-\frac{p}{5}} \cdot \frac{p}{\mathrm{e}^{-\frac{p}{5}}} = \frac{-p}{5}.$$

(2) 由(1)所求得的需求弹性有

$$\eta_3=-\frac{3}{5}=-0.6,\quad \eta_5=-\frac{5}{5}=-1,\quad \eta_6=-\frac{6}{5}=-1.2.$$

它们的经济意义：

$\eta_5=-1$(单位弹性)说明，当 $p=5$ 时，价格与需求变动的幅度相同；

$\eta_3=-0.6>-1$(低弹性)说明，当 $p=3$ 时，需求变动的幅度小于价格变动的幅度，即 $p=3$ 时，价格上涨 1%时，需求只减少 0.6%；

$\eta_6=-1.2<-1$(高弹性)说明，当 $p=6$ 时，需求变动的幅度大于价格变动的幅度，即 $p=6$ 时，价格上涨 1%时，需求要减少 1.2%.

例 3　已知某企业生产的某产品的需求弹性在 $-2.4\sim-1.5$ 之间，如果该企业准备第二年将价格降低 10%，问这种商品的销售量预期会增加多少？总收入会增加多少？

解　由 $\eta_p=\frac{p}{q}\frac{\mathrm{d}q}{\mathrm{d}p}$，可得

$$\frac{\mathrm{d}q}{q}=\frac{\mathrm{d}p}{p}\eta_p,\quad \frac{\Delta q}{q}\approx\frac{\Delta p}{p}\eta_p.$$

则当 $\frac{\Delta p}{p}=-0.1,\eta_p=-1.5$ 时，$\frac{\Delta q}{q}\approx\frac{15}{100}$；当 $\frac{\Delta p}{p}=-0.1,\eta_p=-2.4$ 时，$\frac{\Delta q}{q}\approx\frac{24}{100}$.

又由 $\Delta R\approx(1-|\eta_p|)q\Delta p$，可得

$$\frac{\Delta R}{R}\approx\frac{(1-|\eta_p|)q\Delta p}{qp}=(1-|\eta_p|)\frac{\Delta p}{p}.$$

则当 $\frac{\Delta p}{p}=-0.1,|\eta_p|=1.5$ 时，$\frac{\Delta R}{R}\approx\frac{5}{100}$；当 $\frac{\Delta p}{p}=-0.1,|\eta_p|=2.4$ 时，$\frac{\Delta R}{R}\approx\frac{14}{100}$.

因此，当第二年产品价格降低 10%时，该企业销售量预期将增加约 15%～24%，总收入将增加 5%～14%.

*习　题　5-7

1. 某化工厂日产能力最高为 1000 吨，每日产品的总成本 C(单位：元)是日产量 x(单位：吨)的函数

$$C=C(x)=1000+7x+50\sqrt{x},\quad x\in[0,1000].$$

求当日产量为 100 吨时的边际成本.

2. 设某产品生产 x 单位的总收入 R 是 x 的函数

$$R=R(x)=200x-0.01x^2.$$

求生产 50 单位该产品时的总收入及平均单位产品的收入和边际收入.

3. 某厂生产每批某种商品 x 单位的费用(单位：元)为

$$C(x)=5x+200.$$

得到的收入(单位：元)为

$$R(x)=10x-0.01x^2.$$

问每批应生产多少单位时才能使利润最大?

4. 设某商品需求量 q 对价格 p 的函数关系为

$$q = f(p) = 1600\left(\frac{1}{4}\right)^{p},$$

求需求量 q 对于价格 p 的弹性函数.

5. 设某商品的需求函数为 $q=\mathrm{e}^{-\frac{p}{4}}$,求需求弹性 η_p 及 $p=3,4,5$ 时的需求弹性 η_p.

6. 某商品的需求函数为

$$q = q(p) = 75 - p^2.$$

(1) 求 $p=4$ 时的边际需求,并说明其经济意义.

(2) 求 $p=4$ 时的需求弹性,并说明其经济意义.

(3) 当 $p=4$ 时,若价格 p 上涨 1%,总收入将变化百分之几? 是增加还是减少?

(4) p 为多少时,总收入最大?

第六章　定积分的应用

我们已经学习了定积分的概念、性质和计算法，这一章再讨论定积分的应用. 学习这一章时，不仅要掌握一些具体的计算公式，更重要的是要学会用定积分解决实际问题的方法——微元法.

第一节　平面图形面积的求法

一、直角坐标情形

要计算在平面直角坐标系中由任意曲线所围成的平面图形的面积，先考虑一些较简单的情形，我们利用微元法导出面积公式.

1. 以 x 为积分变量求平面图形的面积

设 $y=f(x)$，$y=g(x)$ 在 $[a,b]$ 上连续，且 $f(x)\geqslant g(x)$. 计算由曲线 $y=f(x)$，$y=g(x)$ 以及直线 $x=a$，$x=b$ 所围成的平面图形的面积 A. 具体步骤叙述如下：

设 $f(x)\geqslant g(x)>0$（如图 6-1 所示），

(1) 选取 x 为积分变量，积分区间为 $[a,b]$；

(2) 任取 $[x,x+\mathrm{d}x]\subset[a,b]$，相应于这个小区间的面积可以近似用小矩形面积 $(f(x)-g(x))\mathrm{d}x$ 代替，即有**面积微元**

$$\mathrm{d}A=(f(x)-g(x))\mathrm{d}x;$$

(3) 以 $\mathrm{d}A$ 为被积表达式，在 $[a,b]$ 上作定积分，有

$$A=\int_a^b (f(x)-g(x))\mathrm{d}x. \tag{1}$$

注　读者容易看出，第(2)步对应定积分定义中的“分割”与“替代”，而第(3)步对应“求和”与“取极限”.

此法称为定积分的**微元分析法**，简称**微元法**，这是用定积分解决实际问题的重要方法.

若 $g(x)\equiv 0$ 时，就得到曲边梯形面积公式

$$A=\int_a^b f(x)\mathrm{d}x.$$

若 $f(x)\geqslant g(x)$，但不满足 $f(x)\geqslant g(x)>0$（如图 6-2 所示），容易验证公式(1)仍成立.

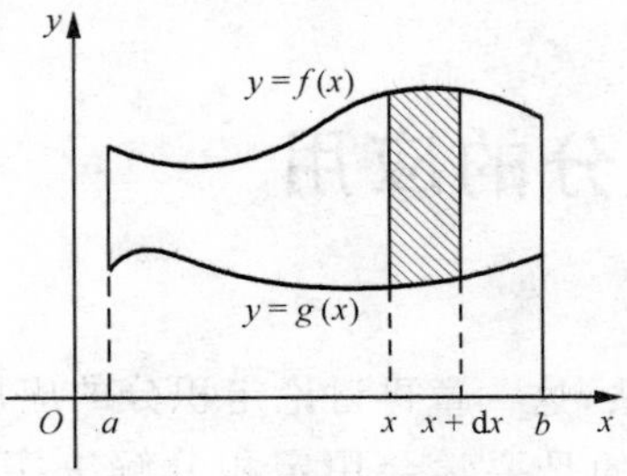

图 6-1

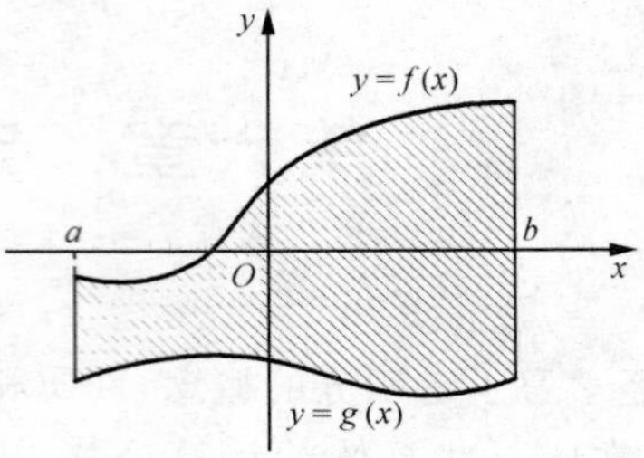

图 6-2

2. 以 y 为积分变量求平面图形的面积

设 $x=\varphi(y)$，$x=\psi(y)$ 在 $[c,d]$ 上连续，且 $\varphi(y)\geqslant\psi(y)$. 计算由曲线 $x=\varphi(y)$，$x=\psi(y)$ 以及直线 $y=c$，$y=d$ 所围成的平面图形的面积 A. 具体步骤叙述如下：

设 $\varphi(y)\geqslant\psi(y)>0$（如图 6-3 所示，仍用微元法），

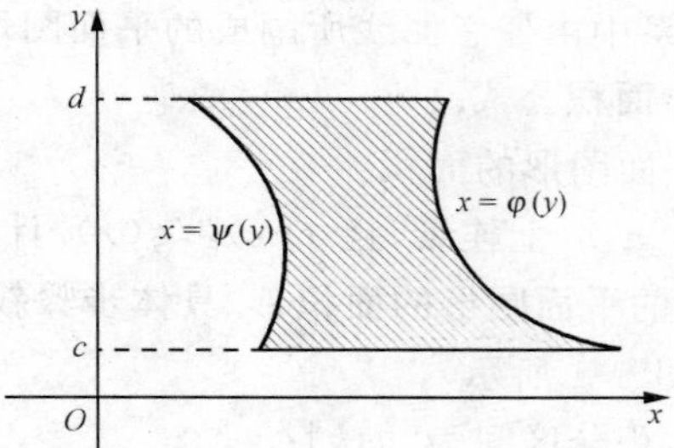

图 6-3

(1) 选取 y 为积分变量，积分区间为 $[c,d]$；

(2) 任取 $[y,y+\mathrm{d}y]\subset[c,d]$，相应于这个小区间的面积可以近似用小矩形面积 $(\varphi(y)-\psi(y))\mathrm{d}y$ 代替，即得面积微元

$$\mathrm{d}A=[\varphi(y)-\psi(y)]\mathrm{d}y;$$

(3) 以 $\mathrm{d}A$ 为被积表达式，在 $[c,d]$ 上作定积分，有

$$A=\int_c^d(\varphi(y)-\psi(y))\mathrm{d}y. \tag{2}$$

若 $\varphi(y)\geqslant\psi(y)$，但不满足 $\varphi(y)\geqslant\psi(y)>0$，类似于前面讨论可知，由曲线 $x=\varphi(y)$，$x=\psi(y)$ 及直线 $y=c$，$y=d$ 所围成的平面图形，其面积仍如公式(2)所示.

对于任意曲线所围成的平面图形，可以用一些平行于坐标轴的直线将其分割成若干个小平面图形，使其每一部分的面积都可用公式(1)或(2)来计算（如图 6-4 所示）.

例 1 计算由抛物线 $y^2=2x$ 与直线 $y=x-4$ 所围成的平面图形的面积.

解 这个图形如图 6-5 所示. 为了确定出这图形所在范围,先求出所给抛物线和直线的交点. 解方程组 $\begin{cases} y^2=2x, \\ y=x-4, \end{cases}$ 得交点(2,−2)和(8,4).

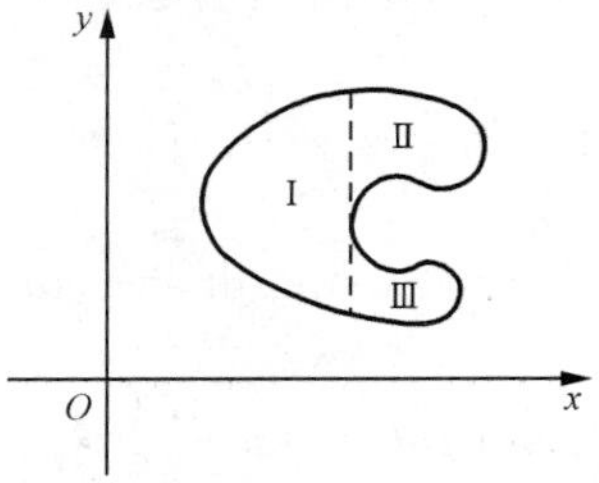

图 6-4

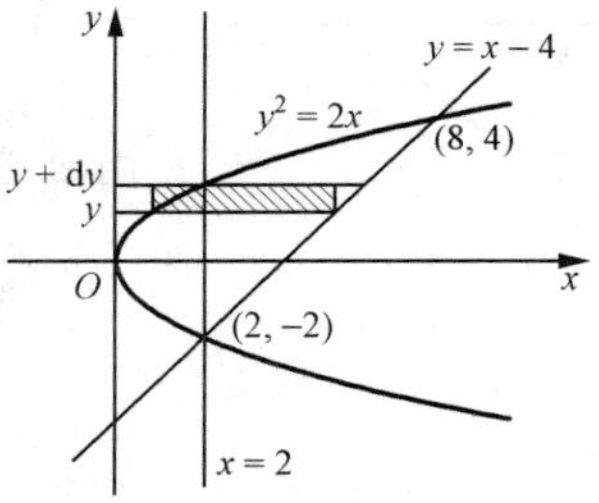

图 6-5

现在选取 y 为积分变量,则积分区间为[−2,4]. 由公式(2)知所求平面图形的面积为

$$A=\int_{-2}^{4}\left(y+4-\frac{1}{2}y^2\right)\mathrm{d}y=18.$$

若选 x 为积分变量,则积分区间为[0,8],用直线 $x=2$ 将图形分成两部分: 第一部分,上、下两条曲线分别为 $y=\sqrt{2x}$ 及 $y=-\sqrt{2x}$;第二部分,上、下两条曲线分别为 $y=\sqrt{2x}$ 及 $y=x-4$. 由公式(1)知所求平面图形的面积为

$$A=\int_{0}^{2}[\sqrt{2x}-(-\sqrt{2x})]\mathrm{d}x+\int_{2}^{8}[\sqrt{2x}-(x-4)]\mathrm{d}x$$
$$=\int_{0}^{2}2\sqrt{2x}\,\mathrm{d}x+\int_{2}^{8}(\sqrt{2x}-x+4)\mathrm{d}x=18.$$

由例 1 我们可以看到,积分变量选得恰当,就可使计算方便简单.

二、参数方程情形

当曲边梯形的曲边 $y=f(x)$($f(x)\geqslant 0, x\in[a,b]$)由参数方程 $\begin{cases} x=\varphi(t), \\ y=\psi(t) \end{cases}$ $t\in[\alpha,\beta]$ 给出时,如果 $x=\varphi(t)$ 满足: $\varphi(\alpha)=a$, $\varphi(\beta)=b$, $\varphi(t)$ 在 $[\alpha,\beta]$(或 $[\beta,\alpha]$)上具有连续导数,$y=\psi(t)$ 连续. 则可以对曲边梯形的面积公式 $A=\int_a^b y\,\mathrm{d}x$ 应用定积分换元法: 令 $y=\psi(t)$, $\mathrm{d}x=\varphi'(t)\mathrm{d}t$,当 x 由 a 变到 b 时,t 由 α 变到 β,所以

$$A=\int_a^b y\,\mathrm{d}x=\int_\alpha^\beta \psi(t)\varphi'(t)\mathrm{d}t. \tag{3}$$

例 2 求椭圆 $\frac{x^2}{a^2}+\frac{y^2}{b^2}=1$ 所围成的平面图形的面积.

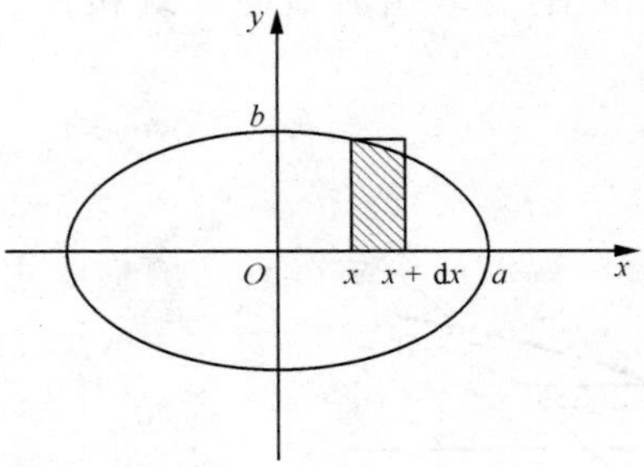

图 6-6

解 这个椭圆关于两坐标轴都对称(如图 6-6 所示),所以所求图形的面积为 $A=4A_1$,其中 A_1 为该椭圆在第一象限内的曲线与两坐标轴所围图形的面积,因此 $A=4A_1=4\int_0^a y\mathrm{d}x$. 利用椭圆的参数方程 $\begin{cases} x=a\cos t, \\ y=b\sin t. \end{cases}$ 当 x 由 0 变到 a 时,t 由 $\frac{\pi}{2}$ 变到 0,所以

$$A=4\int_{\frac{\pi}{2}}^{0} b\sin t(-a\sin t)\mathrm{d}t=-4ab\int_{\frac{\pi}{2}}^{0}\sin^2 t\mathrm{d}t$$

$$=4ab\int_0^{\frac{\pi}{2}}\sin^2 t\mathrm{d}t=4ab\cdot\frac{1}{2}\cdot\frac{\pi}{2}=\pi ab.$$

三、极坐标情形

先建立平面极坐标系. 如图 6-7(a)所示,在平面上取一点 O,并从该点引出射线 Ox. 在此平面上任取一点 P,令

$$OP=r,\quad \angle xOP=\theta,\quad 其中\ 0\leqslant r<\infty,\quad 0\leqslant\theta<2\pi, \tag{4}$$

得唯一有序数组 (r,θ). 反之,对任一有序数组 (r,θ),又在此平面内唯一对应一点 P,满足(4)式,这就建立了平面点 P 与有序数组 (r,θ) 的一一对应关系. 因此,称有序数组 (r,θ) 为点 P 的**极坐标**,记为 $P(r,\theta)$,射线 Ox 称为**极轴**,O 称为**极点**,r 称为**极径**,θ 称为**极角**.

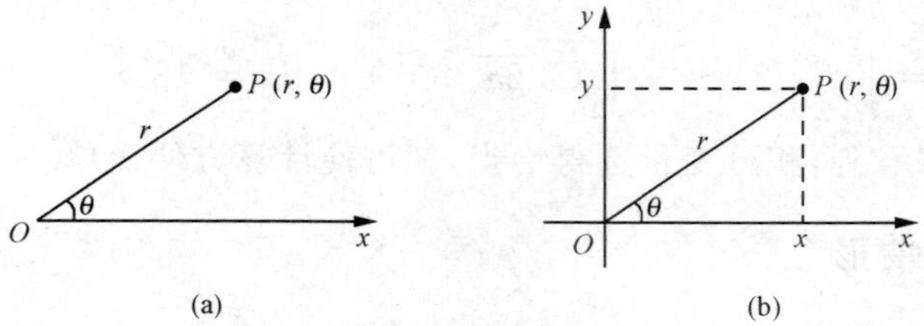

图 6-7

这就建立了平面极坐标系. 又从图 6-7(b)中容易看出,平面点 P 的极坐标 (r,θ) 与直角坐标 (x,y) 之间有如下关系:

$$x=r\cos\theta,\quad y=r\sin\theta. \tag{5}$$

设平面上连续曲线弧是由极坐标方程 $r=\varphi(\theta)$ 表示,它与矢径 $\theta=\alpha,\theta=\beta$ 围成一平面图形(简称为**曲边扇形**)(如图 6-8(a)所示),设其面积为 A,我们来求 A 的公式: 这里 $\varphi(\theta)$ 在 $[\alpha,\beta]$ 上连续且 $\varphi(\theta)\geqslant 0$.

由于当 θ 在 $[\alpha,\beta]$ 上变动时,极径 $r=\varphi(\theta)$ 也随之变动,因此所求图形的面积不能直接利用圆扇形面积的公式 $A=\frac{1}{2}r^2\theta$ 来计算. 下面我们仍用定积分的微元法来导出 A 的公式：

（1）选取 θ 为积分变量，积分区间为 $[\alpha,\beta]$；

（2）任取 $[\theta,\theta+d\theta]\subset[\alpha,\beta]$，相应于这个小区间的窄曲边扇形的面积可以近似用半径为 $r=\varphi(\theta)$、中心角为 $d\theta$ 的圆扇形的面积来代替（如图 6-8(a)所示），从而得到这个窄曲边扇形面积的近似值，即曲边扇形的面积微元

$$dA=\frac{1}{2}(\varphi(\theta))^2d\theta;$$

（3）以 $\frac{1}{2}(\varphi(\theta))^2d\theta$ 为被积表达式，在 $[\alpha,\beta]$ 上作定积分便得所求曲边扇形的面积为

$$A=\int_\alpha^\beta\frac{1}{2}(\varphi(\theta))^2d\theta. \tag{6}$$

例 3　计算心形线 $r=a(1+\cos\theta)\ (a>0)$ 所围成的平面图形的面积.

解　心形线所围成的平面图形如图 6-8 所示. 这个图形对称于极轴，因此，所求平面图形的面积 A 是极轴以上部分的平面图形面积 A_1 的两倍.

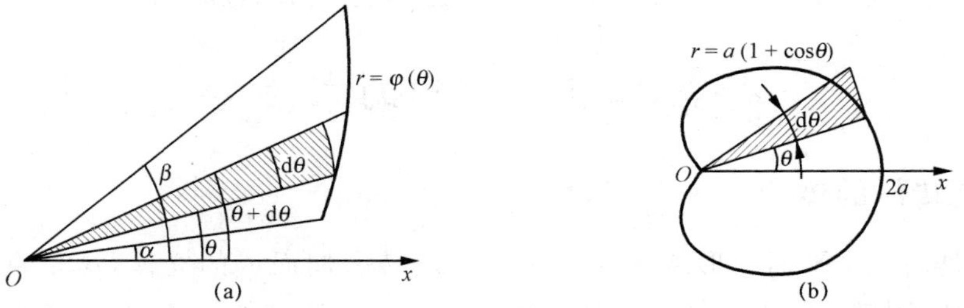

图　6-8

对于极轴以上部分的平面图形，θ 的变化区间为 $[0,\pi]$，由公式(6)，得

$$\begin{aligned}A_1&=\int_0^\pi\frac{1}{2}a^2(1+\cos\theta)^2d\theta=\frac{a^2}{2}\int_0^\pi(1+2\cos\theta+\cos^2\theta)d\theta\\&=\frac{a^2}{2}\int_0^\pi\left(\frac{3}{2}+2\cos\theta+\frac{1}{2}\cos2\theta\right)d\theta=\frac{a^2}{2}\left(\frac{3}{2}\theta+2\sin\theta+\frac{1}{4}\sin2\theta\right)\Big|_0^\pi=\frac{3}{4}\pi a^2.\end{aligned}$$

因而所求心形线所围成的平面图形的面积为 $A=2A_1=\frac{3}{2}\pi a^2$.

习　题　6-1

1. 求图 6-9 中阴影部分的面积.

2. 求由下列各曲线所围成的平面图形的面积：

(1) $y=e^x$，$y=e^{-x}$ 与直线 $x=1$；　　(2) $y^2=2x+1$ 与直线 $x-y-1=0$.

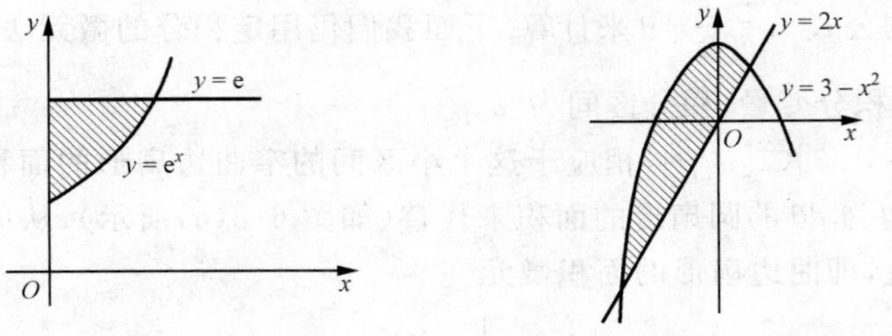

(a)　　　　　　　　(b)

图　6-9

3. 求星形线 $\begin{cases} x=a\cos^3 t, \\ y=a\sin^3 t \end{cases}$ 所围成的平面图形的面积.

4. 求由下列各曲线所围成的平面图形的面积：

(1) $r=2a\cos\theta$;　　　　(2) $r=2a(2+\cos\theta)$.

5. 求对数螺线 $r=e^{a\theta}$ 及矢径 $\theta=-\pi,\theta=\pi$ 所围成的平面图形的面积.

6. 圆 $r\leqslant 1$ 被心形线 $r=1+\cos\theta$ 分割成两部分,求这两部分的面积.

7. 求由曲线 $r=\sqrt{2}\sin\theta$ 及 $r^2=\cos 2\theta$ 所围成的平面图形的公共部分的面积.

第二节　体积的求法

一、旋转体的体积

旋转体是由一个平面图形绕平面内一直线旋转一周而成的立体,这条直线叫做**旋转轴**.例如,圆柱、圆锥、圆台、球体可以分别看成是由矩形绕它的一条边、直角三角形绕它的直角边、直角梯形绕它的直角腰、半圆绕它的直径旋转一周而成的立体,所以它们都是旋转体.在初等数学中,已计算过这些旋转体的体积,现讨论一般旋转体体积的计算方法.

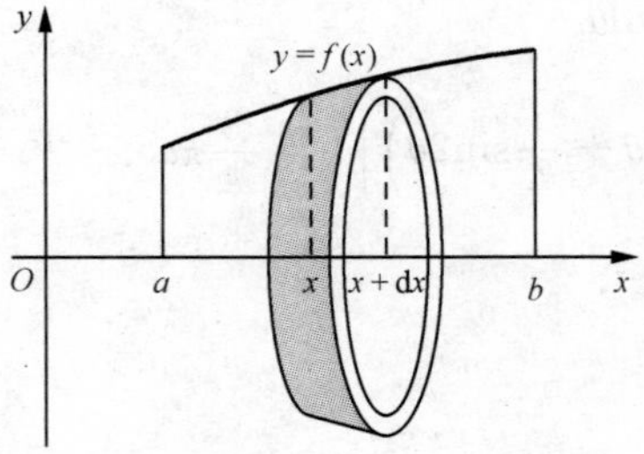

图　6-10

设有连续曲线 $y=f(x)$,满足 $f(x)\geqslant 0, x\in[a,b]$.将曲线 $y=f(x)$,直线 $x=a, x=b$ 及 x 轴所围成的曲边梯形绕 x 轴旋转一周产生一旋转体,如图 6-10 所示,现在求这个旋转体的体积.

如果在区间$[a,b]$上,垂直于 x 轴的截面面积 S 是不变的,那么这个立体是一个柱体,其体积只须用乘法就可算出

$$V=S(b-a).$$

现在截面面积随 x 而变,它是 x 的函数,我们仍应用定积分的微元法.具体步骤叙述如下：

(1) 选取 x 为积分变量，积分区间为 $[a,b]$；

(2) 任取 $[x,x+\mathrm{d}x]\subset[a,b]$，相应于这一小区间的窄曲边梯形绕 x 轴旋转而成的薄片的体积可以近似用以 $f(x)$ 为底半径、$\mathrm{d}x$ 为高的扁圆柱体的体积 $\pi[f(x)]^2\mathrm{d}x$ 代替，即有体积微元

$$\mathrm{d}V=\pi[f(x)]^2\mathrm{d}x;$$

(3) 以 $\pi[f(x)]^2\mathrm{d}x$ 为被积表达式，在 $[a,b]$ 上作定积分，便得所求旋转体的体积为

$$V=\int_a^b\pi[f(x)]^2\mathrm{d}x. \tag{1}$$

例 1 计算由椭圆 $\dfrac{x^2}{a^2}+\dfrac{y^2}{b^2}=1$ 所围成的图形，绕 x 轴旋转一周而成的旋转体的体积.

解 这个旋转体可以看做是由 $y=\dfrac{b}{a}\sqrt{a^2-x^2}$ 及 x 轴围成的图形绕 x 轴旋转而成的立体(称为**旋转椭球体**，如图 6-11 所示).

取 x 为积分变量，积分区间为 $[-a,a]$，根据公式(1)，得

$$V=\int_{-a}^a\pi\left(\frac{b}{a}\sqrt{a^2-x^2}\right)^2\mathrm{d}x=\pi\int_{-a}^a\frac{b^2}{a^2}(a^2-x^2)\mathrm{d}x=\pi\frac{b^2}{a^2}\left(a^2x-\frac{x^3}{3}\right)\Big|_{-a}^a=\frac{4}{3}\pi ab^2.$$

当 $a=b$ 时，旋转椭球体就成为半径为 a 的**球体**，它的体积为 $\dfrac{4}{3}\pi a^3$.

类似地，用定积分的微元法可推出：由连续曲线 $x=\varphi(y)$ $(\varphi(y)\geqslant 0)$，直线 $y=c$，$y=d$ $(c<d)$ 与 y 轴所围成的曲边梯形，绕 y 轴旋转一周而成的旋转体(如图 6-12 所示)的体积为

$$V=\pi\int_c^d[\varphi(y)]^2\mathrm{d}y. \tag{2}$$

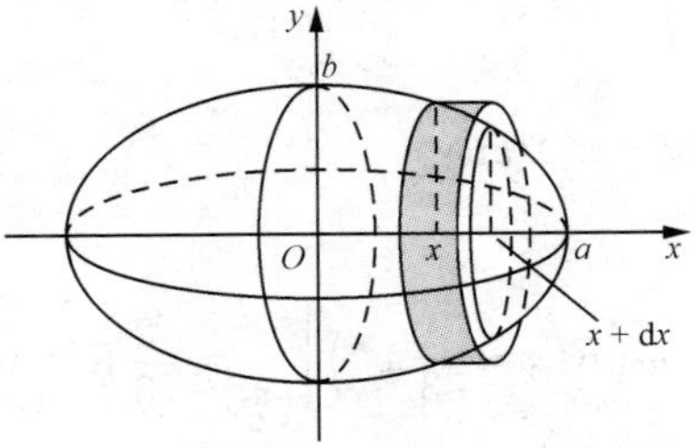

图　6-11

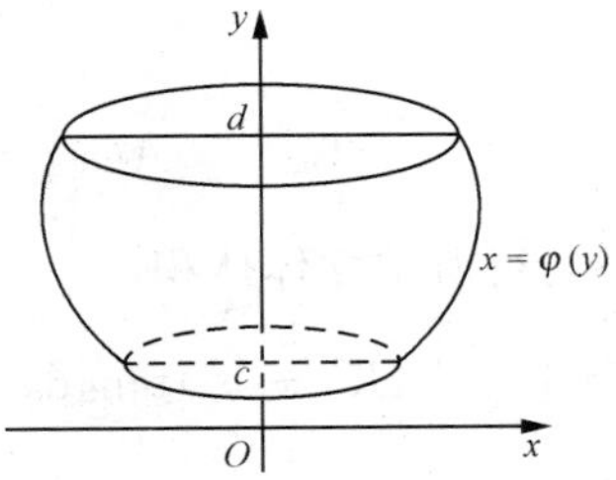

图　6-12

二、已知截面立体的体积

设有立体(如图 6-13 所示)，其垂直于 x 轴的各个截面的面积是已知连续函数 $A(x)$ $(a\leqslant x\leqslant b)$，横坐标 $x=a$ 与 $x=b$ 分别对应于立体两端的截面(这个截面可能缩成一点). 现

在来求这个立体的体积.

仍应用微元法. 选 x 为积分变量,积分区间为 $[a,b]$;任取 $[x,x+\mathrm{d}x]\subset[a,b]$,相应于这一小区间的一薄片的体积,可以近似用底面积为 $A(x)$、高为 $\mathrm{d}x$ 的扁柱体的体积代替,即有体积微元

$$\mathrm{d}V = A(x)\mathrm{d}x;$$

以 $A(x)\mathrm{d}x$ 为被积表达式,在闭区间 $[a,b]$ 上作定积分,便得所求立体的体积为

$$V = \int_a^b A(x)\mathrm{d}x. \tag{3}$$

例 2　一平面经过半径为 R 的圆柱体的底圆中心,并与底圆相交成角 α(如图 6-14 所示). 计算由这个平面截圆柱体所得立体的体积.

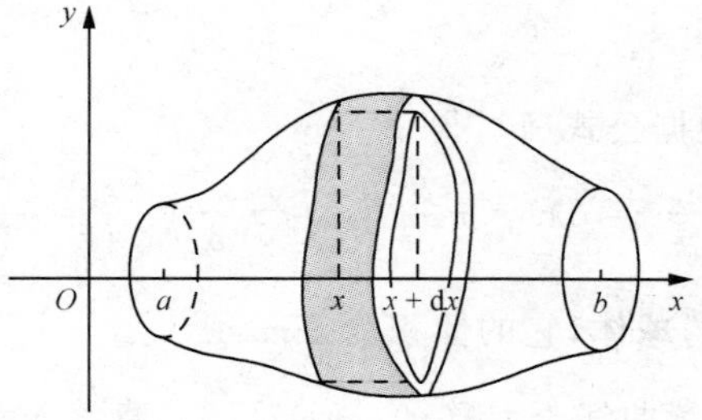

图　6-13

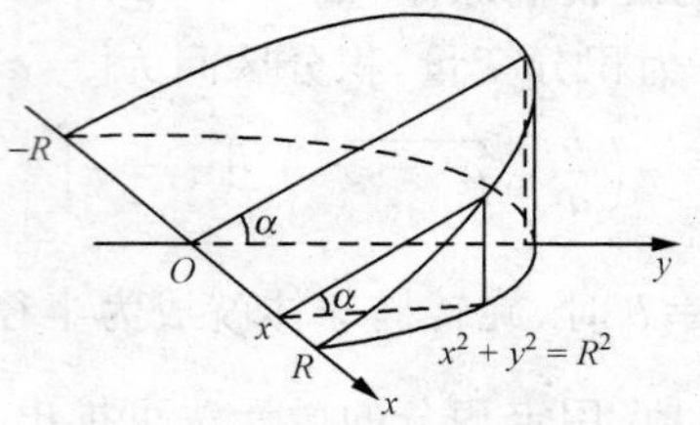

图　6-14

解　先建立直角坐标系,取这平面与圆柱体底面的交线为 x 轴,底面上过圆中心,且垂直于 x 轴的直线为 y 轴. 那么,底圆的方程为 $x^2+y^2=R^2$. 立体中过点 x 且垂直于底面的截面是一个直角三角形,它的两条直角边的长分别为 $y, y\tan\alpha$,即 $\sqrt{R^2-x^2}$, $\sqrt{R^2-x^2}\tan\alpha$. 因而截面积为

$$A(x) = \frac{1}{2}(R^2 - x^2)\tan\alpha.$$

于是由公式(3),得所求立体体积

$$V = \int_{-R}^{R} \frac{1}{2}(R^2 - x^2)\tan\alpha\,\mathrm{d}x = \frac{1}{2}\tan\alpha\left(R^2 x - \frac{1}{3}x^3\right)\Bigg|_{-R}^{R} = \frac{2}{3}R^3\tan\alpha.$$

习　题　6-2

1. 求下列已知曲线所围成的平面图形按指定的轴旋转所产生的旋转体的体积:

(1) $y=x^2$, x 轴和 $x=1$ 所围图形,绕 x 轴;　　(2) $y=x^2$ 和 $y=1$ 所围图形,绕 x 轴;

(3) $y=x^2$ 和 $x=y^2$ 所围图形,绕 y 轴;　　(4) $y=x^2$, x 轴和 $x=1$ 所围图形,绕 y 轴;

(5) 摆线 $x=a(t-\sin t)$, $y=a(1-\cos t)$ 的一拱和直线 $y=0$ 所围图形,绕直线 $y=2a$.

2. 求圆盘 $x^2+y^2\leqslant a^2$ 绕直线 $x=-b(b>a>0)$ 旋转所成旋转体的体积.

第三节　平面曲线弧长的求法

一、直角坐标情形

设曲线弧由直角坐标方程 $y=f(x)(a\leqslant x\leqslant b)$ 给出，其中 $f(x)$ 在 $[a,b]$ 上具有一阶连续导数. 现在应用微元法计算曲线弧（如图 6-15 所示）的长度 s. 具体步骤叙述如下：

(1) 选取 x 为积分变量，积分区间为 $[a,b]$；

(2) 任取 $[x,x+\mathrm{d}x]\subset[a,b]$，相应于这个小区间的一段弧的长度，可以用该曲线在点 $(x,f(x))$ 处的切线上相应的一小段的长度来近似代替. 由第五章弧微分公式

$$\mathrm{d}s=\sqrt{(\mathrm{d}x)^2+(\mathrm{d}y)^2}$$

得弧长微元为

$$\mathrm{d}s=\sqrt{(\mathrm{d}x)^2+(\mathrm{d}y)^2}=\sqrt{1+(f'(x))^2}\,\mathrm{d}x; \tag{1}$$

(3) 以 $\sqrt{1+(f'(x))^2}\,\mathrm{d}x$ 为被积表达式，在闭区间 $[a,b]$ 上作定积分，便得所求弧长为

$$s=\int_a^b\sqrt{1+(f'(x))^2}\,\mathrm{d}x.$$

例 1　计算曲线 $y=\frac{2}{3}x^{\frac{3}{2}}$ 上相应于 x 从 a 到 b 的一段弧（如图 6-16 所示）的长度.

解　对函数 $y=\frac{2}{3}x^{\frac{2}{3}}$ 求导得 $y'=x^{\frac{1}{2}}$，从而弧长微元为

$$\mathrm{d}s=\sqrt{1+(x^{\frac{1}{2}})^2}\,\mathrm{d}x=\sqrt{1+x}\,\mathrm{d}x.$$

因此，所求弧长为

$$s=\int_a^b\sqrt{1+x}\,\mathrm{d}x=\left[\frac{2}{3}(1+x)^{\frac{3}{2}}\right]_a^b=\frac{2}{3}\left[(1+b)^{\frac{3}{2}}-(1+a)^{\frac{3}{2}}\right].$$

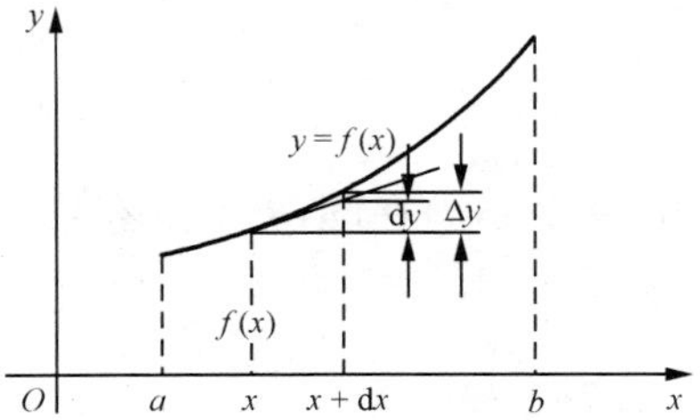

图　6-15

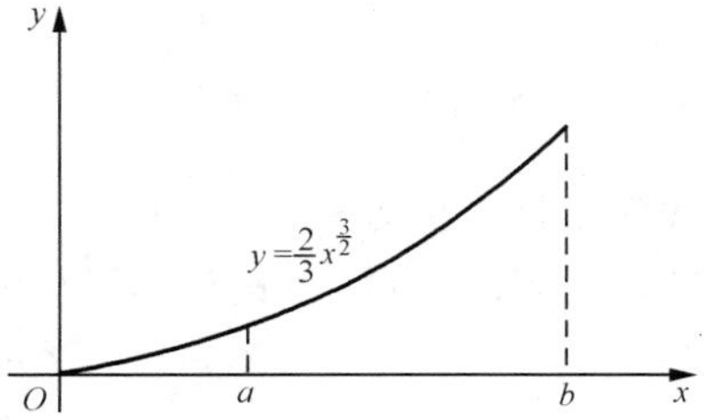

图　6-16

二、参数方程情形

设曲线弧由参数方程 $\begin{cases} x=\varphi(t), \\ y=\psi(t) \end{cases}$ $\alpha\leqslant t\leqslant\beta$ 给出，其中 $\varphi(t),\psi(t)$ 在 $[\alpha,\beta]$ 上具有连续导数. 现在来计算这曲线弧的长度.

选取 t 为积分变量，积分区间为 $[\alpha,\beta]$；与公式(1)相同，可取弧长微元(弧微分)为

$$\begin{aligned} \mathrm{d}s &= \sqrt{(\mathrm{d}x)^2+(\mathrm{d}y)^2} = \sqrt{(\varphi'(t))^2(\mathrm{d}t)^2+(\psi'(t))^2(\mathrm{d}t)^2} \\ &= \sqrt{(\varphi'(t))^2+(\psi'(t))^2}\,\mathrm{d}t; \end{aligned} \tag{2}$$

在闭区间 $[\alpha,\beta]$ 上作定积分，便得所求曲线弧的长度为

$$s=\int_\alpha^\beta \sqrt{(\varphi'(t))^2+(\psi'(t))^2}\,\mathrm{d}t.$$

例 2　求星形线 $x^{\frac{2}{3}}+y^{\frac{2}{3}}=a^{\frac{2}{3}}(a>0)$ 的弧长(如图 6-17 所示).

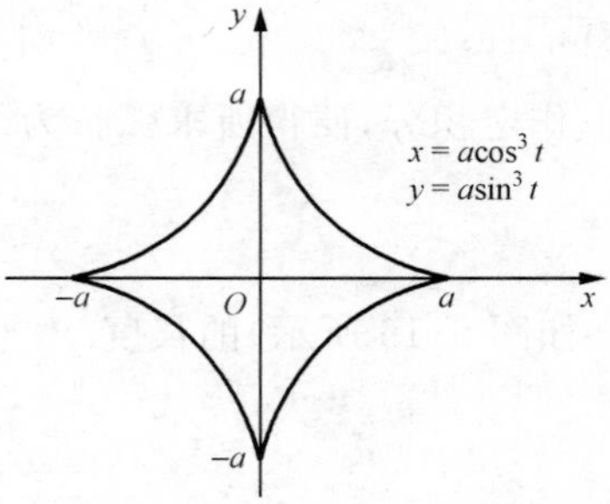

图　6-17

解　先把方程化为 $\left(\dfrac{x}{a}\right)^{\frac{2}{3}}+\left(\dfrac{y}{a}\right)^{\frac{2}{3}}=1$. 令 $\left(\dfrac{x}{a}\right)^{\frac{1}{3}}=\cos t$, $\left(\dfrac{y}{a}\right)^{\frac{1}{3}}=\sin t$，于是得到它的参数形式 $\begin{cases} x=a\cos^3 t, \\ y=a\sin^3 t. \end{cases}$ 由于星形线关于两个坐标轴都对称，可以先计算第一象限 $\left(0\leqslant t\leqslant\dfrac{\pi}{2}\right)$ 内曲线的弧长. 由于

$$\mathrm{d}x=-3a\cos^2 t\sin t\mathrm{d}t,\quad \mathrm{d}y=3a\sin^2 t\cos t\mathrm{d}t,$$

于是弧长微元为

$$\mathrm{d}s=\sqrt{(-3a\cos^2 t\sin t)^2+(3a\sin^2 t\cos t)^2}\,\mathrm{d}t=3a\cos t\sin t\mathrm{d}t.$$

利用对称性，可得星形线的弧长为

$$s=4\int_0^{\frac{\pi}{2}} 3a\cos t\sin t\mathrm{d}t=12a\left(\frac{1}{2}\sin^2 t\right)\Big|_0^{\frac{\pi}{2}}=6a.$$

三、极坐标情形

设曲线弧由极坐标方程 $r=r(\theta)(\alpha\leqslant\theta\leqslant\beta)$ 给出，其中 $r(\theta)$ 在 $[\alpha,\beta]$ 上具有连续导数，现在来计算这曲线弧的长度. 由直角坐标与极坐标的关系可得

$$\begin{cases} x=r(\theta)\cos\theta, \\ y=r(\theta)\sin\theta, \end{cases}\quad \alpha\leqslant\theta\leqslant\beta,$$

这就是以极角 θ 为参数的曲线弧的参数方程. 对 θ 求导得到

$$x'=r'(\theta)\cos\theta-r(\theta)\sin\theta,\quad y'=r'(\theta)\sin\theta+r(\theta)\cos\theta.$$

于是,由弧微分公式得弧长微元为

$$ds = \sqrt{(x'(\theta))^2 + (y'(\theta))^2}d\theta = \sqrt{(r(\theta))^2 + (r'(\theta))^2}d\theta. \qquad (3)$$

从而所求曲线弧的长度为

$$s = \int_\alpha^\beta \sqrt{(r(\theta))^2 + (r'(\theta))^2}d\theta.$$

例 3　求心形线 $r=a(1+\cos\theta)(a>0)$的全长.

解　如图 6-8(b)所示,由于心形线对称于 x 轴,因此先计算在 x 轴上方的曲线的弧长. 取 θ 为积分变量,积分区间为$[0,\pi]$,弧长微元为

$$\begin{aligned} ds &= \sqrt{(r(\theta))^2 + (r'(\theta))^2}d\theta = \sqrt{a^2(1+\cos\theta)^2 + a^2(-\sin\theta)^2}d\theta \\ &= a\sqrt{2(1+\cos\theta)}d\theta = 2a\left|\cos\frac{\theta}{2}\right|d\theta. \end{aligned}$$

利用对称性,所求心形线的弧长为

$$s = 2\int_0^\pi 2a\left|\cos\frac{\theta}{2}\right|d\theta = 4a\left(2\sin\frac{\theta}{2}\right)\Big|_0^\pi = 8a.$$

习　题　6-3

1. 计算曲线 $y=\ln x$ 相应于$\sqrt{3}\leqslant x\leqslant\sqrt{8}$的一段弧的长度.
2. 在摆线 $x=a(t-\sin t),y=a(1-\cos t)$上,求把摆线第一拱分成 1∶3 的点的坐标.
3. 求曲线 $r=a\sin^3\dfrac{\theta}{3}$ $(0\leqslant\theta\leqslant3\pi)$的长度.
4. 求对数螺线 $r=e^{a\theta}$ 相应于自 $\theta=0$ 到 $\theta=\varphi$ 的一段弧的长度.

第四节　定积分的物理学应用

一、变力沿直线所作的功

从物理学知,如果物体在作直线运动的过程中有一个不变的力 F 作用在物体上,且这力的方向与物体运动的方向一致,那么,在物体移动了距离 S 时,力 F 对物体所作的功为

$$W = F\cdot S.$$

如果物体在运动过程中所受到的力是变化的,这就会遇到变力对物体作功的问题.

设一个质点 A 在连续变力 F 作用下沿直线从 a 点移到 b 点(变力 F 的方向始终与运动方向一致),要计算变力 F 所作的功 W,仍用微元法. 具体步骤叙述如下:

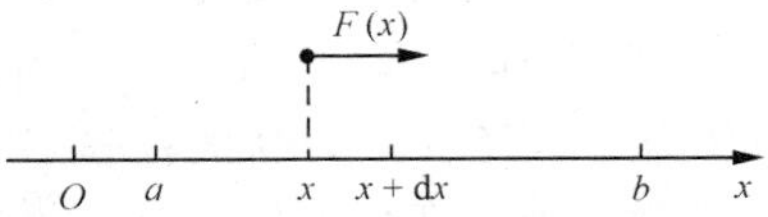

图　6-18

选取坐标系如图 6-18 所示,$F(x)$表示点 x 处质点所受的力的大小.

(1) 选 x 为积分变量，积分区间为 $[a,b]$；

(2) 任取 $[x,x+\mathrm{d}x]\subset[a,b]$，由于 $F(x)$ 连续变化，相应于这一小区间的变力所作的功可以近似看做大小为 $F(x)$ 的常力所作的功，于是得到功的微元为

$$\mathrm{d}W = F(x)\mathrm{d}x;$$

(3) 以 $F(x)\mathrm{d}x$ 为被积表达式，在闭区间 $[a,b]$ 上作定积分，便得变力 $F(x)$ 所作的功

$$W = \int_a^b F(x)\mathrm{d}x. \tag{1}$$

例 1　在底面积为 S 的圆柱形容器中盛有一定量的气体. 在等温条件下，由于气体膨胀，把容器中的一个活塞(底面积为 S)从点 a 处推移到点 b 处(如图 6-19 所示). 计算在移动过程中，气体压力所作的功.

解　取直角坐标系如图 6-19 所示. 活塞底的位置可以用坐标 x 来表示. 由物理学知道，一定量的气体在等温条件下，压强 p 与体积 V 的乘积是常数 k，即 $pV=k$ 或 $p=\frac{k}{V}$. 因为 $V=xS$，所以 $p=\frac{k}{xS}$. 于是，作用在活塞上的力为 $F=p\cdot S=\frac{k}{xS}\cdot S=\frac{k}{x}$. 由公式(1)，得所求气体压力所作的功为

$$W = \int_a^b \frac{k}{x}\mathrm{d}x = k(\ln x)\Big|_a^b = k\ln\frac{b}{a}.$$

例 2　有一圆锥形蓄水池，池内贮满水. 池深 15 m，池口直径 20 m. 欲将池内的水全部吸出池外，需作功多少(单位：kJ)?

解　取直角坐标系如图 6-20 所示.

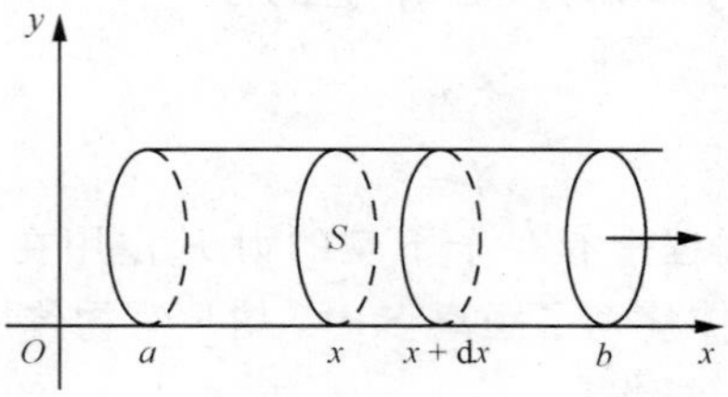

图　6-19

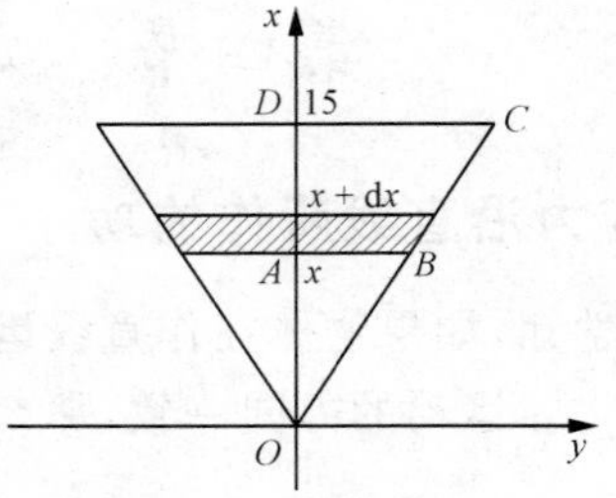

图　6-20

(1) 选 x 为积分变量，积分区间为 $[0,15]$.

(2) 任取 $[x,x+\mathrm{d}x]\subset[0,15]$，相应于这一小区间的一薄层水的重力可近似看成以 AB 为底半径、$\mathrm{d}x$ 为高的薄圆柱水层的重力，而水的密度为 $\rho=1000\ \mathrm{kg/m^3}$，重力加速度 $g=9.8\times10^{-3}\ \mathrm{kN/kg}$，因此

$$\mathrm{d}F = \rho g\pi\cdot AB^2\mathrm{d}x = 9.8\pi\cdot AB^2\mathrm{d}x.$$

又因$\dfrac{OA}{OD}=\dfrac{AB}{DC}$，而 $OA=x$，$OD=15$，$DC=10$，从而 $AB=\dfrac{10}{15}x=\dfrac{2}{3}x$，所以

$$dF = 9.8\pi \cdot \left(\frac{2}{3}x\right)^2 dx = 9.8\pi \cdot \frac{4}{9}x^2 dx.$$

将这层薄水抽出池外，所提上去的距离为 $15-x$，因此所作功即功的微元为

$$dW = 9.8\pi \cdot \frac{4}{9}x^2(15-x)dx.$$

(3) 以 $9.8\pi \cdot \frac{4}{9}x^2(15-x)dx$ 为被积表达式，在$[0,15]$上作定积分，便得所需作的功

$$W = \int_0^{15} 9.8\pi \cdot \frac{4}{9}x^2(15-x)dx = 9.8\pi \cdot \frac{4}{9}\int_0^{15} x^2(15-x)dx \approx 57697.5(\text{kJ}).$$

二、液体静压力

由物理学知，物体在水面下越深，受水的压力越大. 通常用单位面积上所受力的大小——压强来衡量受压的情况. 压强 p 随水深不同而不同，在水深为 h 处的压强为 $p=\rho gh$. 如果有一面积为 A 的平板水平地放置在水深 h 处，那么，平板一侧所受到水的静压力为 $P=p\cdot A=\rho gh\cdot A$.

如果平板铅直放置在水中，那么，由于水深不同的点处压强 p 不相等，平板一侧所受到水的静压力就不能用上述方法计算.

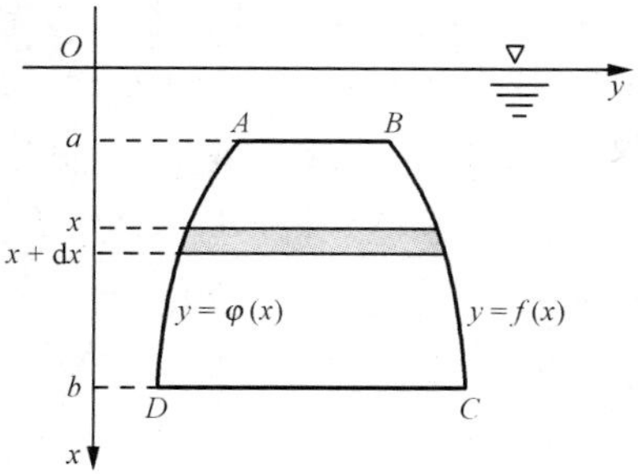

图 6-21

设有一曲边形平板 $ABCD$，铅直放置在水中. 在铅直平板所在的平面上建立坐标系，通常将 y 轴置于液面上，x 轴铅直向下，如图 6-21 所示. 设曲边$\overset{\frown}{BC}$的方程为 $y=f(x)$，而曲边$\overset{\frown}{AD}$的方程为 $y=\varphi(x)$，且 $f(x)\geqslant\varphi(x)$，直边 AB，CD 与水面平行，其方程分别为 $x=a$，$x=b$，且 $a<b$，我们用定积分的微元法来求此平板的一侧所受到水的静压力.

(1) 取 x 为积分变量，积分区间为$[a,b]$；

(2) 任取$[x,x+dx]\subset[a,b]$，相应于这个小区间的窄条上，取水深为 x 点处的压强 $p=\rho gx$ 近似代替窄条上各点处的压强，而窄条的面积近似等于$[f(x)-\varphi(x)]dx$，因此窄条所受水的静压力的微元为

$$dP = \rho gx[f(x)-\varphi(x)]dx;$$

(3) 以 $\rho gx[f(x)-\varphi(x)]dx$ 为被积表达式，在闭区间$[a,b]$上作定积分，便得平板一侧所受水的静压力为

$$P=\int_a^b \mathrm{d}P=\int_a^b \gamma x[f(x)-\varphi(x)]\mathrm{d}x.$$

以上讨论完全适用于其他一般液体，只需将水的密度改为相应液体的密度即可.

例 3　一个横放着的圆柱形水桶，桶内盛有半桶水(如图 6-22(a)所示). 设桶的底半径为 R，水的密度为 ρ，重力加速度为 g，计算桶的一个端面上所受水的静压力.

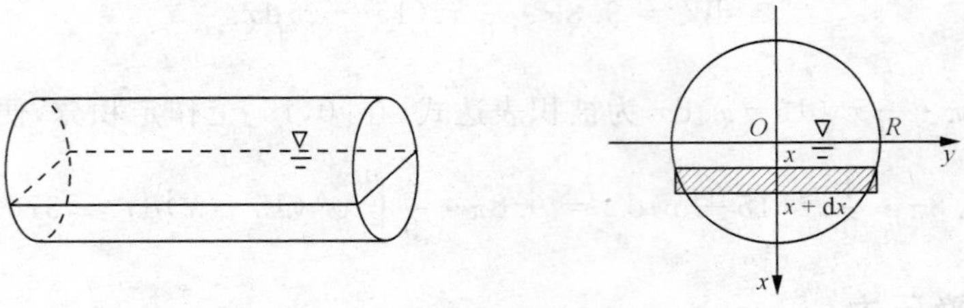

(a)　　(b)

图　6-22

解　桶的一个端面是圆片，所以，现在要计算的是当水平面通过圆心时，铅直放置的一个半圆片的一侧所受到水的静压力.

如图 6-22(b)所示，在这个圆片所在的平面上建立坐标系，取过圆心且铅直向下的直线为 x 轴，过圆心的水平线为 y 轴. 对这个坐标系来讲，所讨论的半圆的方程为 $x^2+y^2=R^2(0\leqslant x\leqslant R)$.

(1) 取 x 为积分变量，积分区间为 $[0,R]$；

(2) 任取 $[x,x+\mathrm{d}x]\subset[0,R]$，半圆片上相应于这个小区间的窄条上各点处的压强近似于 $\rho g x$，这窄条的面积近似于 $2\sqrt{R^2-x^2}\,\mathrm{d}x$，而这窄条一侧所受水的静压力的近似值，即压力微元为

$$\mathrm{d}P=2\rho g x\sqrt{R^2-x^2}\,\mathrm{d}x;$$

(3) 以 $2\rho g x\sqrt{R^2-x^2}\,\mathrm{d}x$ 为被积表达式，在闭区间 $[0,R]$ 上作定积分，便得桶的一个端面上所受水的静压力为

$$P=\int_0^R 2\rho g x\sqrt{R^2-x^2}\,\mathrm{d}x=-\rho g\int_0^R (R^2-x^2)^{\frac{1}{2}}\mathrm{d}(R^2-x^2)$$

$$=-\rho g\left[\frac{2}{3}(R^2-x^2)^{\frac{3}{2}}\right]_0^R=\frac{2}{3}\rho g R^3.$$

习　题　6-4

1. 由实验知道，弹簧在拉伸过程中，需要的力 F(单位：N)与伸长量 s(单位：cm)成正比，即 $F=ks$(k 是比例常数). 如果把弹簧拉伸 6 cm，计算所作的功.

2. 直径为 20 cm、高为 80 cm 的圆柱体内充满压强为 10 N/cm² 的蒸气. 设温度保持不变,要使蒸气体积缩小一半,问需要作多少功?

3. 一物体按规律 $x=ct^3$(c 为常数)作直线运动,媒质的阻力与速度的平方成正比. 计算物体由 $x=0$ 移到 $x=a$ 时,克服媒质阻力所作的功.

4. 用铁锤将一铁钉击入木板,设木板对铁钉的阻力与铁钉击入木板的深度成正比,在击第一次时,将铁钉击入木板 1 cm. 如果铁锤每次打击铁钉所作的功相等,问锤击第二次时,铁钉又击入多少?

5. 半径等于 r 米的半球形水池,其中充满了水,把池内的水完全吸尽,问需要作多少功?

6. 有一等腰梯形闸门,它的两条底边各长 10 m 和 6 m,高为 20 m,较长的底边与水面相齐. 计算闸门的一侧所受水的静压力.

*第五节 定积分的经济学应用

一、已知边际求总量

例 1 设某产品在时刻 t(单位: 小时)的总产量的变化率(或导数)为

$$f(t)=100+12t-0.6t^2 \text{(单位 / 小时)}.$$

求从 $t=3$ 到 $t=6$ 的总产量.

解 设总产量为 $q(t)$,由已知条件 $q'(t)=f(t)$,则知总产量 $q(t)$ 是 $f(t)$ 的一个原函数,所以从 $t=3$ 到 $t=6$ 这 3 小时的总产量为

$$\int_3^6 f(t)\,\mathrm{d}t=\int_3^6 (100+12t-0.6t^2)\,\mathrm{d}t$$

$$=(100t+6t^2-0.2t^3)\Big|_3^6=324.2\text{(单位)}.$$

例 2 已知每月生产某产品的边际成本和边际收入分别为 $C'(x)=4+0.4x$(万元/台),$R'(x)=16-2x$(万元/台),x 为产量(单位: 台).

(1) 若每月固定成本 $C(0)=10$(万元),求总成本函数,总收入函数和总利润函数;

(2) 每月产量为多少时,总利润最大? 最大总利润是多少?

解 (1) 因为总成本为固定成本与可变成本之和,即

$$C(x)=C(0)+\int_0^x C'(t)\,\mathrm{d}t=10+\int_0^x (4+0.4t)\,\mathrm{d}t=10+4x+0.2x^2.$$

而总收入函数为

$$R(x)=R(0)+\int_0^x R'(t)\,\mathrm{d}t=\int_0^x (16-2t)\,\mathrm{d}t=16x-x^2.$$

(因为产量为 0 时,没有收入,所以 $R(0)=0$.)

又总利润为总收入与总成本之差,所以总利润函数为

$$L(x)=R(x)-C(x)=(16x-x^2)-(10+4x+0.2x^2)=-10+12x-1.2x^2.$$

(2) 由于 $L'(x)=12-2.4x$，令 $L'(x)=0$，得唯一驻点 $x=5$，又 $L''(x)|_{x=5}=-2.4<0$. 则每月产量为 5 台时，总利润最大，最大总利润为

$$L(5)=-10+12\times5-1.2\times5^2=20(\text{万元}).$$

例 3　已知某产品的边际成本为 $C'(x)=2$(元/件)，边际收入为 $R'(x)=20-0.02x$，固定成本为 0，求：

(1) 产量为多少时，总利润最大？

(2) 在最大总利润产量的基础上再生产 40 件，总利润会发生什么变化？

解　(1) 由已知条件可知

$$L'(x)=R'(x)-C'(x)=18-0.02x.$$

令 $L'(x)=0$，解出驻点为 $x=900$. 又 $L''(x)|_{900}=-0.02<0$. 所以，驻点 $x=900$ 为 $L(x)$ 的最大值点. 即当产量为 900 件时，可获最大总利润.

(2) 当产量由 900 件增至 940 件时，总利润的改变量为

$$\Delta L=L(940)-L(900)=\int_{900}^{940}L'(x)\mathrm{d}x$$

$$=\int_{900}^{940}(18-0.02x)\mathrm{d}x=(18x-0.01x^2)\Big|_{900}^{940}=-16(\text{元}).$$

此时总利润将减少 16 元.

二、资金流量及其现值

如果某项投资的收益分若干期(通常用的较多的是一年为一期)，而每期期末的收益就称为**资金流量**(或**收益流量**).

假设 $R_1,R_2,\cdots,R_n$ 分别表示第 1 期期末，第 2 期期末，……，第 n 期期末的资金流量，那么，对于第 $i(i=1,2,\cdots,n)$ 期期末的资金流量 R_i，其现值 $P_0(i)$ 是多少呢？亦即未来收益 R_i，在现时值多少钱？这就是资金流量的现值问题. 下面就离散的和连续的两种情形讨论资金流量现值的求法.

1. 离散复利年金公式

设初始本金(现值)为 P_0(单位：元)，年利率为 r，则第 1 年年末利息为 P_0r，本利和(即资金流量)R_1 为

$$R_1=P_0+P_0r=P_0(1+r).$$

将本利和 R_1 再存入银行，第 2 年年末的本利和为

$$R_2=R_1+R_1r=P_0(1+r)^2.$$

再把本利和存入银行，……如此反复，第 n 年年末得本利和 R_n 为

$$R_n=P_0(1+r)^n. \tag{1}$$

这就是以年为期的**离散复利年金**(亦称**普通复利年金**)的计算公式.

2. 离散复利年金现值

离散复利年金现值就是按复利计息时,每期(通常为每年)所发生的资金流量的现值之和.现计算如下.

设每期期末所发生的资金流量均为常数 A,利率为 r,则由离散复利年金公式(1)知,第 i 期期末所发生年金 A 的现值为 $\frac{A}{(1+r)^i}(i=1,2,\cdots,n)$. 所以,期数为 n 的离散复利年金现值 P_0 为

$$P_0=A\sum_{i=1}^{n}\frac{1}{(1+r)^i}=\frac{A}{r}\left[1-\frac{1}{(1+r)^n}\right]. \tag{2}$$

当年金的期数永久持续下去,即 $n\to\infty$ 时,称为**永续年金**. 由公式(2),令 $n\to\infty$,得

$$P_0=\frac{A}{r}, \tag{3}$$

这就是**永续年金现值**的计算公式.

注意,如果每期期末所发生的资金流量 $R_1,R_2,\cdots,R_n$ 不相同时,则期数为 n 的资金流量现值为

$$P_0=\sum_{i=1}^{n}R_i(1+r)^{-i}. \tag{4}$$

例 4　某机构欲设立一项奖励基金,每年年终发放一次,奖金数额为 1 万元,若以年复利率 10%计算,试求:

(1) 当奖金发放年限为 10 年时,基金 P_0 应为多少?

(2) 若是永续性奖金时,基金 P_0 应为多少?

解　(1) 所求为离散复利年金现值,$A=1,r=0.1,n=10$,代入公式(2),得

$$P_0=\frac{1}{0.1}\left[1-\frac{1}{(1+0.1)^{10}}\right]\approx 6.1446(万元);$$

(2) 用永续年金现值公式(3),得

$$P_0=\frac{A}{r}=\frac{1}{0.1}=10(万元).$$

3. 连续复利年金公式

前面已经得到离散复利年金公式(1),即第 n 年年末的本利和,其中 P_0 为初始本金(现值),r 为年利率. 如果按月计息,月利率为 $\frac{r}{12}$,假如一年均分为 m 期计息,则每期的利率是 $\frac{r}{m}$,第 n 年年末就有 mn 期. 此时本利和为

$$R_n = P_0\left(1+\frac{r}{m}\right)^{mn}.$$

若将计息期无限缩短，期数 m 就无限增大，即 $m\to\infty$，于是得到连续计算复利息的年金公式为

$$R_n = \lim_{m\to\infty} P_0\left(1+\frac{r}{m}\right)^{mn} = P_0\lim_{m\to\infty}\left(1+\frac{r}{m}\right)^{\frac{m}{r}\cdot rn} = P_0\left[\lim_{t\to\infty}\left(1+\frac{1}{t}\right)^{t}\right]^{rn} = P_0\mathrm{e}^{rn}. \quad (5)$$

此即**连续复利年金公式**，其中 P_0 是初始本金（现值），R_n 是第 n 年年末本利和，即第 n 年年末的资金流量.

4. 连续复利年金现值

由公式(5)知道，在连续的情况下，资金流量是时间 t 的函数. 若 t 以年为单位，则第 t 年的年金（即资金流量）为 $R(t)$. 这样，在很短的时间间隔 $[t,t+\mathrm{d}t]$ 内的资金流量总和的近似值（微元）是 $R(t)\mathrm{d}t$，由公式(5)知其现值（微元）为

$$\frac{R(t)}{\mathrm{e}^{rt}}\mathrm{d}t = R(t)\mathrm{e}^{-rt}\mathrm{d}t.$$

于是，到第 n 年年末资金流量总和的现值（或年金现值）就是 t 从 0 到 n 的定积分，即

$$P_0 = \int_0^n R(t)\mathrm{e}^{-rt}\mathrm{d}t. \quad (6)$$

特别地，当每年的资金流量不变，均为常数 A（此时称为**均匀流量**）时，则

$$P_0 = A\int_0^n \mathrm{e}^{-rt}\mathrm{d}t = \frac{A}{r}(1-\mathrm{e}^{-rn}). \quad (7)$$

在此，令 $n\to\infty$，得到 $P_0=\dfrac{A}{r}$. 这与公式(3)——永续年金现值一致.

一般地，从公式(6)，也可得到**非均匀流量** $R(t)$ 永久持续下去的现值为广义积分

$$P_0 = \int_0^{+\infty} R(t)\mathrm{e}^{-rt}\mathrm{d}t, \quad (8)$$

其中 r 为利率. 此为非均匀的永续年金现值.

例 5　某一设备使用寿命为 10 年，若购进需 35000 元，若租用，每月租金为 600 元. 设资金的年利率为 14%，按连续复利计算，问购进与租用哪一种方式合算？

解　**方法一**　计算租金流量总值的现值，然后与购进费用比较.

由每月租金 600 元知，该设备的年租金为 7200 元，此为均匀流量，则由公式(6)，租金流量总值的现值为

$$P_0 = \frac{7200}{0.14}(1-\mathrm{e}^{-0.14\times 10}) = 54128.5\times(1-0.2466) = 38756(\text{元}).$$

因为购进费用只需 35000 元，显然购进比租用合算.

方法二　将购进费用折算成按租用付款，然后与实际租用相比较.

设每年付出租金为 A 元，经 10 年，资金流量总值的现值为 35000 元，于是由公式(8)，有

$$35000=\frac{A}{0.14}(1-\mathrm{e}^{-0.14\times 10}),$$

得出每年付出租金为

$$A\approx 6504(\text{元}).$$

因实际年租金为 7200 元，所以还是购进合算.

*习　题　6-5

1. 已知某产品总产量的变化率为 $f(t)=2t+5$（$t\geqslant 0$ 为时间，单位：年），求第一个五年和第二个五年的总产量为多少？

2. 已知某一产品每周生产 x 单位时，边际成本是 $f(x)=0.4x-12$（元/单位），求总成本函数 $C(x)$. 如果这种产品的销售单价是 20 元，求总利润函数 $L(x)$，并问每周生产多少单位时，才能获得最大利润？

3. 设某产品的边际成本 $C'(x)=6+\frac{x}{2}$（万元/百台），边际收入 $R'(x)=12-x$（万元/百台），x 为产量（单位：百台）.

(1) 求产量 x 从 1（百台）增加到 3（百台）时，总成本与总收入各增加多少？

(2) 求产量 x 为多少时，总利润 $L(x)$ 最大？

(3) 已知固定成本 $C(0)=5$（万元），求总成本，总利润与产量 x 的函数关系式.

(4) 若在最大利润产量的基础上再增加 2（百台），问总利润将会发生什么样的变化？

4. 设某物现售价为 5000 元，分期付款购买，10 年付清，每年付款数相同. 若以年利率 3% 贴现，按连续复利计算，每年应付款多少元？

第七章　常微分方程与数学建模

函数是客观事物的内部联系在数量方面的反映，利用函数关系又可以对客观事物的规律进行研究. 因此，如何寻求函数关系，在实践中具有重要意义. 微分方程正是由于生产实践的需要，在微积分的基础上进一步发展起来的应用性很强的重要数学分支. 本章主要介绍微分方程最基本的概念及解决实际问题中基本的数学建模方法.

第一节　基本概念

下面我们通过几何、物理学中的实际问题来说明数学建模和微分方程的基本概念.

引例 1　一条曲线通过点 $M_0(1,2)$，且在该曲线上任一点 $M(x,y)$ 处的切线的斜率为 $2x$，求这条曲线的方程.

解　首先建立该问题的数学模型. 设所求曲线的方程为 $y=y(x)$，根据导数的几何意义，可知未知函数 $y=y(x)$ 应满足关系式

$$\frac{\mathrm{d}y}{\mathrm{d}x}=2x. \tag{1}$$

此外，未知函数 $y=y(x)$ 还应满足条件

$$y\Big|_{x=1}=2. \tag{2}$$

(1)与(2)就是引例 1 的数学模型.

其次是求解这一模型. 把(1)式两端积分，得

$$y=\int 2x\mathrm{d}x,\ 即\ y=x^2+C, \tag{3}$$

其中 C 是任意常数. 把条件(2)式代入(3)式，得 $2=1^2+C$，由此得出 $C=1$. 把 $C=1$ 代入(3)式，即得所求曲线方程为

$$y=x^2+1. \tag{4}$$

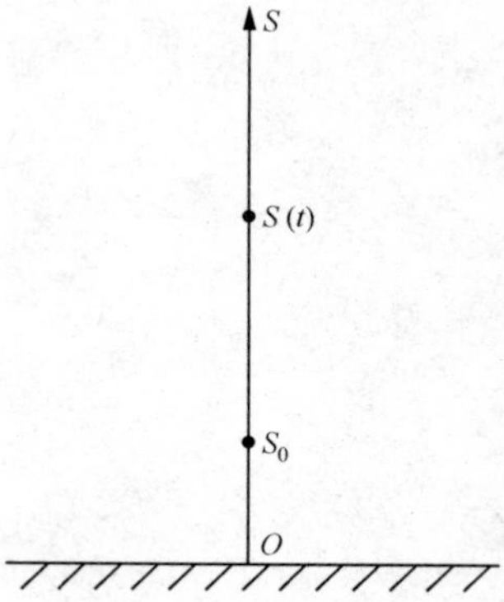

图　7-1

引例 2　把一物体从距地面 S_0 米处以初速度 v_0 垂直上抛，若空气阻力忽略不计，求物体的运动方程，即物体距地面的距离 S 和时间 t 的函数关系.

解　建模　取 S 轴垂直于地平面向上，坐标如图 7-1 所示. 设物体质量为 m，在时刻 t，物体与地面的距离为 $S(t)$. 根据

二阶导数的物理意义及牛顿第二定律，未知函数 $S(t)$ 应满足关系式

$$m\frac{d^2S}{dt^2}=-mg,\ 即\ \frac{d^2S}{dt^2}=-g. \tag{5}$$

此外，根据导数的物理意义可知，$S(t)$ 还应满足下列条件：

$$\begin{cases} S\Big|_{t=0}=S_0, \\ \dfrac{dS}{dt}\Big|_{t=0}=v\Big|_{t=0}=v_0. \end{cases} \tag{6}$$

解模　对方程(5)两边积分，得

$$\frac{dS}{dt}=-gt+C_1, \tag{7}$$

再对两边积分，得

$$S=-\frac{1}{2}gt^2+C_1t+C_2, \tag{8}$$

其中 C_1，C_2 均为任意常数. 把条件(6)代入(7)式和(8)式，得 $C_1=v_0$，$C_2=S_0$. 于是，所求物体的运动方程为

$$S=-\frac{1}{2}gt^2+v_0t+S_0. \tag{9}$$

定义 1　含有未知函数导数(或微分)的方程称为**微分方程**，未知函数是一元函数的微分方程又称为**常微分方程**.

例如，方程(1)和(5)都是微分方程且是常微分方程.

本章只讨论常微分方程，通常简称为微分方程或方程.

定义 2　微分方程中出现的未知函数导数的最高阶数称为**微分方程的阶**.

例如，方程(1)是一阶微分方程，方程(5)是二阶微分方程. 又如，方程 $x^3y'''+x^2y''-4xy'=3x^2$ 是三阶微分方程.

定义 3　代入微分方程后能使方程成为恒等式的函数 $y(x)$ 称为此**微分方程的解**.

例如，容易验证函数 $y=x^2+1$，$y=x^2+C$ (C 为任意常数)都满足方程(1)，因而都是方程(1)的解. 又如，函数 $S=-\frac{1}{2}gt^2+v_0t+S_0$，$S=-\frac{1}{2}gt^2+C_1t+C_2$ (C_1，C_2 为任意常数)，都满足方程(5)，因而都是方程(5)的解.

定义 4　含有任意常数，且独立的任意常数的个数与方程的阶数相同的解称为**微分方程的通解**.

例如，函数(3)是方程(1)的解，它含有一个任意常数，所以它是一阶方程(1)的通解. 又如，函数(8)是方程(5)的解，它含有两个独立任意常数，所以它是二阶方程(5)的通解.

定义 5　确定了通解中独立的任意常数后所得到的不含任意常数的解称为**微分方程的特解**.

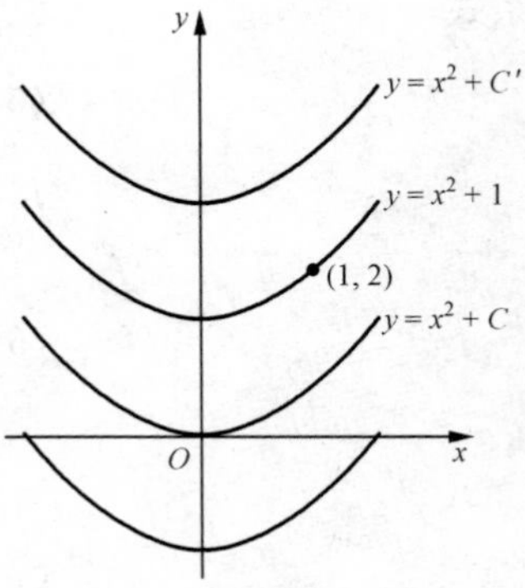

图　7-2

例如，函数(4)是方程(1)满足**初始条件**(2)的一个特解. 又如，函数(9)是方程(5)满足**初始条件**(6)的一个特解.

一般地，求微分方程满足初始条件的特解这样一个问题，称为求解微分方程的**初值问题**.

因为微分方程的解 $y=y(x)$ 在平面直角坐标系中对应的一条曲线，所以微分方程的通解在几何上可用含有任意常数的曲线族来表示，称为**微分方程的积分曲线族**. 特解则是满足初始条件的一条**积分曲线**.

例如，方程(1)的通解 $y=x^2+C$ 在平面直角坐标系中表示的积分曲线族就是图 7-2 中的一族抛物线，而满足初始条件 $y|_{x=1}=2$ 的特解 $y=x^2+1$ 表示的是这一族积分曲线中过点(1,2)的一条积分曲线.

习　题　7-1

1. 指出下列微分方程的阶数：

(1) $\dfrac{dy}{dx}=y+\sin^2 x$；　(2) $x(y')^2-2yy'+x=0$；

(3) $x^2y''-xy'+y=0$；　(4) $L\dfrac{d^2Q}{dt^2}+R\dfrac{dQ}{dt}+\dfrac{Q}{C}=0$ ($C\neq 0, L, R$ 为常数).

2. 验证函数 $y=Ce^{-3x}+e^{-2x}$ 是方程 $y'+3y=e^{-2x}$ 的通解，并求出其满足初始条件 $y|_{x=0}=2$ 的特解.

3. 一条曲线通过点 $P_0(0,2)$，且此曲线上任一点 $P(x,y)$ 处的切线的斜率等于该点横坐标的 $\dfrac{1}{4}$. 求这曲线的方程，并画出通解和特解的图形.

4. 在 $t=0$ 时，以初速度 v_0 下抛一物体. 设空气的阻力与速度成正比，试建立物体下落的距离随时间 t 变化的微分方程，并写出方程满足的初始条件.

第二节　一阶微分方程的解法

最简单的一阶微分方程是 $y'=f(x)$ 或 $dy=f(x)dx$. 这种方程只要两边直接积分，即可求得通解 $y=\int f(x)dx=F(x)+C$. 因此把这种微分方程称为**可直接积分的微分方程**.

下面再介绍两种常见而简单的一阶微分方程.

一、可分离变量的一阶微分方程

定义 1　形如

$$\frac{dy}{dx} = f(x)g(y), \tag{1}$$

或

$$f_1(x)g_1(y)dx + f_2(x)g_2(y)dy = 0 \tag{2}$$

的一阶微分方程,称为**可分离变量的微分方程**.

求解的方法是**分离变量法**:将方程(1)分离变量并积分,得$\int \frac{dy}{g(y)} = \int f(x)dx$,即得方程(1)的通解 $G(y)=F(x)+C$,其中 $F(x)$,$G(y)$分别是 $f(x)$和$\frac{1}{g(y)}$的原函数.

例 1　求解微分方程

$$\frac{dy}{dx} = 2xy \tag{3}$$

的通解.

解　方程(3)是可分离变量的,分离变量后得$\frac{dy}{y}=2xdx$,两端积分$\int \frac{dy}{y} = \int 2xdx$,得

$$\ln|y| = x^2 + C_1,$$

从而

$$y = \pm e^{x^2+C_1} = \pm e^{C_1}e^{x^2}.$$

因$\pm e^{C_1}$仍是任意常数,把它记做 C,便得方程(3)的通解 $y=Ce^{x^2}$.

例 2　求解微分方程

$$x(1+y^2)dx + y(1-x^2)dy = 0. \tag{4}$$

解　方程(4)为可分离变量的方程,分离变量并积分,得

$$\int \frac{x}{1-x^2}dx + \int \frac{y}{1+y^2}dy = C_1,$$

积分后得

$$-\frac{1}{2}\ln|1-x^2| + \frac{1}{2}\ln(1+y^2) = C_1.$$

由于等号左边都是对数函数,为化简方便,将任意常数 C_1 写成$\frac{1}{2}\ln C_2$,即

$$\frac{1}{2}\ln(1+y^2) - \frac{1}{2}\ln|1-x^2| = \frac{1}{2}\ln C_2,$$

化简得

$$\ln\frac{1+y^2}{|1-x^2|} = \ln C_2.$$

从而

$$\frac{1+y^2}{|1-x^2|} = C_2,\ 或\ 1+y^2 = \pm C_2(1-x^2).$$

因 $\pm C_2$ 仍是任意常数，把它记做 C，便得方程(4)的通解 $1+y^2=C(1-x^2)$.

注意，需要指出的是方程的通解形式，可以表成显函数也可以表成隐函数.

二、齐次方程

定义 2 形如

$$\frac{\mathrm{d}y}{\mathrm{d}x}=f\left(\frac{y}{x}\right) \tag{5}$$

的一阶微分方程，称为**齐次方程**.

求解的方法是：作变量代换 $u=\frac{y}{x}$，即 $y=ux$，两边对 x 求导得

$$\frac{\mathrm{d}y}{\mathrm{d}x}=u+x\frac{\mathrm{d}u}{\mathrm{d}x},$$

代入齐次方程(5)得

$$u+x\frac{\mathrm{d}u}{\mathrm{d}x}=f(u),\text{ 即 } x\frac{\mathrm{d}u}{\mathrm{d}x}=f(u)-u.$$

此时，方程(5)已化为可分离变量的方程.

例 3 求解微分方程

$$xy'=y(1+\ln y-\ln x).$$

解 原方程可写成

$$\frac{\mathrm{d}y}{\mathrm{d}x}=\frac{y}{x}\left(1+\ln\frac{y}{x}\right),$$

这是齐次方程. 令 $\frac{y}{x}=u$，则

$$y=ux,\quad \frac{\mathrm{d}y}{\mathrm{d}x}=u+x\frac{\mathrm{d}u}{\mathrm{d}x}.$$

于是原方程变为

$$u+x\frac{\mathrm{d}u}{\mathrm{d}x}=u(1+\ln u),\text{ 即 } x\frac{\mathrm{d}u}{\mathrm{d}x}=u\ln u,$$

这是可分离变量的方程，分离变量后得

$$\frac{\mathrm{d}u}{u\ln u}=\frac{\mathrm{d}x}{x},$$

两边积分，得

$$\ln\ln u=\ln x+\ln C,\text{ 即 } \ln u=Cx\ (C\text{ 为常数}).$$

以 $u=\frac{y}{x}$ 代入上式，便得原方程的通解为 $y=x\mathrm{e}^{Cx}$.

三、数学建模举例

例 4　求解 RC 电路的放电问题. 设有电路如图 7-3 所示，先将开关 K 拨向 1 处，使电容器 C 充电至电动势 E；再将开关 K 拨向 2，电容器 C 通过电阻 R 放电. 求放电时电容器 C 上的电压 U_C 随时间 t 的变化规律 $U_C(t)$.

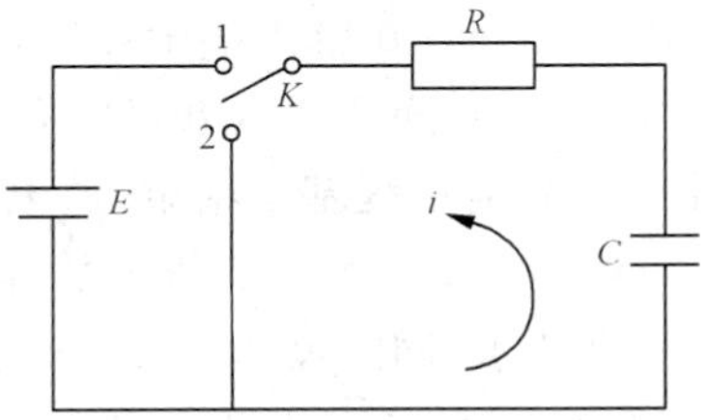

图　7-3

解　解决这样的实际问题，一般有三个步骤：首先是建立数学模型；其次是求解数学模型；最后是解答问题.

(1) **建模**　即建立方程，并列出初始条件.

根据回路电压定律 $U_R+U_C=0$，其中 U_R,U_C 均未知. 若记 q 为电容器 C 上的电量，则由电学知

$$U_R=Ri,\quad i=\frac{\mathrm{d}q}{\mathrm{d}t},\quad q=CU_C.$$

所以

$$U_R=Ri=R\frac{\mathrm{d}q}{\mathrm{d}t}=R\frac{\mathrm{d}(CU_C)}{\mathrm{d}t}=RC\frac{\mathrm{d}U_C}{\mathrm{d}t},$$

即

$$RC\frac{\mathrm{d}U_C}{\mathrm{d}t}+U_C=0. \tag{6}$$

这是 U_C 满足的微分方程.

因为在开关 K 拨向 2 之前，电容器 C 上的电压 U_C 已充至 E，所以开始放电时(即 $t=0$ 时)，$U_C=E$，即有初始条件

$$U_C\Big|_{t=0}=E. \tag{7}$$

(2) **解模**　即求解初值问题(6)与(7).

将方程(6)分离变量，得

$$\frac{\mathrm{d}U_C}{U_C}=-\frac{\mathrm{d}t}{RC},$$

两边积分，得

$$\ln U_C=-\frac{1}{RC}t+\ln G\quad(G\text{ 为任意常数}).$$

故所求方程的通解为

$$U_C=G\mathrm{e}^{-\frac{t}{RC}}.$$

将初始条件(7)代入上式通解，得 $E=G\mathrm{e}^{-\frac{1}{RC}\cdot 0}$，即 $G=E$. 则初值问题的解为

$$U_C = E\mathrm{e}^{-\frac{t}{RC}}. \tag{8}$$

(3) **答问**　(8)式即为所求U_C随时间t的变化规律,其实际意义如图7-4所示.由解的表达式(8)或其积分曲线均可看出放电过程中电压U_C从E开始逐渐减小,且当$t\to+\infty$时,$U_C(t)\to 0$.在电工学中,通常称$\tau=RC$为时间常数,当$t=3\tau$时,$U_C(3\tau)\approx 0.05E$.这就是说,经过时间3τ后,电容器C的电压已达到外加电压的5%.实用上,通常认为这时电容器C的放电过程基本结束.放电完毕时,$U_C=0$.

例5　设如图7-5所示的容器内有100 L盐水,内含10 kg盐,现以3 L/min的均匀速度放进清水,同时又以2 L/min的均匀速度流出盐水.求容器内盐量的变化规律,并问60 min后容器内尚剩盐量为多少?

解　(1) **建模**　设在任一时刻t,容器中的含盐量为$x(t)$.我们看到,随着t的增加,容器中盐水不断被冲淡,即盐水的浓度不断变小,且因盐水不断流出,含盐量也不断减少.考查从时刻t到$t+\mathrm{d}t$(设$\mathrm{d}t>0$)这段时间间隔,设对应的含盐量从x变到$x+\mathrm{d}x$($\mathrm{d}x<0$),于是,$-\mathrm{d}x$表达了这段时间内容器中所减少的盐量,它应等于这段时间内所流出的盐量.由于浓度的变化是连续的,当$\mathrm{d}t$很小时,浓度可以近似地看做在时刻t盐水的浓度ρ_t,于是

$$-\mathrm{d}x = 2\rho_t\mathrm{d}t.$$

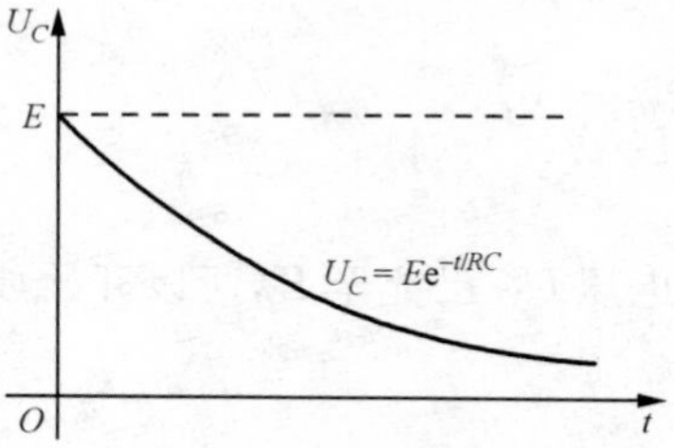

图　7-4

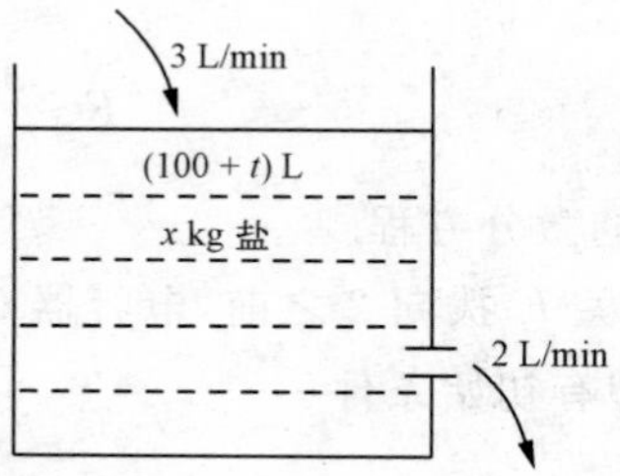

图　7-5

因为在时刻t容器内有盐水$100+3t-2t=100+t$,含盐量为x,于是$\rho_t=\dfrac{x}{100+t}$.从而得微分方程

$$-\mathrm{d}x = 2\frac{x}{100+t}\mathrm{d}t,\text{ 或 } \frac{\mathrm{d}x}{\mathrm{d}t} = -\frac{2x}{100+t},$$

且满足初始条件$x|_{t=0}=10$.

(2) **解模**　所求方程是可分离变量的微分方程,分离变量后,得

$$\frac{\mathrm{d}x}{x} = \frac{-2\mathrm{d}t}{100+t},$$

两边积分,得

$$\ln x = -2\ln(100+t) + \ln C = \ln\frac{C}{(100+t)^2},$$

即

$$x = \frac{C}{(100+t)^2}.$$

以初始条件 $x|_{t=0}=10$ 代入上式，得

$$C = 10 \times 100^2 = 10^5,$$

所以

$$x = \frac{10^5}{(100+t)^2}. \tag{9}$$

当 $t=60$ 时，得

$$x = \frac{10^5}{(100+60)^2} = 3\frac{29}{32} \approx 3.9\ (\text{kg}). \tag{10}$$

(3) **答问** (9)式就是容器内盐量 x(单位：kg)随时间 t(单位：min)的变化规律. 由此知，当 $t\to\infty$时，$x\to 0$，且 60 min 后容器内剩盐量约 3.9 kg.

例 6 设一电子设备出厂价值为 10 万元并以常数比率贬值，求其价值随时间 t(单位：年)的变化规律. 若出厂 5 年末该设备价值贬至 8 万元，那么在出厂 20 年末它的价值是多少？

解 (1) **建模** 设该电子设备在任意时刻 t(单位：年)的价值为 p(单位：万元)，则 $p=p(t)$. 据函数增长率的意义，贬值率为负增长率. 若记常数 $k>0$，$-k$ 为常数贬值率. 则依题意，有

$$\begin{cases} \dfrac{1}{p}\dfrac{\mathrm{d}p}{\mathrm{d}t} = -k, \\ p\Big|_{t=0} = 10(\text{万元}). \end{cases} \tag{11}$$

(2) **解模** 模型(11)是可分离变量的微分方程，易解得

$$p = 10\mathrm{e}^{-kt}. \tag{12}$$

这就是该电子设备价值 p 随时间 t 的变化规律，其中贬值率为 $-k$，可由 $t=5$ 时 $p=8$ 得到，即代入(12)式，得 $0.8=\mathrm{e}^{-5k}$，或 $-k=\dfrac{1}{5}\ln 0.8$. 则当 $t=20$ 时，p 的值为

$$p = 10\mathrm{e}^{-20k} = 10(\mathrm{e}^{-5k})^4 = 10 \times (0.8)^4 = 4.096(\text{万元}),$$

即该电子设备在出厂 20 年末的价值是 4.096 万元.

习 题 7-2

1. 求 $y\mathrm{d}x - x\mathrm{d}y = 0$ 的通解.

2. 求$(1+y^2)\mathrm{d}x-xy(1+x^2)\mathrm{d}y=0$的通解.

3. 求$y'=10^{x+y}$满足初始条件$y|_{x=0}=-1$的特解.

4. 求$y'=\dfrac{x-y}{x+y}$的通解.

5. 求$x\dfrac{\mathrm{d}y}{\mathrm{d}x}-y=2\sqrt{xy}$满足初始条件$y|_{x=1}=1$的特解.

6. 已知物体下落过程中所受阻力与其下降速度成正比(比例系数为k). 一物体于$t=0$时从高空中开始下落,求下落速度v和时间t之间的函数关系$v=v(t)$.

7. 有一盛满水的圆锥形漏斗,高为10 cm,顶角为60°,漏斗下面有面积为0.5 cm²的孔. 求水面高度变化的规律及水流完所需的时间.(注意,通过孔口横截面的水的体积v对时间t的变化率$Q=\dfrac{\mathrm{d}v}{\mathrm{d}t}=0.62S\sqrt{2gh}$,其中0.62为流量系数,$S$为孔口横截面积,$g$为重力加速度.)

8. 一条曲线过点$\left(\dfrac{1}{2},1\right)$,其上任意一点$(x,y)$的切线的斜率为$\dfrac{xy}{(x+y)^2}$,求此曲线的方程.

第三节　一阶线性微分方程的解法

定义　形如

$$\frac{\mathrm{d}y}{\mathrm{d}x}+P(x)y=Q(x) \tag{1}$$

的方程称为**一阶线性微分方程**,其中$P(x)$,$Q(x)$为已知函数,$Q(x)$又称为**自由项**.

当$Q(x)\equiv 0$时,方程(1)成为

$$\frac{\mathrm{d}y}{\mathrm{d}x}+P(x)y=0, \tag{2}$$

称为**对应于(1)的一阶齐次线性微分方程**(这里齐次的含义是指方程只含y与$\dfrac{\mathrm{d}y}{\mathrm{d}x}$的一次项,而不含$y$的零次项);当$Q(x)\not\equiv 0$时,方程(1)称为**一阶非齐次线性微分方程**.

方程(2)是可分离变量的,分离变量得

$$\frac{\mathrm{d}y}{y}=-P(x)\mathrm{d}x,$$

两边积分,得

$$\ln y=-\int P(x)\mathrm{d}x+C_1,$$

即

$$y=\mathrm{e}^{-\int P(x)\mathrm{d}x+C_1}=C\mathrm{e}^{-\int P(x)\mathrm{d}x}, \tag{3}$$

其中$C=\mathrm{e}^{C_1}$为任意常数,它是一阶齐次线性微分方程(2)的通解.

为求$\frac{\mathrm{d}y}{\mathrm{d}x}+P(x)y=Q(x)$的通解，先将其改写为

$$\frac{\mathrm{d}y}{y}=\frac{Q(x)}{y}\mathrm{d}x-P(x)\mathrm{d}x,$$

两边积分，得

$$\ln y=\int\frac{Q(x)}{y}\mathrm{d}x-\int P(x)\mathrm{d}x.$$

因为 $Q(x)$，y 均为 x 的函数，可令 $u(x)=\int\frac{Q(x)}{y}\mathrm{d}x$，代入上式，得

$$\ln y=u(x)-\int P(x)\mathrm{d}x.$$

所以

$$y=\mathrm{e}^{u(x)-\int P(x)\mathrm{d}x}=\mathrm{e}^{u(x)}\cdot\mathrm{e}^{-\int P(x)\mathrm{d}x}.$$

令 $C(x)=\mathrm{e}^{u(x)}$，代入上式，得

$$y=C(x)\mathrm{e}^{-\int P(x)\mathrm{d}x}. \tag{4}$$

为求 $C(x)$，对(4)式两边求导，得

$$\frac{\mathrm{d}y}{\mathrm{d}x}=C'(x)\mathrm{e}^{-\int P(x)\mathrm{d}x}-P(x)C(x)\mathrm{e}^{-\int P(x)\mathrm{d}x}.$$

再将 y 及$\frac{\mathrm{d}y}{\mathrm{d}x}$代入原方程(1)，得

$$C'(x)\mathrm{e}^{-\int P(x)\mathrm{d}x}-P(x)C(x)\mathrm{e}^{-\int P(x)\mathrm{d}x}+P(x)C(x)\mathrm{e}^{-\int P(x)\mathrm{d}x}=Q(x),$$

则

$$C'(x)=Q(x)\mathrm{e}^{\int P(x)\mathrm{d}x},$$

于是

$$C(x)=\int Q(x)\mathrm{e}^{\int P(x)\mathrm{d}x}\mathrm{d}x+C.$$

将 $C(x)$代入(4)式，得

$$y=\mathrm{e}^{-\int P(x)\mathrm{d}x}\left(\int Q(x)\mathrm{e}^{\int P(x)\mathrm{d}x}\mathrm{d}x+C\right), \tag{5}$$

即为一阶非齐次线性微分方程(1)的通解.

上述求解一阶非齐次线性微分方程通解的方法称为**常数变易法**，即将对应的齐次方程通解(3)中的常数 C 变为 x 的函数 $C(x)$，再代入方程(1)，解出 $C(x)$.

一阶非齐次线性微分方程(1)的通解(5)，还可以写成

$$y=C\mathrm{e}^{-\int P(x)\mathrm{d}x}+\mathrm{e}^{-\int P(x)\mathrm{d}x}\int Q(x)\mathrm{e}^{\int P(x)\mathrm{d}x}\mathrm{d}x, \tag{5'}$$

即非齐次线性微分方程(1)的通解是两项之和，其中第一项是方程(1)所对应的齐次线性微分方程(2)的通解，第二项是方程(1)的一个特解(在通解(5)中令 $C=0$ 即得). 于是可得

结论(解的结构)　一阶非齐次线性微分方程(1)的通解 y 等于其对应的齐次线性微分方程(2)的通解 Y 与(1)的一个特解 $\bar{y}$ 之和，即有 $y=Y+\bar{y}$.

例 1　求方程 $\frac{dy}{dx}+\frac{y}{x}=\frac{\sin x}{x}$ 的通解.

解　方法一　这是一阶非齐次线性微分方程，我们用常数变易法求解.

先求对应的齐次线性微分方程

$$\frac{dy}{dx}+\frac{y}{x}=0$$

的通解. 分离变量，得

$$\frac{dy}{y}=-\frac{dx}{x},$$

两边积分，得

$$\ln y=-\ln x+\ln C,\ 即\ y=\frac{C}{x}.$$

再用常数变易法. 设 $y=\frac{C(x)}{x}$，则

$$\frac{dy}{dx}=\frac{C'(x)}{x}-\frac{C(x)}{x^2},$$

代入原方程，得

$$\frac{C'(x)}{x}=\frac{\sin x}{x},\ 即\ C'(x)=\sin x,$$

两边积分，得

$$C(x)=-\cos x+C.$$

所以，所求方程的通解为

$$y=\frac{1}{x}(-\cos x+C).$$

方法二　直接利用公式(5). 因为 $P(x)=\frac{1}{x}$，$Q(x)=\frac{\sin x}{x}$，代入公式(5)，得

$$\begin{aligned} y&=e^{-\int\frac{1}{x}dx}\left(\int\frac{\sin x}{x}e^{\int\frac{1}{x}dx}dx+C\right)=e^{-\ln x}\left(\int\frac{\sin x}{x}e^{\ln x}dx+C\right)\\ &=\frac{1}{x}\left(\int\sin x\,dx+C\right)=\frac{1}{x}(-\cos x+C). \end{aligned}$$

例 2　求方程 $(y^2-6x)y'+2y=0$ 的通解.

解　该方程可写成$\frac{dy}{dx}=\frac{2y}{6x-y^2}$,显然它不是一阶线性微分方程.但如果把 y 看做自变量,把 $x=x(y)$看做未知函数,则原方程就是关于未知函数 $x(y)$的一阶非齐次线性微分方程

$$\frac{dx}{dy}-\frac{3}{y}x=-\frac{y}{2}. \tag{6}$$

它对应的齐次线性微分方程

$$\frac{dx}{dy}-\frac{3}{y}x=0$$

的通解为

$$x=Cy^3.$$

再用常数变易法.设 $x=C(y)y^3$,则

$$\frac{dx}{dy}=C'(y)y^3+3C(y)y^2,$$

代入方程(6)并整理,得

$$C'(y)=-\frac{1}{2y^2},$$

两边积分,得

$$C(y)=\frac{1}{2y}+C.$$

所以所求方程的通解为

$$x=\left(\frac{1}{2y}+C\right)y^3.$$

例 3　设有一个 ELR 电路(如图 7-6 所示),其中电源电动势为 $E=E_m\sin\omega t$(E_m,ω 为常量),电阻 R 和电感 L 都是常量.求其电流 $i(t)$.

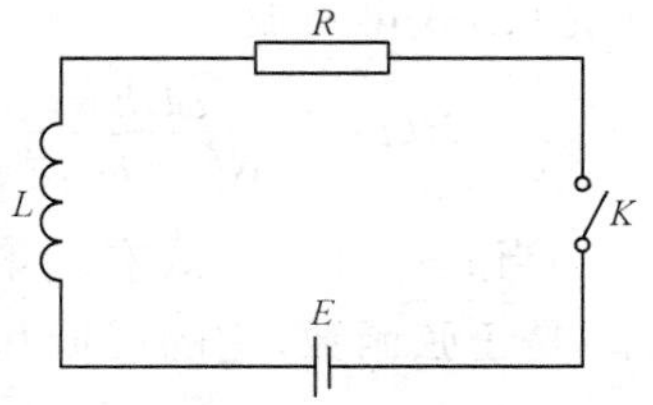

图　7-6

解　(1) **建模**　由电学可知,当电流变化时,L 上有感应电动势$-L\frac{di}{dt}$,由回路电压定律得出

$$E-L\frac{di}{dt}-iR=0,\ \text{即}\ \frac{di}{dt}+\frac{R}{L}i=\frac{E}{L}.$$

把 $E=E_m\sin\omega t$ 代入上式,得

$$\frac{di}{dt}+\frac{R}{L}i=\frac{E_m}{L}\sin\omega t. \tag{7}$$

未知函数 $i(t)$应满足方程(7).此外,设开关 K 闭合的时刻为 $t=0$,这时 $i(t)$还应满足初始条件

$$i\Big|_{t=0}=0. \tag{8}$$

(2) **解模**　方程(7)是一个非齐次线性微分方程,可以先求出对应的齐次线性微分方程的通解,然后用常数变易法求方程(7)的通解. 当然,也可以直接应用通解公式(5)来求解,这里 $P(t)=\dfrac{R}{L}$,$Q(t)=\dfrac{E_m}{L}\sin\omega t$,代入公式(5),得

$$i(t)=\mathrm{e}^{-\frac{R}{L}t}\left(\int\frac{E_m}{L}\mathrm{e}^{\frac{R}{L}t}\sin\omega t\,\mathrm{d}t+C\right).$$

对上式中的积分应用分部积分法,得

$$\int\mathrm{e}^{\frac{R}{L}t}\sin\omega t\,\mathrm{d}t=\frac{\mathrm{e}^{\frac{R}{L}t}}{R^2+\omega^2L^2}(RL\sin\omega t-\omega L^2\cos\omega t).$$

将上式代入前式并化简,得方程(7)的通解

$$i(t)=\frac{E_m}{R^2+\omega^2L^2}(R\sin\omega t-\omega L\cos\omega t)+C\mathrm{e}^{-\frac{R}{L}t},\text{ 其中 } C \text{ 为任意常数}.$$

将初始条件(8)代入上式,得

$$C=\frac{\omega LE_m}{R^2+\omega^2L^2},$$

因此,所求函数 $i(t)$ 为

$$i(t)=\frac{\omega LE_m}{R^2+\omega^2L^2}\mathrm{e}^{-\frac{R}{L}t}+\frac{E_m}{R^2+\omega^2L^2}(R\sin\omega t-\omega L\cos\omega t). \tag{9}$$

为了便于说明(9)式所反映的物理现象,下面将 $i(t)$ 中第二项的形式稍加改变. 令

$$\cos\varphi=\frac{R}{\sqrt{R^2+\omega^2L^2}},\quad \sin\varphi=\frac{\omega L}{\sqrt{R^2+\omega^2L^2}},$$

于是(9)式可写成

$$i(t)=\frac{\omega LE_m}{R^2+\omega^2L^2}\mathrm{e}^{-\frac{R}{L}t}+\frac{E_m}{\sqrt{R^2+\omega^2L^2}}\sin(\omega t-\varphi),\text{ 其中 } \varphi=\arctan\frac{\omega L}{R}.$$

当 $t\to\infty$ 时,上式右端第一项(叫做**暂态电流**)逐渐衰减而趋于零;第二项(叫做**稳态电流**)是正弦函数,它的周期和电动势的周期相同,而相角落后 φ.

习　题　7-3

1. 求下列微分方程的通解:

(1) $\dfrac{\mathrm{d}y}{\mathrm{d}x}+4y+5=0$;　　(2) $x\dfrac{\mathrm{d}y}{\mathrm{d}x}-y=x^2\sin x$;

(3) $\dfrac{\mathrm{d}y}{\mathrm{d}x}+2xy-x\mathrm{e}^{-x^2}=0$;　　(4) $\dfrac{\mathrm{d}y}{\mathrm{d}x}+y=\mathrm{e}^{-x}$.

2. 求下列微分方程满足初始条件的特解:

(1) $\frac{dy}{dx}+\frac{1-2x}{x^2}y=1$，$y|_{x=1}=0$；　　(2) $\cos x\frac{dy}{dx}+y\sin x=\cos^2 x$，$y|_{x=\pi}=1$.

3. 求一曲线的方程，这曲线通过原点，并且它在任意点(x,y)处的切线的斜率等于$2x+y$.

4. 人造某种放射性同位素时，设每秒产生这种同位素的原子数为P，同位素产生的同时又在衰变，衰变速度与当时总原子数N成正比(比例系数$\lambda>0$). 求这种同位素原子数N与时间t的函数关系$N=N(t)$.

5. 设有一个由电阻$R=10\,\Omega$(欧)、电感$L=2$ H(亨)和电源电压$E=20\sin 50t$ V(伏)串联组成的电路. 开关K合上后，电路中有电流通过，求电流i与时间t的函数关系.

第四节　可降阶的高阶微分方程的解法

二阶及二阶以上的微分方程称为**高阶微分方程**. 本节介绍两种特殊类型的高阶微分方程，通过代换，可将它们降为较低阶的微分方程来求解.

1. $y^{(n)}=f(x)$型

方程$y^{(n)}=f(x)$的特点是右边只含自变量x，所以只需通过n次积分就可求得方程含有n个独立的任意常数的通解.

例 1　求方程$y'''=\sin x-\cos x$的通解.

解　对所给方程积分三次，得

$$y''=-\cos x-\sin x+C_1,$$

$$y'=-\sin x+\cos x+C_1x+C_2,$$

$$y=\cos x+\sin x+\frac{1}{2}C_1x^2+C_2x+C_3.$$

于是，所求通解为

$$y=\cos x+\sin x+C_1'x^2+C_2x+C_3,\ \text{其中}\ C_1',C_2,C_3\ \text{为三个独立的任意常数.}$$

2. $y''=f(x,y')$型

方程

$$y''=f(x,y') \tag{1}$$

的特点是右端不显含未知函数y. 如果我们设$y'=p$，那么$y''=\frac{dp}{dx}=p'$，而方程(1)就成为

$$p'=f(x,p).$$

这是一个关于变量x,p的一阶微分方程，设其通解为$p=\varphi(x,C_1)$，因$p=\frac{dy}{dx}$，可得

$$\frac{dy}{dx}=\varphi(x,C_1).$$

对它进行积分，便得方程(1)的通解为

$$y=\int\varphi(x,C_1)\mathrm{d}x+C_2,\quad \text{其中 } C_1,C_2 \text{ 为两个独立的任意常数.}$$

例 2　解微分方程 $xy''+y'=x^2$.

解　方程中不显含 y，设 $y'=p,y''=p'$，则原方程化为

$$xp'+p-x^2=0,\ 即\ p'+\frac{1}{x}p=x.$$

这是一阶非齐次线性微分方程，利用第三节公式(5)，得

$$p=\mathrm{e}^{-\int\frac{1}{x}\mathrm{d}x}\left(\int x\mathrm{e}^{\int\frac{1}{x}\mathrm{d}x}\mathrm{d}x+C_1\right)=\frac{1}{3}x^2+\frac{C_1}{x}.$$

再以 $y'=p$ 代入上式，得

$$y'=\frac{1}{3}x^2+\frac{C_1}{x},$$

两边积分，得通解

$$y=\frac{1}{9}x^3+C_1\ln x+C_2.$$

习　题　7-4

1. 求下列微分方程的通解：

(1) $y'''=x\mathrm{e}^x$；　(2) $y''=y'+x$；　(3) $y''+\frac{2}{1-y}(y')^2=0$；　(4) $y''=1+(y')^2$.

2. 一物体以初速度 v_0 沿斜面下滑，设斜面的倾斜角为 θ，且物体与斜面的摩擦系数为 μ. 试证明在 t 秒内物体下滑的距离为 $s=\frac{1}{2}g(\sin\theta-\mu\cos\theta)t^2+v_0t$ (g 为重力加速度).

第五节　二阶线性微分方程解的结构

一、两个数学模型实例

在研究机械振动、电磁振荡、梁的微小弯曲、杆件中热的传导、化学反应的扩散等工程技术问题时，往往可归结为求解二阶线性微分方程的问题. 首先建立弹性振动与电磁振荡两个数学模型.

实例 1　设有一弹簧，它的上端固定，下端挂一个质量为 m 的物体. 当物体处于静止状态时，作用在物体上的重力与弹性力大小相等、方向相反. 这个位置就是物体的平衡位置. 如图 7-7 所示，取 x 轴铅直向下，并取物体的平衡位置为坐标原点.

如果对物体施加一个外力，使物体具有一个初始速度 $v_0\neq0$，那么物体便离开平衡位

置，并在平衡位置附近作上下振动．在振动过程中，物体的位置 x 随时间 t 变化，即 x 是 t 的函数 $x=x(t)$．要确定物体的振动规律，就要求出函数 $x=x(t)$．

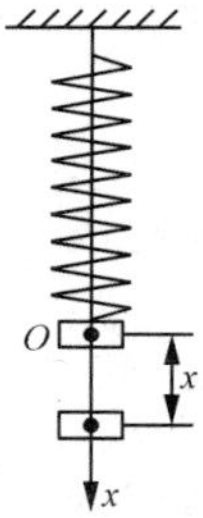

图　7-7

由力学可知，弹簧使物体回到平衡位置的弹性恢复力 f（它不包括在平衡位置时与重力 mg 相平衡的那一部分弹性力）和物体离开平衡位置的位移 x 成正比 $f=-cx$，其中 c 为弹簧的弹性系数，负号表示弹性恢复力的方向与物体位移的方向相反．

另外，物体在运动过程中还受到阻尼介质（如空气、油等）的阻力 F_R 的作用，使得振动逐渐趋向停止．由实验知道，阻力 F_R 的方向总与运动方向相反，当振动不大时，其大小与物体运动的速度成正比，设比例系数为 μ，则有 $F_R=-\mu\frac{\mathrm{d}x}{\mathrm{d}t}$．

根据上述关于物体受力情况的分析，由牛顿第二定律得

$$m\frac{\mathrm{d}^2x}{\mathrm{d}t^2}=-cx-\mu\frac{\mathrm{d}x}{\mathrm{d}t}.$$

记 $2n=\frac{\mu}{m}$，$k^2=\frac{c}{m}$，则上式化为

$$\frac{\mathrm{d}^2x}{\mathrm{d}t^2}+2n\frac{\mathrm{d}x}{\mathrm{d}t}+k^2x=0. \tag{1}$$

这就是在有阻力的情况下，物体自由振动的微分方程——**自由振动数学模型**．

如果物体在振动过程中，还受到铅直周期干扰力（或策动力）$F=H\sin pt$ 的作用，其中 p 是周期干扰力 F 的角频率，H 是振幅，则有

$$\frac{\mathrm{d}^2x}{\mathrm{d}t^2}+2n\frac{\mathrm{d}x}{\mathrm{d}t}+k^2x=h\sin pt, \tag{2}$$

其中 $h=\frac{H}{m}$．这就是强迫振动的微分方程——**强迫振动数学模型**．

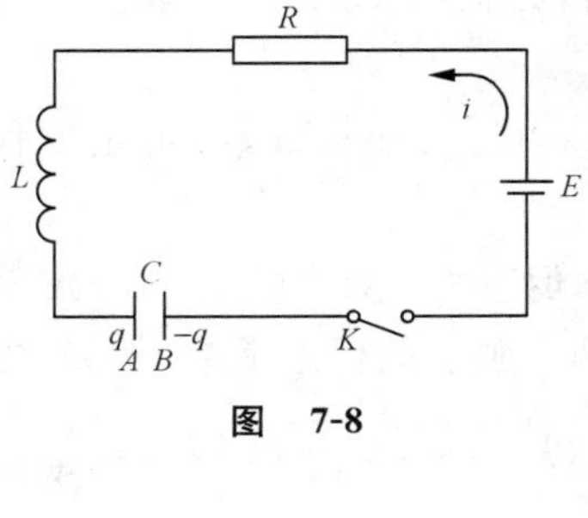

图　7-8

实例 2　设有一个由电阻 R、电感 L、电容 C 和电源 E 串联组成的电路，其中 R，L 及 C 为常量，电源电动势是时间 t 的函数 $E=E_m\sin\omega t$（E_m，ω 是常数）（如图 7-8 所示）．

设电路中的电流为 $i(t)$，电容器极板上的电量为 $q(t)$，两极板间的电压为 U_C，自感电动势为 E_L．由电学可知

$$i=\frac{\mathrm{d}q}{\mathrm{d}t},\quad U_C=\frac{q}{C},\quad E_L=-L\frac{\mathrm{d}i}{\mathrm{d}t},$$

根据回路电压定律，得

$$E-L\frac{\mathrm{d}i}{\mathrm{d}t}-\frac{q}{C}-Ri=0,$$

即

$$LC\frac{\mathrm{d}^2U_C}{\mathrm{d}t^2}+RC\frac{\mathrm{d}U_C}{\mathrm{d}t}+U_C=E_m\sin\omega t,$$

或写成

$$\frac{\mathrm{d}^2U_C}{\mathrm{d}t^2}+2\beta\frac{\mathrm{d}U_C}{\mathrm{d}t}+\omega_0^2U_C=\frac{E_m}{LC}\sin\omega t, \tag{3}$$

式中 $\beta=\frac{R}{2L},\omega_0=\frac{1}{\sqrt{LC}}$. 这就是 $ERLC$ 串联电路振荡的微分方程——**电磁振荡数学模型**.

如果电容器经充电后撤去外电源(即 $E=0$),则方程(3)成为

$$\frac{\mathrm{d}^2U_C}{\mathrm{d}t^2}+2\beta\frac{\mathrm{d}U_C}{\mathrm{d}t^2}+\omega_0^2U_C=0. \tag{4}$$

二、二阶线性微分方程及其解的结构

实例 1 和实例 2 两个模型虽然是两个不同的实际问题,但是仔细观察一下分别得出的方程(2)和(3),就会发现它们都归结为同一个形如

$$\frac{\mathrm{d}^2y}{\mathrm{d}x^2}+P(x)\frac{\mathrm{d}y}{\mathrm{d}x}+Q(x)y=f(x) \tag{5}$$

的方程.

定义 1 形如

$$y''+P(x)y'+Q(x)y=f(x) \tag{6}$$

的方程称为**二阶线性微分方程**,其中 $P(x),Q(x),f(x)$ 为已知函数,$f(x)$ 又称为方程的**自由项**.

当 $f(x)\equiv0$ 时,方程(6)变为

$$y''+P(x)y'+Q(x)y=0, \tag{7}$$

称为**对应于方程**(6)**的二阶齐次线性微分方程**;当 $f(x)\not\equiv0$ 时,方程(6)称为**二阶非齐次线性微分方程**.

定理 1 若 y_1,y_2 是方程(7)的解,则 $y=C_1y_1+C_2y_2$(C_1,C_2 为任意常数)也是方程(7)的解.

定理 1 表明,二阶齐次线性微分方程(7)的解具有叠加性. 但 $y=C_1y_1+C_2y_2$ 不一定是方程(7)的通解,这里 C_1,C_2 虽是两个任意常数,却不一定是两个独立的任意常数. 例如,当 $\frac{y_2}{y_1}=k$(k 是常数),即 $y_2=ky_1$ 时,$y=C_1y_1+C_2y_2=C_1y_1+C_2(ky_1)=(C_1+C_2k)y_1=Cy_1$,

即 $y=C_1y_1+C_2y_2$ 实际上只含一个任意常数,这时它不是方程(7)的通解;当 $\frac{y_2}{y_1}\neq$ 常数时,

$y=C_1y_1+C_2y_2$ 中确实含有两个独立的任意常数,因而它是方程(7)的通解.

定义 2 若$\frac{y_2}{y_1}$=常数,则称 y_1 与 y_2 是**线性相关**的;否则,称 y_1,y_2 是**线性无关**的.

例如,x^2 与 e^{2x}是线性无关的,$3x^2$ 与 $5x^2$ 是线性相关的.

综上所述,对于二阶齐次线性微分方程,可得

定理 2(二阶齐次线性微分方程解的结构) 若 y_1,y_2 是方程(7)的两个线性无关的特解,则

$$y = C_1y_1 + C_2y_2 \quad (C_1, C_2 \text{ 为任意常数})$$

是方程(7)的通解.

例 3 求方程 $y''+y=0$ 的通解.

解 容易验证,$y_1=\cos x$ 与 $y_2=\sin x$ 是所给方程的两个解,且

$$\frac{y_2}{y_1} = \frac{\sin x}{\cos x} = \tan x \neq \text{常数},$$

即 y_1 和 y_2 是线性无关的. 因此,方程 $y''+y=0$ 的通解为

$$y = C_1\cos x + C_2\sin x \quad (C_1, C_2 \text{ 为任意常数}).$$

定理 3(二阶非齐次线性微分方程解的结构) 设方程(6)的一个特解为 $\bar{y}$,对应的齐次方程(7)的通解为 $Y=C_1y_1+C_2y_2$,则方程(6)的通解为

$$y = Y + \bar{y} = C_1y_1 + C_2y_2 + \bar{y} \quad (C_1, C_2 \text{ 为任意常数}).$$

例 4 求方程 $y''+y=x^2$ 的通解.

解 这是二阶非齐次线性微分方程. 由例 3 知,$Y=C_1\cos x+C_2\sin x$ 是对应的齐次方程 $y''+y=0$ 的通解. 又容易验证 $\bar{y}=x^2-2$ 是所给方程的一个特解. 因此

$$y = C_1\cos x + C_2\sin x + x^2 - 2 \quad (C_1, C_2 \text{ 为任意常数})$$

是所给方程的通解.

习 题 7-5

1. 下列函数对在其定义区间内哪些是线性无关的?

(1) e^{-x},e^x;　　(2) $\cos 2x$,$\sin 2x$;　　(3) $\ln x$,$x\ln x$;

(4) x^2,x^3;　　(5) x,$3x$;　　(6) e^x,$2e^x$.

2. 验证函数 $y_1=e^x$ 及 $y_2=xe^x$ 都是方程 $y''-2y'+y=0$ 的解,并写出此方程的通解.

3. 验证函数 $y=\frac{a}{4}e^{3x}$($a\neq0$ 为常数)是方程 $y''-2y'+y=ae^{3x}$的一个特解,利用上题写出它的通解.

4. 验证 $y=C_1x^5+C_2\frac{1}{x}-\frac{x^2}{9}\ln x$($C_1$,$C_2$ 是两个独立的任意常数)是方程 $x^2y''-3xy'-5y=x^2\ln x$ 的通解.

5. 已知方程$(x-1)y''-xy'+y=0$ 的两个特解 $y_1=x$,$y_2=e^x$,求方程满足初始条件 $y(0)=1$,$y'(0)$

=2 的特解.

6. 已知 $y_1(x)=x$ 是齐次线性微分方程 $x^2y''-2xy'+2y=0$ 的一个解，求非齐次线性微分方程 $x^2y''-2xy'+2y=2x^3$ 的通解.

第六节　二阶常系数齐次线性微分方程

在二阶齐次线性微分方程

$$y''+P(x)y'+Q(x)y=0 \tag{1}$$

中，如果 y',y 的系数 $P(x),Q(x)$ 均为常数，即方程(1)成为

$$y''+py'+qy=0, \tag{2}$$

其中 p,q 是常数，则称方程(2)为**二阶常系数齐次线性微分方程**.

由上节定理 2 知，只需求出方程(2)的两个线性无关的特解 y_1,y_2，就可得它的通解

$$y=C_1y_1+C_2y_2 \quad (C_1,C_2 \text{ 为任意常数}).$$

根据方程(2)的系数特点，函数 $y=\mathrm{e}^{rx}$（r 为待定系数）与其各阶导数之间只相差常数倍，因此它有可能是方程(2)的解. 将其代入方程(2)，得

$$\mathrm{e}^{rx}(r^2+pr+q)=0.$$

因为 $\mathrm{e}^{rx}\neq 0$，所以

$$r^2+pr+q=0. \tag{3}$$

可见，若 r 满足(3)式，则 $y=\mathrm{e}^{rx}$ 是方程(2)的解. 方程(3)称为二阶常系数齐次线性微分方程(2)的**特征方程**，特征方程的根称为**特征根**. 于是，求方程(2)的特解问题就转化为求特征方程(3)的根的问题了.

特征方程(3)的根有三种不同的情形，下面分别就这三种情形来研究方程(2)的通解：

情形一　当 $\Delta=p^2-4q>0$ 时，特征方程(3)有两个不相等的实根：$r_1\neq r_2$. 由上述讨论知，$y_1=\mathrm{e}^{r_1x}$，$y_2=\mathrm{e}^{r_2x}$ 必是方程(2)的两个特解，并且 $\dfrac{y_2}{y_1}=\dfrac{\mathrm{e}^{r_2x}}{\mathrm{e}^{r_1x}}=\mathrm{e}^{(r_2-r_1)x}\neq$ 常数，即 y_1 与 y_2 线性无关. 据上节定理 2 知，方程(2)的通解是

$$y=C_1\mathrm{e}^{r_1x}+C_2\mathrm{e}^{r_2x} \quad (C_1,C_2 \text{ 为任意常数}). \tag{4}$$

情形二　当 $\Delta=p^2-4q=0$ 时. 特征方程(3)有两个相等的实根：$r_1=r_2$. 因为 $r_1=r_2$，所以 $y_1=\mathrm{e}^{r_1x}$ 是方程(2)的一个特解. 为了求出通解，就必须再求一个与 y_1 线性无关的特解 y_2，即要求 $\dfrac{y_2}{y_1}\neq$ 常数，用待定函数法可得 $y_2=x\mathrm{e}^{r_1x}$. 于是，方程(2)的通解为

$$y=(C_1+C_2x)\mathrm{e}^{r_1x} \quad (C_1,C_2 \text{ 为任意常数}). \tag{5}$$

情形三　当 $p^2-4q<0$ 时，特征方程(3)有一对共轭复根：$r_1=\alpha+\mathrm{i}\beta$，$r_2=\alpha-\mathrm{i}\beta$. 容易验证，$\mathrm{e}^{\alpha x}\cos\beta x$ 和 $\mathrm{e}^{\alpha x}\sin\beta x$ 是方程(2)的两个特解. 由于它们的比不是常数，所以它们是线性无

关的. 从而,方程(2)的通解的实数形式为

$$y = e^{\alpha x}(C_1\cos\beta x + C_2\sin\beta x) \quad (C_1, C_2 \text{ 为任意常数}), \tag{6}$$

其中 α,β 分别是特征方程(3)的复数根的实部和虚部.

例 1　求微分方程 $y''-2y'-3y=0$ 的通解.

解　这是二阶常系数齐次线性微分方程. 它的特征方程为 $r^2-2r-3=0$,特征根 $r_1=-1, r_2=3$ 是两个不相等的实根. 因此,方程的通解为

$$y = C_1e^{-x} + C_2e^{3x} \quad (C_1, C_2 \text{ 为任意常数}).$$

例 2　求微分方程 $y''-2y'+y=0$ 满足初始条件 $y|_{x=0}=2, y'|_{x=0}=5$ 的特解.

解　这是二阶常系数齐次线性微分方程. 它的特征方程为 $r^2-2r+1=0$,它有两个相等的特征根 $r_1=r_2=1$. 故微分方程的通解为

$$y = (C_1 + C_2x)e^x \quad (C_1, C_2 \text{ 为任意常数}).$$

因为 $y|_{x=0}=2$,所以 $C_1=2$. 又 $y'=e^x(C_2+2+C_2x)$ 且 $y'|_{x=0}=5$,所以 $C_2=3$. 故方程满足初始条件的特解为

$$y = (2+3x)e^x.$$

例 3　求微分方程 $y''-2y'+5y=0$ 的通解.

解　所给方程的特征方程为

$$r^2 - 2r + 5 = 0,$$

其特征根 $r_1=1+2i, r_2=1-2i$ 为一对共轭复根. 因此所求通解为

$$y = e^x(C_1\cos 2x + C_2\sin 2x) \quad (C_1, C_2 \text{ 为任意常数}).$$

总之,二阶常系数齐次线性微分方程(2)可以用**特征方程法**求出它的通解. 其步骤为:

(1) 根据方程(2)写出它的特征方程 $r^2+pr+q=0$;

(2) 求出特征方程的两个特征根 r_1, r_2;

(3) 根据特征根的不同情形,直接写出方程(2)的通解. 见表 7-1.

表 7-1

特征方程 $r^2+pr+q=0$ 的两个特征根 r_1, r_2	微分方程 $y''+py'+qy=0$ 的通解
两个不相等的实根 $r_1 \neq r_2$	$y=C_1e^{r_1x}+C_2e^{r_2x}$
两个相等的实根 $r_1=r_2$	$y=(C_1+C_2x)e^{rx}$
一对共轭复根 $r_{1,2}=\alpha\pm i\beta$	$y=e^{\alpha x}(C_1\cos\beta x+C_2\sin\beta x)$

习　题　7-6

1. 求下列微分方程的通解:

(1) $y''+y'-2y=0$;　　(2) $y''+6y'+13y=0$;　　(3) $y''-4y'+5y=0$.

2. 求下列微分方程满足所给初始条件的特解：

(1) $y''-4y'+3y=0, y|_{x=0}=6, y'|_{x=0}=10$；　　(2) $y''-3y'-4y=0, y|_{x=0}=0, y'|_{x=0}=-5$.

3. 设微分方程 $y''+9y=0$ 的一条积分曲线过点 $(\pi,-1)$，且在该点的切线与直线 $y=-x+\pi-1$ 垂直. 求这条曲线的方程.

4. 在图 7-9 所示的电路中，先将开关 K 拨向 A，达到稳定状态后再将开关 K 拨向 B. 求电压 $U_C(t)$ 及电流 $i(t)$. 已知 $E=20$ V(伏)，$C=0.5\times10^{-6}$ F(法)，$L=0.1$ H(亨)，$R=2000$ Ω(欧).

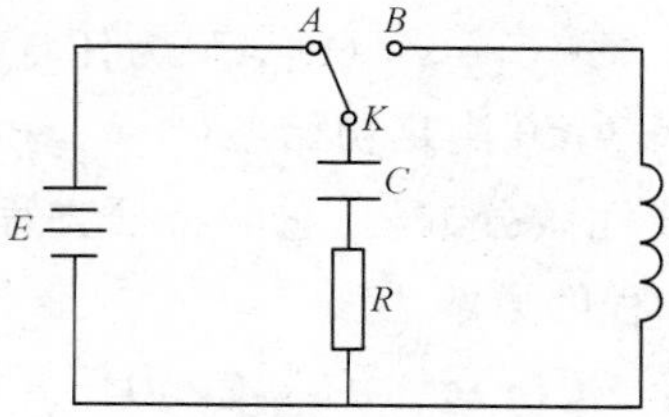

图　7-9

第七节　二阶常系数非齐次线性微分方程

二阶常系数非齐次线性微分方程的一般形式是

$$y''+py'+qy=f(x), \tag{1}$$

其中 p,q 为常数，$f(x)$ 为已知函数.

由第五节定理 3 知道，求二阶常系数非齐次线性微分方程的通解，可归结为求对应的齐次方程的通解和非齐次方程本身的一个特解. 由于二阶常系数齐次线性微分方程的通解求法已在上一节得到解决，所以这里只需讨论它的一个特解 $\bar{y}$ 的求法. 一般说来，其求法很难. 这里只研究当 $f(x)$ 为两种特殊类型的函数时，特解 $\bar{y}$ 的求法.

对于

$$y''+py'+qy=P_m(x)e^{\alpha x}, \tag{2}$$

其中 $P_m(x)$ 为 x 的 m 次多项式. 所以等式左边的函数 y 及其导数亦应为 x 的多项式与指数函数的乘积，(2)式才可能成立. 于是，可先试设特解为

$$\bar{y}=Q(x)e^{\alpha x}, \tag{3}$$

其中 $Q(x)$ 为待定的多项式. 将 $\bar{y}$ 及其一、二阶导数代入(2)式易知方程(2)具有形如

$$\bar{y}=x^kQ_m(x)e^{\alpha x} \tag{4}$$

的特解，其中 $Q_m(x)$ 与 $P_m(x)$ 同为 x 的 m 次多项式，而 k 是特征方程的特征根 α 的重数(即 k 依次取 0,1,2). 也就是说，当 α 不是特征方程的根时，取 $k=0$；当 α 是特征方程的单根时，取 $k=1$；当 α 是特征方程的二重根时，取 $k=2$.

例 1 求微分方程 $y''-5y'+6y=xe^{2x}$ 的通解.

解 这是二阶常系数非齐次线性微分方程,且 $f(x)$ 呈 $P_m(x)e^{\alpha x}$ 型(其中 $P_m(x)=x$, $\alpha=2$). 所对应的齐次方程为

$$y''-5y'+6y=0.$$

它的特征方程为

$$r^2-5r+6=0,$$

有两个实根 $r_1=2, r_2=3$. 于是所对应的齐次方程的通解为

$$Y=C_1e^{2x}+C_2e^{3x} \quad (C_1, C_2 \text{ 为任意常数}).$$

由于 $\alpha=2$ 是特征方程的单根,所以应设方程的特解 $\bar{y}$ 为

$$\bar{y}=x(b_0x+b_1)e^{2x} \quad (b_0, b_1 \text{ 为任意常数}),$$

把它代入所给方程,得

$$-2b_0x+2b_0-b_1=x.$$

比较两边 x 的同次幂的系数,得

$$\begin{cases}-2b_0=1,\\ 2b_0-b_1=0.\end{cases}$$

解得 $b_0=-\dfrac{1}{2}, b_1=-1$. 因此求得一个特解为

$$\bar{y}=x\left(-\frac{1}{2}x-1\right)e^{2x}.$$

从而所求的通解为

$$y=C_1e^{2x}+C_2e^{3x}-\frac{1}{2}(x^2+2x)e^{2x} \quad (C_1, C_2 \text{ 为任意常数}).$$

对于

$$y''+py'+qy=e^{\alpha x}(A_1\cos\beta x+B_1\sin\beta x) \quad (A_1, B_1, \alpha, \beta \text{ 为任意常数}), \tag{5}$$

仿照前面的讨论,可得结论如下:

二阶常系数非齐次线性微分方程(5)具有如下形式的特解:

$$\bar{y}=x^ke^{\alpha x}(A_2\cos\beta x+B_2\sin\beta x), \tag{6}$$

其中 A_2, B_2 为待定常数,而 k 是特征方程含共轭复根 $\alpha\pm i\beta$ 的重数(即 k 依次取 0,1).

例 2 在第五节例 1 中,设物体受弹性恢复力 f 和干扰力 F 的作用. 试求物体的运动规律.

解 这里需要求出无阻尼强迫振动方程

$$\frac{d^2x}{dt^2}+k^2x=h\sin pt \tag{7}$$

的通解. 对应的齐次微分方程为

$$\frac{d^2x}{dt^2}+k^2x=0. \tag{8}$$

它的特征方程 $r^2+k^2=0$ 有一对共轭复根 $r_{1,2}=\pm ik$. 故方程(8)的通解为

$$X = C_1\cos kt + C_2\sin kt \quad (C_1, C_2 \text{ 为任意常数}).$$

令 $C_1=A\sin\varphi, C_2=A\cos\varphi$（$A,\varphi$ 为任意常数），则方程(8)的通解又可写成

$$X = A\sin(kt+\varphi).$$

方程(7)右端的函数 $f(t)=h\sin pt$ 与 $f(t)=e^{\alpha t}(A_1\cos\beta t+B_1\sin\beta t)$ 相比较，就有 $\alpha=0$，$\beta=p, A_1=0, B_1=h$. 现在分别就 $p\neq k$ 和 $p=k$ 两种情形讨论如下：

(1) 如果 $p\neq k$，则 $\pm i\beta=\pm ip$ 不是特征方程的根，故设

$$\bar{x} = A_2\cos pt + B_2\sin pt,$$

将 $\bar{x}$ 代入方程(7)，求得

$$A_2=0, \quad B_2=\frac{h}{k^2-p^2}.$$

于是

$$\bar{x}=\frac{h}{k^2-p^2}\sin pt.$$

从而当 $p\neq k$ 时，方程(7)的通解为

$$x = X+\bar{x} = A\sin(kt+\varphi)+\frac{h}{k^2-p^2}\sin pt.$$

上式表示，物体的运动由两部分组成，这两部分都是**简谐振动**. 上式右端第一项表示**自由振动**，第二项所表示的振动叫做**强迫振动**. 强迫振动是由干扰力引起的，它的角频率即是干扰力的角频率 p，当干扰力的角频率与振动系统的固有频率 k 相差很小时，它的振幅 $\left|\frac{h}{k^2-p^2}\right|$ 可以很大.

(2) 如果 $p=k$，则 $\pm ik=\pm ip$ 是特征方程的根. 故设

$$\bar{x} = t(A_2\cos kt + B_2\sin kt),$$

将 $\bar{x}$ 代入方程(7)，求得

$$A_2=-\frac{h}{2k}, \quad B_2=0.$$

于是

$$\bar{x}=-\frac{h}{2k}t\cos kt.$$

从而当 $p=k$ 时，方程(7)的通解为

$$x = X+\bar{x} = A\sin(kt+\varphi)-\frac{h}{2k}t\cos kt.$$

上式右端第二项表明,强迫振动的振幅$\frac{h}{2k}t$随时间t的增大而无限增大,这就发生所谓**共振现象**.为了避免共振现象,应使干扰力的角频率p不要靠近振动系统的固有频率k.反之,如果要利用共振现象,则应使$p=k$或使p与k尽量靠近.

有阻尼的强迫振动问题可作类似的讨论,这里从略了.

习　题　7-7

1. 对于微分方程$y''+y'-6y=P(x)$,若$P(x)$分别等于下列函数时:

(1) x^2;　(2) xe^{2x};　(3) e^{2x};　(4) $\sin 2x$.

当用待定系数法求特解时,问特解$\bar{y}$的形式应如何设法?

2. 求下列微分方程的通解:

(1) $y''+y=2x^2-3$;　(2) $y''-3y'+2y=(x-1)e^{2x}$;　(3) $y''+3y'+2y=e^{-x}\cos x$.

第三篇 多元微积分及其应用

本篇将一元函数微积分的知识推广到多元函数，得到多元微积分. 其主要内容包括向量与空间解析几何、多元函数微分法及其应用和多元函数积分法及其应用.

第八章 向量与空间解析几何

与平面解析几何对一元函数微积分一样，空间解析几何是学习多元函数微积分必不可少的基础. 本章首先建立空间直角坐标系，并简要介绍工程技术中常用的向量代数知识，然后以向量为工具讨论空间曲面和曲线.

第一节 空间直角坐标系与向量

一、空间直角坐标系

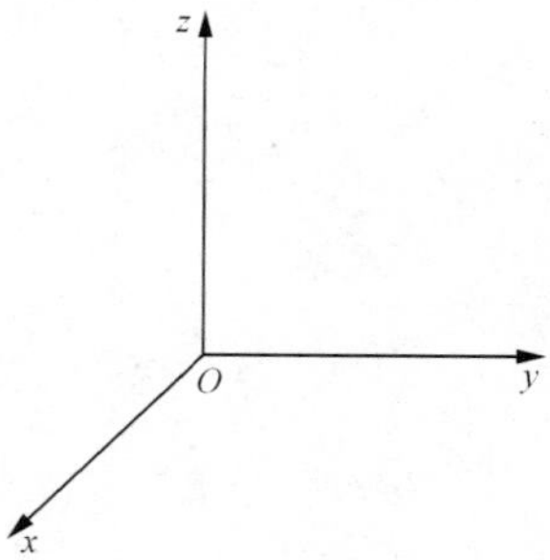

图 8-1

过空间的一定点 O，作三条两两相互垂直的数轴，它们都以 O 为**原点**，且一般具有相同的长度单位，这三条数轴分别叫做 x **轴**（**横轴**）、y **轴**（**纵轴**）、z **轴**（**竖轴**），统称为**坐标轴**. 通常把 x 轴和 y 轴配置在水平面上，而 z 轴垂直于 x 轴、y 轴所确定的平面. 它们的正方向符合右手规则，即以右手握住 z 轴，当右手的四个手指从 x 轴的正方向以 $\frac{\pi}{2}$ 角度转向 y 轴的正方向时，大拇指的指向就是 z 轴的正方向（如图 8-1 所示）. 这样三条坐标轴就组成一个**空间直角坐标系**，记为 $Oxyz$，称为**右手系**，点 O 称为**坐标原点**. 以后在应用空间直角坐标系时，如无特别说明，都指右手系.

在空间直角坐标系中，三条坐标轴中的任意两条可以确定一个平面，这样定出的三个平面统称为**坐标平面**. 由 x 轴、y 轴确定的平面称为 Oxy 平面，类似地可确定 Oyz 平面和

Ozx 平面.三个坐标平面将空间分成八个部分,每一部分称为一个**卦限**.含有正向 x 轴、正向 y 轴、正向 z 轴的卦限叫做Ⅰ**卦限**,逆时针方向向右转依次为Ⅱ,Ⅲ,Ⅳ**卦限**,它们的下方依次对应为Ⅴ,Ⅵ,Ⅶ,Ⅷ**卦限**(如图 8-2 所示).

下面建立空间点的直角坐标.设 M 为空间一已知点,过点 M 作三个平面分别与 x 轴、y 轴和 z 轴垂直相交,交点依次为 P,Q,R(如图 8-3 所示),这三点在 x 轴、y 轴、z 轴上的坐标依次是 x,y,z,于是空间点 M 就唯一地确定了一个有序数组 x,y,z.这个有序数组就是点 M 的**坐标**,x 称为**横坐标**,y 称为**纵坐标**,z 称为**竖坐标**.坐标为 x,y,z 的点 M 记为 $M(x,y,z)$.

反之,已知一有序数组 x,y,z,可以在 x 轴上取坐标为 x 的点 P,在 y 轴上取坐标为 y 的点 Q,在 z 轴上取坐标为 z 的点 R.然后分别过 P,Q,R 作与 x 轴,y 轴,z 轴垂直的平面,这三个平面的交点 M 便是以有序数组 x,y,z 为坐标的点(如图 8-3 所示).

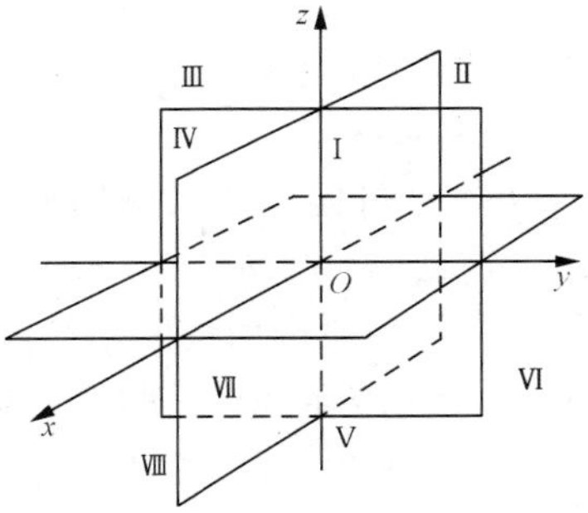

图　8-2

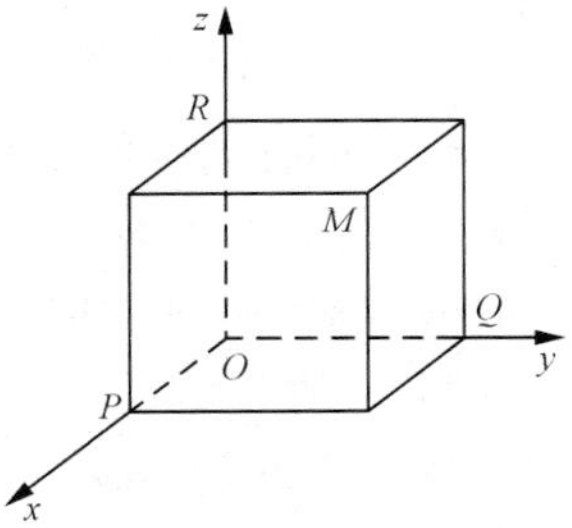

图　8-3

这样,通过空间直角坐标系,我们建立了空间的点与有序数组 x,y,z 之间的一一对应关系.

各卦限内点的坐标符号:

Ⅰ(+,+,+);　Ⅱ(-,+,+);　Ⅲ(-,-,+);　Ⅳ(+,-,+);

Ⅴ(+,+,-);　Ⅵ(-,+,-);　Ⅶ(-,-,-);　Ⅷ(+,-,-).

二、向量及其线性运算

1. 向量概念

现实世界中的量可分为两类,一类如长度、面积、质量、时间、功和能等,它们只有大小,可用一个数来表示,称为**数量**(或**纯量**、**标量**).另一类如力、力矩、位移、速度和加速度等,它们既有大小,又有方向,称为**向量**(或**矢量**).

几何上常用一条有向线段表示向量,有向线段的长度表示向量的大小,有向线段的方

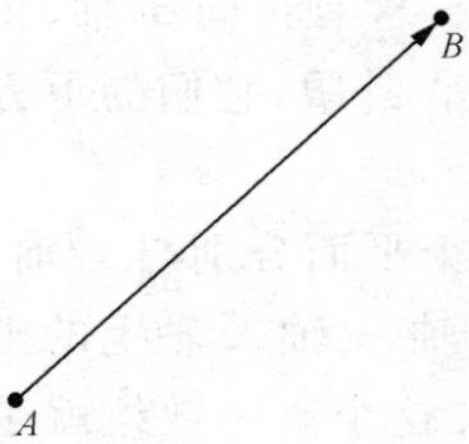

图 8-4

向表示向量的方向. 以 A 为始点,B 为终点的有向线段表示的向量记为$\overrightarrow{AB}$(如图 8-4 所示). 但印刷时常用黑体字母如 $\boldsymbol{a},\boldsymbol{i},\boldsymbol{V},\boldsymbol{F}$ 等来表示向量.

在空间直角坐标系中,以坐标原点 O 为始点,点 M 为终点所引的向量$\overrightarrow{OM}$,称为**向径**,常用 $\boldsymbol{r}$ 表示,点 M 与它的向径$\overrightarrow{OM}$存在一一对应关系.

向量的大小称为向量的**模**,向量$\overrightarrow{AB}$与 $\boldsymbol{a}$ 的模分别记做$|\overrightarrow{AB}|$与$|\boldsymbol{a}|$. 模等于 1 的向量称为**单位向量**. 模等于零的向量称为**零向量**,记做 $\mathbf{0}$. 零向量的始点和终点重合,它的方向可以看做是任意的.

在实际问题中,有些向量与始点有关,有些向量与始点无关. 本书中只研究与始点无关的向量,并称这种向量为**自由向量**(以后简称**向量**). 所以,如果两个向量 $\boldsymbol{a}$ 和 $\boldsymbol{b}$ 的大小相等,且方向相同,则称向量 $\boldsymbol{a}$ 和 $\boldsymbol{b}$ 相等,记做 $\boldsymbol{a}=\boldsymbol{b}$.

2. 向量的线性运算

(1) 向量的加法

设 $\boldsymbol{a}=\overrightarrow{OA}$与 $\boldsymbol{b}=\overrightarrow{OB}$有同一始点 O,以它们为邻边作平行四边形,则以 O 为始点的对角线向量 $\boldsymbol{c}=\overrightarrow{OC}$称为 $\boldsymbol{a}$ 与 $\boldsymbol{b}$ 的**和向量**(如图 8-5 所示),记做 $\boldsymbol{c}=\boldsymbol{a}+\boldsymbol{b}$.

求和向量的运算称为向量的**加法**,这种求和的方法称为向量加法的**平行四边形法则**.

此外,平移向量 $\boldsymbol{b}$,使其始点与向量 $\boldsymbol{a}$ 的终点重合,则由 $\boldsymbol{a}$ 的始点到 $\boldsymbol{b}$ 的终点的向量 $\boldsymbol{c}$,也是 $\boldsymbol{a}$ 与 $\boldsymbol{b}$ 的**和**. 这种求和的方法称为向量加法的**三角形法则**(如图 8-6 所示).

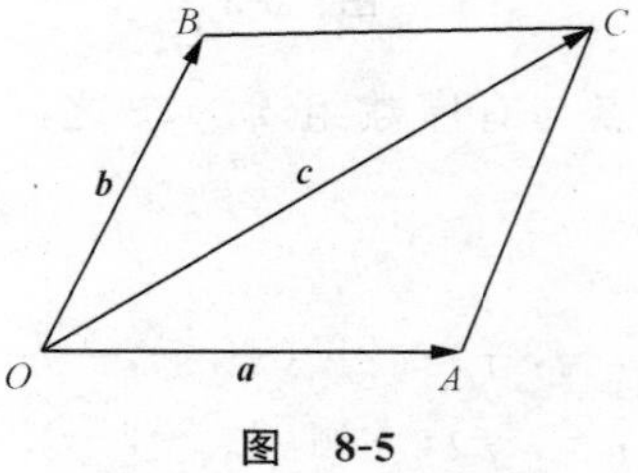

图 8-5

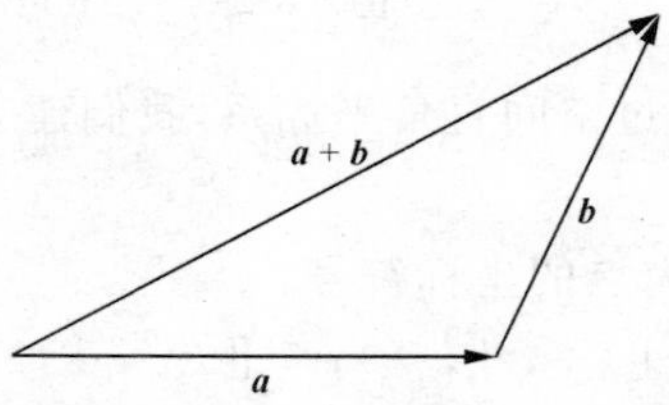

图 8-6

通常用三角形法则较简单些. 另外,三角形法则还可推广到多边形法则,从而解决两个以上向量的求和问题.

向量的加法满足以下运算法则:

交换律 $\boldsymbol{a}+\boldsymbol{b}=\boldsymbol{b}+\boldsymbol{a}$;

结合律 $(\boldsymbol{a}+\boldsymbol{b})+\boldsymbol{c}=\boldsymbol{a}+(\boldsymbol{b}+\boldsymbol{c})$,

其中 $\boldsymbol{a},\boldsymbol{b},\boldsymbol{c}$ 为任意向量. 利用向量加法的三角形法则,很容易验证上面的两条法则,请读者自己完成.

(2) 数量与向量的乘法

设 λ 是一数量，λ 与向量 $\boldsymbol{a}$ 的乘积是一个向量，记为 $\lambda\boldsymbol{a}$. 这个向量的模 $|\lambda\boldsymbol{a}|=|\lambda||\boldsymbol{a}|$. 当 $\lambda>0$ 时，$\lambda\boldsymbol{a}$ 与 $\boldsymbol{a}$ 同向；当 $\lambda<0$ 时，$\lambda\boldsymbol{a}$ 与 $\boldsymbol{a}$ 反向；当 $\lambda=0$ 时，$\lambda\boldsymbol{a}=\boldsymbol{0}$.

特别地，当 $\lambda=-1$ 时，$(-1)\boldsymbol{a}$ 称为 $\boldsymbol{a}$ 的**负向量**，记为 $-\boldsymbol{a}$. 因此，我们也可以用负向量定义向量的减法：$\boldsymbol{a}-\boldsymbol{b}=\boldsymbol{a}+(-\boldsymbol{b})$，称为向量 $\boldsymbol{a}$ 与 $\boldsymbol{b}$ 的**差**.

数量与向量的乘法满足下面的运算法则：

结合律　$\lambda(\mu\boldsymbol{a})=\mu(\lambda\boldsymbol{a})=(\lambda\mu)\boldsymbol{a}$；

分配律　$(\lambda+\mu)\boldsymbol{a}=\lambda\boldsymbol{a}+\mu\boldsymbol{a}$，

其中 $\boldsymbol{a}$ 为向量，λ,μ 为任意数量. 利用数量与向量的乘法定义很容易验证上面的两条法则，请读者自己完成. 同时，还可以推出以下结论：

结论 1　$\boldsymbol{b}=\lambda\boldsymbol{a}$ 的充分必要条件是 $\boldsymbol{a}$ 与 $\boldsymbol{b}$ 平行，$\boldsymbol{a}$ 与 $\boldsymbol{b}$ 平行记做 $\boldsymbol{a}/\!/\boldsymbol{b}$；

结论 2　当 $|\boldsymbol{a}|\neq 0$ 时，常把与 $\boldsymbol{a}$ 同向的单位向量记做 $\boldsymbol{a}^0$，那么 $\boldsymbol{a}^0=\dfrac{\boldsymbol{a}}{|\boldsymbol{a}|}$ 或 $\boldsymbol{a}=|\boldsymbol{a}|\boldsymbol{a}^0$.

这说明，一个非零向量乘以它的模的倒数，得到一个与该向量同向的单位向量. 或者说，这把向量的**两个要素**——**大小**和**方向**都表现出来了，其中模 $|\boldsymbol{a}|$ 代表 $\boldsymbol{a}$ 的大小，而单位向量 $\boldsymbol{a}^0$ 代表 $\boldsymbol{a}$ 的方向.

向量的加法、数量与向量的乘法这两种运算统称为向量的**线性运算**.

三、向量的坐标

1. 向径的坐标表示

在空间直角坐标系 $Oxyz$ 中分别与 x 轴、y 轴、z 轴方向相同的单位向量称为**基本单位向量**，分别用 $\boldsymbol{i},\boldsymbol{j},\boldsymbol{k}$ 表示. 把以 O 为起点的向量称为**向径**.

如图 8-7 所示，设点 M 的坐标为 (x,y,z)，则向径 $\overrightarrow{OP}=x\boldsymbol{i}$，$\overrightarrow{OQ}=y\boldsymbol{j}$，$\overrightarrow{OR}=z\boldsymbol{k}$，由向量加法的三角形法则，得

$$\begin{aligned}\boldsymbol{r}=\overrightarrow{OM}&=\overrightarrow{OM'}+\overrightarrow{M'M}=(\overrightarrow{OP}+\overrightarrow{OQ})+\overrightarrow{OR}\\&=x\boldsymbol{i}+y\boldsymbol{j}+z\boldsymbol{k},\end{aligned}$$

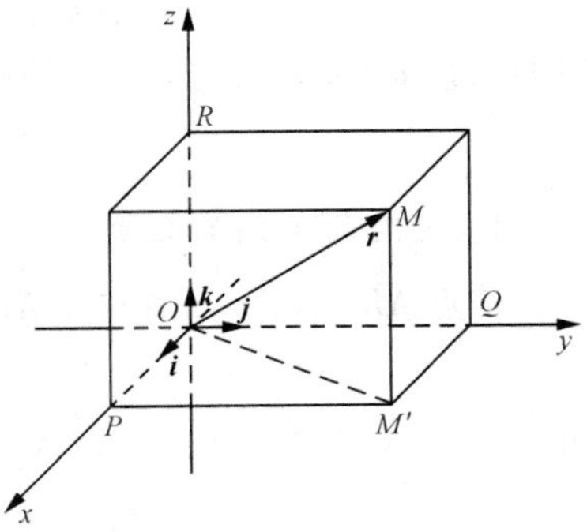

图　8-7

称 x,y,z 为向径 $\boldsymbol{r}$ 的**坐标**，$\boldsymbol{r}=\overrightarrow{OM}=x\boldsymbol{i}+y\boldsymbol{j}+z\boldsymbol{k}$ 为向径 $\boldsymbol{r}=\overrightarrow{OM}$ 的坐标表达式，又记为

$$\boldsymbol{r}=\overrightarrow{OM}=\{x,y,z\}.$$

例 1　设向径 $\boldsymbol{r}_1=\{x_1,y_1,z_1\}$，$\boldsymbol{r}_2=\{x_2,y_2,z_2\}$ 和数 λ，则由向量加法和数与向量的乘法运算法则知

$$\boldsymbol{r}_1+\boldsymbol{r}_2=(x_1\boldsymbol{i}+y_1\boldsymbol{j}+z_1\boldsymbol{k})+(x_2\boldsymbol{i}+y_2\boldsymbol{j}+z_2\boldsymbol{k})$$

$$= (x_1 + x_2)\boldsymbol{i} + (y_1 + y_2)\boldsymbol{j} + (z_1 + z_2)\boldsymbol{k},$$
$$= \{x_1 + x_2, y_1 + y_2, z_1 + z_2\},$$
$$\lambda \boldsymbol{r}_1 = \lambda(x_1\boldsymbol{i} + y_1\boldsymbol{j} + z_1\boldsymbol{k}) = (\lambda x_1)\boldsymbol{i} + (\lambda y_1)\boldsymbol{j} + (\lambda z_1)\boldsymbol{k} = \{\lambda x_1, \lambda y_1, \lambda z_1\}.$$

这说明，两向径相加，就是将它们的坐标对应相加；数与向径相乘，就是用这个数乘该向径的每个坐标.

2. 向量$\overrightarrow{M_1M_2}$的坐标表示

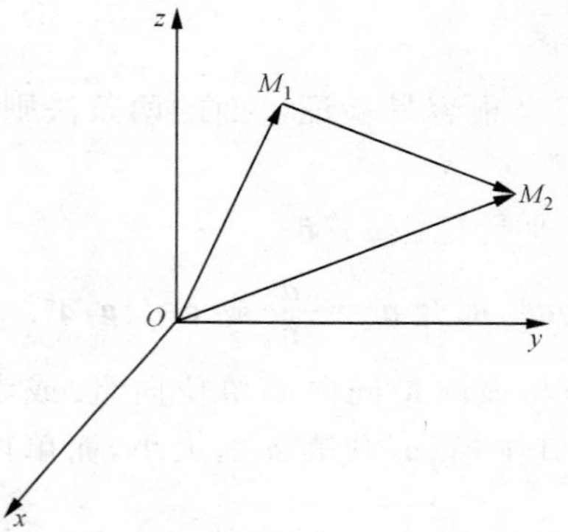

图　8-8

设点 $M_1(x_1, y_1, z_1)$，$M_2(x_2, y_2, z_2)$，则以 M_1 为始点，M_2 为终点的向量 $\overrightarrow{M_1M_2} = \overrightarrow{OM_2} - \overrightarrow{OM_1}$，如图 8-8 所示.

因为向径

$$\overrightarrow{OM_2} = x_2\boldsymbol{i} + y_2\boldsymbol{j} + z_2\boldsymbol{k},\quad \overrightarrow{OM_1} = x_1\boldsymbol{i} + y_1\boldsymbol{j} + z_1\boldsymbol{k},$$

于是

$$\begin{aligned}\overrightarrow{M_1M_2} &= \overrightarrow{OM_2} - \overrightarrow{OM_1}\\ &= (x_2 - x_1)\boldsymbol{i} + (y_2 - y_1)\boldsymbol{j} + (z_2 - z_1)\boldsymbol{k}\\ &= \{x_2 - x_1, y_2 - y_1, z_2 - z_1\}.\end{aligned}$$

3. 向量模的坐标表示

因任一向量 $\boldsymbol{a} = a_x\boldsymbol{i} + a_y\boldsymbol{j} + a_z\boldsymbol{k} = \{a_x, a_y, a_z\}$ 都可以将其视为以点 $M(a_x, a_y, a_z)$ 为终点的向径$\overrightarrow{OM}$，由图 8-7 不难看出

$$|\overrightarrow{OM}|^2 = |\overrightarrow{OP}|^2 + |\overrightarrow{OQ}|^2 + |\overrightarrow{OR}|^2,\ \text{即}\ |\boldsymbol{a}|^2 = a_x^2 + a_y^2 + a_z^2,$$

亦即向量 $\boldsymbol{a} = a_x\boldsymbol{i} + a_y\boldsymbol{j} + a_z\boldsymbol{k}$ 的模的坐标表达式为

$$|\boldsymbol{a}| = \sqrt{a_x^2 + a_y^2 + a_z^2}. \tag{1}$$

4. 空间两点间的距离公式

若点 $M_1(x_1, y_1, z_1)$ 与点 $M_2(x_2, y_2, z_2)$ 间的距离记为 $d(M_1, M_2)$，则

$$d(M_1, M_2) = |\overrightarrow{M_1M_2}|.$$

而$\overrightarrow{M_1M_2} = (x_2 - x_1)\boldsymbol{i} + (y_2 - y_1)\boldsymbol{j} + (z_2 - z_1)\boldsymbol{k}$，所以，点 M_1 与点 M_2 间的距离为

$$d(M_1, M_2) = \sqrt{(x_2 - x_1)^2 + (y_2 - y_1)^2 + (z_2 - z_1)^2}. \tag{2}$$

公式(2)显然是平面上两点间距离公式的推广.

5. 向量的方向角与方向余弦

因为空间中任一向量 $\boldsymbol{a}$ 均可平移为以原点 O 为始点的向径$\overrightarrow{OM}$，即 $\boldsymbol{a} = \overrightarrow{OM}$，而$\overrightarrow{OM}$的方向可以用$\overrightarrow{OM}$与 Ox，Oy，Oz 三坐标轴的夹角 α，β，γ 来表示(如图 8-7 所示).

通常规定，$0 \leqslant \alpha, \beta, \gamma \leqslant \pi$，并称 α，β，γ 为向量 $\boldsymbol{a}$ 的**方向角**，方向角的余弦 $\cos\alpha$，$\cos\beta$，$\cos\gamma$

称为向量 $\boldsymbol{a}$ 的**方向余弦**. 由图 8-7 易知

$$\begin{cases} \cos\alpha = \dfrac{a_x}{|\boldsymbol{a}|} = \dfrac{a_x}{\sqrt{a_x^2 + a_y^2 + a_z^2}}, \\ \cos\beta = \dfrac{a_y}{|\boldsymbol{a}|} = \dfrac{a_y}{\sqrt{a_x^2 + a_y^2 + a_z^2}}, \\ \cos\gamma = \dfrac{a_z}{|\boldsymbol{a}|} = \dfrac{a_z}{\sqrt{a_x^2 + a_y^2 + a_z^2}}, \end{cases} \tag{3}$$

其中 $\boldsymbol{a}=\{a_x,a_y,a_z\}$. 公式(3)就是向量 $\boldsymbol{a}$ 的方向余弦的坐标表达式.

若已知向量的方向余弦,就可以求得向量的方向角,从而确定了向量的方向. 由(3)式,可得出关系式

$$\cos^2\alpha + \cos^2\beta + \cos^2\gamma = 1.$$

同时还看到,以 $\boldsymbol{a}$ 的方向余弦为坐标的向量,就是 $\boldsymbol{a}$ 的单位向量 $\boldsymbol{a}^0$,即

$$\boldsymbol{a}^0 = \cos\alpha\, \boldsymbol{i} + \cos\beta\, \boldsymbol{j} + \cos\gamma\, \boldsymbol{k}.$$

例 2　设点 $M_1(2,4,1)$, $M_2(8,1,7)$, 求向量 $\overrightarrow{M_1M_2}$ 的模、方向余弦、方向角以及与 $\overrightarrow{M_1M_2}$ 同向的单位向量.

解

$$\overrightarrow{M_1M_2}=\overrightarrow{OM_2}-\overrightarrow{OM_1}=\{8-2,\ 1-4,\ 7-1\}=\{6,-3,6\},$$

$$|\overrightarrow{M_1M_2}| = \sqrt{6^2 + (-3)^2 + 6^2} = \sqrt{81} = 9;$$

$$\cos\alpha = \frac{6}{9} = \frac{2}{3},\quad \cos\beta = \frac{-3}{9} = -\frac{1}{3},\quad \cos\gamma = \frac{6}{9} = \frac{2}{3};$$

$$\alpha = \arccos\frac{2}{3},\quad \beta = \arccos\left(-\frac{1}{3}\right),\quad \gamma = \arccos\frac{2}{3};$$

$$(\overrightarrow{M_1M_2})^0 = \{\cos\alpha, \cos\beta, \cos\gamma\} = \left\{\frac{2}{3}, -\frac{1}{3}, \frac{2}{3}\right\}.$$

6. 向量线性运算的坐标表示

设向量 $\boldsymbol{a}$ 与 $\boldsymbol{b}$ 的坐标表达式分别是

$$\boldsymbol{a} = a_x\boldsymbol{i} + a_y\boldsymbol{j} + a_z\boldsymbol{k} = \{a_x,a_y,a_z\},\quad \boldsymbol{b} = b_x\boldsymbol{i} + b_y\boldsymbol{j} + b_z\boldsymbol{k} = \{b_x,b_y,b_z\}.$$

于是,由向量的线性运算的坐标表示,容易得到下列结论:

(1) **相等**　当且仅当 $a_x=b_x, a_y=b_y, a_z=b_z$ 时,向量 $\boldsymbol{a}$ 与向量 $\boldsymbol{b}$ 相等,记为 $\boldsymbol{a}=\boldsymbol{b}$;

(2) **加法**　$\boldsymbol{a}+\boldsymbol{b}=(a_x+b_x)\boldsymbol{i}+(a_y+b_y)\boldsymbol{j}+(a_z+b_z)\boldsymbol{k}=\{a_x+b_x,a_y+b_y,a_z+b_z\}$;

(3) **减法**　$\boldsymbol{a}-\boldsymbol{b}=(a_x-b_x)\boldsymbol{i}+(a_y-b_y)\boldsymbol{j}+(a_z-b_z)\boldsymbol{k}=\{a_x-b_x,a_y-b_y,a_z-b_z\}$;

(4) **数量与向量相乘**　设 λ 是数量,则

$$\lambda\boldsymbol{a} = (\lambda a_x)\boldsymbol{i} + (\lambda a_y)\boldsymbol{j} + (\lambda a_z)\boldsymbol{k} = \{\lambda a_x,\lambda a_y,\lambda a_z\};$$

(5) 因 $\boldsymbol{b}=\lambda\boldsymbol{a}$ 相当于 $b_x=\lambda a_x, b_y=\lambda a_y, b_z=\lambda a_z$，于是有

$$\boldsymbol{a} \parallel \boldsymbol{b} \Longleftrightarrow \frac{a_x}{b_x}=\frac{a_y}{b_y}=\frac{a_z}{b_z},$$

即两个向量平行的充分必要条件是各坐标对应成比例.（对于上式，分母为零时，分子也必为零.）

习　题　8-1

1. 求点 $M(3,4,5)$ 到原点和各坐标轴的距离.

2. 已知 $\triangle ABC$ 的三个顶点坐标分别为 $A(4,3,1)$，$B(7,1,2)$，$C(5,2,3)$. 利用距离公式判定它是哪种三角形.

3. 在 Oyz 平面上，求与三个已知点 $A(3,1,2)$，$B(4,-2,-2)$ 和 $C(0,5,1)$ 等距离的点.

4. 设向量 $\boldsymbol{u}=\boldsymbol{a}-\boldsymbol{b}+2\boldsymbol{c}$，$\boldsymbol{v}=\boldsymbol{a}+3\boldsymbol{b}-\boldsymbol{c}$，试用向量 $\boldsymbol{a},\boldsymbol{b},\boldsymbol{c}$ 表示 $2\boldsymbol{u}-3\boldsymbol{v}$.

5. 求向量 $\boldsymbol{a}=\frac{2}{3}\boldsymbol{i}+\frac{2}{3}\boldsymbol{j}-\frac{1}{3}\boldsymbol{k}$ 的模与方向余弦.

6. 设作用于一点的三个力分别为 $\boldsymbol{F}_1=\boldsymbol{i}+3\boldsymbol{j}+2\boldsymbol{k}$，$\boldsymbol{F}_2=-2\boldsymbol{i}+3\boldsymbol{j}-4\boldsymbol{k}$，$\boldsymbol{F}_3=\boldsymbol{i}-4\boldsymbol{j}+5\boldsymbol{k}$，试求合力 $\boldsymbol{F}$ 及 $\boldsymbol{F}$ 的大小和方向余弦.

7. 分别求出向量 $\boldsymbol{a}=\{1,1,1\}$，$\boldsymbol{b}=\{2,-3,5\}$，$\boldsymbol{c}=\{-2,-1,2\}$ 的模，并分别用单位向量 $\boldsymbol{a}^0$，$\boldsymbol{b}^0$，$\boldsymbol{c}^0$ 表示向量 $\boldsymbol{a},\boldsymbol{b},\boldsymbol{c}$.

8. 求与 x 轴和 y 轴夹角分别为 $\alpha=60°$，$\beta=120°$ 的向量 $\boldsymbol{\gamma}$.

第二节　向量的数量积与向量积

一、向量的数量积

1. 数量积的概念

设一物体在常力 $\boldsymbol{F}$ 作用下沿直线从点 M_1 移动到点 M_2（如图 8-9(a)所示），用数量 θ 表示位移 $\overrightarrow{M_1M_2}$ 与力 $\boldsymbol{F}$ 的方向间的夹角. 由物理学知，力 $\boldsymbol{F}$ 所做的功为

$$W=|\boldsymbol{F}|\,|\overrightarrow{M_1M_2}|\cos\theta.$$

类似地，我们抽象出两个向量的数量积的概念.

定义 1　设两向量 $\boldsymbol{a}$ 与 $\boldsymbol{b}$ 的夹角为 $\theta(0\leqslant\theta\leqslant\pi)$，则称乘积 $|\boldsymbol{a}|\,|\boldsymbol{b}|\cos\theta$ 为 $\boldsymbol{a}$ 与 $\boldsymbol{b}$ 的数量积，记做 $\boldsymbol{a}\cdot\boldsymbol{b}$，即

$$\boldsymbol{a}\cdot\boldsymbol{b}=|\boldsymbol{a}|\,|\boldsymbol{b}|\cos\theta. \tag{1}$$

向量的数量积也称**点积**，或**内积**（如图 8-9(b)所示）.

由(1)式即得两向量夹角余弦的公式为

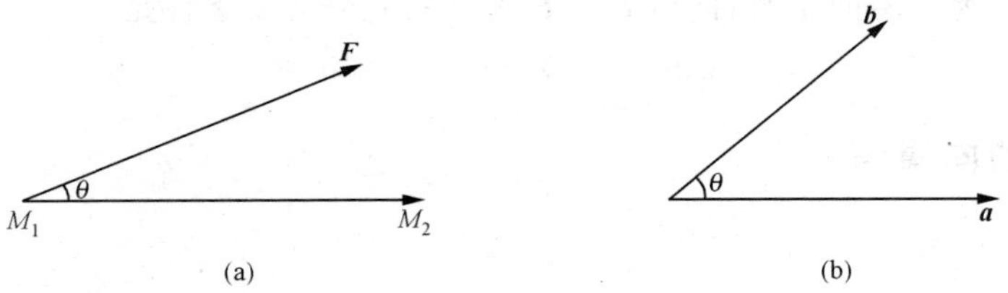

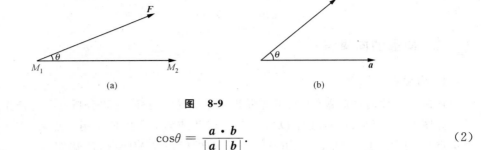

图　8-9

$$\cos\theta = \frac{\boldsymbol{a}\cdot\boldsymbol{b}}{|\boldsymbol{a}||\boldsymbol{b}|}. \tag{2}$$

2. 数量积的性质及运算法则

由数量积定义,易得数量积满足以下运算法则:

(1) **交换律**　$\boldsymbol{a}\cdot\boldsymbol{b}=\boldsymbol{b}\cdot\boldsymbol{a}$;

(2) **结合律**　$\lambda(\boldsymbol{a}\cdot\boldsymbol{b})=(\lambda\boldsymbol{a})\cdot\boldsymbol{b}=\boldsymbol{a}\cdot(\lambda\boldsymbol{b})$(其中 λ 是数量);

(3) **分配律**　$\boldsymbol{a}\cdot(\boldsymbol{b}+\boldsymbol{c})=\boldsymbol{a}\cdot\boldsymbol{b}+\boldsymbol{a}\cdot\boldsymbol{c}$;

(4) $\boldsymbol{a}\cdot\boldsymbol{a}=|\boldsymbol{a}|^2$,即向量与自身的数量积等于该向量模的平方;

(5) 对非零向量 $\boldsymbol{a}$ 与 $\boldsymbol{b}$,若 $\boldsymbol{a}\cdot\boldsymbol{b}=0$,则 $\theta=\frac{\pi}{2}$,所以 $\boldsymbol{a}$ 与 $\boldsymbol{b}$ 相互垂直(记做 $\boldsymbol{a}\perp\boldsymbol{b}$),反之,若 $\boldsymbol{a}\perp\boldsymbol{b}$,则 $\boldsymbol{a}\cdot\boldsymbol{b}=0$.

3. 数量积的坐标表达式

设 $\boldsymbol{a}=a_x\boldsymbol{i}+a_y\boldsymbol{j}+a_z\boldsymbol{k}=\{a_x,a_y,a_z\}$,$\boldsymbol{b}=b_x\boldsymbol{i}+b_y\boldsymbol{j}+b_z\boldsymbol{k}=\{b_x,b_y,b_z\}$,根据上述运算法则有

$$\begin{aligned}\boldsymbol{a}\cdot\boldsymbol{b}&=(a_x\boldsymbol{i}+a_y\boldsymbol{j}+a_z\boldsymbol{k})\cdot(b_x\boldsymbol{i}+b_y\boldsymbol{j}+b_z\boldsymbol{k})\\&=a_xb_x\boldsymbol{i}\cdot\boldsymbol{i}+a_xb_y\boldsymbol{i}\cdot\boldsymbol{j}+a_xb_z\boldsymbol{i}\cdot\boldsymbol{k}\\&\quad+a_yb_x\boldsymbol{j}\cdot\boldsymbol{i}+a_yb_y\boldsymbol{j}\cdot\boldsymbol{j}+a_yb_z\boldsymbol{j}\cdot\boldsymbol{k}\\&\quad+a_zb_x\boldsymbol{k}\cdot\boldsymbol{i}+a_zb_y\boldsymbol{k}\cdot\boldsymbol{j}+a_zb_z\boldsymbol{k}\cdot\boldsymbol{k}.\end{aligned}$$

因为 $\boldsymbol{i},\boldsymbol{j},\boldsymbol{k}$ 是相互垂直的单位向量,所以 $\boldsymbol{i}\cdot\boldsymbol{j}=\boldsymbol{j}\cdot\boldsymbol{k}=\boldsymbol{k}\cdot\boldsymbol{i}=0$,$\boldsymbol{i}\cdot\boldsymbol{i}=\boldsymbol{j}\cdot\boldsymbol{j}=\boldsymbol{k}\cdot\boldsymbol{k}=1$. 于是

$$\boldsymbol{a}\cdot\boldsymbol{b}=a_xb_x+a_yb_y+a_zb_z, \tag{3}$$

这就是两向量数量积的坐标表达式.

利用数量积定义及其坐标表达式(即(1),(2),(3)式),可得当 $\boldsymbol{a},\boldsymbol{b}$ 都不是零向量时,其夹角 θ 的余弦的坐标表达式为

$$\cos\theta=\frac{a_xb_x+a_yb_y+a_zb_z}{\sqrt{a_x^2+a_y^2+a_z^2}\,\sqrt{b_x^2+b_y^2+b_z^2}}. \tag{4}$$

由此易知，当 $\boldsymbol{a},\boldsymbol{b}$ 为非零向量时，向量 $\boldsymbol{a}$ 与 $\boldsymbol{b}$ 垂直的充分必要条件是

$$a_xb_x + a_yb_y + a_zb_z = 0.$$

二、向量的向量积

1. 向量积的概念

在研究物体转动问题时，除了考虑此物体所受的力外，还要分析这些力产生的力矩.

如图 8-10 所示，设有杠杆 OA，以定点 O 为支点，常力 $\boldsymbol{F}$ 作用于点 A 处. 由力学知，$\boldsymbol{F}$ 对定点 O 的力矩是一向量，记为 $\overrightarrow{OM}$. 力矩 $\overrightarrow{OM}$ 的模由 $|\overrightarrow{OM}| = p|\boldsymbol{F}|$ 确定，其中 p 是力臂.

设 $\boldsymbol{r}=\overrightarrow{OA}$ 是力 $\boldsymbol{F}$ 的作用点 A 的向径，θ 为 $\boldsymbol{r}$ 与 $\boldsymbol{F}$ 的夹角. 显然 $p=|\boldsymbol{r}|\sin\theta$，从而 $|\overrightarrow{OM}| = |\boldsymbol{F}||\boldsymbol{r}|\sin\theta$. 此式表明力矩的大小等于以 $\boldsymbol{r},\boldsymbol{F}$ 为两邻边的平行四边形面积.

力矩 $\overrightarrow{OM}$ 的方向垂直于向径 $\overrightarrow{OA}$ 与力 $\boldsymbol{F}$ 所在的平面(即 $\overrightarrow{OM}$ 垂直于 $\overrightarrow{OA}$ 及 $\boldsymbol{F}$)，并且 $\overrightarrow{OM}$ 的正向按右手规则从 $\overrightarrow{OA}$ 转向 $\boldsymbol{F}$ 来确定(如图 8-10 所示).

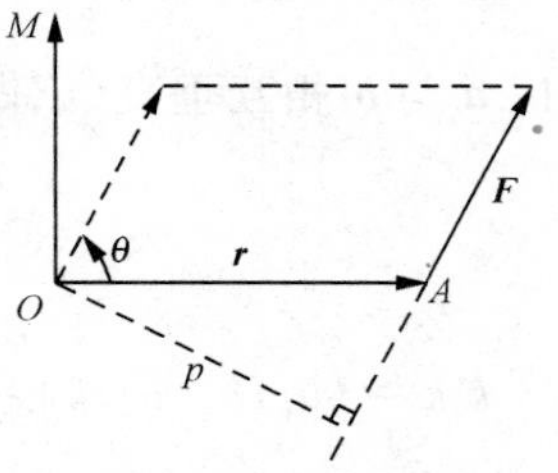

图　8-10

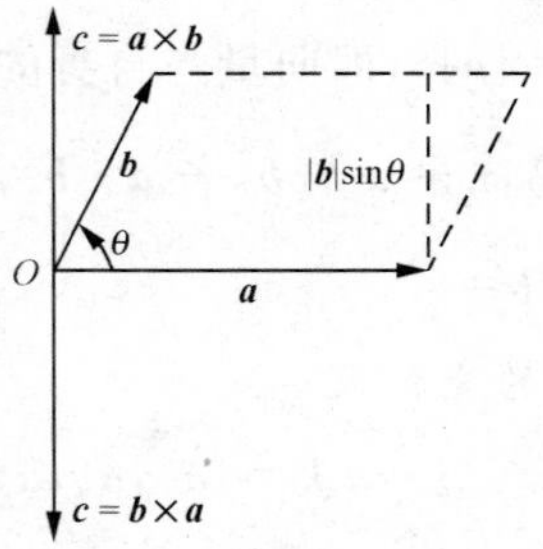

图　8-11

定义 2　设由两个向量 $\boldsymbol{a}$ 与 $\boldsymbol{b}$ 所确定的向量 $\boldsymbol{c}$，如果满足

(1) 向量 $\boldsymbol{c}$ 的模为 $|\boldsymbol{c}| = |\boldsymbol{a}||\boldsymbol{b}|\sin\theta$，其中 $\theta(0\leqslant\theta\leqslant\pi)$ 是 $\boldsymbol{a}$ 与 $\boldsymbol{b}$ 的夹角；

(2) 向量 $\boldsymbol{c}$ 的方向与 $\boldsymbol{a},\boldsymbol{b}$ 所在平面垂直，且 $\boldsymbol{c}$ 的正向按从 $\boldsymbol{a}$ 到 $\boldsymbol{b}$ 的右手规则所确定，

则称向量 $\boldsymbol{c}$ 为 $\boldsymbol{a}$ 与 $\boldsymbol{b}$ 的**向量积**(或**叉积**、**外积**)，记为 $\boldsymbol{c}=\boldsymbol{a}\times\boldsymbol{b}$(如图 8-11 所示). 由此可得两个向量夹角正弦的计算公式

$$\sin\theta = \frac{|\boldsymbol{a}\times\boldsymbol{b}|}{|\boldsymbol{a}||\boldsymbol{b}|}. \tag{5}$$

在上面的问题中，力矩是向径 $\overrightarrow{OA}=\boldsymbol{r}$ 与力 $\boldsymbol{F}$ 的向量积，即有

$$\overrightarrow{OM} = \overrightarrow{OA}\times\boldsymbol{F} = \boldsymbol{r}\times\boldsymbol{F}.$$

2. 向量积的性质及运算法则

(1) $\boldsymbol{a}\times\boldsymbol{a}=\boldsymbol{0}$，即向量与自身的向量积为零向量；

(2) $\boldsymbol{a}/\!/\boldsymbol{b}$，且 $\boldsymbol{a},\boldsymbol{b}\neq\boldsymbol{0}\Leftrightarrow\boldsymbol{a}\times\boldsymbol{b}=\boldsymbol{0}$，即两个非零向量互相平行的充分必要条件是它们的向量积为零向量；

(3) $\boldsymbol{a}\times\boldsymbol{b}=-\boldsymbol{b}\times\boldsymbol{a}$，即向量积不适合交换律；

(4) **与数乘的结合律**　$\lambda(\boldsymbol{a}\times\boldsymbol{b})=(\lambda\boldsymbol{a})\times\boldsymbol{b}=\boldsymbol{a}\times(\lambda\boldsymbol{b})$，$\lambda$ 为数量；

(5) **分配律**　$(\boldsymbol{a}+\boldsymbol{b})\times\boldsymbol{c}=\boldsymbol{a}\times\boldsymbol{c}+\boldsymbol{b}\times\boldsymbol{c}$，$\boldsymbol{a}\times(\boldsymbol{b}+\boldsymbol{c})=\boldsymbol{a}\times\boldsymbol{b}+\boldsymbol{a}\times\boldsymbol{c}$.

例 1　试求基本单位向量 $\boldsymbol{i},\boldsymbol{j},\boldsymbol{k}$ 中，两两间的向量积.

解　$\boldsymbol{i}\times\boldsymbol{j}$ 是一个向量，其模为 $|\boldsymbol{i}\times\boldsymbol{j}|=|\boldsymbol{i}||\boldsymbol{j}|\sin\frac{\pi}{2}=1$. 根据右手规则，$\boldsymbol{i}\times\boldsymbol{j}$ 的方向与 z 轴正向一致，即 $\boldsymbol{i}\times\boldsymbol{j}$ 是与 z 轴同方向的基本单位向量 $\boldsymbol{k}$，即 $\boldsymbol{i}\times\boldsymbol{j}=\boldsymbol{k}$.

同样地，可得 $\boldsymbol{j}\times\boldsymbol{k}=\boldsymbol{i}$，$\boldsymbol{k}\times\boldsymbol{i}=\boldsymbol{j}$. 总之，有

$$\boldsymbol{i}\times\boldsymbol{j}=\boldsymbol{k},\quad \boldsymbol{j}\times\boldsymbol{k}=\boldsymbol{i},\quad \boldsymbol{k}\times\boldsymbol{i}=\boldsymbol{j},$$

此等式可利用图 8-12 帮助记忆. 此外，又显然有

$$\boldsymbol{i}\times\boldsymbol{i}=\boldsymbol{j}\times\boldsymbol{j}=\boldsymbol{k}\times\boldsymbol{k}=\boldsymbol{0}.$$

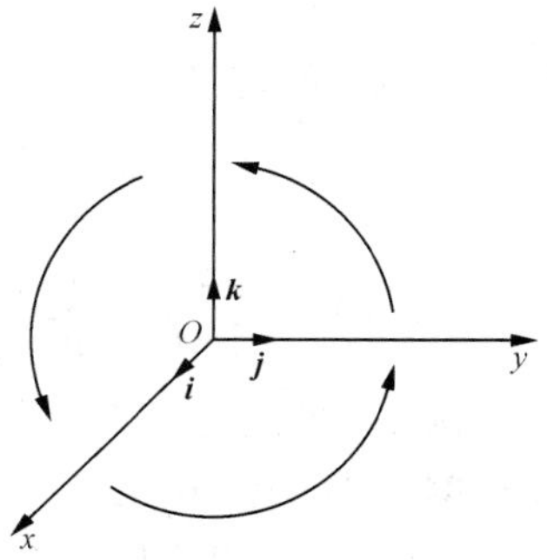

图　8-12

3. 向量积的坐标表达式

设 $\boldsymbol{a}=a_x\boldsymbol{i}+a_y\boldsymbol{j}+a_z\boldsymbol{k}=\{a_x,a_y,a_z\}$，$\boldsymbol{b}=b_x\boldsymbol{i}+b_y\boldsymbol{j}+b_z\boldsymbol{k}=\{b_x,b_y,b_z\}$，则

$$\begin{aligned}\boldsymbol{a}\times\boldsymbol{b}&=(a_x\boldsymbol{i}+a_y\boldsymbol{j}+a_z\boldsymbol{k})\times(b_x\boldsymbol{i}+b_y\boldsymbol{j}+b_z\boldsymbol{k})\\&=a_xb_x\boldsymbol{i}\times\boldsymbol{i}+a_xb_y\boldsymbol{i}\times\boldsymbol{j}+a_xb_z\boldsymbol{i}\times\boldsymbol{k}\\&\quad+a_yb_x\boldsymbol{j}\times\boldsymbol{i}+a_yb_y\boldsymbol{j}\times\boldsymbol{j}+a_yb_z\boldsymbol{j}\times\boldsymbol{k}\\&\quad+a_zb_x\boldsymbol{k}\times\boldsymbol{i}+a_zb_y\boldsymbol{k}\times\boldsymbol{j}+a_zb_z\boldsymbol{k}\times\boldsymbol{k}.\end{aligned}$$

利用例 1 的结果，化简得

$$\boldsymbol{a}\times\boldsymbol{b}=(a_yb_z-a_zb_y)\boldsymbol{i}+(a_zb_x-a_xb_z)\boldsymbol{j}+(a_xb_y-a_yb_x)\boldsymbol{k},\tag{6}$$

或形式地记为

$$\boldsymbol{a}\times\boldsymbol{b}=\begin{vmatrix}\boldsymbol{i}&\boldsymbol{j}&\boldsymbol{k}\\a_x&a_y&a_z\\b_x&b_y&b_z\end{vmatrix}.\tag{7}$$

公式(6)，(7)是两个向量的向量积的坐标表达式. 这里，公式(7)形式上用了三阶行列式的记号，这个三阶行列式的第一行的元素是三个坐标轴上的基本单位向量，其他的两行依次为向量积的第一个和第二个向量在三个坐标轴上的坐标. 计算时，如以下几例，只要把它按第一行展开就行了①.

例 2　设 $\boldsymbol{a}=\{2,1,-1\}$，$\boldsymbol{b}=\{1,-1,2\}$，计算 $\boldsymbol{a}\times\boldsymbol{b}$.

---

① 关于行列式的知识，将在第四篇中系统介绍.

解　由(7)式,可得

$$\boldsymbol{a}\times\boldsymbol{b}=\begin{vmatrix}\boldsymbol{i} & \boldsymbol{j} & \boldsymbol{k}\\ 2 & 1 & -1\\ 1 & -1 & 2\end{vmatrix}=\boldsymbol{i}(-1)^{1+1}\begin{vmatrix}1 & -1\\ -1 & 2\end{vmatrix}$$

$$+\boldsymbol{j}(-1)^{1+2}\begin{vmatrix}2 & -1\\ 1 & 2\end{vmatrix}+\boldsymbol{k}(-1)^{1+3}\begin{vmatrix}2 & 1\\ 1 & -1\end{vmatrix}=\boldsymbol{i}-5\boldsymbol{j}-3\boldsymbol{k}.$$

例 3　求以 $A(3,0,2)$,$B(5,3,1)$及 $C(0,-1,3)$三点为顶点的$\triangle ABC$ 的面积 S 及 $\sin A$.

解　因为$\overrightarrow{AB}=\{2,3,-1\}$,$\overrightarrow{AC}=\{-3,-1,1\}$,所以

$$\overrightarrow{AB}\times\overrightarrow{AC}=\begin{vmatrix}\boldsymbol{i} & \boldsymbol{j} & \boldsymbol{k}\\ 2 & 3 & -1\\ -3 & -1 & 1\end{vmatrix}=2\boldsymbol{i}+\boldsymbol{j}+7\boldsymbol{k}.$$

故由向量积的定义知

$$S=\frac{1}{2}|\overrightarrow{AB}\times\overrightarrow{AC}|=\frac{1}{2}\sqrt{2^2+1^2+7^2}=\frac{1}{2}\sqrt{54}=\frac{3}{2}\sqrt{6},$$

$$\sin A=\frac{|\overrightarrow{AB}\times\overrightarrow{AC}|}{|\overrightarrow{AB}||\overrightarrow{AC}|}=\frac{\sqrt{2^2+1^2+7^2}}{\sqrt{2^2+3^2+(-1)^2}\sqrt{(-3)^2+(-1)^2+1^2}}=\frac{3\sqrt{3}}{\sqrt{77}}.$$

例 4　求同时垂直于向量 $\boldsymbol{a}=2\boldsymbol{i}+2\boldsymbol{j}+\boldsymbol{k}$ 和 $\boldsymbol{b}=4\boldsymbol{i}+5\boldsymbol{j}+3\boldsymbol{k}$ 的单位向量 $\boldsymbol{c}^0$.

解　由向量积的定义知,$\pm(\boldsymbol{a}\times\boldsymbol{b})$是既垂直于 $\boldsymbol{a}$ 又垂直于 $\boldsymbol{b}$ 的向量,只要求出$\pm(\boldsymbol{a}\times\boldsymbol{b})$,再乘以它的模的倒数,便得所求的单位向量.因为

$$\boldsymbol{a}\times\boldsymbol{b}=\begin{vmatrix}\boldsymbol{i} & \boldsymbol{j} & \boldsymbol{k}\\ 2 & 2 & 1\\ 4 & 5 & 3\end{vmatrix}=\boldsymbol{i}-2\boldsymbol{j}+2\boldsymbol{k},$$

则

$$|\boldsymbol{a}\times\boldsymbol{b}|=\sqrt{1^2+(-2)^2+2^2}=3.$$

而同时垂直于 $\boldsymbol{a}$ 和 $\boldsymbol{b}$ 的向量的方向有两个,所以

$$\boldsymbol{c}^0=\pm\frac{\boldsymbol{a}\times\boldsymbol{b}}{|\boldsymbol{a}\times\boldsymbol{b}|}=\pm\frac{1}{3}(\boldsymbol{i}-2\boldsymbol{j}+2\boldsymbol{k}).$$

注意,在计算向量积时也可直接利用公式(6).

例 5　求证:$|\boldsymbol{a}\cdot\boldsymbol{b}|^2=|\boldsymbol{a}|^2|\boldsymbol{b}|^2-|\boldsymbol{a}\times\boldsymbol{b}|^2$.

证　设 $\boldsymbol{a}$ 与 $\boldsymbol{b}$ 的夹角为θ,则由定义知

$$|\boldsymbol{a}\cdot\boldsymbol{b}|^2=\Big||\boldsymbol{a}||\boldsymbol{b}|\cos\theta\Big|^2=|\boldsymbol{a}|^2|\boldsymbol{b}|^2\cos^2\theta=|\boldsymbol{a}|^2|\boldsymbol{b}|^2(1-\sin^2\theta)$$

$$=|\boldsymbol{a}|^2|\boldsymbol{b}|^2-|\boldsymbol{a}|^2|\boldsymbol{b}|^2\sin^2\theta=|\boldsymbol{a}|^2|\boldsymbol{b}|^2-|\boldsymbol{a}\times\boldsymbol{b}|^2.$$

习　题　8-2

1. 下列各组向量中,哪些有平行或垂直关系?

(1) $\boldsymbol{a}=2\boldsymbol{i}-\boldsymbol{j}-\boldsymbol{k}$, $\boldsymbol{b}=-\boldsymbol{i}+8\boldsymbol{j}-10\boldsymbol{k}$;　　(2) $\boldsymbol{c}=5\boldsymbol{i}+\boldsymbol{j}-7\boldsymbol{k}$, $\boldsymbol{d}=\frac{10}{3}\boldsymbol{i}+\frac{2}{3}\boldsymbol{j}-\frac{14}{3}\boldsymbol{k}$.

2. 已知向量 $\boldsymbol{a}=-\boldsymbol{i}+2\boldsymbol{j}-2\boldsymbol{k}$,$\boldsymbol{b}=5\boldsymbol{i}+2\boldsymbol{j}$,求这两个向量的数量积与向量积.

3. 证明向量 $\boldsymbol{a}=2\boldsymbol{i}-\boldsymbol{j}+\boldsymbol{k}$ 与 $\boldsymbol{b}=4\boldsymbol{i}+9\boldsymbol{j}+\boldsymbol{k}$ 相互垂直.

4. 设力 $\boldsymbol{F}=2\boldsymbol{i}-5\boldsymbol{j}+3\boldsymbol{k}$ 使质点自点 $A(1,3,2)$沿直线移到点 $B(3,1,2)$,求此力所做的功.

5. 求顶点为 $A(1,-1,2)$,$B(3,3,1)$,$C(3,1,3)$的三角形 ABC 的面积及 $\sin A$.

6. 求同时垂直于向量 $\boldsymbol{a}=2\boldsymbol{i}-\boldsymbol{j}+\boldsymbol{k}$ 和 $\boldsymbol{b}=\boldsymbol{i}+2\boldsymbol{j}-2\boldsymbol{k}$ 的单位向量.

第三节　平 面 方 程

本节以向量为工具,在空间直角坐标系中讨论最简单的空间几何图形——平面.学习中应着重掌握使用向量解决平面问题的方法.

1. 平面的点法式方程

垂直于一已知平面 π 的非零向量 $\boldsymbol{n}$ 称为这个平面 π 的一个**法向量**(或**法线向量**)(如图 8-13 所示).

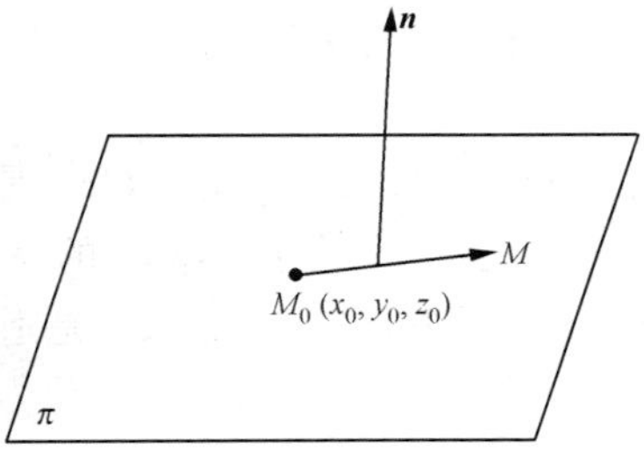

图　8-13

我们知道,过空间一点可以作而且只能作一个垂直于已知直线的平面,所以已知平面 π 上的一点 $M_0(x_0,y_0,z_0)$及平面 π 的一个法向量 $n=\{A,B,C\}$时,平面 π 的位置完全确定,现在建立它的方程.

在这平面 π 上任取另一点 $M(x,y,z)$,引向量

$$\overrightarrow{M_0M}=\{x-x_0,y-y_0,z-z_0\}.$$

因为 $\boldsymbol{n}\perp\overrightarrow{M_0M}$,由两向量垂直的充分必要条件知 $\boldsymbol{n}\cdot\overrightarrow{M_0M}=0$,即

$$A(x-x_0)+B(y-y_0)+C(z-z_0)=0. \tag{1}$$

显然,凡平面 π 上的点 M,其坐标满足方程(1).而不在平面 π 上的点 M',$\overrightarrow{M_0M'}$与法向量 $\boldsymbol{n}$ 不垂直,此时,$\boldsymbol{n}\cdot\overrightarrow{M_0M'}\neq 0$,从而其坐标不满足方程(1).所以公式(1)是所求平面的方程,称为平面的**点法式方程**.

例 1　求通过点 $M_0(1,1,1)$且垂直于向量 $\boldsymbol{n}=\{2,2,3\}$的平面方程.

解　由于所求的平面垂直于向量 $\boldsymbol{n}$,所以把向量 $\boldsymbol{n}$ 作为所求平面的法向量.将点 M_0 及法向量 $\boldsymbol{n}$ 的坐标代入点法式方程(1),可得所求的平面方程为

$$2(x-1)+2(y-1)+3(z-1)=0,$$

即

$$2x+2y+3z-7=0.$$

例 2　求过点 $M_1(2,-1,4)$，$M_2(-1,3,-2)$，$M_3(0,2,3)$的平面方程.

解　先确定所求平面的法向量 $\boldsymbol{n}$. 因法向量 $\boldsymbol{n}$ 与向量$\overrightarrow{M_1M_2}$，$\overrightarrow{M_1M_3}$都垂直，而

$$\overrightarrow{M_1M_2}=\{-3,4,-6\},\quad \overrightarrow{M_1M_3}=\{-2,3,-1\}.$$

所以可取它们的向量积为 $\boldsymbol{n}$，即

$$\boldsymbol{n}=\overrightarrow{M_1M_2}\times\overrightarrow{M_1M_3}=\begin{vmatrix}\boldsymbol{i} & \boldsymbol{j} & \boldsymbol{k}\\ -3 & 4 & -6\\ -2 & 3 & -1\end{vmatrix}=\{14,9,-1\}.$$

由点法式方程(1)可得平面方程为

$$14(x-2)+9(y+1)-(z-4)=0,$$

即

$$14x+9y-z-15=0.$$

2. 平面的一般方程

方程(1)是关于 x,y,z 的一次方程，可将(1)简化为

$$Ax+By+Cz+D=0, \tag{2}$$

其中 $D=-(Ax_0+By_0+Cz_0)$是常数. 这就是说，平面方程是关于 x,y,z 的一次方程.

反之，一个关于 x,y,z 的一次方程(2)(其中 A,B,C 是不全为零的常数)必表示一平面. 这是因为，设(x_0,y_0,z_0)是适合方程(2)的一组数，即

$$Ax_0+By_0+Cz_0+D=0. \tag{3}$$

(2)－(3)可得

$$A(x-x_0)+B(y-y_0)+C(z-z_0)=0.$$

这表示过点 $M_0(x_0,y_0,z_0)$且以 $\boldsymbol{n}=\{A,B,C\}$为法向量的平面.

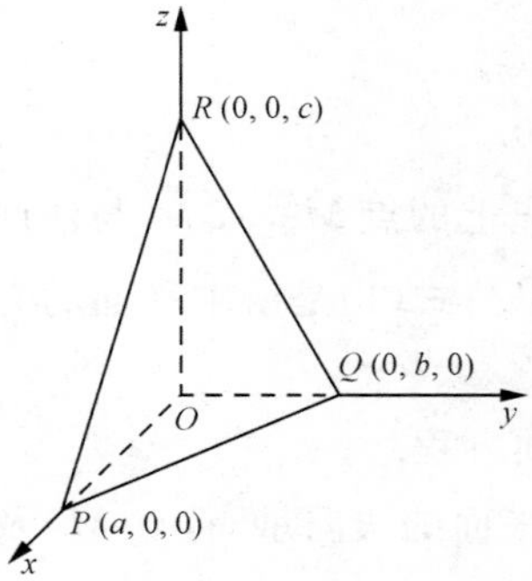

图　8-14

综合上面的结论，我们可以看到三元一次方程和平面之间有一一对应关系，故称方程(2)为平面的**一般式方程**，它的法向量为 $\boldsymbol{n}=\{A,B,C\}$.

例 3　设平面与 x 轴、y 轴、z 轴分别交于 $P(a,0,0)$，$Q(0,b,0)$，$R(0,0,c)$三点，其中 $abc\neq0$(如图 8-14 所示). 求此平面的方程.

解　设所求平面的方程为 $Ax+By+Cz+D=0$，因 P,Q,R 三点都在平面上，所以点 P,Q,R 的坐标都满足方程，分别将其坐标代入方程，得

$$Aa+D=0,\text{ 即 } A=-\frac{D}{a},$$

$$Bb+D=0,\text{ 即 } B=-\frac{D}{b},$$

$$Cc+D=0,\text{ 即 } C=-\frac{D}{c}.$$

将 A,B,C 的值代入方程，并消去 D(因为 $D\neq0$)，于是可得所求平面方程为

$$\frac{x}{a}+\frac{y}{b}+\frac{z}{c}=1. \tag{4}$$

方程(4)称为平面的**截距式方程**，其中 a,b,c 依次为平面在 x,y,z 轴的**截距**.

习　题　8-3

1. 求下列平面的方程：

(1) 过点$(2,0,-3)$且垂直于向量 $\boldsymbol{n}=2\boldsymbol{i}-\boldsymbol{j}+3\boldsymbol{k}$；(2) 过点$(1,2,-1)$且平行于平面 $x+y-z-2=0$.

2. 求下列平面的方程：

(1) 过三点 $M_1(0,-1,2)$，$M_2(1,2,2)$，$M_3(2,0,-3)$；

(2) 在三条坐标轴上的截距依次为 $1,-2,3$.

3. 求点$(1,2,1)$到平面 $x+2y+2z-10=0$ 的距离.

第四节　曲面与曲线

一、曲面方程的概念

在空间解析几何中，曲面可看做是具有某种几何性质的点的集合或按照一定规律运动的点的轨迹. 当空间的点按一定规律运动时，它的坐标(x,y,z)满足方程 $F(x,y,z)=0$.

定义 1　如果曲面 S 与方程 $F(x,y,z)=0$ 有下列关系：

(1) 曲面 S 上任何一点的坐标都满足这个方程；

(2) 不在曲面 S 上的点的坐标都不满足这个方程，

则称方程 $F(x,y,z)=0$ 为**曲面 S 的方程**，而曲面 S 称为**方程 $F(x,y,z)=0$ 的图形**(如图 8-15 所示).

由定义 1 可知，空间解析几何研究的两个基本问题：

(1) 已知曲面作为点的轨迹，建立曲面的方程，即找出动点坐标满足的关系式；

(2) 已知曲面方程，研究这个方程所表示的曲面形状.

下面的讨论将按这两个基本问题进行.

例 1　建立球心在点 $M_0(x_0,y_0,z_0)$，半径为 R 的球面方程.

解　在空间解析几何中，**球面**就是空间中与某个定点等距离的点的轨迹(定点称为**球心**，定距离称为**半径**).

设球面上任一点为 $M(x,y,z)$，于是 $|\overrightarrow{M_0M}|=R$，因为

$$|\overrightarrow{M_0M}|=\sqrt{(x-x_0)^2+(y-y_0)^2+(z-z_0)^2},$$

故

$$\sqrt{(x-x_0)^2+(y-y_0)^2+(z-z_0)^2}=R,$$

即

$$(x-x_0)^2+(y-y_0)^2+(z-z_0)^2=R^2, \tag{1}$$

这就是以 $M_0(x_0,y_0,z_0)$ 为球心，R 为半径的球面方程(如图 8-16 所示). 若球心在原点 $(0,0,0)$，则球面方程为

$$x^2+y^2+z^2=R^2. \tag{2}$$

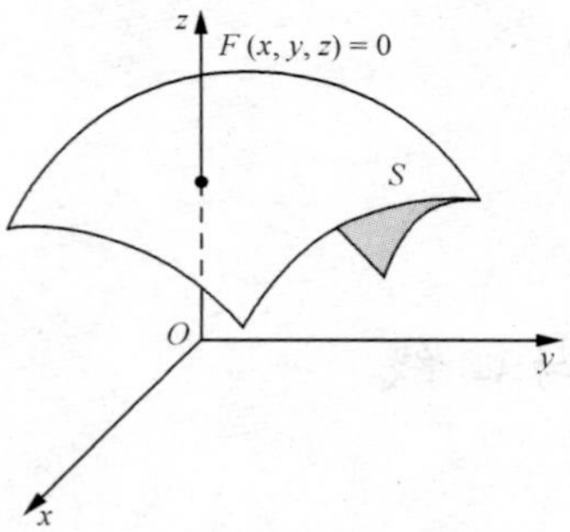

图　8-15

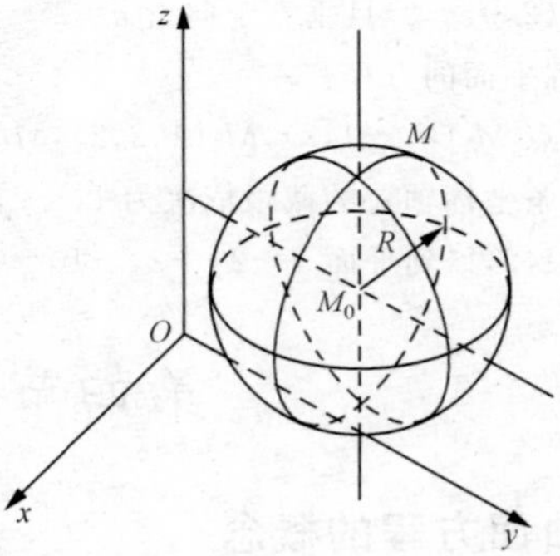

图　8-16

例 2　已知球面方程为 $x^2+y^2+z^2-2x-4y-4=0$，求它的球心坐标和半径.

解　将上式配方得

$$(x-1)^2+(y-2)^2+z^2=9.$$

所以，球心坐标为(1,2,0)，半径为 $R=3$.

下面给出的是球面上几个常用的部分图形和它们对应的方程.

图 8-17 是球面(2)的上半部分，其方程是 $z=\sqrt{R^2-x^2-y^2}\,(x^2+y^2\leqslant R^2)$；图 8-18 是球面(2)的第一卦限部分，其方程是 $z=\sqrt{R^2-x^2-y^2}\,(x,y\geqslant 0$，且 $x^2+y^2\leqslant R^2)$；图 8-19 是球面 $x^2+y^2+(z-R)^2=R^2$ 的下半部分，其方程是 $z=R-\sqrt{R^2-x^2-y^2}\,(x^2+y^2\leqslant R^2)$.

下面，作为基本问题(1)的例子，讨论旋转曲面；作为基本问题(2)的例子，讨论柱面. 它们都是实际问题中常见的曲面.

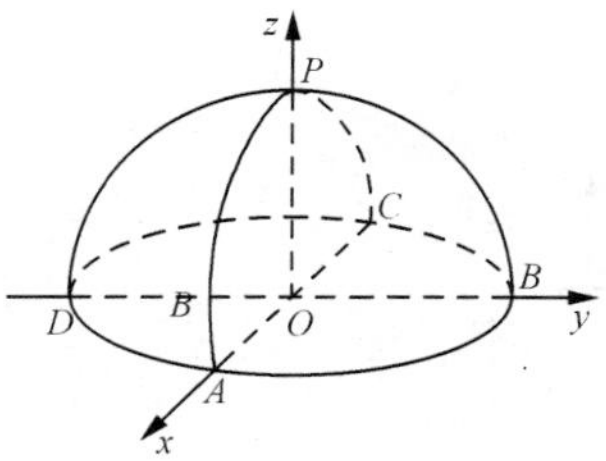

图　8-17

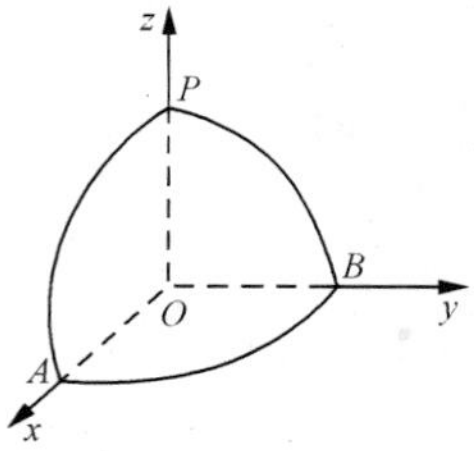

图　8-18

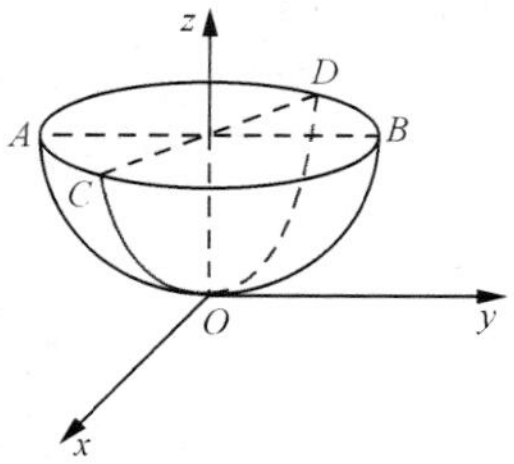

图　8-19

二、旋转曲面

一平面曲线绕该平面上的一条定直线旋转一周得到的曲面称为**旋转曲面**，这条定直线称为旋转曲面的**轴**.

设在 yOz 平面上有一曲线 C：$\begin{cases} f(y,z)=0, \\ x=0, \end{cases}$ 将此曲线绕 z 轴旋转一周，得到一个以 z 轴为轴的旋转曲面，现求该曲面的方程.

设 $M_1(0,y_1,z_1)$ 为曲线 C 上任意一点(如图 8-20 所示)，则有 $f(y_1,z_1)=0$. 当曲线 C 绕 z 轴旋转的时候，点 M_1 也绕 z 轴旋转到另一点 $M(x,y,z)$，此时 $z=z_1$ 保持不变，且点 M 与 z 轴的距离 u_1 恒等于 $|y_1|$，因 $u_1=\sqrt{x^2+y^2}$，故有 $y_1=\pm\sqrt{x^2+y^2}$，从而有

$$f(\pm\sqrt{x^2+y^2},z)=0.$$

这就是说，旋转曲面上任一点 M 的坐标 (x,y,z) 必满足上述方程；而不在旋转曲面上的点，其坐标不满足 $\sqrt{x^2+y^2}=|y_1|$，也必定不满足上述方程. 故此方程必是旋转曲面的方程.

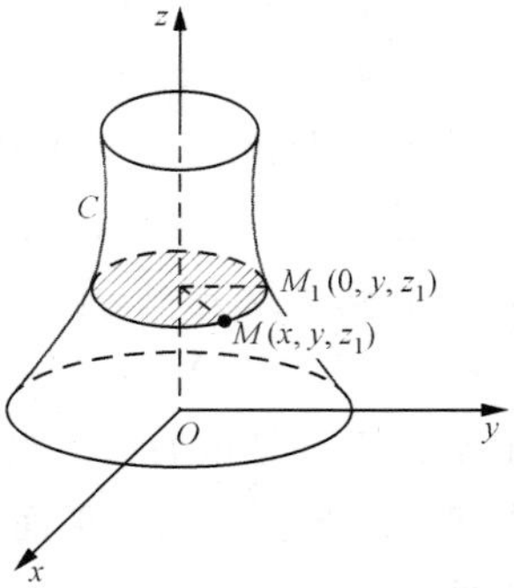

图　8-20

同理，曲线 C：$\begin{cases} f(y,z)=0, \\ x=0 \end{cases}$ 绕 y 轴所成的旋转曲面方程为

$$f(y,\pm\sqrt{x^2+z^2})=0.$$

例 3　一直线 L 绕与其夹角为定角 $\alpha\left(0<\alpha<\frac{\pi}{2}\right)$ 的一定直线(如 z 轴)，在空间内旋转而成的曲面称为**圆锥面**. 直线 L 与定直线的交点称为圆锥面的**顶点**，定直线称为圆锥面的**轴**. 试求圆锥面方程.

解　建立空间直角坐标系，如图 8-21 所示. 在 Oyz 平面内，直线 L 的方程为 $z=y\cot\alpha$. 因为绕 z 轴旋转，所以圆锥面的方程为 $z=\pm\sqrt{x^2+y^2}\cot\alpha$. 令 $\cot\alpha=a$(常数)，则所

求圆锥面的方程为

$$z^2 = a^2(x^2 + y^2). \tag{3}$$

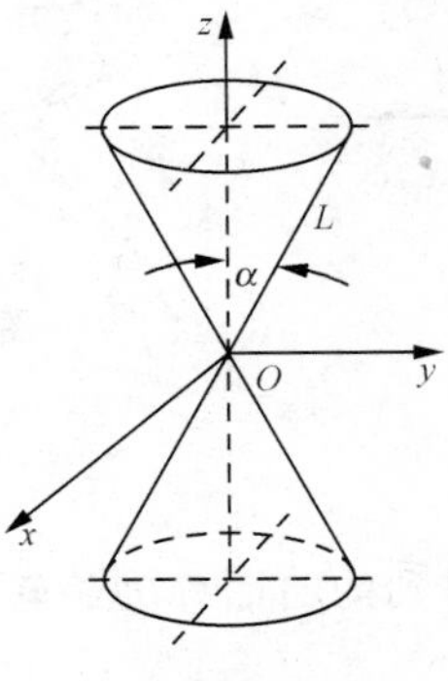

图　8-21

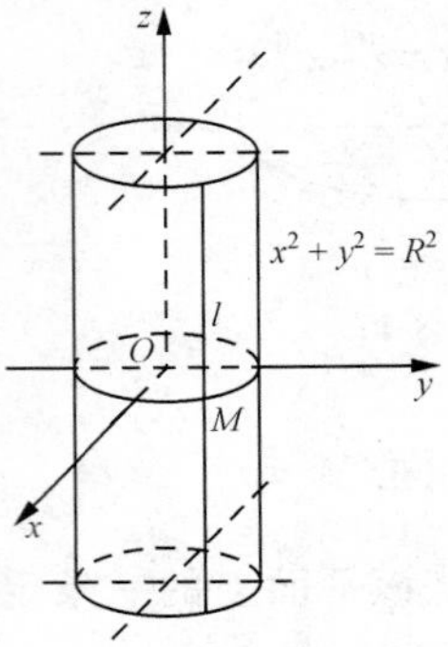

图　8-22

三、柱面

下面我们先分析一个具体的例子.

例 4　方程 $x^2+y^2=R^2$ 表示怎样的曲面?

解　方程 $x^2+y^2=R^2$ 在 Oxy 平面上表示圆心在原点 O、半径为 R 的圆. 在空间直角坐标系中,这方程不含竖坐标 z,即不论空间点的竖坐标 z 怎样,只要它的横坐标 x 和纵坐标 y 能满足这方程,那么这些点就在这曲面上. 这就是说,凡是通过 Oxy 平面内圆 $x^2+y^2=R^2$ 上的一点 $M(x,y,0)$,且平行于 z 轴的直线 l 都在这曲面上,因此,这曲面可以看做是由平行于 z 轴的直线 l 沿 Oxy 平面上的圆 $x^2+y^2=R^2$ 移动而形成的. 这曲面叫**圆柱面**(如图 8-22 所示),Oxy 平面上的圆 $x^2+y^2=R^2$ 叫做它的**准线**,平行于 z 轴的直线 l 叫做它的**母线**.

一般地,一动直线 l 沿着定曲线 C 移动并保持与定直线平行所形成的轨迹叫做**柱面**. 该定曲线 C 叫做柱面的**准线**,动直线 l 叫做柱面的**母线**.

例 5　在空间直角坐标系中,$y^2=2x$ 表示**抛物柱面**,它的母线平行于 z 轴,准线是 Oxy 平面上的抛物线 $y^2=2x$(如图 8-23 所示).

一般地,只含 x,y 而缺 z 的方程 $F(x,y)=0$,在空间直角坐标系中表示母线平行于 z 轴的柱面,其准线是 Oxy 平面上的曲线 C: $F(x,y)=0$(如图 8-24 所示). 类似地,只含 x,z 而不含 y 的方程 $G(x,z)=0$,表示母线平行于 y 轴的柱面,它的准线是 Oxz 平面上的曲线 $G(x,z)=0$;只含 y,z 不含 x 的方程 $H(y,z)=0$,表示母线平行于 x 轴的柱面,它的准线是 Oyz 平面上的曲线 $H(y,z)=0$.

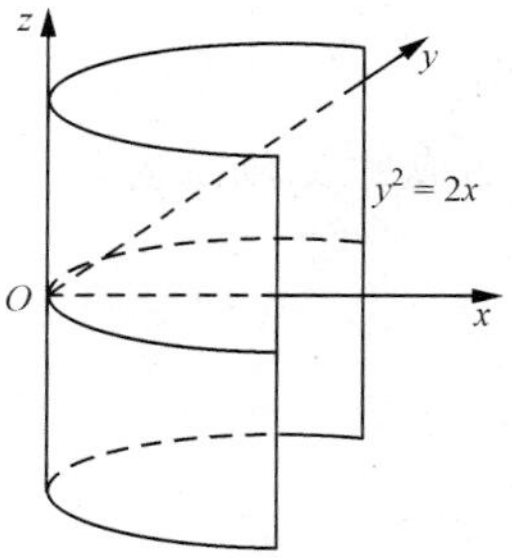

图　8-23

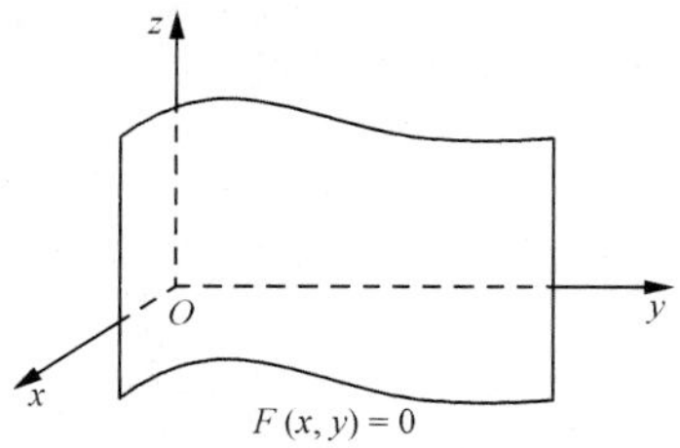

图　8-24

四、二次曲面

在空间直角坐标系中，三元二次方程所表示的曲面称为**二次曲面**. 例如，已经讲过的球面(1)，(2)，圆锥面(3)和圆柱面、抛物柱面等都是二次曲面. 常用的二次曲面还有以下几类.

1. 椭球面

由方程

$$\frac{x^2}{a^2}+\frac{y^2}{b^2}+\frac{z^2}{c^2}=1 \quad (a>0,b>0,c>0) \tag{4}$$

所确定的曲面，称为**椭球面**. 其图形如图 8-25 所示.

特别当 $a=b=c$ 时，椭球面(4)变成球面 $x^2+y^2+z^2=a^2$.

2. 椭圆抛物面

由方程

$$z=\frac{x^2}{2p}+\frac{y^2}{2q} \quad (p \text{ 与 } q \text{ 同号}) \tag{5}$$

所确定的曲面称为**椭圆抛物面**. 如设 $p>0,q>0$，其图形如图 8-26 所示.

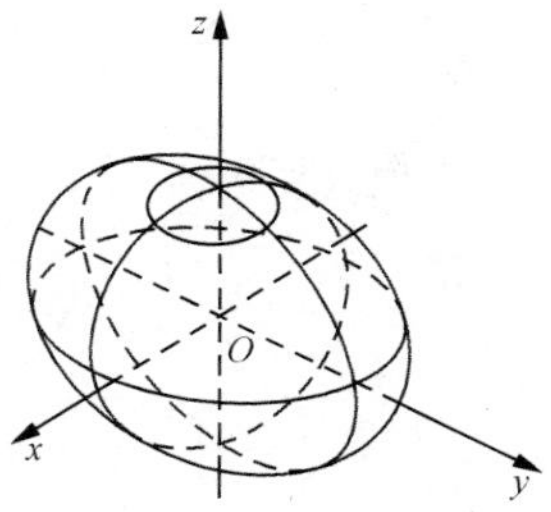

图　8-25

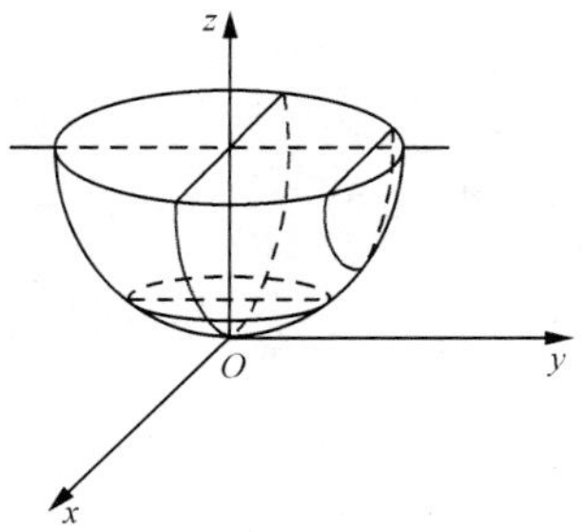

图　8-26

如果 $p=q$，则方程(5)变成

$$x^2+y^2=2pz \quad (p>0),$$

它可看成由 Oyz 平面上的抛物线 $y^2=2pz$ 绕 z 轴旋转而成的旋转抛物面.

3. 单叶双曲面

由方程

$$\frac{x^2}{a^2}+\frac{y^2}{b^2}-\frac{z^2}{c^2}=1 \tag{6}$$

所确定的曲面称为**单叶双曲面**. 其图形如图 8-27 所示.

当 $a=b$ 时，方程(6)变成

$$\frac{x^2+y^2}{a^2}-\frac{z^2}{c^2}=1,$$

它可看成由 Oyz 平面上的双曲线 $\frac{y^2}{a^2}-\frac{z^2}{c^2}=1$ 绕其 z 轴旋转而成的曲面，并称它为**单叶旋转双曲面**.

4. 双叶双曲面

由方程

$$\frac{x^2}{a^2}-\frac{y^2}{b^2}+\frac{z^2}{c^2}=-1 \tag{7}$$

所确定的曲面称为**双叶双曲面**. 其图形如图 8-28 所示.

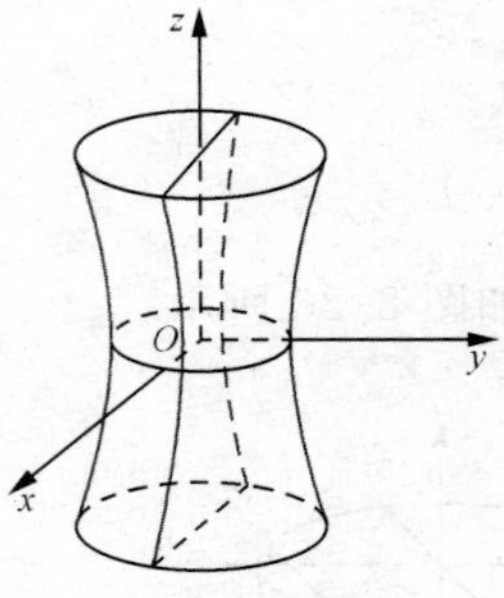

图　8-27

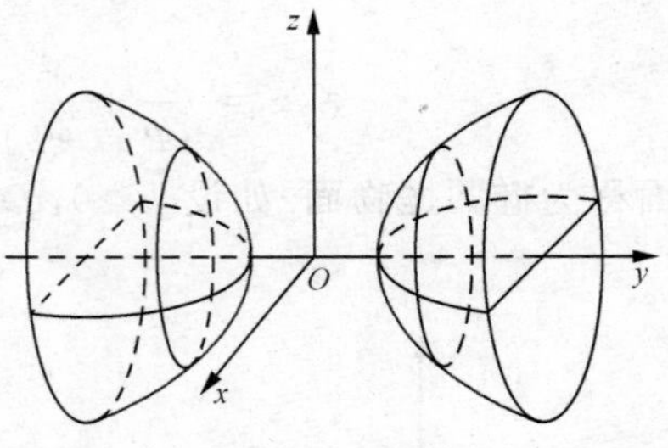

图　8-28

5. 二次锥面

由方程

$$\frac{x^2}{a^2}+\frac{y^2}{b^2}-\frac{z^2}{c^2}=0 \tag{8}$$

所确定的曲面，称为**二次锥面**.

五、空间曲线的方程

1. 空间曲线的一般方程

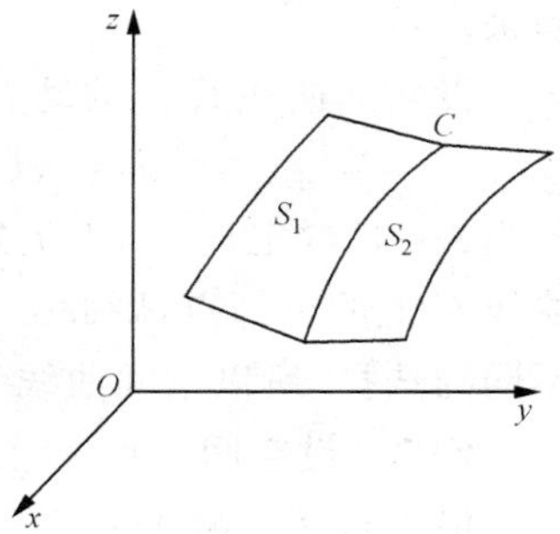

图　8-29

一般地，空间曲线也可看做两个曲面的交线. 设 $F(x,y,z)=0$，$G(x,y,z)=0$ 分别是两个曲面 S_1 和 S_2 的方程，它们的交线为 C（如图 8-29 所示）.

因为曲线 C 上的点同时在这两个曲面上，它的坐标必同时满足这两个方程. 反之，如果点 M 不在曲线上，则它们的坐标不能同时满足这两个方程，因此把这两个曲面方程联立起来，即

$$\begin{cases} F(x,y,z)=0, \\ G(x,y,z)=0, \end{cases}$$

就是空间曲线 C 的方程，称为**曲线的一般方程**.

例 6　方程组 $\begin{cases} x^2+y^2+z^2=9, \\ z=2 \end{cases}$ 表示怎样的空间曲线？

解　第一个方程表示球心在原点、半径为 3 的球面；第二个方程表示平行于 Oxy 平面且在 z 轴上的截距为 2 的平面. 因此，此空间曲线就是用平面 $z=2$ 截球面 $x^2+y^2+z^2=9$ 所得的交线（如图 8-30 所示），它表示在平面 $z=2$ 上，球心在点 $(0,0,2)$、半径为 $\sqrt{5}$ 的圆.

注意，曲线看做两个曲面的交线时，用以表示交线的曲面方程组不是唯一的. 例如，上例中的圆，还可以表示为 $\begin{cases} x^2+y^2=5, \\ z=2. \end{cases}$ 它表示母线平行于 z 轴，准线为圆 $x^2+y^2=5$ 的圆柱面，被平面 $z=2$ 所截得到的圆（如图 8-31 所示）.

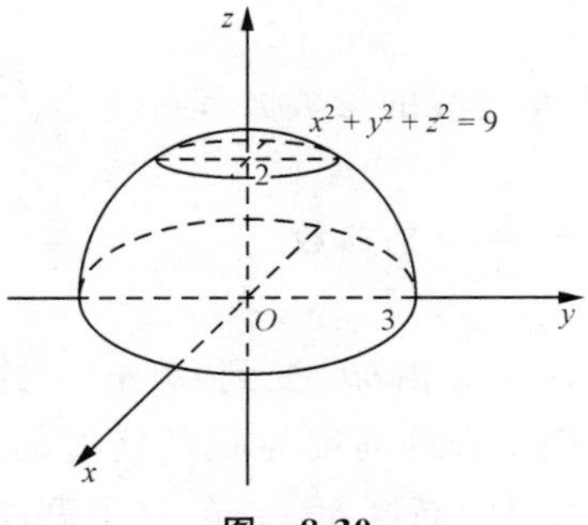

图　8-30

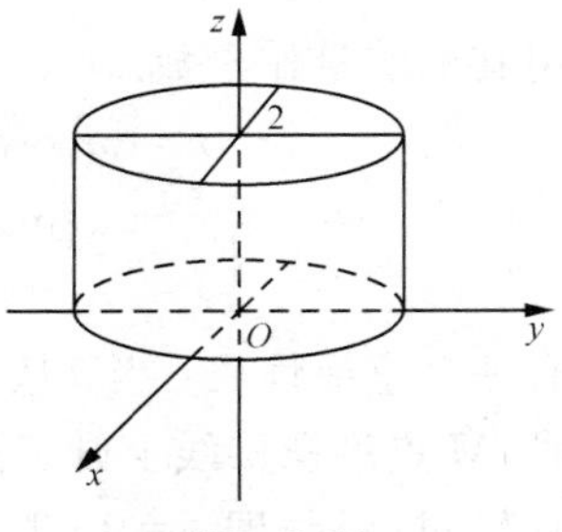

图　8-31

2. 空间曲线的参数方程

空间曲线还可以看做按照一定规律运动的点的轨迹. 这样,空间曲线也可以用参数方程来表示.

设空间曲线 C 上的动点 $M(x,y,z)$ 的坐标都可表示为另一个变量 t 的函数. 如

$$x = x(t),\quad y = y(t),\quad z = z(t)\quad (a \leqslant t \leqslant b),$$

若当 t 一旦取定 t_1 时,由上式可得 C 上的一个点 (x_1, y_1, z_1),而随着 t 的连续变动便可得到曲线 C 上的全部点,则此方程组称为空间曲线 C 的**参数方程**,t 称为**参数**. 由于参数可能有不同的选择,所以空间曲线 C 的参数方程不是唯一的.

例 7　设空间一点 M 在圆柱面 $x^2 + y^2 = a^2$ 上以角速度 ω 绕 z 轴旋转,同时又以线速度 v 沿平行于 z 轴的正方向上升,其中 ω, v 都是常数,则动点 M 构成的图形称为**螺旋线**,试建立其参数方程.

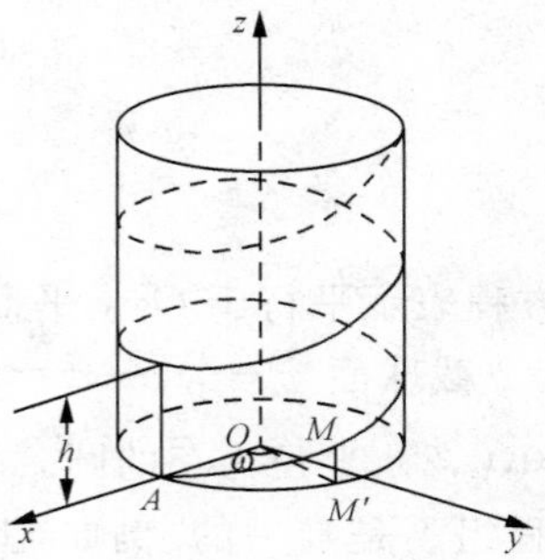

图　8-32

解　取时间 t 为参数. 当 $t=0$ 时,动点与 x 轴上的点 $A(a,0,0)$ 重合,经过时间 t,动点 A 运动到点 $M(x,y,z)$(如图 8-32 所示),记 M 在 Oxy 平面上的投影为 M',M' 的坐标为 $(x,y,0)$. 由于动点在圆柱面上以角速度 ω 绕 z 轴旋转,所以经过时间 t 后,$\angle AOM' = \omega t$,从而知

$$x = |OM'|\cos\angle AOM' = a\cos\omega t,$$
$$y = |OM'|\sin\angle AOM' = a\sin\omega t.$$

又因为动点同时以线速度 v 沿平行于 z 轴的正方向上升,所以

$$z = M'M = vt.$$

由此可知,螺旋线的参数方程为

$$\begin{cases} x = a\cos\omega t, \\ y = a\sin\omega t, \\ z = vt. \end{cases}$$

也可以用其他变量作参数. 例如,令 $\theta = \omega t$,则螺旋线的参数方程可写为

$$\begin{cases} x = a\cos\theta, \\ y = a\sin\theta, \\ z = b\theta, \end{cases}\qquad \text{其中 } b = \frac{v}{\omega}, \theta \text{ 是参数}.$$

螺旋线有一个重要性质:当 θ 从 θ_0 变到 $\theta_0 + \alpha$ 时,z 由 $b\theta_0$ 变到 $b\theta_0 + b\alpha$. 这说明当 OM' 转过角度 α 时,M 点沿螺旋线上升了高度 $h = b\alpha$,即上升的高度与 OM' 转过的角度成正比. 特别是当 OM 转过一周,即 $\alpha = 2\pi$ 时,M 点上升固定的高度 $h = 2\pi b$,这个高度在工程技术上称为**螺距**.

3. 空间直线的方程

一般地,空间直线 L 可以看做是两个不平行的平面 π_1 与 π_2 的交线(如图 8-33 所示).因此,空间直线 L 可以用两个一次方程联立组成的方程组来表示,即

$$\begin{cases} A_1x+B_1y+C_1z+D_1=0, \\ A_2x+B_2y+C_2z+D_2=0, \end{cases} \tag{9}$$

其中对应系数不成比例.方程组(9)称为**空间直线的一般方程**.

通过空间一直线 L 的平面有无限个,只要在其中任意选两个,把它们的方程联立起来,所得的方程组就表示空间直线 L.因此空间直线的方程是不唯一的.

其次,若已知直线过点 $M_0(x_0,y_0,z_0)$ 且平行于非零向量 $\boldsymbol{s}=m\boldsymbol{i}+n\boldsymbol{j}+p\boldsymbol{k}$,可求此直线方程(如图 8-34 所示),$\boldsymbol{s}$ 称为直线的**方向向量**.

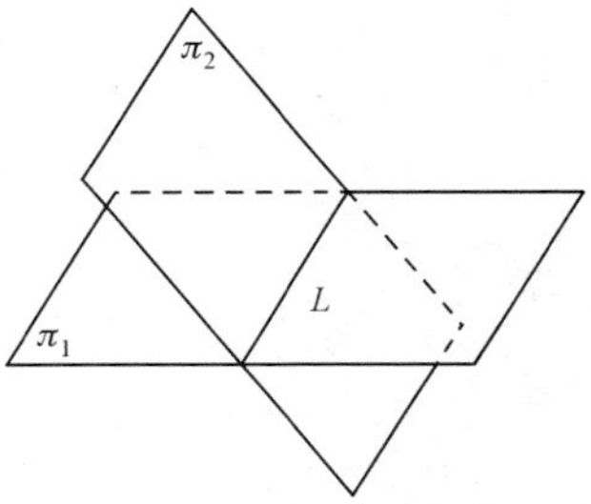

图　8-33

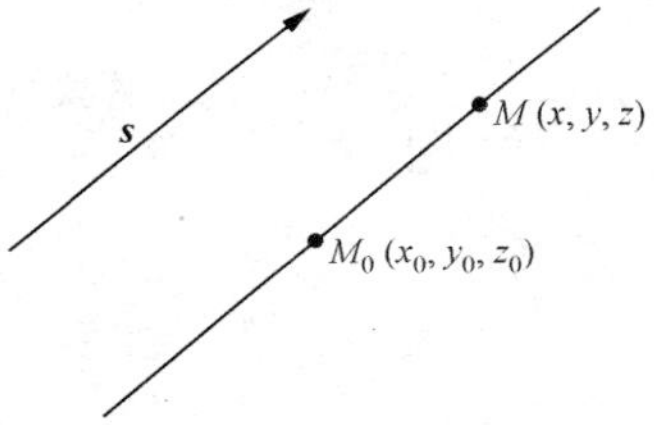

图　8-34

在直线上任取一点 $M(x,y,z)$,引向量 $\overrightarrow{M_0M}$,则

$$\overrightarrow{M_0M}=(x-x_0)\boldsymbol{i}+(y-y_0)\boldsymbol{j}+(z-z_0)\boldsymbol{k}.$$

由假设 $\boldsymbol{s}/\!/\overrightarrow{M_0M}$,于是有

$$\frac{x-x_0}{m}=\frac{y-y_0}{n}=\frac{z-z_0}{p}. \tag{10}$$

反之,如果点 M 不在直线 L 上,则 $\boldsymbol{s}$ 与 $\overrightarrow{M_0M}$ 不平行,这两个向量的对应关系就不成比例.因此,方程(10)就是所求直线的方程,称为**直线的对称式方程**.由于方程(10)是由一定点 M_0 及方向向量 $\boldsymbol{s}$ 所确定的,故又称为**点向式方程**.

在方程(10)中,令比值为 t,即

$$\frac{x-x_0}{m}=\frac{y-y_0}{n}=\frac{z-z_0}{p}=t,$$

则有

$$\begin{cases} x=x_0+mt, \\ y=y_0+nt, \\ z=z_0+pt, \end{cases} \tag{11}$$

称为**直线的参数方程**,其中 t 为参数.

习　题　8-4

1. 设球面直径的两个端点为(2,−3,5)和(4,1,−3),求此球面的方程.

2. 求母线平行于 z 轴,准线为$\begin{cases}\dfrac{x^2}{4}+\dfrac{y^2}{9}+\dfrac{z^2}{9}=1,\\ z=2\end{cases}$的柱面方程.

3. 指出下列曲面哪些是旋转面,并指出它们是由什么曲线绕什么轴旋转而成的:

(1) $\dfrac{x^2}{4}-\dfrac{y^2}{4}-z^2=1$;　(2) $\dfrac{x^2}{2}+\dfrac{y^2}{2}-z^2=1$;　(3) $x^2+\dfrac{y^2}{4}+z^2=1$.

4. 分别按下列条件求直线方程:

(1) 过点(1,0,−2),平行于向量$\{4,2,-3\}$;

(2) 过点(0,2,3),垂直于平面 $2x+3y=0$;

(3) 过点(2,3,1),平行于 x 轴.

5. 化直线$\begin{cases}x-y+z=1t,\\ 2x+y+z=4\end{cases}$为对称式方程及参数式方程.

第九章　多元函数微分学及其应用

在自然科学和工程技术中，常会遇到依赖于多个自变量的函数(即多元函数)的问题. 本章介绍多元函数、多元函数的微分及其应用. 注意到，从一元函数到二元函数将会产生一些本质的差别，但从二元函数到三元以及三元以上的函数则没有原则上的不同，因而在研究上述问题时以二元函数为主.

第一节　多元函数的极限与连续

一、多元函数概念

例 1　设圆柱体的底半径为 r，高为 h，那么圆柱体的体积 V 为

$$V=\pi r^2 h.$$

这里有三个变量 r,h 和 V，当 (r,h) 在集合 $\{(r,h)\mid r>0,h>0\}$ 内取定一点 (r,h) 时，就有唯一确定的体积值 V 与之对应.

一般地，可抽象出多元函数的定义.

定义 1　设有三个变量 x,y 和 z，当 (x,y) 在平面上某一点集 D 内任意取定一点 $P(x,y)$ 时，变量 z 依照一定的法则 f 总有确定的数值与之对应，则称 z 是 x,y 的**二元函数**(或称**点 P 的函数**)，记为

$$z=f(x,y),\ (x,y)\in D\quad(\text{或 } z=f(P),P\in D),$$

也记为

$$z=z(x,y),\ (x,y)\in D\quad(\text{或 } z=z(P),P\in D),$$

其中 x,y 称为**自变量**，z 称为**因变量**或**函数**，D 称为函数的**定义域**，函数 z 的取值范围称为函数的**值域**.

若对于 $(x,y)\in D$，当 z 只有一个对应值时，称为**单值函数**；当 z 有多个对应值时，称为**多值函数**. 本书中，若无特别声明，函数均指单值函数.

类似地可定义三元函数 $u=f(x,y,z)$ 以及三元以上的函数. 二元函数以及二元以上的函数统称为**多元函数**.

下面给出讨论多元函数时常用到的有关概念.

设 $P_0(x_0,y_0)$ 是 Oxy 平面上一点，δ 是某一正数，则点集 $N(P_0,\delta)=\{P\mid |PP_0|<\delta\}$

(或者记为 $N(P_0)$),称为**点 P_0 的 δ 邻域**.

设 E 是平面上的一个点集,P 是 E 中的一个点.如果存在点 P 的某一邻域 $N(P)$,使得 $N(P)\subset E$,则称 P 为 E 的**内点**(如图 9-1 所示).如果点集 E 的点都是内点,则称 E 为**开集**.

如果点 P 的任一邻域内既有属于 E 的点,也有不属于 E 的点,则称 P 为 E 的**边界点**(如图 9-2 所示).E 的边界点的全体称为 E 的**边界**.

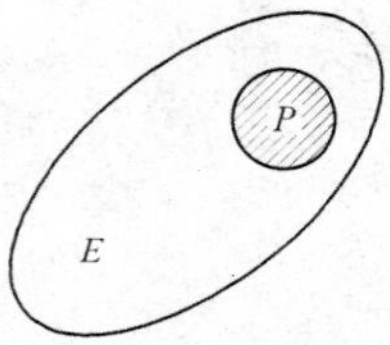

图　9-1

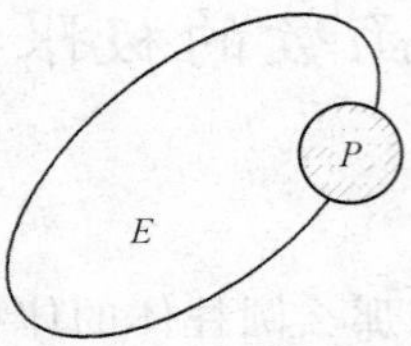

图　9-2

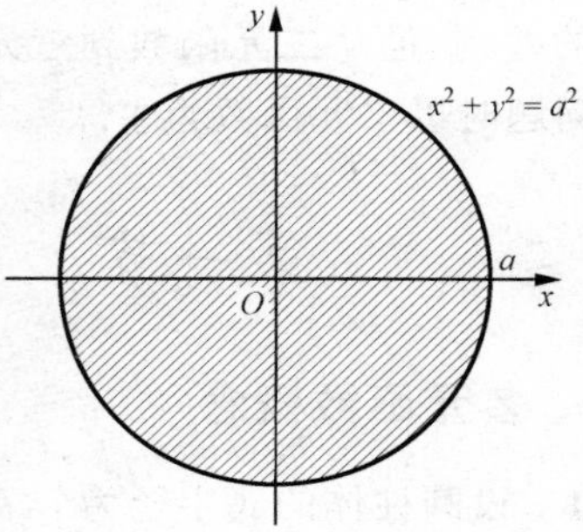

图　9-3

如果对于点集 E 内的任意两点,都可用一条折线连接起来,且该折线上的点都属于 E,则称点集 E 是**连通**的.连通的开集称为**区域**(或**开区域**),区域连同它的边界一起,称为**闭区域**.例如,$E_1=\{(x,y)\mid 1\leqslant x^2+y^2\leqslant 4\}$是闭区域,而 $x^2+y^2=1$ 和 $x^2+y^2=4$ 是它的边界.

对于点集 E,如果存在正数 M,使得一切点 $P\in E$ 与某一定点 A 之间的距离$|AP|$都不超过 M,即

$$|AP|\leqslant M,\quad \text{对一切 } P\in E,$$

则称 E 为**有界点集**(当 E 为区域时,E 即为**有界区域**),否则称为**无界点集**(或**无界区域**).例如,E_1 是有界闭区域,$\{(x,y)\mid x+y>0\}$是无界区域.

以上关于平面上的邻域与区域的概念可推广到空间中.

例 2　易知,二元函数 $z=\sqrt{a^2-x^2-y^2}$ 的定义域为 $D=\{(x,y)\mid x^2+y^2\leqslant a^2\}$,如图 9-3 所示的阴影部分.

例 3　求函数 $z=\ln(y-x)+\dfrac{\sqrt{x}}{\sqrt{1-x^2-y^2}}$的定义域.

解　自变量 x,y 应满足不等式组$\begin{cases}y-x>0,\\x\geqslant 0,\\x^2+y^2<1,\end{cases}$ 其中,$y-x>0$ 表示直线 $y=x$ 左上方的半平面且不含边界 $y=x$ 的区域 D_1;$x\geqslant 0$ 表示 y 轴的右半平面且含边界 y 轴的区域

D_2；而 $x^2+y^2<1$ 表示圆周 $x^2+y^2=1$ 的内部且不含边界 $x^2+y^2=1$ 的区域 D_3. 因此，由满足上述不等式组的自变量 x,y 所确定的点集 D 应是 D_1,D_2 和 D_3 的公共部分，即

$$D=D_1\cap D_2\cap D_3.$$

如图 9-4 所示，函数的定义域 $D=\{(x,y)\mid y>x\geqslant 0,x^2+y^2<1\}$ 是由直线 $y=x$，y 轴及圆周 $x^2+y^2=1$ 所围成的包括部分边界 $x=0(0<y<1)$ 在内的有界区域. 它既不是闭区域，也不是开区域.

与一元函数一样，二元函数在几何上一般也有直观的表示. 设函数 $z=f(x,y)$ 的定义域为 D，对任意取定的点 $P(x,y)\in D$，对应的函数值为 $z=f(x,y)$. 这样，以 x 为横坐标、y 为纵坐标、$z=f(x,y)$ 为竖坐标就可在空间确定一点 $M(x,y,z)$，当 (x,y) 取遍 D 的一切点时，得到一个空间点集 $\{(x,y,z)\mid z=f(x,y),(x,y)\in D\}$. 这个点集称为二元函数 $z=f(x,y)$ 的**图形**（如图 9-5 所示）. 一般说来，二元函数的图形是一个曲面而三元函数及三元以上的多元函数，已无直观的几何表示.

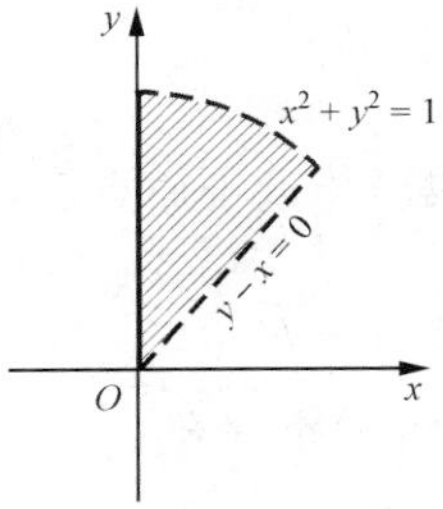

图　9-4

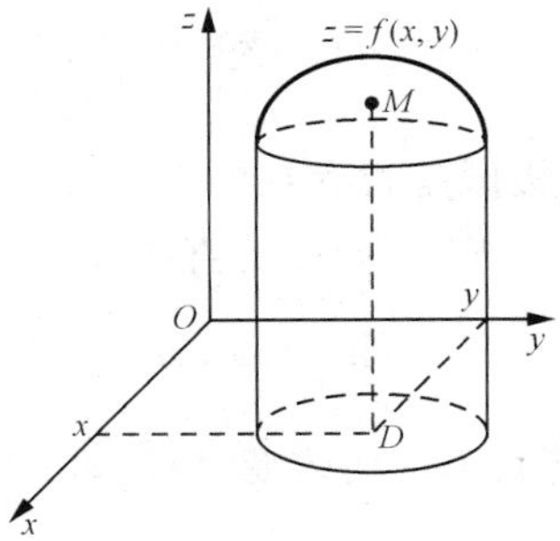

图　9-5

若把一元函数 $u=f(x)$ 中的自变量 x 看做是数轴上点 P 的坐标；把二元函数 $u=f(x,y)$ 中的自变量 x,y 看做是平面上点 P 的坐标；把三元函数 $u=f(x,y,z)$ 中的自变量 x,y,z 看做是空间中点 P 的坐标，并用 Ω 统一表示数轴上的区间、平面内的区域或空间中的区域，那么，变量 u 可统一地看做是区域 Ω 上点 P 的函数，简称**点函数**，记做 $u=f(P)$，其中 $P\in\Omega$.

上述点函数的概念还可以推广到 $n(n\geqslant 4)$ 元函数.

二、二元函数的极限与连续

定义 2　若函数 $f(x,y)$ 在点 $P_0(x_0,y_0)$ 的某邻域内有定义（点 $P_0(x_0,y_0)$ 可以除外），当该邻域内任意一点 $P(x,y)$ 以任何方式无限趋近于点 $P_0(x_0,y_0)$ 时，函数的对应值 $f(x,y)$ 无限趋近于一个常数 A，则称当 $x\to x_0,y\to y_0$ 时，函数 $f(x,y)$ 的极限为 A，记做

$$\lim_{\substack{x\to x_0\\y\to y_0}} f(x,y)=A \quad 或 \quad f(x,y)\to A\ (x\to x_0, y\to y_0),$$

也记做

$$\lim_{P\to P_0} f(P)=A,\ 或\ f(x,y)\to A\ (P\to P_0).$$

正像一元函数的极限一样，二元函数的极限也有类似的四则运算法则和极限性质，这里并不一一列举，可以直接应用.

例 4　设 $f(x,y)=(x^2+y^2)\sin\dfrac{1}{xy}(x\neq 0, y\neq 0)$，求 $\lim\limits_{\substack{x\to 0\\y\to 0}} f(x,y)$.

解　因为当 $(x,y)\to(0,0)$ 时，(x^2+y^2) 为无穷小，且 $\sin\dfrac{1}{xy}$ 有界，所以

$$\lim_{\substack{x\to 0\\y\to 0}} f(x,y)=0.$$

例 5　考查二元函数

$$f(x,y)=\begin{cases}\dfrac{xy}{x^2+y^2}, & (x,y)\neq(0,0),\\ 0, & (x,y)=(0,0)\end{cases}$$

当 $x\to 0, y\to 0$ 时极限是否存在？

解　我们让点 $P(x,y)$ 沿着直线 $y=kx$（k 为任意常数）趋近于原点 $(0,0)$，于是

$$\lim_{\substack{x\to 0\\y\to 0}} f(x,kx)=\lim_{x\to 0}\frac{x\cdot kx}{x^2+k^2x^2}=\frac{k}{1+k^2}.$$

显然，其极限值随斜率 k 而改变. 所以，由定义知，$\lim\limits_{\substack{x\to 0\\y\to 0}} f(x,y)$ 不存在.

在此例中，若让点 $P(x,y)$ 沿着 x 轴 $(y=0)$ 趋近于原点 $(0,0)$，则有

$$\lim_{\substack{x\to 0\\y\to 0}} f(x,0)=\lim_{x\to 0}\frac{x\cdot 0}{x^2+0}=0;$$

若让点 $P(x,y)$ 沿着 y 轴 $(x=0)$ 趋近于原点 $(0,0)$，则有

$$\lim_{\substack{x\to 0\\y\to 0}} f(x,y)=\lim_{y\to 0} f(0,y)=\lim_{y\to 0}\frac{0\cdot y}{0^2+y^2}=0.$$

即点 $P(x,y)$ 沿这两个特殊方向（x 轴方向和 y 轴方向）趋近原点 $(0,0)$ 时，极限都存在且相等，但当 $P(x,y)\to(0,0)$ 时，这个函数的极限并不存在. 这一事实说明在讨论多元函数的极限问题时，绝不能以 $P\to P_0$ 的特殊方式推出一般的结论，望读者注意.

下面利用二元函数的极限概念来讨论二元函数的连续性问题.

定义 3　设函数 $z=f(x,y)$ 在点 $P_0(x_0,y_0)$ 及其邻域内有定义，如果

$$\lim_{\substack{x\to x_0\\y\to y_0}} f(x,y)=f(x_0,y_0),$$

则称函数 $f(x,y)$ 在点 $P_0(x_0,y_0)$ 处**连续**. 否则称该函数在点 P_0 处**不连续**或者**间断**，并称点 $P_0(x_0,y_0)$ 是函数的一个**间断点**.

特别地，记 $x=x_0+\Delta x, y=y_0+\Delta y$，称

$$f(x,y)-f(x_0,y_0)=f(x_0+\Delta x,y_0+\Delta y)-f(x_0,y_0)$$

为函数 $z=f(x,y)$ 在点 $P_0(x_0,y_0)$ 的**全增量**，记做 Δz. 定义 3 中的式子可表示为

$$\lim_{\substack{\Delta x\to 0\\ \Delta y\to 0}}[f(x_0+\Delta x,y_0+\Delta y)-f(x_0,y_0)]=0,$$

即

$$\lim_{\substack{\Delta x\to 0\\ \Delta y\to 0}}\Delta z=0.$$

上式表明，若函数 $f(x,y)$ 在点 (x_0,y_0) 处连续，则当自变量 x,y 有微小变化时，所引起因变量 z 的变化也很微小，且当 $\Delta x\to 0, \Delta y\to 0$ 时，有 $\Delta z\to 0$.

与一元函数的情形类似，若函数 $z=f(x,y)$ 在点 $P_0(x_0,y_0)$ 处连续，那么 $f(x,y)$ 必须同时满足下述三个条件：

(1) $f(x,y)$ 在点 P_0 处有定义；

(2) $f(x,y)$ 在点 P_0 处的极限存在；

(3) $\lim\limits_{\substack{x\to x_0\\ y\to y_0}}f(x,y)=f(x_0,y_0)$.

若上述三条之一不满足，即若函数在点 $P_0(x_0,y_0)$ 处无定义，或 $\lim\limits_{\substack{x\to x_0\\ y\to y_0}}f(x,y)$ 不存在，或 $\lim\limits_{\substack{x\to x_0\\ y\to y_0}}f(x,y)$ 虽存在，但 $\lim\limits_{\substack{x\to x_0\\ y\to y_0}}f(x,y)\neq f(x_0,y_0)$，那么函数 $z=f(x,y)$ 在点 $P_0(x_0,y_0)$ 处不连续，此时点 $P_0(x_0,y_0)$ 是函数的一个间断点. 如例 5 中的函数

$$f(x,y)=\begin{cases}\dfrac{xy}{x^2+y^2}, & (x,y)\neq(0,0),\\ 0, & (x,y)=(0,0),\end{cases}$$

因 $\lim\limits_{\substack{x\to 0\\ y\to 0}}f(x,y)$ 不存在，所以原点 $(0,0)$ 是它的一个间断点. 又如，函数 $z=\dfrac{1}{4-x^2-y^2}$ 在整个圆周 $x^2+y^2=4$ 上无定义，因而它的间断点构成一条曲线.

若函数 $f(x,y)$ 在区域 D 内的每一点处都连续，则称函数 $f(x,y)$ 是**区域 D 内的连续函数**（或称**函数 $f(x,y)$ 在 D 内连续**）.

设函数 $z=f(x,y)$ 在区域 D 内连续，由连续的定义及二元函数的几何意义容易知道，这时函数 $z=f(x,y)$ 的图形在区域 D 上应是一块连绵无隙的曲面. 如 $z=\sqrt{x^2+y^2}$ 的图形在其定义域 $D(x^2+y^2\geqslant 0$，即 Oxy 平面）上是一个以原点为顶点，半顶角 $\alpha=\dfrac{\pi}{4}$，开口向上

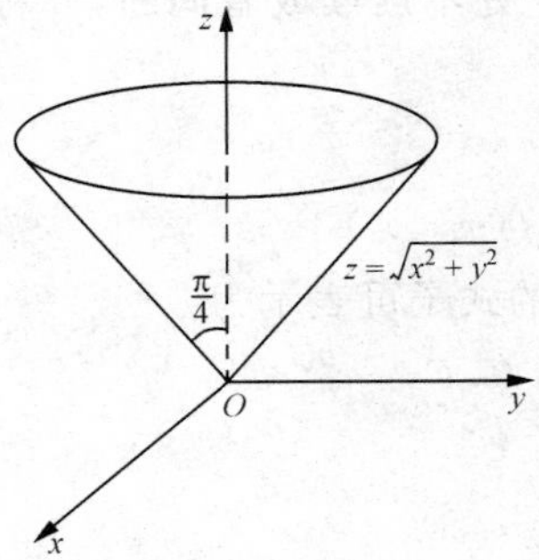

图　9-6

的连绵无隙的圆锥面(如图 9-6 所示).

关于一元函数无穷小的定理、连续函数的运算法则和闭区间上函数连续的性质等,对于二元函数及多元函数同样适用,这里不再赘述.我们只给出几条今后常用的结论.

1. **最值定理**　有界闭区域 D 上的连续函数 $f(P)$,必在该区域 D 上取得它的最大值和最小值,也就是必存在点 $P_1,P_2\in D$,使对任意 $P\in D$,都有

$$f(P_1)\leqslant f(P)\leqslant f(P_2).$$

2. **介值定理**　有界闭区域 D 上的连续函数 $f(P)$,必在该区域 D 上取得介于其最大值 M 与最小值 m 之间的任何值.即对满足不等式 $m<\mu<M$ 的一切实数 μ,总存在点 $Q\in D$,使得 $f(Q)=\mu$.

3. **多元初等函数**　多元初等函数是由一个式子表示的,且这个式子是由多个自变量(如 x,y 等)的基本初等函数与常数经过有限次的四则运算和复合所构成的函数.如 $\frac{x^3+x^2-y^2}{1+x^2}$,$\sin(x+y)$,$e^{x+y}$,$\frac{1}{x^2+y^2-z^2}$等都是多元初等函数.多元初等函数在其定义区域上都是连续函数.

上述有关二元函数的极限与连续的运算法则及连续函数在有界闭区域上的性质可以推广到 $n(n\geqslant 3)$元函数.

习　题　9-1

1. 求下列函数的定义域:

(1) $z=\arcsin\frac{y}{x}$;　　(2) $z=\frac{1}{\sqrt{x+y}}+\frac{1}{\sqrt{x-y}}$.

2. 作出下列函数的图形,并求出这些曲面在 Oxy 平面上的投影域:

(1) $z=1-\sqrt{x^2+y^2}$;　　(2) $z=4-x^2-y^2$.

3. 求下列各极限:

(1) $\lim\limits_{\substack{x\to0\\y\to0}}\frac{\sin xy}{x}$;　　(2) $\lim\limits_{\substack{x\to0\\y\to0}}\frac{xy}{\sqrt{xy+1}-1}$;　　(3) $\lim\limits_{\substack{x\to0\\y\to1}}\frac{1-xy}{x^2+y^2}$.

4. 写出函数

$$z=f(x,y)=\begin{cases}\frac{xy}{\sqrt{(x^2+y^2)^3}}, & x^2+y^2\neq 0,\\ 0, & x^2+y^2=0\end{cases}$$

的定义域,并根据函数连续的定义及初等函数的连续性讨论函数 $f(x,y)$在其定义域内的连续性.

第二节 偏导数

多元函数的自变量尽管有多个，但有时只需考虑函数对某一个自变量的变化率. 这时其余自变量可认为是不变的，即可视该函数为一元函数. 利用一元函数的导数概念，得到多元函数对某一个自变量的变化率，就是多元函数的偏导数.

一、偏导数概念

定义 设二元函数 $z=f(x,y)$ 在点 $P_0(x_0,y_0)$ 的某一邻域内有定义，当 y 固定在 y_0 而 x 在 x_0 处有增量 Δx 时，相应地，函数 $z=f(x,y)$ 的增量即 z 对 x 的**偏增量**为

$$\Delta z = f(x_0+\Delta x,y_0)-f(x_0,y_0).$$

若极限

$$\lim_{\Delta x\to 0}\frac{\Delta z}{\Delta x}=\lim_{\Delta x\to 0}\frac{f(x_0+\Delta x,y_0)-f(x_0,y_0)}{\Delta x}$$

存在，则称此极限为函数 $z=f(x,y)$ 在点 $P_0(x_0,y_0)$ 处**对 x 的偏导数**，记做

$$\left.\frac{\partial z}{\partial x}\right|_{\substack{x=x_0\\ y=y_0}},\quad \left.\frac{\partial f}{\partial x}\right|_{\substack{x=x_0\\ y=y_0}},\quad \left.z_x'\right|_{\substack{x=x_0\\ y=y_0}},\ \text{或}\ f_x'(x_0,y_0).$$

类似地，函数 $z=f(x,y)$ 在点 $P_0(x_0,y_0)$ 处**对 y 的偏导数**为

$$\lim_{\Delta y\to 0}\frac{\Delta z}{\Delta y}=\lim_{\Delta y\to 0}\frac{f(x_0,y_0+\Delta y)-f(x_0,y_0)}{\Delta y},$$

记做

$$\left.\frac{\partial z}{\partial y}\right|_{\substack{x=x_0\\ y=y_0}},\quad \left.\frac{\partial f}{\partial y}\right|_{\substack{x=x_0\\ y=y_0}},\quad \left.z_y'\right|_{\substack{x=x_0\\ y=y_0}},\ \text{或}\ f_y'(x_0,y_0).$$

若函数 $z=f(x,y)$ 在区域 D 内每一点 (x,y) 处对 x 的偏导数都存在，则其偏导数成为 x,y 的函数，把它称为函数 $z=f(x,y)$ **对自变量 x 的偏导函数**，记做

$$\frac{\partial z}{\partial x},\quad \frac{\partial f}{\partial x},\quad z_x',\ \text{或}\ f_x'(x,y).$$

由定义知，函数 $z=f(x,y)$ 在点 $P_0(x_0,y_0)$ 处对 x 的偏导数就是 z 对 x 的偏导函数在点 P_0 处的函数值，即

$$f_x'(x_0,y_0)=\left.f_x'(x,y)\right|_{\substack{x=x_0\\ y=y_0}}.$$

类似地，可定义函数 $z=f(x,y)$ **对自变量 y 的偏导函数**，记做

$$\frac{\partial z}{\partial y},\quad \frac{\partial f}{\partial y},\quad z_y',\ \text{或}\ f_y'(x,y),$$

且有

$$f'_y(x_0, y_0) = f'_y(x, y)\Big|_{\substack{x=x_0 \\ y=y_0}}.$$

注意，在不至于引起混淆的场合下，将把偏导函数简称为偏导数.

根据定义，要求二元函数对某个自变量的偏导数，就是将另一个自变量固定，而求一元函数的导数. 因此求偏导数时，完全可以将一元函数的求导法则平移过来，而无需引进新的方法.

例 1　求函数 $z=2x^3-3xy^2+y^3+2$ 在点(1,2)处的偏导数.

解　这是二元函数，先求它的偏导数

$$\frac{\partial z}{\partial x} = 6x^2 - 3y^2, \quad \frac{\partial z}{\partial y} = -6xy + 3y^2.$$

所以，在点(1,2)处所给函数的偏导数为

$$\frac{\partial z}{\partial x}\Big|_{\substack{x=1 \\ y=2}} = -6, \quad \frac{\partial z}{\partial y}\Big|_{\substack{x=1 \\ y=2}} = 0.$$

例 2　求 $z=x^y$ 的偏导数.

解　先求$\frac{\partial z}{\partial x}$，把 y 看做常数，则 $z=x^y(x>0)$是 x 的幂函数，此时，$\frac{\partial z}{\partial x}=yx^{y-1}$.
再求$\frac{\partial z}{\partial y}$，把 x 看做常数，则 $z=x^y(x>0)$是 y 的指数函数，此时，$\frac{\partial z}{\partial y}=x^y\ln x$.

例 3　求函数 $f(x,y)=\begin{cases}\dfrac{xy}{x^2+y^2}, & x^2+y^2\neq 0,\\ 0, & x^2+y^2=0\end{cases}$ 在点(0,0)处的偏导数.

解　这个函数 $f(x,y)$在点(0,0)的邻域内由两个式子表示，只能根据偏导数的定义求得 $f'_x(0,0)$和 $f'_y(0,0)$. 即

$$f'_x(0,0) = \lim_{\Delta x\to 0}\frac{f(0+\Delta x,0)-f(0,0)}{\Delta x} = \lim_{\Delta x\to 0}\frac{\dfrac{(0+\Delta x)\cdot 0}{(0+\Delta x)^2+0^2}}{\Delta x} = 0,$$

$$f'_y(0,0) = \lim_{\Delta y\to 0}\frac{f(0,0+\Delta y)-f(0,0)}{\Delta y} = \lim_{\Delta y\to 0}\frac{\dfrac{(0+\Delta y)\cdot 0}{(0+\Delta y)^2+0^2}}{\Delta y} = 0.$$

可见这个函数在点(0,0)处的两个偏导数均存在且都为零. 但由上节知道，这个函数在点(0,0)处不连续(因为极限不存在). 这说明二元函数在点 P_0 处各偏导数都存在并不能保证函数在该点处连续，它与一元函数"可导必连续"的性质是截然不同的.

二、偏导数的几何意义

与一元函数的导数一样，二元函数的偏导数也有明显的**几何意义**. 我们知道，二元函数

$z=f(x,y)$在空间直角坐标系中一般表示一张曲面. 当 y 固定于 y_0 时,在几何上就是

$$\begin{cases} z = f(x,y), \\ y = y_0, \end{cases}$$

即为曲面 $z=f(x,y)$与平面 $y=y_0$ 的交线. 这条曲线在 $x=x_0$ 处的切线对 x 轴的斜率即为 $f'_x(x_0,y_0)$,亦即 $f'_x(x_0,y_0)=\tan\alpha$(如图 9-7 所示).

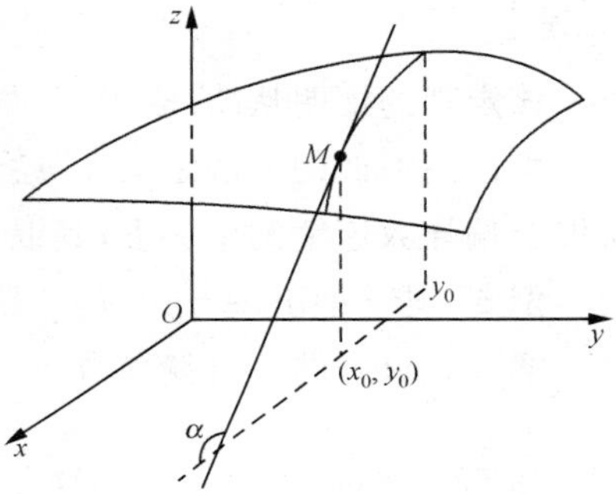

图　9-7

同样,$f'_y(x_0,y_0)$的**几何意义**就是:

曲面 $z=f(x,y)$被平面 $x=x_0$ 所截得的曲线在 $y=y_0$ 处的切线对 y 轴的斜率.

三、高阶偏导数

设函数 $z=f(x,y)$在区域 D 内具有偏导数

$$\frac{\partial z}{\partial x} = f'_x(x,y), \quad \frac{\partial z}{\partial y} = f'_y(x,y),$$

那么在 D 内,$f'_x(x,y)$和 $f'_y(x,y)$都是 x,y 的函数. 如果这两个函数的偏导数也存在,则称它们为 $z=f(x,y)$的二阶偏导数. 按照对变量求导次序的不同有以下四个二阶偏导数:

(1) $\frac{\partial}{\partial x}\left(\frac{\partial z}{\partial x}\right)=\frac{\partial^2 z}{\partial x^2}=f''_{xx}(x,y)$,　　(3) $\frac{\partial}{\partial y}\left(\frac{\partial z}{\partial x}\right)=\frac{\partial^2 z}{\partial x\partial y}=f''_{xy}(x,y)$,

(2) $\frac{\partial}{\partial x}\left(\frac{\partial z}{\partial y}\right)=\frac{\partial^2 z}{\partial y\partial x}=f''_{yx}(x,y)$,　　(4) $\frac{\partial}{\partial y}\left(\frac{\partial z}{\partial y}\right)=\frac{\partial^2 z}{\partial y^2}=f''_{yy}(x,y)$,

其中第二、第三两个偏导数称为**混合偏导数**. 类似地可得三阶、四阶、…及 n 阶偏导数. 二阶及其以上的偏导数统称为**高阶偏导数**,而把**一阶偏导数**简称为**偏导数**.

高阶偏导数的计算只是重复一阶偏导数的运算.

例 4　求 $z=x^3y^2-3xy^3-xy+1$ 的二阶偏导数.

解　先求 z 的一阶偏导数,

$$\frac{\partial z}{\partial x} = 3x^2y^2 - 3y^3 - y, \quad \frac{\partial z}{\partial y} = 2x^3y - 9xy^2 - x,$$

再求 z 的二阶偏导数,分别为

$$\frac{\partial^2 z}{\partial x^2} = 6xy^2, \quad \frac{\partial^2 z}{\partial x\partial y} = 6x^2y - 9y^2 - 1,$$

$$\frac{\partial^2 z}{\partial y\partial x} = 6x^2y - 9y^2 - 1, \quad \frac{\partial^2 z}{\partial y^2} = 2x^3 - 18xy.$$

从这里看到,其中的两个二阶混合偏导数是相等的,即$\frac{\partial^2 z}{\partial x\partial y}=\frac{\partial^2 z}{\partial y\partial x}$. 这并不是偶然的,实际上有下面的定理成立.

定理　若函数 $z=f(x,y)$ 的两个二阶混合偏导数 $\dfrac{\partial^2 z}{\partial x\partial y}$ 与 $\dfrac{\partial^2 z}{\partial y\partial x}$ 在区域 D 内连续，则在 D 内它们必相等，即

$$\frac{\partial^2 z}{\partial x\partial y}=\frac{\partial^2 z}{\partial y\partial x}.$$

该定理的证明从略. 它说明，如果二阶混合偏导数连续，那么它们与求导的次序无关.

可以用类似的方法定义 $n(n\geqslant 3)$ 元函数 $u=f(x_1,x_2,\cdots,x_n)$ 的各阶偏导数，且在各高阶混合偏导数连续的条件下，其混合偏导数与求导的次序无关.

例 5　求 $z=\ln(\mathrm{e}^x+\mathrm{e}^y)$ 的二阶偏导数.

解　先求 z 的一阶偏导数

$$\frac{\partial z}{\partial x}=\frac{\mathrm{e}^x}{\mathrm{e}^x+\mathrm{e}^y},\quad \frac{\partial z}{\partial y}=\frac{\mathrm{e}^y}{\mathrm{e}^x+\mathrm{e}^y},$$

再求 z 的二阶偏导数，分别为

$$\frac{\partial^2 z}{\partial x^2}=\frac{\mathrm{e}^x(\mathrm{e}^x+\mathrm{e}^y)-\mathrm{e}^x\cdot\mathrm{e}^x}{(\mathrm{e}^x+\mathrm{e}^y)^2}=\frac{\mathrm{e}^{x+y}}{(\mathrm{e}^x+\mathrm{e}^y)^2},$$

$$\frac{\partial^2 z}{\partial x\partial y}=\frac{-\mathrm{e}^x\cdot\mathrm{e}^y}{(\mathrm{e}^x+\mathrm{e}^y)^2}=-\frac{\mathrm{e}^{x+y}}{(\mathrm{e}^x+\mathrm{e}^y)^2}=\frac{\partial^2 z}{\partial y\partial x},$$

$$\frac{\partial^2 z}{\partial y^2}=\frac{\mathrm{e}^y(\mathrm{e}^x+\mathrm{e}^y)-\mathrm{e}^y\cdot\mathrm{e}^y}{(\mathrm{e}^x+\mathrm{e}^y)^2}=\frac{\mathrm{e}^{x+y}}{(\mathrm{e}^x+\mathrm{e}^y)^2}.$$

例 6　设 $u=\dfrac{1}{\sqrt{x^2+y^2+z^2}}$，试验证 u 满足拉普拉斯方程 $\dfrac{\partial^2 u}{\partial x^2}+\dfrac{\partial^2 u}{\partial y^2}+\dfrac{\partial^2 u}{\partial z^2}=0$.

解　$\dfrac{\partial u}{\partial x}=-\dfrac{x}{(x^2+y^2+z^2)^{3/2}}$，

$$\frac{\partial^2 u}{\partial x^2}=-\frac{1}{(x^2+y^2+z^2)^{3/2}}-x\cdot\frac{-\dfrac{3}{2}(x^2+y^2+z^2)^{\frac{1}{2}}\cdot 2x}{(x^2+y^2+z^2)^3}=\frac{2x^2-y^2-z^2}{(x^2+y^2+z^2)^{5/2}}.$$

由于 u 关于 x,y,z 是两两对称的，所以用对称性可得其他的二阶偏导数：

$$\frac{\partial^2 u}{\partial y^2}=\frac{2y^2-x^2-z^2}{(x^2+y^2+z^2)^{5/2}},\quad \frac{\partial^2 u}{\partial z^2}=\frac{2z^2-x^2-y^2}{(x^2+y^2+z^2)^{5/2}},$$

从而

$$\frac{\partial^2 u}{\partial x^2}+\frac{\partial^2 u}{\partial y^2}+\frac{\partial^2 u}{\partial z^2}=\frac{2x^2-y^2-z^2+2y^2-x^2-z^2+2z^2-x^2-y^2}{(x^2+y^2+z^2)^{5/2}}=0.$$

故 u 满足拉普拉斯方程

$$\frac{\partial^2 u}{\partial x^2}+\frac{\partial^2 u}{\partial y^2}+\frac{\partial^2 u}{\partial z^2}=0.$$

习　题　9-2

1. 求下列函数的偏导数：

(1) $f(x,y)=x^2y+y^2$，求 $f'_x(2,3)$，$f'_y(2,3)$；　(2) $z=\ln\left(x+\dfrac{y}{2x}\right)$，求 $\left.\dfrac{\partial z}{\partial x}\right|_{\substack{x=1\\y=0}}$.

2. 求下列函数的偏导数：

(1) $z=\dfrac{x-y}{x+y}$；　(2) $f(x,y)=\sqrt{x^2-y^2}$；　(3) $z=(1+xy)^y$；

(4) $z=\ln(x+\ln y)$；　(5) $u=\arctan(x-y)^z$.

3. 设 $z=\ln(\sqrt{x}+\sqrt{y})$，证明 $x\dfrac{\partial z}{\partial x}+y\dfrac{\partial z}{\partial y}=\dfrac{1}{2}$.

4. 曲线 $\begin{cases} z=\dfrac{x^2+y^2}{4}, \\ y=4 \end{cases}$ 在点(2,4,5)处的切线与正向 x 轴所成的倾角是多少？

5. 已知 $z=\ln(x+\sqrt{x^2+y^2})$，求 $\dfrac{\partial z}{\partial x}$ 和 $\dfrac{\partial^2 z}{\partial x\partial y}$.

6. 设 $f(x,y,z)=xy^2+yz^2+zx^2$，求 $f''_{xx}(0,0,1)$，$f''_{xz}(1,0,2)$，$f''_{yz}(0,-1,0)$ 和 $f'''_{zzz}(2,0,1)$.

第三节　全　微　分

一、可微的概念与条件

偏导数只给出了二元函数沿 x 轴、y 轴平行方向的变化率，这对二元函数的研究显然是不够的. 实践中还需要进一步研究，当 x,y 两个变量同时变化时二元函数的变化情况，这就是全微分所要解决的问题.

例如，研究二元函数 $z=x^2y^2$ 当 x,y 同时获得增量 $\Delta x,\Delta y$ 时的变化情况，此时函数 z 的全增量

$$\begin{aligned}\Delta z &= (x+\Delta x)^2(y+\Delta y)^2-x^2y^2 \\ &= [x^2+2x\Delta x+(\Delta x)^2][y^2+2y\Delta y+(\Delta y)^2]-x^2y^2 \\ &= [2xy^2\Delta x+2x^2y\Delta y]+[x^2(\Delta y)^2+y^2(\Delta x)^2+4xy\Delta x\Delta y \\ &\quad +2y(\Delta x)^2\Delta y+2x\Delta x(\Delta y)^2+(\Delta x)^2(\Delta y)^2],\end{aligned}$$

其中第一个中括弧内正好是 $\Delta x,\Delta y$ 的线性函数，而第二个中括弧内是 Δx 与 Δy 二次以上的项，当 $\Delta x,\Delta y$ 很小时，它们会更小. 这就是说，$2xy^2\Delta x+2x^2y\Delta y$ 是 Δz 的线性主要部分.

与一元函数的微分类似，我们把 Δz 关于 $\Delta x,\Delta y$ 的线性主要部分称为函数的全微分.

定义　设二元函数 $z=f(x,y)$ 在点 $P(x,y)$ 的某邻域内有定义，若函数 z 的全增量

$$\Delta z=f(x+\Delta x,y+\Delta y)-f(x,y)$$

可表示为

$$\Delta z = A\Delta x + B\Delta y + o(\rho), \tag{1}$$

其中 A,B 与 $\Delta x,\Delta y$ 无关而仅依赖于 x,y；$o(\rho)$ 是当 $\rho=\sqrt{(\Delta x)^2+(\Delta y)^2}\to 0$ 时比 ρ 高阶的无穷小量，则称函数 $z=f(x,y)$ 在点 $P(x,y)$ 处**可微**，$A\Delta x+B\Delta y$ 称为函数 $z=f(x,y)$ 在点 $P(x,y)$ 处的**全微分**，记做 $\mathrm{d}z$，即

$$\mathrm{d}z = A\Delta x + B\Delta y.$$

在上节中我们曾指出，多元函数在某点的各个偏导数即使都存在，也不能保证函数在该点连续. 但是，由全微分的定义容易得到，可微必连续.

定理 1 若二元函数 $z=f(x,y)$ 在点 $P(x,y)$ 处可微，则该函数在点 $P(x,y)$ 处必连续.

证 因为，由(1)式可得

$$\lim_{\rho\to 0}\Delta z = 0.$$

从而

$$\lim_{\substack{\Delta x\to 0\\ \Delta y\to 0}} f(x+\Delta x, y+\Delta y) = \lim_{\rho\to 0}[f(x,y)+\Delta z] = f(x,y),$$

即 $z=f(x,y)$ 在点 $P(x,y)$ 处连续. **证毕**

下面讨论函数 $z=f(x,y)$ 在点 $P(x,y)$ 处可微的条件.

定理 2(必要条件) 若二元函数 $z=f(x,y)$ 在点 $P(x,y)$ 处可微，则该函数在点 $P(x,y)$ 处的偏导数 $\dfrac{\partial z}{\partial x},\dfrac{\partial z}{\partial y}$ 必存在，且 $z=f(x,y)$ 在点 $P(x,y)$ 处的全微分为

$$\mathrm{d}z = \frac{\partial z}{\partial x}\Delta x + \frac{\partial z}{\partial y}\Delta y. \tag{2}$$

证 设函数 $z=f(x,y)$ 在点 $P(x,y)$ 处可微，由定义知，对于点 P 的某邻域内的任意一点 $(x+\Delta x,y+\Delta y)$，(1)式总成立. 特别当 $\Delta y=0$ 时，(1)式也成立，此时 $\rho=|\Delta x|$. 所以(1)式成为

$$f(x+\Delta x, y) - f(x,y) = A\Delta x + o(|\Delta x|).$$

上式两边各除以 Δx，再令 $\Delta x\to 0$，取极限便得

$$\lim_{\Delta x\to 0}\frac{f(x+\Delta x,y)-f(x,y)}{\Delta x} = A,$$

从而偏导数 $\dfrac{\partial z}{\partial x}$ 存在且等于 A. 同样可证，$\dfrac{\partial z}{\partial y}$ 也存在且等于 B. 所以(2)式成立. **证毕**

值得注意的是，在一元函数中，函数在某点可导与可微等价，但对于多元函数就不同了. 我们可找到这样的二元函数 $z=f(x,y)$，它在点 $P_0(x_0,y_0)$ 处的偏导数 z_x,z_y 均存在，而在 P_0 处的全微分不存在. 但如果偏导数连续，则可推出函数是可微的.

定理 3(充分条件)　如果二元函数 $z=f(x,y)$ 的两个偏导数 $\frac{\partial z}{\partial x}$ 和 $\frac{\partial z}{\partial y}$ 在点 $P(x,y)$ 处连续，那么 $z=f(x,y)$ 在点 $P(x,y)$ 处可微.

证　设点 $(x+\Delta x,y+\Delta y)$ 为定义域内任意一点，考查函数的全增量

$$\begin{aligned}\Delta z&=f(x+\Delta x,y+\Delta y)-f(x,y)\\&=[f(x+\Delta x,y+\Delta y)-f(x,y+\Delta y)]+[f(x,y+\Delta y)-f(x,y)].\end{aligned}$$

对于第一个中括弧内的表达式，因 $y+\Delta y$ 不变，故可看做 x 的一元函数 $f(x,y+\Delta y)$ 的增量. 于是，应用拉格朗日中值定理，得

$$f(x+\Delta x,y+\Delta y)-f(x,y+\Delta y)=f'_x(x+\theta_1\Delta x,y+\Delta y)\Delta x\quad(0<\theta_1<1).$$

又依假设，$f'_x(x,y)$ 在点 (x,y) 连续，所以上式可写为

$$f(x+\Delta x,y+\Delta y)-f(x,y+\Delta y)=[f'_x(x,y)+\varepsilon_1]\Delta x=f'_x(x,y)\Delta x+\varepsilon_1\Delta x,\tag{3}$$

其中 ε_1 是 $\Delta x,\Delta y$ 的函数，且当 $\Delta x\to0,\Delta y\to0$ 时，$\varepsilon_1\to0$.

同理，可证第二个中括弧内的表达式可写为

$$f(x,y+\Delta y)-f(x,y)=f'_y(x,y)\Delta y+\varepsilon_2\Delta y,\tag{4}$$

其中 ε_2 是 Δy 的函数，且当 $\Delta y\to0$ 时，$\varepsilon_2\to0$.

由(3)，(4)两式，全增量 Δz 可表示为

$$\Delta z=f'_x(x,y)\Delta x+f'_y(x,y)\Delta y+\varepsilon_1\Delta x+\varepsilon_2\Delta y.$$

又

$$\left|\frac{\varepsilon_1\Delta x+\varepsilon_2\Delta y}{\rho}\right|\leqslant|\varepsilon_1|+|\varepsilon_2|,$$

于是，当 $\Delta x\to0,\Delta y\to0$ 时，上式趋于零. 故函数 $z=f(x,y)$ 在点 $P(x,y)$ 处可微.　**证毕**

以上关于二元函数全微分的定义及可微的必要条件和充分条件，可以完全类似地推广到三元及三元以上的多元函数.

与一元函数的微分一样，习惯上，我们把二元函数 $z=f(x,y)$ 的自变量的增量 $\Delta x,\Delta y$ 分别记做 $\mathrm{d}x,\mathrm{d}y$，并分别称为自变量 x,y 的微分. 这样，二元函数 $z=f(x,y)$ 的全微分可写为

$$\mathrm{d}z=\frac{\partial z}{\partial x}\mathrm{d}x+\frac{\partial z}{\partial y}\mathrm{d}y.$$

很自然地，若三元函数 $u=f(x,y,z)$ 是可微的，那么它的全微分就可写为

$$\mathrm{d}u=\frac{\partial u}{\partial x}\mathrm{d}x+\frac{\partial u}{\partial y}\mathrm{d}y+\frac{\partial u}{\partial z}\mathrm{d}z.$$

例 1　求 $z=y^2\cos x$ 的全微分.

解　因为

$$\frac{\partial z}{\partial x}=-y^2\sin x,\quad\frac{\partial z}{\partial y}=2y\cos x,$$

所以

$$dz = -y^2\sin x dx + 2y\cos x dy.$$

例 2 求 $z=x^2y+xe^{xy}$ 在点(1,2)处的全微分.

解 因为

$$\left.\frac{\partial z}{\partial x}\right|_{\substack{x=1\\y=2}} = (2xy + e^{xy} + xye^{xy})\Big|_{\substack{x=1\\y=2}} = 4 + e^2 + 2e^2 = 4 + 3e^2,$$

$$\left.\frac{\partial z}{\partial y}\right|_{\substack{x=1\\y=2}} = (x^2 + x^2e^{xy})\Big|_{\substack{x=1\\y=2}} = 1 + e^2,$$

所以

$$dz = (4 + 3e^2)dx + (1 + e^2)dy.$$

二、全微分的应用

设 $z=f(x,y)$ 为可微函数,它在点 $P_0(x_0,y_0)$ 处的全增量及全微分分别为

$$\Delta z = f(x_0 + \Delta x, y_0 + \Delta y) - f(x_0, y_0),$$

$$dz = f'_x(x_0, y_0)\Delta x + f'_y(x_0, y_0)\Delta y,$$

或

$$f(x_0 + \Delta x, y_0 + \Delta y) \approx f(x_0, y_0) + f'_x(x_0, y_0)\Delta x + f'_y(x_0, y_0)\Delta y. \tag{5}$$

上式(5)表明,若函数 $z=f(x,y)$ 在点 $P_0(x_0,y_0)$ 处可微,则函数在点 P_0 附近的值可用点 P_0 处的函数值与该点处的全微分之和来近似表示. 这就是全微分在近似计算中的应用.

例 3 一圆柱形的铁罐,内半径为 5 cm,内高为 12 cm,壁厚均为 0.2 cm,试问制作这个铁罐所需材料的体积大约为多少(包括上、下底)?

解 因圆柱体体积 $V=\pi r^2 h$,则这个铁罐所需材料的体积是

$$\Delta V = \pi(r + \Delta r)^2(h + \Delta h) - \pi r^2 h.$$

因为 $\Delta r=0.2$ cm,$\Delta h=0.4$ cm 都比较小,所以可用全微分近似代替全增量,即

$$\Delta V \approx dV = \frac{\partial V}{\partial r}dr + \frac{\partial V}{\partial h}dh = 2\pi rh\,dr + \pi r^2\,dh = \pi r(2h dr + r dh),$$

所以

$$\Delta V\Big|_{\substack{r=5,h=12\\ \Delta r=0.2,\Delta h=0.4}} \approx 5\pi(24 \times 0.2 + 5 \times 0.4) = 34\pi(\text{cm}^3) \approx 106.8(\text{cm}^3).$$

故所需材料的体积大约为 106.8 cm^3.

例 4 利用全微分近似计算 $(0.98)^{2.03}$.

解 设函数 $z=f(x,y)=x^y$,则要计算的数值就是函数在 $x+\Delta x=0.98$,$y+\Delta y=2.03$ 时的函数值 $f(0.98,2.03)$.

取 $x=1$,$y=2$,$\Delta x=-0.02$,$\Delta y=0.03$,由公式(5)得

$$f(0.98,2.03) \approx f(1,2) + f'_x(1,2) \cdot (-0.02) + f'_x(1,2) \cdot (0.03).$$

因

$$f(1,2) = 1,\quad f'_x(x,y) = yx^{y-1},\quad f'_x(1,2) = 2,\quad f'_y(x,y) = x^y \ln x,\quad f'_y(1,2) = 0,$$

所以

$$(0.98)^{2.03} \approx 1 + 2 \cdot (-0.02) + 0 \cdot (0.03) = 0.96.$$

习　题　9-3

1. 求下列函数的全微分：

(1) $f(x,y)=\ln\left(1+\dfrac{x}{y}\right)$；　(2) $u=\sqrt{x^2+y^2+z^2}$；　(3) $u=\arctan\dfrac{xy}{z^2}$.

2. 求函数 $z=\ln\sqrt{1+x^2+y^2}$ 在点(1,1)处的全微分.

3. 求函数 $z=\dfrac{y}{x}$ 当 $x=2, y=1, \Delta x=0.1, \Delta y=0.2$ 时的全微分及全增量.

4. 计算 $(1.03)^{1.98}$ 的近似值.

5. 计算 $\sin 29^\circ \cdot \tan 46^\circ$ 的近似值.

6. 有一全封闭的圆柱形金属桶，它的底半径为 5 cm，高为 18 cm，如果把桶的表面涂上一层厚度为 0.01 cm 的涂料，问约需涂料多少？

第四节　多元复合微分法则

一、多元复合求导法则

在一元函数微分学中，我们知道复合函数的微分法很重要，同样在多元函数微分学中，复合函数的微分法也起着重要的作用. 由于多元复合函数比一元复合函数要复杂得多，所以我们分一个自变量、多个中间变量，以及多个自变量、多个中间变量两种情形分别讨论.

1. 一个自变量、多个中间变量的情形

设 $z=f(u,v)$ 是 u,v 的函数，而 $u=\varphi(x), v=\psi(x)$ 又是 x 的函数，于是

$$z = f[\varphi(x),\psi(x)]$$

是 x 的复合函数. 这个复合函数的求导法则遵从下述定理.

定理 1　设函数 $u=\varphi(x), v=\psi(x)$ 在点 x 可导，在对应点 (u,v) 处，函数 $z=f(u,v)$ 关于 u,v 具有连续的偏导数，则复合函数 $z=f[\varphi(x),\psi(x)]$ 在点 x 也可导，且

$$\frac{\mathrm{d}z}{\mathrm{d}x} = \frac{\partial f}{\partial u}\frac{\mathrm{d}u}{\mathrm{d}x} + \frac{\partial f}{\partial v}\frac{\mathrm{d}v}{\mathrm{d}x}. \tag{1}$$

证　给 x 以增量 Δx，则 $u=\varphi(x), v=\psi(x)$ 相应的增量为 $\Delta u, \Delta v$，而函数 $z=f(u,v)$ 在

点(u,v)具有连续偏导数，所以由第三节定理 3 的证明知

$$\Delta z=\frac{\partial f}{\partial u}\Delta u+\frac{\partial f}{\partial v}\Delta v+\varepsilon_1\Delta u+\varepsilon_2\Delta v,$$

其中当 $\Delta u\to 0,\Delta v\to 0$ 时，$\varepsilon_1\to 0,\varepsilon_2\to 0$.

将上式两边除以 Δx，得

$$\frac{\Delta z}{\Delta x}=\frac{\partial f}{\partial u}\frac{\Delta u}{\Delta x}+\frac{\partial f}{\partial v}\frac{\Delta v}{\Delta x}+\varepsilon_1\frac{\Delta u}{\Delta x}+\varepsilon_2\frac{\Delta v}{\Delta x},$$

因为，当 $\Delta x\to 0$ 时，$\Delta u\to 0,\Delta v\to 0,\frac{\Delta u}{\Delta x}\to\frac{\mathrm{d}u}{\mathrm{d}x},\frac{\Delta v}{\Delta x}\to\frac{\mathrm{d}v}{\mathrm{d}x}$，所以

$$\lim_{\Delta x\to 0}\frac{\Delta z}{\Delta x}=\frac{\partial f}{\partial u}\frac{\mathrm{d}u}{\mathrm{d}x}+\frac{\partial f}{\partial v}\frac{\mathrm{d}v}{\mathrm{d}x},$$

即

$$\frac{\mathrm{d}z}{\mathrm{d}x}=\frac{\partial f}{\partial u}\frac{\mathrm{d}u}{\mathrm{d}x}+\frac{\partial f}{\partial v}\frac{\mathrm{d}v}{\mathrm{d}x}.$$

证毕

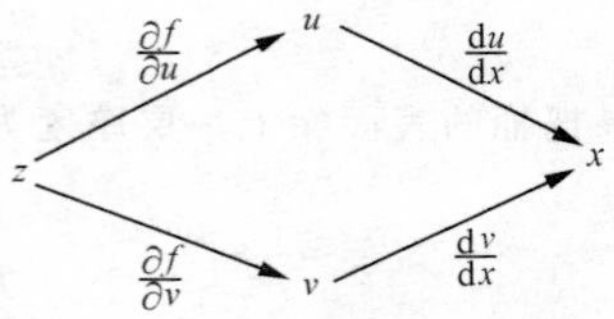

图　9-8

为了便于记忆，根据变量之间的关系，可把这个求导公式的运算图解为如图 9-8 所示的关系图，即当求复合函数 $z=f[\varphi(x),\psi(x)]$对自变量 x 的导数时，只要求 z 对 u 的偏导数乘以 u 对 x 的导数，加上 z 对 v 的偏导数乘以 v 对 x 的导数即可.

例 1　设 $z=u^2\mathrm{e}^{3v}$，而 $u=\sin x,v=x^2$，求$\frac{\mathrm{d}z}{\mathrm{d}x}$.

解　$\frac{\mathrm{d}z}{\mathrm{d}x}=\frac{\partial z}{\partial u}\frac{\mathrm{d}u}{\mathrm{d}x}+\frac{\partial z}{\partial v}\frac{\mathrm{d}v}{\mathrm{d}x}=2u\mathrm{e}^{3v}\cos x+3u^2\mathrm{e}^{3v}\cdot 2x$

$=2u\mathrm{e}^{3v}(\cos x+3ux)=2\sin x\mathrm{e}^{3x^2}(\cos x+3x\sin x)$.

公式(1)中的$\frac{\mathrm{d}z}{\mathrm{d}x}$称为**全导数**，公式(1)也称为**全导数公式**. 它可以推广到 f 有多个中间变量的情形.

例 2　设 $z=u^2-2v^3+w$，而 $u=t^2,v=\mathrm{e}^t,w=\cos t$，求全导数$\frac{\mathrm{d}z}{\mathrm{d}t}$.

解　如图 9-9 所示，

$$\frac{\mathrm{d}z}{\mathrm{d}t}=\frac{\partial z}{\partial u}\frac{\mathrm{d}u}{\mathrm{d}t}+\frac{\partial z}{\partial v}\frac{\mathrm{d}v}{\mathrm{d}t}+\frac{\partial z}{\partial w}\frac{\mathrm{d}w}{\mathrm{d}t}$$

$$=2u\cdot 2t-6v^2\cdot\mathrm{e}^t+1\cdot(-\sin t)=4t^3-6\mathrm{e}^{3t}-\sin t.$$

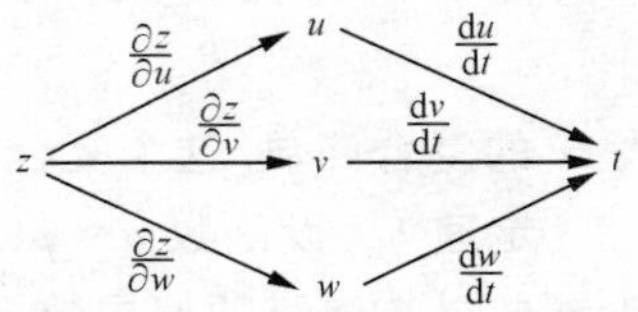

图　9-9

公式(1)还有一些特殊情形. 例如，设 $z=f(x,y)$具有连续偏导数，而 $y=\varphi(x)$是可导的，则复合函数

$$z=f[x,\varphi(x)]$$

可看做公式(1)中当 $u=x,v=y=\varphi(x)$ 的特殊情形,因为$\frac{\mathrm{d}u}{\mathrm{d}x}=1$,所以

$$\frac{\mathrm{d}z}{\mathrm{d}x}=\frac{\partial f}{\partial x}+\frac{\partial f}{\partial y}\frac{\mathrm{d}y}{\mathrm{d}x}. \tag{2}$$

再如,若 $z=f(u,v,t)$,而 $u=\varphi(t),v=\psi(t)$,则复合函数

$$z=f[\varphi(t),\psi(t),t]$$

对 t 的全导数为

$$\frac{\mathrm{d}z}{\mathrm{d}t}=\frac{\partial f}{\partial u}\frac{\mathrm{d}u}{\mathrm{d}t}+\frac{\partial f}{\partial v}\frac{\mathrm{d}v}{\mathrm{d}t}+\frac{\partial f}{\partial t}. \tag{3}$$

注意,(2)式中,$\frac{\mathrm{d}z}{\mathrm{d}x}$与$\frac{\partial f}{\partial x}$不同,$\frac{\partial f}{\partial x}$表示 $z=f(x,y)$把 y 看做常数,仅对 x 求偏导数. 同样,(3)式中,$\frac{\mathrm{d}z}{\mathrm{d}t}$与$\frac{\partial f}{\partial t}$也不同.

例 3　设 $r=\sqrt{x^2+y^2}$,而 $y=\sqrt[3]{x}$,求$\frac{\mathrm{d}r}{\mathrm{d}x}$.

解　$\frac{\mathrm{d}r}{\mathrm{d}x}=\frac{\partial r}{\partial x}+\frac{\partial r}{\partial y}\frac{\mathrm{d}y}{\mathrm{d}x}=\frac{2x}{2\sqrt{x^2+y^2}}+\frac{2y}{2\sqrt{x^2+y^2}}\frac{1}{3\sqrt[3]{x^2}}=\frac{3x+x^{-\frac{1}{3}}}{3\sqrt{x^2+y^2}}$.

2. 多个自变量、多个中间变量的情形

我们先讨论两个自变量和两个中间变量的情形.

设 $z=f(u,v)$具有连续偏导数,而 $u=\varphi(x,y),v=\psi(x,y)$具有对 x,y 的偏导数,则复合函数

$$z=f[\varphi(x,y),\psi(x,y)]$$

是 x,y 的二元函数,它的两个偏导数存在,并有下列计算公式:

$$\frac{\partial z}{\partial x}=\frac{\partial f}{\partial u}\frac{\partial u}{\partial x}+\frac{\partial f}{\partial v}\frac{\partial v}{\partial x}, \tag{4}$$

$$\frac{\partial z}{\partial y}=\frac{\partial f}{\partial u}\frac{\partial u}{\partial y}+\frac{\partial f}{\partial v}\frac{\partial v}{\partial y}. \tag{5}$$

事实上,这里求$\frac{\partial z}{\partial x}$,可先将 y 看做常量,因此,中间变量 u 及 v 可看做一元函数,进而应用一元函数中的定理. 但由于复合函数 $z=f(u,v)$以及 $u=\varphi(x,y),v=\psi(x,y)$都是 x,y 的二元函数,所以应把(1)式中的 d 改为 ∂,这样便得到(4)式. 同理还可得到(5)式.

类似地,设 $z=f(u,v,w)$具有连续偏导数,而 $u=\varphi(x,y),v=\psi(x,y),w=\omega(x,y)$具有对 x,y 的偏导数,则复合函数 $z=f[\varphi(x,y),\psi(x,y),\omega(x,y)]$的两个偏导数存在,且计算公式为:

$$\frac{\partial z}{\partial x}=\frac{\partial z}{\partial u}\frac{\partial u}{\partial x}+\frac{\partial z}{\partial v}\frac{\partial v}{\partial x}+\frac{\partial z}{\partial w}\frac{\partial w}{\partial x}, \tag{6}$$

$$\frac{\partial z}{\partial y}=\frac{\partial z}{\partial u}\frac{\partial u}{\partial y}+\frac{\partial z}{\partial v}\frac{\partial v}{\partial y}+\frac{\partial z}{\partial w}\frac{\partial w}{\partial y}. \tag{7}$$

以上两种情形的求导运算可分别如图 9-10(a)和(b)所示.

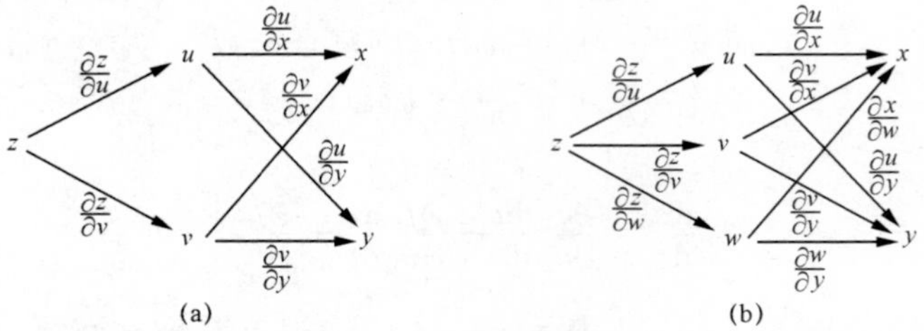

图　9-10

例 4　求 $z=e^{xy}\sin(x+y)$的偏导数.

解　在这个函数中,令 $z=e^u\sin v$,而 $u=xy,v=x+y$,则按复合函数求偏导数的公式(4)和(5)来求它的偏导数:

$$\frac{\partial z}{\partial x}=e^u\sin v\cdot y+e^u\cos v\cdot 1=e^{xy}[y\sin(x+y)+\cos(x+y)],$$

$$\frac{\partial z}{\partial y}=e^u\sin v\cdot x+e^u\cos v\cdot 1=e^{xy}[x\sin(x+y)+\cos(x+y)].$$

二、隐函数微分法则

在一元函数微分学中,我们利用复合求导法则,直接由方程

$$F(x,y)=0 \tag{8}$$

求出隐函数的导数. 但是,是否任何一个方程都可确定一个隐函数呢? 下面我们不加证明地叙述两个关于隐函数的存在定理,并得到隐函数的求导公式.

定理 2　假设函数 $F(x,y)$满足

(1) 在点 $P_0(x_0,y_0)$的某一邻域内具有连续偏导数;

(2) $F(x_0,y_0)=0$;

(3) $F'_y(x_0,y_0)\neq 0$,

则方程(8)在点 $P_0(x_0,y_0)$的某一邻域内能唯一确定一个单值连续且有连续导数的函数 $y=f(x)$,它满足条件 $y_0=f(x_0)$,并有

$$\frac{dy}{dx}=-\frac{F'_x}{F'_y}. \tag{9}$$

公式(9)就是隐函数的求导公式. 现在我们仅推导公式(9),而隐函数存在且唯一的证明从略.

证　将方程(8)所确定的函数 $y=f(x)$ 代入(8)式中,得恒等式

$$F(x,f(x))\equiv 0,$$

它的左端可看做是 x 的一个复合函数,求这个函数的全导数. 由于恒等式两端求导仍然恒等,即得

$$\frac{\partial F}{\partial x}+\frac{\partial F}{\partial y}\frac{\mathrm{d}y}{\mathrm{d}x}=0.$$

因为 F'_y 连续,且 $F'_y(x_0,y_0)\neq 0$,所以存在点 $P_0(x_0,y_0)$ 的一个邻域,在这个邻域内 $F'_y\neq 0$,于是得

$$\frac{\mathrm{d}y}{\mathrm{d}x}=-\frac{F'_x}{F'_y}.$$

证毕

例 5　求由方程 $\frac{x^2}{a^2}+\frac{y^2}{b^2}=1$ 所确定的隐函数 $y=y(x)$ 的一阶及二阶导数.

解　设 $F(x,y)=\frac{x^2}{a^2}+\frac{y^2}{b^2}-1$,则 $F'_x=\frac{2x}{a^2}$,$F'_y=\frac{2y}{b^2}$,所以

$$\frac{\mathrm{d}y}{\mathrm{d}x}=-\frac{F'_x}{F'_y}=-\frac{\frac{2x}{a^2}}{\frac{2y}{b^2}}=-\frac{b^2x}{a^2y}.$$

欲求二阶导数,只要在一阶导数的基础上继续对 x 求导即可,但要注意,一阶导数中 y 是 x 的函数,则

$$\frac{\mathrm{d}^2y}{\mathrm{d}x^2}=\frac{\mathrm{d}}{\mathrm{d}x}\left(-\frac{b^2x}{a^2y}\right)=-\frac{b^2\mathrm{d}}{a^2\mathrm{d}x}\left(\frac{x}{y}\right)=-\frac{b^2}{a^2}\frac{y-xy'}{y^2}=-\frac{b^2}{a^2}\frac{y-x\left(-\frac{b^2x}{a^2y}\right)}{y^2}$$

$$=-\frac{b^2}{a^4}\frac{a^2y^2+b^2x^2}{y^3}=-\frac{b^2}{a^4}\frac{a^2b^2}{y^3}=-\frac{b^4}{a^2y^3}.$$

隐函数存在定理可以推广到多元函数. 既然一个二元方程(8)可以确定一个一元隐函数,那么一个三元方程

$$F(x,y,z)=0 \tag{10}$$

就有可能确定一个二元隐函数. 于是,有下面的定理.

定理 3　设函数 $F(x,y,z)$ 满足

(1) 在点 $P_0(x_0,y_0,z_0)$ 的某一邻域内有连续偏导数;

(2) $F(x_0,y_0,z_0)=0$;

(3) $F'_z(x_0,y_0,z_0)\neq 0$,

则方程(10)在点 $P_0(x_0,y_0,z_0)$ 的某一邻域内能唯一确定一个单值连续且有连续偏导数的二元函数 $z=f(x,y)$,它满足条件 $z_0=f(x_0,y_0)$,并且

$$\frac{\partial z}{\partial x}=-\frac{F'_x}{F'_z},\quad \frac{\partial z}{\partial y}=-\frac{F'_y}{F'_z}. \tag{11}$$

例 6　设 $x^2+y^2+z^2-4z=0$，求 $\frac{\partial z}{\partial x}$，$\frac{\partial z}{\partial y}$ 及 $\frac{\partial^2 z}{\partial x^2}$.

解　设 $F(x,y,z)=x^2+y^2+z^2-4z$，则

$$F'_x=2x,\quad F'_y=2y,\quad F'_z=2z-4.$$

由公式(11)得

$$\frac{\partial z}{\partial x}=\frac{x}{2-z},\quad \frac{\partial z}{\partial y}=\frac{y}{2-z},$$

$$\frac{\partial^2 z}{\partial x^2}=\frac{(2-z)+x\frac{\partial z}{\partial x}}{(2-z)^2}=\frac{(2-z)+x\left(\frac{x}{2-z}\right)}{(2-z)^2}=\frac{(2-z)^2+x^2}{(2-z)^3}.$$

习　题　9-4

1. 若 $z=\frac{u}{v}$，其中 $u=e^t$，$v=\ln t$，求 $\frac{dz}{dt}$.

2. 设 $z=\arctan\frac{x}{y}$，其中 $x=u+v$，$y=u-v$，求 dz.

3. 设 $y=1+y^x$，求 $\frac{dy}{dx}$.

4. 设 $\arctan\frac{x+y}{a}-\frac{y}{a}=0$，求 $\frac{dy}{dx}$.

5. 设 $e^z-xyz=0$，求 $\frac{\partial^2 z}{\partial x^2}$ 和 $\frac{\partial^2 z}{\partial y^2}$.

6. 设 $z^3-3xyz=0$，求 $\frac{\partial^2 z}{\partial x\partial y}$.

第五节　偏导数的几何应用

在一元函数中，我们把平面曲线在一点处的切线定义为割线的极限，并就曲线方程的各种不同的表达形式导出了相应的切线方程. 对平面曲线的切线概念在空间作两方面的推广，可得空间曲线在一点处的切线方程及曲面在一点处的切平面方程.

一、空间曲线的切线与法平面

设空间曲线 Γ 的参数方程为 $\begin{cases}x=\varphi(t),\\ y=\psi(t),\ t\in[a,b],\\ z=\omega(t)\end{cases}$

其中 $\varphi(t)$，$\psi(t)$，$\omega(t)$ 均可导且导数不同时为零. 当 $t=t_0$ 时，Γ 上对应的点为 $M_0(x_0,y_0,z_0)$（如图 9-11 所示）；当 $t=t_0+\Delta t$ 时，Γ 上对应的点为 $M(x_0+\Delta x,y_0+\Delta y,z_0+\Delta z)$，此时割线 M_0M 的方程为

$$\frac{x-x_0}{\Delta x}=\frac{y-y_0}{\Delta y}=\frac{z-z_0}{\Delta z}.$$

当 M 沿着 Γ 趋于 M_0 时，割线 M_0M 的极限 M_0T 就是曲线 Γ 在点 M_0 处的**切线**. 用 Δt 除以上式的各分母，得

$$\frac{x-x_0}{\frac{\Delta x}{\Delta t}}=\frac{y-y_0}{\frac{\Delta y}{\Delta t}}=\frac{z-z_0}{\frac{\Delta z}{\Delta t}}.$$

当 M 沿 Γ 趋于 M_0 即 $\Delta t\to 0$ 时，对上式取极限，即得曲线 Γ 在点 M_0 处的切线方程

$$\frac{x-x_0}{\varphi'(t_0)}=\frac{y-y_0}{\psi'(t_0)}=\frac{z-z_0}{\omega'(t_0)}. \tag{1}$$

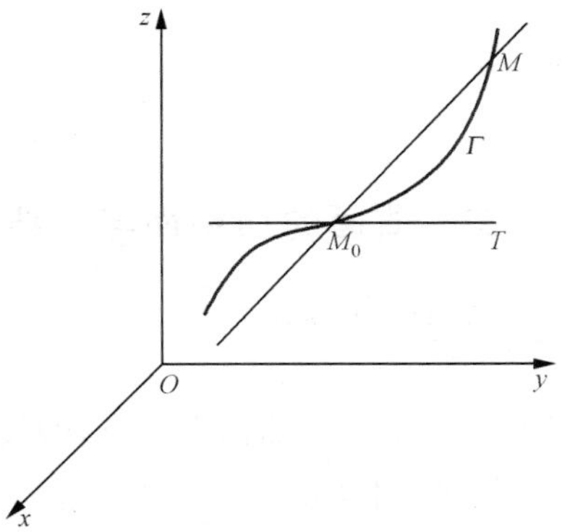

图　9-11

切线的方向向量称为曲线的**切向量**，向量

$$\boldsymbol{T}=\{\varphi'(t_0),\psi'(t_0),\omega'(t_0)\}$$

就是曲线 Γ 在点 M_0 处的一个切向量.

通过点 M_0，并且与切线垂直的平面称为曲线 Γ 在点 M_0 处的**法平面**. 它是过点 $M_0(x_0,y_0,z_0)$ 且以 $\boldsymbol{T}$ 为法向量的平面，所以，这法平面的方程为

$$\varphi'(t_0)(x-x_0)+\psi'(t_0)(y-y_0)+\omega'(t_0)(z-z_0)=0. \tag{2}$$

例 1　求曲线 $\begin{cases}x=t,\\ y=t^2,\\ z=t^3\end{cases}$ 在点(1,1,1)处的切线方程和法平面方程.

解　因为 $x'_t=1,y'_t=2t,z'_t=3t^2$，而点(1,1,1)所对应的参数 $t=1$. 所以，切线方程为

$$\frac{x-1}{1}=\frac{y-1}{2}=\frac{z-1}{3}.$$

法平面方程为

$$(x-1)+2(y-1)+3(z-1)=0,$$

即

$$x+2y+3z=6.$$

例 2　求曲线 $\begin{cases}y=2x^2,\\ z=1-x\end{cases}$ 在点(−2,8,3)处的切线方程与法平面方程.

解　因为 $y'=4x,z'=-1$，所以在点(−2,8,3)处的切线方程为

$$\frac{x+2}{1}=\frac{y-8}{-8}=\frac{z-3}{-1}.$$

法平面方程为

$$x+2-8(y-8)-(z-3)=0,$$

即

$$x-8y-z+69=0.$$

二、曲面的切平面与法线

设曲面的方程为

$$F(x,y,z)=0,$$

$M_0(x_0,y_0,z_0)$为曲面上一点，假设函数 $F(x,y,z)$在点 M_0 有连续偏导数，且在点 M_0 处，F'_x,F'_y,F'_z 不全为零.

在曲面上过点 M_0 任意引一条曲线 Γ(如图 9-12 所示)，并设 Γ 的参数方程为

$$\begin{cases} x=\varphi(t), \\ y=\psi(t), \\ z=\omega(t). \end{cases}$$

由于曲线 Γ 在曲面上，所以 $F(\varphi(t),\psi(t),\omega(t))\equiv 0$. 若 M_0 对应的参数是 t_0，而 $\varphi(t)$，$\psi(t)$，$\omega(t)$在 t_0 处可导且导数不全为零，则 F 在 t_0 处的全导数为

$$F'_x(x_0,y_0,z_0)\varphi'(t_0)+F'_y(x_0,y_0,z_0)\psi'(t_0)+F'_z(x_0,y_0,z_0)\omega'(t_0)=0.$$

把上式写成向量的数量积形式

$$\left\{F'_x(x_0,y_0,z_0),F'_y(x_0,y_0,z_0),F'_z(x_0,y_0,z_0)\right\}\cdot\left\{\varphi'(t_0),\psi'(t_0),\omega'(t_0)\right\}=0,$$

其中向量 $\boldsymbol{T}=\{\varphi'(t_0),\psi'(t_0),\omega'(t_0)\}$是曲线 Γ 在点 M_0 的切向量，向量 $\boldsymbol{n}=\{F'_x(x_0,y_0,z_0),F'_y(x_0,y_0,z_0),F'_z(x_0,y_0,z_0)\}$完全由曲面确定，只要点 M_0 确定，它就是一确定向量.

因此上式说明，曲面上过点 M_0 的任一条曲线的切线都与 $\boldsymbol{n}$ 垂直，也就是都在过点 M_0 与 $\boldsymbol{n}$ 垂直的平面 π 上. 这个平面 π 就定义为曲面在点 M_0 处的**切平面**，$\boldsymbol{n}$ 就是切平面 π 的**法向量**. 从而得曲面在点 M_0 处切平面 π 的方程为

$$F'_x(x_0,y_0,z_0)(x-x_0)+F'_y(x_0,y_0,z_0)(y-y_0)+F'_z(x_0,y_0,z_0)(z-z_0)=0. \tag{3}$$

过点 M_0 且与切平面 π 垂直的直线 L 称为曲面在点 M_0 的**法线**，其方程为

$$\frac{x-x_0}{F'_x(x_0,y_0,z_0)}=\frac{y-y_0}{F'_y(x_0,y_0,z_0)}=\frac{z-z_0}{F'_z(x_0,y_0,z_0)}. \tag{4}$$

如果曲面方程为 $z=f(x,y)$，令

$$F(x,y,z)=f(x,y)-z,$$

可见

$$F'_x(x,y,z)=f'_x(x,y),\quad F'_y(x,y,z)=f'_y(x,y),\quad F'_z(x,y,z)=-1.$$

于是，当 $f(x,y)$的偏导数 $f'_x(x,y)$，$f'_y(x,y)$在点(x_0,y_0)连续时，曲面在点 M_0 的切平面

方程为

$$z-z_0=f'_x(x_0,y_0)(x-x_0)+f'_y(x_0,y_0)(y-y_0), \tag{5}$$

而法线方程为

$$\frac{x-x_0}{f'_x(x_0,y_0)}=\frac{y-y_0}{f'_y(x_0,y_0)}=\frac{z-z_0}{-1}. \tag{6}$$

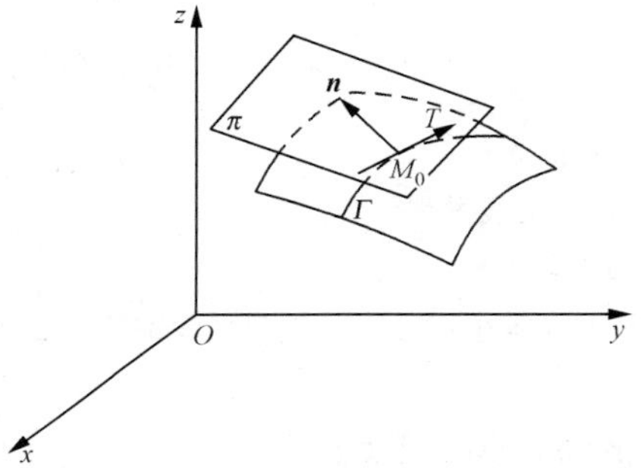

图　9-12

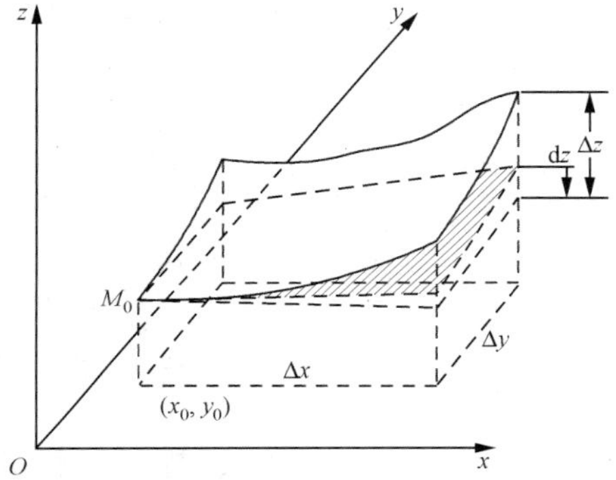

图　9-13

全微分的**几何意义**：二元函数 $z=f(x,y)$ 在点 (x_0,y_0) 处的全微分，在几何上表示曲面 $z=f(x,y)$ 在点 $M_0(x_0,y_0,z_0)$ 处切平面上点的竖坐标的增量(如图 9-13 所示)．这是因为方程(5)的右端恰好是函数 $z=f(x,y)$ 在点 (x_0,y_0) 的全微分(因为 $x-x_0$ 是 x 在 x_0 处的增量 Δx；$y-y_0$ 是 y 在 y_0 处的增量 Δy)，而左端是切平面上点的竖坐标的增量．

如果用 α,β,γ 表示曲面的法向量的方向角，并假定法向量的方向是向上的，即法向量与 z 轴正向所成的角 γ 是一锐角，则法向量的方向余弦为

$$\cos\alpha=\frac{-f'_x}{\sqrt{1+f'^2_x+f'^2_y}},\quad \cos\beta=\frac{-f'_y}{\sqrt{1+f'^2_x+f'^2_y}},\quad \cos\gamma=\frac{1}{\sqrt{1+f'^2_x+f'^2_y}},$$

这里，把 $f'_x(x_0,y_0)$，$f'_y(x_0,y_0)$ 分别简记为 f'_x，f'_y．

例 3　求球面 $(x-1)^2+y^2+z^2=9$ 在点 $(-1,2,-1)$ 处的切平面方程与法线方程．

解　设 $F(x,y,z)=(x-1)^2+y^2+z^2-9$，则

$$F'_x(-1,2,-1)=2(x-1)\Big|_{(-1,2,-1)}=-4,$$

$$F'_y(-1,2,-1)=4,\quad F'_z(-1,2,-1)=-2.$$

由公式(3)，得切平面方程

$$-4(x+1)+4(y-2)-2(z+1)=0,$$

即

$$2x-2y+z+7=0.$$

由公式(4),得法线方程

$$\frac{x+1}{-4}=\frac{y-2}{4}=\frac{z+1}{-2},$$

即

$$\frac{x+1}{2}=\frac{y-2}{-2}=\frac{z+1}{1}.$$

习　题　9-5

1. 求曲线 $x=t, y=2t^2, z=t^2$ 在 $t=1$ 处的切线方程与法平面方程.
2. 求曲面 $3x^2+y^2-z^2=27$ 在点(3,1,1)处的切平面方程与法线方程.
3. 求曲面 $e^z-z+xy=3$ 在点(2,1,0)处的切平面方程与法线方程.
4. 试证曲面 $\sqrt{x}+\sqrt{y}+\sqrt{z}=\sqrt{a}\ (a>0)$ 上任何点处的切平面在各坐标轴上的截距之和都等于 a.

第六节　多元函数的极值问题

一、二元函数极值的概念及求法

定义　设二元函数 $z=f(x,y)$ 在区域 D 上有定义,$P_0(x_0,y_0)$ 是 D 的内点,若对于 P_0 的某一邻域内异于点 P_0 的一切点 $P(x,y)$,都有 $f(x,y)<f(x_0,y_0)$,则称函数 $z=f(x,y)$ 在点 $P_0(x_0,y_0)$ 处有**极大值** $f(x_0,y_0)$;若都有 $f(x,y)>f(x_0,y_0)$,则称函数 $z=f(x,y)$ 在点 $P_0(x_0,y_0)$ 处有**极小值** $f(x_0,y_0)$. 极大值、极小值统称为**极值**,使函数取得极值的点 P_0 称为**极值点**.

例 1　函数 $z=\sqrt{1-x^2-y^2}$ 在点(0,0)处有极大值 $z=1$. 因为在点(0,0)处,函数值为1,而对于点(0,0)的任一邻域内异于(0,0)的点,函数值都小于1. 从几何上看这是显然的,这个函数的图形为上半球面(如图 9-14 所示),在点(0,0)处 $z=1$,在点(0,0)的任一邻域内且异于点(0,0)的点的函数值都小于1.

例 2　函数 $z=\sqrt{x^2+y^2}$ 在点(0,0)处有极小值 $z=0$. 因为在点(0,0)的任一邻域内,对于异于点(0,0)的一切点的函数值都大于零(如图 9-15 所示).

以上关于二元函数的极值概念,可推广到 $n(n\geqslant 3)$ 元函数,这里不再赘述.

试问二元函数 $z=f(x,y)$ 在点(x_0,y_0)处满足什么条件才能有极值呢？下面的两个定理可以回答这个问题.

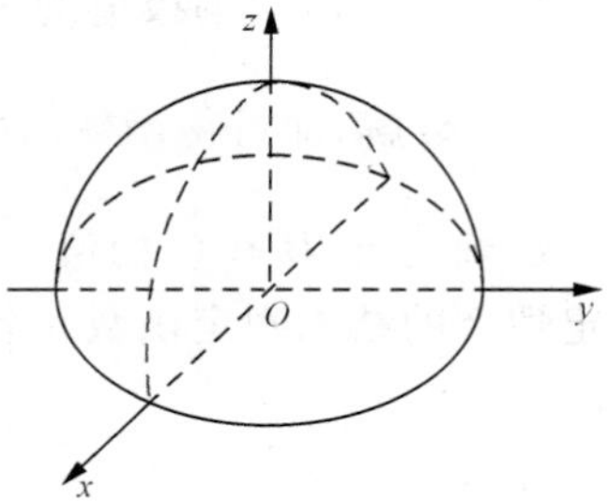

图　9-14

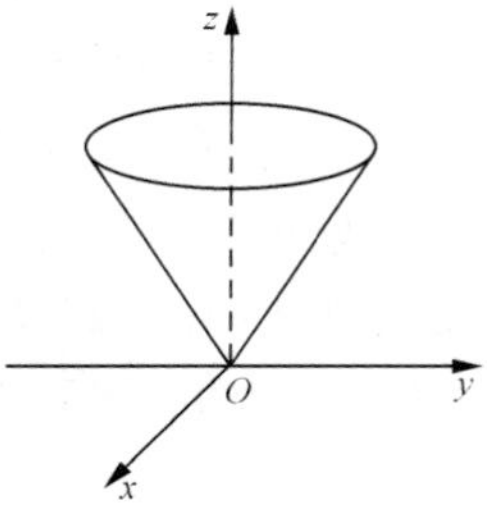

图　9-15

定理 1(必要条件)　设二元函数 $z=f(x,y)$ 在点 (x_0,y_0) 具有偏导数，且在点 (x_0,y_0) 有极值，则它在该点的偏导数必为零，即

$$f'_x(x_0,y_0)=0,\quad f'_y(x_0,y_0)=0.$$

证　不妨设 $z=f(x,y)$ 在点 (x_0,y_0) 取得极大值. 根据极大值的定义，在点 (x_0,y_0) 的某一邻域内异于 (x_0,y_0) 的点 (x,y) 总有 $f(x,y)<f(x_0,y_0)$. 而对于固定的 $y=y_0$，和 $x\neq x_0$ 的点 (x,y_0) 也总有 $f(x,y_0)<f(x_0,y_0)$. 这时 $f(x,y_0)$ 是 x 的一元函数，根据一元函数 $f(x,y_0)$ 在点 $x=x_0$ 处有极大值的必要条件，应有

$$\left.\frac{\mathrm{d}f(x,y_0)}{\mathrm{d}x}\right|_{x=x_0}=0,\ \text{即}\ f'_x(x_0,y_0)=0.$$

同理可证

$$f'_y(x_0,y_0)=0.$$

证毕

与一元函数类似，凡是能使 $f'_x(x,y)=0$，$f'_y(x,y)=0$ 同时成立的点 (x_0,y_0) 称为二元函数 $z=f(x,y)$ 的**驻点**(或**稳定点**). 由定理 1 知，具有偏导数的函数其极值点必是驻点，但函数的驻点不一定是极值点. 例如，点(0,0)是函数 $z=xy$ 的驻点，但点(0,0)却不是函数的极值点. 事实上，在点(0,0)的任何小的邻域内，既有使函数值为正的点(Ⅰ，Ⅲ卦限内)，又有使函数值为负的点(Ⅱ，Ⅳ卦限内)，而在点(0,0)处，$f(0,0)=0$，所以点(0,0)不是极值点.

定理 2(充分条件)　设二元函数 $z=f(x,y)$ 在点 (x_0,y_0) 的某邻域内连续且有一阶及二阶连续偏导数，又 $f'_x(x_0,y_0)=0$，$f'_y(x_0,y_0)=0$，令

$$f''_{xx}(x_0,y_0)=A,\quad f''_{xy}(x_0,y_0)=B,\quad f''_{yy}(x_0,y_0)=C,$$

则 $f(x,y)$ 在点 (x_0,y_0) 处的极值情况如下：

(1) $AC-B^2>0$ 时有极值，且当 $A<0$ 时有极大值，当 $A>0$ 时有极小值；

(2) $AC-B^2<0$ 时没有极值；

(3) $AC-B^2=0$ 时可能有极值，也可能没有极值，还需另作讨论.

证明从略.

由上述定理，我们把具有二阶连续偏导数的函数 $z=f(x,y)$ 的极值的求法归纳如下：

第一步　解方程组 $\begin{cases} f'_x(x,y)=0, \\ f'_y(x,y)=0, \end{cases}$ 求出它的一切实数解，即可得函数的所有驻点；

第二步　求出函数在每一驻点处的二阶偏导数，确定 A，B 和 C 的值；

第三步　利用判别式 $AC-B^2$ 的符号，并按定理 2 的结论判定函数在各驻点处是否取得极值，是极大值还是极小值，然后求出相应的极值.

例 3　求函数 $z=f(x,y)=x^3+y^3-3xy$ 的极值.

解　由方程组

$$\begin{cases} f'_x(x,y) = 3x^2 - 3y = 0, \\ f'_y(x,y) = 3y^2 - 3x = 0, \end{cases}$$

解得驻点、(0,0) 和 (1,1). 再求二阶偏导数，得

$$f''_{xx} = 6x, \quad f''_{xy} = -3, \quad f''_{yy} = 6y.$$

在点 (0,0) 处，$A=0$，$B=-3$，$C=0$，则 $AC-B^2=0-9<0$，所以点 (0,0) 不是极值点，因而函数在点 (0,0) 处不取极值.

在点 (1,1) 处，$A=6$，$B=-3$，$C=6$，则 $AC-B^2=36-9>0$ 且 $A=6>0$，所以函数在点 (1,1) 处取极小值 $f(1,1)=-1$.

二、最大值与最小值的求法

与一元函数类似，在多元函数中有时要求它在有界闭区域上的最大值和最小值. 尤其是在一些实际问题中，要解决类似经济效益最高、消耗材料最少等问题，这往往可归结为多元函数的最大值或最小值问题.

我们知道，闭区域上的连续函数，必有最大值和最小值. 此类的最大值和最小值，可能在区域内取得，也可能在区域的边界上取得，所以只要把区域内的极值和边界上的最大值及最小值加以比较就可知，其中最大者为最大值，最小者为最小值.

在实际问题中，若根据问题的性质，知道函数的最大值或最小值一定在区域的内部取得，而函数在这区域内部只有一个驻点，那么可以肯定该驻点处的函数值就是函数的最大值或最小值.

例 4　求 $f(x,y)=\sqrt{2-x^2-y^2}$ 在圆域 $x^2+y^2\leqslant 1$ 上的最大值.

解　在圆域 $x^2+y^2\leqslant 1$ 的边界 $x^2+y^2=1$ 上，函数值为常数 $F(x,y)=\sqrt{2-1}=1$.

为求圆域内的驻点，令 $\begin{cases} f'_x(x,y)=-\dfrac{x}{2-x^2-y^2}=0, \\ f'_y(x,y)=-\dfrac{y}{2-x^2-y^2}=0, \end{cases}$ 解得驻点为 (0,0)，且该驻点处的

函数值为 $f(0,0)=\sqrt{2}$. 从而知道，函数在点(0,0)处取得最大值$\sqrt{2}$.

例 5　设长方体内接于半径为 a 的球，问长方体的边长各等于多少时其体积最大？

解　取球心为原点，坐标轴平行于内接长方体的棱，由于球和长方体都具有对称性，故只需考虑第Ⅰ卦限的部分(如图 9-16 所示).

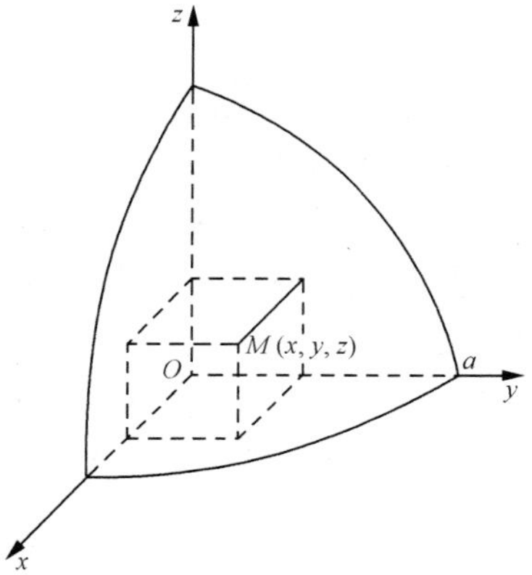

图　9-16

设长方体的顶点为 $M(x,y,z)$，则长方体的体积为

$$V=8xyz.$$

长方体内接于球，其顶点 $M(x,y,z)$ 应在球面上，所以点 $M(x,y,z)$ 满足球面方程

$$x^2+y^2+z^2=a^2,$$

解出

$$z=\sqrt{a^2-x^2-y^2}.$$

故体积

$$V=8xy\sqrt{a^2-x^2-y^2}\quad(x^2+y^2<a^2\text{ 且 }x>0,y>0).$$

而

$$\frac{\partial V}{\partial x}=8y\sqrt{a^2-x^2-y^2}+8xy\frac{-x}{\sqrt{a^2-x^2-y^2}}=\frac{8y(a^2-2x^2-y^2)}{\sqrt{a^2-x^2-y^2}},$$

同样

$$\frac{\partial V}{\partial y}=\frac{8x(a^2-x^2-2y^2)}{\sqrt{a^2-x^2-y^2}}.$$

令$\frac{\partial V}{\partial x}=0,\frac{\partial V}{\partial y}=0$，联立化简，可得

$$\begin{cases}2x^2+y^2=a^2,\\x^2+2y^2=a^2.\end{cases}$$

它们的解为

$$x=y=\frac{a}{\sqrt{3}}.$$

可见，在区域 $x^2+y^2<a^2$ 内，有唯一的驻点$\left(\frac{a}{\sqrt{3}},\frac{a}{\sqrt{3}}\right)$，且 $z\left(\frac{a}{\sqrt{3}},\frac{a}{\sqrt{3}}\right)=\frac{a}{\sqrt{3}}$. 所以，长方体的长、宽、高皆为$\frac{2a}{\sqrt{3}}$时，其体积最大.

三、条件极值与拉格朗日乘数法

在讨论二元函数 $z=f(x,y)$ 的极值时，若只限制其自变量 x,y 在函数的定义域内，而无其他的条件,则这种极值称为**无条件极值**.若对自变量 x,y,除了要在函数的定义域之内,还要限制其满足另外的条件,则这种极值称为**条件极值**.

例如,例 5 实际上就是条件极值问题,因为是求函数 $V=8xyz$ 在条件 $x^2+y^2+z^2=a^2$ 下的极值.

在求例 5 的极值时,我们从方程 $x^2+y^2+z^2=a^2$ 中解出 z 再代入 V 的表达式,这是一个把条件极值转化为无条件极值的过程.此外,我们将对条件极值不作转化而直接求解,这就是拉格朗日乘数法.

拉格朗日乘数法　欲求函数 $z=f(x,y)$ 在条件 $\varphi(x,y)=0$ 下的条件极值,先作辅助函数

$$F(x,y)=f(x,y)+\lambda\varphi(x,y)\quad(\lambda\text{ 为某一常数}),$$

然后求 $F(x,y)$ 对 x 与 y 的一阶偏导数,并求出方程组

$$\begin{cases}F'_x(x,y)=f'_x(x,y)+\lambda\varphi'_x(x,y)=0,\\ F'_y(x,y)=f'_y(x,y)+\lambda\varphi'_y(x,y)=0,\\ \varphi(x,y)=0\end{cases}\tag{1}$$

的解 x,y,λ,则其中 x,y 就是可能极值点的坐标.

例 6　求双曲抛物面 $z=xy$ 在平面 $x+y=1$ 上的极大值.

解　这个问题显然是求函数 $z=xy$ 在条件 $x+y=1$ 下的条件极值.用拉格朗日乘数法.首先,作辅助函数

$$F(x,y)=xy+\lambda(x+y-1);$$

然后,求 $F(x,y)$ 对 x,y 的一阶偏导数

$$F'_x(x,y)=y+\lambda=0,\quad F'_y(x,y)=x+\lambda=0,$$

并与方程 $x+y=1$ 联立,可解得

$$x=\frac{1}{2},\quad y=\frac{1}{2}.$$

所以,驻点为 $\left(\frac{1}{2},\frac{1}{2}\right)$.这里只有一个驻点,故该点对应的函数值,就是所求函数在平面上的极大值.即极大值为

$$z\left(\frac{1}{2},\frac{1}{2}\right)=\frac{1}{4}.$$

拉格朗日乘数法可以推广到自变量多于两个且条件多于一个的情形.

例如,欲求函数 $u=f(x,y,z)$ 在条件 $\varphi(x,y,z)=0$ 及 $\psi(x,y,z)=0$ 下的极值,可先作辅助函数

$$F(x,y,z)=f(x,y,z)+\lambda_1\varphi(x,y,z)+\lambda_2\psi(x,y,z),$$

其中 λ_1,λ_2 均为常数;然后求其一阶偏导数,并求出方程组

$$\begin{cases} F'_x = f'_x(x,y,z) + \lambda_1 \varphi'_x(x,y,z) + \lambda_2 \psi'_x(x,y,z) = 0, \\ F'_y = f'_y(x,y,z) + \lambda_1 \varphi'_y(x,y,z) + \lambda_2 \psi'_y(x,y,z) = 0, \\ F'_z = f'_z(x,y,z) + \lambda_1 \varphi'_z(x,y,z) + \lambda_2 \psi'_z(x,y,z) = 0, \\ \varphi(x,y,z) = 0, \\ \psi(x,y,z) = 0 \end{cases} \tag{2}$$

的解 x,y,z 及 λ_1,λ_2，则其中 x,y,z 就是函数的可能极值点的坐标.

习　题　9-6

1. 求函数 $f(x,y)=2xy-3x^2-2y^2+10$ 的极值.

2. 求函数 $f(x,y)=x^3-y^3+3x^2+3y^2-9x$ 的极值.

3. 在第Ⅰ卦限内作球面 $x^2+y^2+z^2=1$ 的切平面，使切平面与三个坐标面所围四面体的体积最小，求切点的坐标.

4. 用拉格朗日乘数法求抛物线 $y=x^2$ 与直线 $x+y+2=0$ 之间的最短距离.

5. 从斜边长为 l 的直角三角形中，求有最大周长的直角三角形.

6. 用钢板制作容积为 V 的无盖长方形盒子，问怎样选取长、宽和高，才能使用料最省？

第十章 多元函数积分学及其应用

在一元函数积分学中我们已经知道，定积分表示某种特定和式的极限，其中被积函数是一元函数，积分范围是一个区间. 实际问题往往还需要我们把定积分的概念加以推广，把积分范围从数轴上的某一区间，推广到平面和空间上的区域、曲线和曲面的情形，相应地便得到多元函数的重积分、线积分及面积分的概念. 本章将介绍二重积分及线积分的概念、计算方法及其在几何与物理方面的一些应用.

第一节 二重积分的概念及性质

一、两个实例

1. 曲顶柱体的体积

所谓**曲顶柱体**是指这样一种立体，它的底是 Oxy 平面上的闭区域 D，侧面是以 D 的边界曲线为准线而母线平行于 z 轴的柱面，顶是曲面 $z=f(x,y)$. 这里假定 $f(x,y)$ 在 D 上连续，且 $f(x,y)\geqslant 0$（如图 10-1 所示）. 曲顶柱体也可以用点集的形式表示为

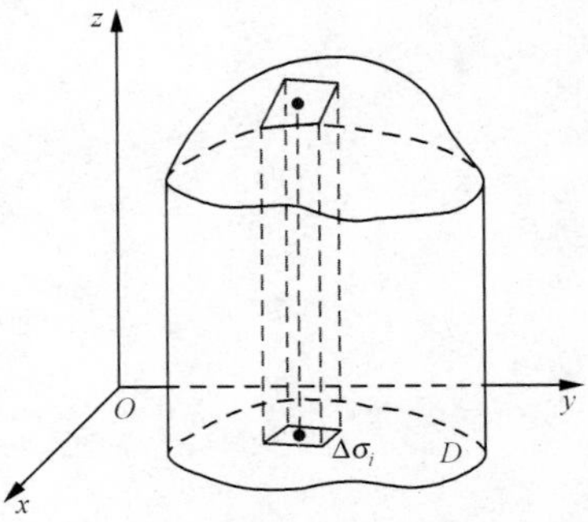

图 10-1

$$\{(x,y,z)\mid 0\leqslant z\leqslant f(x,y),(x,y)\in D\}. \tag{1}$$

现在计算这个曲顶柱体的体积 V.

我们知道，平顶柱体的体积可以用公式

$$\text{体积}=\text{底面积}\times\text{高}$$

来计算. 由于曲顶柱体的高，即曲顶 $z=f(x,y)$ 的竖坐标 z 是变化的，因此，它的体积不能按上述公式直接求得. 另一方面，注意到函数 $f(x,y)$ 在区域 D 上是连续的，因而其高度在局部范围内变化不大. 完全类似于定积分的概念中，求曲边梯形面积的四步法，我们可以解决曲顶柱体的体积问题，具体做法如下：

(1) **分割** 将区域 D 分成 n 个小区域 $\Delta\sigma_1,\Delta\sigma_2,\cdots,\Delta\sigma_n$，仍用这些记号表示各小区域的面积. 以每个小区域 $\Delta\sigma_i(i=1,2,\cdots,n)$ 的边界为准线作母线平行于 z 轴的柱面（如图 10-1 所示），这样就把给定的柱体相应地分成 n 个细长的小曲顶柱体，其体积分别记做 Δv_1，

$\Delta v_2, \cdots, \Delta v_n$.

(2) **替代**　由于在每个区域 $\Delta\sigma_i(i=1,2,\cdots,n)$ 上，曲顶的高度变化不大，相应地小曲顶柱体可以被看做是平顶柱体. 在 $\Delta\sigma_i$ 上任取一点 (ξ_i, η_i) 并以 $f(\xi_i, \eta_i)$ 为高，以 $\Delta\sigma_i$ 为底的平顶柱体的体积作为 Δv_i 的近似值，便有

$$\Delta v_i \approx f(\xi_i, \eta_i)\Delta\sigma_i \quad (i=1,2,\cdots,n).$$

(3) **求和**　把 n 个细小的小平顶柱体的体积相加，就得到所求曲顶柱体体积的近似值

$$V \approx \sum_{i=1}^{n} f(\xi_i, \eta_i)\Delta\sigma_i.$$

(4) **取极限**　区域 D 分割越细，上式右端作为所求体积的近似值，其精确度越高. 但对任何有限的分割，上述和式也只能作为 V 的近似值而已，只有当 n 无限增大并且当每个小区域都无限缩向一点时，上述和式的极限才是体积 V 的精确值.

我们把闭区域上任意两点间的最大距离称为该区域的直径，并以 λ 表示 n 个小区域中的最大直径，当 $\lambda \to 0$ 时，上述和式的极限就是体积 V 的精确值，即

$$V = \lim_{\lambda \to 0}\sum_{i=1}^{n} f(\xi_i, \eta_i)\Delta\sigma_i.$$

2. 平面薄片的质量

设有质量非均匀分布的平面薄片占有 Oxy 平面上的区域 D，其任一点 (x,y) 的面密度 $\mu=\mu(x,y)$ 是 D 上的连续函数，求该薄片的质量 m.

用与上例类似的分析方法计算薄片的质量. 将区域 D 分成 n 个小区域 $\Delta\sigma_i(i=1,2,\cdots,n)$，其中 $\Delta\sigma_i$ 也表示该区域的面积. 在 $\Delta\sigma_i$ 上任取一点 $(\xi_i, \eta_i)(i=1,2,\cdots,n)$，相应地，$\Delta\sigma_i$ 上薄片的质量 Δm_i 以 $\mu(\xi_i, \eta_i)\Delta\sigma_i$ 近似代替（如图 10-2 所示），故有

$$\Delta m_i \approx \mu(\xi_i, \eta_i)\Delta\sigma_i \quad (i=1,2,\cdots,n).$$

把这些近似值相加，可得薄片质量的近似值，即

$$m \approx \sum_{i=1}^{n} \mu(\xi_i, \eta_i)\Delta\sigma_i.$$

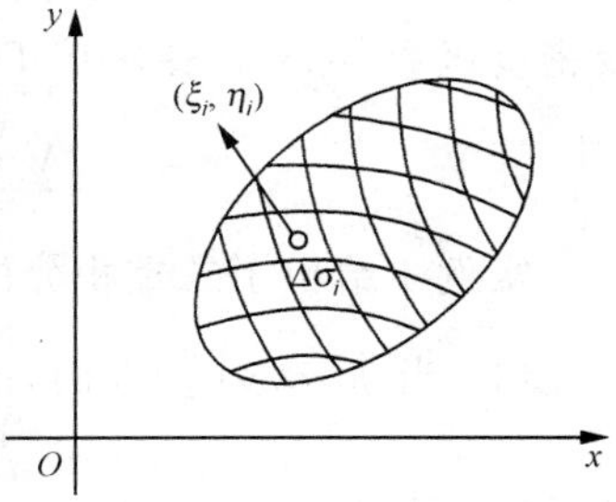

图　10-2

如果以 λ 表示 n 个小区域中的最大直径，则当 $\lambda \to 0$ 时，上述和式的极限就是平面薄片的质量

$$m = \lim_{\lambda \to 0}\sum_{i=1}^{n} \mu(\xi_i, \eta_i)\Delta\sigma_i.$$

二、二重积分的概念

以上两实例的实际意义虽然各不相同,但对问题的求解却可用相同的分析方法归结为同一类型的和式极限.这种和式极限与定积分的和式极限有着完全相同的结构,它把给定在某区间上的一元函数推广到平面区域上的二元函数.类似的和式极限在解决像平面薄片的质心、转动惯量等问题时也会遇到.为此,我们引入二重积分的概念.

定义 设二元函数 $z=f(x,y)$ 在闭区域 D 上连续.将 D 任意分为 n 个小区域 $\Delta\sigma_i$,其面积仍记做 $\Delta\sigma_i(i=1,2,\cdots,n)$.在每个 $\Delta\sigma_i$ 上任取一点 (ξ_i,η_i),并以 λ 表示 n 个小区域中的最大直径,那么,和式极限

$$\lim_{\lambda\to 0}\sum_{i=1}^{n}f(\xi_i,\eta_i)\Delta\sigma_i$$

称为二元函数 $z=f(x,y)$ 在区域 D 上的**二重积分**,记做 $\iint\limits_D f(x,y)\mathrm{d}\sigma$,其中 $f(x,y)$ 称为**被积函数**,x,y 称为**积分变量**,D 称为**积分区域**,$\mathrm{d}\sigma$ 称为**面积元素**,**被积表达式** $f(x,y)\mathrm{d}\sigma$ 表示所求量的**微元**.

定义中,假定二元函数 $f(x,y)$ 在闭区域 D 上连续,则可保证和式极限一定存在,此时,我们说 $f(x,y)$ 在 D 上**可积**.在本书中凡涉及二重积分的问题,我们都作这样的假定.此外,若 $f(x,y)$ 在 D 上可积,则可对区域 D 采取一些特殊的分法来计算二重积分.

根据二重积分的定义,曲顶柱体的体积 V 及平面薄片的质量 m 分别是曲顶函数 $f(x,y)$ 及密度函数 $\mu(x,y)$ 在区域 D 上的二重积分,即

$$V=\iint\limits_D f(x,y)\mathrm{d}\sigma,\quad m=\iint\limits_D \mu(x,y)\mathrm{d}\sigma.$$

实例 1 给出了二重积分的几何意义:

(1) 当 $f(x,y)\geqslant 0$ 时,$\iint\limits_D f(x,y)\mathrm{d}\sigma$ 表示曲顶柱体的体积;

(2) 当 $f(x,y)\leqslant 0$ 时,$-\iint\limits_D f(x,y)\mathrm{d}\sigma$ 表示倒置着的曲顶柱体的体积;

(3) 特别地,当 $f(x,y)\equiv 1$ 时,积分 $\iint\limits_D \mathrm{d}\sigma$ 在数值上等于平面区域 D 的面积 σ,即 $\sigma=\iint\limits_D \mathrm{d}\sigma$,该公式给出了用二重积分求平面图形面积的又一方法.

三、二重积分的性质

二重积分与定积分有完全类似的性质,现列举如下:

性质 1 $\iint\limits_D kf(x,y)\mathrm{d}\sigma = k\iint\limits_D f(x,y)\mathrm{d}\sigma$（$k$ 为常数）；

性质 2 $\iint\limits_D [f(x,y) \pm g(x,y)]\mathrm{d}\sigma = \iint\limits_D f(x,y)\mathrm{d}\sigma \pm \iint\limits_D g(x,y)\mathrm{d}\sigma$；

性质 3 用曲线将 D 分成若干部分，例如，分 D 为 D_1 和 D_2（如图 10-3 所示），则

$$\iint\limits_D f(x,y)\mathrm{d}\sigma = \iint\limits_{D_1} f(x,y)\mathrm{d}\sigma + \iint\limits_{D_2} f(x,y)\mathrm{d}\sigma.$$

如果 $z=f(x,y)$ 在 D 上不是恒取定号，则可利用 Oxy 平面与曲面 $z=f(x,y)$ 的交线将 D 分成若干部分，使在每一部分区域上，$f(x,y)$ 恒取定号，并把立于 Oxy 平面上方的曲顶柱体体积取正，而把倒置于 Oxy 平面下方的曲顶柱体体积取负，那么，二重积分 $\iint\limits_D f(x,y)\mathrm{d}\sigma$ 就表示各部分区域上曲顶柱体体积的代数和.

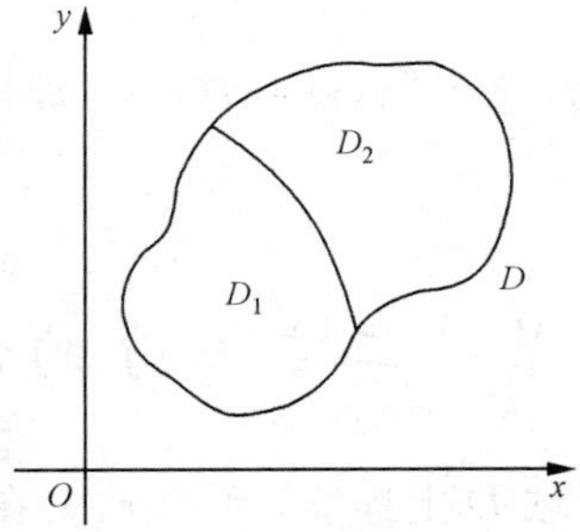

图　10-3

性质 4 若在区域 D 上 $f(x,y) \leqslant g(x,y)$，则

$$\iint\limits_D f(x,y)\mathrm{d}\sigma \leqslant \iint\limits_D g(x,y)\mathrm{d}\sigma.$$

性质 5 以 M 和 m 分别表示函数 $f(x,y)$ 在区域 D 上的最大值和最小值，则

$$m\sigma \leqslant \iint\limits_D f(x,y)\mathrm{d}\sigma \leqslant M\sigma,$$

其中 σ 是区域 D 的面积.

根据这个不等式可以利用函数的最大值和最小值估计二重积分的值.

性质 6(二重积分中值定理) 设函数 $f(x,y)$ 在闭区域 D 上连续，σ 是区域 D 的面积，则在 D 上至少存在一点 (ξ,η)，使

$$\iint\limits_D f(x,y)\mathrm{d}\sigma = f(\xi,\eta)\sigma.$$

其几何意义是，以 D 为底，以 $z=f(x,y)$ 为顶的曲顶柱体的体积等于以 $f(\xi,\eta)$ 为高的同底

的平顶柱体的体积.

习　题　10-1

1. 试用二重积分表示以下列曲面为顶、以区域 D 为底的曲顶柱体的体积：

(1) $z=x+2y+1$，D 是矩形域 $0\leqslant x\leqslant 2, 0\leqslant y\leqslant 1$；　(2) $z=1-x^2-y^2$，D 是圆域 $x^2+y^2\leqslant 1$.

2. 试用二重积分的性质，比较下列积分的大小：

(1) $\iint\limits_D (x+y)^2\mathrm{d}\sigma$ 与 $\iint\limits_D (x+y)^3\mathrm{d}\sigma$，其中 D 由 x 轴，y 轴及直线 $x+y=1$ 所围成；

(2) $\iint\limits_D \ln(x+y)\mathrm{d}\sigma$ 与 $\iint\limits_D [\ln(x+y)]^2\mathrm{d}\sigma$，其中 D 是矩形域 $3\leqslant x\leqslant 5, 0\leqslant y\leqslant 1$.

3. 设区域 D 关于 y 轴对称(即对任意的 $(x,y)\in D\Rightarrow(-x,y)\in D$)，试根据二重积分的几何意义说明：

(1) 若 $f(x,y)$ 是关于 x 的奇函数，即 $f(-x,y)=-f(x,y)$，则 $\iint\limits_D f(x,y)\mathrm{d}\sigma=0$；

(2) 若 $f(x,y)$ 是关于 x 的偶函数，即 $f(-x,y)=f(x,y)$，则 $\iint\limits_D f(x,y)\mathrm{d}\sigma=2\iint\limits_{D_1} f(x,y)\mathrm{d}\sigma$，其中 D_1 是区域 D 位于 y 轴一侧的部分.

第二节　二重积分的计算

设二元函数 $z=f(x,y)$ 在区域 D 上连续，因 $f(x,y)$ 在区域 D 上的二重积分与区域 D 的分法无关，下面仅就区域 D 的一些特殊分法来计算二重积分.

一、直角坐标情形

在直角坐标系中，用平行于坐标轴的直线网来划分区域 D，所得到的小区域除靠边界外，均为小矩形，其面积 $\Delta\sigma_i=\Delta x_i\Delta y_i$，这时面积元素 $\mathrm{d}\sigma=\mathrm{d}x\mathrm{d}y$. 因此，直角坐标系中二重积分也常记做

$$\iint\limits_D f(x,y)\mathrm{d}x\mathrm{d}y.$$

为导出二重积分的计算公式，先说明平面区域在直角坐标系中的表示法.

设区域 D 由不等式组

$$\begin{cases} y_1(x)\leqslant y\leqslant y_2(x), \\ a\leqslant x\leqslant b \end{cases}$$

所确定(如图 10-4 所示). 其特点是：穿过区域内部且平行于 y 轴的直线与 D 的边界曲线相交至多两点，称这样的积分区域为 X-**型区域**，记做 D_x. 类似地，Y-**型区域**指的是如图

10-5所示的积分区域

$$D_y:\begin{cases}x_1(y)\leqslant x\leqslant x_2(y),\\ c\leqslant y\leqslant d.\end{cases}$$

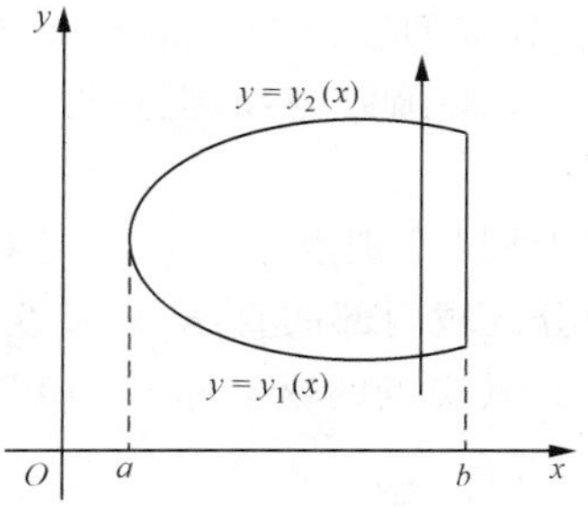

图　10-4

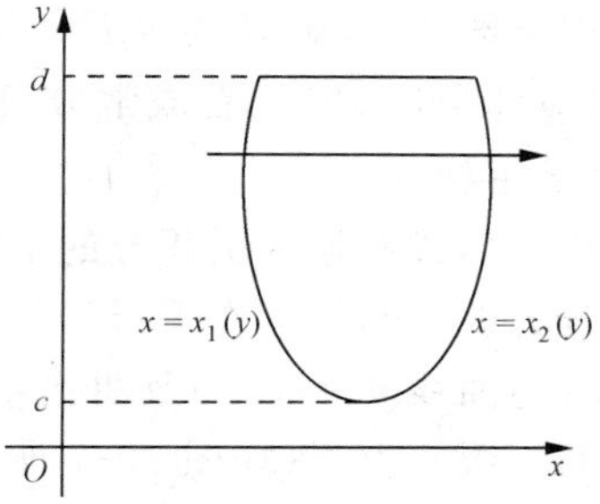

图　10-5

设非负函数 $f(x,y)$在区域 D_x 上连续，$y_1(x)$，$y_2(x)$在区间$[a,b]$上连续，根据二重积分的几何意义知

$$\iint_D f(x,y)\mathrm{d}x\mathrm{d}y$$

在数值上等于以区域 D 为底，以曲面 $z=f(x,y)$为顶的曲顶柱体的体积 V.

下面根据微元法，利用平面切片的方法来求这个曲顶柱体的体积 V.

设 x_0 是区间$[a,b]$上的任一定点，以平面 $x=x_0$ 截曲顶柱体，所得截面是一个以区间$[y_1(x_0),y_2(x_0)]$为底，以 $z=f(x_0,y)$为曲边的曲边梯形(图 10-6 中阴影部分)，其面积为

$$A(x_0)=\int_{y_1(x_0)}^{y_2(x_0)}f(x_0,y)\mathrm{d}y.$$

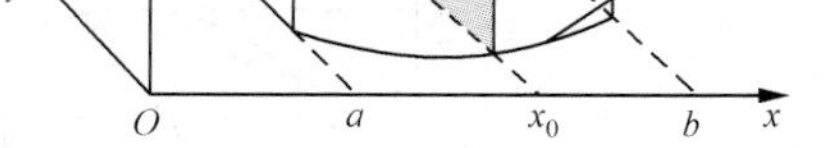

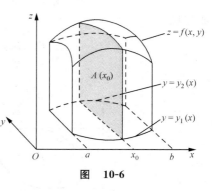

图　10-6

而对于区间$[a,b]$上的任一点 x，过点 x 且平行于 Oyz 平面的平面截曲顶柱体所得截面的面积是 x 的函数

$$A(x)=\int_{y_1(x)}^{y_2(x)}f(x,y)\mathrm{d}y.$$

相应地，区间$[x,x+\mathrm{d}x]$上薄片立体体积的近似值，即所求体积元素为 $\mathrm{d}V=A(x)\mathrm{d}x$. 以 $A(x)\mathrm{d}x$ 为被积表达式，在区间$[a,b]$上对 x 积分就得到曲顶柱体的体积

$$V=\int_a^b A(x)\mathrm{d}x=\int_a^b\left[\int_{y_1(x)}^{y_2(x)}f(x,y)\mathrm{d}y\right]\mathrm{d}x.$$

由于用与二重积分定义不同的方法求得的同一立体的体积应该相等，于是有

$$\iint_D f(x,y)\mathrm{d}x\mathrm{d}y=\int_a^b\left[\int_{y_1(x)}^{y_2(x)}f(x,y)\mathrm{d}y\right]\mathrm{d}x, \tag{1}$$

或记做

$$\iint_D f(x,y)\mathrm{d}x\mathrm{d}y=\int_a^b\mathrm{d}x\int_{y_1(x)}^{y_2(x)}f(x,y)\mathrm{d}y. \tag{1'}$$

这样就把函数 $f(x,y)$在区域 D 上的二重积分化作先对 y、后对 x 的二次积分，或称为**累次积分**. 对 y 积分时，把 x 看成常数，积分的结果是 x 的函数，然后把算得的结果对 x 在区间$[a,b]$上求定积分.

应该注意，(1)式右端内层积分的下限总是小于上限(个别点除外). 若先对 y 积分，要确定内层积分的上、下限，可作平行于 y 轴且穿过积分区域内部的直线，该直线沿 y 轴正向自下而上先后与曲线 $y=y_1(x)$及曲线 $y=y_2(x)$相交，其交点的纵坐标 $y_1(x)$与 $y_2(x)$依次是内层积分的下限与上限(如图 10-7 所示).

顺便指出，公式(1)或(1′)虽然是在假定 $f(x,y)\geqslant 0$ 的条件下导出的，但上述公式对连续函数在区域 D 上既有正也有负的一般情形仍然成立.

类似地可以说明，若积分区域是 D_y 型的(如图 10-5 所示)，即

$$D_y:\begin{cases}x_1(y)\leqslant x\leqslant x_2(y),\\ c\leqslant y\leqslant d,\end{cases}$$

则二重积分可化作先对 x、后对 y 的累次积分

$$\iint_D f(x,y)\mathrm{d}x\mathrm{d}y=\int_c^d\left[\int_{x_1(y)}^{x_2(y)}f(x,y)\mathrm{d}x\right]\mathrm{d}y \tag{2}$$

或记做

$$\iint_D f(x,y)\mathrm{d}x\mathrm{d}y=\int_c^d\mathrm{d}y\int_{x_1(y)}^{x_2(y)}f(x,y)\mathrm{d}x. \tag{2'}$$

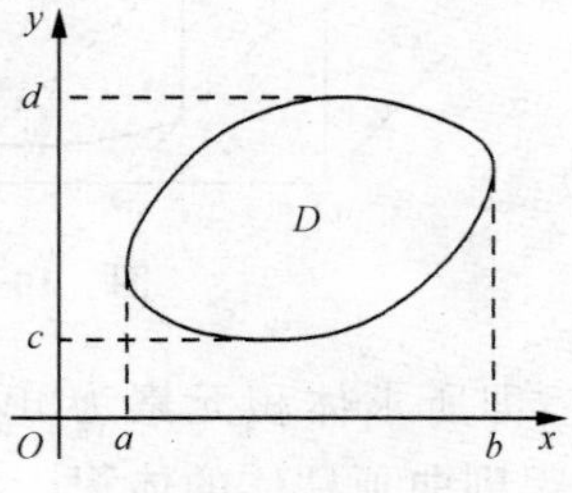

图　10-7

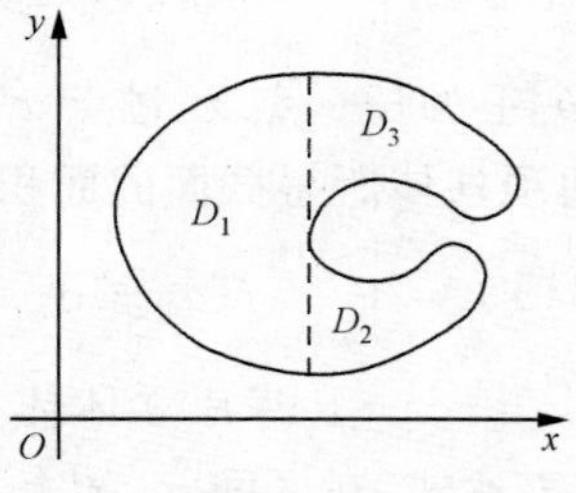

图　10-8

如果积分区域既可表示为 D_x 型，又可以表示为 D_y 型(如图 10-7 所示)，则用两种不同积分顺序计算，其结果应该相等，即

$$\int_a^b dx \int_{y_1(x)}^{y_2(x)} f(x,y)dy = \int_c^d dy \int_{x_1(y)}^{x_2(y)} f(x,y)dx.$$

如果积分区域 D 既不是 D_x 型，又不是 D_y 型，那么须将 D 分成若干部分，使得每个部分区域要么是 D_x 型，要么是 D_y 型. 这样就把区域 D 上的二重积分表示成我们所讨论过的部分区域上的二重积分之和. 例如，D 是如图 10-8 所示的区域，把 D 分成 D_1，D_2 和 D_3 即可.

例 1　计算二重积分 $I=\iint\limits_D \frac{x}{y^2}dxdy$，其中 D 是由直线 $y=x$，$x=2$ 及双曲线 $xy=1$ 所围成的区域.

解　方法一　先对 y 积分. 画出区域 D，并将 D 表示为 D_x 型（如图 10-9 所示）

$$D_x: \begin{cases} \frac{1}{x} \leqslant y \leqslant x, \\ 1 \leqslant x \leqslant 2. \end{cases}$$

此时

$$I = \int_1^2 dx \int_{\frac{1}{x}}^{x} \frac{x}{y^2}dy = \int_1^2 x\left(-\frac{1}{y}\right)\Big|_{\frac{1}{x}}^{x} dx = \int_1^2 (x^2-1)dx = \frac{4}{3}.$$

方法二　先对 x 积分，把 D 分成 D_1 和 D_2（如图 10-10 所示），其中

$$D_1: \begin{cases} \frac{1}{y} \leqslant x \leqslant 2, \\ \frac{1}{2} \leqslant y \leqslant 1, \end{cases} \qquad D_2: \begin{cases} y \leqslant x \leqslant 2, \\ 1 \leqslant y \leqslant 2. \end{cases}$$

此时

$$I = \iint\limits_{D_1} \frac{x}{y^2}dxdy + \iint\limits_{D_2} \frac{x}{y^2}dxdy = \int_{\frac{1}{2}}^{1} dy \int_{\frac{1}{y}}^{2} \frac{x}{y^2}dx + \int_1^2 dy \int_y^2 \frac{x}{y^2}dx = \frac{4}{3}.$$

这里需要计算两个定积分，显然，方法一比方法二简单.

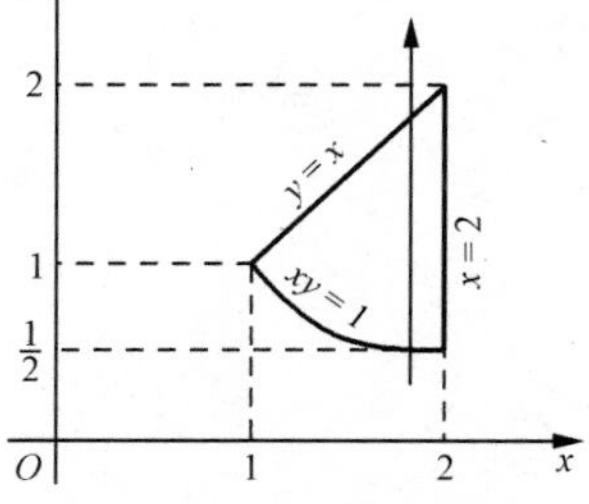

图　10-9

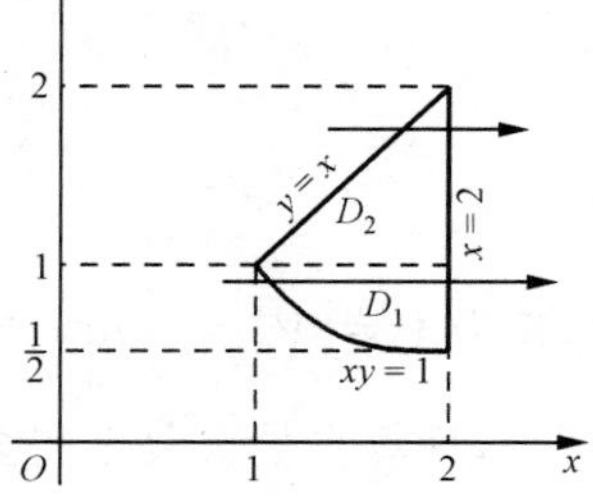

图　10-10

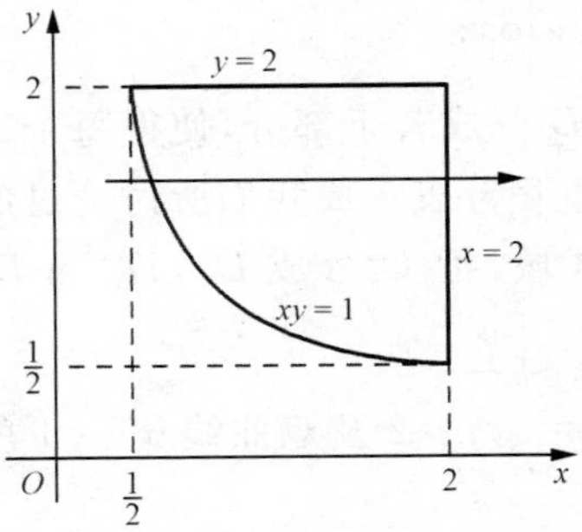

图　10-11

例 2　计算二重积分

$$I=\iint\limits_{D} y\mathrm{e}^{xy}\,\mathrm{d}x\mathrm{d}y,$$

其中 D 是由直线 $x=2, y=2$ 及曲线 $xy=1$ 所围成的区域.

解　先对 x 积分，将 D 表示成 D_y 型（如图 10-11 所示），

$$D_y: \begin{cases} \dfrac{1}{y} \leqslant x \leqslant 2, \\ \dfrac{1}{2} \leqslant y \leqslant 2. \end{cases}$$

此时

$$I=\int_{\frac{1}{2}}^{2}\mathrm{d}y\int_{\frac{1}{y}}^{2} y\mathrm{e}^{xy}\,\mathrm{d}x=\int_{\frac{1}{2}}^{2}\left(\mathrm{e}^{xy}\right)\Big|_{\frac{1}{y}}^{2}\mathrm{d}y=\int_{\frac{1}{2}}^{2}\left(\mathrm{e}^{2y}-\mathrm{e}\right)\mathrm{d}y$$

$$=\left(\frac{1}{2}\mathrm{e}^{2y}-\mathrm{e}y\right)\Big|_{\frac{1}{2}}^{2}=\frac{1}{2}\mathrm{e}^{4}-2\mathrm{e}.$$

若先对 y 积分，则需要用到分部积分的方法. 这里从略，请读者作为练习.

例 3　设有两个底半径均为 R 且其轴互相垂直的正圆柱体，求两圆柱面所围立体的体积.

解　设两圆柱的方程分别为

$$x^2+y^2=R^2,\quad x^2+z^2=R^2.$$

由对称性知，所求体积 V 等于立体在第 Ⅰ 卦限部分（如图 10-12 所示）体积 V_1 的 8 倍. 其中 V_1 是以 $D: \begin{cases} 0\leqslant y\leqslant \sqrt{R^2-x^2}, \\ 0\leqslant x\leqslant R \end{cases}$ 为底，以 $z=\sqrt{R^2-x^2}$ 为顶的曲顶柱体体积，

$$V_1=\iint\limits_{D}\sqrt{R^2-x^2}\,\mathrm{d}x\mathrm{d}y=\int_0^R\mathrm{d}x\int_0^{\sqrt{R^2-x^2}}\sqrt{R^2-x^2}\,\mathrm{d}y$$

$$=\int_0^R\sqrt{R^2-x^2}\cdot\sqrt{R^2-x^2}\,\mathrm{d}x$$

$$=\left(R^2x-\frac{x^3}{3}\right)\Big|_0^R=\frac{2}{3}R^3.$$

故所求立体的体积为 $V=8V_1=\dfrac{16}{3}R^3$.

若先对 x 积分，计算自然要复杂得多.

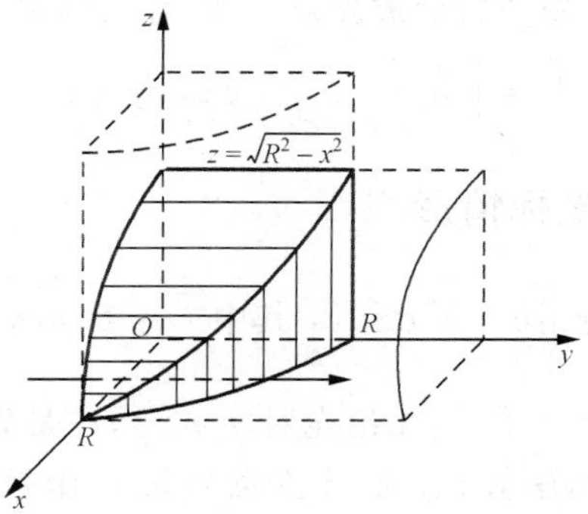

图　10-12

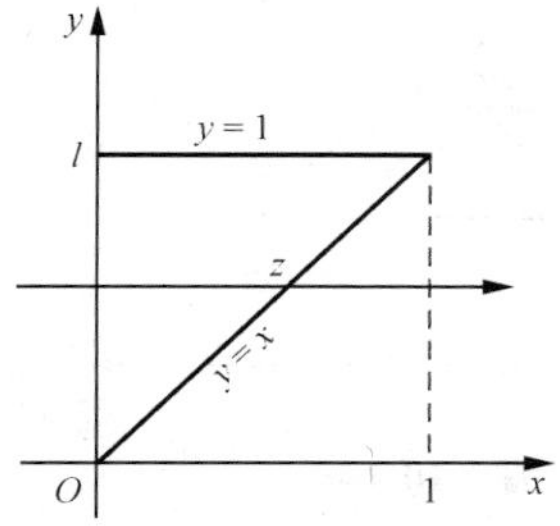

图　10-13

例 4　求二重积分 $I=\iint\limits_D e^{-y^2}\,dx\,dy$，其中区域 D 由 y 轴，直线 $y=1$，$y=x$ 所围成.

解　因 $\int e^{-y^2}\,dy$ 不能用初等函数来表示，故所求二重积分不能通过先对 y、后对 x 的累次积分来计算. 若先对 x 积分，可将 D(如图 10-13 所示)表示为

$$D_y:\begin{cases}0\leqslant x\leqslant y,\\0\leqslant y\leqslant 1,\end{cases}$$

则

$$I=\int_0^1 dy\int_0^y e^{-y^2}\,dx=\int_0^1 ye^{-y^2}\,dy=\left(-\frac{1}{2}e^{-y^2}\right)\Big|_0^1=\frac{1}{2}\left(1-\frac{1}{e}\right).$$

以上各例说明，计算二重积分的难易程度与积分次序的选择有关. 如果积分次序选择不当，不仅会增大计算的难度，有些积分甚至无法算出. 例如，对被积函数为 e^{-y^2}，$\dfrac{\sin y}{y}$ 的二重积分，若先对 y 积分，则因其原函数不能用初等函数来表示而无法积出. 若按照某种给定(或选取)的顺序不易积出或根本积不出来时，则需要交换积分的次序.

例 5　交换积分 $I=\int_0^a dx\int_x^{\sqrt{2ax-x^2}} f(x,y)\,dy\ (a>0)$ 的次序.

解　(1) 按原积分顺序把积分区域表为

$$D_x:\begin{cases}x\leqslant y\leqslant \sqrt{2ax-x^2},\\0\leqslant x\leqslant a.\end{cases}$$

(2) 画出积分区域(如图 10-14 所示).

(3) 把积分区域表示为 D_y 型

$$D_y:\begin{cases}a-\sqrt{a^2-y^2}\leqslant x\leqslant y,\\0\leqslant y\leqslant a.\end{cases}$$

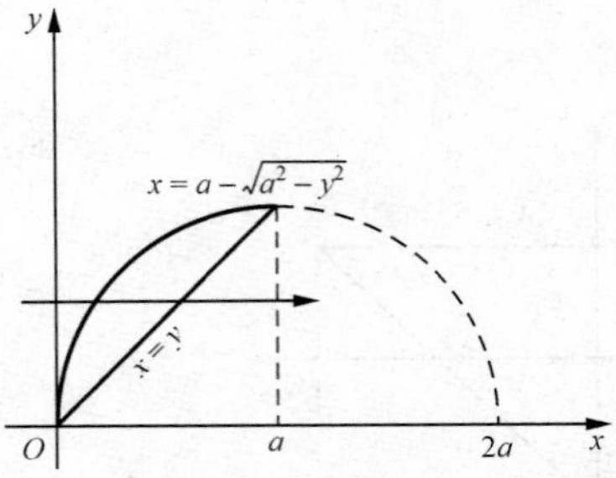

图　10-14

(4) 把原积分表示成先对 x、后对 y 的累次积分

$$I=\int_0^a \mathrm{d}y\int_{a-\sqrt{a^2-y^2}}^{y} f(x,y)\mathrm{d}x.$$

二、极坐标情形

考虑积分 $\iint\limits_D \mathrm{e}^{-x^2-y^2}\mathrm{d}x\mathrm{d}y$，其中 $D=\{(x,y)\mid x^2+y^2\leqslant a^2\}$. 在直角坐标系下，无论先对 x 积分，还是先对 y 积分，这个积分都无法算出. 如果注意到被积函数 $f(x,y)=\mathrm{e}^{-x^2-y^2}$ 具有形如 $g(x^2+y^2)$ 的特点，积分区域又是中心在原点的圆域，那么此时利用极坐标计算比较简单.

下面介绍二重积分在极坐标系中的计算法.

用中心在原点的一族同心圆和自极点出发的一族射线划分区域 D，其中典型小区域 $\Delta\sigma$ 由半径为 r 和 $r+\Delta r$ 的圆弧曲线与极角为 θ 和 $\theta+\Delta\theta$ 的射线所围成(如图 10-15 所示). 如果分割充分细小，这个小区域的面积(仍以 $\Delta\sigma$ 表示)可以用边长分别为 $r\Delta\theta$, Δr 的矩形面积近似代替，即 $\Delta\sigma\approx r\Delta r\Delta\theta$，于是可得极坐标系下的面积元素 $\mathrm{d}\sigma=r\mathrm{d}r\mathrm{d}\theta$. 根据点的直角坐标与极坐标间的关系 $x=r\cos\theta$, $y=r\sin\theta$，把 $f(x,y)$ 中的 x,y 分别换成 $r\cos\theta$, $r\sin\theta$，即可把 $\iint\limits_D f(x,y)\mathrm{d}\sigma$ 化成极坐标系中的二重积分：

$$\iint\limits_D f(x,y)\mathrm{d}\sigma=\iint\limits_D f(r\cos\theta,r\sin\theta)r\mathrm{d}r\mathrm{d}\theta.$$

下面就积分区域的各种不同情形说明，如何把极坐标系中的二重积分化成先对 r、后对 θ 的累次积分(假定自极点出发而穿过区域内部的射线与区域的边界曲线相交不多于两点)：

(1) 极点在区域 D 之外(如图 10-16 所示)，自极点出发作穿过区域内部的射线，该射线先后与曲线弧 $\overset{\frown}{AB}$：$r=r_1(\theta)$ 以及曲线弧 $\overset{\frown}{AC}$：$r=r_2(\theta)$ 相交，此时积分区域表示为

$$D:\begin{cases} r_1(\theta)\leqslant r\leqslant r_2(\theta),\\ \alpha\leqslant\theta\leqslant\beta.\end{cases}$$

故有

$$\iint\limits_D f(r\cos\theta,r\sin\theta)r\mathrm{d}r\mathrm{d}\theta=\int_\alpha^\beta \mathrm{d}\theta\int_{r_1(\theta)}^{r_2(\theta)} f(r\cos\theta,r\sin\theta)r\mathrm{d}r.$$

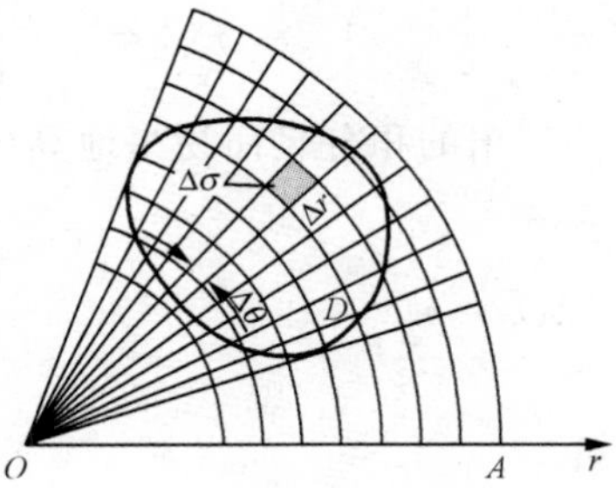

图　10-15

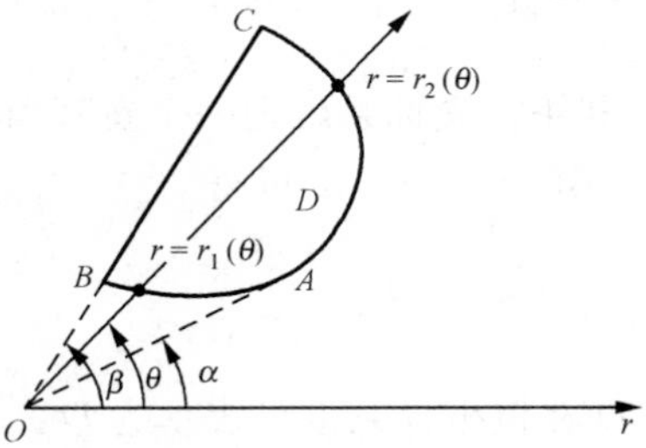

图　10-16

(2) 极点在区域 D 的边界上(如图 10-17 所示),且积分区域为

$$D:\begin{cases}0\leqslant r\leqslant r(\theta),\\ \alpha\leqslant\theta\leqslant\beta.\end{cases}$$

此时

$$\iint_D f(r\cos\theta,r\sin\theta)r\mathrm{d}r\mathrm{d}\theta=\int_\alpha^\beta\mathrm{d}\theta\int_0^{r(\theta)}f(r\cos\theta,r\sin\theta)r\mathrm{d}r.$$

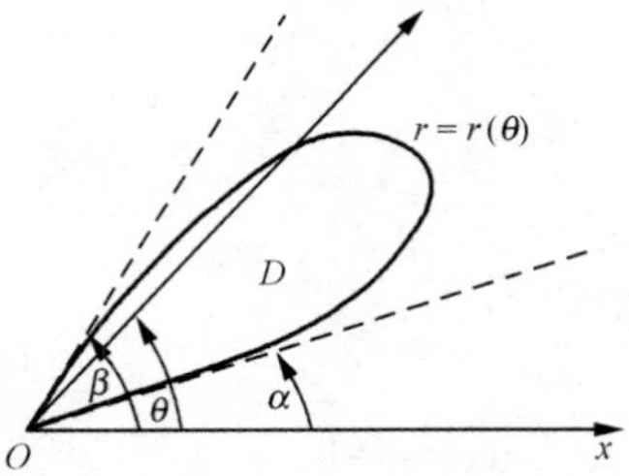

图　10-17

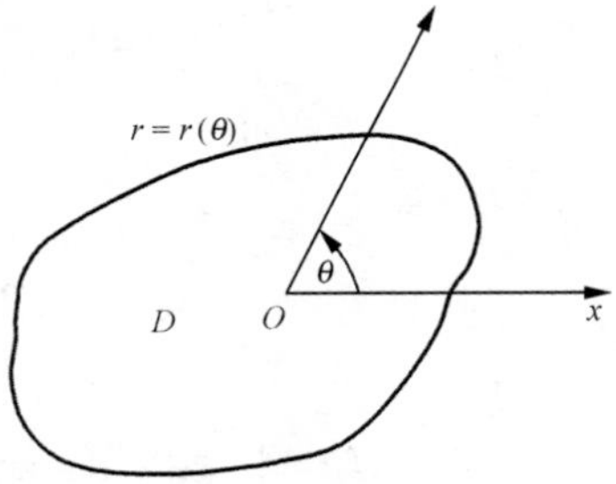

图　10-18

(3) 极点在区域 D 的内部(如图 10-18 所示),且积分区域为

$$D:\begin{cases}0\leqslant r\leqslant r(\theta),\\ 0\leqslant\theta\leqslant 2\pi.\end{cases}$$

此时

$$\iint_D f(r\cos\theta,r\sin\theta)r\mathrm{d}r\mathrm{d}\theta=\int_0^{2\pi}\mathrm{d}\theta\int_0^{r(\theta)}f(r\cos\theta,r\sin\theta)r\mathrm{d}r.$$

例 6　计算 $\iint_D e^{-x^2-y^2}\mathrm{d}\sigma$,其中 D: $x^2+y^2\leqslant a^2$.

解　在极坐标系中,积分区域表示为 $D:\begin{cases}0\leqslant r\leqslant a,\\ 0\leqslant\theta\leqslant 2\pi,\end{cases}$ 被积函数 $e^{-x^2-y^2}=e^{-r^2}$,所以

$$\iint\limits_D e^{-x^2-y^2}d\sigma=\iint\limits_D e^{-r^2}r\mathrm{d}r\mathrm{d}\theta=\int_0^{2\pi}\mathrm{d}\theta\int_0^a re^{-r^2}\mathrm{d}r=2\pi\left(-\frac{1}{2}e^{-r^2}\right)\Big|_0^a=\pi(1-e^{-a^2}).$$

这样，利用极坐标系就把一个在直角坐标系中无法算出的积分轻而易举地算出来了.

在上式中，令 $a\to+\infty$ 可得

$$\iint\limits_D e^{-x^2-y^2}d\sigma=\lim_{a\to+\infty}\pi(1-e^{-a^2})=\pi,$$

其中区域 D 在极坐标系下可表示为 D：$\begin{cases}0\leqslant r\leqslant+\infty,\\0\leqslant\theta\leqslant 2\pi.\end{cases}$

现在利用上式结果来计算广义积分 $I=\int_{-\infty}^{+\infty}e^{-x^2}\mathrm{d}x$.

先计算 I^2，因为

$$\begin{aligned}I^2&=\left(\int_{-\infty}^{+\infty}e^{-x^2}\mathrm{d}x\right)\left(\int_{-\infty}^{+\infty}e^{-y^2}\mathrm{d}y\right)=\int_{-\infty}^{+\infty}\left(\int_{-\infty}^{+\infty}e^{-y^2}\mathrm{d}y\right)e^{-x^2}\mathrm{d}x\\&=\int_{-\infty}^{+\infty}\left(\int_{-\infty}^{+\infty}e^{-x^2}\cdot e^{-y^2}\mathrm{d}y\right)\mathrm{d}x=\iint\limits_D e^{-x^2-y^2}\mathrm{d}\sigma,\end{aligned}$$

其中区域 D 在极坐标系中可表示为

$$D:\begin{cases}0\leqslant r\leqslant+\infty,\\0\leqslant\theta\leqslant 2\pi.\end{cases}$$

于是有

$$I^2=\iint\limits_D e^{-x^2-y^2}\mathrm{d}\sigma=\pi,$$

所以

$$I=\int_{-\infty}^{+\infty}e^{-x^2}\mathrm{d}x=\sqrt{\pi},\ \text{或}\ \int_0^{+\infty}e^{-x^2}\mathrm{d}x=\frac{\sqrt{\pi}}{2}.$$

例 7　求球面 $x^2+y^2+z^2=a^2$ 与圆柱面 $x^2+y^2=ax(a>0)$ 所围成立体（柱体内部）的体积.

解　由对称性知，所求立体体积 $V=4V_1$，其中 V_1 是立体位于第Ⅰ卦限部分的体积. 在第Ⅰ卦限部分的立体是以 Oxy 平面上的区域 $x^2+y^2\leqslant ax(y>0)$ 为底，以球面 $z=\sqrt{a^2-x^2-y^2}$ 为顶的曲顶柱体（如图 10-19 所示）.

在极坐标系中，区域 D（如图 10-20 所示）可以表示为

$$D:\begin{cases}0\leqslant r\leqslant a\cos\theta,\\0\leqslant\theta\leqslant\dfrac{\pi}{2}.\end{cases}$$

从而有

$$V_1 = \iint_D \sqrt{a^2 - x^2 - y^2}\,d\sigma = \iint_D \sqrt{a^2 - r^2}\,r\,dr\,d\theta$$

$$= \int_0^{\frac{\pi}{2}} d\theta \int_0^{a\cos\theta} \sqrt{a^2 - r^2}\,r\,dr = \frac{1}{3}a^3 \int_0^{\frac{\pi}{2}} (1 - \sin^3\theta)\,d\theta$$

$$= \frac{1}{3}a^3\left(\frac{\pi}{2} - \frac{2}{3}\right).$$

于是,所求立体体积为 $V = \frac{4}{3}a^3\left(\frac{\pi}{2} - \frac{2}{3}\right)$.

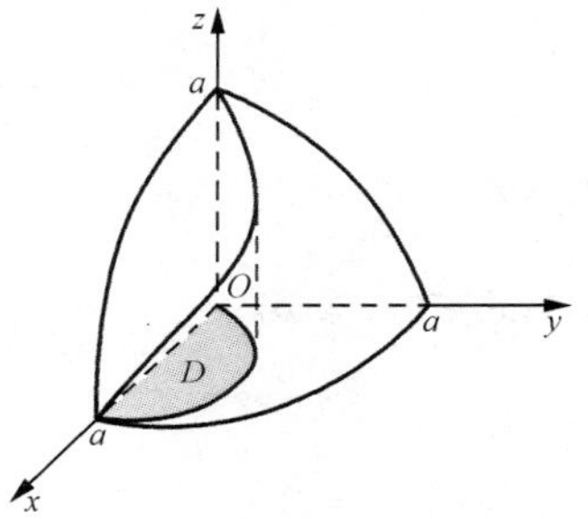

图　10-19

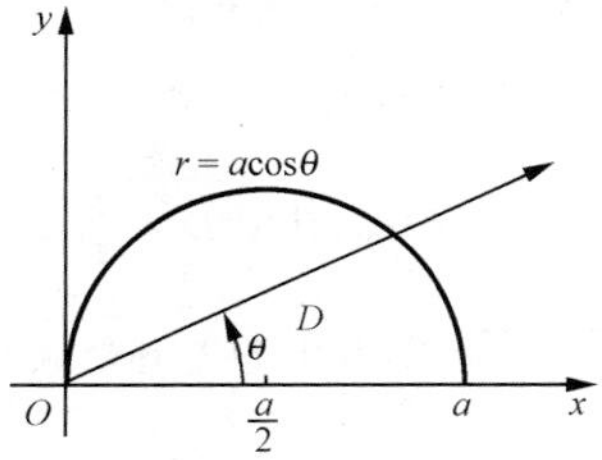

图　10-20

习　题　10-2

1. 按照两种不同次序,把二重积分 $I = \iint_D f(x,y)\,d\sigma$ 化为累次积分,其中积分区域 D 为:

(1) 由直线 $x+y=1, x-y=1$ 及 y 轴所围成;

(2) 由双曲线 $y=\frac{1}{x}$ 及直线 $y=x, x=2, y=0$ 所围成;

(3) $D=\{(x,y)\mid x^2+y^2\leqslant a^2, y\geqslant 0\}$.

2. 改变下列积分的次序:

(1) $I = \int_{-\sqrt{2}}^{\sqrt{2}} dx \int_0^{\sqrt{2-x^2}} f(x,y)\,dy$;　　(2) $I = \int_0^2 dy \int_{\frac{y}{2}}^{y} f(x,y)\,dx + \int_2^4 dy \int_{\frac{y}{2}}^{2} f(x,y)\,dx$.

3. 计算下列二重积分:

(1) $\iint_D e^{x+y}\,dx\,dy$,其中 D 为正方形域: $0\leqslant x\leqslant 1, 0\leqslant y\leqslant 1$;

(2) $\iint_D \frac{dx\,dy}{(x-y)^2}$,其中 D 为矩形域: $1\leqslant x\leqslant 2, 3\leqslant y\leqslant 4$;

(3) $\iint_D \cos(x+y)\,dx\,dy$,其中 D 由直线 $y=x, y=\pi$ 及 y 轴所围成.

4. 设二重积分 $\iint\limits_D f(x,y)\mathrm{d}x\mathrm{d}y$ 中 $f(x,y)=f_1(x)f_2(y)$，积分区域 D：$a\leqslant x\leqslant b, c\leqslant y\leqslant d$，试证

$$\iint\limits_D f_1(x)f_2(y)\mathrm{d}x\mathrm{d}y=\left[\int_a^b f_1(x)\mathrm{d}x\right]\left[\int_c^d f_2(y)\mathrm{d}y\right].$$

5. 将二重积分 $\iint\limits_D f(x,y)\mathrm{d}\sigma$ 化为极坐标系中的累次积分：

(1) D：$x^2+y^2\leqslant a^2\ (a>0)$；　(2) D：$x^2+y^2\leqslant ax\ (a>0)$；　(3) D：$x^2+y^2\leqslant 2y$；

(4) D 由直线 $y=x$ 及抛物线 $y=x^2$ 所围成.

6. 把下列二重积分化为极坐标系中的累次积分：

(1) $\int_0^a \mathrm{d}x\int_0^{\sqrt{a^2-x^2}} f(x^2+y^2)\mathrm{d}y$；　(2) $\int_0^{\frac{\sqrt{2}}{2}}\mathrm{d}x\int_x^{\sqrt{1-x^2}} f(x,y)\mathrm{d}y$.

7. 利用极坐标计算下列二重积分：

(1) $\iint\limits_D x\mathrm{d}\sigma$，其中 D 为圆域 $x^2+y^2\leqslant a^2$ 在第 Ⅰ 卦限的部分；

(2) $\iint\limits_D \ln(1+x^2+y^2)\mathrm{d}\sigma$，其中 $D=\{(x,y)\,|\,x^2+y^2\leqslant 1, x\geqslant 0, y\geqslant 0\}$；

(3) $\iint\limits_D \sin\sqrt{x^2+y^2}\mathrm{d}\sigma$，其中 D 是环形域 $\pi^2\leqslant x^2+y^2\leqslant 4\pi^2$.

第三节　二重积分的应用

在一元微积分学中，我们曾用定积分的微元法解决了具有可加性的非均匀分布整体量的计算问题. 把这种方法推广到二重积分中，就可利用二重积分的微元法解决一些实际问题.

设所求量 I 是分布在平面区域 D 上的非均匀分布整体量. 如果量 I 对区域 D 具有可加性，那么可以把区域 D 分成许多小区域，并在 D 内任取一个直径很小的典型区域 $\mathrm{d}\sigma$. 相应于 $\mathrm{d}\sigma$ 上部分量的近似值，即所求量 I 的微元 $\mathrm{d}I$ 若能表示为 $f(x,y)\mathrm{d}\sigma$，其中 $(x,y)\in\mathrm{d}\sigma$，则以 $f(x,y)\mathrm{d}\sigma$ 为被积表达式，在区域 D 上的二重积分就是所求的整体量 I，即

$$I=\iint\limits_D f(x,y)\mathrm{d}\sigma.$$

一、曲面的面积

设曲面 Σ：$z=f(x,y)$ 在 Oxy 平面上的投影区域为 D_{xy}，函数 $f(x,y)$ 在 D_{xy} 上具有一阶连续偏导数，现求该曲面的面积.

在区域 D_{xy} 内任取一个直径很小的典型区域 $\mathrm{d}\sigma$（其面积仍然记做 $\mathrm{d}\sigma$），在 $\mathrm{d}\sigma$ 内任取一

点 $P(x,y)$，相应地，曲面 Σ 上有一点 $M(x,y,f(x,y))$. 由偏导数连续知，曲面 Σ 在点 M 处具有切平面 T（如图 10-21所示）. 在点 M 处取指向朝上的法线向量 $\boldsymbol{n}=\{-f'_x,-f'_y,1\}$，并设它与 z 轴（其方向向量可取作$\{0,0,1\}$）正向的夹角为 $\gamma\left(0\leqslant\gamma\leqslant\frac{\pi}{2}\right)$，则

$$\cos\gamma=\frac{1}{\sqrt{1+(f'_x)^2+(f'_y)^2}}.$$

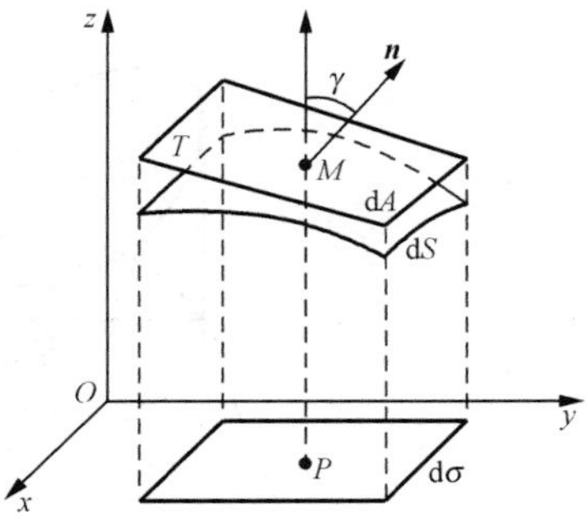

图 10-21

以区域 $d\sigma$ 的边界曲线为准线作母线平行于 z 轴的柱面，这个柱面截曲面 Σ 得一小片曲面，截切平面 T 得一小片平面（如图 10-21 所示）. 由于 $d\sigma$ 的直径很小，因而小片曲面的面积可以用小片平面面积 dA 近似代替. 又注意到，曲面 Σ 在点 M 处的切平面 T 与 Oxy 平面的夹角就是 γ，据此可得

$$dS=\frac{d\sigma}{\cos\gamma},$$

即

$$dS=\sqrt{1+(f'_x)^2+(f'_y)^2}\,d\sigma.$$

这就是曲面 Σ 的面积元素 dS，以它为被积表达式，在区域 D_{xy} 上作二重积分，可得曲面面积的计算公式

$$S=\iint\limits_{D_{xy}}dS=\iint\limits_{D_{xy}}\sqrt{1+(f'_x)^2+(f'_y)^2}\,d\sigma,\ 或\ S=\iint\limits_{D_{xy}}\sqrt{1+\left(\frac{\partial z}{\partial x}\right)^2+\left(\frac{\partial z}{\partial y}\right)^2}\,dxdy.$$

若曲面 Σ 由方程 $x=g(y,z)$ 或 $y=h(z,x)$ 给出，与上述情形类似的讨论可得相应的曲面面积计算公式

$$S=\iint\limits_{D_{yz}}\sqrt{1+\left(\frac{\partial x}{\partial z}\right)^2+\left(\frac{\partial x}{\partial y}\right)^2}\,dydz,\ 或\ S=\iint\limits_{D_{zx}}\sqrt{1+\left(\frac{\partial y}{\partial z}\right)^2+\left(\frac{\partial y}{\partial x}\right)^2}\,dzdx,$$

其中 D_{yz} 和 D_{zx} 分别是曲面 Σ 在 Oyz 平面和 Ozx 平面上的投影区域.

例 1 求球面 $x^2+y^2+z^2=a^2$ 含于柱面 $x^2+y^2=ay(a>0)$ 内的曲面面积.

解 由对称性知，所求曲面面积 $S=4S_1$，其中 S_1 是该曲面在第Ⅰ卦限的部分曲面（图 10-22 中画圆弧曲线的阴影部分）的面积.

在第Ⅰ卦限内的球面方程 $z=\sqrt{a^2-x^2-y^2}$，其中面积为 S_1 的曲面在 Oxy 平面上的投影区域（如图 10-23 所示）可表示为

$$D_{xy}:\begin{cases}0\leqslant x\leqslant\sqrt{ay-y^2},\\0\leqslant y\leqslant a.\end{cases}$$

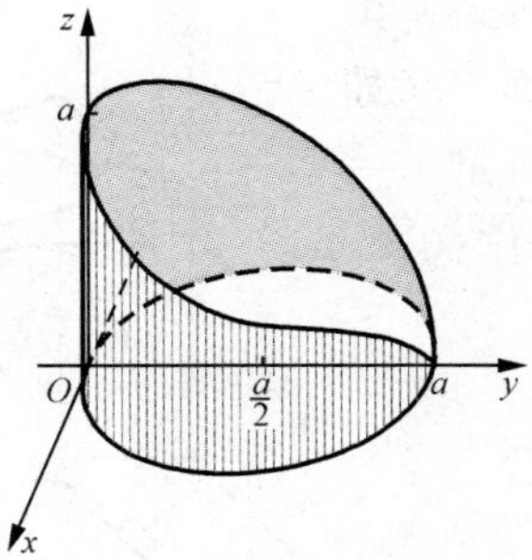

图　10-22

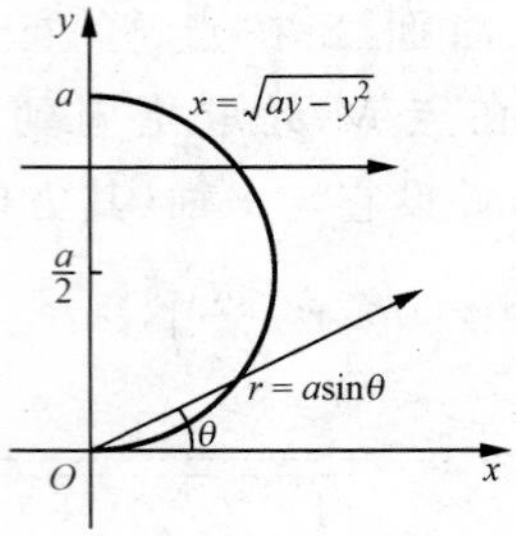

图　10-23

由

$$\frac{\partial z}{\partial x}=\frac{-x}{\sqrt{a^2-x^2-y^2}},\quad \frac{\partial z}{\partial y}=\frac{-y}{\sqrt{a^2-x^2-y^2}},$$

得

$$\mathrm{d}S=\sqrt{1+\left(\frac{-x}{\sqrt{a^2-x^2-y^2}}\right)^2+\left(\frac{-y}{\sqrt{a^2-x^2-y^2}}\right)^2}\,\mathrm{d}x\mathrm{d}y=\frac{a}{\sqrt{a^2-x^2-y^2}}\mathrm{d}x\mathrm{d}y.$$

又区域 D_{xy} 在极坐标系中可表示为

$$D_{xy}:\begin{cases}0\leqslant r\leqslant a\sin\theta,\\ 0\leqslant\theta\leqslant\dfrac{\pi}{2}.\end{cases}$$

故所求面积

$$S=4\iint\limits_{D_{xy}}\frac{a}{\sqrt{a^2-x^2-y^2}}\mathrm{d}x\mathrm{d}y=4a\int_0^{\frac{\pi}{2}}\mathrm{d}\theta\int_0^{a\sin\theta}\frac{r}{\sqrt{a^2-r^2}}\mathrm{d}r$$

$$=4a\int_0^{\frac{\pi}{2}}\left(-\sqrt{a^2-r^2}\right)\Big|_0^{a\sin\theta}\mathrm{d}\theta=4a^2\int_0^{\frac{\pi}{2}}(1-\cos\theta)\mathrm{d}\theta=4a^2\left(\frac{\pi}{2}-1\right).$$

二、平面薄片的质心

设有 n 个质点组成的质点系，各质点的质量分别为 $m_1,m_2,\cdots,m_n$，其中第 i 个质点 $(i=1,2,\cdots,n)$ 位于 Oxy 平面上的点 $P_i(x_i,y_i)$ 处，此时把这 n 个质点对 x 轴和 y 轴的静力矩之和 $M_x=\sum\limits_{i=1}^{n}m_iy_i$，$M_y=\sum\limits_{i=1}^{n}m_ix_i$ 分别称为该质点系对 x 轴和 y 轴的**静力矩**.

设想把质点系中各质点的全部质量 $m=\sum\limits_{i=1}^{n}m_i$ 集中到点 $(\bar{x},\bar{y})$ 处，使质量为 m，并且位于点 $(\bar{x},\bar{y})$ 处的质点对各坐标轴的静力矩等于质点系对同名坐标轴的静力矩. 此时，把点

$(\overline{x},\overline{y})$称为质点系的**质心**，其坐标分别为

$$\overline{x}=\frac{M_y}{m}=\frac{\sum_{i=1}^{n}m_ix_i}{\sum_{i=1}^{n}m_i},\quad \overline{y}=\frac{M_x}{m}=\frac{\sum_{i=1}^{n}m_iy_i}{\sum_{i=1}^{n}m_i}.$$

设质量非均匀分布的平面薄片占有 Oxy 平面上的区域 D，其上任意一点 (x,y) 处的面密度 $\mu(x,y)$ 在 D 上连续，下面用微元分析法来求该薄片的质心坐标.

在区域 D 上任取一个直径很小的典型区域 $\mathrm{d}\sigma$，并在 $\mathrm{d}\sigma$ 上任取一点 (x,y)，由假设知，薄片相应于 $\mathrm{d}\sigma$ 部分的质量近似值，即薄片质量微元 $\mathrm{d}m=\mu(x,y)\mathrm{d}\sigma$. 设想把这部分质量集中到点 (x,y) 处，于是可得平面薄片对 x 轴和 y 轴的静力矩微元分别为

$$\mathrm{d}M_y=x\mu(x,y)\mathrm{d}\sigma,\quad \mathrm{d}M_x=y\mu(x,y)\mathrm{d}\sigma.$$

以这些微元为被积表达式，在区域 D 上作二重积分可得薄片质量 m 及它对 x 轴和 y 轴的静力矩 M_x 和 M_y 为

$$m=\iint_D\mu(x,y)\mathrm{d}\sigma,\quad M_x=\iint_D y\mu(x,y)\mathrm{d}\sigma,\quad M_y=\iint_D x\mu(x,y)\mathrm{d}\sigma.$$

于是，可得薄片的质心坐标为

$$\overline{x}=\frac{M_y}{m}=\frac{\iint\limits_D x\mu(x,y)\mathrm{d}\sigma}{\iint\limits_D\mu(x,y)\mathrm{d}\sigma},\quad \overline{y}=\frac{M_x}{m}=\frac{\iint\limits_D y\mu(x,y)\mathrm{d}\sigma}{\iint\limits_D\mu(x,y)\mathrm{d}\sigma}.$$

对于质量均匀分布的平面薄片，因密度 $\mu(x,y)$ 为常数，根据积分性质易知，均匀薄片的质心坐标为

$$\overline{x}=\frac{1}{\sigma}\iint_D x\,\mathrm{d}\sigma,\quad \overline{y}=\frac{1}{\sigma}\iint_D y\,\mathrm{d}\sigma,$$

其中 $\sigma=\iint\limits_D\mathrm{d}\sigma$ 为区域 D 的面积. 此时，薄片质心只与它的形状有关，因此也把均匀薄片的质心称为**形心**.

注意到，形心坐标 $(\overline{x},\overline{y})$ 中二重积分的被积函数分别是 x 和 y 的奇函数，所以当积分区域 D 关于 y 轴对称时，$\overline{x}=0$；当积分区域 D 关于 x 轴对称时，$\overline{y}=0$（见习题 10-1 第 3 题）.

例 2　设有半径为 a 的半圆形的薄板，板上任一点处的面密度等于该点到圆心的距离，求这个薄板的质心.

解　半圆形薄板在 Oxy 平面上的区域 D 如图 10-24 所示. 设所求质心坐标为 $(\overline{x},\overline{y})$，据题意知，薄板上点 (x,y) 处的面密度 $\mu(x,y)=\sqrt{x^2+y^2}$. 由于区域 D 关于 y 轴对称，且

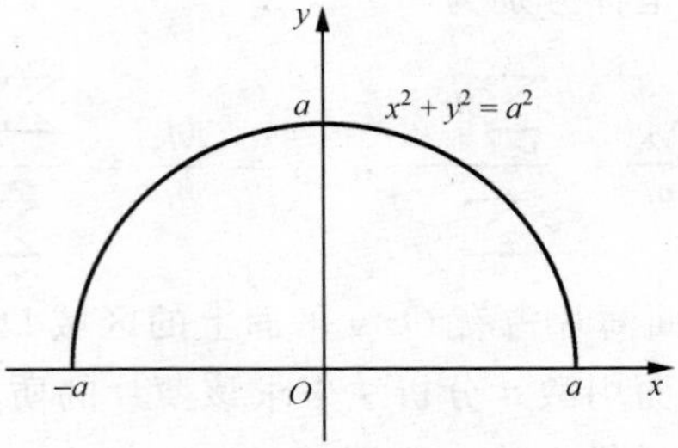

图 10-24

$\mu(x,y)$是关于 x 的偶函数,因而 $x\mu(x,y)$是关于 x 的奇函数,于是有 $\bar{x}=0$.

由质心坐标的计算公式知

$$\bar{y}=\frac{\iint\limits_D y\sqrt{x^2+y^2}\,d\sigma}{\iint\limits_D \sqrt{x^2+y^2}\,d\sigma}=\frac{\int_0^\pi d\theta\int_0^a r^3\sin\theta dr}{\int_0^\pi d\theta\int_0^a r^2 dr}$$

$$=\frac{\frac{1}{4}a^4\int_0^\pi \sin\theta d\theta}{\frac{1}{3}\pi a^3}=\frac{3a}{2\pi}.$$

故所求质心为$\left(0,\frac{3a}{2\pi}\right)$.

习 题 10-3

1. 求平面$\frac{x}{a}+\frac{y}{b}+\frac{z}{c}=1$被三个坐标面所割出部分的平面面积,并用二重积分求该平面与三个坐标面所围立体的体积.

2. 求锥面 $z=\sqrt{x^2+y^2}$分别被:(1) 圆柱面 $x^2+y^2=2x$;(2) 抛物柱面 $z^2=2x$,所割下部分的曲面面积.

3. 求直线 $x+2y=6$ 与两坐标轴所围成的三角形均匀薄片的形心.

4. 求两圆 $r=\cos\theta$ 及 $r=2\cos\theta$ 所围的均匀薄片的形心.

5. 求两圆 $x^2+y^2=ay$ 及 $x^2+y^2=2ay(a>0)$围成的平面区域被直线 $y=x$ 所分成的两部分的面积.

第四节 对坐标的曲线积分

一、概念与性质

对坐标的曲线积分的概念是从生产实践中产生的.首先考虑变力使质点沿曲线运动所

做的功.

实例　设一质点在 Oxy 平面内受力 $\boldsymbol{F}(x,y)=P(x,y)\boldsymbol{i}+Q(x,y)\boldsymbol{j}$ 的作用，沿曲线 L 从点 A 移到点 B，其中函数 $P(x,y)$，$Q(x,y)$ 在 L 上连续. 求力 $\boldsymbol{F}$ 所做的功 W（如图 10-25 所示）.

解　如果 $\boldsymbol{F}$ 为常力，L 为直线，用 $\boldsymbol{l}$ 表示常位移向量，则由向量代数的知识易知，力 $\boldsymbol{F}$ 所做的功是 $\boldsymbol{W}=\boldsymbol{F}\cdot\boldsymbol{l}$.

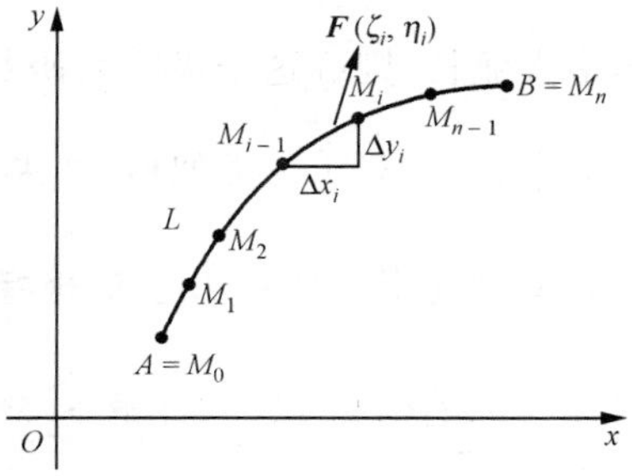

图　10-25

现在 $\boldsymbol{F}$ 是变力，L 是曲线. 我们使用类似于定积分概念解决问题的方法，将 L 分成 n 段，取其中第 i 个小弧段 $\widehat{M_{i-1}M_i}$（$i=1,2,\cdots,n$，$M_0=A$，$M_n=B$）来分析（如图 10-25 所示）. 因 $\widehat{M_{i-1}M_i}$ 很短，可以用有向线段 $\overrightarrow{M_{i-1}M_i}=\Delta x_i\boldsymbol{i}+\Delta y_i\boldsymbol{j}$ 近似代替，其中 $M_i(x_i,y_i)$，$M_{i-1}(x_{i-1},y_{i-1})$，$\Delta x_i=x_i-x_{i-1}$，$\Delta y_i=y_i-y_{i-1}$. 又由于函数 $P(x,y)$，$Q(x,y)$ 在 L 上连续，可以用小弧段 $\widehat{M_{i-1}M_i}$ 上任意一点 (ξ_i,η_i) 处的力

$$\boldsymbol{F}(\xi_i,\eta_i)=P(\xi_i,\eta_i)\boldsymbol{i}+Q(\xi_i,\eta_i)\boldsymbol{j}$$

来近似代替小弧段 $\widehat{M_{i-1}M_i}$ 上各点处的力. 于是 $\boldsymbol{F}(x,y)$ 沿 $\widehat{M_{i-1}M_i}$ 所做的功为

$$\Delta W_i\approx\boldsymbol{F}(\xi_i,\eta_i)\cdot\overrightarrow{M_{i-1}M_i}=P(\xi_i,\eta_i)\Delta x_i+Q(\xi_i,\eta_i)\Delta y_i.$$

从而

$$W=\sum_{i=1}^{n}\Delta W_i\approx\sum_{i=1}^{n}[P(\xi_i,\eta_i)\Delta x_i+Q(\xi_i,\eta_i)\Delta y_i].$$

令 λ 为 n 个小弧段的最大弧长，让 $\lambda\to0$ 取极限得

$$W=\lim_{\lambda\to0}\sum_{i=1}^{n}[P(\xi_i,\eta_i)\Delta x_i+Q(\xi_i,\eta_i)\Delta y_i].$$

在许多其他实际问题中，也会遇到这种和式的极限，我们可以从中抽象出下面的曲线积分的定义.

为讨论方便，先介绍**曲线光滑**和**分段光滑曲线**的概念. 所谓曲线是光滑的，就是指曲线上的每一点都有切线，而且切线的方向随着曲线上的点连续变动而变化. 分段光滑曲线是指由分段光滑的曲线弧连接而成的曲线，在连接点处切线不存在. 例如，圆周、抛物线等都是光滑曲线，而三角形的周界是分段光滑曲线.

定义　设 L 为 Oxy 平面内从点 A 到点 B 的一条有向光滑曲线弧，二元函数 $P(x,y)$，$Q(x,y)$ 在 L 上有界. 用 L 上的点 $A=M_0,M_1,M_2,\cdots,M_{i-1},M_i,\cdots,M_n=B$，将 L 分成 n 个有向小弧段 $\widehat{M_{i-1}M_i}$（$i=1,2,\cdots,n$）. 设 $\Delta x_i=x_i-x_{i-1}$，$\Delta y_i=y_i-y_{i-1}$，点 (ξ_i,η_i) 为小弧段

$\widehat{M_{i-1}M_i}(i=1,2,\cdots,n)$上任一点. 如果极限 $\lim\limits_{\lambda\to 0}\sum\limits_{i=1}^{n}P(\xi_i,\eta_i)\Delta x_i$ 存在,其中 λ 为 n 个小弧段的最大弧长,则称这个极限为函数 $P(x,y)$在有向光滑曲线弧 L 上**对坐标 x 的曲线积分**,记为 $\int_L P(x,y)\mathrm{d}x$. 类似地,如果极限 $\lim\limits_{\lambda\to 0}\sum\limits_{i=1}^{n}Q(\xi_i,\eta_i)\Delta y_i$ 存在,则称这个极限为函数 $Q(x,y)$在有向光滑曲线弧 L 上**对坐标 y 的曲线积分**,记为 $\int_L Q(x,y)\mathrm{d}y$. 即

$$\int_L P(x,y)\mathrm{d}x=\lim_{\lambda\to\infty}\sum_{i=1}^{n}P(\xi_i,\eta_i)\Delta x_i,\quad \int_L Q(x,y)\mathrm{d}y=\lim_{\lambda\to 0}\sum_{i=1}^{n}Q(\xi_i,\eta_i)\Delta y_i.$$

称 $P(x,y)$,$Q(x,y)$为**被积函数**,L 为**积分路径**.

通常把这两个曲线积分的和

$$\int_L P(x,y)\mathrm{d}x+\int_L Q(x,y)\mathrm{d}y,$$

简记为

$$\int_L P(x,y)\mathrm{d}x+Q(x,y)\mathrm{d}y,$$

即

$$\int_L P(x,y)\mathrm{d}x+Q(x,y)\mathrm{d}y=\int_L P(x,y)\mathrm{d}x+\int_L Q(x,y)\mathrm{d}y.$$

按照上述定义,变力 $\boldsymbol{F}(x,y)=P(x,y)\boldsymbol{i}+Q(x,y)\boldsymbol{j}$ 沿曲线 L 从点 A 到点 B 所做的功 W,可以用对坐标的曲线积分来表示,即 $W=\int_L P(x,y)\mathrm{d}x+Q(x,y)\mathrm{d}y$. 因向量 $\mathrm{d}\boldsymbol{l}=\mathrm{d}x\,\boldsymbol{i}+\mathrm{d}y\boldsymbol{j}$ 与向量 $\boldsymbol{F}(x,y)=P(x,y)\boldsymbol{i}+Q(x,y)\boldsymbol{j}$ 的数量积是

$$\boldsymbol{F}\cdot\mathrm{d}\boldsymbol{l}=P(x,y)\mathrm{d}x+Q(x,y)\mathrm{d}y.$$

所以对坐标的曲线积分又可记为向量形式

$$\int_L P(x,y)\mathrm{d}x+Q(x,y)\mathrm{d}y=\int_L\boldsymbol{F}\cdot\mathrm{d}\boldsymbol{l}.$$

当 L 是闭曲线时,又将 $\int_L P(x,y)\mathrm{d}x+Q(x,y)\mathrm{d}y$ 记为 $\oint_L P(x,y)\mathrm{d}x+Q(x,y)\mathrm{d}y$.

与定积分类似可证,当二元函数 $P(x,y)$,$Q(x,y)$在有向光滑曲线弧 L 上连续时,对坐标的曲线积分 $\int_L P(x,y)\mathrm{d}x$ 和 $\int_L Q(x,y)\mathrm{d}y$ 都存在. 以后总假定二元函数 $P(x,y)$,$Q(x,y)$在有向光滑曲线弧 L 上连续.

对于空间有向曲线弧 L,类似地可以定义

$$\int_L P(x,y,z)\mathrm{d}x=\lim_{\lambda\to 0}\sum_{i=1}^{n}P(\xi_i,\eta_i,\zeta_i)\Delta x_i,$$

$$\int_L Q(x,y,z)\mathrm{d}y = \lim_{\lambda\to 0}\sum_{i=1}^{n} Q(\xi_i,\eta_i,\zeta_i)\Delta y_i,$$

$$\int_L R(x,y,z)\mathrm{d}z = \lim_{\lambda\to 0}\sum_{i=1}^{n} R(\xi_i,\eta_i,\zeta_i)\Delta z_i.$$

同样地，这三个曲线积分的和简记为

$$\int_L P(x,y,z)\mathrm{d}x + Q(x,y,z)\mathrm{d}y + R(x,y,z)\mathrm{d}z.$$

它的向量形式为

$$\int_L \boldsymbol{F}\cdot \mathrm{d}\boldsymbol{l},$$

其中

$$\boldsymbol{F}(x,y,z) = P(x,y,z)\boldsymbol{i} + Q(x,y,z)\boldsymbol{j} + R(x,y,z)\boldsymbol{k},\quad \mathrm{d}\boldsymbol{l} = \mathrm{d}x\boldsymbol{i} + \mathrm{d}y\boldsymbol{j} + \mathrm{d}z\boldsymbol{k}.$$

容易验证对坐标的曲线积分具有下列性质，我们仅写平面曲线积分的情形：

性质 1(线性性质)　对坐标的曲线积分具有线性运算性质，即对任意常数 a,b，有

$$\int_L [aP_1(x,y) + bP_2(x,y)]\mathrm{d}x = a\int_L P_1(x,y)\mathrm{d}x + b\int_L P_2(x,y)\mathrm{d}x;$$

性质 2(有向性)　当改变积分路径 L 的方向时，对坐标的曲线积分值只改变符号，即

$$\int_L P(x,y)\mathrm{d}x + Q(x,y)\mathrm{d}y = -\int_{-L} P(x,y)\mathrm{d}x + Q(x,y)\mathrm{d}y,$$

其中 $-L$ 是与 L 方向相反的曲线弧，如 $L=\overset{\frown}{AB}$ 时，$-L=\overset{\frown}{BA}$；

性质 3(可加性)　若 L 是由 L_1 和 L_2 连接而成的有向曲线(记 $L=L_1+L_2$)，则沿 L 对坐标的曲线积分等于依次沿 L_1 与沿 L_2 对坐标的曲线积分之和，即

$$\int_L P\mathrm{d}x + Q\mathrm{d}y = \left(\int_{L_1} P\mathrm{d}x + Q\mathrm{d}y\right) + \left(\int_{L_2} P\mathrm{d}x + Q\mathrm{d}y\right).$$

二、计算方法

1. 平面曲线情形

设平面有向曲线弧 L 由参数方程 $x=\varphi(t)$，$y=\psi(t)$ 给出，起点为 $A(\varphi(\alpha),\psi(\alpha))$，终点为 $B(\varphi(\beta),\psi(\beta))$，$\varphi(t)$，$\psi(t)$ 在以 α,β 为端点的闭区间(未必有 $\alpha<\beta$)上具有一阶连续导数. 当 t 由 α 变到 β 时，点 $M(x,y)$ 描出从点 A 到点 B 的有向曲线弧 L，又 $P(x,y)$，$Q(x,y)$ 在 L 上连续，则

$$\int_L P(x,y)\mathrm{d}x = \int_\alpha^\beta P(\varphi(t),\psi(t))\varphi'(t)\mathrm{d}t,$$

$$\int_L Q(x,y)\mathrm{d}x = \int_\alpha^\beta Q(\varphi(t),\psi(t))\psi'(t)\mathrm{d}t,$$

$$\int_L P(x,y)\mathrm{d}x+Q(x,y)\mathrm{d}y=\int_\alpha^\beta[P(\varphi(t),\psi(t))\varphi'(t)+Q(\varphi(t),\psi(t))\psi'(t)]\mathrm{d}t. \quad (1)$$

(1)式给出了对坐标的曲线积分化为定积分的计算公式.

特别地，当有向曲线弧 L 由 $y=\psi(x)$ 给出时，

$$\int_L P(x,y)\mathrm{d}x+Q(x,y)\mathrm{d}y=\int_a^b[P(x,\psi(x))+Q(x,\psi(x))\psi'(x)]\mathrm{d}x, \quad (2)$$

上式中下限 a 对应于 L 的起点，上限 b 对应于 L 的终点.

当有向曲线弧 L 由 $x=\varphi(y)$ 给出时，

$$\int_L P(x,y)\mathrm{d}x+Q(x,y)\mathrm{d}y=\int_c^d[P(\varphi(y),y)\varphi'(y)+Q(\varphi(y),y)]\mathrm{d}y, \quad (3)$$

式中下限 c 对应于 L 的起点，上限 d 对应于 L 的终点.

例 1　计算对坐标的曲线积分

$$\int_L(2a-y)\mathrm{d}x-(a-y)\mathrm{d}y,$$

其中 L 为沿摆线 $x=a(t-\sin t)$，$y=a(1-\cos t)$ 从原点 $O(0,0)$ 到点 $A(2\pi a,0)$ 的一段弧.

解　如图 10-26 所示，L 的起点对应 $t=0$，终点对应 $t=2\pi$. 因为 $\mathrm{d}x=a(1-\cos t)\mathrm{d}t$，$\mathrm{d}y=a\sin t\mathrm{d}t$，代入公式(1)得

$$\begin{aligned}&\int_L(2a-y)\mathrm{d}x-(a-y)\mathrm{d}y\\&=\int_0^{2\pi}\Big\{[(2a-a(1-\cos t)]\cdot a(1-\cos t)-[a-a(1-\cos t)a\sin t]\Big\}\mathrm{d}t\\&=a^2\int_0^{2\pi}[(1-\cos^2t)-\sin t\cos t]\mathrm{d}t=a^2\int_0^{2\pi}(\sin^2t-\sin t\cos t)\mathrm{d}t\\&=a^2\int_0^{2\pi}\left(\frac{1-\cos 2t}{2}-\frac{1}{2}\sin 2t\right)\mathrm{d}t=a^2\left(\frac{t}{2}-\frac{\sin 2t}{4}\right)\Big|_0^{2\pi}=\pi a^2.\end{aligned}$$

例 2　计算对坐标的曲线积分

$$\int_L xy^2\mathrm{d}x+(x+y)\mathrm{d}y,$$

其中 L 分别为：(1) 沿抛物线 $y=x^2$ 从原点 $O(0,0)$ 到点 $A(1,1)$；(2) 沿折线 $OB+BA$ 从原点 $O(0,0)$ 到点 $A(1,1)$，如图 10-27 所示.

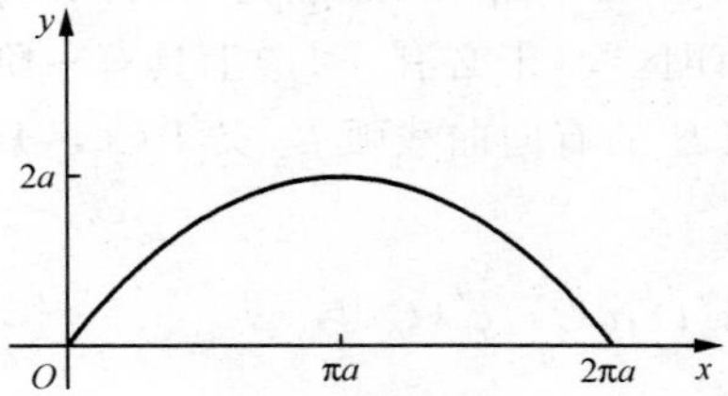

图　10-26

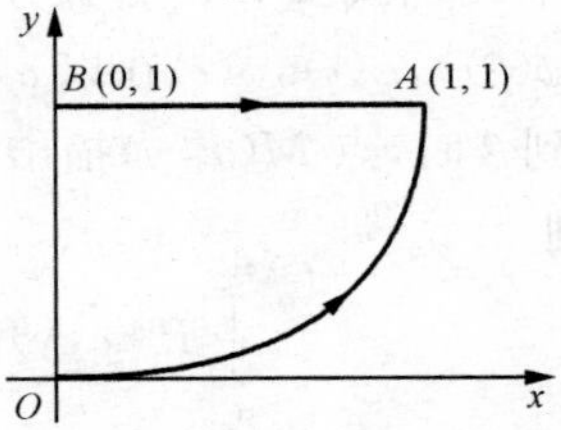

图　10-27

解　(1) 由于曲线 $y=x^2$，由公式(2)得

$$\int_L xy^2\mathrm{d}x+(x+y)\mathrm{d}y=\int_0^1[x(x^2)^2+(x+x^2)(2x)]\mathrm{d}x=\int_0^1(x^5+2x^3+2x^2)\mathrm{d}x=\frac{4}{3};$$

(2) 对于折线 $OB+BA$，因为在 OB 上，$x=0$，$\mathrm{d}x=0$；在 BA 上，$y=1$，$\mathrm{d}y=0$，所以由对坐标的曲线积分的可加性和公式(2)，(3)得

$$\begin{aligned}\int_L xy^2\mathrm{d}x+(x+y)\mathrm{d}y&=\left(\int_{OB}xy^2\mathrm{d}x+(x+y)\mathrm{d}y\right)+\left(\int_{BA}xy^2\mathrm{d}x+(x+y)\mathrm{d}y\right)\\&=\int_0^1 y\mathrm{d}y+\int_0^1 x\mathrm{d}x=1.\end{aligned}$$

注意，从例2中的两个积分值不相等可知，一般情况下，当起点、终点固定后，曲线积分 $\int_L \boldsymbol{F}\cdot\mathrm{d}\boldsymbol{l}$ 是与路径有关的.

2. 空间曲线情形

设空间有向曲线弧 L 的参数方程为 $x=\varphi(t)$，$y=\psi(t)$，$z=\omega(t)$，函数 $P(x,y,z)$，$Q(x,y,z)$，$R(x,y,z)$ 在 L 上连续，则有

$$\begin{aligned}&\int_L P(x,y,z)\mathrm{d}x+Q(x,y,z)\mathrm{d}y+R(x,y,z)\mathrm{d}z\\&=\int_\alpha^\beta[P(\varphi(t),\psi(t),\omega(t))\varphi'(t)+Q(\varphi(t),\psi(t),\omega(t))\psi'(t)\\&\quad+R(\varphi(t),\psi(t),\omega(t))\omega'(t)]\mathrm{d}t,\end{aligned}\tag{4}$$

(4)式中下限 α 与上限 β 分别对应于 L 的起点和终点.

例 3　设空间力场 $\boldsymbol{F}=x^2\boldsymbol{i}+3y^2z\boldsymbol{j}-x^2y\boldsymbol{k}$. 求质点沿直线 L：$x=3t$，$y=2t$，$z=t$ 从点 $P_1(0,0,0)$ 移动到点 $P_2(3,2,1)$ 时，力 $\boldsymbol{F}$ 所做的功.

解　由对坐标的曲线积分的物理意义知，力 $\boldsymbol{F}$ 所做的功为

$$W=\int_L\boldsymbol{F}\cdot\mathrm{d}\boldsymbol{l}=\int_L x^2\mathrm{d}x+3y^2z\mathrm{d}y-x^2y\mathrm{d}z.$$

而直线 L 的参数方程是 $x=3t$，$y=2t$，$z=t$，起点 P_1 对应 $t=0$，终点 P_2 对应 $t=1$. 所以由公式(4)，得

$$W=\int_0^1(3t)^2\cdot 3\mathrm{d}t+3(2t)^2\cdot t2\mathrm{d}t-(3t)^2(2t)\mathrm{d}t=\int_0^1(27t^2+6t^3)\mathrm{d}t=\frac{21}{2}.$$

习　题　10-4

1. 计算 $I=\int_L(x^2-y^2)\mathrm{d}x+xy\mathrm{d}y$，其中 L 为：

(1) 直线 $y=x$ 上从点(0,0)到点(1,1)的一段线段；

(2) 抛物线 $y=x^2$ 上从点(0,0)到点(1,1)的一段弧.

2. 计算 $I=\int_L x\mathrm{d}x+y\mathrm{d}y+(x+y-1)\mathrm{d}z$，其中 L 是从点 $A(1,1,1)$ 到点 $B(2,3,4)$ 的直线段 AB.

3. 空间一力场，力的大小与作用点到 Oz 轴的距离成反比，方向垂直且朝向该轴. 试求：当质点沿圆周 $x=\cos t, y=1, z=\sin t$ 从点 $M(1,1,0)$ 移动到点 $N(0,1,1)$ 时，场力所做的功.

第五节　格林公式及其应用

一、格林公式

下面要介绍的格林(Green)公式告诉我们，在平面闭区域 D 上的二重积分可以通过沿闭区域 D 的边界曲线 L 上的曲线积分来表达. 为此，先介绍平面单连通区域的概念.

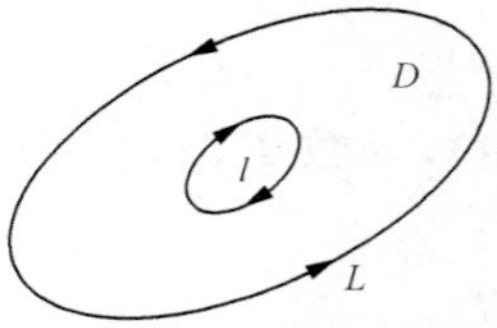

图　10-28

设 D 为平面区域，如果 D 内任一闭曲线所围成的部分都属于 D，则称 D 为平面**单连通区域**，否则称为**复连通区域**. 通俗地说，平面单连通区域就是不含有“洞”(包括点“洞”)的区域，复连通区域是含有“洞”的区域. 例如，平面上的圆形区域 $\{(x,y)\mid x^2+y^2<1\}$，上半平面 $\{(x,y)\mid y>1\}$ 都是单连通区域，圆环形区域 $\{(x,y)\mid 1<x^2+y^2<4\}$ 是复连通区域.

对平面区域 D 的边界曲线 L，我们规定 L 的**正向**如下：当观察者沿 L 的这个方向行走时，在他近处的 D 内的那一部分总在他的左边. 例如，D 是边界曲线 L 及 l 所围成的复连通区域(如图 10-28 所示)，作为 D 的正向边界，L 的正向为逆时针方向，而 l 的正向是顺时针方向.

定理 1　设闭区域 D 由分段光滑的曲线 L 所围成，函数 $P(x,y)$ 以及 $Q(x,y)$ 在 D 上具有一阶连续偏导数，则有

$$\iint_D\left(\frac{\partial Q}{\partial x}-\frac{\partial P}{\partial y}\right)\mathrm{d}x\mathrm{d}y=\oint_L P\mathrm{d}x+Q\mathrm{d}y, \tag{1}$$

其中 L 是 D 的正向边界曲线. 公式(1)叫做**格林公式**.

下面说明格林公式的一个简单应用. 在公式(1)中取 $P=-y, Q=x$，即得

$$2\iint_D\mathrm{d}x\mathrm{d}y=\oint_L x\mathrm{d}y-y\mathrm{d}x,$$

此式左端是闭区域 D 的面积 A 的两倍，因此有

$$A=\frac{1}{2}\oint_L x\mathrm{d}y-y\mathrm{d}x. \tag{2}$$

例 1　求椭圆 $x=a\cos\theta, y=b\sin\theta$ 所围成平面图形的面积 A.

解　根据公式(2)有

$$A=\frac{1}{2}\oint_L x\,dy-y\,dx=\frac{1}{2}\int_0^{2\pi}(ab\cos^2\theta+ab\sin^2\theta)\,d\theta=\frac{1}{2}ab\int_0^{2\pi}d\theta=\pi ab.$$

例 2　设 L 是任意一条分段光滑的闭曲线，证明

$$\oint 2xy\,dx+x^2\,dy=0.$$

证　令 $P=2xy, Q=x^2$，则 $\frac{\partial Q}{\partial x}-\frac{\partial P}{\partial y}=2x-2x=0$. 因此，由公式(1)有

$$\oint_L 2xy\,dx+x^2\,dy=\pm\iint_D 0\,dx\,dy=0.$$

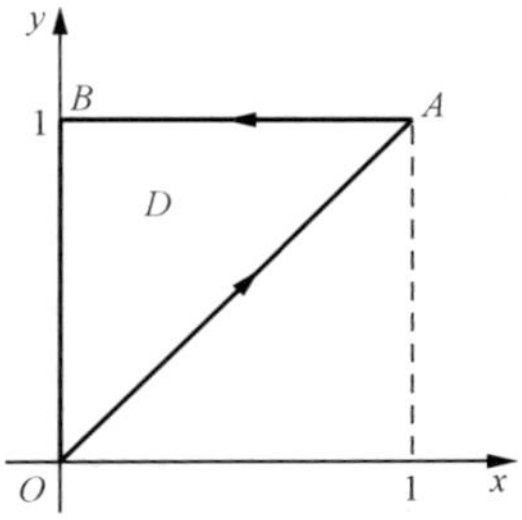

图　10-29

例 3　计算 $\iint_D e^{-y^2}\,dx\,dy$，其中 D 是以 $O(0,0), A(1,1), B(0,1)$ 为顶点的三角形闭区域(如图 10-29 所示).

解　令 $P=0, Q=xe^{-y^2}$，则

$$\frac{\partial Q}{\partial x}-\frac{\partial P}{\partial y}=e^{-y^2}.$$

因此，由公式(1)有

$$\iint_D e^{-y^2}\,dx\,dy=\oint_{OA+AB+BO}xe^{-y^2}\,dy=\int_{OA}xe^{-y^2}\,dy=\int_0^1 ye^{-y^2}\,dy=\frac{1}{2}(1-e^{-1}).$$

例 4　计算 $\oint_L \frac{x\,dy-y\,dx}{x^2+y^2}$，其中 L 为一条无重点[①]、分段光滑且不经过原点的连续闭曲线，L 的方向为逆时针方向.

解　令 $P=\frac{-y}{x^2+y^2}, Q=\frac{x}{x^2+y^2}$，则当 $x^2+y^2\neq 0$ 时，有

$$\frac{\partial Q}{\partial x}=\frac{y^2-x^2}{(x^2+y^2)^2}=\frac{\partial P}{\partial y}.$$

记 L 所围成的闭区域为 D. 当 $(0,0)\notin D$ 时，由公式(1)得

$$\oint_L \frac{x\,dy-y\,dx}{x^2+y^2}=0.$$

当 $(0,0)\in D$ 时，选取适当小的 $r>0$，作位于 D 内的圆周 l：$x^2+y^2=r^2$，记 L 和 l 所围成的闭区域为 D_1(如图 10-30 所示). 对复连通区域 D_1 应用格林公式，得

$$\oint_L \frac{x\,dy-y\,dx}{x^2+y^2}-\oint_l \frac{x\,dy-y\,dx}{x^2+y^2}=0,$$

---

① 对于连续曲线 L：$x=\varphi(t), y=\psi(t), \alpha\leqslant t\leqslant\beta$，如果除 $t=\alpha, t=\beta$ 外，当 $t_1\neq t_2$ 时，$(\varphi(t_1),\psi(t_1))$ 与 $(\varphi(t_2),\psi(t_2))$ 总是相异的，则称 L 是**无重点的曲线**.

其中 l 的方向取逆时针方向. 于是

$$\oint_L \frac{x\,\mathrm{d}y - y\,\mathrm{d}x}{x^2+y^2} = \oint_l \frac{x\,\mathrm{d}y - y\,\mathrm{d}x}{x^2+y^2} = \int_0^{2\pi} \frac{r^2\cos^2\theta + r^2\sin^2\theta}{r^2}\mathrm{d}\theta = 2\pi.$$

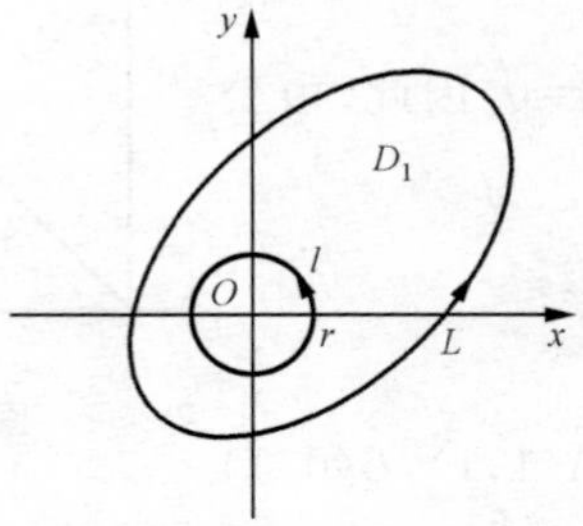

图　10-30

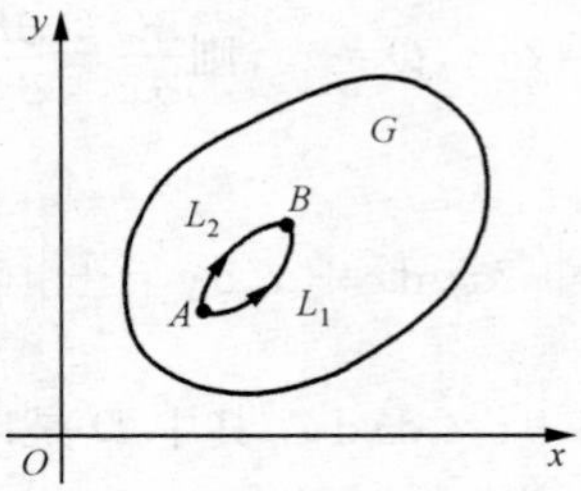

图　10-31

二、平面曲线积分与路径无关的条件

在物理、力学中要研究所谓势力场，就是要研究场力所做的功与路径无关的情形. 在什么条件下场力所做的功与路径无关？这个问题在数学上就是要研究曲线积分与路径无关的条件. 为了研究这个问题，先要明确什么叫做曲线积分 $\int_L P\mathrm{d}x + Q\mathrm{d}y$ 与路径无关.

设 G 是一个开区域，二元函数 $P(x,y)$ 及 $Q(x,y)$ 在区域 G 内具有一阶连续偏导数. 如果对于 G 内任意指定的两个点 A,B 以及 G 内从点 A 到点 B 的任意两条曲线 L_1,L_2（如图 10-31 所示），等式

$$\int_{L_1} P\mathrm{d}x + Q\mathrm{d}y = \int_{L_2} P\mathrm{d}x + Q\mathrm{d}y$$

恒成立，就说曲线积分 $\int_L P\mathrm{d}x + Q\mathrm{d}y$ 在 G 内与**路径无关**，否则便说与**路径有关**.

在以上叙述中注意到，如果曲线积分与路径无关，那么

$$\int_{L_1} P\mathrm{d}x + Q\mathrm{d}y = \int_{L_2} P\mathrm{d}x + Q\mathrm{d}y.$$

由于

$$\int_{L_2} P\mathrm{d}x + Q\mathrm{d}y = -\int_{-L_2} P\mathrm{d}x + Q\mathrm{d}y,$$

所以

$$\int_{L_1} P\mathrm{d}x + Q\mathrm{d}y + \int_{-L_2} P\mathrm{d}x + Q\mathrm{d}y = 0,$$

从而

$$\oint_{L_1+(-L_2)} P\mathrm{d}x + Q\mathrm{d}y = 0.$$

这里 $L_1+(-L_2)$ 是一条有向闭曲线. 因此，在区域 G 内由曲线积分与路径无关可推得，在 G 内沿闭曲线的曲线积分为零. 反之也成立，即曲线积分 $\int_L P\mathrm{d}x + Q\mathrm{d}y$ 在 G 内与路径无关相当于沿 G 内任意闭曲线 C 的曲线积分 $\oint_C P\mathrm{d}x + Q\mathrm{d}y$ 等于零，即有如下定理.

定理 2　设开区域 G 是一个单连通区域，二元函数 $P(x,y)$，$Q(x,y)$ 在 G 内具有一阶连续偏导数，则曲线积分 $\int_L P\mathrm{d}x + Q\mathrm{d}y$ 在 G 内与路径无关（或沿 G 内任意闭曲线的曲线积分为零）的充分必要条件是等式

$$\frac{\partial P}{\partial y} = \frac{\partial Q}{\partial x} \tag{3}$$

在 G 内恒成立.

在定理 2 中，要求区域 G 是单连通区域，且函数 $P(x,y)$，$Q(x,y)$ 在 G 内具有一阶连续偏导数. 如果这两个条件之一不能满足，那么定理的结论不能保证成立.

例如，在例 4 中我们已经看到，当 L 所围成的区域含有原点时，虽然除去原点外，恒有 $\frac{\partial Q}{\partial x}=\frac{\partial P}{\partial y}$，但沿闭曲线的积分 $\oint_L P\mathrm{d}x + Q\mathrm{d}y \neq 0$，其原因在于区域内含有破坏函数 P，Q 及 $\frac{\partial P}{\partial y}$，$\frac{\partial Q}{\partial x}$ 连续性条件的点 O，这种点通常称为**奇点**.

三、二元函数的全微分求积分

现在要讨论：二元函数 $P(x,y)$，$Q(x,y)$ 满足什么条件时，表达式 $P(x,y)\mathrm{d}x+Q(x,y)\mathrm{d}y$ 在单连通区域 G 内为某个二元函数 $u(x,y)$ 的全微分，即 $\mathrm{d}u(x,y)=P(x,y)\mathrm{d}x+Q(x,y)\mathrm{d}y$ 成立；当这样的二元函数 $u(x,y)$ 存在时，把它求出来. 我们不加证明地给出如下定理.

定理 3　设 G 是一个单连通区域，函数 $P(x,y)$，$Q(x,y)$ 在 G 内具有一阶连续偏导数，则 $P(x,y)\mathrm{d}x+Q(x,y)\mathrm{d}y$ 在 G 内为某一函数 $u(x,y)$ 的全微分的充分必要条件是等式

$$\frac{\partial P}{\partial y} = \frac{\partial Q}{\partial x}$$

在 G 内恒成立.

根据上述定理，如果函数 $P(x,y)$，$Q(x,y)$ 在单连通区域 G 内有一阶连续偏导数，且满足条件(3)，那么 $P\mathrm{d}x+Q\mathrm{d}y$ 是某个函数 $u(x,y)$ 的全微分. 可以证明：

$$u(x,y) = \int_{(x_0,y_0)}^{(x,y)} P(x,y)\mathrm{d}x + Q(x,y)\mathrm{d}y$$

满足 $\mathrm{d}u(x,y)=P(x,y)\mathrm{d}x+Q(x,y)\mathrm{d}y$，其中积分路径是连接 $M_0(x_0,y_0)$ 与 $M(x,y)$ 的任意路径. 因为这时的曲线积分与路径无关，为计算简便起见，可以选择平行于坐标轴的直线段连成的折线 M_0RM 或 M_0SM 为积分路径(如图 10-32 所示)，当然要假定这些折线完全位于 G 内.

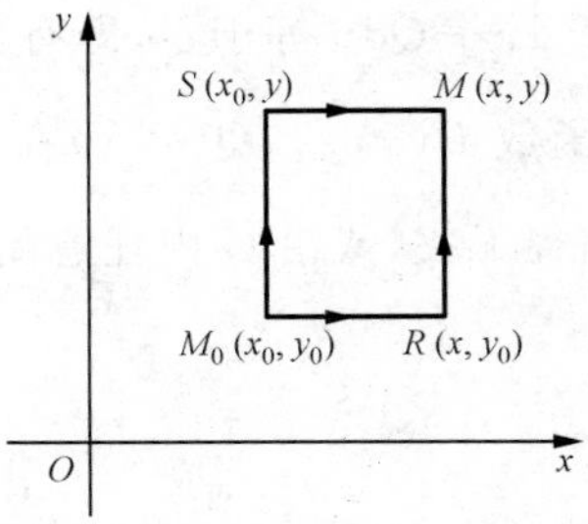

图　10-32

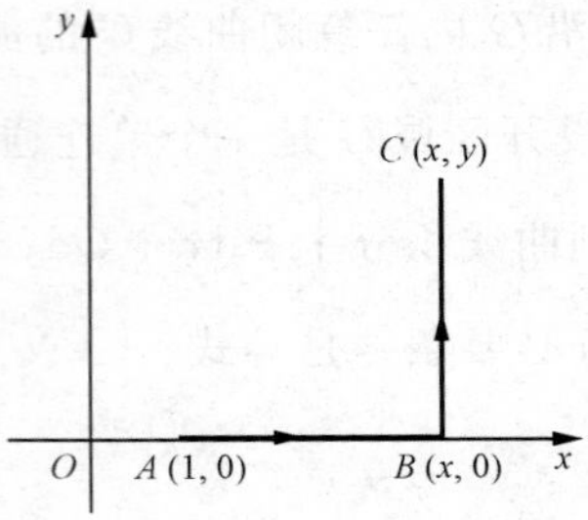

图　10-33

当取 M_0RM 为积分路径时，

$$u(x,y)=\int_{x_0}^{x}P(x,y_0)\mathrm{d}x+\int_{y_0}^{y}Q(x,y)\mathrm{d}y; \tag{4}$$

当取 M_0SM 为积分路径时，

$$u(x,y)=\int_{y_0}^{y}Q(x_0,y)\mathrm{d}y+\int_{x_0}^{x}P(x,y)\mathrm{d}x. \tag{5}$$

例 5　验证 $\dfrac{x\mathrm{d}y-y\mathrm{d}x}{x^2+y^2}$ 在 y 轴右半平面($x>0$)内是某个函数的全微分，并求出一个这样的函数.

解　在例 4 中已经知道，令 $P=\dfrac{-y}{x^2+y^2}$，$Q=\dfrac{x}{x^2+y^2}$，则有

$$\frac{\partial P}{\partial y}=\frac{\partial Q}{\partial x}$$

在 y 轴右半平面内恒成立. 因此在 y 轴右半平面内，$\dfrac{x\mathrm{d}y-y\mathrm{d}x}{x^2+y^2}$ 是某个函数的全微分.

取积分路径如图 10-33 所示，利用公式(4)得所求函数为

$$\begin{aligned}u(x,y)&=\int_{(1,0)}^{(x,y)}\frac{x\mathrm{d}y-y\mathrm{d}x}{x^2+y^2}=\int_{AB}\frac{x\mathrm{d}y-y\mathrm{d}x}{x^2+y^2}+\int_{BC}\frac{x\mathrm{d}y-y\mathrm{d}x}{x^2+y^2}\\&=0+\int_0^y\frac{x\mathrm{d}y}{x^2+y^2}=\left(\arctan\frac{y}{x}\right)\Big|_0^y=\arctan\frac{y}{x}.\end{aligned}$$

例 6　求微分方程 $xy^2\mathrm{d}x+x^2y\mathrm{d}y=0$ 的通解.

解　若设 $P=xy^2$，$Q=x^2y$，则

$$\frac{\partial Q}{\partial x}=2xy=\frac{\partial P}{\partial y}$$

在整个 Oxy 平面内恒成立. 因此,在整个 Oxy 平面内,$xy^2\mathrm{d}x+x^2y\mathrm{d}y$ 是某个函数 $u(x,y)$ 的全微分,即

$$\mathrm{d}u(x,y)=xy^2\mathrm{d}x+x^2y\mathrm{d}y=0.$$

取积分路径如图 10-34 所示,利用公式(4)得所求

$$u(x,y)=\int_{OA}xy^2\mathrm{d}x+\int_{AB}x^2y\mathrm{d}y=0+\int_0^y x^2y\mathrm{d}y=\frac{x^2y^2}{2}.$$

从而 $u(x,y)=C$(C 为任意常数),或 $x^2y^2=C'$(C' 也为任意常数)是原微分方程的通解.

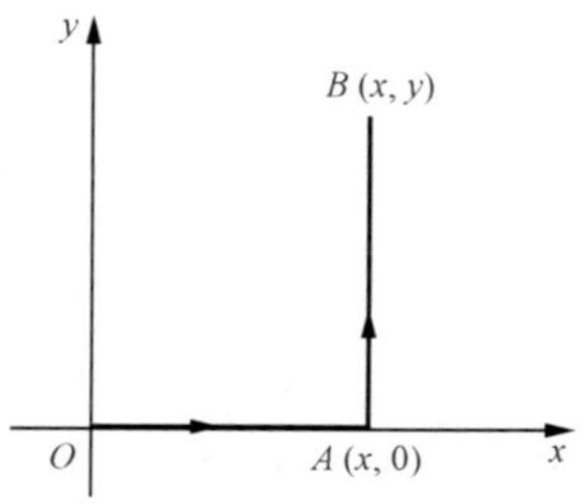

图 10-34

习 题 10-5

1. 计算下列曲线积分,并验证格林公式的正确性:

(1) $\oint_L (2xy-x^2)\mathrm{d}x+(x+y^2)\mathrm{d}y$,其中 L 是由抛物线 $y=x^2$ 和 $y^2=x$ 所围成的区域的正向边界曲线.

(2) $\oint_L (x^2-xy^3)\mathrm{d}x+(y^2-2xy)\mathrm{d}y$,其中 L 是四个顶点分别为(0,0),(2,0),(2,2)和(0,2)的正方形区域的正向边界.

2. 利用曲线积分,求下列曲线所围成的平面图形的面积:

(1) 星形线 $x=a\cos^3 t,y=a\sin^3 t$; (2) 椭圆 $9x^2+16y^2=144$; (3) 圆 $x^2+y^2=2ax$.

3. 计算曲线积分 $\oint_L \frac{y\mathrm{d}x-x\mathrm{d}y}{2(x^2+y^2)}$,其中 L 为圆周 $(x-1)^2+y^2=2$,L 的方向为逆时针方向.

4. 证明下列曲线积分在整个 Oxy 平面内与路径无关,并计算积分值:

(1) $\int_{(1,1)}^{(2,3)}(x+y)\mathrm{d}x+(x-y)\mathrm{d}y$; (2) $\int_{(1,2)}^{(3,4)}(6xy^2-y^3)\mathrm{d}x+(6x^2y-3xy^2)\mathrm{d}y$;

(3) $\int_{(1,0)}^{(2,1)}(2xy-y^4+3)\mathrm{d}x+(x^2-4xy^3)\mathrm{d}y$.

5. 利用格林公式计算下列曲线积分:

(1) $\oint_L (2x-y+4)\mathrm{d}x+(5y+3x-6)\mathrm{d}y$,其中 L 是三个顶点分别为(0,0),(3,0)和(3,2)的三角形区域的正向边界;

(2) $\oint_L (x^2y\cos x+2xy\sin x-y^2\mathrm{e}^x)\mathrm{d}x+(x^2\sin x-2y\mathrm{e}^x)\mathrm{d}y$,其中 L 是星形线 $x^{\frac{2}{3}}+y^{\frac{2}{3}}=a^{\frac{2}{3}}\ (a>0)$ 所围成区域的正向边界曲线.

6. 求下列微分方程的通解:

(1) $(x+2y)\mathrm{d}x+(2x+y)\mathrm{d}y=0$; (2) $2xy\mathrm{d}x+x^2\mathrm{d}y=0$.

第四篇　线 性 代 数

线性代数是大学数学应用必不可少的重要组成部分. 它以求解线性方程组为目标，以向量空间及其线性变换，以及与此相联系的矩阵理论为中心内容. 线性代数的含义随数学的发展而不断扩大，在其他学科和工程技术中有着普遍的应用. 它不以微积分为基础，所以也可放在微积分之前学习而无任何困难.

第十一章　行　列　式

第一节　行列式的概念

一、2 阶和 3 阶行列式

我们知道，在中学代数解二元、三元线性方程组时，已用到 2 阶和 3 阶行列式，其定义可按**对角线法则**（如图 11-1 和图 11-2 所示）给出：

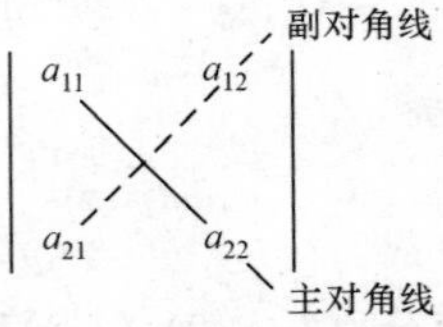

图　11-1

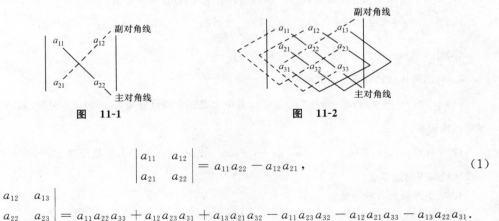

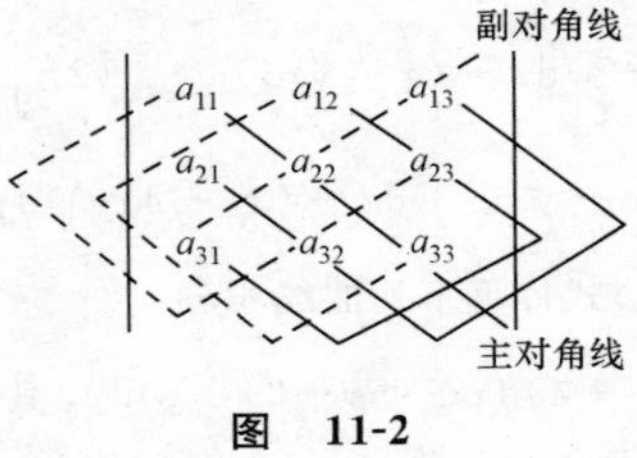

图　11-2

$$\begin{vmatrix} a_{11} & a_{12} \\ a_{21} & a_{22} \end{vmatrix} = a_{11}a_{22} - a_{12}a_{21}, \tag{1}$$

$$\begin{vmatrix} a_{11} & a_{12} & a_{13} \\ a_{21} & a_{22} & a_{23} \\ a_{31} & a_{32} & a_{33} \end{vmatrix} = a_{11}a_{22}a_{33} + a_{12}a_{23}a_{31} + a_{13}a_{21}a_{32} - a_{11}a_{23}a_{32} - a_{12}a_{21}a_{33} - a_{13}a_{22}a_{31}. \tag{2}$$

此定义说明 2 阶和 3 阶行列式各含 2 项和 6 项，每项均为不同行不同列的**元素**的乘积再冠以正负号，而冠以正负号的原则是如图 11-1 和图 11-2 所示的**对角线法则**：图中实线上的元素的乘积冠正号，虚线上的元素的乘积冠负号.

由(1)与(2)式知，(2)式还可以写成

$$\begin{vmatrix} a_{11} & a_{12} & a_{13} \\ a_{21} & a_{22} & a_{23} \\ a_{31} & a_{32} & a_{33} \end{vmatrix} = a_{11}(a_{22}a_{33}-a_{23}a_{32})-a_{12}(a_{21}a_{33}-a_{23}a_{31})+a_{13}(a_{21}a_{32}-a_{22}a_{31})$$

$$= a_{11}\begin{vmatrix} a_{22} & a_{23} \\ a_{32} & a_{33} \end{vmatrix} - a_{12}\begin{vmatrix} a_{21} & a_{23} \\ a_{31} & a_{33} \end{vmatrix} + a_{13}\begin{vmatrix} a_{21} & a_{22} \\ a_{31} & a_{32} \end{vmatrix}. \tag{3}$$

分析(3)式，知其规律是：把该 3 阶行列式的第一行的各元素分别乘以划掉该元素所在的行和列的各元素之后剩下的 2 阶行列式，再在前面冠以正负相间的符号，然后求它们的代数和. 对此，我们以 $M_{ij}(i,j=1,2,3)$ 表示划去行列式中元素 a_{ij} 所在的行与列的各元素之后剩下的 2 阶行列式，于是有

$$M_{11}=\begin{vmatrix} a_{22} & a_{23} \\ a_{32} & a_{33} \end{vmatrix}, \quad M_{12}=\begin{vmatrix} a_{21} & a_{23} \\ a_{31} & a_{33} \end{vmatrix}, \quad M_{13}=\begin{vmatrix} a_{21} & a_{22} \\ a_{31} & a_{32} \end{vmatrix}.$$

(3)式可以写成

$$\begin{vmatrix} a_{11} & a_{12} & a_{13} \\ a_{21} & a_{22} & a_{23} \\ a_{31} & a_{32} & a_{33} \end{vmatrix} = a_{11}M_{11}-a_{12}M_{12}+a_{13}M_{13}. \tag{4}$$

若令 $A_{ij}=(-1)^{i+j}M_{ij}$，则(4)式又可写成

$$\begin{vmatrix} a_{11} & a_{12} & a_{13} \\ a_{21} & a_{22} & a_{23} \\ a_{31} & a_{32} & a_{33} \end{vmatrix} = a_{11}A_{11}+a_{12}A_{12}+a_{13}A_{13} = \sum_{j=1}^{3} a_{1j}A_{1j}, \tag{5}$$

这里 M_{ij} 称为元素 a_{ij} 的**余子式**，A_{ij} 称为元素 a_{ij} 的**代数余子式**.

相应地，(1)式又可以写成

$$\begin{vmatrix} a_{11} & a_{12} \\ a_{21} & a_{22} \end{vmatrix} = a_{11}A_{11}+a_{12}A_{12}. \tag{6}$$

我们可以仿照(5)、(6)两式来定义 $n(n\geqslant 1)$ 阶行列式.

二、n 阶行列式

定义　对于由 n^2 个数排成的正方形数表

$$\begin{bmatrix} a_{11} & a_{12} & \cdots & a_{1n} \\ a_{21} & a_{22} & \cdots & a_{2n} \\ \vdots & \vdots & & \vdots \\ a_{n1} & a_{n2} & \cdots & a_{nn} \end{bmatrix}, \tag{7}$$

当 $n=1$ 时,称数 a_{11} 为 1 **阶行列式**,记为 $|a_{11}|=a_{11}$(注意不要与绝对值记号相混淆);当 $n\geqslant 2$ 时,称数

$$a_{11}A_{11}+a_{12}A_{12}+\cdots+a_{1n}A_{1n}=\sum_{j=1}^{n}a_{1j}A_{1j}$$

为 n **阶行列式**,并记为

$$D=\begin{vmatrix} a_{11} & a_{12} & \cdots & a_{1n} \\ a_{21} & a_{22} & \cdots & a_{2n} \\ \vdots & \vdots & & \vdots \\ a_{n1} & a_{n2} & \cdots & a_{nn} \end{vmatrix}=\sum_{j=1}^{n}a_{1j}A_{1j}, \tag{8}$$

也记为 $\det(a_{ij})_n$,其中 A_{1j} 为 D 中**元素** a_{1j} $(j=1,2,\cdots,n)$**的代数余子式**①.(8)式右端也称为 n **阶行列式按第一行元素的展开式**.

注意,n 阶行列式的展开式也可以按其他行元素展开(见下节性质 3).

例 1　按定义计算 4 阶行列式

$$\begin{vmatrix} 1 & 0 & -2 & 1 \\ 2 & -1 & -1 & 0 \\ 0 & 2 & 1 & 3 \\ 1 & 2 & 0 & 1 \end{vmatrix}.$$

解　按第一行元素展开

$$\begin{aligned}\begin{vmatrix} 1 & 0 & -2 & 1 \\ 2 & -1 & -1 & 0 \\ 0 & 2 & 1 & 3 \\ 1 & 2 & 0 & 1 \end{vmatrix} &= 1\times(-1)^{1+1}\begin{vmatrix} -1 & -1 & 0 \\ 2 & 1 & 3 \\ 2 & 0 & 1 \end{vmatrix}+0\times(-1)^{1+2}\begin{vmatrix} 2 & -1 & 0 \\ 0 & 1 & 3 \\ 1 & 0 & 1 \end{vmatrix} \\ &\quad +(-2)\times(-1)^{1+3}\begin{vmatrix} 2 & -1 & 0 \\ 0 & 2 & 3 \\ 1 & 2 & 1 \end{vmatrix}+1\times(-1)^{1+4}\begin{vmatrix} 2 & -1 & -1 \\ 0 & 2 & 1 \\ 1 & 2 & 0 \end{vmatrix} \\ &= -5+0+22+3=20.\end{aligned}$$

例 2　计算对角行列式:

① n 阶行列式中元素 a_{1j} 的代数余子式的定义与三阶行列式中所介绍的类似,这里不再重复.

$$(1)\begin{vmatrix} a_1 & 0 & \cdots & 0 \\ 0 & a_2 & \cdots & 0 \\ \vdots & \vdots & \ddots & \vdots \\ 0 & 0 & \cdots & a_n \end{vmatrix};\qquad (2)\begin{vmatrix} 0 & \cdots & 0 & a_1 \\ 0 & \cdots & a_2 & 0 \\ \vdots & \iddots & \vdots & \vdots \\ a_n & \cdots & 0 & 0 \end{vmatrix}.$$

解 (1) 因为行列式的第一行元素中除 a_1 外,其余元素都为零,因此按第一行元素展开只有一项,如此逐次按第一行元素展开得

$$\begin{vmatrix} a_1 & 0 & \cdots & 0 \\ 0 & a_2 & \cdots & 0 \\ \vdots & \vdots & \ddots & \vdots \\ 0 & 0 & \cdots & a_n \end{vmatrix} = a_1\begin{vmatrix} a_2 & 0 & \cdots & 0 \\ 0 & a_3 & \cdots & 0 \\ \vdots & \vdots & \ddots & \vdots \\ 0 & 0 & \cdots & a_n \end{vmatrix} = a_1a_2\begin{vmatrix} a_3 & \cdots & 0 \\ \vdots & \ddots & \vdots \\ 0 & \cdots & a_n \end{vmatrix} = \cdots = a_1a_2\cdots a_n.$$

(2) 逐次按行列式的第一行元素展开

$$\begin{vmatrix} 0 & \cdots & 0 & a_1 \\ 0 & \cdots & a_2 & 0 \\ \vdots & \iddots & \vdots & \vdots \\ a_n & \cdots & 0 & 0 \end{vmatrix} = (-1)^{n+1}a_1\begin{vmatrix} 0 & \cdots & 0 & a_2 \\ 0 & \cdots & a_3 & 0 \\ \vdots & \iddots & \vdots & \vdots \\ a_n & \cdots & 0 & 0 \end{vmatrix} = (-1)^{n+1}\cdot(-1)^n\cdot a_1a_2\begin{vmatrix} 0 & \cdots & a_3 \\ \vdots & \iddots & \vdots \\ a_n & \cdots & 0 \end{vmatrix}$$

$$= \cdots = (-1)^{n+1}\cdot(-1)^n\cdots(-1)^3a_1a_2\cdots|a_n| = (-1)^{\frac{(n+4)(n-1)}{2}}a_1a_2\cdots a_n$$

$$= (-1)^{\frac{n(n-1)}{2}}a_1a_2\cdots a_n.$$

例 3 计算下三角行列式

$$\begin{vmatrix} a_{11} & 0 & \cdots & 0 \\ a_{21} & a_{22} & \cdots & 0 \\ \vdots & \vdots & \ddots & \vdots \\ a_{n1} & a_{n2} & \cdots & a_{nn} \end{vmatrix}.$$

解 逐次按行列式的第一行元素展开

$$\begin{vmatrix} a_{11} & 0 & \cdots & 0 \\ a_{21} & a_{22} & \cdots & 0 \\ \vdots & \vdots & \ddots & \vdots \\ a_{n1} & a_{n2} & \cdots & a_{nn} \end{vmatrix} = a_{11}\begin{vmatrix} a_{22} & 0 & \cdots & 0 \\ a_{32} & a_{33} & \cdots & 0 \\ \vdots & \vdots & \ddots & \vdots \\ a_{n2} & a_{n3} & \cdots & a_{nn} \end{vmatrix} = a_{11}a_{22}\begin{vmatrix} a_{33} & \cdots & 0 \\ \vdots & \ddots & \vdots \\ a_{n3} & \cdots & a_{nn} \end{vmatrix} = \cdots = a_{11}a_{22}\cdots a_{nn}.$$

习 题 11-1

用定义计算下列行列式:

(1) $\begin{vmatrix} 1 & 2 & 3 \\ 3 & 1 & 2 \\ 2 & 3 & 1 \end{vmatrix}$；　(2) $\begin{vmatrix} 1 & -1 & 2 \\ 0 & 3 & -1 \\ -2 & 2 & -4 \end{vmatrix}$；　(3) $\begin{vmatrix} 1 & 0 & 0 & 0 \\ 0 & 0 & 1 & 3 \\ 0 & 2 & 5 & 0 \\ 1 & 4 & 0 & 0 \end{vmatrix}$；　(4) $\begin{vmatrix} 1 & 2 & 3 & -1 \\ 1 & -1 & 0 & 2 \\ 0 & 1 & 0 & 1 \\ 0 & 0 & -1 & 3 \end{vmatrix}$.

第二节　行列式的性质

为简化行列式的计算,需讨论行列式的性质.

设 $D=\begin{vmatrix} a_{11} & a_{12} & \cdots & a_{1n} \\ a_{21} & a_{22} & \cdots & a_{2n} \\ \vdots & \vdots & & \vdots \\ a_{n1} & a_{n2} & \cdots & a_{nn} \end{vmatrix}$,则称 $D^{\mathrm{T}}=\begin{vmatrix} a_{11} & a_{21} & \cdots & a_{n1} \\ a_{12} & a_{22} & \cdots & a_{n2} \\ \vdots & \vdots & & \vdots \\ a_{1n} & a_{2n} & \cdots & a_{nn} \end{vmatrix}$为行列式 D 的**转置行列式**. 即 D^{T} 是将行列式 D 的行(或列)换成同序号的列(或行)得到的行列式,也记为 D'.

性质 1　行列式 D 与它的转置行列式 D^{T} 相等,即 $D=D^{\mathrm{T}}$.

性质 1 表明对行列式“行”成立的性质,对“列”也成立,反之亦然.

例 1　上三角行列式 $D=\begin{vmatrix} a_{11} & a_{12} & \cdots & a_{1n} \\ 0 & a_{22} & \cdots & a_{2n} \\ \vdots & \vdots & \ddots & \vdots \\ 0 & 0 & \cdots & a_{nn} \end{vmatrix}=D^{\mathrm{T}}=\begin{vmatrix} a_{11} & 0 & \cdots & 0 \\ a_{12} & a_{22} & \cdots & 0 \\ \vdots & \vdots & \ddots & \vdots \\ a_{1n} & a_{2n} & \cdots & a_{nn} \end{vmatrix}=a_{11}a_{22}\cdots a_{nn}$.

性质 2　互换行列式的两行(或列),行列式变号.

注　互换行列式 D 的第 i,j 两行(或列),记为 $r_i\leftrightarrow r_j$(或 $c_i\leftrightarrow c_j$). 今后将用 r_i 代表第 i 行,用 c_j 代表第 j 列.

推论 1　若行列式有两行(或列)对应元素完全相同,则此行列式为零.

性质 3　行列式等于它任意一行(或列)的各元素与对应的代数余子式的乘积之和,即

$$D=a_{i1}A_{i1}+a_{i2}A_{i2}+\cdots+a_{in}A_{in}\xlongequal{r(i)}\sum_{k=1}^{n}a_{ik}A_{ik}\quad(i=1,2,\cdots,n)\tag{1}$$

或

$$D=a_{1j}A_{1j}+a_{2j}A_{2j}+\cdots+a_{nj}A_{nj}\xlongequal{c(j)}\sum_{k=1}^{n}a_{kj}A_{kj}\quad(j=1,2,\cdots,n).\tag{2}$$

注　这里用 $r(i)$ 表示将行列式 D 按第 i 行展开;用 $c(j)$ 表示将行列式 D 按第 j 列展开.

证　只证(1)式. 将行列式 D 的第 i 行与它相邻的上一行元素逐次交换,交换 $i-1$ 次后得 D_1,由性质 2 即得

$$D=\begin{vmatrix} a_{11} & a_{12} & \cdots & a_{1n} \\ \vdots & \vdots & & \vdots \\ a_{i-1,1} & a_{i-1,2} & \cdots & a_{i-1,n} \\ a_{i1} & a_{i2} & \cdots & a_{in} \\ a_{i+1,1} & a_{i+1,2} & \cdots & a_{i+1,n} \\ \vdots & \vdots & & \vdots \\ a_{n1} & a_{n2} & \cdots & a_{nn} \end{vmatrix}=(-1)^{i-1}D_1,\text{ 其中 } D_1=\begin{vmatrix} a_{i1} & a_{i2} & \cdots & a_{in} \\ a_{11} & a_{12} & \cdots & a_{1n} \\ \vdots & \vdots & & \vdots \\ a_{i-1,1} & a_{i-1,2} & \cdots & a_{i-1,n} \\ a_{i+1,1} & a_{i+1,2} & \cdots & a_{i+1,n} \\ \vdots & \vdots & & \vdots \\ a_{n1} & a_{n2} & \cdots & a_{nn} \end{vmatrix}.$$

再将 D_1 按第一行展开，得

$$\begin{aligned} D &= (-1)^{i-1}D_1 \\ &= (-1)^{i-1}[(-1)^{1+1}a_{i1}M_{i1}+(-1)^{1+2}a_{i2}M_{i2}+\cdots+(-1)^{1+n}a_{in}M_{in}] \\ &= (-1)^{i+1}a_{i1}M_{i1}+(-1)^{i+2}a_{i2}M_{i2}+\cdots+(-1)^{i+n}a_{in}M_{in} \\ &= a_{i1}A_{i1}+a_{i2}A_{i2}+\cdots+a_{in}A_{in}. \end{aligned}$$

证毕

性质 4 行列式任意一行(或列)的元素与另一行(或列)的对应元素的代数余子式的乘积之和等于零，即

$$a_{i1}A_{j1}+a_{i2}A_{j2}+\cdots+a_{in}A_{jn}=0 \quad (i\neq j),$$

或

$$a_{1i}A_{1j}+a_{2i}A_{2j}+\cdots+a_{ni}A_{nj}=0 \quad (i\neq j).$$

证 只证明行的情形，不妨设 $i<j$，作辅助行列式

$$D_1=\begin{vmatrix} a_{11} & a_{12} & \cdots & a_{1n} \\ \vdots & \vdots & & \vdots \\ a_{i1} & a_{i2} & \cdots & a_{in} \\ \vdots & \vdots & & \vdots \\ a_{i1} & a_{i2} & \cdots & a_{in} \\ \vdots & \vdots & & \vdots \\ a_{n1} & a_{n2} & \cdots & a_{nn} \end{vmatrix}\begin{matrix} \\ \\ i\text{ 行} \\ \\ j\text{ 行} \\ \\ \\ \end{matrix},$$

则

$$D_1 \xlongequal{r(j)} a_{i1}A_{j1}+a_{i2}A_{j2}+\cdots+a_{in}A_{jn}.$$

又由于 D_1 有两行元素对应相等，由推论 1 得 $D_1=0$，因此有

$$a_{i1}A_{j1}+a_{i2}A_{j2}+\cdots+a_{in}A_{jn}=0 \quad (i\neq j).$$

证毕

性质 5 行列式某一行的各元素乘以数 k，等于用数 k 乘以该行列式，即

$$\begin{vmatrix} a_{11} & a_{12} & \cdots & a_{1n} \\ \vdots & \vdots & & \vdots \\ ka_{i1} & ka_{i2} & \cdots & ka_{in} \\ \vdots & \vdots & & \vdots \\ a_{n1} & a_{n2} & \cdots & a_{nn} \end{vmatrix} = k\begin{vmatrix} a_{11} & a_{12} & \cdots & a_{1n} \\ \vdots & \vdots & & \vdots \\ a_{i1} & a_{i2} & \cdots & a_{in} \\ \vdots & \vdots & & \vdots \\ a_{n1} & a_{n2} & \cdots & a_{nn} \end{vmatrix}.$$

注 行列式 D 的第 i 行(或列)乘以 k 记为 $r_i\times k$(或 $c_i\times k$).

推论 2 如果行列式某一行(或列)的元素都为零,则此行列式为零.

推论 3 如果行列式中有两行(或列)对应元素成比例,则此行列式为零.

性质 6 如果行列式中某列(或行)各元素都是两数之和,则此行列式可以分解为两个行列式的和,如下式:

$$\begin{vmatrix} a_{11} & \cdots & a_{1i}+b_{1i} & \cdots & a_{1n} \\ a_{21} & \cdots & a_{2i}+b_{2i} & \cdots & a_{2n} \\ \vdots & & \vdots & & \vdots \\ a_{n1} & \cdots & a_{ni}+b_{ni} & \cdots & a_{nn} \end{vmatrix} = \begin{vmatrix} a_{11} & \cdots & a_{1i} & \cdots & a_{1n} \\ a_{21} & \cdots & a_{2i} & \cdots & a_{2n} \\ \vdots & & \vdots & & \vdots \\ a_{n1} & \cdots & a_{ni} & \cdots & a_{nn} \end{vmatrix} + \begin{vmatrix} a_{11} & \cdots & b_{1i} & \cdots & a_{1n} \\ a_{21} & \cdots & b_{2i} & \cdots & a_{2n} \\ \vdots & & \vdots & & \vdots \\ a_{n1} & \cdots & b_{ni} & \cdots & a_{nn} \end{vmatrix}.$$

性质 7 把行列式的某一行(或列)的各元素乘以数 k,然后加到另一行(或列)的对应元素上去,行列式的值不变.

由性质 6 及推论 3 可以证明这个性质.

注 用数 k 乘行列式 D 的第 i 行(或列)加到第 j 行(或列)上去,记做 r_j+kr_i(或 c_j+kc_i).

例 2 计算 4 阶行列式 $D=\begin{vmatrix} 1 & 1 & 1 & 1 \\ 1 & 2 & 1 & 1 \\ 1 & 1 & 2 & 1 \\ 1 & 1 & 1 & 2 \end{vmatrix}$.

解 以 -1 乘第一行后,再分别加到第二、三、四行上去,得

$$D \xlongequal[i=2,3,4]{r_i - r_1} \begin{vmatrix} 1 & 1 & 1 & 1 \\ 0 & 1 & 0 & 0 \\ 0 & 0 & 1 & 0 \\ 0 & 0 & 0 & 1 \end{vmatrix} = 1.$$

例 3 计算 4 阶**范德蒙德**(Vandermonde)**行列式** $D=\begin{vmatrix} 1 & 1 & 1 & 1 \\ x_1 & x_2 & x_3 & x_4 \\ x_1^2 & x_2^2 & x_3^2 & x_4^2 \\ x_1^3 & x_2^3 & x_3^3 & x_4^3 \end{vmatrix}$.

解 以$(-x_1)$乘第三行后再加到第四行上,再以$(-x_1)$乘第二行后加到第三行上,最

后以$(-x_1)$乘第一行后加到第二行上，得

$$D\xlongequal[i=4,3,2]{r_i-x_1r_{i-1}}\begin{vmatrix}1&1&1&1\\0&x_2-x_1&x_3-x_1&x_4-x_1\\0&x_2^2-x_1x_2&x_3^2-x_1x_3&x_4^2-x_1x_4\\0&x_2^3-x_1x_2^2&x_3^3-x_1x_3^2&x_4^3-x_1x_4^2\end{vmatrix}$$

$$=(x_2-x_1)(x_3-x_1)(x_4-x_1)\begin{vmatrix}1&1&1\\x_2&x_3&x_4\\x_2^2&x_3^2&x_4^2\end{vmatrix},$$

其中，$\begin{vmatrix}1&1&1\\x_2&x_3&x_4\\x_2^2&x_3^2&x_4^2\end{vmatrix}$是3阶范德蒙德行列式，采用类似的方法可得

$$\begin{vmatrix}1&1&1\\x_2&x_3&x_4\\x_2^2&x_3^2&x_4^2\end{vmatrix}=(x_3-x_2)(x_4-x_2)\begin{vmatrix}1&1\\x_3&x_4\end{vmatrix}$$

$$=(x_3-x_2)(x_4-x_2)(x_4-x_3).$$

则

$$D=(x_2-x_1)(x_3-x_1)(x_4-x_1)(x_3-x_2)(x_4-x_2)(x_4-x_3)=\prod_{1\leqslant i<j\leqslant 4}(x_j-x_i),$$

这里，$\prod$是乘积符号，代表对同类因子$(x_j-x_i)(1\leqslant i<j\leqslant 4)$求乘积.

例 4　计算n阶行列式

$$D=\begin{vmatrix}x&y&\cdots&y\\y&x&\cdots&y\\\vdots&\vdots&&\vdots\\y&y&\cdots&x\end{vmatrix}.$$

解　将行列式的第二行、第三行、……、第n行都加到第一行上，并提出公因子得

$$D\xlongequal[i=2,3,\cdots,n]{r_1+r_i}[x+(n-1)y]\begin{vmatrix}1&1&\cdots&1\\y&x&\cdots&y\\\vdots&\vdots&&\vdots\\y&y&\cdots&x\end{vmatrix}$$

$$\xlongequal[i=2,3,\cdots,n]{c_i-c_1}[x+(n-1)y]\begin{vmatrix}1&0&\cdots&0\\y&x-y&\cdots&0\\\vdots&\vdots&\ddots&\vdots\\y&0&\cdots&x-y\end{vmatrix}$$

$$=[x+(n-1)y](x-y)^{n-1}.$$

利用行列式的知识可以讨论一类方程组的求解问题.

设含有 n 个未知量 n 个线性方程的线性方程组

$$\begin{cases} a_{11}x_1 + a_{12}x_2 + \cdots + a_{1n}x_n = b_1, \\ a_{21}x_1 + a_{22}x_2 + \cdots + a_{2n}x_n = b_2, \\ \cdots\cdots\cdots\cdots\cdots\cdots\cdots\cdots\cdots\cdots \\ a_{n1}x_1 + a_{n2}x_2 + \cdots + a_{nn}x_n = b_n. \end{cases} \tag{3}$$

其系数组成 n 阶行列式

$$D = \begin{vmatrix} a_{11} & a_{12} & \cdots & a_{1n} \\ a_{21} & a_{22} & \cdots & a_{2n} \\ \vdots & \vdots & & \vdots \\ a_{n1} & a_{n2} & \cdots & a_{nn} \end{vmatrix} = \det(a_{ij})_n,$$

称为线性方程组(3)的**系数行列式**.

定理(克拉默(Cramer)法则) 设线性方程组(3)的系数行列式 $D=\det(a_{ij})_n\neq 0$,则线性方程组(3)有唯一解

$$x_j = \frac{D_j}{D} \quad (j = 1,2,\cdots,n), \tag{4}$$

其中 $D_j(j=1,2,\cdots,n)$是用方程组(3)右端的常数项 $b_1,b_2,\cdots,b_n$ 代替 D 中第 j 列所得的 n 阶行列式,即

$$D_j = \begin{vmatrix} a_{11} & \cdots & a_{1,j-1} & b_1 & a_{1,j+1} & \cdots & a_{1n} \\ a_{21} & \cdots & a_{2,j-1} & b_2 & a_{2,j+1} & \cdots & a_{2n} \\ \vdots & & \vdots & \vdots & \vdots & & \vdots \\ a_{n1} & \cdots & a_{n,j-1} & b_n & a_{n,j+1} & \cdots & a_{nn} \end{vmatrix}.$$

证 用 D 中第 j 列元素的代数余子式 $A_{1j},A_{2j},\cdots,A_{nj}$ 依次乘方程组(3)的 n 个方程的两端,然后把它们相加得下面方程

$$\left(\sum_{k=1}^{n} a_{k1}A_{kj}\right)x_1 + \left(\sum_{k=1}^{n} a_{k2}A_{kj}\right)x_2 + \cdots + \left(\sum_{k=1}^{n} a_{kj}A_{kj}\right)x_j + \cdots + \left(\sum_{k=1}^{n} a_{kn}A_{kj}\right)x_n$$

$$= \sum_{k=1}^{n} b_k A_{kj} \quad (j = 1,2,\cdots,n).$$

由行列式的性质 3 及性质 4 知,上式右端为 D_j,左端 x_j 的系数为 D,其他未知量的系数均为零,于是

$$Dx_j = D_j \quad (j = 1,2,\cdots,n).$$

由已知 $D\neq 0$,所以方程组(3)有唯一解

$$x_j = \frac{D_j}{D} \quad (j = 1,2,\cdots,n).$$

证毕

当方程组(3)中 $b_j=0(j=1,2,\cdots,n)$时，即

$$\begin{cases}a_{11}x_1+a_{12}x_2+\cdots+a_{1n}x_n=0,\\a_{21}x_1+a_{22}x_2+\cdots+a_{2n}x_n=0,\\\cdots\cdots\cdots\cdots\cdots\cdots\cdots\cdots\\a_{n1}x_1+a_{n2}x_2+\cdots+a_{nn}x_n=0,\end{cases}\tag{5}$$

称为 n **元齐次线性方程组**，当 $b_j(j=1,2,\cdots,n)$不全为零时，方程组(3)称为 n **元非齐次线性方程组**.

对于方程组(5)容易得出以下推论.

推论 4　如果齐次线性方程组(5)的系数行列式 $D\neq0$，则它只有零解.

推论 5(必要条件)　设齐次线性方程组(5)有非零解，则其系数行列式 $D=0$.

注　在第十三章第一节中，我们将知道，推论 5 的条件还是充分的. 因此，**齐次线性方程组(5)有非零解的充分必要条件是其系数行列式** $D=0$.

今后，我们可以将此注作为已知结论应用.

例 5　解线性方程组

$$\begin{cases}2x_1+x_2-5x_3+x_4=8,\\x_1-3x_2-6x_4=9,\\2x_2-x_3+2x_4=-5,\\x_1+4x_2-7x_3+6x_4=0.\end{cases}$$

解　因为

$$D=\begin{vmatrix}2&1&-5&1\\1&-3&0&-6\\0&2&-1&2\\1&4&-7&6\end{vmatrix}=27,\quad D_1=\begin{vmatrix}8&1&-5&1\\9&-3&0&-6\\-5&2&-1&2\\0&4&-7&6\end{vmatrix}=81,$$

$$D_2=\begin{vmatrix}2&8&-5&1\\1&9&0&-6\\0&-5&-1&2\\1&0&-7&6\end{vmatrix}=-108,\quad D_3=\begin{vmatrix}2&1&8&1\\1&-3&9&-6\\0&2&-5&2\\1&4&0&6\end{vmatrix}=-27,$$

$$D_4=\begin{vmatrix}2&1&-5&8\\1&-3&0&9\\0&2&-1&-5\\1&4&-7&0\end{vmatrix}=27,$$

所以，解为 $x_1=\dfrac{D_1}{D}=3$，$x_2=\dfrac{D_2}{D}=-4$，$x_3=\dfrac{D_3}{D}=-1$，$x_4=\dfrac{D_4}{D}=1$.

例 6 设方程组 $\begin{cases}(5-\lambda)x_1+2x_2+2x_3=0,\\ 2x_1+(6-\lambda)x_2=0,\\ 2x_1+(4-\lambda)x_3=0\end{cases}$ 有非零解，试求 λ 的值.

解 由推论 5 的注知，齐次线性方程组有非零解的充分必要条件是

$$0=D=\begin{vmatrix}5-\lambda & 2 & 2\\ 2 & 6-\lambda & 0\\ 2 & 0 & 4-\lambda\end{vmatrix}=(5-\lambda)(2-\lambda)(8-\lambda),$$

得
$$\lambda=2,\ \lambda=5,\ 或\ \lambda=8.$$

习 题 11-2

1. 计算下列行列式：

(1) $\begin{vmatrix}a & 1 & 0 & 0\\ -1 & b & 1 & 0\\ 0 & -1 & c & 1\\ 0 & 0 & -1 & d\end{vmatrix}$； (2) $\begin{vmatrix}1+x & 1 & 1 & 1\\ 1 & 1-x & 1 & 1\\ 1 & 1 & 1+x & 1\\ 1 & 1 & 1 & 1-x\end{vmatrix}_{n\times n}$；

(3) $\begin{vmatrix}3 & 1 & \cdots & 1\\ 1 & 3 & \cdots & 1\\ 1 & 1 & \cdots & 1\\ \vdots & \vdots & \ddots & \vdots\\ 1 & 1 & \cdots & 3\end{vmatrix}_{n\times n}$； (4) $\begin{vmatrix}1 & 2 & 3 & \cdots & n\\ -1 & 0 & 3 & \cdots & n\\ -1 & -2 & 0 & \cdots & n\\ \vdots & \vdots & \vdots & \ddots & \vdots\\ -1 & -2 & -3 & \cdots & 0\end{vmatrix}_{n\times n}$.

2. 用克拉默法则解下列线性方程组：

(1) $\begin{cases}5x+2y=3,\\ 11x-7y=1;\end{cases}$ (2) $\begin{cases}bx_1-ax_2=-2ab,\\ -2cx_2+3bx_3=bc,\\ cx_1+ax_3=0\end{cases}$ (a,b,c 均不为零)；

(3) $\begin{cases}x_1+x_2+x_3+x_4=5,\\ x_1+2x_2-x_3+4x_4=-2,\\ 2x_1-3x_2-x_3-5x_4=-2,\\ 3x_1+x_2+2x_3+11x_4=0;\end{cases}$ (4) $\begin{cases}x_1+x_2+5x_3+7x_4=14,\\ 3x_1+5x_2+7x_3+x_4=0,\\ 5x_1+7x_2+x_3+3x_4=4,\\ 7x_1+x_2+3x_3+5x_4=16.\end{cases}$

3. 设齐次线性方程组

$$\begin{cases}(1-\lambda)x_1-2x_2+4x_3=0,\\ 2x_1+(3-\lambda)x_2+x_3=0,\\ x_1+x_2+(1-\lambda)x_3=0\end{cases}$$

有非零解，试确定 λ 的值.

4. 求一元三次多项式 $f(x)$ 的表达式，使得 $f(-1)=0, f(1)=4, f(2)=3, f(3)=6$.

第十二章 矩 阵

矩阵是线性代数的主要研究对象，它广泛应用于自然科学及数学的多个领域. 许多问题都可归结为矩阵问题，它是解决实际问题的有力工具. 本章介绍矩阵的基本概念及运算.

第一节 矩阵概念

我们发现，n 元线性方程组

$$\begin{cases} a_{11}x_1 + a_{12}x_2 + \cdots + a_{1n}x_n = b_1, \\ a_{21}x_1 + a_{22}x_2 + \cdots + a_{2n}x_n = b_2, \\ \cdots\cdots\cdots\cdots\cdots\cdots\cdots\cdots\cdots\cdots \\ a_{m1}x_1 + a_{m2}x_2 + \cdots + a_{mn}x_n = b_m \end{cases} \tag{1}$$

中，每一个方程的系数可依照未知量的顺序排成一行，而同一未知量的系数依照方程顺序排成一列. 所以，我们用线性方程组的系数及常数项可以排成 m 行 $n+1$ 列的有序矩形数表

$$\begin{bmatrix} a_{11} & a_{12} & \cdots & a_{1n} & b_1 \\ a_{21} & a_{22} & \cdots & a_{2n} & b_2 \\ \vdots & \vdots & & \vdots & \vdots \\ a_{m1} & a_{m2} & \cdots & a_{mn} & b_m \end{bmatrix}.$$

这个矩形数表完全确定了方程组(1). 通过对这个矩形数表的研究，可以解决方程组的有关问题. 这种矩形数表在数学上称为**矩阵**.

定义 由 $m\times n$ 个数 $a_{ij}(i=1,2,\cdots,m;j=1,2,\cdots,n)$ 排成的 m 行 n 列的矩形数表

$$\begin{bmatrix} a_{11} & a_{12} & \cdots & a_{1n} \\ a_{21} & a_{22} & \cdots & a_{2n} \\ \vdots & \vdots & & \vdots \\ a_{m1} & a_{m2} & \cdots & a_{mn} \end{bmatrix} \tag{2}$$

称为 $m\times n$ **矩阵**，简称**矩阵**，记做 $\boldsymbol{A}$ 或 (a_{ij})，也常常记做 $\boldsymbol{A}_{m\times n}$ 或 $(a_{ij})_{m\times n}$，其中 a_{ij} 称为 $\boldsymbol{A}$ 的第 i 行第 j 列的**元素**.

当 $m=n$ 时，矩阵(2)称为 n **阶方阵**. n 阶方阵 $\boldsymbol{A}$ 的元素按原来排列形式构成的 n 阶行

列式,称为**矩阵 $\boldsymbol{A}$ 的行列式**,记做$|\boldsymbol{A}|$或 $\det\boldsymbol{A}$.

下面是经常遇到的一些特殊类型的矩阵.

(1) 元素都是零的矩阵称为**零矩阵**,记做 $\mathbf{0}$ 或 $\boldsymbol{O}$.

(2) 只有一行(或一列)元素的矩阵称为**行矩阵**(或**列矩阵**),记做

$$(a_1,a_2,\cdots,a_n),\quad \left(\text{或}\begin{bmatrix} b_1\\ b_2\\ \vdots\\ b_m\end{bmatrix}\right).$$

(3) 如果一个矩阵从第一行开始,每一行的**首非零元素**所在的列数随所在行数增大而增大,且首非零元素下方的元素均为零,则称此矩阵为**行阶梯形矩阵**. 例如,矩阵

$$\boldsymbol{A}=\begin{bmatrix} 2 & 1 & 0 & 1 & 3\\ 0 & -1 & 3 & 2 & 2\\ 0 & 0 & 0 & 9 & 2\\ 0 & 0 & 0 & 0 & 0\end{bmatrix},\quad \boldsymbol{B}=\begin{bmatrix} 3 & 1 & 5 & 7 & 8\\ 0 & -3 & 1 & 0 & 2\\ 0 & 0 & 4 & 2 & 6\\ 0 & 0 & 0 & -1 & 0\end{bmatrix}$$

均为行阶梯形矩阵,而矩阵

$$\boldsymbol{C}=\begin{bmatrix} 0 & 0 & 4 & 6 & 8\\ 0 & 4 & 6 & 8 & 1\\ 0 & 0 & 3 & 4 & 6\\ 0 & 0 & 2 & -1 & 7\end{bmatrix}$$

不是行阶梯形矩阵,这是因为第一行的首非零元素 4 所在列数(第三列)大于第二行的首非零元素 4 所在列数(第二列),且第 3 行首非零元素 3 的下方不为零.

(4) 除主对角线上的元素以外,其余元素全为零的 n 阶方阵

$$\boldsymbol{\Lambda}=\begin{bmatrix} \lambda_1 & 0 & \cdots & 0\\ 0 & \lambda_2 & \cdots & 0\\ \vdots & \vdots & \ddots & \vdots\\ 0 & 0 & \cdots & \lambda_n\end{bmatrix},$$

称为 n 阶**对角矩阵**,也记为 $\mathrm{diag}(\lambda_1,\lambda_2,\cdots,\lambda_n)$.

(5) 在对角矩阵中,如果 $\lambda_i=1\ (i=1,2,\cdots,n)$,即

$$\begin{bmatrix} 1 & 0 & \cdots & 0\\ 0 & 1 & \cdots & 0\\ \vdots & \vdots & \ddots & \vdots\\ 0 & 0 & \cdots & 1\end{bmatrix}=(\delta_{ij})_n,$$

则称为 n **阶单位矩阵**，记做 $\boldsymbol{E}$ 或 $\boldsymbol{E}_n$，即 $\boldsymbol{E}_n=(\delta_{ij})_n$，其中 $\delta_{ij}=\begin{cases}1, & i=j,\\ 0, & i\neq j\end{cases}(i,j=1,2,\cdots,n)$.

(6) 主对角线左下方元素全为零的 n 阶方阵

$$\begin{bmatrix} a_{11} & a_{12} & \cdots & a_{1n} \\ 0 & a_{22} & \cdots & a_{2n} \\ \vdots & \vdots & \ddots & \vdots \\ 0 & 0 & \cdots & a_{nn} \end{bmatrix}$$

称为**上三角矩阵**；而主对角线右上方元素全为零的 n 阶方阵

$$\begin{bmatrix} a_{11} & 0 & \cdots & 0 \\ a_{21} & a_{22} & \cdots & 0 \\ \vdots & \vdots & \ddots & \vdots \\ a_{n1} & a_{n2} & \cdots & a_{nn} \end{bmatrix}$$

称为**下三角矩阵**.

(7) 对于线性方程组(1)，由未知量的系数排成的 $m\times n$ 矩阵

$$\boldsymbol{A}=\begin{bmatrix} a_{11} & a_{12} & \cdots & a_{1n} \\ a_{21} & a_{22} & \cdots & a_{2n} \\ \vdots & \vdots & \ddots & \vdots \\ a_{m1} & a_{m2} & \cdots & a_{mn} \end{bmatrix}$$

称为线性方程组(1)的**系数矩阵**；由未知量的系数及常数项排成的 $m\times(n+1)$ 矩阵

$$\boldsymbol{B}=\left[\begin{array}{cccc:c} a_{11} & a_{12} & \cdots & a_{1n} & b_1 \\ a_{21} & a_{22} & \cdots & a_{2n} & b_2 \\ \vdots & \vdots & & \vdots & \vdots \\ a_{m1} & a_{m2} & \cdots & a_{mn} & b_m \end{array}\right]$$

称为线性方程组(1)的**增广矩阵**.

例 1　线性方程组 $\begin{cases}x_1+2x_2+3x_3=1,\\ x_1\qquad\ \ -x_3=0\end{cases}$ 的系数矩阵及增广矩阵分别为

$$\boldsymbol{A}=\begin{bmatrix} 1 & 2 & 3 \\ 1 & 0 & -1 \end{bmatrix},\quad \boldsymbol{B}=\left[\begin{array}{ccc:c} 1 & 2 & 3 & 1 \\ 1 & 0 & -1 & 0 \end{array}\right].$$

一般地，n 个变量 $x_1,x_2,\cdots,x_n$ 与 m 个变量 $y_1,y_2,\cdots,y_m$ 之间的线性关系式

$$\begin{cases} y_1=a_{11}x_1+a_{12}x_2+\cdots+a_{1n}x_n, \\ y_2=a_{21}x_1+a_{22}x_2+\cdots+a_{2n}x_n, \\ \cdots\cdots\cdots\cdots\cdots\cdots\cdots\cdots\cdots \\ y_m=a_{m1}x_1+a_{m2}x_2+\cdots+a_{mn}x_n, \end{cases}\tag{3}$$

称为从变量 $x_1,x_2,\cdots,x_n$ 到变量 $y_1,y_2,\cdots,y_m$ 的一个**线性变换**.

显然,线性变换与矩阵 $\boldsymbol{A}=(a_{ij})_{m\times n}$ 一一对应,并称 $\boldsymbol{A}$ 为线性变换(3)的**系数矩阵**.

例 2　某厂生产的三种产品 P_1,P_2,P_3,上半年的销售额 m 和利润 r(单位: 万元)如下表所示:

	P_1	P_2	P_3
m	545	782	963
r	60	94	96

则表中的数据可用矩阵表示为

$$\boldsymbol{A}=\begin{bmatrix}545 & 782 & 963\\ 60 & 94 & 96\end{bmatrix}.$$

第二节　矩阵运算

为了讨论矩阵间的关系,本节先介绍矩阵运算.

定义 1　把行数和列数都分别相同的矩阵,称为**同型矩阵**. 若两个同型矩阵 $\boldsymbol{A}=(a_{ij})_{m\times n}$,$\boldsymbol{B}=(b_{ij})_{m\times n}$ 中对应元素都相等,即

$$a_{ij}=b_{ij}\quad(i=1,2,\cdots,m;j=1,2,\cdots,n),$$

则称矩阵 $\boldsymbol{A}$ 与矩阵 $\boldsymbol{B}$ **相等**,记做 $\boldsymbol{A}=\boldsymbol{B}$.

一、矩阵加法

定义 2　设有两个 $m\times n$ 矩阵 $\boldsymbol{A}=(a_{ij})$,$\boldsymbol{B}=(b_{ij})$,则将其对应元素相加所得矩阵称为矩阵 $\boldsymbol{A}$ 与 $\boldsymbol{B}$ 的**和**,记做 $\boldsymbol{A}+\boldsymbol{B}$,即

$$\boldsymbol{A}+\boldsymbol{B}=(a_{ij}+b_{ij}).$$

由元素之间的加法运算法则,容易验证,矩阵加法满足下列运算法则(其中 $\boldsymbol{A},\boldsymbol{B},\boldsymbol{C}$ 都是同型矩阵):

(1) **交换律**　$\boldsymbol{A}+\boldsymbol{B}=\boldsymbol{B}+\boldsymbol{A}$;

(2) **结合律**　$(\boldsymbol{A}+\boldsymbol{B})+\boldsymbol{C}=\boldsymbol{A}+(\boldsymbol{B}+\boldsymbol{C})$.

矩阵 $(-a_{ij})_{m\times n}=\begin{bmatrix}-a_{11} & -a_{12} & \cdots & -a_{1n}\\ -a_{21} & -a_{22} & \cdots & -a_{2n}\\ \vdots & \vdots & & \vdots\\ -a_{m1} & -a_{m2} & \cdots & -a_{mn}\end{bmatrix}$ 称为矩阵 $\boldsymbol{A}$ 的**负矩阵**,记为 $-\boldsymbol{A}$. 由此可以规定矩阵的**减法**为

$$A-B=A+(-B).$$

显然有

$$A+(-A)=O,\quad A+O=A.$$

例 1 求矩阵 X,使得

$$X+\begin{bmatrix}2&1&0&-3\\1&0&-1&2\\3&2&1&0\end{bmatrix}=\begin{bmatrix}4&2&-1&2\\-1&0&2&1\\1&2&3&4\end{bmatrix}.$$

解 由矩阵的减法运算得

$$X=\begin{bmatrix}4&2&-1&2\\-1&0&2&1\\1&2&3&4\end{bmatrix}-\begin{bmatrix}2&1&0&-3\\1&0&-1&2\\3&2&1&0\end{bmatrix}=\begin{bmatrix}2&1&-1&5\\-2&0&3&-1\\-2&0&2&4\end{bmatrix}.$$

二、数与矩阵的乘法

定义 3 数 λ 与矩阵 $A=(a_{ij})_{m\times n}$ 的**乘积**记做 λA,规定

$$\lambda A=(\lambda a_{ij})_{m\times n}=\begin{bmatrix}\lambda a_{11}&\lambda a_{12}&\cdots&\lambda a_{1n}\\\lambda a_{21}&\lambda a_{22}&\cdots&\lambda a_{2n}\\\vdots&\vdots&&\vdots\\\lambda a_{m1}&\lambda a_{m2}&\cdots&\lambda a_{mn}\end{bmatrix}.$$

由定义,容易验证,数与矩阵的乘法满足下列运算法则(其中,A 与 B 为同型矩阵,λ,μ 为数):

(1) $(\lambda\mu)A=\lambda(\mu A)$;

(2) $(\lambda+\mu)A=\lambda A+\mu A$;

(3) $\lambda(A+B)=\lambda A+\lambda B$.

由负矩阵的定义及数与矩阵的乘法有

$$-A=(-1)A.$$

例 2 设

$$A=\begin{bmatrix}3&-2&0\\1&1&2\\2&3&-1\end{bmatrix},\quad B=\begin{bmatrix}1&2&-1\\1&3&-4\\-2&-1&1\end{bmatrix}.$$

求矩阵 X,使它满足矩阵等式 $2A-3X=B$.

解 由 $2A-3X=B$ 得

$$X = \frac{2}{3}A - \frac{1}{3}B = \frac{2}{3}\begin{bmatrix} 3 & -2 & 0 \\ 1 & 1 & 2 \\ 2 & 3 & -1 \end{bmatrix} - \frac{1}{3}\begin{bmatrix} 1 & 2 & -1 \\ 1 & 3 & -4 \\ -2 & -1 & 1 \end{bmatrix} = \frac{1}{3}\begin{bmatrix} 5 & -6 & 1 \\ 1 & -1 & 8 \\ 6 & 7 & -3 \end{bmatrix}.$$

例 3　在第一节例 2 中，如果又知道该厂下半年三个产品的销售额和利润矩阵为

$$B = \begin{bmatrix} 628 & 914 & 1120 \\ 89 & 110 & 114 \end{bmatrix},$$

那么，该厂三个产品全年的销售额和利润矩阵为

$$A + B = \begin{bmatrix} 545 + 628 & 782 + 914 & 963 + 1120 \\ 60 + 89 & 94 + 110 & 96 + 114 \end{bmatrix} = \begin{bmatrix} 1173 & 1696 & 2083 \\ 149 & 204 & 210 \end{bmatrix};$$

下半年比上半年增加的销售额和利润矩阵为

$$B - A = \begin{bmatrix} 628 - 545 & 914 - 782 & 1120 - 963 \\ 89 - 60 & 110 - 94 & 114 - 96 \end{bmatrix} = \begin{bmatrix} 83 & 132 & 157 \\ 29 & 16 & 18 \end{bmatrix};$$

而下一年度预计该厂三个产品的销售量和利润均能翻一番，那么，下一年度的销售额和利润矩阵为

$$2(A + B) = \begin{bmatrix} 2\times1173 & 2\times1696 & 2\times2083 \\ 2\times149 & 2\times204 & 2\times210 \end{bmatrix} = \begin{bmatrix} 2346 & 3392 & 4166 \\ 298 & 408 & 420 \end{bmatrix}.$$

三、矩阵与矩阵的乘法

引例　设有线性变换

$$\begin{cases} z_1 = a_{11}y_1 + a_{12}y_2 + a_{13}y_3, \\ z_2 = a_{21}y_1 + a_{22}y_2 + a_{23}y_3 \end{cases} \tag{1}$$

和线性变换

$$\begin{cases} y_1 = b_{11}x_1 + b_{12}x_2, \\ y_2 = b_{21}x_1 + b_{22}x_2, \\ y_3 = b_{31}x_1 + b_{32}x_2. \end{cases} \tag{2}$$

它们的系数矩阵依次为

$$A = \begin{bmatrix} a_{11} & a_{12} & a_{13} \\ a_{21} & a_{22} & a_{23} \end{bmatrix},\quad B = \begin{bmatrix} b_{11} & b_{12} \\ b_{21} & b_{22} \\ b_{31} & b_{32} \end{bmatrix},$$

则由方程组(1)、(2)得到从 x_1, x_2 到 z_1, z_2 的线性变换为

$$\begin{cases} z_1 = (a_{11}b_{11} + a_{12}b_{21} + a_{13}b_{31})x_1 + (a_{11}b_{12} + a_{12}b_{22} + a_{13}b_{32})x_2, \\ z_2 = (a_{21}b_{11} + a_{22}b_{21} + a_{23}b_{31})x_1 + (a_{21}b_{12} + a_{22}b_{22} + a_{23}b_{32})x_2. \end{cases} \tag{3}$$

线性变换(3)称为线性变换(1)与(2)的**乘积**，它的系数矩阵为

$$C=\begin{bmatrix} a_{11}b_{11}+a_{12}b_{21}+a_{13}b_{31} & a_{11}b_{12}+a_{12}b_{22}+a_{13}b_{32} \\ a_{21}b_{11}+a_{22}b_{21}+a_{23}b_{31} & a_{21}b_{12}+a_{22}b_{22}+a_{23}b_{32} \end{bmatrix}. \tag{4}$$

若记 $C=\begin{bmatrix} c_{11} & c_{12} \\ c_{21} & c_{22} \end{bmatrix}$，其中 $c_{ij}=a_{i1}b_{1j}+a_{i2}b_{2j}+a_{i3}b_{3j}$ $(i=1,2;j=1,2)$，则称 C 为矩阵 A 与 B 的乘积，记为 $C=AB$.

一般地，有

定义 4　设 $A=(a_{ij})$ 是一个 $m\times s$ 矩阵，$B=(b_{ij})$ 是一个 $s\times n$ 矩阵，那么规定矩阵 A 与 B 的乘积是一个 $m\times n$ 矩阵 $C=(c_{ij})$，其中

$$c_{ij}=a_{i1}b_{1j}+a_{i2}b_{2j}+\cdots+a_{is}b_{sj}=\sum_{k=1}^{s}a_{ik}b_{kj}\quad (i=1,2,\cdots,m;j=1,2,\cdots,n), \tag{5}$$

并将此乘积记做 $C=AB$.

值得注意的是，只有矩阵 A（**左因子**矩阵）的列数与矩阵 B（**右因子**矩阵）的行数相等时，A 乘以 B 才是**可行的**.

例 4　设

$$A=\begin{bmatrix} 1 & 0 & 1 & -1 \\ 2 & -1 & 3 & 0 \end{bmatrix},\quad B=\begin{bmatrix} 2 & 0 & 3 \\ 1 & 2 & 8 \\ -1 & 1 & 1 \\ 0 & 2 & 1 \end{bmatrix},$$

求 AB.

解　因为 A 为 2×4 矩阵，B 为 4×3 矩阵，A 的列数等于 B 的行数，所以 AB 为 2×3 矩阵，并由公式(5)有

$$AB=\begin{bmatrix} 1 & 0 & 1 & -1 \\ 2 & -1 & 3 & 0 \end{bmatrix}\begin{bmatrix} 2 & 0 & 3 \\ 1 & 2 & 8 \\ -1 & 1 & 1 \\ 0 & 2 & 1 \end{bmatrix}=\begin{bmatrix} 1 & -1 & 3 \\ 0 & 1 & 1 \end{bmatrix}.$$

注意，此例中 BA 是不可行的.

例 5　设

$$A=\begin{bmatrix} -1 & 2 \\ 1/2 & -1 \end{bmatrix},\quad B=\begin{bmatrix} 2 & 4 \\ -3 & -6 \end{bmatrix},$$

求 AB 与 BA.

解　由公式(5)有

$$AB=\begin{bmatrix} -1 & 2 \\ 1/2 & -1 \end{bmatrix}\begin{bmatrix} 2 & 4 \\ -3 & -6 \end{bmatrix}=\begin{bmatrix} -8 & -16 \\ 4 & 8 \end{bmatrix},$$

$$BA=\begin{bmatrix}2&4\\-3&-6\end{bmatrix}\begin{bmatrix}-1&2\\1/2&-1\end{bmatrix}=\begin{bmatrix}0&0\\0&0\end{bmatrix}.$$

由以上两例知：

(1) 矩阵相乘一般不满足交换律，甚至交换后是不可行的，即便可行，但 $\boldsymbol{AB}$ 与 $\boldsymbol{BA}$ 也不一定相等；

(2) 两个非零矩阵的乘积可以是零矩阵，因此不能由 $\boldsymbol{AB}=\boldsymbol{O}$ 推出 $\boldsymbol{A}=\boldsymbol{O}$ 或 $\boldsymbol{B}=\boldsymbol{O}$，即矩阵相乘不满足消去律.

例 6　计算

$$(x_1,x_2,\cdots,x_n)\begin{bmatrix}x_1\\x_2\\\vdots\\x_n\end{bmatrix}.$$

解

$$(x_1,x_2,\cdots,x_n)\begin{bmatrix}x_1\\x_2\\\vdots\\x_n\end{bmatrix}=(x_1^2+x_2^2+\cdots+x_n^2)=\sum_{i=1}^{n}x_i^2.$$

例 7　将线性方程组

$$\begin{cases}a_{11}x_1+a_{12}x_2+\cdots+a_{1n}x_n=b_1,\\a_{21}x_1+a_{22}x_2+\cdots+a_{2n}x_n=b_2,\\\cdots\cdots\cdots\cdots\cdots\cdots\cdots\cdots\cdots\cdots\\a_{m1}x_1+a_{m2}x_2+\cdots+a_{mn}x_n=b_m\end{cases}$$

写成矩阵形式.

解　令

$$\boldsymbol{A}=\begin{bmatrix}a_{11}&a_{12}&\cdots&a_{1n}\\a_{21}&a_{22}&\cdots&a_{2n}\\\vdots&\vdots&&\vdots\\a_{m1}&a_{m2}&\cdots&a_{mn}\end{bmatrix},\quad \boldsymbol{X}=\begin{bmatrix}x_1\\x_2\\\vdots\\x_n\end{bmatrix},\quad \boldsymbol{B}=\begin{bmatrix}b_1\\b_2\\\vdots\\b_m\end{bmatrix},$$

由矩阵乘法及矩阵相等的定义，原方程组可以写成矩阵形式 $\boldsymbol{AX}=\boldsymbol{B}$.

在矩阵运算中，矩阵乘法满足如下运算法则(设下列矩阵运算是可行的)：

(1) **结合律**　$(\boldsymbol{AB})\boldsymbol{C}=\boldsymbol{A}(\boldsymbol{BC})$；

(2) **右分配律**　$\boldsymbol{A}(\boldsymbol{B}+\boldsymbol{C})=\boldsymbol{AB}+\boldsymbol{AC}$；

(3) **左分配律**　$(\boldsymbol{B}+\boldsymbol{C})\boldsymbol{A}=\boldsymbol{BA}+\boldsymbol{CA}$；

(4) $(k\boldsymbol{A})\boldsymbol{B}=\boldsymbol{A}(k\boldsymbol{B})=k(\boldsymbol{AB})$ (k 为数).

注意,对于单位矩阵与矩阵的乘积,容易验证

$$\boldsymbol{E}_m\boldsymbol{A}_{m\times n}=\boldsymbol{A}_{m\times n};\quad \boldsymbol{A}_{m\times n}\boldsymbol{E}_n=\boldsymbol{A}_{m\times n};\quad \boldsymbol{E}_n\boldsymbol{A}_{n\times n}=\boldsymbol{A}_{n\times n}\boldsymbol{E}_n=\boldsymbol{A}_{n\times n}.$$

设 $\boldsymbol{A}$ 为 n 阶方阵,规定 $\boldsymbol{A}$ 的 k 次幂 $\boldsymbol{A}^k$ 为

$$\boldsymbol{A}^1=\boldsymbol{A},\quad \cdots,\quad \boldsymbol{A}^k=\underbrace{\boldsymbol{A}\boldsymbol{A}\cdots\boldsymbol{A}}_{k\text{个}}.$$

易知

$$\boldsymbol{A}^k\boldsymbol{A}^l=\boldsymbol{A}^{k+l},\quad (\boldsymbol{A}^k)^l=\boldsymbol{A}^{kl}\quad (\text{其中 } k,l \text{ 均为正整数}).$$

注意,由于矩阵乘法不满足交换律,故等式 $(\boldsymbol{A}\boldsymbol{B})^k=\boldsymbol{A}^k\boldsymbol{B}^k$ 一般不成立.

例 8　计算 $\begin{bmatrix}1&1\\0&1\end{bmatrix}^n$,其中 n 为正整数.

解　设 $\boldsymbol{A}=\begin{bmatrix}1&1\\0&1\end{bmatrix}$,则

$$\boldsymbol{A}^2=\boldsymbol{A}\boldsymbol{A}=\begin{bmatrix}1&1\\0&1\end{bmatrix}\begin{bmatrix}1&1\\0&1\end{bmatrix}=\begin{bmatrix}1&2\\0&1\end{bmatrix},$$

$$\boldsymbol{A}^3=\boldsymbol{A}^2\boldsymbol{A}=\begin{bmatrix}1&2\\0&1\end{bmatrix}\begin{bmatrix}1&1\\0&1\end{bmatrix}=\begin{bmatrix}1&3\\0&1\end{bmatrix}.$$

假设 $\boldsymbol{A}^{n-1}=\begin{bmatrix}1&n-1\\0&1\end{bmatrix}$,则

$$\boldsymbol{A}^n=\boldsymbol{A}^{n-1}\boldsymbol{A}=\begin{bmatrix}1&n-1\\0&1\end{bmatrix}\begin{bmatrix}1&1\\0&1\end{bmatrix}=\begin{bmatrix}1&n\\0&1\end{bmatrix}.$$

于是,由数学归纳法知,对于任意正整数 n,有

$$\begin{bmatrix}1&1\\0&1\end{bmatrix}^n=\begin{bmatrix}1&n\\0&1\end{bmatrix}.$$

例 9　求证

$$\begin{bmatrix}\cos\varphi&-\sin\varphi\\\sin\varphi&\cos\varphi\end{bmatrix}^n=\begin{bmatrix}\cos n\varphi&-\sin n\varphi\\\sin n\varphi&\cos n\varphi\end{bmatrix},\quad \text{其中 } n \text{ 为正整数}.$$

证　用数学归纳法. 因为 $n=1$ 时显然成立,假设 $n=k$ 时等式成立,即

$$\begin{bmatrix}\cos\varphi&-\sin\varphi\\\sin\varphi&\cos\varphi\end{bmatrix}^k=\begin{bmatrix}\cos k\varphi&-\sin k\varphi\\\sin k\varphi&\cos k\varphi\end{bmatrix},$$

则当 $n=k+1$ 时,有

$$\begin{aligned}&\begin{bmatrix}\cos\varphi&-\sin\varphi\\\sin\varphi&\cos\varphi\end{bmatrix}^{k+1}\\&=\begin{bmatrix}\cos\varphi&-\sin\varphi\\\sin\varphi&\cos\varphi\end{bmatrix}^k\begin{bmatrix}\cos\varphi&-\sin\varphi\\\sin\varphi&\cos\varphi\end{bmatrix}=\begin{bmatrix}\cos k\varphi&-\sin k\varphi\\\sin k\varphi&\cos k\varphi\end{bmatrix}\begin{bmatrix}\cos\varphi&-\sin\varphi\\\sin\varphi&\cos\varphi\end{bmatrix}\end{aligned}$$

$$=\begin{bmatrix}\cos k\varphi\cos\varphi-\sin k\varphi\sin\varphi & -\cos k\varphi\sin\varphi-\sin k\varphi\cos\varphi\\ \sin k\varphi\cos\varphi+\cos k\varphi\sin\varphi & -\sin k\varphi\sin\varphi+\cos k\varphi\cos\varphi\end{bmatrix}=\begin{bmatrix}\cos(k+1)\varphi & -\sin(k+1)\varphi\\ \sin(k+1)\varphi & \cos(k+1)\varphi\end{bmatrix},$$

即等式也成立.故由数学归纳法知结论成立.　**证毕**

四、矩阵的转置

定义 5　把 $m\times n$ 矩阵 $\boldsymbol{A}$ 的行换成同序号的列得到的 $n\times m$ 矩阵,称为 $\boldsymbol{A}$ 的**转置矩阵**,记做 $\boldsymbol{A}^{\mathrm{T}}$ 或 $\boldsymbol{A}'$.

例如,矩阵 $\boldsymbol{A}=\begin{bmatrix}2&3&1\\4&0&2\end{bmatrix}_{2\times3}$ 的转置矩阵为 $\boldsymbol{A}^{\mathrm{T}}=\begin{bmatrix}2&4\\3&0\\1&2\end{bmatrix}_{3\times2}$.

显然,矩阵 $\boldsymbol{A}$ 中的第 i 行第 j 列的元素 a_{ij} 恰好是 $\boldsymbol{A}^{\mathrm{T}}$ 中的第 j 行第 i 列的元素.

矩阵的转置运算,满足如下运算法则:

(1) $(\boldsymbol{A}^{\mathrm{T}})^{\mathrm{T}}=\boldsymbol{A}$;　(2) $(\boldsymbol{A}\pm\boldsymbol{B})^{\mathrm{T}}=\boldsymbol{A}^{\mathrm{T}}\pm\boldsymbol{B}^{\mathrm{T}}$;　(3) $(k\boldsymbol{A})^{\mathrm{T}}=k\boldsymbol{A}^{\mathrm{T}}$;　(4) $(\boldsymbol{AB})^{\mathrm{T}}=\boldsymbol{B}^{\mathrm{T}}\boldsymbol{A}^{\mathrm{T}}$.

证　仅证明(4).

设 $\boldsymbol{A}=(a_{ik})_{m\times s}$,$\boldsymbol{B}=(b_{kj})_{s\times m}$,记 $\boldsymbol{AB}=\boldsymbol{C}=(c_{ij})_{m\times n}$,$\boldsymbol{B}^{\mathrm{T}}\boldsymbol{A}^{\mathrm{T}}=\boldsymbol{D}=(d_{ij})_{n\times m}$,于是有

$$c_{ji}=\sum_{k=1}^{s}a_{jk}b_{ki}.$$

而 $\boldsymbol{B}^{\mathrm{T}}$ 的第 i 行为$(b_{1i},b_{2i},\cdots,b_{si})$,$\boldsymbol{A}^{\mathrm{T}}$ 的第 j 列为$(a_{j1},a_{j2},\cdots,a_{js})^{\mathrm{T}}$,因此

$$d_{ij}=\sum_{k=1}^{s}b_{ki}a_{jk}=\sum_{k=1}^{s}a_{jk}b_{ki}.$$

所以 $d_{ij}=c_{ji}(i=1,2,\cdots,n;j=1,2,\cdots,m)$,即 $\boldsymbol{D}=\boldsymbol{C}^{\mathrm{T}}$,亦即 $\boldsymbol{B}^{\mathrm{T}}\boldsymbol{A}^{\mathrm{T}}=(\boldsymbol{AB})^{\mathrm{T}}$.　**证毕**

例 10　设 $\boldsymbol{A}=(1,-1,2)$,$\boldsymbol{B}=\begin{bmatrix}2&-1&0\\1&1&3\\4&2&1\end{bmatrix}$,求$(\boldsymbol{AB})^{\mathrm{T}}$.

解　因为 $\boldsymbol{AB}=(1,-1,2)\begin{bmatrix}2&-1&0\\1&1&3\\4&2&1\end{bmatrix}=(9,2,-1)$,所以$(\boldsymbol{AB})^{\mathrm{T}}=\begin{bmatrix}9\\2\\-1\end{bmatrix}$.

或者,因为 $\boldsymbol{A}^{\mathrm{T}}=\begin{bmatrix}1\\-1\\2\end{bmatrix}$,$\boldsymbol{B}^{\mathrm{T}}=\begin{bmatrix}2&1&4\\-1&1&2\\0&3&1\end{bmatrix}$,得

$$(\boldsymbol{AB})^{\mathrm{T}}=\boldsymbol{B}^{\mathrm{T}}\boldsymbol{A}^{\mathrm{T}}=\begin{bmatrix}2&1&4\\-1&1&2\\0&3&1\end{bmatrix}\begin{bmatrix}1\\-1\\2\end{bmatrix}=\begin{bmatrix}9\\2\\-1\end{bmatrix}.$$

五、方阵的行列式

设 $\boldsymbol{A},\boldsymbol{B}$ 均为 n 阶方阵，k 为数，方阵行列式有如下运算法则：

(1) $|\boldsymbol{A}^{\mathrm{T}}|=|\boldsymbol{A}|$；　(2) $|k\boldsymbol{A}|=k^n|\boldsymbol{A}|$；　(3) $|\boldsymbol{AB}|=|\boldsymbol{A}||\boldsymbol{B}|$.

运算法则(1)，(2)是显然的，(3)的证明较繁，这里从略了.

例 11　设

$$\boldsymbol{A}=\begin{bmatrix}0&2&1\\2&0&3\\1&-1&0\end{bmatrix},\quad \boldsymbol{B}=\begin{bmatrix}-1&-1&0\\0&3&2\\2&2&1\end{bmatrix},$$

则

$$\boldsymbol{AB}=\begin{bmatrix}2&8&5\\4&4&3\\-1&-4&-2\end{bmatrix}.$$

易知 $|\boldsymbol{A}|=4$，$|\boldsymbol{B}|=-3$，$|\boldsymbol{AB}|=-12$，所以 $|\boldsymbol{AB}|=|\boldsymbol{B}|\cdot|\boldsymbol{A}|$.

注意，方阵行列式与矩阵是不同的两个概念. 另外，对于 n 阶方阵 $\boldsymbol{A}$ 与 $\boldsymbol{B}$，一般地，$\boldsymbol{AB}\neq\boldsymbol{BA}$，但却总有 $|\boldsymbol{AB}|=|\boldsymbol{BA}|$.

习　题　12-2

1. 设 $\begin{bmatrix}2&x&y\\3&z&0\end{bmatrix}=\begin{bmatrix}w&x^2&x-y\\3&x+w&0\end{bmatrix}$，求 x,y,z,w.

2. 设 $\boldsymbol{A}=\begin{bmatrix}1&1&1\\1&1&-1\\1&-1&1\end{bmatrix}$，$\boldsymbol{B}=\begin{bmatrix}1&2&3\\-1&-2&4\\0&5&1\end{bmatrix}$，求 $3\boldsymbol{A}+2\boldsymbol{B}-6\boldsymbol{A}^{\mathrm{T}}$.

3. 设 $\boldsymbol{A}=\begin{bmatrix}2&1&2&1\\1&2&1&2\\4&3&2&1\end{bmatrix}$，$\boldsymbol{B}=\begin{bmatrix}1&2&3&4\\1&-2&1&-2\\-1&0&-1&0\end{bmatrix}$，求矩阵 $\boldsymbol{X}$，使 $2(\boldsymbol{A}-\boldsymbol{X})+(2\boldsymbol{B}-\boldsymbol{X})=\boldsymbol{O}$.

4. 计算：

(1) $\begin{bmatrix}0&0&1\\0&1&0\\1&0&0\end{bmatrix}\begin{bmatrix}1&2&-3\\-2&4&6\\3&-6&9\end{bmatrix}$；　(2) $(x,y)\begin{bmatrix}a_{11}&a_{12}\\a_{21}&a_{22}\end{bmatrix}\begin{bmatrix}x\\y\end{bmatrix}$；　(3) $\begin{bmatrix}1&0\\\lambda&1\end{bmatrix}^{10}$.

5. 设 $\boldsymbol{A}=\begin{bmatrix}1&2&-1\\2&3&0\\-1&2&2\end{bmatrix}$，$\boldsymbol{B}=\begin{bmatrix}0&2&-1\\1&-1&-1\\2&0&3\end{bmatrix}$，计算：(1) $\boldsymbol{A}^{\mathrm{T}}+\boldsymbol{B}^{\mathrm{T}}$；　(2) $(\boldsymbol{AB})^{\mathrm{T}}$；　(3) $\boldsymbol{B}^{\mathrm{T}}\boldsymbol{A}^{\mathrm{T}}$.

第三节 逆 矩 阵

对于一元一次方程 $ax=b$,当 $a\neq 0$ 时,方程可变形为 $a^{-1}ax=a^{-1}b$,即 $1\cdot x=a^{-1}b$,它的解是 $x=a^{-1}b$.

对于矩阵方程 $\boldsymbol{AX}=\boldsymbol{B}$,若存在矩阵 $\boldsymbol{A}^{-1}$,使 $\boldsymbol{A}^{-1}\boldsymbol{A}=\boldsymbol{E}$ 成立,则矩阵方程也可以变形为 $\boldsymbol{A}^{-1}\boldsymbol{AX}=\boldsymbol{A}^{-1}\boldsymbol{B}$,即 $\boldsymbol{EX}=\boldsymbol{A}^{-1}\boldsymbol{B}$,矩阵方程的解为 $\boldsymbol{X}=\boldsymbol{A}^{-1}\boldsymbol{B}$.

现在的问题是,对于给定的矩阵 $\boldsymbol{A}$,$\boldsymbol{A}^{-1}$ 的含义是什么?当 $\boldsymbol{A}$ 满足什么条件时,$\boldsymbol{A}^{-1}$ 存在,并如何由 $\boldsymbol{A}$ 求 $\boldsymbol{A}^{-1}$?本节将讨论这些问题.

一、逆矩阵的概念及性质

定义 1 对于 n 阶方阵 $\boldsymbol{A}$,如果存在 n 阶方阵 $\boldsymbol{B}$,使 $\boldsymbol{AB}=\boldsymbol{BA}=\boldsymbol{E}$,则称 $\boldsymbol{B}$ 是 $\boldsymbol{A}$ 的**逆矩阵**,记做 $\boldsymbol{B}=\boldsymbol{A}^{-1}$,并称方阵 $\boldsymbol{A}$ 是**可逆的**.

由定义 1 知,当 n 阶方阵 $\boldsymbol{A}$ 可逆时,矩阵方程 $\boldsymbol{AX}=\boldsymbol{B}$ 的解为

$$\boldsymbol{X}=\boldsymbol{A}^{-1}\boldsymbol{B}.$$

这回答了第一个问题.为了回答第二个问题,下面再讨论逆矩阵的性质:

性质 1 若方阵 $\boldsymbol{A}$ 是可逆的,则 $\boldsymbol{A}^{-1}$ 也是可逆的,并且 $(\boldsymbol{A}^{-1})^{-1}=\boldsymbol{A}$;

性质 2 若方阵 $\boldsymbol{A}$ 是可逆的,则其转置矩阵 $\boldsymbol{A}^{\mathrm{T}}$ 也是可逆的,并且 $(\boldsymbol{A}^{\mathrm{T}})^{-1}=(\boldsymbol{A}^{-1})^{\mathrm{T}}$;

性质 3 若同阶方阵 $\boldsymbol{A}$ 与 $\boldsymbol{B}$ 都是可逆的,则 $\boldsymbol{AB}$ 也是可逆的,并且 $(\boldsymbol{AB})^{-1}=\boldsymbol{B}^{-1}\boldsymbol{A}^{-1}$.

证 仅证性质 3.因为

$$(\boldsymbol{AB})(\boldsymbol{B}^{-1}\boldsymbol{A}^{-1})=\boldsymbol{A}(\boldsymbol{BB}^{-1})\boldsymbol{A}^{-1}=\boldsymbol{AEA}^{-1}=\boldsymbol{AA}^{-1}=\boldsymbol{E},$$

又

$$(\boldsymbol{B}^{-1}\boldsymbol{A}^{-1})(\boldsymbol{AB})=\boldsymbol{B}^{-1}(\boldsymbol{A}^{-1}\boldsymbol{A})\boldsymbol{B}=\boldsymbol{B}^{-1}\boldsymbol{EB}=\boldsymbol{B}^{-1}\boldsymbol{B}=\boldsymbol{E},$$

所以

$$(\boldsymbol{AB})^{-1}=\boldsymbol{B}^{-1}\boldsymbol{A}^{-1}.$$

证毕

二、逆矩阵的存在性及求法

定义 2 将 n 阶方阵 $\boldsymbol{A}=(a_{ij})$ 中的元素 a_{ij} 换成元素 a_{ji} 在行列式 $|\boldsymbol{A}|$ 中的代数余子式 $A_{ji}(i,j=1,2,\cdots,n)$,把这样构成的 n 阶方阵

$$\boldsymbol{A}^{*}=\begin{bmatrix} A_{11} & A_{21} & \cdots & A_{n1} \\ A_{12} & A_{22} & \cdots & A_{n2} \\ \vdots & \vdots & & \vdots \\ A_{1n} & A_{2n} & \cdots & A_{nn} \end{bmatrix},$$

称为矩阵 $\boldsymbol{A}$ 的**伴随矩阵**.

例 1　设 $\boldsymbol{A}=\begin{bmatrix}1&2&3\\2&2&1\\3&4&3\end{bmatrix}$,求方阵 $\boldsymbol{A}$ 的伴随矩阵 $\boldsymbol{A}^*$.

解　$A_{11}=2,A_{21}=6,A_{31}=-4,A_{12}=-3,A_{22}=-6,A_{32}=5,A_{13}=2,A_{23}=2,A_{33}=-2$,故由 $\boldsymbol{A}^*$ 的定义,得

$$\boldsymbol{A}^*=\begin{bmatrix}2&6&-4\\-3&-6&5\\2&2&-2\end{bmatrix}.$$

定理 1　方阵 $\boldsymbol{A}$ 可逆的充分必要条件是 $|\boldsymbol{A}|\neq 0$,且当 $\boldsymbol{A}$ 可逆时,有

$$\boldsymbol{A}^{-1}=\frac{1}{|\boldsymbol{A}|}\boldsymbol{A}^*.$$

证　*必要性*　设 $\boldsymbol{A}$ 可逆,即存在方阵 $\boldsymbol{A}^{-1}$ 使 $\boldsymbol{A}\boldsymbol{A}^{-1}=\boldsymbol{E}$,两端取行列式 $|\boldsymbol{A}\boldsymbol{A}^{-1}|=|\boldsymbol{E}|=1$,即 $|\boldsymbol{A}||\boldsymbol{A}^{-1}|=1$,所以,$|\boldsymbol{A}|\neq 0$.

充分性　设 $|\boldsymbol{A}|\neq 0$,由矩阵运算及行列式的性质(即第十一章第二节性质 3 和性质 4),有

$$\boldsymbol{A}\left(\frac{1}{|\boldsymbol{A}|}\boldsymbol{A}^*\right)=\frac{1}{|\boldsymbol{A}|}\boldsymbol{A}\boldsymbol{A}^*=\frac{1}{|\boldsymbol{A}|}\begin{bmatrix}a_{11}&a_{12}&\cdots&a_{1n}\\a_{21}&a_{22}&\cdots&a_{2n}\\\vdots&\vdots&&\vdots\\a_{n1}&a_{n2}&\cdots&a_{nn}\end{bmatrix}\begin{bmatrix}A_{11}&A_{21}&\cdots&A_{n1}\\A_{12}&A_{22}&\cdots&A_{n2}\\\vdots&\vdots&&\vdots\\A_{1n}&A_{2n}&\cdots&A_{nn}\end{bmatrix}$$

$$=\frac{1}{|\boldsymbol{A}|}\begin{bmatrix}|\boldsymbol{A}|&0&\cdots&0\\0&|\boldsymbol{A}|&\cdots&0\\\vdots&\vdots&\ddots&\vdots\\0&0&\cdots&|\boldsymbol{A}|\end{bmatrix}=\boldsymbol{E}.$$

同理可得

$$\left(\frac{1}{|\boldsymbol{A}|}\boldsymbol{A}^*\right)\boldsymbol{A}=\boldsymbol{E}.$$

因此,由逆矩阵定义知,

$$\boldsymbol{A}^{-1}=\frac{1}{|\boldsymbol{A}|}\boldsymbol{A}^*.$$

证毕

推论　设 $\boldsymbol{A}$ 为 n 阶方阵,若存在 n 阶方阵 $\boldsymbol{B}$,使 $\boldsymbol{A}\boldsymbol{B}=\boldsymbol{E}$(或 $\boldsymbol{B}\boldsymbol{A}=\boldsymbol{E}$),则 $\boldsymbol{B}$ 就是 $\boldsymbol{A}$ 的逆矩阵,即 $\boldsymbol{B}=\boldsymbol{A}^{-1}$.

证　因为 $\boldsymbol{A}\boldsymbol{B}=\boldsymbol{E}$,两边取行列式,有

$$|\boldsymbol{A}\boldsymbol{B}|=|\boldsymbol{A}||\boldsymbol{B}|=|\boldsymbol{E}|=1,$$

所以$|\boldsymbol{A}|\neq 0$,由定理1可知$\boldsymbol{A}^{-1}$存在. 于是,

$$\boldsymbol{B}=\boldsymbol{E}\boldsymbol{B}=(\boldsymbol{A}^{-1}\boldsymbol{A})\boldsymbol{B}=\boldsymbol{A}^{-1}(\boldsymbol{A}\boldsymbol{B})=\boldsymbol{A}^{-1}\boldsymbol{E}=\boldsymbol{A}^{-1},\ \text{即}\ \boldsymbol{B}=\boldsymbol{A}^{-1}.$$ **证毕**

例 2　验证矩阵

$$\boldsymbol{A}=\begin{bmatrix}1&2&3\\2&2&1\\3&4&3\end{bmatrix},\quad \boldsymbol{B}=\begin{bmatrix}-1&3&2\\-11&15&1\\-3&3&-1\end{bmatrix}$$

是否可逆,若可逆,求其逆矩阵.

解　因为$|\boldsymbol{A}|=2$,$|\boldsymbol{B}|=0$,所以$\boldsymbol{A}$可逆,$\boldsymbol{B}$不可逆.由例1的结果有

$$\boldsymbol{A}^{-1}=\frac{1}{|\boldsymbol{A}|}\boldsymbol{A}^{*}=\begin{bmatrix}1&3&-2\\-\dfrac{3}{2}&-3&\dfrac{5}{2}\\1&1&-1\end{bmatrix}.$$

定理 2　若方阵$\boldsymbol{A}$的逆矩阵存在,则其逆矩阵是唯一的.

证　设$\boldsymbol{B}_1,\boldsymbol{B}_2$都是$\boldsymbol{A}$的逆矩阵,依逆矩阵定义,有

$$\boldsymbol{A}\boldsymbol{B}_1=\boldsymbol{B}_1\boldsymbol{A}=\boldsymbol{E},\quad \boldsymbol{A}\boldsymbol{B}_2=\boldsymbol{B}_2\boldsymbol{A}=\boldsymbol{E}.$$

于是

$$\boldsymbol{B}_1=\boldsymbol{B}_1\boldsymbol{E}=\boldsymbol{B}_1(\boldsymbol{A}\boldsymbol{B}_2)=(\boldsymbol{B}_1\boldsymbol{A})\boldsymbol{B}_2=\boldsymbol{E}\boldsymbol{B}_2=\boldsymbol{B}_2.$$ **证毕**

三、逆矩阵对线性方程组的应用

对于含有n个未知量和n个方程的线性方程组

$$\begin{cases}a_{11}x_1+a_{12}x_2+\cdots+a_{1n}x_n=b_1,\\a_{21}x_1+a_{22}x_2+\cdots+a_{2n}x_n=b_2,\\\cdots\cdots\cdots\cdots\cdots\cdots\cdots\cdots\\a_{n1}x_1+a_{n2}x_2+\cdots+a_{nn}x_n=b_n,\end{cases}\tag{1}$$

若令

$$\boldsymbol{A}=\begin{bmatrix}a_{11}&a_{12}&\cdots&a_{1n}\\a_{21}&a_{22}&\cdots&a_{2n}\\\vdots&\vdots&&\vdots\\a_{n1}&a_{n2}&\cdots&a_{nn}\end{bmatrix},\quad \boldsymbol{X}=\begin{bmatrix}x_1\\x_2\\\vdots\\x_n\end{bmatrix},\quad \boldsymbol{B}=\begin{bmatrix}b_1\\b_2\\\vdots\\b_n\end{bmatrix},$$

则方程组(1)有下面矩阵形式

$$\boldsymbol{A}\boldsymbol{X}=\boldsymbol{B}.\tag{2}$$

若$|\boldsymbol{A}|\neq 0$,则(2)式的解为

$$\boldsymbol{X}=\boldsymbol{A}^{-1}\boldsymbol{B}.$$

例 3　解线性方程组

$$\begin{cases} x_1+2x_2+3x_3=1, \\ 2x_1+2x_2+x_3=2, \\ 3x_1+4x_2+3x_3=5. \end{cases}$$

解　设 $\boldsymbol{A}=\begin{bmatrix} 1 & 2 & 3 \\ 2 & 2 & 1 \\ 3 & 4 & 3 \end{bmatrix}$, $\boldsymbol{X}=\begin{bmatrix} x_1 \\ x_2 \\ x_3 \end{bmatrix}$, $\boldsymbol{B}=\begin{bmatrix} 1 \\ 2 \\ 5 \end{bmatrix}$，原方程组的矩阵形式为 $\boldsymbol{AX}=\boldsymbol{B}$，而

$$\boldsymbol{A}^{-1}=\begin{bmatrix} 1 & 3 & -2 \\ -3/2 & -3 & 5/2 \\ 1 & 1 & -1 \end{bmatrix}.$$

所以

$$\boldsymbol{X}=\boldsymbol{A}^{-1}\boldsymbol{B}=\begin{bmatrix} 1 & 3 & -2 \\ -3/2 & -3 & 5/2 \\ 1 & 1 & -1 \end{bmatrix}\begin{bmatrix} 1 \\ 2 \\ 5 \end{bmatrix}=\begin{bmatrix} -3 \\ 5 \\ -2 \end{bmatrix},$$

即 $x_1=-3, x_2=5, x_3=-2$ 是原方程组的解.

习　题　12-3

1. 求下列矩阵的逆矩阵：

(1) $\begin{bmatrix} 1 & 2 \\ 3 & 4 \end{bmatrix}$；　(2) $\begin{bmatrix} 1 & 1 & 1 & 1 \\ 1 & 1 & -1 & -1 \\ 1 & -1 & 1 & -1 \\ 1 & -1 & -1 & 1 \end{bmatrix}$；　(3) $\begin{bmatrix} a_{11} & 0 & \cdots & 0 \\ 0 & a_{22} & \cdots & 0 \\ \vdots & \vdots & \ddots & \vdots \\ 0 & 0 & \cdots & a_{nn} \end{bmatrix}$ $(a_{ii}\neq 0, i=1,2,\cdots,n)$.

2. 利用逆矩阵解下列方程组：

(1) $\begin{bmatrix} 2 & -1 & 1 \\ 3 & 2 & 0 \\ 1 & 6 & -2 \end{bmatrix}\begin{bmatrix} x_1 \\ x_2 \\ x_3 \end{bmatrix}=\begin{bmatrix} 1 \\ 2 \\ 3 \end{bmatrix}$；　(2) $\begin{cases} x_1-x_2-x_3=2, \\ 2x_1-x_2-3x_3=1, \\ 3x_1+2x_2-5x_3=0. \end{cases}$

3. 利用逆矩阵解下列矩阵方程：

(1) $\boldsymbol{X}\begin{bmatrix} 1 & 2 & 1 \\ 1 & 1 & -1 \\ -1 & 0 & 1 \end{bmatrix}=\begin{bmatrix} 1 & 4 & 1 \\ 1 & 3 & 2 \\ 3 & 2 & 5 \end{bmatrix}$；　(2) $\begin{bmatrix} 1 & 2 \\ 2 & 2 \\ 3 & 4 \end{bmatrix}\boldsymbol{C}\begin{bmatrix} 2 & 1 \\ 5 & 3 \end{bmatrix}=\begin{bmatrix} 1 & 3 \\ 2 & 0 \\ 3 & 1 \end{bmatrix}$.

4. 设 $\boldsymbol{A},\boldsymbol{B}$ 为同阶方阵，且满足 $\boldsymbol{AB}=\boldsymbol{BA}$（这时称 $\boldsymbol{A}$ 与 $\boldsymbol{B}$ 是**可交换的**），$\boldsymbol{A}^{-1}$ 存在. 证明

$$\boldsymbol{A}^{-1}\boldsymbol{B}=\boldsymbol{B}\boldsymbol{A}^{-1}.$$

第四节　矩阵的秩

矩阵的秩是矩阵理论中一个重要的概念，它在讨论线性方程组的解等方面起着重要作用.

定义 1　在 $m\times n$ 矩阵 $\mathbf{A}$ 中任取 k 行 k 列（$1\leqslant k\leqslant \min\{m,n\}$），由位于这些行、列相交处的元素按原来顺序构成的 k 阶行列式，称为矩阵 $\mathbf{A}$ 的一个 k **阶子式**，记做 $D_k(\mathbf{A})$.

矩阵 $\mathbf{A}$ 有各阶子式，阶数最小的子式是一阶子式，阶数最大的子式是 $\min\{m,n\}$ 阶子式，就 k 阶子式而言，共有 $\mathrm{C}_m^k\cdot\mathrm{C}_n^k$ 个.

例如，4×3 矩阵

$$\mathbf{A}=\begin{bmatrix} a_{11} & a_{12} & a_{13}\\ a_{21} & a_{22} & a_{23}\\ a_{31} & a_{32} & a_{33}\\ a_{41} & a_{42} & a_{43}\end{bmatrix}$$

有 4 个三阶子式，18 个二阶子式.

定义 2　矩阵 $\mathbf{A}$ 中非零子式的最高阶数 r 称为矩阵 $\mathbf{A}$ 的**秩**，记做 $\mathrm{r}(\mathbf{A})=r$. 如果 n 阶方阵 $\mathbf{A}$ 的秩 $\mathrm{r}(\mathbf{A})=n$，则称 $\mathbf{A}$ 为**满秩方阵**，否则称为**降秩方阵**.

由矩阵秩的定义，容易得出下面结论：

(1) 当且仅当矩阵 $\mathbf{A}$ 中所有的元素全为 0 时，即 $\mathbf{A}$ 为零矩阵，$\mathrm{r}(\mathbf{A})=0$；

(2) 设 $\mathbf{A}$ 为 $m\times n$ 矩阵，则 $0\leqslant \mathrm{r}(\mathbf{A})\leqslant\min\{m,n\}$；

(3) 设 $\mathrm{r}(\mathbf{A})=r$，则矩阵 $\mathbf{A}$ 至少有一个 r 阶子式 $D_r(\mathbf{A})\neq 0$，而 $\mathbf{A}$ 的所有 $r+1$ 阶子式 $D_{r+1}(\mathbf{A})=0$；

(4) n 阶方阵 $\mathbf{A}$ 为满秩方阵的充分必要条件是 $|\mathbf{A}|\neq 0$；

(5) $\mathrm{r}(\mathbf{A}^{\mathrm{T}})=\mathrm{r}(\mathbf{A})$.

例 1　求下列矩阵的秩：

$$\mathbf{A}=\begin{bmatrix} 3 & 2 & 1 & 1\\ 1 & 2 & -3 & 2\\ 4 & 4 & -2 & 3\end{bmatrix},\quad \boldsymbol{B}=\begin{bmatrix} 1 & 2 & 3 & 4\\ 1 & 0 & 1 & 2\\ 1 & 2 & 0 & -5\\ 3 & -1 & -1 & 0\end{bmatrix}.$$

解　由于矩阵 $\mathbf{A}$ 的所有三阶子式（共 4 个）$D_3(\mathbf{A})=0$，而有一个二阶子式

$$D_2(\mathbf{A})=\begin{vmatrix} 3 & 2\\ 1 & 2\end{vmatrix}=4\neq 0.$$

所以 $\mathrm{r}(\mathbf{A})=2$.

又因为 $|\boldsymbol{B}|=24\neq0$，所以 $\mathrm{r}(\boldsymbol{B})=4$，即 $\boldsymbol{B}$ 为满秩方阵.

习 题 12-4

1. 求下列矩阵的秩：

(1) $\begin{bmatrix}1&-2&3&4\\1&2&4&5\\1&-10&1&2\end{bmatrix}$； (2) $\begin{bmatrix}14&12&6&8&2\\6&104&21&9&17\\7&6&3&4&1\\42&36&18&24&6\end{bmatrix}$； (3) $\begin{bmatrix}1&0&1&0&0\\1&1&0&0&0\\0&1&1&0&0\\0&0&1&1&0\\0&1&0&1&1\end{bmatrix}$.

2. 设 $\boldsymbol{A}=\begin{bmatrix}1&2&3&2\\2&4&6&4\\4&8&12&k\end{bmatrix}$，能否选取 k 值，使(1) $\mathrm{r}(\boldsymbol{A})=1$； (2) $\mathrm{r}(\boldsymbol{A})=2$； (3) $\mathrm{r}(\boldsymbol{A})=3$？

第五节 矩阵的初等变换

前面介绍的求逆矩阵及矩阵秩的方法都是最基本的，利用本节将要介绍的矩阵的初等变换及初等矩阵，可以更方便地求出逆矩阵和矩阵的秩.

一、初等变换与初等矩阵

定义 1 对一矩阵施行如下的三种变换均称为矩阵的**初等行(或列)变换**：

(1) 交换矩阵的第 i,j 两行(或列)，记为 $r_i\leftrightarrow r_j$(或 $c_i\leftrightarrow c_j$)；

(2) 以数 $k\neq0$ 乘矩阵的第 i 行(或列)的所有元素，记为 $r_i\times k$(或 $c_i\times k$)；

(3) 将矩阵的第 i 行(或列)的所有元素乘以数 k 加到第 j 行(或列)对应的元素上去，记为 r_j+kr_i(或 c_j+kc_i).

矩阵的初等行变换与初等列变换统称为矩阵的**初等变换**.

定义 2 若矩阵 $\boldsymbol{A}$ 经有限次初等行变换变成 $\boldsymbol{B}$，则称**矩阵 $\boldsymbol{A}$ 与 $\boldsymbol{B}$ 行等价**，记为 $\boldsymbol{A}\overset{r}{\sim}\boldsymbol{B}$；若矩阵 $\boldsymbol{A}$ 经有限次初等列变换变成 $\boldsymbol{B}$，则称**矩阵 $\boldsymbol{A}$ 与 $\boldsymbol{B}$ 列等价**，记为 $\boldsymbol{A}\overset{c}{\sim}\boldsymbol{B}$；若矩阵 $\boldsymbol{A}$ 经有限次初等变换变成 $\boldsymbol{B}$，则称**矩阵 $\boldsymbol{A}$ 与 $\boldsymbol{B}$ 等价**，记为 $\boldsymbol{A}\sim\boldsymbol{B}$.

定义 3 由单位矩阵经过一次初等变换得到的矩阵，称为**初等矩阵**.

三种初等变换分别对应下面三种初等矩阵：

(1) $\boldsymbol{E}\xrightarrow{r_i\leftrightarrow r_j}\boldsymbol{P}(i,j)$，或者 $\boldsymbol{E}\xrightarrow{c_i\leftrightarrow c_j}\boldsymbol{P}(i,j)$，即

$$
\boldsymbol{P}(i,j)=\begin{bmatrix}
1 & & & & & & & & \\
 & \ddots & & & & & & & \\
 & & 1 & & & & & & \\
 & & & 0 & \cdots & 1 & & & \\
 & & & & 1 & & & & \\
 & & & \vdots & \ddots & \vdots & & & \\
 & & & & 1 & & & & \\
 & & & 1 & \cdots & 0 & & & \\
 & & & & & & 1 & & \\
 & & & & & & & \ddots & \\
 & & & & & & & & 1
\end{bmatrix}\begin{matrix} \\ \\ \\ i\text{ 行} \\ \\ \\ \\ j\text{ 行} \\ \\ \\ \\ \end{matrix};
$$

i 列　　j 列

(2) $\boldsymbol{E}\xrightarrow{r_i\times k}\boldsymbol{P}(i(k))$，或者 $\boldsymbol{E}\xrightarrow{c_i\times k}\boldsymbol{P}(i(k))(k\neq 0)$，即

$$
\boldsymbol{P}(i(k))=\begin{bmatrix}
1 & & & & & \\
 & \ddots & & & & \\
 & & 1 & & & \\
 & & & k & & \\
 & & & & 1 & \\
 & & & & & \ddots \\
 & & & & & & 1
\end{bmatrix} i\text{ 行};
$$

i 列

(3) $\boldsymbol{E}\xrightarrow{r_j+kr_i}\boldsymbol{P}(i(k),j)$，或者 $\boldsymbol{E}\xrightarrow{c_j+kc_i}\boldsymbol{P}(i(k),j)$，即

$$
\boldsymbol{P}(i(k),j)=\begin{bmatrix}
1 & & & & & \\
 & \ddots & & & & \\
 & & 1 & & & \\
 & & \vdots & \ddots & & \\
 & & k & \cdots & 1 & \\
 & & & & & \ddots & \\
 & & & & & & 1
\end{bmatrix}\begin{matrix} \\ \\ i\text{ 行} \\ \\ j\text{ 行} \\ \\ \\ \end{matrix}
$$

i 列　　j 列

或者

$$P(i(k),j)=\begin{bmatrix}1 & & & & & & \\ & \ddots & & & & & \\ & & 1 & \cdots & k & & \\ & & & \ddots & \vdots & & \\ & & & & 1 & & \\ & & & & & \ddots & \\ & & & & & & 1\end{bmatrix}\begin{matrix} \\ \\ i\text{行} \\ \\ j\text{行} \\ \\ \\ \end{matrix}.$$

i 列 j 列

易知三种初等矩阵均可逆,且它们的逆矩阵也是同种初等矩阵:

$$P^{-1}(i,j)=P(i,j);\quad P^{-1}(i(k))=P\left(i\left(\frac{1}{k}\right)\right);\quad P^{-1}(i(k),j)=P(i(-k),j).$$

二、初等变换与逆矩阵

上面引入的初等矩阵,我们将会看到其重要作用是,要对矩阵 A 施行某种初等行(或列)变换,可以通过用同种初等矩阵左乘(或右乘)该矩阵 A 来实现.

例如,设矩阵 $A_{m\times n}=(a_{ij})_{m\times n}$,则

$$P_m(i(k))A=\begin{bmatrix}1 & & & & & \\ & \ddots & & & & \\ & & 1 & & & \\ & & & k & & \\ & & & & 1 & \\ & & & & & \ddots & \\ & & & & & & 1\end{bmatrix}\begin{bmatrix}a_{11} & a_{12} & \cdots & a_{1n} \\ \vdots & \vdots & & \vdots \\ a_{i1} & a_{i2} & \cdots & a_{in} \\ \vdots & \vdots & & \vdots \\ a_{m1} & a_{m2} & \cdots & a_{mn}\end{bmatrix}=\begin{bmatrix}a_{11} & a_{12} & \cdots & a_{1n} \\ \vdots & \vdots & & \vdots \\ ka_{i1} & ka_{i2} & \cdots & ka_{in} \\ \vdots & \vdots & & \vdots \\ a_{m1} & a_{m2} & \cdots & a_{mn}\end{bmatrix}.$$

定理 1 设矩阵 $A_{m\times n}=(a_{ij})_{m\times n}$,则

(1) 对 $A_{m\times n}$进行一次某种初等行变换,相当于用同种的 m 阶初等矩阵 P_m 左乘 $A_{m\times n}$,即 $P_mA_{m\times n}$;

(2) 对 $A_{m\times n}$进行一次某种初等列变换,相当于用同种的 n 阶初等矩阵 P_n 右乘 $A_{m\times n}$,即 $A_{m\times n}P_n$.

推论 矩阵 $A_{m\times n}$经过一系列的初等变换化为矩阵 $B_{m\times n}$,相当于用一系列的 m 阶初等矩阵 $P_i(i=1,2,\cdots,s)$和 n 阶初等矩阵 $Q_j(j=1,2,\cdots,t)$左乘或右乘 A 后等于 B,即

$$B_{m\times n}=P_1P_2\cdots P_sAQ_1Q_2\cdots Q_t. \tag{1}$$

定理 2 n 阶方阵 $A_n=(a_{ij})_{n\times n}$可逆的充分必要条件是 A_n 等价于单位矩阵 E_n.

证明从略.

注 定理 2,即 $\boldsymbol{A}_n$ 可逆$\Leftrightarrow \boldsymbol{A}_n \overset{r}{\sim} \boldsymbol{E}_n \Leftrightarrow$存在初等矩阵 $\boldsymbol{P}_1, \boldsymbol{P}_2, \cdots, \boldsymbol{P}_s$,使

$$\boldsymbol{P}_1\boldsymbol{P}_2\cdots\boldsymbol{P}_s\boldsymbol{A}_n = \boldsymbol{E}_n, \tag{2}$$

即

$$\boldsymbol{P}_1\boldsymbol{P}_2\cdots\boldsymbol{P}_s\boldsymbol{E}_n = \boldsymbol{A}_n^{-1}. \tag{3}$$

根据分块矩阵的乘法,(2)、(3)两式可合并为

$$\begin{aligned}\boldsymbol{P}_1\boldsymbol{P}_2\cdots\boldsymbol{P}_s(\boldsymbol{A}_n, \boldsymbol{E}_n) &= (\boldsymbol{P}_1\boldsymbol{P}_2\cdots\boldsymbol{P}_s\boldsymbol{A}_n, \boldsymbol{P}_1\boldsymbol{P}_2\cdots\boldsymbol{P}_s\boldsymbol{E}_n) \\ &= (\boldsymbol{E}_n, \boldsymbol{A}_n^{-1}),\end{aligned} \tag{4}$$

其中分块矩阵$(\boldsymbol{A}_n, \boldsymbol{E}_n)$和$(\boldsymbol{E}_n, \boldsymbol{A}_n^{-1})$都是 $n\times 2n$ 矩阵.

(4)式恰好就是我们要寻求的**逆矩阵的初等变换求法**,即

将 $\boldsymbol{A}_n$ 和 $\boldsymbol{E}_n$ 拼成 $n\times 2n$ 矩阵$(\boldsymbol{A}_n, \boldsymbol{E}_n)$,并对其施行一系列初等行变换,当左子块 $\boldsymbol{A}_n$ 变成 $\boldsymbol{E}_n$ 时,右子块 $\boldsymbol{E}_n$ 就变成了 $\boldsymbol{A}_n^{-1}$.

例 1 利用初等变换法求下列矩阵的逆矩阵:

$$\boldsymbol{A} = \begin{bmatrix} 1 & 0 & 1 \\ -1 & 1 & 1 \\ 2 & -1 & 1 \end{bmatrix}.$$

解 因为

$$\begin{aligned}(\boldsymbol{A}, \boldsymbol{E}) &= \left[\begin{array}{ccc|ccc} 1 & 0 & 1 & 1 & 0 & 0 \\ -1 & 1 & 1 & 0 & 1 & 0 \\ 2 & -1 & 1 & 0 & 0 & 1 \end{array}\right] \underset{r_3-2r_1}{\overset{r_2+r_1}{\sim}} \left[\begin{array}{ccc|ccc} 1 & 0 & 1 & 1 & 0 & 0 \\ 0 & 1 & 2 & 1 & 1 & 0 \\ 0 & -1 & -1 & -2 & 0 & 1 \end{array}\right] \\ &\overset{r_3+r_2}{\sim} \left[\begin{array}{ccc|ccc} 1 & 0 & 1 & 1 & 0 & 0 \\ 0 & 1 & 2 & 1 & 1 & 0 \\ 0 & 0 & 1 & -1 & 1 & 1 \end{array}\right] \underset{r_2-2r_3}{\overset{r_1-r_3}{\sim}} \left[\begin{array}{ccc|ccc} 1 & 0 & 0 & 2 & -1 & -1 \\ 0 & 1 & 0 & 3 & -1 & -2 \\ 0 & 0 & 1 & -1 & 1 & 1 \end{array}\right] \\ &= (\boldsymbol{E}, \boldsymbol{A}^{-1}),\end{aligned}$$

所以

$$\boldsymbol{A}^{-1} = \begin{bmatrix} 2 & -1 & -1 \\ 3 & -1 & -2 \\ -1 & 1 & 1 \end{bmatrix}.$$

事实上,从上述利用初等行变换求逆矩阵的过程可以看出矩阵的逆矩阵是否存在,不必先行判定.或者说,上述过程也可用于判定矩阵是否可逆.

例 2 判断矩阵 $\boldsymbol{A} = \begin{bmatrix} 1 & 1 & -1 & 1 \\ 2 & 3 & 1 & 4 \\ -1 & 0 & 4 & 1 \\ 1 & 2 & 3 & 4 \end{bmatrix}$ 是否可逆?若可逆,求其逆矩阵.

解 因为

$$(\boldsymbol{A},\boldsymbol{E})=\left[\begin{array}{cccc:cccc}1&1&-1&1&1&0&0&0\\2&3&1&4&0&1&0&0\\-1&0&4&1&0&0&1&0\\1&2&3&4&0&0&0&1\end{array}\right]\xrightarrow[r_4-r_1]{\substack{r_2-2r_1\\r_3+r_1}}\left[\begin{array}{cccc:cccc}1&1&-1&1&1&0&0&0\\0&1&3&2&-2&1&0&0\\0&1&3&2&1&0&1&0\\0&1&4&3&-1&0&0&1\end{array}\right].$$

由于$\begin{vmatrix}1&1&-1&1\\0&1&3&2\\0&1&3&2\\0&1&4&3\end{vmatrix}=0$,所以$|\boldsymbol{A}|=0$,故矩阵 $\boldsymbol{A}$ 不可逆.

三、初等变换与矩阵的秩

定理 3 设 $\boldsymbol{A}\overset{r}{\sim}\boldsymbol{B}$,或 $\boldsymbol{A}\overset{c}{\sim}\boldsymbol{B}$,或 $\boldsymbol{A}\sim\boldsymbol{B}$,则

$$\mathrm{r}(\boldsymbol{A})=\mathrm{r}(\boldsymbol{B}).$$

证明从略.

由定理 3 知,当一个矩阵的秩不易求出时,可将这个矩阵进行适当次数的初等变换,简化求矩阵秩的运算. 例如,易知一个行阶梯形矩阵的秩就是它的非零行数. 因此,对一矩阵 $\boldsymbol{A}$,我们可经有限次初等行变换变成行阶梯形矩阵,从而求出它的秩. 这是求矩阵秩的有效方法,通常称为**矩阵秩的初等变换求法**.

例 3 求矩阵 $\boldsymbol{A}$ 的秩,其中

$$\boldsymbol{A}=\begin{bmatrix}1&-2&-1&0&2\\-2&4&2&6&-6\\2&-1&0&2&3\\3&3&3&3&4\end{bmatrix}.$$

解 因为

$$\boldsymbol{A}=\begin{bmatrix}1&-2&-1&0&2\\-2&4&2&6&-6\\2&-1&0&2&3\\3&3&3&3&4\end{bmatrix}\xrightarrow[r_4-3r_1]{\substack{r_2+2r_1\\r_3-2r_1}}\begin{bmatrix}1&-2&-1&0&2\\0&0&0&6&-2\\0&3&2&2&-1\\0&9&6&3&-2\end{bmatrix}$$

$$\xrightarrow[r_4-3r_3]{r_2\times\frac{1}{2}}\begin{bmatrix}1&-2&-1&0&2\\0&0&0&3&-1\\0&3&2&2&-1\\0&0&0&-3&1\end{bmatrix}\xrightarrow[r_2\leftrightarrow r_3]{r_4+r_2}\begin{bmatrix}1&-2&-1&0&2\\0&3&2&2&-1\\0&0&0&-3&1\\0&0&0&0&0\end{bmatrix}=\boldsymbol{B}_1,$$

这里 $\boldsymbol{B}_1$ 是行阶梯形矩阵,它有 3 个非零行,所以 $\mathrm{r}(\boldsymbol{B}_1)=3$,从而 $\mathrm{r}(\boldsymbol{A})=3$.

这里顺便指出，如果一个行阶梯形矩阵的非零行的首非零元素为1，且1所在的列的其余元素均为0，则称其为**行最简形矩阵**. 如果行最简形矩阵的非零行的首非零元1所在的列紧排在矩阵的左上角且其余元素均为0，则称之为**标准形矩阵**，如下例.

例 4　在例3中继续对 $\boldsymbol{A}$ 的行阶梯形矩阵 $\boldsymbol{B}_1$ 进行初等行变换就可变为行最简形矩阵：

$$\boldsymbol{B}_1 \underset{r_3\times\frac{-1}{3}}{\overset{r_2\times\frac{1}{3}}{\sim}} \begin{bmatrix} 1 & -2 & -1 & 0 & 2 \\ 0 & 1 & 2/3 & 2/3 & -1/3 \\ 0 & 0 & 0 & 1 & -1/3 \\ 0 & 0 & 0 & 0 & 0 \end{bmatrix} \underset{r_1+2r_2}{\overset{r_2-\frac{2}{3}r_3}{\sim}} \begin{bmatrix} 1 & 0 & 1/3 & 0 & 16/9 \\ 0 & 1 & 2/3 & 0 & -1/9 \\ 0 & 0 & 0 & 1 & -1/3 \\ 0 & 0 & 0 & 0 & 0 \end{bmatrix}$$

$$= \boldsymbol{B}_2(\text{行最简形矩阵}).$$

再继续对 $\boldsymbol{B}_2$ 进行初等列变换就可变为标准形矩阵：

$$\boldsymbol{B}_2 \overset{c_3\leftrightarrow c_4}{\sim} \begin{bmatrix} 1 & 0 & 0 & 1/3 & 16/9 \\ 0 & 1 & 0 & 2/3 & -1/9 \\ 0 & 0 & 1 & 0 & -1/3 \\ 0 & 0 & 0 & 0 & 0 \end{bmatrix} \overset{c}{\sim} \begin{bmatrix} 1 & 0 & 0 & 0 & 0 \\ 0 & 1 & 0 & 0 & 0 \\ 0 & 0 & 1 & 0 & 0 \\ 0 & 0 & 0 & 0 & 0 \end{bmatrix} = \boldsymbol{F}.$$

$\boldsymbol{F}$ 就是 $\boldsymbol{A}$ 的标准形矩阵，其中元素1的个数为 $\mathrm{r}(\boldsymbol{A})$.

习　题　12-5

1. 利用初等变换求下列矩阵的逆矩阵：

(1) $\begin{bmatrix} 3 & 2 & 1 \\ 3 & 1 & 5 \\ 3 & 2 & 3 \end{bmatrix}$；　(2) $\begin{bmatrix} 3 & -2 & 0 & -1 \\ 0 & 2 & 2 & 1 \\ 1 & -2 & -3 & -2 \\ 0 & 1 & 2 & 1 \end{bmatrix}$；　(3) $\begin{bmatrix} 1 & 0 & 0 & 0 \\ 3 & 1 & 0 & 0 \\ 2 & -3 & 1 & 0 \\ -5 & 2 & 3 & 1 \end{bmatrix}$.

2. 设 $a_i\neq 0(i=1,2,\cdots,n)$，利用初等变换求下列矩阵的逆矩阵：

(1) $\begin{bmatrix} a_1 & 0 & \cdots & 0 \\ 0 & a_2 & \cdots & 0 \\ \vdots & \vdots & \ddots & \vdots \\ 0 & 0 & \cdots & a_n \end{bmatrix}$；　(2) $\begin{bmatrix} 0 & a_1 & 0 & \cdots & 0 \\ 0 & 0 & a_2 & \cdots & 0 \\ \vdots & \vdots & \vdots & \ddots & \vdots \\ 0 & 0 & 0 & \cdots & a_{n-1} \\ a_n & 0 & 0 & \cdots & 0 \end{bmatrix}$.

3. 利用初等变换求下列矩阵的秩：

(1) $\boldsymbol{A}=\begin{bmatrix} 1 & 2 & 3 & 4 \\ 2 & 3 & 1 & 2 \\ -1 & -1 & -1 & 1 \\ -1 & 0 & 2 & 6 \end{bmatrix}$；　(2) $\boldsymbol{A}=\begin{bmatrix} 1 & 2 & -1 & 0 & 3 \\ 2 & -1 & 0 & 1 & -1 \\ 3 & 1 & -1 & 1 & 2 \\ 0 & -5 & 2 & 1 & -7 \end{bmatrix}$.

4. 设

$$A=\begin{bmatrix}0&10&6\\1&-3&-3\\-2&0&8\end{bmatrix},\quad B=\begin{bmatrix}2&2&3\\1&-1&0\\-1&2&1\end{bmatrix},$$

求 $B^{-1}AB$.

第十三章　线性方程组

在前两章,我们已经以行列式和逆矩阵为工具解决了一类线性方程组的求解问题.本章将系统地讨论一般线性方程组解存在的条件和求解方法,并研究解的结构等.这些都是线性代数最基本的问题.

第一节　高斯消元法

一、高斯消元法示例

高斯(Gauss)消元法是解线性方程组行之有效的方法,下面以例说明用此法解线性方程组的大意.

例 1　解线性方程组 $\begin{cases} -3x_1+2x_2-8x_3=17, \\ 2x_1-5x_2+3x_3=3, \\ x_1+7x_2-5x_3=2. \end{cases}$

解　对原方程组进行同解变换:

$$\xrightarrow{r_2\leftrightarrow r_3}\begin{cases} x_1+7x_2-5x_3=2, \\ 2x_1-5x_2+3x_3=3, \\ -3x_1+2x_2-8x_3=17, \end{cases}\xrightarrow[r_3+3r_1]{r_2-2r_1}\begin{cases} x_1+7x_2-5x_3=2, \\ -19x_2+13x_3=-1, \\ 23x_2-23x_3=23, \end{cases}$$

$$\xrightarrow[r_3\leftrightarrow r_2]{r_3\times\frac{1}{23}}\begin{cases} x_1+7x_2-5x_3=2, \\ x_2-x_3=1, \\ -19x_2+13x_3=-1, \end{cases}\xrightarrow{r_3+19r_2}\begin{cases} x_1+7x_2-5x_3=2, \\ x_2-x_3=1, \\ -6x_3=18, \end{cases}$$

$$\xrightarrow[r_1-7r_2+5r_3]{r_3\times\frac{-1}{6},\ r_2+r_3}\begin{cases} x_1=1, \\ x_2=-2, \\ x_3=-3. \end{cases}$$

故原方程组的解为 $x_1=1,x_2=-2,x_3=-3$.

例 2　解线性方程组 $\begin{cases} 2x_1+x_2-5x_3=-1, \\ 4x_1+2x_2-2x_3=6, \\ 6x_1+3x_2-8x_3=4. \end{cases}$

解　对原方程组进行同解变换：

$$\xrightarrow[r_3-3r_1]{r_2-2r_1}\begin{cases}2x_1+x_2-5x_3=-1,\\ 8x_3=8,\\ 7x_3=7,\end{cases}\xrightarrow[r_3-7r_2]{r_2\times\frac{1}{8}}\begin{cases}2x_1+x_2-5x_3=-1,\\ x_3=1,\\ 0=0.\end{cases}$$

由此可得原方程组的解为 $x_1=2-\frac{1}{2}c$，$x_2=c$，$x_3=1$，其中 c 为任意常数，原方程组有无穷多个解.

例 3　解线性方程组$\begin{cases}2x_1+x_2-5x_3=-1,\\ 4x_1+2x_2-2x_3=6,\\ 6x_1+3x_2-11x_3=9.\end{cases}$

解　与例 2 类似，原方程组可化为同解方程组：

$$\xrightarrow[r_3-3r_1]{r_2-2r_1}\begin{cases}2x_1+x_2-5x_3=-1,\\ 8x_3=8,\\ 4x_3=12,\end{cases}\xrightarrow[r_3-4r_2]{r_2\times\frac{1}{8}}\begin{cases}2x_1+x_2-5x_3=-1,\\ x_3=1,\\ 0=8,\end{cases}$$

容易看出原方程组无解.

二、高斯消元法的矩阵表示

分析上面三个例子，线性方程组的消元过程就是对方程组进行以下三种变换：

(1) 互换两个方程的位置；

(2) 用一个非零数乘以某一个方程；

(3) 用一个数乘以某一个方程后加到另一个方程上.

由于一个线性方程组是由这个方程组的未知量的系数及常数项决定的，如果去掉方程组中的未知量、加号与等号，只保留方程组未知量的系数及常数项，方程组就可以用它的增广矩阵来表示；方程组的消元过程是通过这些系数及常数项来进行的，所以方程组的消元过程就相当于对方程组的增广矩阵进行初等行变换的过程；变换前后的方程组为同解方程组. 从而我们可以利用线性方程组的增广矩阵与初等变换解线性方程组.

例 4　解线性方程组$\begin{cases}2x_1-2x_2+3x_3-4x_4=6,\\ 2x_1+2x_2-x_3+x_4=5,\\ x_1-2x_2+x_4=-1,\\ -4x_2+5x_3-2x_4=-2.\end{cases}$

解　方程组的增广矩阵为 $\boldsymbol{B}$，并对 $\boldsymbol{B}$ 施以初等行变换：

$$
\boldsymbol{B}=\left[\begin{array}{cccc:c} 2 & -2 & 3 & -4 & 6 \\ 2 & 2 & -1 & 1 & 5 \\ 1 & -2 & 0 & 1 & -1 \\ 0 & -4 & 5 & -2 & -2 \end{array}\right] \underset{}{\overset{r_3 \leftrightarrow r_1}{\sim}} \left[\begin{array}{cccc:c} 1 & -2 & 0 & 1 & -1 \\ 2 & 2 & -1 & 1 & 5 \\ 2 & -2 & 3 & -4 & 6 \\ 0 & -4 & 5 & -2 & -2 \end{array}\right]
$$

$$
\underset{r_3-2r_1}{\overset{r_2-2r_1}{\sim}} \left[\begin{array}{cccc:c} 1 & -2 & 0 & 1 & -1 \\ 0 & 6 & -1 & -1 & 7 \\ 0 & 2 & 3 & -6 & 8 \\ 0 & -4 & 5 & -2 & -2 \end{array}\right] \overset{r_2 \leftrightarrow r_3}{\sim} \left[\begin{array}{cccc:c} 1 & -2 & 0 & 1 & -1 \\ 0 & 2 & 3 & -6 & 8 \\ 0 & 6 & -1 & -1 & 7 \\ 0 & -4 & 5 & -2 & -2 \end{array}\right]
$$

$$
\underset{r_4+2r_2}{\overset{r_3-2r_2}{\sim}} \left[\begin{array}{cccc:c} 1 & -2 & 0 & 1 & -1 \\ 0 & 2 & 3 & -6 & 8 \\ 0 & 0 & -10 & 17 & -17 \\ 0 & 0 & 11 & -14 & 14 \end{array}\right] \underset{r_4 \times \frac{10}{47}}{\overset{r_4+\frac{11}{10}r_3}{\sim}} \left[\begin{array}{cccc:c} 1 & -2 & 0 & 1 & -1 \\ 0 & 2 & 3 & -6 & 8 \\ 0 & 0 & -10 & 17 & -17 \\ 0 & 0 & 0 & 1 & -1 \end{array}\right].
$$

最后一个矩阵对应的线性方程组为

$$
\begin{cases} x_1-2x_2 \qquad\qquad + x_4=-1, \\ \quad 2x_2+3x_3+6x_4=8, \\ \qquad -10x_3+17x_4=-17, \\ \qquad\qquad\qquad x_4=-1. \end{cases}
$$

通过最后一个方程逐个回代，得原方程组的解为 $x_1=2, x_2=1, x_3=0, x_4=-1$.

例 5 解线性方程组
$$
\begin{cases} x_1+x_2+2x_3+3x_4=1, \\ x_2+x_3-4x_4=1, \\ x_1+2x_2+3x_3-x_4=4, \\ 2x_1+3x_2-x_3-x_4=-6. \end{cases}
$$

解 对线性方程组的增广矩阵 $\boldsymbol{B}$ 进行初等行变换：

$$
\boldsymbol{B}=\left[\begin{array}{cccc:c} 1 & 1 & 2 & 3 & 1 \\ 0 & 1 & 1 & -4 & 1 \\ 1 & 2 & 3 & -1 & 4 \\ 2 & 3 & -1 & -1 & -6 \end{array}\right] \underset{r_4-2r_1}{\overset{r_3-r_1}{\sim}} \left[\begin{array}{cccc:c} 1 & 1 & 2 & 3 & 1 \\ 0 & 1 & 1 & -4 & 1 \\ 0 & 1 & 1 & -4 & 3 \\ 0 & 1 & -5 & -7 & -8 \end{array}\right]
$$

$$
\underset{r_4-r_2}{\overset{r_3-r_2}{\sim}} \left[\begin{array}{cccc:c} 1 & 1 & 2 & 3 & 1 \\ 0 & 1 & 1 & -4 & 1 \\ 0 & 0 & 0 & 0 & 2 \\ 0 & 0 & -6 & -3 & -9 \end{array}\right] \overset{r_3 \leftrightarrow r_4}{\sim} \left[\begin{array}{cccc:c} 1 & 1 & 2 & 3 & 1 \\ 0 & 1 & 1 & -4 & 1 \\ 0 & 0 & -6 & -3 & -9 \\ 0 & 0 & 0 & 0 & 2 \end{array}\right].
$$

注意到最后一个矩阵的最后一行代表方程 $0=2$，故原线性方程组无解.

三、线性方程组解的判定及求法

由上面两例知，这种解线性方程组的方法有效可行，并在消元过程中可以判定方程组是否有解及有多少解.

对于一般的线性方程组

$$\begin{cases} a_{11}x_1 + a_{12}x_2 + \cdots + a_{1n}x_n = b_1, \\ a_{21}x_1 + a_{22}x_2 + \cdots + a_{2n}x_n = b_2, \\ \cdots\cdots\cdots\cdots\cdots\cdots\cdots\cdots \\ a_{m1}x_1 + a_{m2}x_2 + \cdots + a_{mn}x_n = b_m, \end{cases} \tag{1}$$

其系数矩阵与增广矩阵分别为

$$\boldsymbol{A} = \begin{bmatrix} a_{11} & a_{12} & \cdots & a_{1n} \\ a_{21} & a_{22} & \cdots & a_{2n} \\ \vdots & \vdots & & \vdots \\ a_{m1} & a_{m2} & \cdots & a_{mn} \end{bmatrix}, \quad \boldsymbol{B} = \left[\begin{array}{cccc:c} a_{11} & a_{12} & \cdots & a_{1n} & b_1 \\ a_{21} & a_{22} & \cdots & a_{2n} & b_2 \\ \vdots & \vdots & & \vdots & \vdots \\ a_{m1} & a_{m2} & \cdots & a_{mn} & b_m \end{array}\right].$$

用初等行变换将增广矩阵 $\boldsymbol{B}$ 化为行阶梯形矩阵，不妨设 $\boldsymbol{B}\overset{r}{\sim}\boldsymbol{D}$，即

$$\boldsymbol{B} = \left[\begin{array}{cccc:c} a_{11} & a_{12} & \cdots & a_{1n} & b_1 \\ a_{21} & a_{22} & \cdots & a_{2n} & b_2 \\ \vdots & \vdots & & \vdots & \vdots \\ a_{m1} & a_{m2} & \cdots & a_{mn} & b_m \end{array}\right] \overset{r}{\sim} \boldsymbol{D} = \left[\begin{array}{cccccc:c} c_{11} & c_{12} & \cdots & c_{1r} & \cdots & c_{1n} & d_1 \\ 0 & c_{22} & \cdots & c_{2r} & \cdots & c_{2n} & d_2 \\ \vdots & \vdots & \ddots & \vdots & & \vdots & \vdots \\ 0 & 0 & \cdots & c_{rr} & \cdots & c_{rn} & d_r \\ 0 & 0 & \cdots & 0 & \cdots & 0 & d_{r+1} \\ 0 & 0 & \cdots & 0 & \cdots & 0 & 0 \\ \vdots & \vdots & & \vdots & & \vdots & \vdots \\ 0 & 0 & \cdots & 0 & \cdots & 0 & 0 \end{array}\right],$$

其中 $c_{ii} \neq 0 (i=1,2,\cdots,r)$，从而线性方程组(1)可化为与它同解的**阶梯形线性方程组**

$$\begin{cases} c_{11}x_1 + c_{12}x_2 + \cdots + c_{1r}x_r + \cdots + c_{1n}x_n = d_1, \\ \qquad\quad c_{22}x_2 + \cdots + c_{2r}x_r + \cdots + c_{2n}x_n = d_2, \\ \qquad\qquad \cdots\cdots\cdots\cdots\cdots\cdots\cdots\cdots \\ \qquad\qquad\qquad c_{rr}x_r + \cdots + c_{rn}x_n = d_r, \\ \qquad\qquad\qquad\qquad\qquad 0 = d_{r+1}, \\ \qquad\qquad\qquad\qquad\qquad 0 = 0, \\ \qquad\qquad\qquad\qquad\qquad \cdots\cdots \\ \qquad\qquad\qquad\qquad\qquad 0 = 0, \end{cases} \tag{2}$$

其中 $c_{ii}\neq 0(i=1,2,\cdots,r)$，方程组(2)中"0＝0"是一些恒等式，去掉它们不影响方程组的解.

我们知道线性方程组(1)与(2)是同解的，而线性方程组(2)是否有解取决于其中的一个方程

$$0=d_{r+1}$$

是否有解，或者说，它是不是恒等式. 于是有：

若 $d_{r+1}\neq 0$，则线性方程组(2)无解，从而线性方程组(1)无解；

若 $d_{r+1}=0$，且 $r=n$，则线性方程组(2)对应

$$\begin{cases} c_{11}x_1+c_{12}x_2+\cdots+c_{1n}x_n=d_1, \\ \qquad c_{22}x_2+\cdots+c_{2n}x_n=d_2, \\ \qquad\qquad \cdots\cdots\cdots\cdots \\ \qquad\qquad\qquad c_{nn}x_n=d_n, \end{cases} \tag{3}$$

其系数行列式不等于零，由克拉默法则，线性方程组(3)有唯一解，从而线性方程组(1)有唯一解；

若 $d_{r+1}=0$，且 $r<n$，则线性方程组(2)对应

$$\begin{cases} c_{11}x_1+c_{12}x_2+\cdots+c_{1r}x_r=d_1-c_{1,r+1}x_{r+1}-\cdots-c_{1n}x_n, \\ \qquad c_{22}x_2+\cdots+c_{2r}x_r=d_2-c_{2,r+1}x_{r+1}-\cdots-c_{2n}x_n, \\ \qquad\qquad \cdots\cdots\cdots\cdots\cdots\cdots\cdots\cdots \\ \qquad\qquad\qquad c_{rr}x_r=d_r-c_{r,r+1}x_{r+1}-\cdots-c_{rn}x_n. \end{cases} \tag{4}$$

因为 $c_{ii}\neq 0(i=1,2,\cdots,r)$，所以线性方程组(4)的系数行列式

$$\begin{vmatrix} c_{11} & c_{12} & \cdots & c_{1r} \\ 0 & c_{22} & \cdots & c_{2r} \\ \vdots & \vdots & \ddots & \vdots \\ 0 & 0 & \cdots & c_{rr} \end{vmatrix} \neq 0.$$

于是，任意给定 $x_{r+1},\cdots,x_n$ 一组值，由克拉默法则可以唯一确定 $x_1,x_2,\cdots,x_r$ 的值. 由于 $x_{r+1},\cdots,x_n$ 可以任意取值，从而线性方程组(1)有无穷多解，并称 $x_{r+1},\cdots,x_n$ 为**自由未知量**，用自由未知量表示的解，称为**一般解**(或**通解**).

由上面讨论知，$d_{r+1}=0$ 是线性方程组(1)有解的充分必要条件，那么数量 r 表示线性方程组(1)的系数矩阵及增广矩阵的什么特征呢？

因为初等行变换不改变矩阵的秩，所以，当 $d_{r+1}=0$ 时，由矩阵 $\boldsymbol{D}$ 知

$$\mathrm{r}(\boldsymbol{B})=\mathrm{r}(\boldsymbol{A})=r;$$

当 $d_{r+1}\neq 0$ 时，由矩阵 $\boldsymbol{D}$ 知

$$\mathrm{r}(\boldsymbol{B})=r+1\neq \mathrm{r}(\boldsymbol{A}).$$

综上所述，可以得到线性方程组(1)有解的判别定理.

定理 1　线性方程组(1)有解的充分必要条件是，它的系数矩阵 $\boldsymbol{A}$ 与增广矩阵 $\boldsymbol{B}$ 的秩相等，即 $\mathrm{r}(\boldsymbol{A})=\mathrm{r}(\boldsymbol{B})$.

定理 2　若线性方程组(1)的系数矩阵 $\boldsymbol{A}$ 和增广矩阵 $\boldsymbol{B}$ 的秩相等，且等于 r，即

$$\mathrm{r}(\boldsymbol{A})=\mathrm{r}(\boldsymbol{B})=r,$$

则

(1) 线性方程组(1)有唯一解的充分必要条件是 $r=n$；

(2) 线性方程组(1)有无穷多解的充分必要条件是 $r<n$.

推论　对于齐次线性方程组

$$\begin{cases} a_{11}x_1+a_{12}x_2+\cdots+a_{1n}x_n=0, \\ a_{21}x_1+a_{22}x_2+\cdots+a_{2n}x_n=0, \\ \cdots\cdots\cdots\cdots\cdots\cdots\cdots\cdots\cdots\cdots \\ a_{m1}x_1+a_{m2}x_2+\cdots+a_{mn}x_n=0, \end{cases} \tag{5}$$

(1) 齐次线性方程组(5)有非零解的充分必要条件是系数矩阵 $\boldsymbol{A}$ 的秩 $\mathrm{r}(\boldsymbol{A})<n$；

(2) 当 $m=n$ 时，齐次线性方程组(5)有非零解的充分必要条件是系数行列式 $|\boldsymbol{A}|=0$；

(3) 当 $m<n$ 时，齐次线性方程组(5)必有非零解.

证　因为齐次线性方程组(5)的系数矩阵 $\boldsymbol{A}$ 与增广矩阵 $\boldsymbol{B}$ 分别为

$$\boldsymbol{A}=\begin{bmatrix} a_{11} & a_{12} & \cdots & a_{1n} \\ a_{21} & a_{22} & \cdots & a_{2n} \\ \vdots & \vdots & & \vdots \\ a_{m1} & a_{m2} & \cdots & a_{mn} \end{bmatrix},\quad \boldsymbol{B}=\left[\begin{array}{cccc:c} a_{11} & a_{12} & \cdots & a_{1n} & 0 \\ a_{21} & a_{22} & \cdots & a_{2n} & 0 \\ \vdots & \vdots & & \vdots & \vdots \\ a_{m1} & a_{m2} & \cdots & a_{mn} & 0 \end{array}\right],$$

显然有 $\mathrm{r}(\boldsymbol{A})=\mathrm{r}(\boldsymbol{B})$；又当 $|\boldsymbol{A}|=0$ 或 $m<n$ 时，$\mathrm{r}(\boldsymbol{A})=\mathrm{r}(\boldsymbol{B})<n$，由定理 1 和定理 2 知，齐次线性方程组(5)必有非零解.　**证毕**

例 6　求解齐次线性方程组 $\begin{cases} x_1-x_2-x_3+x_4=0, \\ x_1-x_2+x_3-3x_4=0, \\ x_1-x_2-2x_3+3x_4=0. \end{cases}$

解　该方程组中方程个数小于未知量的个数，由推论(3)可知，方程组有非零解，求一般解如下：

写出方程组的系数矩阵 $\boldsymbol{A}$，并利用初等行变换将 $\boldsymbol{A}$ 化为阶梯形矩阵

$$\boldsymbol{A}=\begin{bmatrix} 1 & -1 & -1 & 1 \\ 1 & -1 & 1 & -3 \\ 1 & -1 & -2 & 3 \end{bmatrix} \xrightarrow[r_3-r_1]{r_2-r_1} \begin{bmatrix} 1 & -1 & -1 & 1 \\ 0 & 0 & 2 & -4 \\ 0 & 0 & -1 & 2 \end{bmatrix} \xrightarrow[r_3+r_2]{r_2\times\frac{1}{2}} \begin{bmatrix} 1 & -1 & -1 & 1 \\ 0 & 0 & 1 & -2 \\ 0 & 0 & 0 & 0 \end{bmatrix}.$$

由此可得同解方程组

$$\begin{cases}x_1-x_2-x_3+x_4=0,\\ x_3-2x_4=0,\end{cases}$$

其一般解为

$$\begin{cases}x_1=x_2+x_4,\\ x_3=\quad 2x_4\end{cases}\quad (x_2,x_4\text{ 为自由未知量}).$$

例 7 λ 取何值时,线性方程组$\begin{cases}\lambda x_1+x_2+x_3=1,\\ x_1+\lambda x_2+x_3=\lambda,\\ x_1+x_2+\lambda x_3=\lambda^2\end{cases}$

无解,有唯一解,有无穷多解? 在有解时,求出其解.

解 将线性方程组的增广矩阵 $\boldsymbol{B}$ 化为行阶梯形矩阵

$$\boldsymbol{B}=\left[\begin{array}{ccc:c}\lambda & 1 & 1 & 1\\ 1 & \lambda & 1 & \lambda\\ 1 & 1 & \lambda & \lambda^2\end{array}\right]\overset{r_1\leftrightarrow r_3}{\sim}\left[\begin{array}{ccc:c}1 & 1 & \lambda & \lambda^2\\ 1 & \lambda & 1 & \lambda\\ \lambda & 1 & 1 & 1\end{array}\right]\underset{r_3-\lambda r_1}{\overset{r_2-r_1}{\sim}}\left[\begin{array}{ccc:c}1 & 1 & \lambda & \lambda^2\\ 0 & \lambda-1 & 1-\lambda & \lambda-\lambda^2\\ 0 & 1-\lambda & 1-\lambda^2 & 1-\lambda^3\end{array}\right]$$

$$\overset{r_3+r_2}{\sim}\left[\begin{array}{ccc:c}1 & 1 & \lambda & \lambda^2\\ 0 & \lambda-1 & 1-\lambda & \lambda-\lambda^2\\ 0 & 0 & 2-\lambda-\lambda^2 & 1+\lambda-\lambda^2-\lambda^3\end{array}\right]$$

$$\overset{r_3\times(-1)}{\sim}\left[\begin{array}{ccc:c}1 & 1 & \lambda & \lambda^2\\ 0 & \lambda-1 & 1-\lambda & \lambda-\lambda^2\\ 0 & 0 & (\lambda-1)(\lambda+2) & (1-\lambda)(\lambda+1)^2\end{array}\right].$$

(1) 当 $\lambda=-2$ 时,线性方程组的系数矩阵 $\boldsymbol{A}$ 的秩为 2,增广矩阵 $\boldsymbol{B}$ 的秩为 3,故线性方程组无解;

(2) 当 $\lambda\neq 1,-2$ 时,线性方程组的系数矩阵与增广矩阵的秩都是 3,故线性方程组有唯一解:

$$x_1=-\frac{\lambda+1}{\lambda+2},\quad x_2=\frac{1}{\lambda+2},\quad x_3=\frac{(\lambda+1)^2}{\lambda+2};$$

(3) 当 $\lambda=1$ 时,线性方程组的系数矩阵与增广矩阵的秩都是 1,故线性方程组的同解方程组为

$$x_1+x_2+x_3=1,$$

其一般解为 $x_1=1-x_2-x_3$,其中 x_2,x_3 为自由未知量.

习 题 13-1

1. 用消元法解下列线性方程组:

(1) $\begin{cases} x_1-2x_2+3x_3-4x_4=4, \\ x_2-x_3+x_4=-3, \\ x_1+3x_2+x_4=1, \\ -7x_2+3x_3+x_4=-3; \end{cases}$　(2) $\begin{cases} 2x_1+x_2-x_3+x_4=1, \\ 3x_1-2x_2+2x_3-3x_4=2, \\ 5x_1+x_2-x_3+2x_4=-1, \\ 2x_1-x_2+x_3-3x_4=4; \end{cases}$

(3) $\begin{cases} x_1+3x_2+5x_3-4x_4=1, \\ x_1+3x_2+2x_3-2x_4+x_5=-1, \\ x_1-2x_2+x_3-x_4-x_5=3, \\ x_1-4x_2+x_3+x_4-x_5=3, \\ x_1+2x_2+x_3-x_4+x_5=-1. \end{cases}$

2. 问 λ 取何值时，线性方程组

$$\begin{cases} x_1+2x_2+\lambda x_3=2, \\ 2x_1+\dfrac{4}{3}\lambda x_2+6x_3=4, \\ \lambda x_1+6x_2+9x_3=6 \end{cases}$$

无解，有唯一解，有无穷多解？在有解时，求出其解.

3. 证明线性方程组

$$\begin{cases} x_1-x_2=a_1, \\ x_2-x_3=a_2, \\ x_3-x_4=a_3, \\ x_4-x_5=a_4, \\ x_5-x_1=a_5 \end{cases}$$

有解的充分必要条件是 $\sum\limits_{i=1}^{5}a_i=0$，并在有解的条件下，求出其解.

4. 求解齐次线性方程组

$$\begin{cases} 2x_1+3x_2-x_3+5x_4=0, \\ 3x_1-x_2+2x_3-7x_4=0, \\ 4x_1+x_2-3x_3+6x_4=0, \\ x_1-2x_2+4x_3-7x_4=0. \end{cases}$$

第二节　向量的线性关系

将消元法转化为矩阵表述，有效地解决了线性方程组的求解问题. 但是，当线性方程组有多解时，还需要研究解与解之间的关系. 为此，需要引入研究的工具——n 维向量.

一、向量的概念及运算

定义 1　n 个有次序的数 $a_1,a_2,\cdots,a_n$ 组成的数组称为 n **维向量**，记做

$$\boldsymbol{\alpha} = (a_1, a_2, \cdots, a_n),$$

且称 $a_i(i=1,2,\cdots,n)$ 为向量 $\boldsymbol{\alpha}$ 的第 i 个**分量**(或**坐标**).

向量有时也记做

$$\boldsymbol{\alpha} = \begin{bmatrix} a_1 \\ a_2 \\ \vdots \\ a_n \end{bmatrix},$$

称为**列向量**,相应地,$\boldsymbol{\alpha}=(a_1,a_2,\cdots,a_n)$ 称为**行向量**. 分量都是零的向量称为**零向量**,记做 $\boldsymbol{\theta}=(0,0,\cdots,0)$ 或 $\mathbf{0}$. 称向量 $(-a_1,-a_2,\cdots,-a_n)$ 为 n 维向量 $\boldsymbol{\alpha}=(a_1,a_2,\cdots,a_n)$ 的**负向量**,记做 $-\boldsymbol{\alpha}$.

几何上的向量可以认为是 n 维向量的特殊情形,即一维向量、二维向量及三维向量. 当 $n>3$ 时,n 维向量就没有几何意义了.

若两个 n 维向量 $\boldsymbol{\alpha}=(a_1,a_2,\cdots,a_n)$,$\boldsymbol{\beta}=(b_1,b_2,\cdots,b_n)$ 的分量对应相等,即

$$a_i = b_i \quad (i = 1,2,\cdots,n),$$

则称向量 $\boldsymbol{\alpha}$ 与 $\boldsymbol{\beta}$ **相等**,记做 $\boldsymbol{\alpha}=\boldsymbol{\beta}$.

定义 2　(1) 设 $\boldsymbol{\alpha}=(a_1,a_2,\cdots,a_n)$,$\boldsymbol{\beta}=(b_1,b_2,\cdots,b_n)$ 为 n 维向量,则称 n 维向量 $(a_1+b_1,a_2+b_2,\cdots,a_n+b_n)$ 为**向量 $\boldsymbol{\alpha}$ 与 $\boldsymbol{\beta}$ 的和**,记做 $\boldsymbol{\alpha}+\boldsymbol{\beta}$,即

$$\boldsymbol{\alpha} + \boldsymbol{\beta} = (a_1 + b_1, a_2 + b_2, \cdots, a_n + b_n).$$

由负向量即可定义向量的减法:

$$\boldsymbol{\alpha} - \boldsymbol{\beta} = \boldsymbol{\alpha} + (-\boldsymbol{\beta}) = (a_1 - b_1, a_2 - b_2, \cdots, a_n - b_n).$$

(2) 设 $\boldsymbol{\alpha}=(a_1,a_2,\cdots,a_n)$ 为 n 维向量,k 为数,则称 n 维向量 $(ka_1,ka_2,\cdots,ka_n)$ 为**数 k 与向量 $\boldsymbol{\alpha}$ 的乘积**,记做 $k\boldsymbol{\alpha}$,即

$$k\boldsymbol{\alpha} = (ka_1, ka_2, \cdots, ka_n).$$

向量的加法和数与向量的乘法统称为向量的**线性运算**,满足以下运算法则(设 $\boldsymbol{\alpha},\boldsymbol{\beta},\boldsymbol{\gamma}$ 都是 n 维向量,k,k_1,k_2 都是数):

(1) $\boldsymbol{\alpha}+\boldsymbol{\beta}=\boldsymbol{\beta}+\boldsymbol{\alpha}$;

(2) $(\boldsymbol{\alpha}+\boldsymbol{\beta})+\boldsymbol{\gamma}=\boldsymbol{\alpha}+(\boldsymbol{\beta}+\boldsymbol{\gamma})$;

(3) $k_1(k_2\boldsymbol{\alpha})=(k_1k_2)\boldsymbol{\alpha}$;

(4) $k(\boldsymbol{\alpha}+\boldsymbol{\beta})=k\boldsymbol{\alpha}+k\boldsymbol{\beta}$;

(5) $(k_1+k_2)\boldsymbol{\alpha}=k_1\boldsymbol{\alpha}+k_2\boldsymbol{\alpha}$.

二、向量的线性相关性

定义 3　设 $\boldsymbol{\alpha},\boldsymbol{\alpha}_1,\boldsymbol{\alpha}_2,\cdots,\boldsymbol{\alpha}_m$ 为 $m+1$ 个 n 维向量,如果存在 m 个数 $k_1,k_2,\cdots,k_m$,使得

$\boldsymbol{\alpha}=k_1\boldsymbol{\alpha}_1+k_2\boldsymbol{\alpha}_2+\cdots+k_m\boldsymbol{\alpha}_m$成立，则称 $\boldsymbol{\alpha}$ 是 $\boldsymbol{\alpha}_1,\boldsymbol{\alpha}_2,\cdots,\boldsymbol{\alpha}_m$ 的一个**线性组合**，或者说 $\boldsymbol{\alpha}$ 可由 $\boldsymbol{\alpha}_1,\boldsymbol{\alpha}_2,\cdots,\boldsymbol{\alpha}_m$ **线性表示**.

例 1　设三维向量 $\boldsymbol{\alpha}_1=(1,1,1)$，$\boldsymbol{\alpha}_2=(1,-2,-3)$，$\boldsymbol{\alpha}=(1,4,5)$，问 $\boldsymbol{\alpha}$ 是否可以由 $\boldsymbol{\alpha}_1$，$\boldsymbol{\alpha}_2$ 线性表示？

解　设 $\boldsymbol{\alpha}$ 可以由 $\boldsymbol{\alpha}_1,\boldsymbol{\alpha}_2$ 线性表示，那么存在一组数 k_1,k_2，有

$$\boldsymbol{\alpha}=k_1\boldsymbol{\alpha}_1+k_2\boldsymbol{\alpha}_2,$$

即

$$\begin{bmatrix}1\\4\\5\end{bmatrix}=k_1\begin{bmatrix}1\\1\\1\end{bmatrix}+k_2\begin{bmatrix}1\\-2\\-3\end{bmatrix}.$$

由向量的线性运算与向量相等的定义，可得线性方程组

$$\begin{cases}k_1+k_2=1,\\k_1-2k_2=4,\\k_1-3k_2=5.\end{cases}$$

用消元法解此线性方程组：

$$\left[\begin{array}{cc:c}1&1&1\\1&-2&4\\1&-3&5\end{array}\right]\xrightarrow[r_3-r_1]{r_2-r_1}\left[\begin{array}{cc:c}1&1&1\\0&-3&3\\0&-4&4\end{array}\right]\xrightarrow[r_3\times\frac{-1}{4}]{r_2\times\frac{-1}{3}}\left[\begin{array}{cc:c}1&1&1\\0&1&-1\\0&1&-1\end{array}\right]\xrightarrow{r_3-r_2}\left[\begin{array}{cc:c}1&1&1\\0&1&-1\\0&0&0\end{array}\right].$$

由同解方程组$\begin{cases}k_1+k_2=1,\\\qquad k_2=-1,\end{cases}$解得 $k_1=2,k_2=-1$，所以 $\boldsymbol{\alpha}$ 可以由 $\boldsymbol{\alpha}_1,\boldsymbol{\alpha}_2$ 线性表示，即

$$\boldsymbol{\alpha}=2\boldsymbol{\alpha}_1-\boldsymbol{\alpha}_2.$$

定义 4　对于由 m 个 n 维向量 $\boldsymbol{\alpha}_1,\boldsymbol{\alpha}_2,\cdots,\boldsymbol{\alpha}_m(m\geqslant1)$组成的向量组，如果存在不全为零的数 $k_1,k_2,\cdots,k_m$，使得

$$k_1\boldsymbol{\alpha}_1+k_2\boldsymbol{\alpha}_2+\cdots+k_m\boldsymbol{\alpha}_m=\boldsymbol{\theta}\tag{1}$$

成立，则称 $\boldsymbol{\alpha}_1,\boldsymbol{\alpha}_2,\cdots,\boldsymbol{\alpha}_m$ **线性相关**. 否则，称 $\boldsymbol{\alpha}_1,\boldsymbol{\alpha}_2,\cdots,\boldsymbol{\alpha}_m$ **线性无关**.

由定义 4 可得下面结论：

(1) $\boldsymbol{\alpha}_1,\boldsymbol{\alpha}_2,\cdots,\boldsymbol{\alpha}_m$ 线性无关的充分必要条件是，只有当 $k_1,k_2,\cdots,k_m$ 全为零时，等式 $k_1\boldsymbol{\alpha}_1+k_2\boldsymbol{\alpha}_2+\cdots+k_m\boldsymbol{\alpha}_m=\boldsymbol{\theta}$ 成立；

(2) 含零向量的向量组线性相关，一个向量 $\boldsymbol{\alpha}$ 线性相关等价于 $\boldsymbol{\alpha}=\boldsymbol{\theta}$；

(3) 两个 n 维向量 $\boldsymbol{\alpha}=(a_1,a_2,\cdots,a_n)$ 与 $\boldsymbol{\beta}=(b_1,b_2,\cdots,b_n)$ 线性相关的充分必要条件是，它们的分量对应成比例.

关于 m 个 n 维向量的线性相关性，有下面一些常用的定理.

定理 1　m 个 n 维向量 $\boldsymbol{\alpha}_i=(a_{i1},a_{i2},\cdots,a_{in})(i=1,2,\cdots,m)$线性相关的充分必要条件

是齐次线性方程组

$$\begin{cases}a_{11}k_1+a_{21}k_2+\cdots+a_{m1}k_m=0,\\ a_{12}k_1+a_{22}k_2+\cdots+a_{m2}k_m=0,\\ \cdots\cdots\cdots\cdots\cdots\cdots\cdots\cdots\cdots\cdots\\ a_{1n}k_1+a_{2n}k_2+\cdots+a_{mn}k_m=0\end{cases}\tag{2}$$

或

$$\begin{bmatrix}a_{11}&a_{21}&\cdots&a_{m1}\\ a_{12}&a_{22}&\cdots&a_{m2}\\ \vdots&\vdots&&\vdots\\ a_{1n}&a_{2n}&\cdots&a_{mn}\end{bmatrix}\begin{bmatrix}k_1\\ k_2\\ \vdots\\ k_m\end{bmatrix}=\begin{bmatrix}0\\ 0\\ \vdots\\ 0\end{bmatrix}\tag{3}$$

有非零解.

事实上,线性方程组(2)是(1)式的分量表达,存在不全为零的数 $k_1,k_2,\cdots,k_m$ 使(1)式成立,也就是线性方程组(2)有非零解,所以 $\boldsymbol{\alpha}_1,\boldsymbol{\alpha}_2,\cdots,\boldsymbol{\alpha}_m$ 线性相关的充分必要条件是线性方程组(2)有非零解.

推论 1　n 个 n 维向量 $\boldsymbol{\alpha}_1=(a_{11},a_{12},\cdots,a_{1n}),\boldsymbol{\alpha}_2=(a_{21},a_{22},\cdots,a_{2n}),\cdots,\boldsymbol{\alpha}_n=(a_{n1},a_{n2},\cdots,a_{nn})$ 线性相关的充分必要条件是

$$\begin{vmatrix}a_{11}&a_{12}&\cdots&a_{1n}\\ a_{21}&a_{22}&\cdots&a_{2n}\\ \vdots&\vdots&&\vdots\\ a_{n1}&a_{n2}&\cdots&a_{nn}\end{vmatrix}=0.$$

推论 2　m 个 n 维向量 $\boldsymbol{\alpha}_1=(a_{11},a_{12},\cdots,a_{1n}),\boldsymbol{\alpha}_2=(a_{21},a_{22},\cdots,a_{2n}),\cdots,\boldsymbol{\alpha}_m=(a_{m1},a_{m2},\cdots,a_{mn})$ 线性相关的充分必要条件是矩阵 $\begin{bmatrix}a_{11}&a_{21}&\cdots&a_{1n}\\ a_{12}&a_{22}&\cdots&a_{2n}\\ \vdots&\vdots&&\vdots\\ a_{m1}&a_{m2}&\cdots&a_{mn}\end{bmatrix}$ 的秩小于 m.

证　因为 $\boldsymbol{\alpha}_1,\boldsymbol{\alpha}_2,\cdots,\boldsymbol{\alpha}_m$ 线性相关的充分必要条件是方程组(2)有非零解,而由第一节定理 2 的推论(1)可知,方程组(2)有非零解的充分必要条件是其系数矩阵

$$\begin{bmatrix}a_{11}&a_{21}&\cdots&a_{m1}\\ a_{12}&a_{22}&\cdots&a_{m2}\\ \vdots&\vdots&&\vdots\\ a_{1n}&a_{2n}&\cdots&a_{mn}\end{bmatrix}$$

的秩小于未知量的个数 m.　　**证毕**

例 2　判断向量组 $\boldsymbol{\alpha}_1=(2,1,1),\boldsymbol{\alpha}_2=(1,2,-1),\boldsymbol{\alpha}_3=(-2,3,0)$ 的线性相关性.

解 由于

$$\begin{vmatrix} 2 & 1 & 1 \\ 1 & 2 & -1 \\ -2 & 3 & 0 \end{vmatrix} = 15 \neq 0,$$

所以由推论 1 知，$\boldsymbol{\alpha}_1,\boldsymbol{\alpha}_2,\boldsymbol{\alpha}_3$ 线性无关.

例 3 判断向量组 $\boldsymbol{\alpha}_1=(2,-1,7,3)$，$\boldsymbol{\alpha}_2=(1,4,11,-2)$，$\boldsymbol{\alpha}_3=(3,-6,3,8)$ 的线性相关性.

解 方法一 设 $x_1\boldsymbol{\alpha}_1+x_2\boldsymbol{\alpha}_2+x_3\boldsymbol{\alpha}_3=\boldsymbol{\theta}$，可得

$$\begin{cases} 2x_1+\ \ x_2+3x_3=0, \\ -x_1+4x_2-6x_3=0, \\ 7x_1+11x_2+3x_3=0, \\ 3x_1-2x_2+8x_3=0. \end{cases}$$

此方程组有非零解 $x_1=-2$，$x_2=1$，$x_3=1$. 故由定理 1 知，$\boldsymbol{\alpha}_1,\boldsymbol{\alpha}_2,\boldsymbol{\alpha}_3$ 线性相关.

方法二 求向量构成矩阵的秩

$$\boldsymbol{A}=\begin{bmatrix} 2 & -1 & 7 & 3 \\ 1 & 4 & 11 & -2 \\ 3 & -6 & 3 & 8 \end{bmatrix} \overset{r_1\leftrightarrow r_2}{\sim} \begin{bmatrix} 1 & 4 & 11 & -2 \\ 2 & -1 & 7 & 3 \\ 3 & -6 & 3 & 8 \end{bmatrix}$$

$$\underset{r_3-3r_1}{\overset{r_2-2r_1}{\sim}} \begin{bmatrix} 1 & 4 & 11 & -2 \\ 0 & -9 & -15 & 7 \\ 0 & -18 & -30 & 14 \end{bmatrix} \underset{r_3-2r_2}{\overset{r_2\times(-1)}{\sim}} \begin{bmatrix} 1 & 4 & 11 & -2 \\ 0 & 9 & 15 & -7 \\ 0 & 0 & 0 & 0 \end{bmatrix},$$

可知 $\mathrm{r}(\boldsymbol{A})=2<3$. 所以 $\boldsymbol{\alpha}_1,\boldsymbol{\alpha}_2,\boldsymbol{\alpha}_3$ 线性相关.

推论 3 任意 $n+1$ 个 n 维向量线性相关.

显然，齐次线性方程组(3)的系数矩阵的秩小于向量个数 $n+1$，所以推论 3 成立.

定理 2 m 个 n 维向量 $\boldsymbol{\alpha}_1,\boldsymbol{\alpha}_2,\cdots,\boldsymbol{\alpha}_m$ $(m\geqslant 2)$ 线性相关的充分必要条件是，其中至少有一个向量是其余 $m-1$ 个向量的线性组合.

证 必要性 设 $\boldsymbol{\alpha}_1,\boldsymbol{\alpha}_2,\cdots,\boldsymbol{\alpha}_m$ 线性相关，即存在不全为零的 m 个数 $k_1,k_2,\cdots,k_m$，使得

$$k_1\boldsymbol{\alpha}_1+k_2\boldsymbol{\alpha}_2+\cdots+k_m\boldsymbol{\alpha}_m=\boldsymbol{\theta}.$$

不妨设 $k_m\neq 0$，于是有

$$\boldsymbol{\alpha}_m=-\frac{k_1}{k_m}\boldsymbol{\alpha}_1-\frac{k_2}{k_m}\boldsymbol{\alpha}_2-\cdots-\frac{k_{m-1}}{k_m}\boldsymbol{\alpha}_{m-1},$$

即 $\boldsymbol{\alpha}_m$ 为 $\boldsymbol{\alpha}_1,\boldsymbol{\alpha}_2,\cdots,\boldsymbol{\alpha}_{m-1}$ 的线性组合.

充分性 不妨设 $\boldsymbol{\alpha}_m$ 为其余 $m-1$ 个向量的线性组合，即

$$\boldsymbol{\alpha}_m=k_1\boldsymbol{\alpha}_1+k_2\boldsymbol{\alpha}_2+\cdots+k_{m-1}\boldsymbol{\alpha}_{m-1},$$

移项得

$$k_1\boldsymbol{\alpha}_1+k_2\boldsymbol{\alpha}_2+\cdots+k_{m-1}\boldsymbol{\alpha}_{m-1}+(-1)\boldsymbol{\alpha}_m=\boldsymbol{\theta}.$$

显然 m 个系数不全为零，所以 $\boldsymbol{\alpha}_1,\boldsymbol{\alpha}_2,\cdots,\boldsymbol{\alpha}_m$ 线性相关. **证毕**

定理 3 若 m 个 n 维向量 $\boldsymbol{\alpha}_1,\boldsymbol{\alpha}_2,\cdots,\boldsymbol{\alpha}_m$ 线性无关，则 $\boldsymbol{\alpha}_1,\boldsymbol{\alpha}_2,\cdots,\boldsymbol{\alpha}_m$ 中任意一个部分向量组都线性无关.

证 用反证法. 不妨设 $\boldsymbol{\alpha}_1,\boldsymbol{\alpha}_2,\cdots,\boldsymbol{\alpha}_m$ 中的前 $r(r=2,3,\cdots,m)$ 个向量线性相关，即存在不全为零的数 $k_1,k_2,\cdots,k_r$，使 $k_1\boldsymbol{\alpha}_1+k_2\boldsymbol{\alpha}_2+\cdots+k_r\boldsymbol{\alpha}_r=\boldsymbol{\theta}$ 成立，于是有

$$k_1\boldsymbol{\alpha}_1+k_2\boldsymbol{\alpha}_2+\cdots+k_r\boldsymbol{\alpha}_r+0\boldsymbol{\alpha}_{r+1}+\cdots+0\boldsymbol{\alpha}_m=\boldsymbol{\theta}$$

成立，即 $\boldsymbol{\alpha}_1,\boldsymbol{\alpha}_2,\cdots,\boldsymbol{\alpha}_m$ 线性相关，与已知矛盾，故定理成立. **证毕**

定理 4 若 n 维向量组 $\boldsymbol{\alpha}_1,\boldsymbol{\alpha}_2,\cdots,\boldsymbol{\alpha}_m$ 线性无关，则在每个向量上添加 r 个分量得到的 $n+r$ 维向量组 $\boldsymbol{\beta}_1,\boldsymbol{\beta}_2,\cdots,\boldsymbol{\beta}_m$ 也线性无关.

证 设 $\boldsymbol{\alpha}_i=(a_{i1},a_{i2},\cdots,a_{in})(i=1,2,\cdots,m)$ 添加 r 个分量后所得向量 $\boldsymbol{\beta}_i=(a_{i1},a_{i2},\cdots,a_{in},a_{i,n+1},\cdots,a_{i,n+r})$，由于 $\boldsymbol{\alpha}_1,\boldsymbol{\alpha}_2,\cdots,\boldsymbol{\alpha}_m$ 线性无关，由定理 1 知，齐次线性方程组

$$\begin{cases}a_{11}k_1+a_{21}k_2+\cdots+a_{m1}k_m=0,\\ a_{12}k_1+a_{22}k_2+\cdots+a_{m2}k_m=0,\\ \cdots\cdots\cdots\cdots\cdots\cdots\cdots\cdots\\ a_{1n}k_1+a_{2n}k_2+\cdots+a_{mn}k_m=0\end{cases}\tag{4}$$

只有零解. 向量组 $\boldsymbol{\beta}_1,\boldsymbol{\beta}_2,\cdots,\boldsymbol{\beta}_m$ 的线性相关性对应的方程组为

$$\begin{cases}a_{11}k_1+a_{21}k_2+\cdots+a_{m1}k_m=0,\\ a_{12}k_1+a_{22}k_2+\cdots+a_{m2}k_m=0,\\ \cdots\cdots\cdots\cdots\cdots\cdots\cdots\cdots\\ a_{1n}k_1+a_{2n}k_2+\cdots+a_{mn}k_m=0,\\ a_{1,n+1}k_1+a_{2,n+1}k_2+\cdots+a_{m,n+1}k_m=0,\\ \cdots\cdots\cdots\cdots\cdots\cdots\cdots\cdots\\ a_{1,n+r}k_1+a_{2,n+r}k_2+\cdots+a_{m,n+r}k_m=0.\end{cases}\tag{5}$$

因为方程组(5)的解必是方程组(4)的解，而方程组(4)只有零解，所以方程组(5)只有零解，故 $\boldsymbol{\beta}_1,\boldsymbol{\beta}_2,\cdots,\boldsymbol{\beta}_m$ 线性无关. **证毕**

值得注意的是，定理 4 的逆命题不成立. 例如，$\boldsymbol{\beta}_1=(1,2,1)$，$\boldsymbol{\beta}_2=(2,4,3)$ 线性无关，去掉最后一个分量得 $\boldsymbol{\alpha}_1=(1,2)$，$\boldsymbol{\alpha}_2=(2,4)$，但 $\boldsymbol{\alpha}_1,\boldsymbol{\alpha}_2$ 却线性相关.

定理 5 若 n 维向量组 $\boldsymbol{\alpha}_1,\boldsymbol{\alpha}_2,\cdots,\boldsymbol{\alpha}_m$ 线性无关，而 n 维向量组 $\boldsymbol{\alpha}_1,\boldsymbol{\alpha}_2,\cdots,\boldsymbol{\alpha}_m,\boldsymbol{\beta}$ 线性相关，则 $\boldsymbol{\beta}$ 一定能由 $\boldsymbol{\alpha}_1,\boldsymbol{\alpha}_2,\cdots,\boldsymbol{\alpha}_m$ 线性表示，且表示式是唯一的.

证 因为 $\boldsymbol{\alpha}_1,\boldsymbol{\alpha}_2,\cdots,\boldsymbol{\alpha}_m,\boldsymbol{\beta}$ 线性相关，即存在不全为零的数 $k_1,k_2,\cdots,k_m,k$，使得

$$k_1\boldsymbol{\alpha}_1+k_2\boldsymbol{\alpha}_2+\cdots+k_m\boldsymbol{\alpha}_m+k\boldsymbol{\beta}=\boldsymbol{\theta}.\tag{6}$$

若 $k=0$，(6)式为 $k_1\boldsymbol{\alpha}_1+k_2\boldsymbol{\alpha}_2+\cdots+k_m\boldsymbol{\alpha}_m=\boldsymbol{\theta}$，其中 $k_1,k_2,\cdots,k_m$ 不全为零，即 $\boldsymbol{\alpha}_1,\boldsymbol{\alpha}_2,\cdots,\boldsymbol{\alpha}_m$ 线性相关，与已知矛盾，所以 $k\neq0$. 于是，由(6)式得

$$\boldsymbol{\beta}=\left(\frac{-k_1}{k}\right)\boldsymbol{\alpha}_1+\left(\frac{-k_2}{k}\right)\boldsymbol{\alpha}_2+\cdots+\left(\frac{-k_m}{k}\right)\boldsymbol{\alpha}_m,$$

即 $\boldsymbol{\beta}$ 可以由 $\boldsymbol{\alpha}_1,\boldsymbol{\alpha}_2,\cdots,\boldsymbol{\alpha}_m$ 线性表示.

再证表示式是唯一的，若

$$\boldsymbol{\beta}=t_1\boldsymbol{\alpha}_1+t_2\boldsymbol{\alpha}_2+\cdots+t_m\boldsymbol{\alpha}_m,$$
$$\boldsymbol{\beta}=l_1\boldsymbol{\alpha}_1+l_2\boldsymbol{\alpha}_2+\cdots+l_m\boldsymbol{\alpha}_m,$$

两式相减得

$$(l_1-t_1)\boldsymbol{\alpha}_1+(l_2-t_2)\boldsymbol{\alpha}_2+\cdots+(l_m-t_m)\boldsymbol{\alpha}_m=\boldsymbol{\theta}.$$

由于 $\boldsymbol{\alpha}_1,\boldsymbol{\alpha}_2,\cdots,\boldsymbol{\alpha}_m$ 线性无关，所以必有

$$l_1-t_1=l_2-t_2=\cdots=l_m-t_m=0,$$

即 $l_1=t_1,l_2=t_2,\cdots,l_m=t_m$，这表明 $\boldsymbol{\beta}$ 的表示式唯一. **证毕**

定义 5 设 $\boldsymbol{\alpha}_1,\boldsymbol{\alpha}_2,\cdots,\boldsymbol{\alpha}_m$ 为一个向量组 I 中的 m 个向量，如果

(1) $\boldsymbol{\alpha}_1,\boldsymbol{\alpha}_2,\cdots,\boldsymbol{\alpha}_m$ 线性无关；

(2) 向量组 I 中任一向量都可以由 $\boldsymbol{\alpha}_1,\boldsymbol{\alpha}_2,\cdots,\boldsymbol{\alpha}_m$ 线性表示，

则称 $\boldsymbol{\alpha}_1,\boldsymbol{\alpha}_2,\cdots,\boldsymbol{\alpha}_m$ 是该向量组 I 的一个**极大无关组**，m 称为向量组 I 的**秩**，记为 $\mathrm{r(I)}=m$.

例 4 讨论 n 维向量组 $\boldsymbol{e}_1=(1,0,\cdots,0),\boldsymbol{e}_2=(0,1,\cdots,0),\cdots,\boldsymbol{e}_n=(0,0,\cdots,1)$ 及 n 维向量组 $\boldsymbol{e}_1,\boldsymbol{e}_2,\cdots,\boldsymbol{e}_n,\boldsymbol{\alpha}=(a_1,a_2,\cdots,a_n)$ 的线性相关性.

解 因为

$$\begin{vmatrix}1&0&\cdots&0\\0&1&\cdots&0\\\vdots&\vdots&\ddots&\vdots\\0&0&\cdots&1\end{vmatrix}=1\neq0,$$

所以由推论 1 知，向量组 $\boldsymbol{e}_1,\boldsymbol{e}_2,\cdots,\boldsymbol{e}_n$ 线性无关. 而向量组 $\boldsymbol{e}_1,\boldsymbol{e}_2,\cdots,\boldsymbol{e}_n,\boldsymbol{\alpha}$ 为 $n+1$ 个 n 维向量，所以由推论 3 知该向量组线性相关.

由例 4 知，$\boldsymbol{e}_1,\boldsymbol{e}_2,\cdots,\boldsymbol{e}_n$ 为全体 n 维向量构成的向量组的一个极大无关组，且任意一个 n 维向量 $\boldsymbol{\alpha}=(a_1,a_2,\cdots,a_n)$ 可以表示为

$$\boldsymbol{\alpha}=a_1\boldsymbol{e}_1+a_2\boldsymbol{e}_2+\cdots+a_n\boldsymbol{e}_n.$$

例 5 向量组 $\boldsymbol{\alpha}_1=(3,2,1,1),\boldsymbol{\alpha}_2=(1,2,-3,2),\boldsymbol{\alpha}_3=(4,4,-2,3)$ 中，$\boldsymbol{\alpha}_1,\boldsymbol{\alpha}_2$ 是它的一个极大无关组；$\boldsymbol{\alpha}_1,\boldsymbol{\alpha}_3$ 也是它的一个极大无关组.

由例 5 知，一个向量组的极大无关组不唯一，但极大无关组所含向量个数相等. 下面给

出求极大无关组的方法：

设 $\boldsymbol{\alpha}_1=(a_{11},a_{12},\cdots,a_{1n}),\boldsymbol{\alpha}_2=(a_{21},a_{22},\cdots,a_{2n}),\cdots,\boldsymbol{\alpha}_m=(a_{m1},a_{m2},\cdots,a_{mn})$，

(1) 用向量 $\boldsymbol{\alpha}_1,\boldsymbol{\alpha}_2,\cdots,\boldsymbol{\alpha}_m$ 的分量构造矩阵

$$\boldsymbol{A}=\begin{bmatrix} a_{11} & a_{12} & \cdots & a_{1n} \\ a_{21} & a_{22} & \cdots & a_{2n} \\ \vdots & \vdots & & \vdots \\ a_{m1} & a_{m2} & \cdots & a_{mn} \end{bmatrix};$$

(2) 利用初等行变换求 $\boldsymbol{A}$ 的秩，并设

$$\mathrm{r}(\boldsymbol{A})=r,$$

则 $\boldsymbol{A}$ 中 $D_r\neq 0$ 的 r 阶子式所在行的这些向量即为该向量组的一个极大无关组.

例 6 求向量组 $\boldsymbol{\alpha}_1=(1,-1,2,3),\boldsymbol{\alpha}_2=(3,-7,8,9),\boldsymbol{\alpha}_3=(-1,-3,0,-3),\boldsymbol{\alpha}_4=(1,-9,6,3)$ 的一个极大无关组.

解 用 $\boldsymbol{\alpha}_1,\boldsymbol{\alpha}_2,\boldsymbol{\alpha}_3,\boldsymbol{\alpha}_4$ 的分量构造矩阵 $\boldsymbol{A}$，并进行初等行变换：

$$\boldsymbol{A}=\begin{bmatrix} 1 & -1 & 2 & 3 \\ 3 & -7 & 8 & 9 \\ -1 & -3 & 0 & -3 \\ 1 & -9 & 6 & 3 \end{bmatrix} \xrightarrow[r_4-r_1]{\substack{r_2-3r_1\\ r_3+r_1}} \begin{bmatrix} 1 & -1 & 2 & 3 \\ 0 & -4 & 2 & 0 \\ 0 & -4 & 2 & 0 \\ 0 & -8 & 4 & 0 \end{bmatrix} \xrightarrow[r_4-2r_2]{r_3-r_2} \begin{bmatrix} 1 & -1 & 2 & 3 \\ 0 & -4 & 2 & 0 \\ 0 & 0 & 0 & 0 \\ 0 & 0 & 0 & 0 \end{bmatrix},$$

所以 $\mathrm{r}(\boldsymbol{A})=2$，$\boldsymbol{A}$ 的二阶子式

$$D_2=\begin{vmatrix} 1 & -1 \\ 3 & -7 \end{vmatrix}\neq 0,$$

它所在行的向量为 $\boldsymbol{\alpha}_1,\boldsymbol{\alpha}_2$，于是 $\boldsymbol{\alpha}_1,\boldsymbol{\alpha}_2$ 就是这个向量组的一个极大无关组.

习 题 13-2

1. 设 $\boldsymbol{\alpha}=(1,0,-1,2),\boldsymbol{\beta}=(3,2,4,-1)$，计算 $5\boldsymbol{\alpha}+4\boldsymbol{\beta}$.

2. 设 $\boldsymbol{\alpha}=(6,-2,0,4),\boldsymbol{\beta}=(-3,1,5,7)$，求向量 $\boldsymbol{\gamma}$，使得 $2\boldsymbol{\alpha}+\boldsymbol{\gamma}=3\boldsymbol{\beta}$.

3. 设 $\boldsymbol{\beta}=(0,0,0,1),\boldsymbol{\alpha}_1=(1,1,0,1),\boldsymbol{\alpha}_2=(2,1,3,1),\boldsymbol{\alpha}_3=(1,1,0,0),\boldsymbol{\alpha}_4=(0,1,-1,-1)$，试将 $\boldsymbol{\beta}$ 表示为 $\boldsymbol{\alpha}_1,\boldsymbol{\alpha}_2,\boldsymbol{\alpha}_3,\boldsymbol{\alpha}_4$ 的线性组合.

4. 判别下列向量组的线性相关性：

(1) $\boldsymbol{\alpha}_1=(1,1,1),\boldsymbol{\alpha}_2=(1,2,3),\boldsymbol{\alpha}_3=(1,3,6)$；

(2) $\boldsymbol{\alpha}_1=(1,2,1,-2),\boldsymbol{\alpha}_2=(2,-1,1,3),\boldsymbol{\alpha}_3=(1,-1,2,-1),\boldsymbol{\alpha}_4=(2,1,-3,1)$.

5. 求下列向量组的一个极大无关组：

(1) $\boldsymbol{\alpha}_1=(2,1,3,-1),\boldsymbol{\alpha}_2=(3,-1,2,0),\boldsymbol{\alpha}_3=(1,3,4,-2),\boldsymbol{\alpha}_4=(4,-3,1,1)$；

(2) $\boldsymbol{\alpha}_1=(1,1,1,1),\boldsymbol{\alpha}_2=(1,1,-1,-1),\boldsymbol{\alpha}_3=(1,-1,-1,1),\boldsymbol{\alpha}_4=(-1,-1,-1,1)$.

第三节　线性方程组解的结构

有了上一节的知识,我们就可以探讨线性方程组解与解之间的关系,即线性方程组的任意一个解是否可以用有限个解来线性表示的问题.

一、齐次线性方程组

设有齐次线性方程组

$$\begin{cases} a_{11}x_1 + a_{12}x_2 + \cdots + a_{1n}x_n = 0, \\ a_{21}x_1 + a_{22}x_2 + \cdots + a_{2n}x_n = 0, \\ \cdots\cdots\cdots\cdots\cdots\cdots\cdots\cdots \\ a_{m1}x_1 + a_{m2}x_2 + \cdots + a_{mn}x_n = 0, \end{cases} \tag{1}$$

若令

$$\boldsymbol{A} = \begin{bmatrix} a_{11} & a_{12} & \cdots & a_{1n} \\ a_{21} & a_{22} & \cdots & a_{2n} \\ \vdots & \vdots & & \vdots \\ a_{m1} & a_{m2} & \cdots & a_{mn} \end{bmatrix}, \quad \boldsymbol{x} = \begin{bmatrix} x_1 \\ x_2 \\ \vdots \\ x_n \end{bmatrix}①, \quad \boldsymbol{\theta} = \begin{bmatrix} 0 \\ 0 \\ \vdots \\ 0 \end{bmatrix},$$

则齐次线性方程组(1)可以写成

$$\boldsymbol{Ax} = \boldsymbol{\theta}. \tag{2}$$

我们可以将方程组(1)的解 $x_1,x_2,\cdots,x_n$ 写成向量 $\boldsymbol{x}=(x_1,x_2,\cdots,x_n)^{\mathrm{T}}$,称为方程组(1)的**解向量**. 齐次线性方程组(1)的解向量具有以下性质.

性质 1　若 $\boldsymbol{\xi}_1,\boldsymbol{\xi}_2$ 为齐次线性方程组(1)的两个解向量,则 $\boldsymbol{\xi}_1+\boldsymbol{\xi}_2$ 也是(1)的解向量.

证　$\boldsymbol{A}(\boldsymbol{\xi}_1+\boldsymbol{\xi}_2)=\boldsymbol{A}\boldsymbol{\xi}_1+\boldsymbol{A}\boldsymbol{\xi}_2=\boldsymbol{\theta}+\boldsymbol{\theta}=\boldsymbol{\theta}$,所以 $\boldsymbol{\xi}_1+\boldsymbol{\xi}_2$ 是(1)的解向量.

性质 2　若 $\boldsymbol{\xi}$ 是齐次线性方程组(1)的解向量,k 为数,则 $k\boldsymbol{\xi}$ 也是(1)的解向量.

证　$\boldsymbol{A}(k\boldsymbol{\xi})=k(\boldsymbol{A}\boldsymbol{\xi})=k\boldsymbol{\theta}=\boldsymbol{\theta}$,所以 $k\boldsymbol{\xi}$ 是(1)的解向量.

由性质 1,2 知,齐次线性方程组(1)的有限个解向量的线性组合仍是(1)的解向量. 我们自然要问:齐次线性方程组(1)的任意一个解向量是否可以用有限个解向量线性表示?为此引入下面的定义.

定义 1　设 $\boldsymbol{\xi}_1,\boldsymbol{\xi}_2,\cdots,\boldsymbol{\xi}_k$ 是齐次线性方程组(1)的 k 个解向量,如果

(1) $\boldsymbol{\xi}_1,\boldsymbol{\xi}_2,\cdots,\boldsymbol{\xi}_k$ 线性无关;

(2) 方程组(1)的任意一个解向量都是 $\boldsymbol{\xi}_1,\boldsymbol{\xi}_2,\cdots,\boldsymbol{\xi}_k$ 的线性组合,

---

①　为便于运算,本节中的向量均表示为列向量.

则称 $\boldsymbol{\xi}_1,\boldsymbol{\xi}_2,\cdots,\boldsymbol{\xi}_k$ 为方程组(1)的一个**基础解系**.

定理 1　设齐次线性方程组(1)的系数矩阵的秩 $\mathrm{r}(\boldsymbol{A})=r$,则

(1) 当 $r=n$ 时,方程组(1)只有零解,从而方程组(1)无基础解系;

(2) 当 $r<n$ 时,方程组(1)除零解外,还有非零解,从而方程组(1)有基础解系,且基础解系包含 $n-r$ 个解向量.

证　因为 $\mathrm{r}(\boldsymbol{A})=r$,所以利用消元法可以得到方程组(1)的同解方程组,不妨设为

$$\begin{cases} c_{11}x_1+c_{12}x_2+\cdots+c_{1r}x_r=-c_{1,r+1}x_{r+1}-\cdots-c_{1n}x_n, \\ \qquad\quad c_{22}x_2+\cdots+c_{2r}x_r=-c_{2,r+1}x_{r+1}-\cdots-c_{2n}x_n, \\ \qquad\qquad\cdots\cdots\cdots\cdots\cdots\cdots\cdots\cdots \\ \qquad\qquad\qquad c_{rr}x_r=-c_{r,r+1}x_{r+1}-\cdots-c_{rn}x_n, \end{cases} \tag{3}$$

其中 $c_{ii}\neq 0(i=1,2,\cdots,r)$.

当 $r=n$ 时,方程组(3)只有零解,从而方程组(1)无基础解系.

当 $r<n$ 时,方程组(3)有无穷多解,一般解中包含 $n-r$ 个自由未知量 $x_{r+1},x_{r+2},\cdots,x_n$. 为求出基础解系,在方程组(3)中可以分别取

$$\begin{bmatrix} x_{r+1} \\ x_{r+2} \\ \vdots \\ x_n \end{bmatrix}=\begin{bmatrix} 1 \\ 0 \\ \vdots \\ 0 \end{bmatrix},\begin{bmatrix} 0 \\ 1 \\ \vdots \\ 0 \end{bmatrix},\cdots,\begin{bmatrix} 0 \\ 0 \\ \vdots \\ 1 \end{bmatrix}, \tag{4}$$

即 $n-r$ 个 $n-r$ 维向量,由此可以得方程组(3)的 $n-r$ 个解. 设这 $n-r$ 个解依次为

$$\begin{bmatrix} x_1 \\ x_2 \\ \vdots \\ x_r \end{bmatrix}=\begin{bmatrix} b_{11} \\ b_{21} \\ \vdots \\ b_{r1} \end{bmatrix},\begin{bmatrix} b_{12} \\ b_{22} \\ \vdots \\ b_{r2} \end{bmatrix},\cdots,\begin{bmatrix} b_{1,n-r} \\ b_{2,n-r} \\ \vdots \\ b_{r,n-r} \end{bmatrix}. \tag{5}$$

从而得到方程组(1)的 $n-r$ 个解

$$\boldsymbol{\xi}_1=\begin{bmatrix} b_{11} \\ \vdots \\ b_{r1} \\ 1 \\ 0 \\ \vdots \\ 0 \end{bmatrix},\quad \boldsymbol{\xi}_2=\begin{bmatrix} b_{12} \\ \vdots \\ b_{r2} \\ 0 \\ 1 \\ \vdots \\ 0 \end{bmatrix},\quad \cdots,\quad \boldsymbol{\xi}_{n-r}=\begin{bmatrix} b_{1,n-r} \\ \vdots \\ b_{r,n-r} \\ 0 \\ 0 \\ \vdots \\ 1 \end{bmatrix}. \tag{6}$$

由于(4)中向量组线性无关,根据第二节定理 4,该向量组的每个向量添加 r 个分量后,所得 $n-r$ 个 n 维向量 $\boldsymbol{\xi}_1,\boldsymbol{\xi}_2,\cdots,\boldsymbol{\xi}_{n-r}$ 也线性无关.

下面证明,齐次线性方程组(1)的任一解 $\boldsymbol{\xi}=(\lambda_1,\lambda_2,\cdots,\lambda_r,\lambda_{r+1},\cdots,\lambda_n)^{\mathrm{T}}$ 都可以由 $\boldsymbol{\xi}_1$, $\boldsymbol{\xi}_2,\cdots,\boldsymbol{\xi}_{n-r}$ 线性表示.

作向量 $\boldsymbol{\eta}=\lambda_{r+1}\boldsymbol{\xi}_1+\lambda_{r+2}\boldsymbol{\xi}_2+\cdots+\lambda_n\boldsymbol{\xi}_{n-r}$,由齐次线性方程组解的性质知,$\boldsymbol{\eta}$ 是方程组(1)的解向量.

比较 $\boldsymbol{\xi}$ 与 $\boldsymbol{\eta}$,显然它们的后 $n-r$ 个分量对应相等,由克拉默法则知,方程组(3)的任一解的前 r 个分量是由它的后 $n-r$ 个分量唯一决定的,因此 $\boldsymbol{\xi}$ 与 $\boldsymbol{\eta}$ 的前 r 个分量也对应相等,即 $\boldsymbol{\xi}=\boldsymbol{\eta}$,从而

$$\boldsymbol{\xi}=\lambda_{r+1}\boldsymbol{\xi}_1+\lambda_{r+2}\boldsymbol{\xi}_2+\cdots+\lambda_n\boldsymbol{\xi}_{n-r}. \tag{$*$}$$

综上所述:(6)中,$\boldsymbol{\xi}_1,\boldsymbol{\xi}_2,\cdots,\boldsymbol{\xi}_{n-r}$ 是齐次线性方程组(1)的一个基础解系. **证毕**

注　($*$)式为齐次线性方程组(1)的**通解**或**一般解**.

例 1　求齐次线性方程组 $\begin{cases}x_1+x_2-3x_3-x_4=0,\\3x_1-x_2-3x_3+4x_4=0,\\x_1+5x_2-9x_3-8x_4=0\end{cases}$ 的一个基础解系,并求出一般解向量.

解　用初等行变换将方程组的系数矩阵化为行阶梯形矩阵

$$\begin{bmatrix}1&1&-3&-1\\3&-1&-3&4\\1&5&-9&-8\end{bmatrix}\xrightarrow[r_3-r_1]{r_2-3r_1}\begin{bmatrix}1&1&-3&-1\\0&-4&6&7\\0&4&-6&-7\end{bmatrix}\xrightarrow{r_3+r_2}\begin{bmatrix}1&1&-3&-1\\0&-4&6&7\\0&0&0&0\end{bmatrix}.$$

可见,$\mathrm{r}(\boldsymbol{A})=2$,原齐次线性方程组的同解方程组为

$$\begin{cases}x_1+x_2-3x_3-x_4=0,\\-4x_2+6x_3+7x_4=0,\end{cases}$$

即

$$\begin{cases}x_1=\dfrac{3}{2}x_3-\dfrac{3}{4}x_4,\\[2mm]x_2=\dfrac{3}{2}x_3+\dfrac{7}{4}x_4\end{cases}\quad(x_3,x_4\text{ 为自由未知量}).$$

分别取

$$\begin{bmatrix}x_3\\x_4\end{bmatrix}=\begin{bmatrix}1\\0\end{bmatrix},\begin{bmatrix}0\\1\end{bmatrix},$$

得

$$\begin{bmatrix}x_1\\x_2\end{bmatrix}=\begin{bmatrix}\dfrac{3}{2}\\[2mm]\dfrac{3}{2}\end{bmatrix},\begin{bmatrix}-\dfrac{3}{4}\\[2mm]\dfrac{7}{4}\end{bmatrix},$$

由此得基础解系 $\boldsymbol{\xi}_1=(3/2,3/2,1,0)^{\mathrm{T}}$，$\boldsymbol{\xi}_2=(-3/4,7/4,0,1)^{\mathrm{T}}$，一般解为

$$\boldsymbol{\xi}_1 = k_1\boldsymbol{\xi}_1 + k_2\boldsymbol{\xi}_2,\ \text{其中 } k_1, k_2 \text{ 为任意常数}.$$

例 2 求齐次线性方程组
$$\begin{cases} x_1+x_2+x_3+x_4+x_5=0, \\ 3x_1+2x_2+x_3-3x_5=0, \\ x_2+2x_3+3x_4+6x_5=0, \\ 5x_1+4x_2+3x_3+2x_4+6x_5=0 \end{cases}$$
的一个基础解系.

解 利用初等行变换将方程组的系数矩阵化为行阶梯形矩阵

$$\begin{bmatrix} 1 & 1 & 1 & 1 & 1 \\ 3 & 2 & 1 & 0 & -3 \\ 0 & 1 & 2 & 3 & 6 \\ 5 & 4 & 3 & 2 & 6 \end{bmatrix} \underset{r_4-5r_1}{\overset{r_2-3r_1}{\sim}} \begin{bmatrix} 1 & 1 & 1 & 1 & 1 \\ 0 & -1 & -2 & -3 & -6 \\ 0 & 1 & 2 & 3 & 6 \\ 0 & -1 & -2 & -3 & 1 \end{bmatrix}$$

$$\underset{r_2\times(-1)}{\overset{\substack{r_3+r_2 \\ r_4-r_2}}{\sim}} \begin{bmatrix} 1 & 1 & 1 & 1 & 1 \\ 0 & 1 & 2 & 3 & 6 \\ 0 & 0 & 0 & 0 & 0 \\ 0 & 0 & 0 & 0 & 7 \end{bmatrix} \underset{r_3\leftrightarrow r_4}{\overset{r_4\times\frac{1}{7}}{\sim}} \begin{bmatrix} 1 & 1 & 1 & 1 & 1 \\ 0 & 1 & 2 & 3 & 6 \\ 0 & 0 & 0 & 0 & 1 \\ 0 & 0 & 0 & 0 & 0 \end{bmatrix}.$$

于是，$\mathrm{r}(\boldsymbol{A})=3$，与原方程组同解的方程组为

$$\begin{cases} x_1+x_2+x_3+x_4+x_5=0, \\ x_2+2x_3+3x_4+6x_5=0, \\ x_5=0, \end{cases}$$

即

$$\begin{cases} x_1+x_2+x_5=-x_3-x_4, \\ x_2+6x_5=-2x_3-3x_4, \\ x_5=0. \end{cases}$$

分别取

$$\begin{bmatrix} x_3 \\ x_4 \end{bmatrix}=\begin{bmatrix} 1 \\ 0 \end{bmatrix},\begin{bmatrix} 0 \\ 1 \end{bmatrix},$$

得

$$\begin{bmatrix} x_1 \\ x_2 \end{bmatrix}=\begin{bmatrix} 1 \\ -2 \end{bmatrix},\begin{bmatrix} 2 \\ -3 \end{bmatrix},$$

于是得原方程组的一个基础解系 $\boldsymbol{\xi}_1=(1,-2,1,0,0)^{\mathrm{T}}$，$\boldsymbol{\xi}_2=(2,-3,0,1,0)^{\mathrm{T}}$.

二、非齐次线性方程组

对于非齐次线性方程组

$$\begin{cases} a_{11}x_1 + a_{12}x_2 + \cdots + a_{1n}x_n = b_1, \\ a_{21}x_1 + a_{22}x_2 + \cdots + a_{2n}x_n = b_2, \\ \cdots\cdots\cdots\cdots\cdots\cdots \\ a_{m1}x_1 + a_{m2}x_2 + \cdots + a_{mn}x_n = b_m, \end{cases} \tag{7}$$

令

$$\boldsymbol{A} = \begin{bmatrix} a_{11} & a_{12} & \cdots & a_{1n} \\ a_{21} & a_{22} & \cdots & a_{2n} \\ \vdots & \vdots & & \vdots \\ a_{m1} & a_{m2} & \cdots & a_{mn} \end{bmatrix}, \quad \boldsymbol{x} = \begin{bmatrix} x_1 \\ x_2 \\ \vdots \\ x_n \end{bmatrix}, \quad \boldsymbol{b} = \begin{bmatrix} b_1 \\ b_2 \\ \vdots \\ b_m \end{bmatrix},$$

非齐次线性方程组(7)可以写成

$$\boldsymbol{Ax} = \boldsymbol{b}. \tag{8}$$

非齐次线性方程组(7)对应的齐次线性方程组(1)可以写成

$$\boldsymbol{Ax} = \boldsymbol{\theta}. \tag{9}$$

方程组(8)与对应的齐次方程组(9)的解有着密切联系，即有如下性质.

性质 3　设 $\boldsymbol{\eta}_1$ 及 $\boldsymbol{\eta}_2$ 是非齐次线性方程组(8)的解，则 $\boldsymbol{\eta}_1 - \boldsymbol{\eta}_2$ 为对应的齐次线性方程组(9)的解.

证　因为 $\boldsymbol{A}(\boldsymbol{\eta}_1 - \boldsymbol{\eta}_2) = \boldsymbol{A\eta}_1 - \boldsymbol{A\eta}_2 = \boldsymbol{b} - \boldsymbol{b} = \boldsymbol{\theta}$，所以 $\boldsymbol{\eta}_1 - \boldsymbol{\eta}_2$ 是齐次线性方程组(9)的解.

定理 2　设非齐次线性方程组(8)的某一特解为 $\boldsymbol{\xi}_0$，对应的齐次线性方程组(9)的通解为 $\boldsymbol{\xi}$，则方程组(8)的任意一个解 $\boldsymbol{x}$(即**通解**)可以表示成 $\boldsymbol{x} = \boldsymbol{\xi} + \boldsymbol{\xi}_0$.

证　因为 $\boldsymbol{x}, \boldsymbol{\xi}_0$ 为(8)的解，所以由性质 3 知，$\boldsymbol{x} - \boldsymbol{\xi}_0$ 为(9)的解. 令 $\boldsymbol{\xi} = \boldsymbol{x} - \boldsymbol{\xi}_0$，即可得

$$\boldsymbol{x} = \boldsymbol{\xi} + \boldsymbol{\xi}_0.$$

所以定理 2 成立.　**证毕**

推论　在非齐次线性方程组(7)有解的条件下，解唯一的充分必要条件是，它对应的齐次线性方程组(9)只有零解.

例 3　求非齐次线性方程组 $\begin{cases} x_1 + x_2 + x_3 + x_4 + x_5 = 2, \\ 2x_1 + 3x_2 + x_3 + x_4 - 3x_5 = 0, \\ 4x_1 + 5x_2 + 3x_3 + 3x_4 - x_5 = 4, \\ x_1 \qquad\quad + 2x_3 + 2x_4 + 6x_5 = 6 \end{cases}$ 的通解.

解　利用初等行变换将方程组的增广矩阵化为行阶梯形矩阵

$$\left[\begin{array}{ccccc:c} 1 & 1 & 1 & 1 & 1 & 2 \\ 2 & 3 & 1 & 1 & -3 & 0 \\ 4 & 5 & 3 & 3 & -1 & 4 \\ 1 & 0 & 2 & 2 & 6 & 6 \end{array}\right] \underset{r_4 - r_1}{\overset{\substack{r_2 - 2r_1 \\ r_3 - 4r_1}}{\sim}} \left[\begin{array}{ccccc:c} 1 & 1 & 1 & 1 & 1 & 2 \\ 0 & 1 & -1 & -1 & -5 & -4 \\ 0 & 1 & -1 & -1 & -5 & -4 \\ 0 & -1 & 1 & 1 & 5 & 4 \end{array}\right]$$

$$\xrightarrow[r_4+r_2]{r_3-r_2}\left[\begin{array}{ccccc:c}1&1&1&1&1&2\\0&1&-1&-1&-5&-4\\0&0&0&0&0&0\\0&0&0&0&0&0\end{array}\right].$$

先求原方程组的一个特解. 由最后一个矩阵知,原方程组的同解方程组为

$$\begin{cases}x_1+x_2+x_3+x_4+\ \ x_5=2,\\ \qquad\ \ x_2-x_3-x_4-5x_5=-4.\end{cases}$$

令 $x_3=x_4=x_5=0$,代入上面同解方程组中得 $x_1=6,x_2=-4$. 于是得原方程组的一个特解 $\boldsymbol{\xi}_0=(6,-4,0,0,0)^{\mathrm{T}}$.

再求原方程组对应的齐次线性方程组的基础解系,齐次线性方程组的同解方程组为

$$\begin{cases}x_1+x_2+x_3+x_4+\ \ x_5=0,\\ \qquad\ \ x_2-x_3-x_4-5x_5=0.\end{cases}$$

以 x_3,x_4,x_5 为自由未知量,得

$$\begin{cases}x_1+x_2=-x_3-x_4-x_5,\\ \qquad\ \ x_2=\ \ x_3+x_4+5x_5.\end{cases}$$

分别取

$$\begin{bmatrix}x_3\\x_4\\x_5\end{bmatrix}=\begin{bmatrix}1\\0\\0\end{bmatrix},\begin{bmatrix}0\\1\\0\end{bmatrix},\begin{bmatrix}0\\0\\1\end{bmatrix},$$

得

$$\begin{bmatrix}x_1\\x_2\end{bmatrix}=\begin{bmatrix}-2\\1\end{bmatrix},\begin{bmatrix}-2\\1\end{bmatrix},\begin{bmatrix}-6\\5\end{bmatrix}.$$

于是得对应的齐次线性方程组的基础解系为 $\boldsymbol{\xi}_1=(-2,1,1,0,0)^{\mathrm{T}}$, $\boldsymbol{\xi}_2=(-2,1,0,1,0)^{\mathrm{T}}$, $\boldsymbol{\xi}_3=(-6,5,0,0,1)^{\mathrm{T}}$,所以原方程组的通解为

$$\boldsymbol{x}=\boldsymbol{\xi}_0+k_1\boldsymbol{\xi}_1+k_2\boldsymbol{\xi}_2+k_3\boldsymbol{\xi}_3,\quad 其中\ k_1,k_2,k_3\ 为任意常数.$$

习 题 13-3

1. 求下列齐次线性方程组的一个基础解系:

(1) $\begin{cases}x_1-2x_2+3x_3-4x_4=0,\\ \qquad\ x_2-\ x_3+\ x_4=0,\\ x_1+3x_2\qquad\ \ -3x_4=0,\\ x_1-4x_2+3x_3-2x_4=0;\end{cases}$

(2) $\begin{cases}2x_1-4x_2+\ 5x_3+\ 3x_4=0,\\ 3x_1-6x_2+\ 4x_3+\ 2x_4=0,\\ 4x_1-8x_2+17x_3+11x_4=0.\end{cases}$

2. 求下列非齐次线性方程组的一般解：

(1) $\begin{cases} 2x_1+x_2-x_3+x_4=1, \\ x_1+2x_2+x_3-x_4=2, \\ x_1+x_2+2x_3+x_4=3; \end{cases}$　　(2) $\begin{cases} -3x_1+x_2-4x_3+2x_4=-5, \\ x_1-5x_2+2x_3-3x_4=11, \\ -x_1-9x_2-4x_4=17, \\ 5x_1+3x_2+6x_3-x_4=-1. \end{cases}$

3. 设向量 $\boldsymbol{\alpha}_1,\boldsymbol{\alpha}_2,\boldsymbol{\alpha}_3$ 是某个齐次线性方程组的基础解系，试问向量 $\boldsymbol{\alpha}_1+\boldsymbol{\alpha}_2,\boldsymbol{\alpha}_2+\boldsymbol{\alpha}_3,\boldsymbol{\alpha}_3+\boldsymbol{\alpha}_1$ 是否也是它的基础解系？

4. 设 $\boldsymbol{\eta}_1,\cdots,\boldsymbol{\eta}_s$ 是非齐次线性方程组

$$\boldsymbol{Ax}=\boldsymbol{b}$$

的 s 个解向量，且 $k_1+\cdots+k_s=1$（$k_1,\cdots,k_s$ 为实数），试证明

$$\boldsymbol{x}=k_1\boldsymbol{\eta}_1+k_2\boldsymbol{\eta}_2+\cdots+k_s\boldsymbol{\eta}_s$$

也是方程组的解向量.

第五篇　概　率　论

人类社会和自然界所发生的现象多种多样，其中有一类称为**必然现象**，其规律是，只要具备一定条件，某确定的现象一定发生（或一定不发生）；而另一类现象是，在一定条件下，这类现象可能发生，也可能不发生，我们称这类现象为**随机现象**.

概率论与数理统计就是研究和揭示随机现象的统计规律的一门数学学科. 随着科学技术的不断发展，概率论与数理统计已被广泛地运用到了各个科学分支、工农业生产和国民经济各部门.

限于时间，我们只讲述它的基础部分——概率论. 有此基础，在需要时数理统计部分完全可以自学掌握其主要内容.

第十四章　随机事件及其概率

本章从随机试验出发引入概率论的两个最基本的概念——事件与概率，接着讨论古典概型中概率的计算. 在此基础上介绍事件概率的统计定义和公理化定义，然后讨论独立性概念和独立试验概型.

第一节　随 机 事 件

一、随机试验

研究随机现象，必然要进行各种观察与试验. 今后把这种观察与试验统称为**随机试验**，并简称为**试验**，用记号 E 表示. 现举例说明如下.

E_1　掷一枚硬币，观察其正面、反面出现的情况. 易知，这一试验可以在相同的条件下重复地进行. 每次试验的可能结果不止一个，而且所有可能结果只有两个，但在每次试验之前，不能确定哪一个结果出现.

E_2　从含有 10 件次品的一批产品中任意抽取 4 件，检查次品的件数. 则次品的件数可能是 0,1,2,3,4，但抽前不能肯定被抽到的次品是几件.

E_3　某战士打靶，观察其命中的环数. 则在一次射击中，可能是“不中”、“中 1 环”、“中 2 环”、……、“中 10 环”. 但这 11 种结果究竟出现哪一种，在射击之前也是不能肯定的.

E_4　在某段时间间隔内，记录某电话总机接到的呼唤次数. 则可能的次数是 0,1,2,…，而且事先不能肯定是几次.

E_5　在一个均匀陀螺的圆周上，均匀地刻上区间$[0,1)$上的诸数字. 旋转这陀螺，当它停下时，把圆周与桌面接触点处的刻度记录下来. 多次重复做这种试验，则各次刻度未必相同，且每次的刻度是区间$[0,1)$上的一个数.

综上所述，随机试验具有以下**三个特征**：

(1) 可以在相同条件下重复进行；

(2) 每次试验的可能结果不止一个，并且能事先明确试验的所有可能结果；

(3) 每进行一次试验之前，不能确定哪个可能结果出现.

二、随机事件的概念

从以上五个试验知，一个随机试验有多个可能结果. 一般地，在随机试验中，每一个可能出现、也可能不出现的结果均称为一个**随机事件**(简称**事件**)，用大写英文字母 A,B,C，…表示.

有两种事件值得特别提一下：其一是在每次试验中都一定出现的事件，称为**必然事件**，记为 U；其二是在每次试验中都一定不出现的事件，称为**不可能事件**，记为$\varnothing$. 例如，在 E_2 中“次品件数不超过 4”是必然事件，在 E_5 中“出现的刻度大于等于 1”是不可能事件.

这两种事件实质上都是确定性现象的表现，但是为了讨论方便，仍把它们当作一种特殊的随机事件.

事件是随机试验的某种结果. 随机试验的结果多种多样，有的简单些，有的复杂些，复杂的可以分解成简单的. 如 E_2 中“恰有两件次品”和“次品不多于两件”都是随机事件，但显然不同. 若记 e_i =“恰有 i 件次品”$(i=0,1,2,3,4)$，B=“次品不多于两件”，则 e_0,e_1,e_2,e_3,e_4 和 B 都是 E_2 中的随机事件，而且在一次试验中，当且仅当 e_0,e_1,e_2 有一个出现，那么 B 就出现. 所以，事件 B 是由事件 e_0,e_1,e_2 构成的，记为 $B=\{e_0,e_1,e_2\}$，或称事件 B 可以分解成事件 e_0,e_1,e_2. 更确切地说，在试验 E_2 中事件 B 是**可分解的**；而事件 e_0,e_1,e_2,e_3,e_4 是**不可分解的**(最简单的事件)，它们在一次试验中不可能同时出现. 在随机试验中，不可分解的事件称为**基本事件**，记做 $e_i(i=0,1,2,\cdots)$.

如上所述，e_0,e_1,e_2,e_3,e_4 是 E_2 的全部基本事件，$B=\{e_0,e_1,e_2\}$由基本事件 e_0,e_1,e_2 构成. 再如，在试验 E_3(打靶)中，记 e_i =“命中 i 环”$(i=0,1,2,3,\cdots,10)$，A=“至少命中 8 环”，则 $e_i(i=0,1,2,\cdots,10)$是基本事件，$A=\{e_8,e_9,e_{10}\}$由基本事件 e_8,e_9,e_{10} 构成.

综上所述，基本事件具有以下**两个特征**：

(1) **互斥性** 两两不可同时出现,即在任何一次试验中,所有的基本事件至多只有一个出现;

(2) **完备性** 构成其他事件,即在任何一次试验中,至少有一个基本事件出现,或试验 E 除了由它的基本事件构成的事件外没有别的事件.

例 1 考察一次掷甲、乙两个可辨骰子的试验,写出它的基本事件全体.

解 记 $e_{ij}=(i,j)=$"甲出现 i 点且乙出现 j 点"$(i,j=1,\cdots,6)$的结果,则基本事件全体共 36 个,分别为

$$
\begin{aligned}
&e_{11}=(1,1),\quad e_{12}=(1,2),\cdots,\quad e_{16}=(1,6),\\
&e_{21}=(2,1),\quad e_{22}=(2,2),\cdots,\quad e_{26}=(2,6),\\
&\cdots\cdots\cdots\cdots\cdots\cdots\cdots\cdots\cdots\cdots\cdots\cdots\\
&e_{61}=(6,1),\quad e_{62}=(6,2),\cdots,\quad e_{66}=(6,6).
\end{aligned}
$$

例 2 对于例 1 给出的基本事件,写出下列事件是由哪些基本事件构成的:

(1) $A=$"两骰子出现的点数之和不超过 4";

(2) $B=$"两骰子出现的点数之和等于 5";

(3) $C=$"两骰子出现的点数之积等于 6".

解 (1) $A=\{e_{11},e_{12},e_{13},e_{21},e_{22},e_{31}\}$;

(2) $B=\{e_{14},e_{23},e_{32},e_{41}\}$;

(3) $C=\{e_{16},e_{23},e_{32},e_{61}\}$.

如果把试验 E 的每个基本事件作为集合的一个元素,则试验 E 的全体基本事件的集合称为**基本事件全集**或**基本空间**,记为 U. 显然试验 E 的每一个事件均是 U 的一个子集.

例如,在例 1 中,试验的基本空间为

$$
\begin{aligned}
U&=\{e_{11},e_{12},\cdots,e_{16},e_{21},e_{22},\cdots,e_{26},\cdots,e_{61},e_{62},\cdots,e_{66}\}\\
&=\{e_{ij}\mid i,j=1,2,3,4,5,6\}.
\end{aligned}
$$

而例 2 中的事件 A,B,C 都是 U 的子集.

由此看出,随机事件以及它们之间的关系及运算,实际上就是集合间的关系与运算.

三、事件间的关系及运算

因为随机事件可以看做基本空间 U 的一个子集,所以,可以用集合的观点讨论事件之间的关系及运算.

1. 子事件(或事件的包含关系)

如果事件 A 出现,必然导致事件 B 出现,则称事件 A 为事件 B 的**子事件**,记为 $A\subset B$ 或者 $B\supset A$,也称事件 B 包含事件 A,如图 14-1 所示.

例如,在试验 E_2 中,若事件 $A=$"次品件数不超过 1"出现时,则事件 $B=$"次品不多于

两件”必然出现，所以 $A\subset B$.

从基本事件来说，$A\subset B$，就是构成 A 的每一个基本事件 e_i $(i=0,1)$ 均属于 B，如图 14-2 所示.

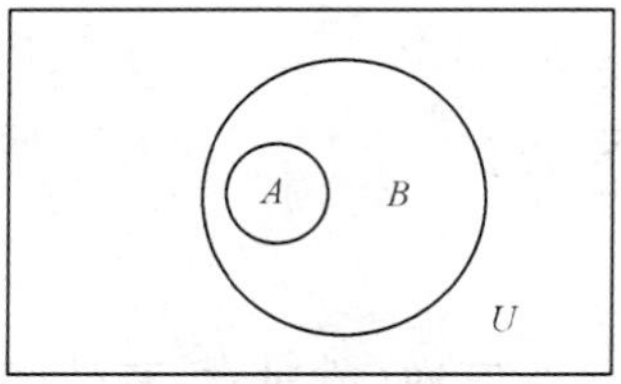

$A\subset B$

图　14-1

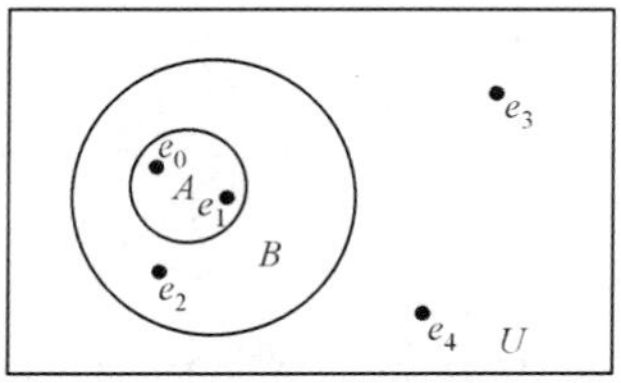

$A\subset B$

图　14-2

如果 $A\supset B$，又 $B\supset A$，则称事件 A 和事件 B **相等**，记为 $A=B$. 这时 A,B 所包含的基本事件是一样的.

2. 和事件(或事件的并)

对于事件 A,B,C，若 C 出现就是 A 与 B 至少有一个出现，则称事件 C 为事件 A 与 B 的**和事件**，记为 $C=A\cup B$(或 $C=A+B$). 这时也称事件 C 为事件 A 与 B 的**并**.

从基本事件来说，和事件 $A\cup B$ 所包含的基本事件就是属于事件 A 或属于事件 B 的全部基本事件，如图 14-3 的阴影部分所示.

3. 积事件(或事件的交)

对于事件 A,B,C，若 C 的出现就是事件 A 与 B 同时出现，则称事件 C 是事件 A 与 B 的**积(或交)事件**，记为 $C=A\cap B$(或 $C=AB$).

如图 14-4 的阴影部分所示，积事件 $A\cap B$ 的基本事件就是既属于事件 A，又属于事件 B 的公共基本事件全体.

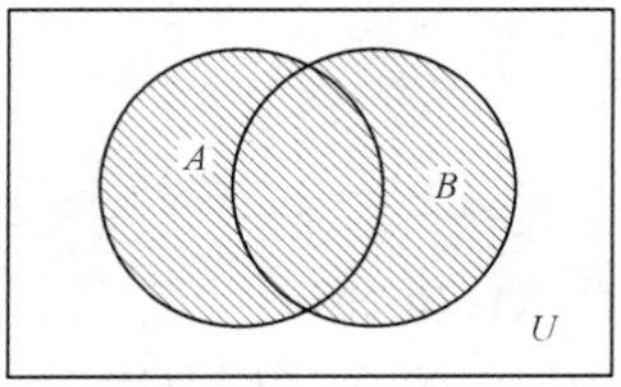

$C=A\cup B$

图　14-3

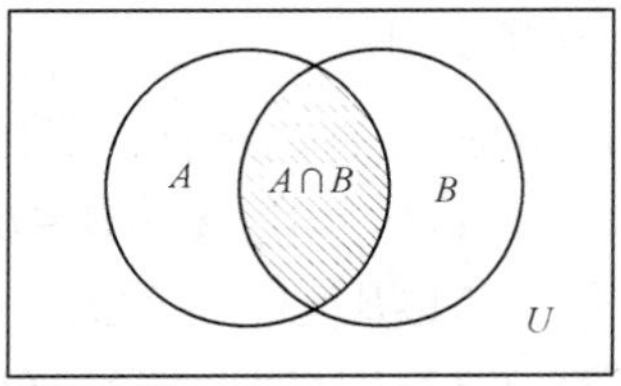

$C=A\cap B$

图　14-4

如果事件 A 与事件 B 的积事件是不可能事件，即 $A\cap B=\varnothing$，则称 A,B 两事件**互斥**.

从基本事件来说,互斥事件没有公共的基本事件.任何两个基本事件都是互斥的.当 A 与 B 互斥时,$A\cup B$ 有时记为 $A+B$.

如果一列事件 $A_1,A_2,\cdots$ 中任意两个事件都互斥,则称这列事件**两两互斥**,这时和事件 $\bigcup\limits_{i=1}^{\infty}A_i$ 记为

$$A_1+A_2+\cdots=\sum_{i=1}^{\infty}A_i.$$

4. 逆事件

如果两事件 A,B 满足 $A+B=U$,则称事件 A,B 为**互逆**(或**对立**)**事件**(简称**互逆**或**对立**).事件 A 的逆事件记为 $\overline{A}$.$\overline{A}$ 的基本事件是不属于 A 的基本事件全体,图 14-5 的阴影部分表示 $\overline{A}$.显然 $A\overline{A}=\varnothing,A+\overline{A}=U$.

5. 差事件

对于事件 A,B,C,若 C 的出现,就是 A 出现而 B 不出现,则称事件 C 是事件 A 与 B 的**差事件**,记做 $C=A-B$.

从基本事件来说,$A-B$ 的基本事件就是属于 A 而不属于 B 的基本事件全体,如图 14-6 的阴影部分所示.

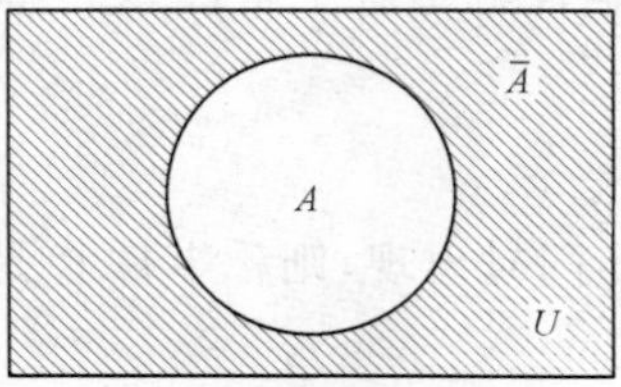

$A+\overline{A}=U$

图 14-5

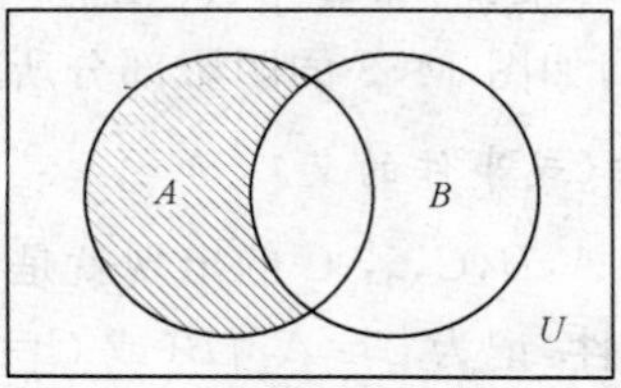

$A-B$

图 14-6

6. 事件的运算法则

由定义可以验证,事件的运算满足以下法则:

(1) **交换律** $A\cup B=B\cup A,AB=BA$;

(2) **结合律** $(A\cup B)\cup C=A\cup(B\cup C),(AB)C=A(BC)$;

(3) **分配律** $(A\cup B)C=(AC)\cup(BC),(AB)\cup C=(A\cup C)(B\cup C)$;

(4) **反演律** $\overline{A\cup B}=\overline{A}\,\overline{B},\overline{AB}=\overline{A}\cup\overline{B}$.

例 3 在如图 14-7 所示的电路中,设事件 A_i="电子元件 a_i 发生故障"$(i=1,2,3)$,试用 A_1,A_2,A_3 表示事件 A="线路中断".

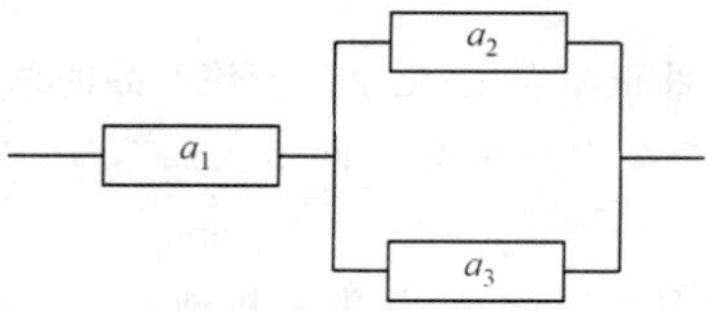

图　14-7

解　因为线路中断，意味着电子元件 a_1 发生故障或者电子元件 a_2, a_3 同时发生故障. 而事件"a_1 发生故障，或者 a_2, a_3 同时发生故障"$= A_1 \cup A_2 A_3$，所以事件 $A = A_1 \cup A_2 A_3$.

以后，常可把对事件的分析转化为对集合的分析，利用已经知道的集合的运算来分析事件的关系.

例 4　设 A, B, C 为三个事件，试利用 A, B, C 表达下列事件：

(1) $D_1 =$"三个事件中至少有两个出现"；

(2) $D_2 =$"三个事件中至多有两个出现"；

(3) $D_3 =$"三个事件中恰有两个事件出现".

解　(1) $D_1 = (AB) \cup (BC) \cup (CA)$，或 $D_1 = (AB\bar{C}) + (A\bar{B}C) + (\bar{A}BC) + (ABC)$；

(2) $D_2 = \overline{ABC}$，或 $D_2 = (\bar{A}\bar{B}\bar{C}) + (A\bar{B}\bar{C}) + (\bar{A}B\bar{C}) + (\bar{A}\bar{B}C) + (AB\bar{C}) + (A\bar{B}C) + (\bar{A}BC)$；

(3) $D_3 = (AB\bar{C}) + (A\bar{B}C) + (\bar{A}BC)$.

例 5　设 A, B 为两个事件，试用文字说明下列各事件的含义：

(1) $\bar{A} \cup B$；　(2) $\bar{A} \cup \bar{B}$；　(3) $\bar{A}B$；

(4) $\bar{A}\bar{B}$；　(5) $\bar{A}A$；　(6) $\overline{A \cup B}$.

解　(1) 表示 A 的逆事件与 B 事件至少有一个出现；

(2) 表示 A 的逆事件与 B 的逆事件至少有一个出现，又因 $\bar{A} \cup \bar{B} = \overline{AB}$，所以它又表示 A, B 不可能同时出现；

(3) 表示 A 的逆事件与 B 事件同时出现；　(4) 表示事件 A, B 同时不出现；

(5) $\bar{A}A = \varnothing$ 是不可能事件；　(6) 表示事件 A, B 没有一个出现，与(4)相同.

习　题　14-1

1. 指出下列事件中哪些是随机事件？哪些是必然事件？哪些是不可能事件？

(1)"从含有 5 只次品的 100 只同类产品中任意取出 5 只，结果都是次品"；

(2)"在常压下 50℃的纯水沸腾"；　(3)"异性电荷相吸"；　(4)"用导弹打飞机，飞机被击落"；

(5)"某电话总机在一小时内至少接到 10 次呼唤".

2. 试写出下列随机试验的基本空间：

(1) 接连抛三次硬币，观察各次正、反面出现的情况；

(2) 10 只产品中有 3 只是次品，每次从中取出 1 只，取后不放回，直到将 3 只次品都取出为止，记录抽取的次数；

(3) 生产某种产品直到得到 10 件正品为止，记录生产该产品的总件数.

3. 设事件 A＝“被检验的 3 件产品中至少有 1 件是次品”，B＝“被检验的 3 件产品都是正品”，问 $A\cup B$ 及 AB 各表示什么事件？

4. 设一车间生产的产品中有正品也有次品，从中随机地抽取 4 件，设 A_i＝“抽出的第 i 件是正品”($i=1,2,3,4$). 试用 A_i 表示下列各事件：

(1)“没有一件产品是次品”； (2)“至少有一件产品是次品”；

(3)“只有一件产品是次品”； (4)“至少有 3 件产品不是次品”.

5. 设试验 E 的基本空间 $U=\{1,2,\cdots,10\}$，事件 $A=\{2,3,4\}$，$B=\{3,4,5\}$，$C=\{5,6,7\}$. 试用基本事件表示下列各事件：

(1) $\overline{A}B$； (2) $\overline{A}\cup B$； (3) $\overline{\overline{A}\,\overline{B}}$； (4) $\overline{A\,\overline{BC}}$； (5) $\overline{A(B\cup C)}$.

第二节 事件的概率

随机事件的出现虽不确定，但其出现的可能性有大有小. 因而人们自然会想到对它的大小进行“度量”，即对随机事件 A 与实数 P 建立联系 $P(A)$，使当 $P(A)$ 较大时，A 出现的可能性也较大. 这种用来表示随机事件出现的可能性大小的实数 $P(A)$，称为随机事件 A 的**概率**. 然而怎样确定实数 $P(A)$ 呢？在概率论的发展过程中，人们针对不同情况，从不同角度，给出了概率的精确定义与计算方法，我们分别介绍如下.

一、古典概率

一般地，称具有以下**两个特征**的随机试验 E 为**古典概型**的，若

(1) **有限性** 基本空间 $U=\{e_1,e_2,\cdots,e_n\}$ 为有限集；

(2) **等可能性** 两两互斥的诸基本事件 $e_1,e_2,\cdots,e_n$ 出现的可能性相等.

古典概型是概率论发展初期的主要研究对象，概率的**古典定义**便是在古典概型中引入的.

定义 1 设古典概型试验 E 的基本空间 $U=\{e_1,e_2,\cdots,e_n\}$，事件 $A=\{e_{k_1},e_{k_2},\cdots,e_{k_r}\}$，$r\leqslant n$，$k_1\cdots,k_r\in\{1,\cdots,n\}$. 则事件 A 的概率 $P(A)$ 定义为

$$P(A)=\frac{r}{n}. \tag{1}$$

(1)式说明，事件 A 的概率为 A 所包含的基本事件个数与基本事件总数之比. 由等可能性的假定，便容易理解上述定义确实客观地反映了随机事件出现的可能性的大小.

例 1 将甲、乙两枚可辨的骰子抛掷一次，试求下列事件的概率：

(1) 两骰子出现的点数之和不超过 4； (2) 两骰子出现的点数之和等于 5.

解 记 e_{ij}＝“甲出现 i 点且乙出现 j 点”($i,j=1,\cdots,6$)的结果，A＝“两骰子出现的点

数之和不超过4”，B=“两骰子出现的点数之和等于5”. 则易知基本空间$U=\{e_{ij}\mid i,j=1,2,3,4,5,6\}$共有36个元素，即$n=36$；$A=\{e_{11},e_{12},e_{13},e_{21},e_{22},e_{31}\}$含有6个基本事件；$B=\{e_{14},e_{23},e_{32},e_{41}\}$含有4个基本事件. 所以由公式(1)得

$$P(A)=\frac{6}{36}=\frac{1}{6},\quad P(B)=\frac{4}{36}=\frac{1}{9}.$$

例2 一袋中装有8个大小形状相同的球，其中5个为黑色，3个为白色. 现从袋中随机地取出两个球，求取出的两球是黑色球的概率.

解 从8个球中取出两个，不同的取法有C_8^2种，所谓“随机”或“任意”地取，是指这C_8^2种取法有等可能性. 若令A=“取出的两球是黑色球”，那么使事件A出现的取法，或者说有利于事件A的取法为C_5^2种. 如果将每个组合看做基本空间的一个元素，则元素总数$n=\mathrm{C}_8^2$，而A包含的基本事件的个数$r=\mathrm{C}_5^2$. 从而由公式(1)得

$$P(A)=\frac{\mathrm{C}_5^2}{\mathrm{C}_8^2}=\frac{5}{14}.$$

从以上两例看出，用古典概型计算概率$P(A)$首先要分析所考虑的试验E是否满足古典概型条件. 如果满足，便确定E的基本事件总数n和A所包含的基本事件的个数r. 至于是否将基本事件一一列出来，那是无关紧要的.

例3 在100只同类型的三极管中，按电流放大系数分类，有60只属于B类，40只属于C类. 现在从中任意接连取3次，每次取1只，求事件A=“被取出的3只都是B类”的概率，假定抽样按下面的两种方式进行：

(1) 每次取一只，经测试后放回，再取下一只(这种抽样称为**有放回抽样**)；

(2) 每次取一只，经测试后不放回，再取下一只(这种抽样称为**不放回抽样**).

解 (1) 有放回抽样的情形.

因为抽样是有放回的，所以每次都有100种取法. 接连取3次，总共有100^3种不同取法，即基本事件的总数为$n=100^3$.

事件A所包含的基本事件的个数，相当于从60只B类管子接连取3次(每次取1只)的所有可能取法数，即$r=60^3$. 所求概率为

$$P(A)=\frac{60^3}{100^3}=0.216.$$

(2) 不放回抽样的情形.

因为是不放回的，所以每抽取一次要减少一只管子，于是

$$n=100\times 99\times 98,\quad r=60\times 59\times 58,$$

所以

$$P(A)=\frac{60\times 59\times 58}{100\times 99\times 98}\approx 0.212.$$

例 4　一个 5 位数码的密码箱，每位上可从 0～9 中选取 10 个数码. 若不知道该箱密码，求试一次就把该箱打开的概率.

解　这里，每试一次就是做一次试验，其试验结果是，一个 5 位密码为一个基本事件，基本事件总数 $n=10^5$. 设 $A=$“一次开箱成功”，则 A 只包含一个基本事件，即 $r=1$，于是，所求概率为

$$P(A)=\frac{1}{10^5}=0.00001.$$

可见，若不知道该箱密码，要想试一次就把箱子打开的可能性是很小的. 通常把这种概率很小的事件称为**小概率事件**. 小概率事件虽然不是不可能事件，但在一次试验中发生的可能性很小. 因此可以认为，**在一次试验中小概率事件是几乎不会发生的**. 这就是实用中的**小概率原理**.

按定义，古典概率有以下性质：

性质 1　对于任一事件 $A\subset U$，$0\leqslant P(A)\leqslant 1$；

性质 2　$P(U)=1$，$P(\varnothing)=0$；

性质 3(概率的加法公式)　两个互斥事件 A，B 的和事件 $A+B$ 的概率等于事件 A 的概率与事件 B 的概率之和，即

$$P(A+B)=P(A)+P(B).$$

证　设 $U=\{e_1,e_2,\cdots,e_n\}$，$A=\{e_{k_1},e_{k_2},\cdots,e_{k_r}\}$，$B=\{e_{i_1},e_{i_2},\cdots,e_{i_s}\}$，$1\leqslant r,s\leqslant n$. 因此，按定义

$$P(A)=\frac{r}{n},\quad P(B)=\frac{s}{n}.$$

又因为 A 与 B 互斥，所以 A，B 没有公共元素，于是

$$A+B=\{e_{k_1},e_{k_2},\cdots,e_{k_r},e_{i_1},e_{i_2},\cdots,e_{i_s}\}$$

是由 $r+s(<n)$ 个元素组成的. 从而，按定义

$$P(A+B)=\frac{r+s}{n}=\frac{r}{n}+\frac{s}{n}=P(A)+P(B).$$

证毕

推论(可加性)　设事件 $A_1,A_2,\cdots,A_m,\cdots$ 两两互斥，则

$$P\left(\sum_{i=1}^{\infty}A_i\right)=\sum_{i=1}^{\infty}P(A_i).$$

可以利用概率的加法公式简化某些事件概率的计算.

例 5　从 0,1,2,3 这 4 个数字中任取 3 个不同的数字进行排列，求取得的 3 个数字排成的数是 3 位数且是偶数的概率.

解　令

$A=$“排成的数是 3 位数且是偶数”；

$A_0=$“排成的数是 3 位数且末位是 0”；

$A_2=$"排成的数是3位数且末位是2".

由于首位数不能取0,所以

$$P(A_0)=\frac{3\times 2}{4\times 3\times 2}=\frac{1}{4},\quad P(A_2)=\frac{2\times 2}{4\times 3\times 2}=\frac{1}{6}.$$

显然A_0与A_2互斥,按概率的加法公式,得

$$P(A)=P(A_0)+P(A_2)=\frac{1}{4}+\frac{1}{6}=\frac{5}{12}.$$

二、几何概率

在古典概型中,除基本事件的等可能性要求外,还要求基本事件的总数n为有限,所以对于基本事件为无穷多个的情形,概率的古典定义显然已不适用了.然而有些情形,可以利用几何图形的度量(如线段的长度、平面区域的面积或空间立体的体积等)来定义其事件的概率.如此定义的概率称为**几何概率**,如下例.

例6(约会问题)　甲、乙两人相约于6时至7时在某地会面,先到者等待后来者20分钟,过时就离去.如果每个人在指定的这一小时内任一时刻到达是等可能的,求事件$A=$"两人能会面"的概率.

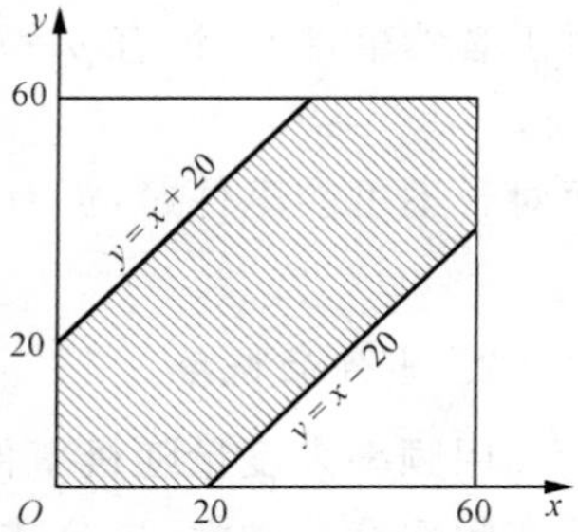

图　14-8

解　设甲、乙两人到达预定地点的时刻分别为x及y,则x,y可以取区间$[0,60]$上的任意一个值,即

$$0\leqslant x\leqslant 60,\quad 0\leqslant y\leqslant 60.$$

而两人能会面的充分必要条件是

$$|x-y|\leqslant 20.$$

以(x,y)表示直角坐标系中的点,则所有基本事件可用边长为60的正方形内的点表示(如图14-8所示).而事件A所包含的基本事件可用这个正方形内介于两直线$x-y=\pm 20$之间的区域(图14-8中的阴影部分)来表示.所以可将A的概率定义为两区域面积之比,即所求的概率为

$$P(A)=\frac{60^2-40^2}{60^2}=\frac{5}{9}.$$

几何概率也有与古典概率相同的性质:

性质1　对于任何随机事件$A\subset U$,有$0\leqslant P(A)\leqslant 1$;

性质2　$P(U)=1,P(\varnothing)=0$;

性质3　设事件$A_1,A_2,\cdots,A_n,\cdots$两两互斥,则

$$P\left(\sum_{i=1}^{\infty}A_i\right)=\sum_{i=1}^{\infty}P(A_i).$$

三、概率的统计定义

1. 事件的频率

概率的古典定义与几何定义都是以等可能性为基础的. 对于一般的随机试验当然不一定有这样的等可能性存在. 这时应如何用数字来"度量"随机事件出现可能性的大小呢？最直观、最简单的方法是用所谓事件的频率来度量.

定义 2　在相同的条件下将随机试验 E 重复进行 n 次，如果事件 A 发生了 μ 次，则将比值 $\frac{\mu}{n}$ 称为事件 A 的**频率**，记为 $W(A)$，即

$$W(A) = \frac{\mu}{n}. \tag{2}$$

显然，任何随机事件的频率都是介于 0 与 1 之间的数，即

$$0 \leqslant W(A) \leqslant 1.$$

对于必然事件 U，恒有 $\mu=n$，所以，有

$$W(U) = 1;$$

而对于不可能事件 $\varnothing$，恒有 $\mu=0$，所以，有

$$W(\varnothing) = 0.$$

2. 事件的概率

用频率来度量随机事件出现可能性的大小基本上是合理的，但也有不足之处，主要表现在频率有波动性. 由公式(2)知，事件的频率会随着试验次数 n 的变化而变化. 即使 n 不变，试验的条件也不变，频率也还会波动.

尽管如此，长期的经验表明，当试验重复多次时，随机事件 A 的频率具有一定的**稳定性**. 就是说，在不同的试验序列中，当试验次数充分大时，随机事件 A 的频率常常在一个确定的数值附近摆动. 例如，在抛硬币试验中，观察出现正面(记为 A)的次数. 现将硬币连抛 5 次、50 次和 500 次，各做 10 遍. 正面出现的次数 μ 和频率 $W(A)$ 如表 14-1 所示.

表　14-1

试验序号	$n=5$		$n=50$		$n=500$	
	μ	W	μ	W	μ	W
1	2	0.4	22	0.44	251	0.502
2	3	0.6	25	0.50	249	0.498
3	1	0.2	21	0.42	256	0.512
4	5	1.0	25	0.50	253	0.506
5	1	0.2	24	0.48	251	0.502

（续　表）

试验序号	$n=5$		$n=50$		$n=500$	
	μ	W	μ	W	μ	W
6	2	0.4	21	0.42	246	0.492
7	4	0.8	18	0.36	244	0.488
8	2	0.4	24	0.48	258	0.516
9	3	0.6	27	0.54	262	0.524
10	3	0.6	31	0.62	247	0.494

从表 14-1 可以看出，当抛硬币次数较少时，事件 A 的频率波动较大. 但是，随着抛掷次数的增多，频率越来越明显地呈现稳定性. 这种试验，历史上已有多人做过，其结果如表 14-2 所示.

表　14-2

试验者	N	μ	$W(A)$
蒲丰	4040	2048	0.5069
费勒	10000	4979	0.4979
K. 皮尔逊	12000	6019	0.5016
K. 皮尔逊	24000	12012	0.5005
罗曼诺夫斯基	80640	39699	0.4923

从表 14-2 可知，不论何人在何时何地掷硬币，当试验次数逐渐增加时，频率 $W(A)$ 总在 0.5 附近摆动并逐渐地稳定于 0.5. 这个稳定值 0.5 是事件 A 的固有属性，是客观存在的. 也就是说，“频率的稳定性”是隐藏在随机现象中的规律性，即**统计规律性**. 它是可以对事件出现可能性的大小进行度量的客观基础. 因此可如下定义事件的概率.

定义 3　将试验 E 重复 n 次，如果随着 n 的增大，事件 A 出现的频率在一个确定的数值 p 附近摆动，则称这个数值 p 为事件 A 的**概率**. 记做 $P(A)$，即

$$P(A) = p.$$

我们称定义 3 为概率的**统计定义**，称 p 为事件 A 的**统计概率**. 根据这个定义，在试验中，任何一个事件 A，都有一个常数 $P(A)=p$ 与之对应. 这个常数虽然是未知的，但只要试验次数足够多，就可近似地认为 $p=W(A)$. 由于统计概率只要求每次试验在相同条件下进行（即重复试验）而不再需要别的条件，因此，应用十分广泛. 如产品合格率、天气预报准确率、疾病发病率、种子发芽率、翻译电码的成功率等都是通过频率来近似代替的.

根据概率的统计定义，可以推得统计概率有如下性质：

性质 1　对于任一事件 $A\subset U$，有 $0\leqslant P(A)\leqslant 1$；

性质 2　$P(U)=1, P(\varnothing)=0$；

性质 3　对于两两互斥的事件 $A_1, A_2, \cdots, A_n, \cdots$，有

$$P\Big(\sum_{i=1}^{\infty} A_i\Big) = \sum_{i=1}^{\infty} P(A_i).$$

四、概率的公理化定义

概率的统计定义无论在应用上或在理论研究上都受到很大限制. 为了克服这一不足，可以根据概率的以上几种定义所具有的共同性质，提出一组关于随机事件概率的公理，而得到概率的公理化定义.

定义 4(公理化定义)　设 U 是随机试验 E 的基本空间，对于 E 的每一事件 $A \subset U$，赋予一个实值函数 $P(A)$. 如果 $P(A)$ 满足

公理 1　对于任何事件 $A \subset U$，有 $0 \leqslant P(A) \leqslant 1$；

公理 2　$P(U) = 1$；

公理 3　对于两两互斥的随机事件 $A_1, A_2, \cdots, A_n, \cdots$，有

$$P\Big(\sum_{i=1}^{\infty} A_i\Big) = \sum_{i=1}^{\infty} P(A_i), \tag{3}$$

则称 $P(A)$ 为事件 A 的**概率**.

可以验证，古典概率、几何概率和统计概率的定义均符合这个定义中的要求. 因此，它们都是这个一般定义范围内的特殊情形.

在概率的公理化定义中的三条公理的基础上，可以很方便地得到许多关于概率的重要性质.

性质 4　不可能事件的概率为 0，即 $P(\varnothing) = 0$.

证　因为 $\varnothing = \varnothing + \varnothing + \cdots + \varnothing + \cdots$，且诸 $\varnothing$ 两两互斥. 由公理 3，得

$$P(\varnothing) = P(\varnothing) + P(\varnothing) + \cdots,$$

所以

$$P(\varnothing) = 0.$$

证毕

性质 5　设有限个随机事件 $A_1, A_2, \cdots, A_n$ 两两互斥，则

$$P\Big(\sum_{i=1}^{n} A_i\Big) = \sum_{i=1}^{n} P(A_i).$$

证　在公理 3 中，令

$$A_{n+1} = A_{n+2} = \cdots = \varnothing.$$

由性质 4 知 $P(\varnothing) = 0$，于是

$$P\Big(\sum_{i=1}^{n} A_i\Big) = P\Big(\sum_{i=1}^{\infty} A_i\Big) = \sum_{i=1}^{\infty} P(A_i) = \sum_{i=1}^{n} P(A_i) + 0 + \cdots = \sum_{i=1}^{n} P(A_i).$$

证毕

习惯上，把性质 5 称为概率的**有限可加性**，而把公理 3 称为概率的**可列可加性**. 它们统

称为概率的**可加性**(或**加法定理**).

推论 1　两互逆事件的概率之和为 1,即

$$P(A)+P(\overline{A})=1. \tag{4}$$

证　根据互逆事件的定义知,A 与 $\overline{A}$ 互斥且 $A+\overline{A}=U$,所以

$$P(A+\overline{A})=P(U)=1.$$

另一方面,由性质 5

$$P(A+\overline{A})=P(A)+P(\overline{A}),$$

于是,得

$$P(A)+P(\overline{A})=1.$$

证毕

推论 2　设事件 $A\subset B$,则

$$P(B-A)=P(B)-P(A), \tag{5}$$

从而

$$P(A)\leqslant P(B).$$

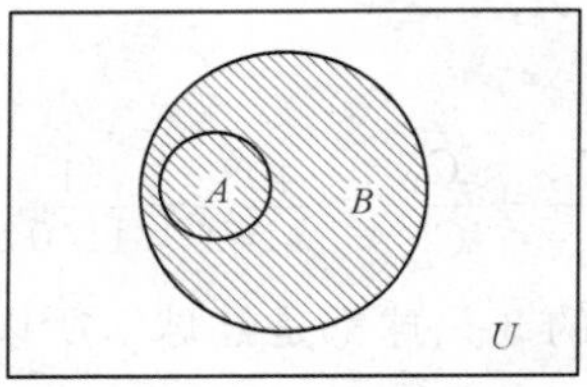

图　14-9

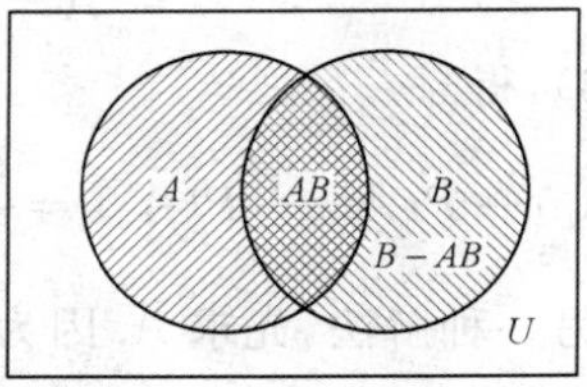

图　14-10

证　如图 14-9 知,当 $A\subset B$ 时,$B=A+(B-A)$. 由性质 5,得

$$P(B)=P(A)+P(B-A),$$

于是

$$P(B-A)=P(B)-P(A).$$

又因 $P(B-A)\geqslant 0$,所以 $P(B)-P(A)\geqslant 0$,从而

$$P(A)\leqslant P(B).$$

证毕

推论 3　设 A,B 为任意两个随机事件,则

$$P(A\cup B)=P(A)+P(B)-P(AB). \tag{6}$$

证　如图 14-10 知

$$A\cup B=A+(B-AB).$$

所以,由性质 5,得

$$P(A\cup B)=P(A)+P(B-AB).$$

又由于 $AB\subset B$,由推论 2,得

$$P(B-AB)=P(B)-P(AB).$$

从而

$$P(A\cup B)=P(A)+P(B)-P(AB).$$ **证毕**

习惯上,称公式(6)为概率的**广义加法公式**.

由于 $P(AB)\geqslant 0$,所以由公式(6)立即推得

$$P(A\cup B)\leqslant P(A)+P(B). \tag{7}$$

又从公式(6)不难推得

$$P(A\cup B\cup C)=P(A)+P(B)+P(C)-P(AB)-P(AC)-P(BC)+P(ABC). \tag{8}$$

例 7 袋中装有 17 只红球及 3 只白球,从中任取 3 只.试求这 3 只球中至少有 1 只白球的概率.

解 设 A=“取出的 3 只球中至少有 1 只是白球”,A_i=“取出的 3 只球中恰好有 i 只白球”$(i=1,2,3)$,则 A_1,A_2,A_3 两两互斥,且

$$A=A_1+A_2+A_3.$$

于是,由公式(3),得

$$P(A)=P(A_1)+P(A_2)+P(A_3)=\frac{C_3^1C_{17}^2}{C_{20}^3}+\frac{C_3^2C_{17}^1}{C_{20}^3}+\frac{C_3^3}{C_{20}^3}=\frac{408}{1140}+\frac{51}{1140}+\frac{1}{1140}=\frac{23}{57}.$$

也可以用另一种解法,先求 $\overline{A}$.因为 $\overline{A}$=“取出的 3 只球都是红球”,所以

$$P(\overline{A})=\frac{C_{17}^3}{C_{20}^3}=\frac{34}{57}.$$

再由公式(4),得

$$P(A)=1-P(\overline{A})=1-\frac{34}{57}=\frac{23}{57}.$$

例 8 设某地有甲、乙、丙三种报纸.据统计,该地成年人中有 20%读甲报,16%读乙报,14%读丙报.其中 8%的人兼读甲、乙两报,5%的人兼读甲、丙两报,4%的人兼读乙、丙两报,2%的人兼读三报.求该地成年人至少读一种报纸的概率.

解 设 A=“该地成年人读甲报”,B=“该地成年人读乙报”,C=“该地成年人读丙报”,则

AB =“该地成年人读甲、乙两报”,

AC =“该地成年人读甲、丙两报”,

BC =“该地成年人读乙、丙两报”,

ABC =“该地成年人读甲、乙、丙三种报”,

$$A\cup B\cup C=\text{“该地成年人至少读一种报纸”}.$$

于是，由公式(8)得所求概率为

$$\begin{aligned}P(A\cup B\cup C)&=P(A)+P(B)+P(C)-P(AB)-P(AC)-P(BC)+P(ABC)\\&=0.2+0.16+0.14-0.08-0.05-0.04+0.02=0.35.\end{aligned}$$

例 9 已知 $P(A)=p,P(B)=q,P(A\cup B)=r$，求 $P(A\bar{B})$ 及 $P(\bar{A}\cup\bar{B})$.

解 由 $A\bar{B}=(A\cup B)-B$ 及公式(5)，得

$$P(A\bar{B})=P(A\cup B)-P(B)=r-q.$$

又由 $\bar{A}\cup\bar{B}=\overline{AB}$，以及公式(4)和公式(6)，得

$$P(\bar{A}\cup\bar{B})=P(\overline{AB})=1-P(AB)=1-[P(A)+P(B)-P(A\cup B)]=1-p-q+r.$$

例 9 的问题是，已知一些事件的概率，求有关事件的概率，解这类问题的关键是找出事件之间的运算关系，然后利用概率的性质求得结果.

习 题 14-2

1. 从一批由 45 件正品、5 件次品组成的产品中任取 3 件产品，求其中恰有 1 件次品的概率.

2. 从 1,2,3,4,5 这 5 个数字中任取 3 个不同的数字排成一个 3 位数，求：

(1) 所得 3 位数为偶数的概率； (2) 所得 3 位数为奇数的概率.

3. 在 10 件同类型产品中，有 6 件一等品、4 件二等品. 今从中任取 4 件，求下列事件的概率：

(1) A=“4 件全是一等品”； (2) B=“4 件中有 1 件二等品”；

(3) C=“4 件中二等品数不超过 1 件”.

4. 某射手射击一次命中 10 环的概率为 0.28，命中 9 环的概率为 0.24，命中 8 环的概率为 0.19. 求这射手：

(1) 一次射击至少击中 9 环的概率； (2) 一次射击至少击中 8 环的概率.

5. 在一个均匀陀螺的圆周上均匀地刻上区间[0,3)上诸数字，旋转该陀螺，求陀螺停下时，其圆周与桌面接触点处的刻度位于区间[1/2,2]上的概率.

6. 袋中装有 10 只球，其中 5 只红球，3 只白球，2 只黑球. 今从中任取 1 只，求取得的球不是黑球的概率.

7. 已知 $P(A)=1/3,P(B)=1/2$，求在下列三种情况下的 $P(B\bar{A})$：

(1) A 与 B 互斥； (2) $A\subset B$； (3) $P(AB)=1/8$.

第三节 条件概率

一、条件概率的概念

在实际问题中，有时会遇到在事件 B 已经出现的条件下求事件 A 的概率. 这时，由于

有了附加条件“事件 B 已经出现”，因此称这种概率为事件 A 在事件 B 出现条件下的**条件概率**，记做 $P(A|B)$.

相对于条件概率的概念，我们称第二节中的概率为**无条件概率**. 那么，条件概率与无条件概率有什么联系呢？如何计算条件概率呢？下面逐一讨论这些问题.

首先，在一般情况下，条件概率 $P(A|B)$ 与无条件概率 $P(A)$ 不相等，即

$$P(A \mid B) \neq P(A).$$

例 1　现有甲、乙两工人加工同一种机器零件，如表 14-3 所示. 从这 100 只零件中任取 1 只，记 A=“取得的零件是正品”，B=“取得的零件是甲加工的”. 求：

表　14-3

	正品数	次品数	总计
甲加工的零件	48	12	60
乙加工的零件	36	4	40
总计	84	16	100

(1) $P(A)$；(2) $P(A|B)$.

解　将所有零件按甲加工的正品、次品和乙加工的正品、次品的次序编号为 1～100，且记 e_i=“取得第 i 号零件”($i=1,2,\cdots,100$). 则基本空间 $U=\{e_i \mid i=1,2,\cdots,100\}$，于是

$$A=\{e_1,\cdots,e_{48},e_{61},\cdots,e_{96}\},$$

$$B=\{e_1,\cdots,e_{48},e_{49},\cdots,e_{60}\}.$$

(1) $P(A)=\dfrac{84}{100}=0.84$；

(2) 在事件 B 已出现的条件下，事件 A 出现意味着取得的零件 $e_i \in B$ 且是正品. 所以

$$P(A|B)=\frac{48}{60}=0.8. \tag{1}$$

注意，首先易见，$P(A)\neq P(A|B)$，也就是说，事件 B 的出现的确影响了事件 A 出现的概率. 其次，求条件概率的公式(1)，实际上相当于以 B 为基本空间(称为 U 的**减缩空间**)时，事件 A 的概率. 最后，(1)式可以转化为

$$P(A|B)=\frac{48}{60}=\frac{48/100}{60/100}=\frac{P(AB)}{P(B)} \quad (P(B)>0), \tag{2}$$

即 $P(A|B)$ 的分母是事件 B 所包含的基本事件个数，分子是事件 AB 所包含的基本事件个数.

对于古典概型的条件概率，容易证明(2)式总是成立的，即

$$P(A|B)=\frac{P(AB)}{P(B)} \quad (P(B)>0). \tag{3}$$

在一般情况下，完全有理由将 $P(A|B)$ 规定为 $\frac{P(AB)}{P(B)}$，即有如下定义.

定义　设 A,B 为随机试验 E 的两个事件且 $P(B)>0$，则称

$$P(A|B)=\frac{P(AB)}{P(B)} \tag{4}$$

为在事件 B 出现的条件下事件 A 出现的**条件概率**. 同样还有

$$P(B|A)=\frac{P(AB)}{P(A)} \quad (P(A)>0). \tag{5}$$

二、概率的乘法公式

由(4)式或(5)式，得

$$P(AB)=P(B)P(A|B) \tag{6}$$

或

$$P(AB)=P(A)P(B|A). \tag{7}$$

公式(6)，(7)统称为概率的**乘法公式**. 即有

定理 1(乘法定理)　两事件之积的概率等于其中一事件的概率与另一事件在前一事件出现下的条件概率的乘积，即

$$P(AB)=P(A)P(B|A)=P(B)P(A|B). \tag{8}$$

概率的乘法公式可以推广到多于两个事件之积的情形. 例如，对于三个事件 A,B,C，若 $P(AB)>0$，则有

$$P(ABC)=P((AB)C)=P(AB)P(C|AB)=P(A)P(B|A)P(C|AB). \tag{9}$$

例 2　某厂生产的日光灯管使用寿命在 5000 小时以上的概率为 0.6，在 10000 小时以上的概率为 0.3. 如果现在有一根使用了 5000 小时的这种灯管，问它的寿命为 10000 小时以上的概率是多少?

解　设 A=“灯管寿命为 5000 小时以上”，B=“灯管寿命为 10000 小时以上”. 据题意，$P(A)=0.6>0$，由 $B\subset A$，所以 $AB=B$，因此 $P(AB)=P(B)=0.3$. 所以由条件概率的定义式(5)，得

$$P(B|A)=\frac{P(AB)}{P(A)}=\frac{0.3}{0.6}=\frac{1}{2}.$$

例 3　一批产品中次品率为 4%，正品中一等品率为 55%. 从这批产品中任抽一件，求这件产品是一等品的概率.

解　设 A=“抽出的是一等品”，B=“抽出的是正品”. 于是，由题意和条件概率的概念知

$$P(A|B)=0.55,\quad P(B)=1-P(\bar{B})=1-0.04=0.96.$$

注意到 $A\subset B$,所以有 $A=AB$,因此

$$P(A)=P(AB)=P(B)P(A|B)=0.96\times 0.55=0.528.$$

例 4　一批零件共 100 个,次品率为 10%,每次从中任取一个,采取不放回抽样.求第三次才取得正品的概率.

解　据题意,第 1 次和第 2 次取出的都是次品,第 3 次取出的是正品,设 $A_i=$"第 i 次取出的是次品"$(i=1,2,3)$,那么 $P(A_1)=1/10$,按条件概率的概念知 $P(A_2|A_1)=9/99=1/11$,$P(\overline{A}_3|A_1A_2)=90/98=45/49$.因此,由概率的乘法公式,所求概率为

$$P(A_1A_2\overline{A}_3)=P(A_1)P(A_2|A_1)P(\overline{A}_3|A_1A_2)=\frac{1}{10}\times\frac{1}{11}\times\frac{45}{49}=\frac{9}{22\times 49}=0.0083.$$

三、全概率公式

当计算比较复杂事件的概率时,往往必须同时利用概率的加法公式和乘法公式.我们先看下面的例子.

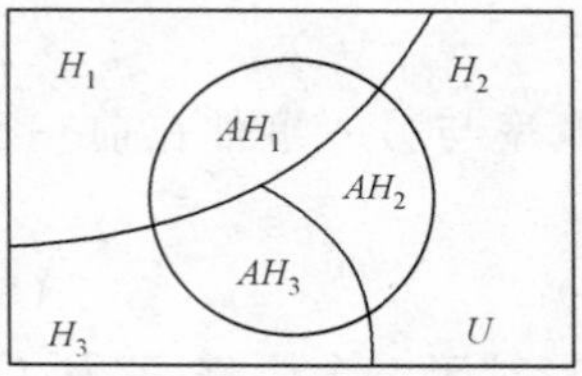

图　14-11

例 5　某工厂有三个车间,生产同一种产品,每个车间的产量分别占全厂的 25%,35% 和 40%,各车间产品的次品率分别为 5%,4% 和 2%.问从总产品中任意抽取一件产品是次品的概率(即全厂产品的次品率).

解　令 $H_i=$"从总产品中任取的一件产品是第 i 车间生产的"$(i=1,2,3)$,$A=$"从总产品中任取一件产品是次品".如图 14-11 所示,因 H_1,H_2,H_3 两两互斥且 $H_1+H_2+H_3=U$(因此称 H_1,H_2,H_3 是 U 的**一组划分**),于是

$$A=AU=A(H_1+H_2+H_3)=AH_1+AH_2+AH_3.$$

所以

$$\begin{aligned}P(A)&=P(AH_1+AH_2+AH_3)=P(AH_1)+P(AH_2)+P(AH_3)\\&=P(H_1)P(A|H_1)+P(H_2)P(A|H_2)+P(H_3)P(A|H_3)\\&=\frac{25}{100}\times\frac{5}{100}+\frac{35}{100}\times\frac{4}{100}+\frac{40}{100}\times\frac{2}{100}=3.45\%.\end{aligned}$$

一般地,有

定理 2(全概率公式)　设事件 $H_1,H_2,\cdots,H_n$ 是基本空间 U 的一组划分(即 $H_1+H_2+\cdots+H_n=U$)且 $P(H_i)>0(i=1,2,\cdots,n)$,则对任何事件 $A\subset U$ 都有

$$P(A)=\sum_{i=1}^{n}P(H_i)P(A|H_i).\tag{10}$$

全概率公式(10)的证明与例 5 的解法相同,故从略.

全概率公式(10)的作用在于将事件 A 加以分解(如图 14-11 所示),然后在各种补充条

件之下分别计算条件概率 $P(A|H_i)$，而 H_i 的选取要便于计算 $P(H_i)$ 及 $P(A|H_i)(i=1,2,\cdots,n)$.

例 6　保险公司的统计表明，某地人群可分为两类：第一类是容易出事故的，这类人在固定的一年内出一次事故的概率为 0.4；另一类是较谨慎的，这类人在固定的一年内出一次事故的概率为 0.2. 若假定第一类人占总人口的 30%，试求一个新保险客户在他购买了保险单后一年内将出一次事故的概率.

解　设 $A=$"保险客户在一年内出一次事故"，$H=$"保险客户是容易出事的人". 则 H，$\overline{H}$ 是 U 的一组划分，即 $H+\overline{H}=U$，又已知

$$P(H)=0.3,\quad P(\overline{H})=0.7,\quad P(A|H)=0.4,\quad P(A|\overline{H})=0.2.$$

因此，由全概率公式得，所求概率为

$$P(A)=P(H)P(A|H)+P(\overline{H})P(A|\overline{H})=0.3\times 0.4+0.7\times 0.2=0.26.$$

例 7　经临床统计表明，利用血清甲胎蛋白的方法诊断肝癌很有效. 即对患者使用该法有 95% 的把握将其诊断出来，而当一个健康人接受这种诊断时，误诊此人为肝癌患者（伪阳性）的概率仅为 1%. 设肝癌在某地的发病率为 0.5%，如果用这种方法在该地进行肝癌普查，从该地人群中任抽一人接受检查，求此人被诊断为肝癌的概率.

解　设 $A=$"此人被诊断为肝癌"，$H=$"受检人患肝癌"，则

$$H+\overline{H}=U,\quad P(H)=0.005,\quad P(\overline{H})=0.995,$$
$$P(A|H)=0.95,\quad P(A|\overline{H})=0.01.$$

于是，由全概率公式，得

$$\begin{aligned}P(A)&=P(H)P(A|H)+P(\overline{H})P(A|\overline{H})\\&=0.005\times 0.95+0.995\times 0.01=0.0147\approx 1.5\%.\end{aligned}$$

注意，从此例题 7 可以看出，虽然用此法诊断肝癌的成功率很高（$P(A|H)=95\%$，$P(\overline{A}|\overline{H})=99\%$），但是如果将此法用于肝癌普查，其可信度就会大大降低（普查结果中被诊断为肝癌率高达 1.5%，是该地肝癌真实发病率的 3 倍）.

习　题　14-3

1. 已知 $P(A)=P(B)=0.4$，$P(AB)=0.28$，求 $P(A|B)$，$P(B|A)$ 及 $P(A\cup B)$.

2. 设一口袋装有 3 个白球，4 个黑球，从中任取一个球后不放回，再取下一个，令 A 表示事件"第一次取得白球"，B 表示事件"第二次取得黑球". 求 $P(B)$ 及 $P(B|A)$.

3. 在某电路中，电压超过额定值的概率为 p_1，在电压超过额定值的情况下，电气设备被烧坏的概率为 p_2. 求由于电压超值而使电气设备烧坏的概率.

4. 射击室内有 9 支枪，其中两支是已试射过的，7 支未试射过. 射手用已试射过的枪射击时，命中率为 0.8，用未试射过的命中率为 0.1. 今从室内任取一支枪对目标射击，求命中目标的概率.

5. 发报机分别以 0.7 和 0.3 的概率发出信号"·"和"—". 由于受到干扰，当发出"·"时，收报机收到

“·”的概率是 0.9，误收为“—”的概率是 0.1；又当发出“—”时，收报机收到“—”的概率是 0.95，误收为“·”的概率是 0.05. 求：

(1) 收报机收到信号“·”的概率；　(2) 收报机收到信号“—”的概率.

6. 两台车床加工同样的零件，第一台出现废品的概率是 0.03，第二台出现废品的概率是 0.02. 加工出来的零件放在一起且知道第一台加工的零件比第二台加工的零件多一倍. 求任意取出的零件是合格品的概率.

第四节　事件的独立性

本节将介绍有关事件的独立性、伯努利概型和二项概率公式的问题及应用知识.

一、事件的独立性

从第三节所讨论的条件概率知，一般情况下，条件概率 $P(A|B)$ 与无条件概率 $P(A)$ 是不相等的，但也有相等的情况. 于是，有如下定义.

定义 1　如果事件 A,B 中任一事件的出现都不影响另一事件的概率，即

$$P(A|B)=P(A),\quad P(B|A)=P(B)\quad (P(A)P(B)>0),\tag{1}$$

则称事件 A 与 B **相互独立**.

定理 1　如果 $P(A)P(B)>0$，则事件 A 与 B 相互独立的充分必要条件是

$$P(AB)=P(A)P(B).\tag{2}$$

证　由概率的乘法公式，得

$$P(AB)=P(A)P(B|A)\quad (P(A)>0).$$

因为 A 与 B 相互独立，所以有

$$P(B|A)=P(B),$$

于是

$$P(AB)=P(A)P(B).$$

反之，如果 $P(AB)=P(A)P(B)$ 且 $P(A)>0$，则由条件概率定义知

$$P(B|A)=\frac{P(AB)}{P(A)}=\frac{P(A)P(B)}{P(A)}=P(B).$$

从而，A 与 B 相互独立.　**证毕**

需要注意的是，在处理实际问题时，事件 A 与 B 的相互独立性往往是根据具体场合的性质直观地作出判断的，而不是验证 $P(A|B)=P(A)$ 或 $P(B|A)=P(B)$. 如掷两枚骰子，第一枚出现几点与第二枚出现几点是相互独立的，因为两枚骰子之间没有联系. 再如甲、乙两人各自独立地射击，则甲中几环与乙中几环也是相互独立的.

例 1　有甲、乙两射手同时对同一目标射击一次，甲击中的概率是 0.9，乙击中的概率

是 0.8，求目标被击中的概率.

解　设 A＝"甲击中目标"，B＝"乙击中目标". 于是，目标被击中的概率为

$$P(A\cup B)=P(A)+P(B)-P(AB).$$

由于甲、乙射击是独立进行的，所以 A 与 B 相互独立. 所以

$$P(A\cup B)=P(A)+P(B)-P(A)P(B)=0.9+0.8-0.9\times0.8=0.98.$$

定理 2　如果四对事件 $A,B;A,\bar{B};\bar{A},B$ 和 $\bar{A},\bar{B}$ 中有一对是相互独立的，则另外三对也是相互独立的(即这四对事件或者都相互独立，或者都不相互独立).

证　设 A 与 B 相互独立. 现在证 A 与 $\bar{B}$ 相互独立，为此只须证明 $P(A\bar{B})=P(A)P(\bar{B})$ 即可. 事实上，

$$P(A\bar{B})=P(A-AB)=P(A)-P(AB).$$

因为 A 与 B 相互独立，即 $P(AB)=P(A)P(B)$，所以

$$\begin{aligned}P(A\bar{B})&=P(A)-P(AB)=P(A)-P(A)P(B)\\&=P(A)[1-P(B)]=P(A)P(\bar{B}).\end{aligned}$$

故 A 与 $\bar{B}$ 相互独立. 其他同理可证.　**证毕**

事件的独立性概念可以推广到任意有限个事件的情形.

定义 2　若 n 个事件 $A_1,A_2,\cdots,A_n$ 中任意两个都相互独立，则称事件 $A_1,A_2,\cdots,A_n$ **两两相互独立**.

定义 3　如果 n 个事件 $A_1,A_2,\cdots,A_n$ 中任一事件 $A_i(i=1,2,\cdots,n)$ 对其他任意 m 个事件的积是独立的，即

$$P(A_i\,|\,A_{i_1}A_{i_2}\cdots A_{i_m})=P(A_i),\tag{3}$$

其中 $A_{i_1}A_{i_2}\cdots A_{i_m}$ 是事件 $A_1,A_2,\cdots,A_n$ 中除了 A_i 之外的 $n-1$ 个事件中的任意 $m(m=1,2,\cdots,n-1)$ 个事件的积. 则称事件 $A_1,A_2,\cdots,A_n$ **总体相互独立**，简称**相互独立**.

定理 3　如果 $P(A_1A_2\cdots A_n)>0$，则事件 $A_1,A_2,\cdots,A_n$ 相互独立的充分必要条件是对其中任意 m 个事件 $A_{i_1},A_{i_2},\cdots,A_{i_m}$，有

$$P(A_{i_1}A_{i_2}\cdots A_{i_m})=P(A_{i_1})P(A_{i_2})\cdots P(A_{i_m}).\tag{4}$$

证略.

注意，容易知道，当 $A_1,A_2,\cdots,A_n$ 相互独立时，必然两两相互独立，但反之不然.

对于 n 个事件 $A_1,A_2,\cdots,A_n$，与其相关事件间相互独立的关系有与定理 2 类似的结论. 例如，当 $A_1,A_2,\cdots,A_n$ 相互独立时，$\bar{A}_1,\bar{A}_2,\cdots,\bar{A}_n$ 也相互独立等，这里就不一一写出了.

例 2　加工某一零件共须经过三道工序，设第 1,2,3 道工序的次品率分别是 2%，3%，5%. 假设各道工序是互不影响的，问加工出来的零件是次品的概率多大?

解　设事件 A_i＝"第 i 道工序出次品"$(i=1,2,3)$，A＝"加工出来的零件是次品"，则

$$A = A_1 \cup A_2 \cup A_3.$$

因为各道工序互不影响，所以事件 A_1, A_2, A_3 相互独立，从而 $\overline{A}_1, \overline{A}_2, \overline{A}_3$ 相互独立. 于是所求概率为

$$P(A) = P(A_1 \cup A_2 \cup A_3) = 1 - P(\overline{A}_1 \overline{A}_2 \overline{A}_3) = 1 - P(\overline{A}_1)P(\overline{A}_2)P(\overline{A}_3)$$
$$= 1 - (1 - 0.02) \times (1 - 0.03) \times (1 - 0.05) \approx 1 - 0.903 = 0.097.$$

例 3　一个元件能正常工作的概率称为这个**元件的可靠性**，由元件组成的系统能正常工作的概率称为这个**系统的可靠性**. 求系统Ⅰ(串联)(如图 14-12 所示)和系统Ⅱ(并联)(如图 14-13 所示)的可靠性，其中已知各元件的可靠性均为 $r(0<r<1)$，且各元件能否正常工作是相互独立的.

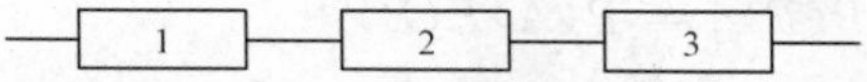

图　14-12

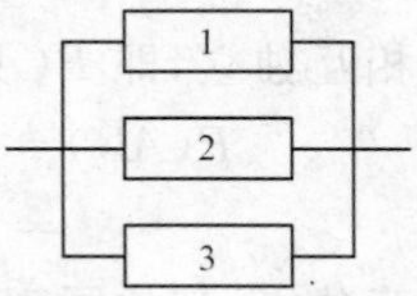

图　14-13

解　设事件 A_i="第 i 个元件正常工作"$(i=1,2,3)$，A="系统正常工作". 因为系统Ⅰ正常工作的充分必要条件是三元件都正常工作，即 $A=A_1A_2A_3$. 又因为 A_1, A_2, A_3 相互独立且 $P(A_i)=r(i=1,2,3)$，所以系统Ⅰ的可靠性为

$$P(A) = P(A_1A_2A_3) = P(A_1)P(A_2)P(A_3) = r^3.$$

类似地，系统Ⅱ正常工作必须且只须三元件之一能正常工作，即 $A=A_1 \cup A_2 \cup A_3$. 从而系统Ⅱ的可靠性为

$$P(A) = P(A_1 \cup A_2 \cup A_3) = 1 - P(\overline{A}_1 \overline{A}_2 \overline{A}_3)$$
$$= 1 - P(\overline{A}_1)P(\overline{A}_2)P(\overline{A}_3) = 1 - (1-r)^3.$$

二、伯努利概型及二项概率公式

1. 伯努利概型

在实际应用中，经常会遇到随机试验 E 只有两个可能结果的情形. 这种只有两个可能结果的随机试验 E 称为**伯努利**(Bernoulli)**试验**，或**伯努利概型**的试验.

在实用上，我们经常将某个试验在相同条件下重复进行 n 次. 如果各次试验结果互不影响，即相应于每次试验，事件的概率都不依赖于其他各次试验的结果，则称这 n 次试验为 **n 次重复独立试验**. 例如，有放回抽样检查产品 n 次或在相同的条件下将一枚硬币掷 n 次，都是 n 次重复独立试验的简单例子. 重复独立试验在概率论中占有重要的地位，因为随机现象的统计规律只有在大量重复试验中才会显示出来.

伯努利试验在相同的条件下相互独立地重复进行 n 次称为 n **重伯努利试验**. 它是概率论中重要而应用广泛的一种数学模型，其中，如下的二项概率公式有着重要的作用.

2. 二项概率公式

设 A 与 $\overline{A}$ 是试验 E 的两个互逆事件，$P(A)=p$，$P(\overline{A})=q$ $(q=1-p)$. 将 E 在相同的条件下重复进行 n 次，则事件 A 可能出现 0 次，1 次，2 次，…，n 次，且在每次试验中事件 A 的概率都是 p. 我们所关心的是，在 n 次试验中事件 A 恰好出现 k $(0\leqslant k\leqslant n)$ 次的概率.

定理 4　设在试验 E 中，$P(A)=p$，将 E 独立地重复 n 次，则事件 A 恰好出现 k 次的概率为

$$P_n(k)=\mathrm{C}_n^k p^k(1-p)^{n-k}\quad(k=0,1,2,\cdots,n).\tag{5}$$

证　首先，由于这 n 次试验的独立性，事件 A 在指定的 k 次试验中出现而在其余 $n-k$ 次试验中不出现的概率应该是

$$p^k(1-p)^{n-k}.$$

因为只考虑事件 A 在 n 次试验中出现 k 次，而不讨论在哪 k 次出现，所以按组合计算法可知应有 C_n^k 种出现方式(读者不妨以 $n=4$，$k=2$ 的情形验证之). 再按概率的加法定理，便得所求概率为

$$P_n(k)=\mathrm{C}_n^k p^k(1-p)^{n-k}\quad(k=0,1,2,\cdots,n).$$

故(5)式成立.　**证毕**

注意，由于 $\mathrm{C}_n^k p^k(1-p)^{n-k}$ $(k=0,1,2,\cdots,n)$ 恰好是 $[(1-p)+p]^n$ 按二项公式展开时的各项，所以公式(5)称为**二项概率公式**，而且易知 $\sum\limits_{k=0}^{n}P_n(k)=1$.

例 4　对次品率为 20% 的一批产品进行重复抽样检查，共取 5 件样品，计算这 5 件样品中：

(1) 恰好有 2 件次品的概率；　(2) 至少有 2 件次品的概率.

解　设 $A_i=$"5 件样品中恰好有 i 件次品"$(i=1,2,3,4,5)$，现已知 $n=5$，$p=0.2$，按公式(5)，得

(1) $P(A_2)=P_5(2)=\mathrm{C}_5^2(0.2)^2\times(0.8)^3=0.2048$；

(2) 事件"5 件样品中至少有 2 件次品"的概率为

$$\begin{aligned}P(A_2+A_3+A_4+A_5)&=P_5(2)+P_5(3)+P_5(4)+P_5(5)\\&=\mathrm{C}_5^2(0.2)^2\times(0.8)^3+\mathrm{C}_5^3(0.2)^3\times(0.8)^2+\mathrm{C}_5^4(0.2)^4\times(0.8)^1+\mathrm{C}_5^5(0.2)^5\\&=0.2048+0.0512+0.0064+0.0003=0.2627\end{aligned}$$

或

$$\begin{aligned}P(A_2+A_3+A_4+A_5)&=1-P(A_0+A_1)=1-P_5(0)-P_5(1)\\&=1-(0.8)^5-\mathrm{C}_5^1(0.2)\times(0.8)^4=1-0.3277-0.4096=0.2627.\end{aligned}$$

例 5　某车间有 10 台 7.5 kW 的机床，假定每台机床的使用情况是独立的，且每台机床平均每小时开动 12 分钟. 现因当地电力紧张，供电部门只提供 50 kW 的电力，问该车间的机床用电不超过 50 kW 的可能性有多大？

解　将考查一台机床在某一时刻是"开动"还是"停机"作为一次试验，问题归结为 $n=10$ 的伯努利概型. 设 A＝"机床开动"，依题意

$$p = P(A) = \frac{12}{60} = 0.2.$$

设 B_i＝"恰有 i 台机床开动"($i=0,1,2,\cdots,10$)，B＝"该车间的机床用电不超过 50 kW". 当有 i 台机床开动时，用电量为$(7.5\times i)$kW，于是用电不超过 50 kW，当且仅当 $i<7$，所以

$$P(B) = P\Big(\sum_{i=1}^{6} B_i\Big) = 1 - P\Big(\sum_{i=7}^{10} B_i\Big) = 1 - \sum_{i=7}^{10} P(B_i).$$

由二项概率公式(5)，得 $P(B_i)=\mathrm{C}_{10}^{i}(0.2)^i\times(0.8)^{10-i}$. 故所求概率为

$$\begin{aligned} P(B) &= 1 - \sum_{i=7}^{10} P(B_i) \\ &= 1 - 120\times(0.2)^7\times(0.8)^3 - 45\times(0.2)^8\times(0.8)^2 \\ &\quad - 10\times(0.2)^9\times(0.8) - (0.2)^{10} \\ &= 1 - (120\times 2^7\times 8^3 + 45\times 2^8\times 8^2 + 10\times 2^9\times 8 + 2^{10})\times 10^{-10} \\ &= 1 - 8643584\times 10^{-10} \approx 0.9991356 \approx \frac{1156}{1157}. \end{aligned}$$

这表明用电不超过 50 kW 的可能性大约是 1156/1157，相当于 19 小时内约有 1 分钟会发生超载.

例 6　对某一工厂的产品进行重复抽样检查，取出 200 件样品检查，结果发现其中有 4 件次品. 问能否相信该厂出次品的概率不超过 0.005？

解　先假定该厂出次品的概率为 0.005，那么利用重复独立试验方法计算 200 件样品出现 4 件次品的概率为

$$P_{200}(4) = \mathrm{C}_{200}^{4}(0.005)^4(0.995)^{196} \approx 0.015.$$

这表明当该厂的次品率为 0.005 时，检查 200 件产品发现有 4 件次品的事件是小概率事件，因为小概率事件在一次试验中几乎不可能发生，现在居然发生了. 因此，我们有理由怀疑原来的假定的正确性，即该厂的次品率不超过 0.005 不可信.

习　题　14-4

1. 设事件 A,B 相互独立，$P(A)=\frac{1}{3}$，$P(B)=\frac{3}{4}$. 试求：

$$P(A\cup B),\quad P(A|A\cup B),\quad P(B|A\cup B).$$

2. 设甲、乙、丙三人同时独立地做同一性质的工作，他们完成任务的概率分别为 0.9，0.8，0.7. 求这三人全完成任务的概率和至少有一人完不成任务的概率.

3. 设电路由电子元件 A 与两个并联的电子元件 B，C 串联而成（如图 14-14 所示）. 又设元件 A，B，C 损坏与否是相互独立的且它们损坏的概率依次为 0.1，0.2，0.3. 求这电路发生断路的概率.

4. 在如图 14-15 所示的开关电路中，开关 A，B，C，D 开或关的概率均为 0.5. 求灯亮的概率.

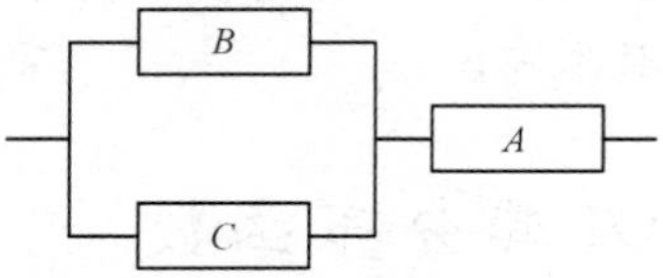

图　14-14

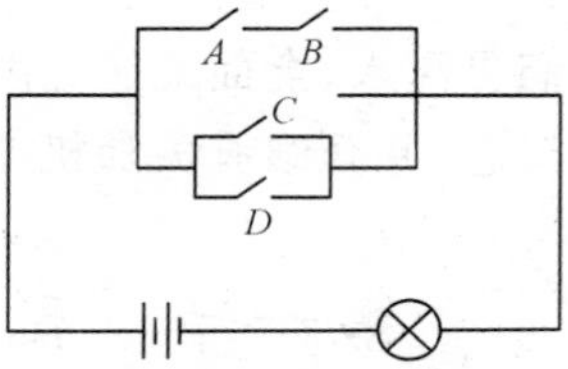

图　14-15

5. 设一均匀陀螺的圆周上均匀地刻上了区间[1，3)上的诸数值，将它重复旋转 5 次，计算这 5 次中恰好有 3 次停下时接触桌面点处的刻度在区间[1.5，2.5]上的概率.

6. 设每台机床在一天内需要修理的概率为 0.02，某车间有 100 台这种机床. 试求在一天内至少有一台需要修理的概率.

第十五章　随机变量及其概率分布

为了使我们更深入、全面地研究随机现象，揭示客观存在着的统计规律，从本章开始引入随机变量的概念，并介绍有关随机变量的一些基本知识.

第一节　随机变量及其分布函数

一、随机变量的概念

在随机现象中，有许多试验的结果是直接用数量表示的，也有一些试验，其结果乍看起来与数量没有关系，但是我们仍可用数量来描述.

E_1　一口袋中装有 4 只白球，5 只红球，从中任取 3 只. 设取得的白球个数为 ξ，则对应于试验的所有可能结果，ξ 可能取的值是 0，1，2，3.

E_2　某电话交换台单位时间内收到的电话呼唤次数设为 ξ，则对应于试验的所有可能结果，ξ 可能取的值是 0，1，2，….

E_3　抛掷一枚硬币，出现"正面朝上"可用 $\xi=1$ 表示，出现"反面朝上"可用 $\xi=0$ 表示.

E_4　测试灯泡的使用寿命，设其寿命为 ξ(单位：小时)，则对应于试验的所有可能结果，ξ 可能取的值是区间 $[0,+\infty)$ 内任一数值.

E_5　在一个均匀陀螺的圆周上均匀地刻上区间 $[0,1)$ 上的诸值，在桌面上旋转这陀螺，当它停转时其圆周上触及桌面接触点处的刻度设为 ξ，则对应于试验的所有可能结果，ξ 可能取值的范围是区间 $[0,1)$.

以上几例，不论试验结果是否与数量有直接关系，都可用一个数量 ξ 来表示，而且这个数量 ξ 有着共同的特点：ξ 都是随试验结果的变化而变化的，而且试验结果一旦确定，ξ 的值也随之确定. 因此 ξ 是试验结果(基本事件 e)的函数.

定义 1　根据试验结果取值的变量 ξ 称为**随机变量**. 或者，如果对于试验 E 的基本空间 U 的任一元素 e，都唯一地对应着一实数值 ξ，则称 ξ 为试验 E 的一个随机变量，记为

$$\xi = \xi(e).$$

以后我们用小写希腊字母 ξ,η,ζ 等表示随机变量，而用英文字母表示数量.

随机变量与普通实函数不同，这主要体现在它有以下**三个特征**：

(1) 随机变量 ξ 的定义域是基本空间 U，而 U 不一定是实数集；

(2) 随机变量 ξ 的取值具有随机性，即 ξ 取哪个值在试验之前无法知道；

(3) 随机变量 ξ 具有统计规律性，即 ξ 取某个值或 ξ 在某一区间内取值的概率是完全确定的.

二、随机变量的分布函数

为了全面地描述随机变量 ξ，我们不仅要知道它可能取的值是哪一些，而且还要知道它取这些值的概率是多少，即需要知道 ξ 的分布规律. 为此，对于任一实数集 S，可用 $\{\xi\in S\}$ 代表一个**随机事件**（简称为**事件**），即基本空间 U 内所有能使 $\xi(e)\in S$ 的基本事件 e 组成的集合所代表的随机事件.

定义 2 对于随机变量 ξ，当实数集 S 确定后，事件 $\{\xi\in S\}$ 的概率 $P(\{\xi\in S\})$ 也随之确定，我们称这种对应关系为随机变量 ξ 的**概率分布**（简称为**分布**）.

随机变量 ξ 的分布表明了 ξ 取值的统计规律，即 ξ 取哪些值，取这些值的概率是多少. 通常将 $P(\{\xi\in S\})$ 简记为 $P\{\xi\in S\}$.

定义 3 设 ξ 为一随机变量，$x(-\infty<x<+\infty)$ 为实数，则事件 $\{\xi<x\}$ 的概率 $P\{\xi<x\}$ 是 x 的实值函数，记为 $F(x)$，即

$$F(x)=P\{\xi<x\}.$$

称函数 $F(x)$ 为随机变量 ξ 的**概率分布的分布函数**，简称为 ξ 的**分布函数**.

从以上定义容易看出，分布函数有如下性质：

(1) ξ 的分布函数 $F(x)$ 是一个普通的实值函数，其定义域为 $(-\infty,+\infty)$；

(2) $F(x)=P\{\xi<x\}=P\{\xi\in(-\infty,x)\}$ 表示 ξ 在区间 $(-\infty,x)$ 内取值的概率；

(3) $P\{a\leqslant\xi<b\}=P\{\xi<b\}-P\{\xi<a\}=F(b)-F(a)$，这表明 ξ 在任一半开闭区间 $[a,b)$ 内取值的概率等于分布函数 $F(x)$ 在 $[a,b)$ 上的增量，这正是可用 ξ 的分布函数表达分布的原因所在；

(4) $P\{\xi\geqslant x\}=1-P\{\xi<x\}=1-F(x)$.

例 1 求试验 E_5 中随机变量 ξ 的分布函数.

解 由于陀螺的均匀性和刻度的均匀性，根据几何概率的定义，对于区间 $[0,1)$ 内的任一区间 $[a,b)$ 有

$$P\{a\leqslant\xi<b\}=\frac{b-a}{1-0}=b-a.$$

对于数轴上任一区间 I（未必有 $I\subset[0,1)$），由于 ξ 取 $[0,1)$ 以外的值的概率为 0，所以 $P\{\xi\in I\}=S(I)$，其中 $S(I)$ 为区间 $I\cap[0,1)$ 的长度.

下面计算 ξ 的分布函数：

当 $x\leqslant 0$ 时，$(-\infty,x)\cap[0,1)=\varnothing$，所以 $F(x)=P\{\xi<x\}=P(\varnothing)=0$；

当 $0<x\leqslant 1$ 时，$(-\infty,x)\cap[0,1)=[0,x)$，所以 $F(x)=P\{\xi<x\}=x$；

当 $1<x$ 时，$(-\infty,x)\cap[0,1)=[0,1)$，所以 $F(x)=P\{\xi<x\}=1$.

总之，$F(x)$ 的表达式为

$$F(x)=\begin{cases}0, & x\leqslant 0,\\ x, & 0<x\leqslant 1,\\ 1, & 1<x.\end{cases}$$

其图形如图 15-1 所示.

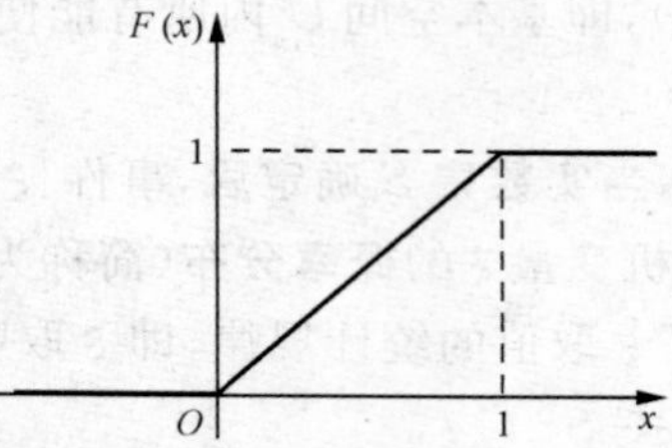

图　15-1

例 2　求试验 E_1 中的随机变量 ξ 的分布函数.

解　由古典概型概率的计算公式易得，ξ 分别取值 0,1,2,3 的概率依次为

$$P\{\xi=0\}=\frac{C_4^0C_5^3}{C_9^3}=\frac{5}{42},\quad P\{\xi=1\}=\frac{C_4^1C_5^2}{C_9^3}=\frac{20}{42},$$

$$P\{\xi=2\}=\frac{C_4^2C_5^1}{C_9^3}=\frac{15}{42},\quad P\{\xi=3\}=\frac{C_4^3C_5^0}{C_9^3}=\frac{2}{42}.$$

因此，ξ 的分布函数为

当 $x\leqslant 0$ 时，$\{\xi<x\}$ 是不可能事件，所以 $F(x)=P\{\xi<x\}=0$；

当 $0<x\leqslant 1$ 时，$\{\xi<x\}=\{\xi=0\}$，所以 $F(x)=P\{\xi<x\}=P\{\xi=0\}=\frac{5}{42}$；

当 $1<x\leqslant 2$ 时，$\{\xi<x\}=\{\xi=0$ 或 $\xi=1\}=\{\xi=0\}+\{\xi=1\}$，所以

$$F(x)=P\{\xi<x\}=P\{\xi=0\}+P\{\xi=1\}=\frac{5}{42}+\frac{20}{42}=\frac{25}{42};$$

当 $2<x\leqslant 3$ 时，$\{\xi<x\}=\{\xi=0$ 或 $\xi=1$ 或 $\xi=2\}=\{\xi=0\}+\{\xi=1\}+\{\xi=2\}$，所以

$$F(x)=P\{\xi<x\}=P\{\xi=0\}+P\{\xi=1\}+P\{\xi=2\}=\frac{5}{42}+\frac{20}{42}+\frac{15}{42}=\frac{40}{42};$$

当 $3<x$ 时，$\{\xi<x\}$ 是必然事件，所以 $F(x)=P\{\xi<x\}=1$.

总之，$F(x)$ 的表达式为

$$F(x)=\begin{cases}0, & x\leqslant 0,\\ \dfrac{5}{42}, & 0<x\leqslant 1,\\ \dfrac{25}{42}, & 1<x\leqslant 2,\\ \dfrac{40}{42}, & 2<x\leqslant 3,\\ 1, & 3<x.\end{cases}$$

它的图形如图 15-2 所示，是一阶梯形曲线，在 $x=0,1,2,3$ 处 $F(x)$ 为左连续，依次具有跃度 $\frac{5}{42}, \frac{20}{42}, \frac{15}{42}$ 和 $\frac{2}{42}$.

从以上两例又容易知道，分布函数还有以下性质：

(5) $F(x)$ 单调非减，即若 $x_1<x_2$，则 $F(x_1)\leqslant F(x_2)$；

(6) $F(x)$ 是左连续的，即 $F(x_0-0)=\lim\limits_{x\to x_0^-}F(x)=F(x_0)$，$x_0\in(-\infty,+\infty)$；

(7) $F(x)$ 的图形有两条渐近线(如图 15-3 所示)

$$F(-\infty)=\lim_{x\to-\infty}F(x)=0 \quad 和 \quad F(+\infty)=\lim_{x\to+\infty}F(x)=1.$$

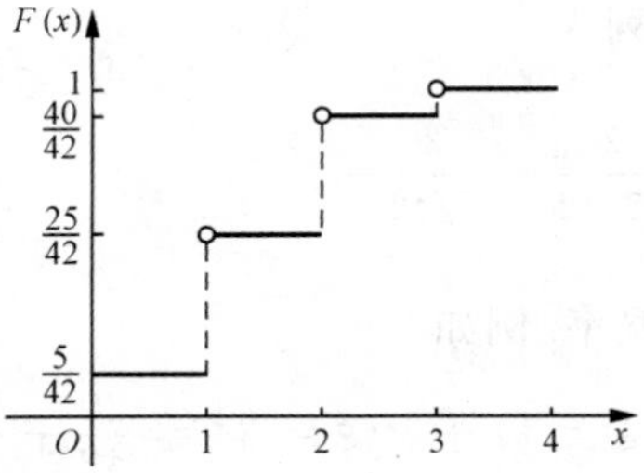

图　15-2

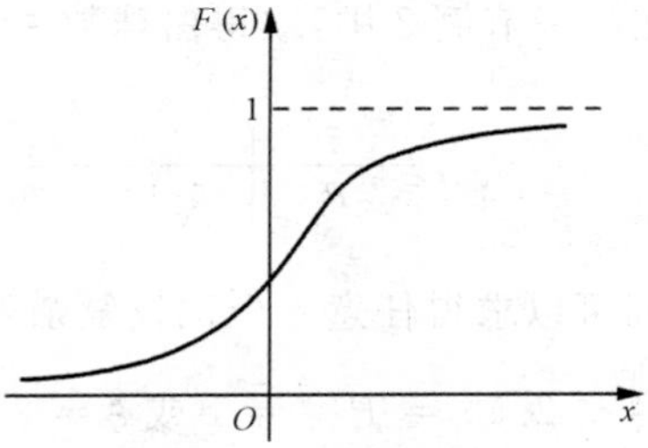

图　15-3

习　题　15-1

1. 随机变量与普通变量有何不同？

2. 设一口袋中装着依次标有数字 1,2,2,2,3,3 的 6 个球，从这口袋中任取 1 个球，求取得的球上标明的数字 ξ 的分布函数.

3. 从一个含有 4 个红球、2 个白球的口袋中任意地取出 5 个球，求取得红球的个数 ξ 的分布函数.

4. 在一个均匀陀螺的圆周上均匀地刻上区间[0,3)上的诸数字，旋转这陀螺，求它停下时其圆周上触及桌面接触点处的刻度 ξ 的分布函数.

第二节　离散型随机变量

一、离散型分布的概念

定义　若随机变量 ξ 所有可能取的值是有限个或可数无穷多个数值，则称 ξ 为**离散型随机变量**，ξ 的分布称为**离散型分布**. 设离散型随机变量 ξ 可能取的值为 $a_1<a_2<\cdots<a_k<\cdots$，且 ξ 取这些值的概率为

$$P\{\xi=a_k\}=p_k\quad(k=1,2,\cdots).\tag{1}$$

又 p_k 满足

(1) **非负性**　$p_k\geqslant 0$；

(2) **归一性**　$\sum\limits_k p_k=1$，

则称(1)式的一列等式为 ξ 的**分布列**(**分布密度**或**概率函数**).

为直观起见，常将 ξ 的取值及其对应的概率用下列表格表示：

ξ	a_1	a_2	$\cdots$	a_k	$\cdots$
P	p_1	p_2	$\cdots$	p_k	$\cdots$

.

例 1　在第一节例 2 中，取得白球数 ξ 的分布列为

ξ	0	1	2	3
P	5/42	20/42	15/42	2/42

.

从 ξ 的分布列可以求得任意一个比较复杂事件的概率. 例如

$$P\{0.5<\xi<2.5\}=P\{\xi=1\text{ 或 }\xi=2\}=P\{\xi=1\}+P\{\xi=2\}=\frac{20}{42}+\frac{15}{42}=\frac{35}{42}.$$

由此可见，知道了离散型随机变量的分布列，不仅掌握了它取各个值的概率，而且也掌握了它在各个范围内取值的概率(等于它取这个范围内的各个可能值的概率之和). 所以，分布列能全面地描述离散型随机变量取值的统计规律.

在知道了离散型随机变量的分布列(即(1)式)后，由分布函数的定义，容易知道 ξ 的分布函数为

$$F(x)=P\{\xi<x\}=\sum_{a_k<x}p_k,\tag{2}$$

其中的和式是对一切满足 $a_k<x$ 所对应的 p_k 求和，即 $F(x)$ 为累加概率.

例 2　设随机变量 ξ 的分布列为

ξ	1	2	$\cdots$	n
P	a	$2a$	$\cdots$	na

.

求 a 的值.

解 根据分布列的归一性,得

$$1=\sum_{k=1}^{n}p_k=\sum_{k=1}^{n}ak=a\sum_{k=1}^{n}k=a\cdot\frac{n(n+1)}{2}.$$

所以

$$a=\frac{2}{n(n+1)}.$$

最后指出,如果一个函数的定义域是由有限个或可数无穷多个实数组成的集合,函数值总在区间[0,1]上且函数值的总和等于1,则这个函数一定是某一个离散型随机变量的分布列.

二、常用的离散型分布

本节按照分布列的类型来讨论一些常用的离散型分布.一般地,如果一种分布有着广泛的现实背景,或者在理论上起着重要的作用,那么这种分布就是重要的.因此,对于一种分布,我们要从它的实际背景(来源)、特殊性质及其在实践中的应用来掌握它.

1. 二项分布

如果离散型随机变量 ξ 的分布列为

$$P\{\xi=k\}=C_n^k p^k(1-p)^{n-k}\quad(k=0,1,2,\cdots,n),\tag{3}$$

其中 $0<p<1$,n 为自然数,则称 ξ 服从参数为 n,p 的**二项分布**,记为 $\xi\sim B(n,p)$,并记

$$b(k;n,p)=C_n^k p^k(1-p)^{n-k}\quad(k=0,1,2,\cdots,n).$$

显然有

$$b(k;n,p)=C_n^k p^k(1-p)^{n-k}\geqslant 0,$$

$$\sum_{k=0}^{n}b(k;n,p)=\sum_{k=0}^{n}C_n^k p^k(1-p)^{n-k}=1.$$

这说明 $b(k;n,p)$ 满足非负性和归一性.因此,(3)式确是某一离散型随机变量的分布列.那么二项分布的现实背景或实际模型是什么呢?在伯努利概型中由二项概率公式易知,事件 A 在 n 次独立重复试验中发生的次数 ξ 就服从二项分布.具体举出以下两个实际模型.

模型1 设在试验 E 中,事件 A 出现的概率为 $p(0<p<1)$,将 E 独立地重复 n 次,ξ 为事件 A 在这 n 次试验中出现的次数,则 $\xi\sim B(n,p)$.

模型2 在次品率为 p 的一大批产品中,有放回地任取 n 件,ξ 为取得的次品件数,则 $\xi\sim B(n,p)$.

例 3 在一大批次品率为 $p=4\%$的产品中任取 200 件检验,求其中至少有 2 件次品的概率.

解 设 ξ 表示被取出的 200 件产品中所含的次品数,由于这批产品的件数很多,取走 200 件可以认为并不影响留下部分的次品率,所以,可以认为抽样是有放回的. 于是根据模型 2,$\xi\sim B(200,0.04)$,其分布列为

$$P\{\xi=k\}=\mathrm{C}_{200}^{k}(0.04)^{k}(1-0.04)^{200-k}\quad(k=0,1,2,\cdots,200).$$

于是,所求概率为

$$\begin{aligned}P\{\xi\geqslant 2\}&=\sum_{k=2}^{200}P\{\xi=k\}=1-(P\{\xi=0\}+P\{\xi=1\})\\&=1-[(0.96)^{200}+200\times(0.04)\times(0.96)^{199}]\\&\approx 1-(0.00028+0.00237)=0.99735.\end{aligned}$$

从上例知道,当 n 很大时,按公式(3)计算有关二项分布的概率是比较困难的. 下面给出当 n 很大而 p 很小时,二项分布的近似计算公式.

定理(泊松(Poisson)定理) 设随机变量 $\xi_n\sim B(n,p_n)$,即

$$b(k;n,p_n)=P\{\xi_n=k\}=\mathrm{C}_n^k p_n^k(1-p_n)^{n-k}\quad(k=0,1,\cdots,n).$$

如果 $np_n\to\lambda$(当 $n\to\infty$时)是一个常数,则

$$\lim_{n\to\infty}b(k;n,p_n)=\frac{\lambda^k}{k\,!}\mathrm{e}^{-\lambda}\quad(k=0,1,2,\cdots).\tag{4}$$

证明从略. 显然,泊松定理的条件 $np_n\to\lambda$($\lambda\to 0$ 为常数)意味着,当 n 很大时,p_n 一定很小. 故泊松定理表明,当 n 很大,p 很小时,有以下近似公式:

$$\mathrm{C}_n^k p^k(1-p)^{n-k}\approx\frac{\lambda^k}{k\,!}\mathrm{e}^{-\lambda},\quad \text{其中 } \lambda=np.\tag{5}$$

实际应用中,当 $n\geqslant 10$ 且 $p\leqslant 0.1$ 时,就可以利用公式(5)作近似计算. 例如,利用公式(5)可以计算例 3 中的概率 $P\{\xi\geqslant 2\}$的近似值,因为 $n=200$ 很大,$p=0.04$ 又比较小,故

$$P\{\xi=k\}\approx\frac{\lambda^k}{k\,!}\mathrm{e}^{-\lambda},\quad \text{其中 } \lambda=np=8.$$

于是,查附录 VII 的附表 1,得

$$P\{\xi\geqslant 2\}\approx\sum_{k=2}^{200}\frac{8^k}{k\,!}\mathrm{e}^{-8}=0.99698.$$

2. 泊松分布

如果随机变量 ξ 的分布列为

$$P\{\xi=k\}=\frac{\lambda^k}{k\,!}\mathrm{e}^{-\lambda}\quad(k=0,1,2\cdots;\lambda>0),\tag{6}$$

则称 ξ 服从参数为 λ 的**泊松分布**,记做 $\xi\sim P(\lambda)$.

容易验证泊松分布的分布列满足非负性和归一性：

$$\frac{\lambda^k}{k!}e^{-\lambda} \geqslant 0 \quad (k = 0,1,2,\cdots);$$

$$\sum_{k=0}^{\infty} \frac{\lambda^k}{k!}e^{-\lambda} = e^{-\lambda}\sum_{k=0}^{\infty}\frac{\lambda^k}{k!} = 1.$$

由泊松定理可以看到，泊松分布是二项分布当 $n\to\infty$（$np_n\to\lambda$ 为常数）时的极限分布，它是一个重要的离散型分布. 服从泊松分布的离散型随机变量很多，例如，一段时间内来到某商店的顾客人数；一定容积内的细菌数；田间一定面积内的杂草数；一段时间内电话交换台接到的呼唤次数；一定长度棉纱上的疵点（杂质）数等都服从泊松分布.

例 4　某厂有同类型机床 300 台，各台工作是相互独立的，且发生故障的概率是 0.01. 通常情况下一台机床的故障可由一个维修工人来处理（每人不能同时处理两台以上的故障）. 问至少须配备多少维修工人，才能保证当机器发生故障但得不到及时维修的概率小于 0.01?

解　设须配备 m 个维修工人，而且同一时刻发生故障的机床台数为 ξ，则 $\xi\sim B(300,0.01)$. 需要解决的问题是确定 m，使得 $P\{\xi\geqslant m\}\leqslant 0.01$.

由泊松定理（这里 $\lambda=np=3$），得

$$P\{\xi > m\} \approx \sum_{k=m+1}^{300}\frac{3^k}{k!}e^{-3},$$

即需要

$$\sum_{k=m+1}^{300}\frac{3^k}{k!}e^{-3} \leqslant 0.01.$$

查附录 VII 的附表 1，得 $m+1\geqslant 9$ 即 $m\geqslant 8$. 至少配备 8 人，才能保证故障得不到及时处理的概率小于 0.01.

3. (0-1)分布

如果离散型随机变量 ξ 的分布列为

ξ	0	1
P	$1-p$	p

，

则称 ξ 服从参数为 p 的(0-1)**分布**.

显然，(0-1)分布是二项分布当 $n=1$ 时的特例. 服从(0-1)分布的随机变量很多，只要所涉及的试验是伯努利概型的，即只有两个互逆的结果 A 与 $\overline{A}$，则可令

$$\xi = \begin{cases} 1, & 当 A 出现时, \\ 0, & 当 \overline{A} 出现时. \end{cases}$$

取参数 $p=P(A)$，就构成一个服从参数为 p 的(0-1)分布. 如一次射击命中与否，抽验 1 件产品是否合格，都可确定一个(0-1)分布的随机变量.

习　题　15-2

1. 下面三个表格是否为离散型随机变量的分布列？

(1)

ξ	2	4	5
P	0.2	0.6	0.2

；

(2)

ξ	1	2	3	…	n	…
P	$\frac{1}{2}$	$\frac{1}{2}\times\frac{1}{3}$	$\frac{1}{2}\times\left(\frac{1}{3}\right)^2$	…	$\frac{1}{2}\times\left(\frac{1}{3}\right)^{(n-1)}$	…

；

(3)

ξ	-5	0	5
P	$-1/3$	$2/3$	$2/3$

.

2. 一批产品共 100 件，其中有 10 件是次品，现在从中任取 5 件，设 ξ 表示 5 件中发现次品的件数，求 ξ 的分布列.

3. 一口袋中装有 6 只球，在这 6 只球上分别标有 $-2,-2,1,1,1,2$ 这样的数字. 从这口袋中任取 1 只，求取得的球上标明的数字 ξ 的分布列及其分布函数.

4. 已知离散型随机变量的分布列为

(1) $P\{\xi=k\}=\dfrac{k}{c_1}$, $k=1,2,\cdots,10$；　　(2) $P\{\eta=k\}=c_2\left(\dfrac{2}{3}\right)^k$, $k=1,2,3$.

试分别求常数 c_1,c_2.

5. 设某批二极管的次品率为 0.05，现从中任取一件，求取得次品件数的分布列.

6. 在相同的条件下，相互独立地进行 5 次射击，每次射击时击中目标的概率都为 0.6，求击中目标的次数 ξ 的分布列.

第三节　连续型随机变量

上节讨论的离散型随机变量，只取有限个或可数无穷多个值，它的分布函数是跳跃函数. 在自然界和生产实际中，还经常遇到另一类随机变量，其可能取的值充满某一区间或者整个 $(-\infty,+\infty)$. 例如，第一节例 1 中的随机变量 ξ 可能取的值充满区间 $[0,1)$，而且分布函数在 $(-\infty,+\infty)$ 内连续，这类随机变量是非离散型的. 这类重要的非离散型随机变量就是连续型随机变量.

定义　如果随机变量 ξ 的分布函数 $F(x)$ 恰好是某个非负可积函数 $\varphi(x)$ 在 $(-\infty,x)$ 上的积分，即

$$F(x)=\int_{-\infty}^{x}\varphi(x)\,\mathrm{d}x,\tag{1}$$

则称 ξ 为**连续型随机变量**，$F(x)$ 称为 ξ 的**分布函数**，$\varphi(x)$ 称为 ξ 的**分布密度函数**（简称**分布密度**），并称 ξ 的分布为**连续型分布**.

根据定义，连续型随机变量 ξ 的分布密度有以下性质：

(1) **非负性**　$\varphi(x)\geqslant 0$.

(2) **归一性**　$\int_{-\infty}^{+\infty}\varphi(x)\,\mathrm{d}x=1$.

反之，如果一个函数 $\varphi(x)$ 满足性质(1)和(2)，那么它必是某个连续型随机变量的分布密度.

(3) 对于任何实数 $a<b$，有

$$P\{a\leqslant\xi<b\}=F(b)-F(a)=\int_{a}^{b}\varphi(x)\,\mathrm{d}x,$$

它表示以 x 轴上的区间 $[a,b)$ 为底，曲线 $y=\varphi(x)$ 为顶的曲边梯形的面积，如图 15-4 所示.

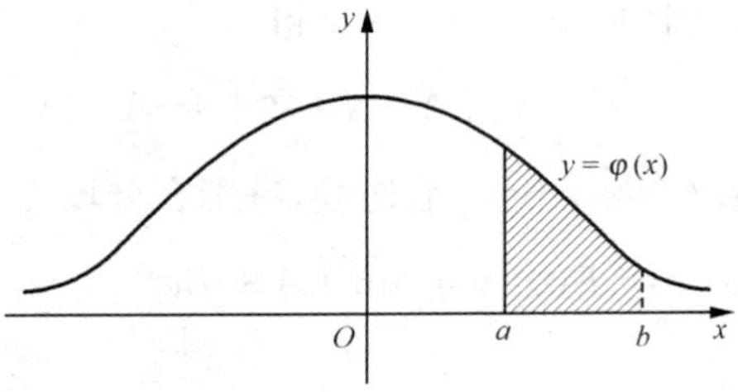

图　15-4

(4) $F(x)$ 连续且在导数 $F'(x)$ 的连续点处，有 $\varphi(x)=F'(x)$.

(5) 对于任一指定的实数 a，有 $P\{\xi=a\}=0$.

推论　若 ξ 是连续型随机变量，则

$$P\{a\leqslant\xi\leqslant b\}=P\{a\leqslant\xi<b\}=P\{a<\xi\leqslant b\}=P\{a<\xi<b\}=F(b)-F(a).$$

例 1　一均匀陀螺的圆周上均匀地刻有区间 $[0,1)$ 的诸数字，在桌面上转停时，设其圆周与桌面接触点处的刻度为 ξ，试求其分布密度.

解　在第一节中，我们已经求出了 ξ 的分布函数

$$F(x)=P\{\xi<x\}=\begin{cases}0, & x\leqslant 0,\\ x, & 0<x\leqslant 1,\\ 1, & x>1.\end{cases}\tag{2}$$

为求非负可积函数 $\varphi(x)$，使

$$F(x)=\int_{-\infty}^{x}\varphi(x)\,\mathrm{d}x.$$

由(2)式知

$$F'(x)=\begin{cases}1, & 0<x<1,\\ 0, & \text{其他}.\end{cases}$$

于是可令

$$\varphi(x)=F'(x)=\begin{cases}1, & 0<x<1,\\ 0, & \text{其他},\end{cases} \tag{3}$$

则 $\varphi(x)$在$(-\infty,+\infty)$上非负可积且容易验证 $F(x)=\int_{-\infty}^{x}\varphi(x)\mathrm{d}x$. 因此,$\xi$为连续型随机变量且其分布密度为如(3)式表达的 $\varphi(x)$.

例 2　设连续型随机变量 ξ 的分布函数为

$$F(x)=\begin{cases}A+B\mathrm{e}^{-\frac{x^2}{2}}, & x>0,\\ 0, & x\leqslant 0.\end{cases}$$

求：(1) 常数 A,B 的值；　(2) 分布密度 $\varphi(x)$；　(3) $P\{1<\xi<2\}$.

解　(1) 根据分布函数的性质 $F(+\infty)=1$,得

$$1=\lim_{x\to+\infty}\left(A+B\mathrm{e}^{-\frac{x^2}{2}}\right)=A.$$

又根据本节性质(4),$F(x)$在$(-\infty,+\infty)$上连续,特别在分段点 $x=0$ 处,有

$$0=F(0^-)=F(0^+)=\lim_{x\to 0^+}\left(A+B\mathrm{e}^{-\frac{x^2}{2}}\right)=A+B,$$

所以 $A=1,B=-1$,则

$$F(x)=\begin{cases}1-\mathrm{e}^{-\frac{x^2}{2}}, & x>0,\\ 0, & x\leqslant 0.\end{cases}$$

(2) 根据性质(4),得分布密度

$$\varphi(x)=F'(x)=\begin{cases}x\mathrm{e}^{-\frac{x^2}{2}}, & x>0,\\ 0, & x\leqslant 0.\end{cases}$$

(3) $P\{1<\xi<2\}=F(2)-F(1)=\left(1-\mathrm{e}^{-\frac{4}{2}}\right)-\left(1-\mathrm{e}^{-\frac{1}{2}}\right)=-\mathrm{e}^{-2}+\mathrm{e}^{-\frac{1}{2}}=0.4712.$

例 3　设 $\varphi(x)=\begin{cases}\dfrac{c}{\sqrt{1-x^2}}, & |x|<1,\\ 0, & \text{其他}.\end{cases}$

(1) 确定常数 c,使 $\varphi(x)$成为某个连续型随机变量 ξ 的分布密度；

(2) 求 $P\{-1/2<\xi<1/2\}$；　(3) 求 ξ 的分布函数.

解　(1) 因为 $\varphi(x)$至多在 $x=\pm 1$ 处不连续,所以由性质(1),(2)知,$\varphi(x)$是某连续型

随机变量的分布密度的充分必要条件是 $\varphi(x)\geqslant 0$ 且

$$1=\int_{-\infty}^{+\infty}\varphi(x)\mathrm{d}x=\int_{-1}^{1}\frac{c}{\sqrt{1-x^2}}\mathrm{d}x=c\pi.$$

所以，当 $c=\dfrac{1}{\pi}$ 时，$\varphi(x)$ 是某连续型随机变量的分布密度，即

$$\varphi(x)=\begin{cases}\dfrac{1}{\pi\sqrt{1-x^2}}, & |x|<1,\\ 0, & \text{其他}.\end{cases}$$

(2) $P\left\{-\dfrac{1}{2}<\xi<\dfrac{1}{2}\right\}=\displaystyle\int_{-\frac{1}{2}}^{\frac{1}{2}}\varphi(x)\mathrm{d}x=\frac{1}{\pi}\int_{-\frac{1}{2}}^{\frac{1}{2}}\frac{\mathrm{d}x}{\sqrt{1-x^2}}=\frac{2}{\pi}\arcsin x\Big|_0^{\frac{1}{2}}=\frac{1}{3}.$

(3) 因为 $F(x)=\displaystyle\int_{-\infty}^{x}\varphi(x)\mathrm{d}x$，所以，

当 $x\leqslant -1$ 时，　$F(x)=\displaystyle\int_{-\infty}^{x}0\mathrm{d}x=0$；

当 $-1<x\leqslant 1$ 时，　$F(x)=\displaystyle\int_{-\infty}^{x}\varphi(x)\mathrm{d}x=\int_{-1}^{x}\frac{\mathrm{d}x}{\pi\sqrt{1-x^2}}=\frac{1}{\pi}\left(\arcsin x+\frac{\pi}{2}\right)$；

当 $x>1$ 时，　$F(x)=\displaystyle\int_{-\infty}^{x}\varphi(x)\mathrm{d}x=\int_{-1}^{1}\frac{\mathrm{d}x}{\pi\sqrt{1-x^2}}+\int_{1}^{x}0\mathrm{d}x=\frac{2}{\pi}\int_{0}^{1}\frac{\mathrm{d}x}{\sqrt{1-x^2}}=1.$

因此

$$F(x)=\begin{cases}0, & x\leqslant -1,\\ \dfrac{1}{\pi}\arcsin x+\dfrac{1}{2}, & -1<x\leqslant 1,\\ 1, & x>1.\end{cases}$$

习　题　15-3

1. 试问函数 $\varphi(x)=\begin{cases}\sin x, & x\in I,\\ 0, & x\overline{\in} I\end{cases}$ 可否为某一连续型随机变量 ξ 的分布密度？其中

(1) $I=\left[0,\dfrac{\pi}{2}\right]$；　　(2) $I=[0,\pi]$；　　(3) $I=\left[0,\dfrac{3}{2}\pi\right]$.

2. 设一连续型随机变量 ξ 的分布密度为

$$\varphi(x)=ce^{-|x|}\quad(-\infty<x<+\infty),$$

求：(1) 常数 c 的值；　　(2) ξ 的分布函数；　　(3) $P\{0<\xi<1\}$.

3. 设连续型随机变量 ξ 的分布函数为

$$F(x)=a+b\arctan x\quad(-\infty<x<+\infty),$$

求：(1) 常数 a 与 b 的值；　　(2) ξ 的分布密度；　　(3) $P\{-1<\xi<1\}$.

4. 已知某城市每天的耗电量不超过 1(单位: GWh). 该城市每天的耗电率(即每天实际耗电量(GWh))是一个随机变量 ξ,它的分布密度为

$$\varphi(x)=\begin{cases}12x(1-x)^2, & 0<x\leqslant 1,\\ 0, & \text{其他}.\end{cases}$$

如果该市发电厂每天供电量为 0.8 GWh,那么任意一天供电量不够需要的概率为多少?假如发电厂每天供电量为 0.9 GWh,那么任意一天供电量不够需要的概率又是多少?

第四节　常用的连续型分布

本节介绍几种常用的连续型随机变量的分布. 因为只要知道连续型随机变量的分布密度,就可以通过积分求出它在各个区间上的概率. 因此,只要知道 ξ 的分布密度就知道了 ξ 的分布函数.

一、均匀分布

定义 1　如果连续型随机变量 ξ 在有限区间 (a,b) 内取值,且其分布密度为

$$\varphi(x)=\begin{cases}\dfrac{1}{b-a}, & a<x<b,\\ 0, & \text{其他},\end{cases}\tag{1}$$

则称 ξ 在 (a,b) 上服从**均匀分布**.

容易求得,当 ξ 服从 (a,b) 上的均匀分布时,其分布函数为

$$F(x)=\begin{cases}0, & x\leqslant a,\\ \dfrac{x-a}{b-a}, & a<x\leqslant b,\\ 1, & x>b.\end{cases}$$

均匀分布的分布密度 $\varphi(x)$ 和分布函数 $F(x)$ 的图形分别如图 15-5 和图 15-6 所示.

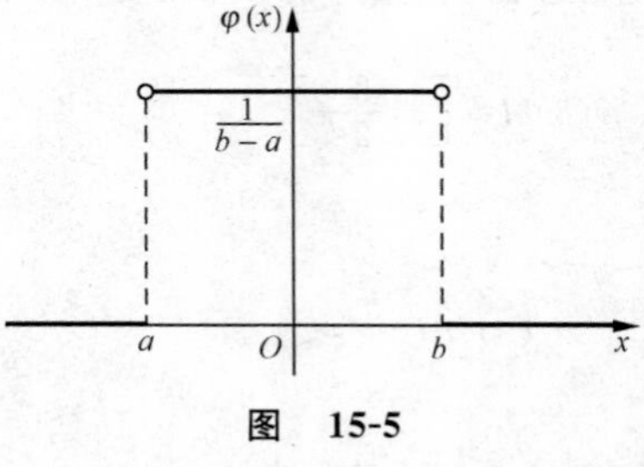

图　15-5

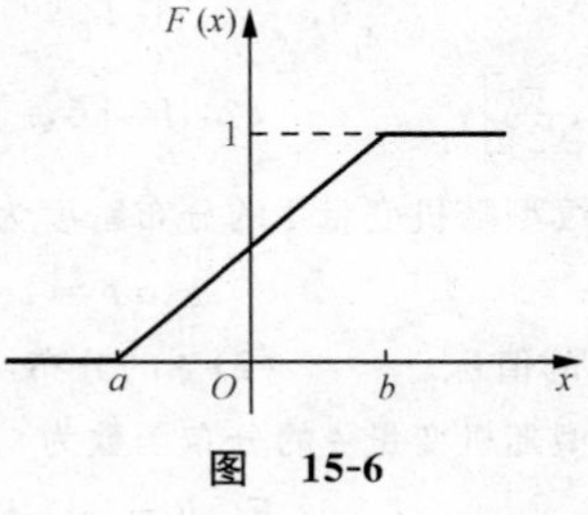

图　15-6

如果 ξ 在 (a,b) 上服从均匀分布,则对任意满足 $a\leqslant c<d\leqslant b$ 的 c,d 有

$$P\{c \leqslant \xi < d\} = \int_c^d \varphi(x)\mathrm{d}x = \int_c^d \frac{\mathrm{d}x}{b-a} = \frac{d-c}{b-a}.$$

这表明，ξ 取值于间区 (a,b) 中任一小区间的概率与该小区间的长度成正比，而与该小区间的具体位置无关. 也就是说，ξ 在区间 (a,b) 上的概率分布是均匀的，因而称为均匀分布.

实际模型　在均匀陀螺的圆周上均匀地刻上区间 $[a,b)$ 的诸数字 $(a<b)$，当陀螺在桌面上停转时，圆周与桌面接触点处的刻度 ξ 在 $[a,b)$ 上服从均匀分布.

例 1　设电阻的阻值 ξ（单位：Ω）是一个随机变量，均匀分布在 $[900,1100]$ 上，求 ξ 的分布密度及 ξ 落在区间 $[950,1050]$ 内的概率.

解　根据题意，电阻值 ξ 的分布密度为

$$\varphi(x) = \begin{cases} \dfrac{1}{1100-900}, & 900 \leqslant x \leqslant 1100, \\ 0, & \text{其他}, \end{cases}$$

即

$$\varphi(x) = \begin{cases} \dfrac{1}{200}, & 900 \leqslant x \leqslant 1100, \\ 0, & \text{其他}. \end{cases}$$

所以

$$P\{950 \leqslant \xi \leqslant 1050\} = \int_{950}^{1050} \frac{1}{200}\mathrm{d}x = 0.5.$$

二、指数分布

定义 2　如果连续型随机变量 ξ 具有分布密度

$$\varphi(x) = \begin{cases} k\mathrm{e}^{-kx}, & x \geqslant 0, \\ 0, & x < 0, \end{cases} \tag{2}$$

其中 $k>0$ 为常数，则称 ξ 服从参数为 k 的**指数分布**.

容易求得，当 ξ 服从指数分布时，其分布函数为

$$F(x) = \begin{cases} 1-\mathrm{e}^{-kx}, & x \geqslant 0, \\ 0, & x < 0. \end{cases} \tag{3}$$

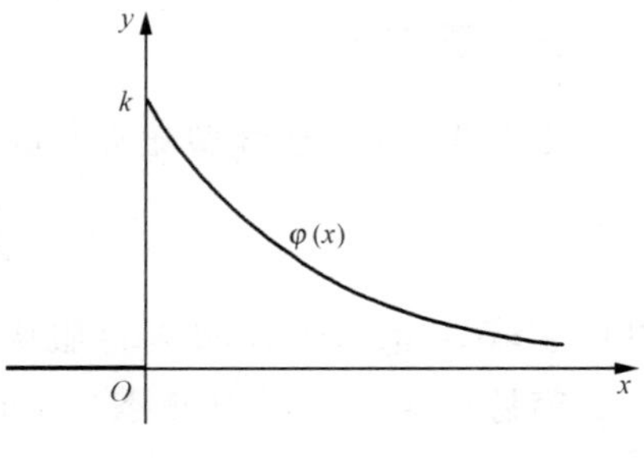

图　15-7

指数分布的分布密度曲线如图 15-7 所示.

指数分布有着重要的应用. 在实际应用中，常用它来作为各种“寿命”分布的近似. 例如，无线电元件的寿命、动物的寿命、电话问题中的通话时间、随机服务系统中的服务时间等均近似服从指数分布.

指数分布的特征　对于任意的 $s>0, t>0$，由条件概率的计算公式和(3)式，得

$$P\{\xi > s+t \mid \xi > s\} = \frac{P\{\xi > s+t\}}{P\{\xi > s\}} = \frac{1-F(s+t)}{1-F(s)} = \frac{e^{-k(s+t)}}{e^{-ks}}$$
$$= e^{-kt} = 1 - F(t) = P\{\xi > t\}. \tag{4}$$

假如把 ξ 解释为寿命，则(4)式表明，如果已知某生物的寿命大于 s 年，则该生物再活 t 年的概率与年龄 s 无关. 所以有时又风趣地称指数分布是“永远年轻”的.

例 2　设某种日光灯管的使用寿命 ξ(单位：小时)服从参数为 $k=\frac{1}{2000}$ 的指数分布：

(1) 任取一根这种灯管，求能正常使用 1000 小时以上的概率；

(2) 某一根这种灯管，已经使用了 1000 小时，求还能使用 1000 小时以上的概率.

解　(1) 由(3)式，得 ξ 的分布函数为

$$F(x) = \begin{cases} 1 - e^{-\frac{1}{2000}x}, & x \geqslant 0, \\ 0, & x < 0. \end{cases}$$

所以任取一根这种灯管能正常使用 1000 小时以上的概率为

$$P\{\xi > 1000\} = 1 - P\{\xi \leqslant 1000\} = 1 - F(1000) = 1 - \left(1 - e^{-\frac{1000}{2000}}\right) = e^{-\frac{1}{2}} \approx 0.6065.$$

(2) 根据指数分布的“永远年轻”特征(4)式知，某一根这种灯管在已使用了 1000 小时后还能使用 1000 小时以上的概率为

$$P\{\xi > 1000 + 1000 \mid \xi > 1000\} = P\{\xi > 1000\} = 0.6065.$$

指数分布的这一特征也称为“无记忆性”. 形象地说，就是它把过去的经历(已正常使用了 1000 小时)全忘记了.

三、正态分布

定义 3　如果连续型随机变量 ξ 的分布密度为

$$\varphi(x) = \frac{1}{\sqrt{2\pi}\sigma} e^{-\frac{(x-a)^2}{2\sigma^2}} \quad (-\infty < x < +\infty), \tag{5}$$

其中 $\sigma>0$，a 都是常数，则称 ξ 服从**正态分布**，记做 $\xi \sim N(a,\sigma^2)$(有时也将 a 记为 μ).

容易求得，当 ξ 服从正态分布时，其分布函数为

$$F(x) = P\{\xi < x\} = \frac{1}{\sqrt{2\pi}\sigma}\int_{-\infty}^{x} e^{-\frac{(x-a)^2}{2\sigma^2}} dx. \tag{6}$$

特别当 $a=0$，$\sigma=1$ 时，ξ 的分布密度记为 $\varphi_{0,1}(x)$，即

$$\varphi_{0,1}(x) = \frac{1}{\sqrt{2\pi}} e^{-\frac{x^2}{2}} \quad (-\infty < x < +\infty), \tag{7}$$

则称 ξ 服从**标准正态分布**，记做 $\xi \sim N(0,1)$. 标准正态分布的分布函数记为 $F_{0,1}(x)$，即

$$F_{0,1}(x)=\frac{1}{\sqrt{2\pi}}\int_{-\infty}^{x}\mathrm{e}^{-\frac{x^2}{2}}\mathrm{d}x. \tag{8}$$

正态分布是在概率统计中占有中心地位的一种分布.其中心地位一方面是由正态分布的常见性决定的.例如,测量零件长度的误差、灯泡的寿命、农作物的收获量;同一种族动物在同一发育阶段上的身高、体重或其他体表指标;同一门炮按同一方向发射的炮弹的射程等都是服从正态分布的随机变量.另一方面是由其应用广泛性决定的.因为只要某个随机变量是大量相互独立的随机因素的和,而且每一个因素的个别影响都很微小,那么就可以断定这个随机变量服从或近似服从正态分布.

正态分布的分布密度 $\varphi(x)$(公式(5))有以下性质:

(1) $\varphi(x)$的图形位于 x 轴的上方,是以直线 $x=a$ 为对称轴,以 x 轴为渐近线的"钟形"曲线,如图 15-8 所示.

当 $x=a$ 时,$\varphi(x)$取得最大值 $\varphi(a)=\dfrac{1}{\sqrt{2\pi}\sigma}$,曲线在 $x=a\pm\sigma$ 处有拐点.

$P\{a\leqslant\xi<b\}(b>a)$为阴影部分的面积,这说明 ξ 在 a 附近取值的可能性最大.

$\varphi(x)$的图形关于直线 $x=a$ 对称,说明 ξ 落在$(a-\sigma,a)$和$(a,a+\sigma)$上的概率相等.

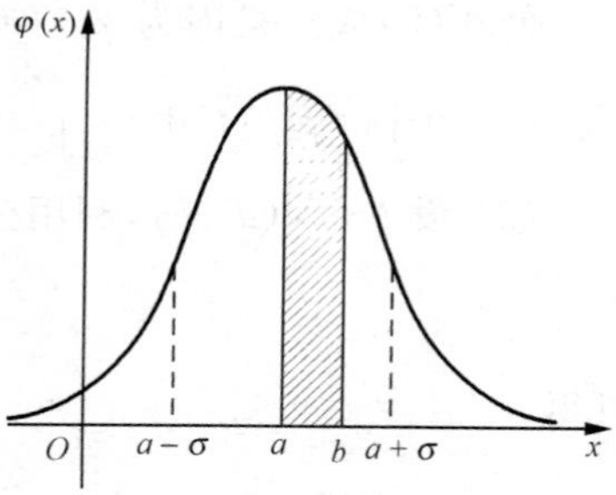

图　15-8

(2) 曲线 $\varphi(x)$的形状依赖于参数 a 和 σ.

a 的大小决定曲线的位置.当 σ 不变而 a 从 a_1 变到 a_2 时,曲线沿 x 轴平移,其对称轴从 $x=a_1$ 移到 $x=a_2$,但曲线形状不变,如图 15-9 所示.

σ 的大小决定曲线的形状.由 $\varphi(x)$的最大值 $\varphi(a)=\dfrac{1}{\sqrt{2\pi}\sigma}$可知,当 a 不变而 σ 越大时,曲线越平缓;σ 越小时,曲线越陡峭,如图 15-10 所示.

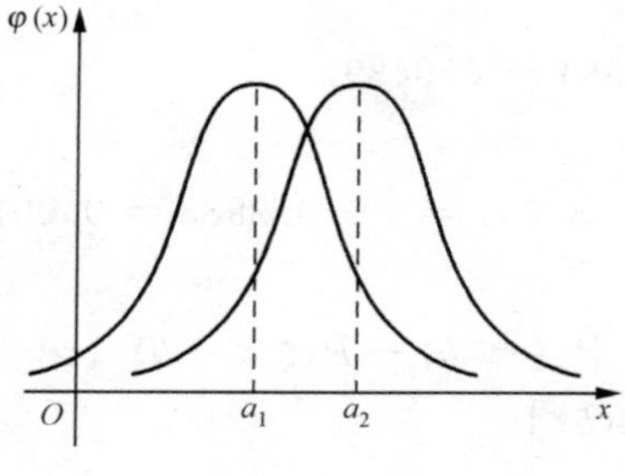

图　15-9

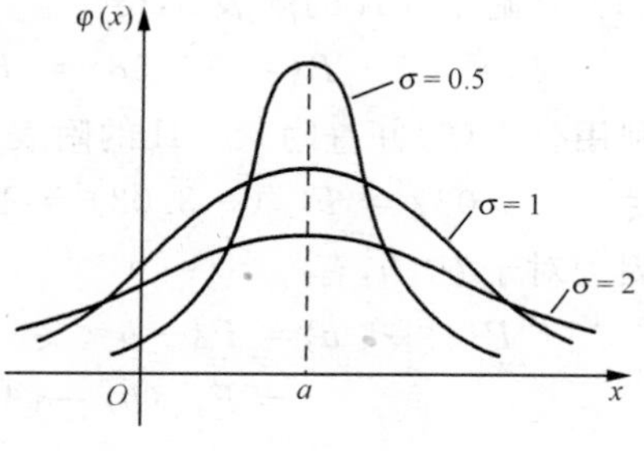

图　15-10

正态分布的应用极其广泛，但正态分布的分布函数又是不能用初等函数表出的积分，因此只能用近似方法计算. 为了应用上的方便，人们已经编制好了标准正态分布函数 $F_{0,1}(x)$ 的函数值表（见附录 VII 的附表 2）. 下面介绍其分布函数及相关概率的计算方法：

(1) 设 $\xi \sim N(0,1)$，

(i) 若 $0 \leqslant x < 3.5$，则可从附录 VII 的附表 2 上直接查得 $F_{0,1}(x)$ 的值；

(ii) 若 $x \geqslant 3.5$，则可取 $F_{0,1}(x)=1$；

(iii) 若 $x<0$，可按公式

$$F_{0,1}(x) = 1 - F_{0,1}(-x) \tag{9}$$

来确定 $F_{0,1}(x)$ 的值.

公式(9)成立是因为 $\varphi_{0,1}(x)$ 是偶函数，所以

$$F_{0,1}(x) = \int_{-\infty}^{x} \varphi_{0,1}(t)\,\mathrm{d}t = \int_{-x}^{+\infty} \varphi_{0,1}(t)\,\mathrm{d}t = \int_{-\infty}^{+\infty} \varphi_{0,1}(t)\,\mathrm{d}t - \int_{-\infty}^{-x} \varphi_{0,1}(t)\,\mathrm{d}t = 1 - F_{0,1}(-x).$$

(2) 设 $\xi \sim N(a,\sigma^2)$，利用公式

$$F(x) = F_{0,1}\left(\frac{x-a}{\sigma}\right), \tag{10}$$

可得

$$P\{b_1 < \xi < b_2\} = F(b_2) - F(b_1) = F_{0,1}\left(\frac{b_2-a}{\sigma}\right) - F_{0,1}\left(\frac{b_1-a}{\sigma}\right).$$

将问题转化为情形(1).

公式(10)成立是因为

$$F(x) = \frac{1}{\sqrt{2\pi}\sigma}\int_{-\infty}^{x} \mathrm{e}^{-\frac{(u-a)^2}{2\sigma^2}}\,\mathrm{d}u \xlongequal{t=\frac{u-a}{\sigma}} \int_{-\infty}^{\frac{x-a}{\sigma}} \frac{1}{\sqrt{2\pi}}\mathrm{e}^{-\frac{t^2}{2}}\,\mathrm{d}t = \frac{1}{\sqrt{2\pi}}\int_{-\infty}^{\frac{x-a}{\sigma}} \mathrm{e}^{-\frac{t^2}{2}}\,\mathrm{d}t = F_{0,1}\left(\frac{x-a}{\sigma}\right).$$

例 3　设 $\xi \sim N(0,1)$，试求：

(1) $P\{\xi<1.58\}$；　(2) $P\{\xi<-3.03\}$；　(3) $P\{|\xi|<3.45\}$；　(4) $P\{|\xi|>2.22\}$.

解　(1) 查附录 VII 的附表 2，得

$$P\{\xi < 1.58\} = F_{0,1}(1.58) = 0.9429.$$

(2) 利用公式(9)并查附录 VII 的附表(2)，得

$$P\{\xi < -3.03\} = F_{0,1}(-3.03) = 1 - F_{0,1}(3.03) = 1 - 0.9988 = 0.0012.$$

(3) 因为对于 $b>0$，有

$$\begin{aligned} P\{|\xi| < b\} &= P\{-b < \xi < b\} = P\{\xi < b\} - P\{\xi < -b\} \\ &= F_{0,1}(b) - [1 - F_{0,1}(b)] \\ &= 2F_{0,1}(b) - 1. \end{aligned} \tag{11}$$

所以

$$P\{|\xi|<3.45\}=2F_{0,1}(3.45)-1=2\times0.9997-1=0.9994.$$

(4) 因为对于 $b>0$，由公式(11)，有

$$P\{|\xi|>b\}=1-P\{|\xi|<b\}=1-[2F_{0,1}(b)-1]=2[1-F_{0,1}(b)].$$

所以

$$P\{|\xi|>2.22\}=2[1-F_{0,1}(2.22)]=2(1-0.9868)=0.0264.$$

例 4 设 $\eta\sim N(3,4)$，试计算：

(1) $P\{\eta<3.5\}$； (2) $P\{\eta<-2.5\}$； (3) $P\{|\eta|<2\}$； (4) $P\{|\eta|>2\}$.

解 由公式(10)，(9)并查附录 VII 的附表 2，得

(1) $P\{\eta<3.5\}=F(3.5)=F_{0,1}\left(\frac{3.5-3}{2}\right)=F_{0,1}(0.25)=0.5989$；

(2) $P\{\eta<-2.5\}=F(-2.5)=F_{0,1}\left(\frac{-2.5-3}{2}\right)=F_{0,1}(-2.75)$

$$=1-F_{0,1}(2.75)=1-0.9970=0.0030;$$

(3) $P\{|\eta|<2\}=P\{-2<\eta<2\}=F(2)-F(-2)=F_{0,1}\left(\frac{2-3}{2}\right)-F_{0,1}\left(\frac{-2-3}{2}\right)$

$$=F_{0,1}(-0.5)-1+F_{0,1}(2.5)=-0.6915+0.9938=0.3023;$$

(4) $P\{|\eta|>2\}=1-P\{|\eta|<2\}=1-0.3023=0.6977.$

例 5 由某机床生产的螺栓长度(单位：mm)服从参数为 $a=100.5$，$\sigma=0.6$ 的正态分布，规定长度范围在 100.5 ± 1.2(mm)内为合格品，求该机床生产的螺栓的合格率是多少？

解 设该机床生产的螺栓长度为 ξ，则 $\xi\sim N(100.5,0.6^2)$. 因此，所求螺栓的合格率为

$$\begin{aligned}P\{100.5-1.2<\xi<100.5+1.2\}&=F(101.7)-F(99.3)\\&=F_{0,1}\left(\frac{101.7-100.5}{0.6}\right)-F_{0,1}\left(\frac{99.3-100.5}{0.6}\right)=F_{0,1}(2)-F_{0,1}(-2)\\&=2F_{0,1}(2)-1=2\times0.9772-1=0.9544.\end{aligned}$$

例 6 已知从某批材料中任取 1 件，其强度 $\xi\sim N(200,18^2)$.

(1) 试计算所取得的这件材料强度不低于 180 的概率.

(2) 如果所用的材料要求以 99% 的概率保证强度不低于 150，问这批材料是否符合这个要求？

解 (1) $P\{\xi\geqslant180\}=1-P\{\xi<180\}=1-F(180)=1-F_{0,1}\left(\frac{180-200}{18}\right)$

$$=1-F_{0,1}(-1.11)=1-[1-F_{0,1}(1.11)]=F_{0,1}(1.11)=0.8665;$$

(2) $P\{\xi\geqslant150\}=1-P\{\xi<150\}=1-F_{0,1}\left(\frac{150-200}{18}\right)=1-F_{0,1}(-2.78)$

$$=1-[1-F_{0,1}(2.78)]=F_{0,1}(2.78)=0.9973,$$

即从这批材料中任取一件以 99.73% 的概率保证强度不低于 150，所以这批材料符合提出

的要求.

习　题　15-4

1. 某种电阻的阻值 ξ(单位：Ω)在[900,1100]上服从均匀分布，设某仪器内装有 3 只这样的电阻. 试求：(1) 3 只电阻的阻值均大于 1050 Ω 的概率；(2) 至少有 1 只电阻的阻值大于 1050 Ω 的概率.

2. 设某种动物的寿命 ξ(单位：年)服从以 $k>0$ 为参数的指数分布，

(1) 求 $P\{\xi\leqslant 1/k\}$；　　(2) 求常数 C，使 $P\{\xi>C\}=1/2$.

3. 设 $\xi\sim N(0,1)$，求

(1) $P\{\xi\leqslant 1.48\}$；(2) $P\{-0.5<\xi<2.4\}$；(3) $P\{|\xi|<0.8\}$；(4) $P\{|\xi|>1.5\}$.

4. 设 $\xi\sim N(-1,16)$，求

(1) $P\{\xi<2.44\}$；(2) $P\{\xi>-1.5\}$；(3) $P\{-5<\xi<2\}$；(4) $P\{|\xi-1|>1\}$.

5. 由自动机床生产的某种零件长度 ξ(单位：cm)服从参数为 $a=10.05$，$\sigma=0.06$ 的正态分布. 规定长度在 10.05 ± 0.12(cm)内为合格，求这种零件长度的不合格率.

6. 在某一加工过程中，如果采用甲种工艺条件，则完成时间 $\xi\sim N(40,8^2)$；如果采用乙种工艺条件，则完成时间 $\eta\sim N(50,4^2)$(单位：小时). 问：(1) 若允许在 60 小时内完成，应选何种工艺条件？(2) 若只允许在 50 小时内完成，应选何种工艺条件？

第五节　随机变量函数的分布

在许多实际问题中，经常会遇到所要研究的随机变量是某些随机变量的函数. 例如，设随机变量 ξ 为某种零件的直径，求其横截面 $\eta=\frac{\pi}{4}\xi^2$ 的分布. 又如，已知分子的运动速度 ξ 的分布，求其动能 $\zeta=\frac{1}{2}m\xi^2$ 的分布. 这里的 η,ζ 就是随机变量 ξ 的函数.

定义　设 $y=f(x)$ 是定义在随机变量 ξ 值域上的一元函数，每当 ξ 取值 x 时，随机变量 η 就取值 $y=f(x)$，则称 η 为**随机变量 ξ 的函数**，记做 $\eta=f(\xi)$.

下面要根据 ξ 的分布函数找出 $\eta=f(\xi)$ 的分布函数.

一、离散型

设离散型随机变量 ξ 的分布列为

ξ	a_1	a_2	$\cdots$	a_k	$\cdots$
P	p_1	p_2	$\cdots$	p_k	$\cdots$

.

记 $b_k=f(a_k)$ $(k=1,2,\cdots)$，如果 b_k 的值全不相等，那么因为 $P\{\eta=b_k\}=P\{\xi=a_k\}$ $(k=1,2,\cdots)$，所以得 η 的分布列为

η	b_1	b_2	$\cdots$	b_k	$\cdots$
P	p_1	p_2	$\cdots$	p_k	$\cdots$

.

如果 $b_1,b_2,\cdots,b_k,\cdots$ 中有相等的，则应把那些相等的值分别合并，并根据概率的加法公式把相应的概率值 p_k 相加，就可得 η 的分布列.

例 1　设 ξ 的分布列为

ξ	-1	0	1	2	5/2
P	1/5	1/10	1/10	3/10	3/10

，

求：(1) $\xi-1$；(2) -2ξ；(3) $4\xi^2$ 的分布列.

解　由 ξ 的分布列可直接列出下表：

P	1/5	1/10	1/10	3/10	3/10
ξ	-1	0	1	2	5/2
$\xi-1$	-2	-1	0	1	3/2
-2ξ	2	0	-2	-4	-5
$4\xi^2$	4	0	4	16	25

.

于是分别得出各分布列如下：

(1)

$\xi-1$	-2	-1	0	1	3/2
P	1/5	1/10	1/10	3/10	3/10

；

(2)

-2ξ	-5	-4	-2	0	2
P	3/10	3/10	1/10	1/10	1/5

；

(3)

$4\xi^2$	0	4	16	25
P	1/10	3/10	3/10	3/10

，

注意，$4\xi^2$ 的分布列已将对应的两个“4”的概率加起来了.

例 2　设 ξ 的分布列为

ξ	1	2	$\cdots$	n	$\cdots$
P	$\frac{1}{2}$	$\left(\frac{1}{2}\right)^2$	$\cdots$	$\left(\frac{1}{2}\right)^n$	$\cdots$

，

求随机变量 $\eta=\cos\left(\frac{\pi}{2}\xi\right)$ 的分布列.

解　因为

$$\cos\left(\frac{n\pi}{2}\right)=\begin{cases}-1, & n=2(2k-1),\\ 0, & n=2k-1,\\ 1, & n=2(2k),\end{cases}$$

其中 $k=1,2,\cdots$，所以 $\eta=\cos\left(\frac{\pi}{2}\xi\right)$ 的不同值为 $-1,0,1$.

由于 ξ 取值 $2,6,10,\cdots$ 时都使对应的 η 取 -1，根据上述方法，得

$$P\{\eta=-1\}=\left(\frac{1}{2}\right)^2+\left(\frac{1}{2}\right)^6+\left(\frac{1}{2}\right)^{10}+\cdots=\frac{1}{4(1-1/16)}=\frac{4}{15}.$$

同理可得

$$P\{\eta=0\}=\left(\frac{1}{2}\right)^1+\left(\frac{1}{2}\right)^3+\left(\frac{1}{2}\right)^5+\cdots=\frac{1}{2(1-1/4)}=\frac{2}{3},$$

$$P\{\eta=1\}=\left(\frac{1}{2}\right)^4+\left(\frac{1}{2}\right)^8+\left(\frac{1}{2}\right)^{12}+\cdots=\frac{1}{16(1-1/16)}=\frac{1}{15}.$$

故 η 的分布列为

η	-1	0	1
P	$4/15$	$2/3$	$1/15$

.

二、连续型

设 $\eta=f(\xi)$ 是连续型随机变量 ξ 的函数，$\varphi_\xi(x)$ 是 ξ 的分布密度，求 η 的分布密度 $\varphi_\eta(y)$. 一般可先求 η 的分布函数 $F_\eta(y)=P\{\eta<y\}$，然后再根据分布函数与分布密度的关系将 $F_\eta(y)$ 对 y 求导，即得 η 的分布密度为

$$\varphi_\eta(y)=\frac{\mathrm{d}}{\mathrm{d}y}F_\eta(y). \tag{1}$$

例 3 设连续型随机变量 $\xi\sim N(a,\sigma^2)$，求 $\eta=\frac{\xi-a}{\sigma}$ 的分布密度.

解 先求 η 的分布函数

$$F_\eta(y)=P\{\eta<y\}=P\left\{\frac{\xi-a}{\sigma}<y\right\}=P\{\xi<\sigma y+a\}$$

$$=\int_{-\infty}^{\sigma y+a}\frac{1}{\sigma\sqrt{2\pi}}\mathrm{e}^{-\frac{(x-a)^2}{2\sigma^2}}\mathrm{d}x\xlongequal{t=\frac{x-a}{\sigma}}\int_{-\infty}^{y}\frac{1}{\sqrt{2\pi}}\mathrm{e}^{-\frac{t^2}{2}}\mathrm{d}t. \tag{2}$$

因此，由公式(1)并注意到公式(2)中 $F_\eta(y)$ 是变上限的积分，对上限求导，得

$$\varphi_\eta(y)=\frac{\mathrm{d}}{\mathrm{d}y}F_\eta(y)=\frac{1}{\sqrt{2\pi}}\mathrm{e}^{-\frac{y^2}{2}}\quad(-\infty<y<+\infty),$$

即
$$\eta \sim N(0,1).$$

注意，在(2)式中也可以不作变量代换$\frac{x-a}{\sigma}=t$，而直接利用复合函数求导法对上限的y求导，可得

$$\varphi_\eta(y)=\frac{1}{\sigma\sqrt{2\pi}}e^{-\frac{[(\sigma y+a)-a]^2}{2\sigma^2}}\cdot\sigma=\frac{1}{\sqrt{2\pi}}e^{-\frac{y^2}{2}}\quad(-\infty<y<+\infty).$$

结果相同.

例 4　设$\xi \sim N(0,1)$，求$\eta=2\xi^2+1$的分布密度.

解　因为η不可能取小于1的值，所以

当$y\leqslant 1$时，$F_\eta(y)=P\{\eta<y\}=0$；

当$y>1$时，
$$F_\eta(y)=P\{\eta<y\}=P\{2\xi^2+1<y\}$$
$$=P\left\{\xi^2<\frac{y-1}{2}\right\}=P\left\{-\sqrt{\frac{y-1}{2}}<\xi<\sqrt{\frac{y-1}{2}}\right\}$$
$$=\int_{-\sqrt{\frac{y-1}{2}}}^{\sqrt{\frac{y-1}{2}}}\frac{1}{\sqrt{2\pi}}e^{-\frac{x^2}{2}}dx=2\int_0^{\sqrt{\frac{y-1}{2}}}\frac{1}{\sqrt{2\pi}}e^{-\frac{x^2}{2}}dx.$$

对上限求导($y=1$处的导数不必求出，可以任意取一定值)得

$$\varphi_\eta(y)=F'_\eta(y)=\begin{cases}0, & y\leqslant 1,\\ \frac{1}{2\sqrt{\pi(y-1)}}e^{-\frac{y-1}{4}}, & y>1.\end{cases}$$

习　题　15-5

1. 设离散型随机变量ξ的分布列为

ξ	-1	1	2	4
P	0.3	0.2	0.4	0.1

，

求：(1) $\xi+2$；　(2) $-\xi+1$；　(3) ξ^2 的分布密度.

2. 设连续型随机变量ξ的分布密度为

$$\varphi_\xi(x)=\begin{cases}2x, & 0<x<1,\\ 0, & \text{其他},\end{cases}$$

求：(1) 2ξ；　(2) $-\xi+1$；　(3) ξ^2 的分布密度.

3. 设连续型随机变量ξ在$[0,1]$上服从均匀分布，求：

(1) e^ξ；　(2) $-2\ln\xi$ 的分布密度.

第十六章　随机变量的数字特征

在上一章，我们学习了随机变量的分布. 对于一个随机变量，虽然它的分布可以完整地描述随机现象，但却不能明显而集中地反映随机变量的某些数字特征，而在有些实际问题中，只需要知道随机变量的某些数字特征就够了. 本章将介绍随机变量的数学期望和方差这两个常用的**数字特征**.

第一节　数学期望

一、离散型数学期望

在实际问题中，常常用平均值这个概念来描述一组事物取值的大致情况，如某班的平均成绩；某篮球队队员的平均身高；某市居民人均收入等. 对于随机变量也有类似的问题，先看一个例子.

例 1　有甲、乙两射手在相同条件下射击，其命中环数分别为 ξ,η，并知它们的分布列分别为

ξ	8	9	10
P	0.2	0.3	0.5

，

η	8	9	10
P	0.1	0.7	0.2

.

试问哪个射手的射击技术较好?

解　比较两个射手的射击技术就是看平均每射击一次，谁的命中环数较多. 从分布列来看，甲命中 8 环的概率比乙大，而命中 9 环的概率比乙小，似乎甲的技术不如乙好. 但甲命中 10 环的概率又比乙大，似乎甲的技术又比乙好. 这样个别地进行比较是难以得出合理的结论的. 我们让甲、乙各射击 n 次，命中各环的次数如表 16-1 所示：

表 16-1

射手 \ 命中次数 \ 环数	8	9	10	命中总环数
甲	m_1	m_2	m_3	$8m_1+9m_2+10m_3$
乙	n_1	n_2	n_3	$8n_1+9n_2+10n_3$

表中 $m_1+m_2+m_3=n_1+n_2+n_3=n$ 是总射击次数. 所以，甲平均每次射击命中的环数为

$$8\times\frac{m_1}{n}+9\times\frac{m_2}{n}+10\times\frac{m_3}{n};$$

乙平均每次射击命中的环数为

$$8\times\frac{n_1}{n}+9\times\frac{n_2}{n}+10\times\frac{n_3}{n}.$$

而$\frac{m_1}{n}$是 n 次射击中，事件$\{\xi=8\}$发生的频率，根据概率的统计定义，当 n 充分大时，$\frac{m_1}{n}$稳定于$P\{\xi=8\}=0.2$. 类似地，$\frac{m_2}{n}$稳定于$P\{\xi=9\}=0.3$，$\frac{m_3}{n}$稳定于$P\{\xi=10\}=0.5$，从而$8\times\frac{m_1}{n}+9\times\frac{m_2}{n}+10\times\frac{m_3}{n}$稳定于

$$8\times0.2+9\times0.3+10\times0.5=9.3(\text{环}).$$

类似地，$8\times\frac{n_1}{n}+9\times\frac{n_2}{n}+10\times\frac{n_3}{n}$稳定于

$$8\times0.1+9\times0.7+10\times0.2=9.1(\text{环}).$$

因此，从平均每次射击命中环数来看，甲射手优于乙射手.

例 1 中，用来表示随机变量的"平均值"特征的量就是随机变量的数学期望，其定义如下.

定义 1　设离散型随机变量 ξ 的分布列为

ξ	a_1	a_2	$\cdots$	a_n
P	p_1	p_2	$\cdots$	p_n

，

则称和数 $\sum_{i=1}^{n}a_ip_i$ 为离散型随机变量 ξ 的**数学期望**（或**均值**），记为 $E\xi$（或 $E(\xi)$），即

$$E\xi=\sum_{i=1}^{n}a_ip_i. \tag{1}$$

注意，当 ξ 的取值为可列无穷多个时，(1)式成为无穷级数，应该收敛且与 $a_1,a_2,\cdots,a_n,\cdots$ 的排列次序无关，故 ξ 的数学期望定义(1)式应为绝对收敛的无穷级数.

例 2　设离散型随机变量 ξ 服从 n 元均匀分布，其分布列为

ξ	a_1	a_2	$\cdots$	a_n
P	$1/n$	$1/n$	$\cdots$	$1/n$

.

求其数学期望 $E\xi$.

解　由公式(1)，得

$$E\xi = \sum_{i=1}^{n} a_i \frac{1}{n} = \frac{1}{n}\sum_{i=1}^{n} a_i.$$

这正好是 ξ 所取的 n 个可能值 $a_1, a_2, \cdots, a_n$ 的算术平均值，由此可以理解随机变量的数学期望也称为均值的原因.

例 3 一购销公司购销某种商品，如果销售一件甲等品，就能创利 500 元；如果销售一件乙等品，则能创利 300 元；如果销售一件废品，则包括成本和被罚款将损失 800 元. 设该公司购进一批商品，其中甲等品、乙等品和废品的概率分别为 0.60，0.35 和 0.05. 问该公司每销售一件这种商品平均创利多少元?

解 设 ξ 为该公司每销售一件商品的创利数(单位：元)，由于每销售一件废品损失 800 元，即创利 −800 元，所以 ξ 的分布列为

ξ	−800	300	500
P	0.05	0.35	0.60

因此，

$$E\xi = (-800)\times 0.05 + 300\times 0.35 + 500\times 0.6 = 365(\text{元}),$$

即该公司每销售一件这种商品平均创利 365 元.

二、连续型数学期望

定义 2 设连续型随机变量 ξ 的分布密度为 $\varphi(x)$，如果广义积分 $\int_{-\infty}^{+\infty} x\varphi(x)\mathrm{d}x$ 绝对收敛(即积分 $\int_{-\infty}^{+\infty} |x|\varphi(x)\mathrm{d}x$ 收敛)，那么称此积分为连续型随机变量 ξ 的**数学期望**(或**均值**)，记为 $E\xi$(或 $E(\xi)$)，即

$$E\xi = \int_{-\infty}^{+\infty} x\varphi(x)\mathrm{d}x. \tag{2}$$

例 4 设连续型随机变量 ξ 的分布密度为

$$\varphi(x) = \begin{cases} 2x, & 0 \leqslant x \leqslant 1, \\ 0, & \text{其他}. \end{cases}$$

试求 ξ 的数学期望 $E\xi$.

解 根据公式(2)，ξ 的数学期望为

$$E\xi = \int_{-\infty}^{+\infty} x\varphi(x)\mathrm{d}x = \int_0^1 2x^2\mathrm{d}x = \frac{2}{3}.$$

如果在 Ox 轴上有总质量为 1 的质点连续分布，且其线密度为 $\varphi(x)$，设质点的坐标为 ξ，因为 $\int_{-\infty}^{+\infty} \varphi(x)\mathrm{d}x = 1$，所以

$$E\xi = \int_{-\infty}^{+\infty} x\varphi(x)\mathrm{d}x = \frac{\int_{-\infty}^{+\infty} x\varphi(x)\mathrm{d}x}{\int_{-\infty}^{+\infty} \varphi(x)\mathrm{d}x}$$

为质点质心的坐标. 因此,随机变量 ξ 的数学期望 $E\xi$ 实际上也可说是 ξ 取值中心的坐标.

三、随机变量函数的数学期望

随机变量的函数仍然为随机变量,所以也有数学期望. 这里我们不加证明地给出,求随机变量函数的数学期望的简单方法.

(1) 设离散型随机变量 ξ 的分布列为

ξ	a_1	a_2	…	a_i	…
P	p_1	p_2	…	p_i	…

.

如果级数 $\sum_i f(a_i)p_i$ 绝对收敛,则 $\eta=f(\xi)$ 的数学期望存在,且有

$$E\eta = Ef(\xi) = \sum_i f(a_i)p_i. \tag{3}$$

(2) 设 $\varphi(x)$ 是连续型随机变量 ξ 的分布密度,如果积分 $\int_{-\infty}^{+\infty} f(x)\varphi(x)\mathrm{d}x$ 绝对收敛,那么 $\eta=f(\xi)$ 的数学期望 $E\eta$ 存在,且有

$$E\eta = Ef(\xi) = \int_{-\infty}^{+\infty} f(x)\varphi(x)\mathrm{d}x. \tag{4}$$

以上两个公式说明,可不必去求 η 的分布密度而直接按公式(3)或(4)来求出 $\eta=f(\xi)$ 的数学期望.

例 5　已知 ξ 服从均匀分布,其分布密度为

$$\varphi(x) = \begin{cases} \dfrac{1}{2\pi}, & 0 < x < 2\pi, \\ 0, & \text{其他}. \end{cases}$$

求 $E(\sin\xi)$.

解　由公式(4),得

$$E(\sin\xi) = \int_{-\infty}^{+\infty} \sin x\varphi(x)\mathrm{d}x = \frac{1}{2\pi}\int_0^{2\pi} \sin x\mathrm{d}x = 0.$$

例 6　在例 3 中,该公司对采购质量检验员的奖金函数(单位: 元)定为

$$\eta = \begin{cases} \left(\dfrac{\xi}{100}\right)^2, & \xi \geqslant 300, \\ -3\left(\dfrac{\xi}{100}\right)^2, & \xi = -800. \end{cases}$$

求每销售一件该种商品,质量检验员的平均获奖金额.

解　直接利用公式(3),得

$$
\begin{aligned}
E\eta &= -3\left(\frac{-800}{100}\right)^2 \times 0.05 + \left(\frac{300}{100}\right)^2 \times 0.35 + \left(\frac{500}{100}\right)^2 \times 0.60 \\
&= (-192)\times 0.05 + 9\times 0.35 + 25\times 0.6 = 8.55(\text{元}),
\end{aligned}
$$

即每销售一件该种商品,质量检验员平均获奖金额为8.55元.

例7　已知 $\xi \sim N(0,1)$,求 $E\xi^2$.

解　这里 $\varphi(x)=\dfrac{1}{\sqrt{2\pi}}\mathrm{e}^{-\frac{x^2}{2}}$,$f(x)=x^2(-\infty<x<+\infty)$,由公式(4),得

$$
\begin{aligned}
E\xi^2 &= \int_{-\infty}^{+\infty} x^2 \frac{1}{\sqrt{2\pi}}\mathrm{e}^{-\frac{x^2}{2}}\mathrm{d}x = -\int_{-\infty}^{+\infty} x\mathrm{d}\left(\frac{1}{\sqrt{2\pi}}\mathrm{e}^{-\frac{x^2}{2}}\right) \\
&= -\left[x\frac{1}{\sqrt{2\pi}}\mathrm{e}^{-\frac{x^2}{2}}\right]_{-\infty}^{+\infty} + \int_{-\infty}^{+\infty}\frac{1}{\sqrt{2\pi}}\mathrm{e}^{-\frac{x^2}{2}}\mathrm{d}x = 0+1 = 1.
\end{aligned}
$$

当 a,b,c 为常数时,数学期望具有下列简单性质(请读者给出证明):

(1) $E(c)=c$;

(2) $E(c\xi)=cE\xi$;

(3) $E(a\xi+b)=aE\xi+b$.

习　题　16-1

1. 设随机变量 ξ 的分布列为

ξ	-1	0	1	2
P	$1/5$	$1/2$	$1/5$	$1/10$

求 $E\xi, E(3\xi+2), E(\xi^2)$.

2. 设随机变量 ξ 的分布密度是

$$
\varphi(x)=\begin{cases} x, & 0<x\leqslant 1, \\ 2-x, & 1<x\leqslant 2, \\ 0, & \text{其他}. \end{cases}
$$

求 $E\xi, E\xi^2$.

3. 设随机变量 ξ 的分布密度为

$$
\varphi(x)=\begin{cases} \dfrac{2x}{\pi}, & 0\leqslant x\leqslant \pi, \\ 0, & \text{其他}. \end{cases}
$$

求 $E(\sin\xi)$.

4. 设随机变量 ξ 的分布密度为

$$\varphi(x)=\begin{cases}\dfrac{1}{\pi\sqrt{1-x^2}}, & |x|<1,\\ 0, & \text{其他}.\end{cases}$$

求 $E\xi$.

5. 设甲、乙二人分别看管两台机床，在一个月内发生故障的次数分别记为 ξ_1，ξ_2，并已知故障次数的分布列分别为

ξ_1	0	1	2	3
P	0.4	0.3	0.2	0.1

，

ξ_2	0	1	2	3
P	0.2	0.5	0.2	0.1

.

(1) 问哪个工人的水平高？

(2) 如果奖金函数(单位：元)为

$$\eta=\begin{cases}1-\xi^2, & \xi>0,\\ 50, & \xi=0.\end{cases}$$

求甲、乙二人一个月内获奖的平均数额.

6. 设随机变量 ξ 的分布密度为

$$\varphi(x)=\begin{cases}e^{-x}, & x>0,\\ 0, & x\leqslant 0.\end{cases}$$

求 $E(2\xi)$ 和 $E(e^{-2\xi})$.

第二节　方　　差

一、方差的概念

数学期望描述的是随机变量取值的平均情况，它是随机变量的一个重要的数字特征. 但在很多情况下，仅了解随机变量的数学期望是不够的，如下例.

例 1　有甲、乙两个工人加工同种圆柱形零件，要求直径为 30±0.05(单位：cm). 设 ξ，η 分别为甲、乙加工的圆柱形零件的直径，经多次抽样检查，得到它们的分布列分别为

ξ	30−0.04	30−0.02	30	30+0.02	30+0.04
P	0	0.1	0.8	0.1	0

，

η	30−0.04	30−0.02	30	30+0.02	30+0.04
P	0.1	0.2	0.4	0.2	0.1

.

试问谁的技术较高?

解 容易算出,$E\xi=30$,$E\eta=30$.

由此可见,他们的产品不仅合格而且数学期望也相同,所以只凭期望值还不足以判定两人技术水平的高低.细心的读者一定会认为甲的加工技术较高,因为从分布列可知,甲有80%的误差为0,只有20%的误差为±0.02 cm;而乙有60%的误差为±0.02和±0.04,只有40%的误差为0.换句话说,甲加工的圆柱形零件的直径ξ与均值$E\xi$的偏差较小,而乙加工的圆柱形零件的直径η与均值$E\eta$的偏差较大,工程上认为甲加工的精度较高而乙加工的精度较低.

这就是说,对于一个随机变量ξ,不但需要知道它的数学期望$E\xi$,还需要描述它的取值ξ与数学期望$E\xi$的偏差情况.因此,引入随机变量的方差如下.

定义 设ξ是一个随机变量,如果$(\xi-E\xi)^2$的数学期望$E(\xi-E\xi)^2$存在,那么称$E(\xi-E\xi)^2$为ξ的**方差**,记为$D\xi$(或$\sigma^2(\xi)$),即

$$D\xi = E(\xi - E\xi)^2. \tag{1}$$

而称$\sqrt{E(\xi-E\xi)^2}$为ξ的**标准差**,记为$\sigma(\xi)$,即

$$\sigma(\xi) = \sqrt{E(\xi - E\xi)^2} = \sqrt{D\xi}. \tag{2}$$

需要注意的是,ξ的方差$D\xi$的量纲与ξ不同,而标准差$\sigma(\xi)$的量纲与ξ相同,所以标准差更确切地反映了偏差程度.

如果ξ是离散型随机变量,其分布列为

$$P\{\xi = a_i\} = p_i \quad (i = 1,2,\cdots),$$

则由(1)式及上节(3)式,得

$$D\xi = \sum_{i=1}^{\infty}(a_i - E\xi)^2 p_i. \tag{3}$$

如果ξ是连续型随机变量,其分布密度为$\varphi(x)$,则由(1)式及上节(4)式,得

$$D\xi = \int_{-\infty}^{+\infty}(x - E\xi)^2\varphi(x)\mathrm{d}x. \tag{4}$$

我们已知道,随机变量的数学期望是随机变量取值的中心.现在从方差的定义可知,随机变量的方差总是非负的,而且当随机变量的取值越集中在均值附近时,方差越小,反之则方差越大.因此,方差的大小反映了随机变量取值的分散程度,是随机变量的一种离散特征数.

在计算方差$D\xi$时,有时要用到下面的公式:

推论 $D\xi = E\xi^2 - (E\xi)^2$. (5)

证 我们只证ξ是连续型随机变量的情形,离散型的情形由读者自己完成.

设 ξ 的分布密度为 $\varphi(x)$，则由公式(4)，得

$$D\xi=\int_{-\infty}^{+\infty}(x-E\xi)^2\varphi(x)\mathrm{d}x=\int_{-\infty}^{+\infty}[x^2-2xE\xi+(E\xi)^2]\varphi(x)\mathrm{d}x$$
$$=\int_{-\infty}^{+\infty}x^2\varphi(x)\mathrm{d}x-2E\xi\int_{-\infty}^{+\infty}x\varphi(x)\mathrm{d}x+(E\xi)^2\int_{-\infty}^{+\infty}\varphi(x)\mathrm{d}x$$
$$=E\xi^2-2(E\xi)(E\xi)+(E\xi)^2\cdot 1=E\xi^2-(E\xi)^2.$$

证毕

例 2 有甲、乙两射手在相同的条件下射击，其命中环数 ξ,η 的分布列分别为

ξ	8	9	10
P	0.2	0.3	0.5

，

η	8	9	10
P	0.1	0.7	0.2

.

试比较两射手的射击水平.

解 在第一节例 1 中，已经算出了 $E\xi=9.3$(环)，$E\eta=9.1$(环)，所以甲的平均命中水平优于乙，但由于

$$D\xi=E\xi^2-(E\xi)^2=8^2\times 0.2+9^2\times 0.3+10^2\times 0.5-(9.3)^2=0.61,$$
$$D\eta=E\eta^2-(E\eta)^2=8^2\times 0.1+9^2\times 0.7+10^2\times 0.2-(9.1)^2=0.29.$$

可得 $D\xi>D\eta$，所以甲的射击技术不如乙稳定.

例 3 设随机变量 ξ 的分布密度为

$$\varphi(x)=\begin{cases}2x, & 0\leqslant x\leqslant 1,\\ 0, & \text{其他}.\end{cases}$$

试求 ξ 的方差 $D\xi$.

解 在第一节例 4 中已经求得 $E\xi=\dfrac{2}{3}$，又由于

$$E\xi^2=\int_{-\infty}^{+\infty}x^2\varphi(x)\mathrm{d}x=\int_0^1 2x^3\mathrm{d}x=2\left(\frac{x^4}{4}\right)\Big|_0^1=\frac{1}{2}.$$

于是，由公式(5)，得

$$D\xi=E\xi^2-(E\xi)^2=\frac{1}{2}-\left(\frac{2}{3}\right)^2=\frac{1}{18}.$$

二、方差的简单性质

当 a,b,c 为常数时，不难得到方差的下列简单性质：

(1) $D(c)=0$；

(2) $D(c\xi)=c^2D(\xi)$；

(3) $D(a\xi+b)=a^2D(\xi)$.

证 利用数学期望的性质和方差的定义，得

(1) $E(c)=c, E(c^2)=c^2$，所以 $D(c)=E(c^2)-(E(c))^2=0$；

(2) $D(c\xi)=E(c\xi)^2-[E(c\xi)]^2=c^2E\xi^2-(cE\xi)^2=c^2[E\xi^2-(E\xi)^2]=c^2D(\xi)$；

(3) $D(a\xi+b)=E[(a\xi+b)-E(a\xi+b)]^2=E(a\xi+b-aE\xi-b)^2$

$$=E(a\xi-aE\xi)^2=a^2E(\xi-E\xi)^2=a^2D(\xi).$$

证毕

例 4　设随机变量 ξ 的数学期望 $E\xi=a$，标准差 $\sigma(\xi)=b$. 试求随机变量 $\eta=\dfrac{\xi-a}{b}$ 的数学期望和方差.

解　$E\eta=E\left(\dfrac{\xi-a}{b}\right)=\dfrac{1}{b}E(\xi-a)=\dfrac{1}{b}(E\xi-a)=0$，

$$D\eta=D\left(\frac{\xi-a}{b}\right)=\frac{1}{b^2}D(\xi-a)=\frac{1}{b^2}D\xi=\frac{1}{b^2}b^2=1.$$

我们称

$$\eta=\frac{\xi-E\xi}{\sigma(\xi)}$$

为 ξ 的**标准化随机变量**.

习　题　16-2

1. 设随机变量 ξ 的分布列为

ξ	-1	0	1	2
P	1/5	1/2	1/5	1/10

求 $D\xi, D(3\xi+2)$.

2. 设随机变量 ξ 的分布密度为

$$\varphi(x)=\begin{cases}x, & 0<x\leqslant 1,\\ 2-x, & 1<x\leqslant 2,\\ 0, & \text{其他}.\end{cases}$$

求 $D\xi$.

3. 设随机变量 ξ 的分布密度为

$$\varphi(x)=\begin{cases}\dfrac{1}{\pi\sqrt{1-x^2}}, & |x|<1,\\ 0, & \text{其他}.\end{cases}$$

求 $D\xi$.

4. 设随机变量 ξ 的分布密度为

$$\varphi(x)=\frac{1}{2}\mathrm{e}^{-|x|}\quad(-\infty<x<+\infty).$$

求 $E\xi$ 和 $D\xi$.

5. 有 A,B 两台机床同时加工某种零件，每生产 1000 件出次品的分布列分别为

ξ	0	1	2	3
P	0.7	0.2	0.06	0.04

，

η	0	1	2	3
P	0.8	0.06	0.04	0.1

.

问哪一台机床加工质量好？

第三节　常用分布的数学期望与方差

一、(0-1)分布

设 ξ 服从(0-1)分布(或两点分布)，其分布列为

ξ	0	1
P	$1-p$	p

，

则易知

$$E\xi = p, \quad D\xi = p(1-p). \tag{1}$$

二、二项分布

设 $\xi\sim B(n,p)$，即 $P\{\xi=i\}=C_n^i p^i(1-p)^{n-i}(i=0,1,2,\cdots,n)$，则

$$E\xi = np, \quad D\xi = np(1-p). \tag{2}$$

事实上，因为

$$P\{\xi = i\} = C_n^i p^i(1-p)^{n-i} \quad (i = 0,1,2,\cdots,n),$$

所以

$$\begin{aligned} E\xi &= \sum_{i=0}^{n} iC_n^i p^i(1-p)^{n-i} = \sum_{i=0}^{n} \frac{i(n!)}{i!(n-i)!}p^i(1-p)^{n-i} \\ &= np\sum_{i=1}^{n} \frac{(n-1)!}{(i-1)![(n-1)-(i-1)]!}p^{i-1}(1-p)^{(n-1)-(i-1)} \\ &= np\sum_{i=1}^{n} C_{n-1}^{i-1}p^{i-1}(1-p)^{(n-1)-(i-1)} = np[p+(1-p)]^{n-1} = np, \end{aligned}$$

$$\begin{aligned} E\xi^2 &= \sum_{i=1}^{n} i^2 C_n^i p^i(1-p)^{n-i} = \sum_{i=1}^{n} i^2 \frac{n!}{i!(n-i)!}p^i(1-p)^{n-i} \\ &= \sum_{i=1}^{n}[(i-1)+1]\frac{n!}{(i-1)!(n-i)!}p^i(1-p)^{n-i} \end{aligned}$$

$$= \sum_{i=2}^{n}(i-1)\frac{n(n-1)(n-2)!}{(i-1)!(n-i)!}p^2 p^{i-2}(1-p)^{(n-2)-(i-2)}$$

$$+\sum_{i=1}^{n}\frac{n!}{(i-1)!(n-i)!}p^i(1-p)^{n-i}.$$

在上式右端第一项中,令 $k=i-2$;第二项中,令 $m=i-1$,得

$$E\xi^2 = n(n-1)p^2\sum_{k=0}^{n-2}\frac{(n-2)!}{k![(n-2)-k]!}p^k(1-p)^{(n-2)-k}$$

$$+np\sum_{m=0}^{n-1}\frac{(n-1)!}{m![(n-1)-m]!}p^m(1-p)^{(n-1)-m}$$

$$= n(n-1)p^2[p+(1-p)]^{n-2}+np[p+(1-p)]^{n-1} = n(n-1)p^2+np.$$

于是

$$D\xi = E\xi^2-(E\xi)^2 = n(n-1)p^2+np-(np)^2 = np(1-p).$$

故(2)式成立.

三、泊松分布

设 $\xi\sim P(\lambda)$,即

$$P\{\xi=i\} = \frac{\lambda^i}{i!}e^{-\lambda}\quad(\lambda>0,\ i=0,1,2,\cdots),$$

则

$$E\xi = D\xi = \lambda. \tag{3}$$

事实上,因为

$$E\xi = \sum_{i=0}^{\infty}iP\{\xi=i\} = \sum_{i=0}^{\infty}i\frac{\lambda^i}{i!}e^{-\lambda} = \lambda e^{-\lambda}\sum_{i=1}^{\infty}\frac{\lambda^{i-1}}{(i-1)} = \lambda e^{-\lambda}\sum_{k=0}^{\infty}\frac{\lambda^k}{k!} = \lambda e^{-\lambda}\cdot e^{\lambda} = \lambda,$$

又因为

$$E\xi^2 = \sum_{i=0}^{\infty}i^2\frac{\lambda^i}{i!}e^{-\lambda} = \sum_{i=1}^{\infty}[(i-1)+1]\frac{\lambda^i}{(i-1)!}e^{-\lambda}$$

$$= \sum_{i=2}^{\infty}\frac{\lambda^i}{(i-2)!}e^{-\lambda}+\sum_{i=1}^{\infty}\frac{\lambda^i}{(i-1)!}e^{-\lambda}$$

$$= \lambda^2e^{-\lambda}\sum_{i=2}^{\infty}\frac{\lambda^{i-2}}{(i-2)!}+\lambda e^{-\lambda}\sum_{i=1}^{\infty}\frac{\lambda^{i-1}}{(i-1)!} = \lambda^2e^{-\lambda}e^{\lambda}+\lambda e^{-\lambda}e^{\lambda} = \lambda^2+\lambda,$$

所以

$$D\xi = E\xi^2-(E\xi)^2 = (\lambda^2+\lambda)-\lambda^2 = \lambda.$$

因此,(3)式成立.

由此可见，泊松分布的数学期望与方差都等于它的参数 λ.

四、均匀分布

设 ξ 服从区间 $[a,b]$ 上的均匀分布，其分布密度为

$$\varphi(x)=\begin{cases}\dfrac{1}{b-a}, & a\leqslant x\leqslant b,\\ 0, & \text{其他},\end{cases}$$

则

$$E\xi=\frac{a+b}{2},\quad D\xi=\frac{(b-a)^2}{12}. \tag{4}$$

事实上，

$$E\xi=\int_{-\infty}^{+\infty}x\varphi(x)\,\mathrm{d}x=\int_a^b\frac{x}{b-a}\mathrm{d}x=\frac{x^2}{2(b-a)}\bigg|_a^b=\frac{a+b}{2},$$

$$\begin{aligned}D\xi&=E\xi^2-(E\xi)^2=\int_a^b x^2\varphi(x)\,\mathrm{d}x-\left(\frac{a+b}{2}\right)^2=\int_a^b\frac{x^2}{b-a}\mathrm{d}x-\left(\frac{a+b}{2}\right)^2\\&=\frac{x^3}{3(b-a)}\bigg|_a^b-\left(\frac{a+b}{2}\right)^2=\frac{a^2+ab+b^2}{3}-\frac{a^2+2ab+b^2}{4}\\&=\frac{a^2-2ab+b^2}{12}=\frac{(b-a)^2}{12}.\end{aligned}$$

因此，(4)式成立.

由此可见，服从区间 $[a,b]$ 上的均匀分布的数学期望位于区间 $[a,b]$ 的中点，而方差与区间 $[a,b]$ 长度的平方成正比. 这进一步说明数学期望就是随机变量取值的中心，而方差代表随机变量取值的分散程度.

五、指数分布

设 ξ 服从参数为 $k>0$ 的指数分布，其分布密度为

$$\varphi(x)=\begin{cases}k\mathrm{e}^{-kx}, & x\geqslant 0,\\ 0, & x<0,\end{cases}$$

则

$$E\xi=\frac{1}{k},\quad D\xi=\frac{1}{k^2}. \tag{5}$$

事实上，

$$E\xi=\int_{-\infty}^{+\infty}x\varphi(x)\,\mathrm{d}x=k\int_0^{+\infty}x\mathrm{e}^{-kx}\,\mathrm{d}x$$

$$= k\left(-\frac{x}{k}\mathrm{e}^{-kx}\Big|_0^{+\infty} + \frac{1}{k}\int_0^{+\infty}\mathrm{e}^{-kx}\,\mathrm{d}x\right)$$

$$= -\frac{1}{k}\mathrm{e}^{-kx}\Big|_0^{+\infty} = \frac{1}{k},$$

$$E\xi^2 = \int_{-\infty}^{+\infty} x^2\varphi(x)\,\mathrm{d}x = k\int_0^{+\infty} x^2\mathrm{e}^{-kx}\,\mathrm{d}x = 2\int_0^{+\infty} x\mathrm{e}^{-kx}\,\mathrm{d}x = \frac{2}{k^2}.$$

于是

$$D\xi = E\xi^2 - (E\xi)^2 = \frac{2}{k^2} - \left(\frac{1}{k}\right)^2 = \frac{1}{k^2}.$$

故(5)式成立.

六、正态分布

设 $\xi \sim N(a,\sigma^2)$，其分布密度为

$$\varphi(x) = \frac{1}{\sqrt{2\pi}\sigma}\mathrm{e}^{-\frac{(x-a)^2}{2\sigma^2}},$$

则

$$E\xi = a,\quad D\xi = \sigma^2. \tag{6}$$

事实上，

$$E\xi = \int_{-\infty}^{+\infty} x\varphi(x)\,\mathrm{d}x\ \frac{1}{\sqrt{2\pi}\sigma}\int_{-\infty}^{+\infty} x\mathrm{e}^{-\frac{(x-a)^2}{2\sigma^2}}\,\mathrm{d}x \xlongequal{\text{令 } t = \frac{x-a}{\sigma}} \frac{1}{\sqrt{2\pi}}\int_{-\infty}^{+\infty}(a+\sigma t)\mathrm{e}^{-\frac{t^2}{2}}\,\mathrm{d}t$$

$$= \frac{a}{\sqrt{2\pi}}\int_{-\infty}^{+\infty}\mathrm{e}^{-\frac{t^2}{2}}\,\mathrm{d}t + \frac{\sigma}{\sqrt{2\pi}}\int_{-\infty}^{+\infty} t\mathrm{e}^{-\frac{t^2}{2}}\,\mathrm{d}t = \frac{a}{\sqrt{2\pi}}\sqrt{2\pi} + 0 = a,$$

$$D\xi = E(\xi - E\xi)^2 = E(\xi - a)^2 = \int_{-\infty}^{+\infty}(x-a)^2\,\frac{1}{\sqrt{2\pi}\sigma}\mathrm{e}^{-\frac{(x-a)^2}{2\sigma^2}}\,\mathrm{d}x$$

$$\xlongequal{\text{令 } t = \frac{x-a}{\sigma}} \frac{\sigma^2}{\sqrt{2\pi}}\int_{-\infty}^{+\infty} t^2\mathrm{e}^{-\frac{t^2}{2}}\,\mathrm{d}t = \frac{\sigma^2}{\sqrt{2\pi}}\int_{-\infty}^{+\infty}(-t)\,\mathrm{d}\left(\mathrm{e}^{-\frac{t^2}{2}}\right)$$

$$= \frac{\sigma^2}{\sqrt{2\pi}}\left(-t\mathrm{e}^{-\frac{t^2}{2}}\Big|_{-\infty}^{+\infty} + \int_{-\infty}^{+\infty}\mathrm{e}^{-\frac{t^2}{2}}\,\mathrm{d}t\right) = \frac{\sigma^2}{\sqrt{2\pi}}(0 + \sqrt{2\pi}) = \sigma^2.$$

因此，(6)式成立.

由此知，正态随机变量的分布密度中，两个参数 a 和 σ^2 恰好分别是这个随机变量的数学期望和方差. 所以服从正态分布的随机变量其分布完全由它的数学期望和方差所确定.

随机变量 ξ 的数学期望与方差(或标准差)是随机变量常用的重要的数字特征. 以上介绍的几个常用分布的数学期望与方差以后将经常遇到，我们除根据实际背景理解其意义

外，还应熟记，尤其是正态分布. 为了便于记忆，将以上五种分布及其数字特征列于表 16-2.

表 16-2

名称	分布密度(分布列)	数学期望	方差
二项分布 $\xi\sim B(n,p)$	$P\{\xi=i\}=C_n^i p^i(1-p)^{n-i}$, $i=0,1,\cdots,n,0<p<1$	np	$np(1-p)$
泊松分布 $\xi\sim P(\lambda)$	$P\{\xi=i\}=\frac{\lambda^i}{i!}e^{-\lambda}$, $i=0,1,2,\cdots,\lambda>0$	λ	λ
均匀分布	$\varphi(x)=\begin{cases}\frac{1}{b-a}, & a<x<b,\\ 0, & 其他\end{cases}$	$\frac{a+b}{2}$	$\frac{(b-a)^2}{12}$
指数分布	$\varphi(x)=\begin{cases}ke^{-kx}, & x\geqslant 0,\\ 0, & x<0\end{cases}\quad(k>0)$	$\frac{1}{k}$	$\frac{1}{k^2}$
正态分布 $\xi\sim N(a,\sigma^2)$	$\varphi(x)=\frac{1}{\sqrt{2\pi}\sigma}e^{-\frac{(x-a)^2}{2\sigma^2}}$	a	σ^2

例 1 已知 100 件产品中有 10 件次品，求任意取出的 5 件产品中次品数的数学期望与方差.

解 设任意取出的 5 件产品中的次品数为 ξ，则容易知道 $\xi\sim B(5,0.1)$. 因此，所求次品数 ξ 的数学期望和方差分别为

$$E\xi = 5\times 0.1 = 0.5,\quad D\xi = 5\times 0.1\times(1-0.1) = 0.45.$$

例 2 设通过某交叉路口的汽车流量 ξ 服从泊松分布，若在一分钟内没有汽车通过的概率为 0.2. 求汽车流量 ξ 的数学期望和方差.

解 根据题意，$\xi\sim P(\lambda)$，其中参数 λ 待定，即

$$P\{\xi = i\} = \frac{\lambda^i}{i!}e^{-\lambda}.$$

因为 $P\{\xi=0\}=0.2$，所以$\frac{\lambda^0}{0!}e^{-\lambda}=0.2$，即 $\lambda=\ln 5$. 因此，ξ 的数学期望和方差为

$$E\xi = D\xi = \lambda = \ln 5.$$

例 3 已知某种电池的寿命 ξ(单位：小时)服从正态分布，且 ξ 的数学期望和标准差分别为 300 和 35. 求这样的电池寿命在 250 小时以上的概率，并求某个 x，使电池寿命落在区间$(300-x,300+x)$内的概率不小于 90%.

解 据已知 $\xi\sim N(300,35^2)$，因此，这样的电池寿命在 250 小时以上的概率为

$$P\{\xi\geqslant 250\} = 1-P\{\xi\leqslant 250\} = 1-F(250) = 1-F_{0,1}\left(\frac{250-300}{35}\right)$$

$$= 1 - F_{0,1}\left(-\frac{50}{35}\right) = F_{0,1}(1.43) = 0.9236.$$

对任意 x，因为 ξ 落在区间 $(300-x, 300+x)$ 内的概率为

$$P\{300 - x \leqslant \xi \leqslant 300 + x\} = \int_{300-x}^{300+x} \varphi(x)\mathrm{d}x = F(300+x) - F(300-x)$$

$$= F_{0,1}\left(\frac{x}{35}\right) - F_{0,1}\left(\frac{-x}{35}\right) = 2F_{0,1}\left(\frac{x}{35}\right) - 1.$$

所以，要使 $P\{300-x \leqslant \xi \leqslant 300+x\} \geqslant 0.9$，只要

$$2F_{0,1}\left(\frac{x}{35}\right) - 1 \geqslant 0.9, \text{ 即 } F_{0,1}\left(\frac{x}{35}\right) \geqslant 0.95.$$

经查附录 VII 的附表 2，得 $\frac{x}{35} \geqslant 1.65$，即 $x \geqslant 57.75$ 为所求.

习　题　16-3

1. 已知某一制造厂的出厂产品中 2% 有缺陷，求任取 100 件产品中有缺陷的产品数 ξ 的数学期望和方差.

2. 某次射击比赛规定，每人独立对目标射击 4 发，若 4 发全不中，则得 0 分；若只中一发，则得 15 分；若中 2 发，则得 30 分；若中 3 发，则得 55 分；若 4 发全中，则得 100 分. 已知某人每发命中率为 0.6，问他能期望得多少分？

3. 设随机变量 ξ 的分布密度为

$$\varphi(x) = \begin{cases} 6x(1-x), & 0 \leqslant x \leqslant 1, \\ 0, & \text{其他}. \end{cases}$$

求 $P\{a-2\sigma < \xi < a+2\sigma\}$，其中 $a = E\xi$，$\sigma = \sqrt{D\xi}$.

4. 用膨胀仪测量金属膨胀系数时，通过照相显示测量结果. 现分别使用玻璃底版与软质底版多次测量某种合金的膨胀系数，获得下面的分布列：

用玻璃底版测量值 ξ 的分布列为

ξ	2.8	2.9	3.0	3.1	3.2
P	0.10	0.15	0.50	0.15	0.10

；

用软质底版测量值 η 的分布列为

ξ	2.8	2.9	3.0	3.1	3.2
P	0.13	0.17	0.40	0.17	0.13

.

试比较两种测量方法，哪一种精度较高？

附　　录

Ⅰ　希腊字母

字母		英文读音	国际音标
Α	α	alpha	['ælfə]
Β	β	beta	['bi:tə, 'beitə]
Γ	γ	gamma	['gæmə]
Δ	δ	delta	['deltə]
Ε	ε	epsilon	[ep'sailən, 'epsilən]
Ζ	ζ	zeta	['zi:tə]
Η	η	eta	['i:tə, 'eitə]
Θ	θ	theta	['θi:tə]
Ι	ι	iota	[ai'outə]
Κ	κ	kappa	['kæpə]
Λ	λ	lambda	['læmdə]
Μ	μ	mu	[mju:]
Ν	ν	nu	[nju:]
Ξ	ξ	xi	[ksai, gzai, zai]
Ο	ο	omicron	[ou'maikrən]
Π	π	pi	[pai]
Ρ	ρ	rho	[rou]
Σ	σ	sigma	['sigmə]
Τ	τ	tau	[tɔ:]
Υ	υ	upsilon	[ju:p'sailən, 'ju:psilən]
Φ	φ	phi	[fai]
Χ	χ	chi	[kai]
Ψ	ψ	psi	[psai]
Ω	ω	omega	['oumigə]

Ⅱ　代　　数

1. 指数和对数运算

$$a^x a^y = a^{x+y}, \frac{a^x}{a^y} = a^{x-y}, (a^x)^y = a^{xy}, \sqrt[y]{a^x} = a^{\frac{x}{y}},$$

$$\log_a 1 = 0, \log_a a = 1, \log_a (N_1 \cdot N_2) = \log_a N_1 + \log_a N_2,$$

$$\log_a \frac{N_1}{N_2} = \log_a N_1 - \log_a N_2, \log_a (N^n) = n\log_a N,$$

$$\log_a \sqrt[n]{N} = \frac{1}{n}\log_a N, \log_b N = \frac{\log_a N}{\log_a b}.$$

2. 有限项数和

$$1+2+3+\cdots+(n-1)+n = \frac{n(n+1)}{2},$$

$$1^2+2^2+3^2+\cdots+(n-1)^2+n^2=\frac{n(n+1)(2n+1)}{6},$$

$$a+aq+aq^2+\cdots+aq^{n-1}=a\,\frac{1-q^n}{1-q}\ (q\neq 1).$$

3. 牛顿二项式公式

$$(a+b)^n=a^n+na^{n-1}b+\frac{n(n-1)}{2!}a^{n-2}b^2+\frac{n(n-1)(n-2)}{3!}a^{n-3}b^3+\cdots$$
$$+\frac{n(n-1)\cdots(n-m+1)}{m!}a^{n-m}b^m+\cdots+nab^{n-1}+b^n,$$

$$(a-b)^n=a^n-na^{n-1}b+\frac{n(n-1)}{2!}a^{n-2}b^2-\frac{n(n-1)(n-2)}{3!}a^{n-3}b^3+\cdots$$
$$+(-1)^m\frac{n(n-1)\cdots(n-m+1)}{m!}a^{n-m}b^m+\cdots+(-1)^nb^n.$$

4. 乘法与因式分解公式

$(x\pm y)^2=x^2\pm 2xy+y^2$,

$(x+y+z)^2=x^2+y^2+z^2+2xy+2xz+2yz$,

$(x\pm y)^3=x^3\pm 3x^2y+3xy^2\pm y^3$,

$x^2-y^2=(x+y)(x-y)$,

$x^3\pm y^3=(x\pm y)(x^2\mp xy+y^2)$,

$(x^n-y^n)=(x-y)(x^{n-1}+x^{n-2}y+x^{n-3}y^2+\cdots+xy^{n-2}+y^{n-1})$ (n 为正整数),

$(x^n+y^n)=(x+y)(x^{n-1}-x^{n-2}y+x^{n-3}y^2-\cdots-xy^{n-2}+y^{n-1})$ (n 是奇数),

$(x^n-y^n)=(x+y)(x^{n-1}-x^{n-2}y+x^{n-3}y^2-\cdots+xy^{n-2}-y^{n-1})$ (n 是偶数).

Ⅲ 三角函数

1. 基本公式

$$\sin^2\alpha+\cos^2\alpha=1,\quad \frac{\sin\alpha}{\cos\alpha}=\tan\alpha,\quad \csc\alpha=\frac{1}{\sin\alpha},$$

$$1+\tan^2\alpha=\sec^2\alpha,\quad \frac{\cos\alpha}{\sin\alpha}=\cot\alpha,\quad \sec\alpha=\frac{1}{\cos\alpha},$$

$$1+\cot^2\alpha=\csc^2\alpha,\quad \cot\alpha=\frac{1}{\tan\alpha}.$$

2. 诱导公式

函数	$\beta=\frac{\pi}{2}\pm\alpha$	$\beta=\pi\pm\alpha$	$\beta=\frac{3}{2}\pi\pm\alpha$	$\beta=2\pi\pm\alpha$
$\sin\beta$	$\cos\alpha$	$\mp\sin\alpha$	$-\cos\alpha$	$\pm\sin\alpha$
$\cos\beta$	$\mp\sin\alpha$	$-\cos\alpha$	$\pm\sin\alpha$	$\cos\alpha$
$\tan\beta$	$\mp\cot\alpha$	$\pm\tan\alpha$	$\mp\cot\alpha$	$\pm\tan\alpha$
$\cot\beta$	$\mp\tan\alpha$	$\pm\cot\alpha$	$\mp\tan\alpha$	$\pm\cot\alpha$

3. 和差公式

$\sin(\alpha\pm\beta)=\sin\alpha\cos\beta\pm\cos\alpha\sin\beta$,

$\cos(\alpha\pm\beta)=\cos\alpha\cos\beta\mp\sin\alpha\sin\beta$,

$\tan(\alpha\pm\beta)=\dfrac{\tan\alpha\pm\tan\beta}{1\mp\tan\alpha\tan\beta}$,

$\cot(\alpha\pm\beta)=\dfrac{\cot\alpha\cot\beta\mp 1}{\cot\beta\pm\cot\alpha}$,

$\sin\alpha+\sin\beta=2\sin\dfrac{\alpha+\beta}{2}\cos\dfrac{\alpha-\beta}{2}$,

$\sin\alpha-\sin\beta=2\cos\dfrac{\alpha+\beta}{2}\sin\dfrac{\alpha-\beta}{2}$,

$\cos\alpha+\cos\beta=2\cos\dfrac{\alpha+\beta}{2}\cos\dfrac{\alpha-\beta}{2}$,

$\cos\alpha-\cos\beta=-2\sin\dfrac{\alpha+\beta}{2}\sin\dfrac{\alpha-\beta}{2}$,

$\cos\alpha\cos\beta=\dfrac{1}{2}[\cos(\alpha-\beta)+\cos(\alpha+\beta)]$,

$\sin\alpha\sin\beta=\dfrac{1}{2}[\cos(\alpha-\beta)-\cos(\alpha+\beta)]$,

$\sin\alpha\cos\beta=\dfrac{1}{2}[\sin(\alpha-\beta)+\sin(\alpha+\beta)]$.

4. 倍角和半角公式

$\sin 2\alpha=2\sin\alpha\cos\alpha=\dfrac{2\tan\alpha}{1+\tan^2\alpha}$,

$\cos 2\alpha=\cos^2\alpha-\sin^2\alpha=2\cos^2\alpha-1=1-2\sin^2\alpha=\dfrac{1-\tan^2\alpha}{1+\tan^2\alpha}$,

$\tan 2\alpha=\dfrac{2\tan\alpha}{1-\tan^2\alpha}$, $\cot 2\alpha=\dfrac{\cos^2\alpha-1}{2\cot\alpha}$,

$$\sin\frac{\alpha}{2}=\pm\sqrt{\frac{1-\cos\alpha}{2}},\quad \tan\frac{\alpha}{2}=\pm\sqrt{\frac{1-\cos\alpha}{1+\cos\alpha}},$$

$$\cos\frac{\alpha}{2}=\pm\sqrt{\frac{1+\cos\alpha}{2}},\quad \cot\frac{\alpha}{2}=\pm\sqrt{\frac{1+\cos\alpha}{1-\cos\alpha}}.$$

5. 任意三角形的基本关系(如右图所示)

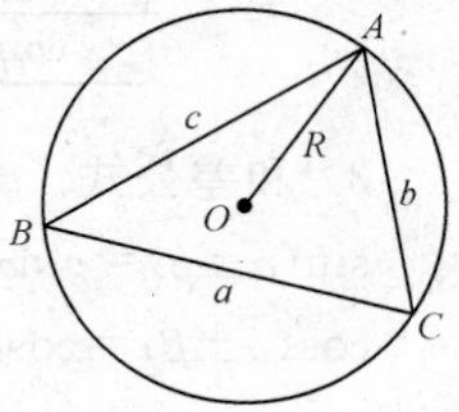

(正弦定理) $\frac{a}{\sin A}=\frac{b}{\sin B}=\frac{c}{\sin C}=2R,$

(余弦定理) $\begin{cases}a^2=b^2+c^2-2bc\cos A,\\ b^2=c^2+a^2-2ca\cos B,\\ c^2=a^2+b^2-2ab\cos C,\end{cases}$

(面积公式) $S=\frac{1}{2}ab\sin C=\frac{1}{2}ac\sin B=\frac{1}{2}bc\sin A,$

$$S=\sqrt{p(p-a)(p-b)(p-c)},\quad p=\frac{1}{2}(a+b+c).$$

Ⅳ 初 等 几 何

在下列公式中,字母 R,r 表示半径,h 表示高,l 表示斜高.

1. 圆,圆扇形

圆:周长$=2\pi r$,面积$=\pi r^2$;

圆扇形:面积$=\frac{1}{2}r^2\alpha$(式中 α 为扇形的圆心角,以弧度计).

2. 正圆锥

体积$=\frac{1}{3}\pi r^2 h$,侧面面积$=\pi rl$,全面积$=\pi r(r+l)$.

3. 截圆锥

体积$=\frac{\pi h}{3}(R^2+r^2+Rr)$,侧面面积$=\pi l(R+r)$.

4. 球

体积$=\frac{4}{3}\pi r^3$,面积$=4\pi r^2$.

V 几种常用的曲线

(1) 半立方抛物线

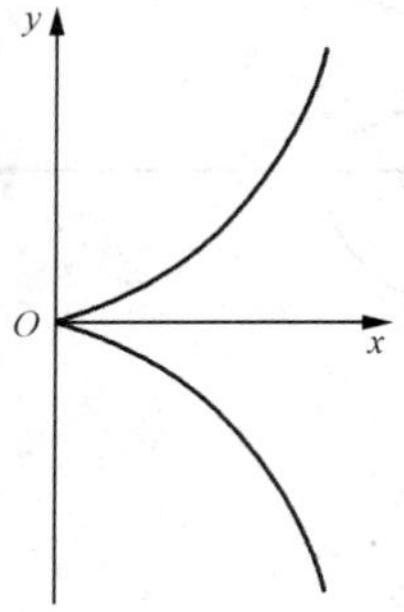

$y^2 = ax^3$

(2) 高斯曲线

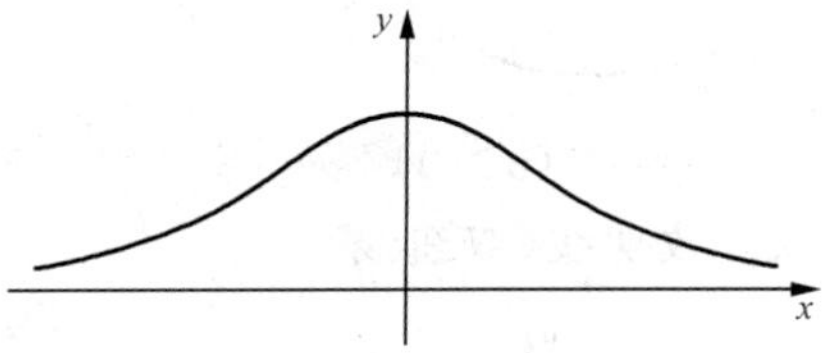

$y = e^{-x^2}$

(3) 摆线

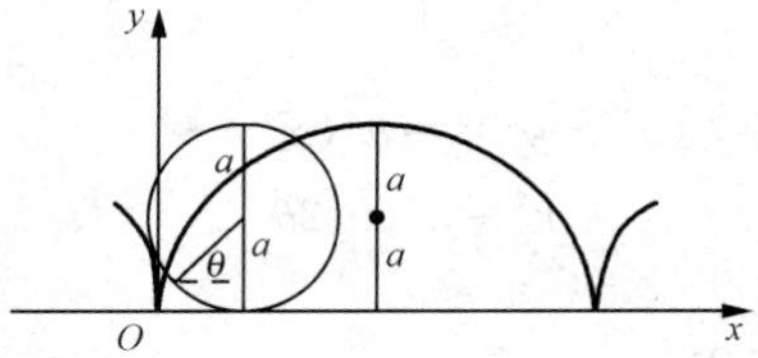

$$\begin{cases} x = a(\theta - \sin\theta) \\ y = a(1 - \cos\theta) \end{cases}$$

(4) 星形线(内摆线的一种)

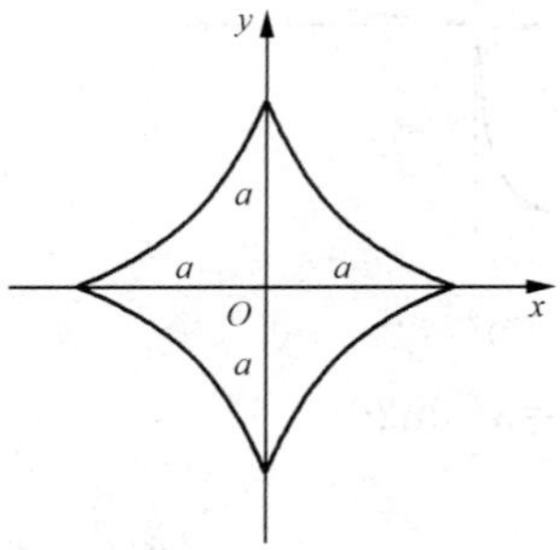

$x^{\frac{2}{3}} + y^{\frac{2}{3}} = a^{\frac{2}{3}}$ 或 $\begin{cases} x = a\cos^3\theta \\ y = a\sin^3\theta \end{cases}$

(5) 心形线(外摆线的一种)

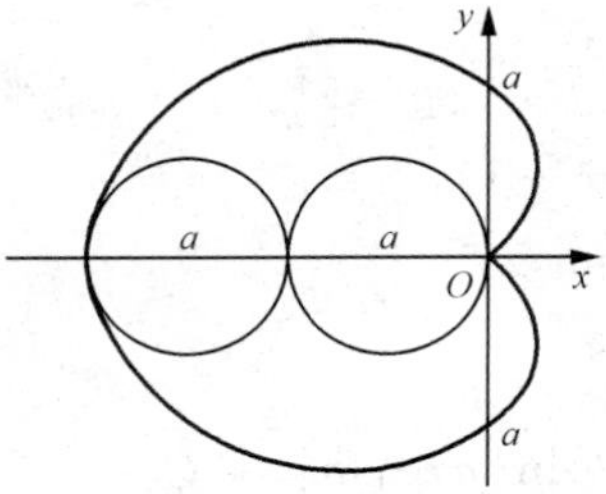

$x^2 + y^2 + ax = a\sqrt{x^2 + y^2}$

$r = a(1 - \cos\theta)$

(6) 阿基米德螺线

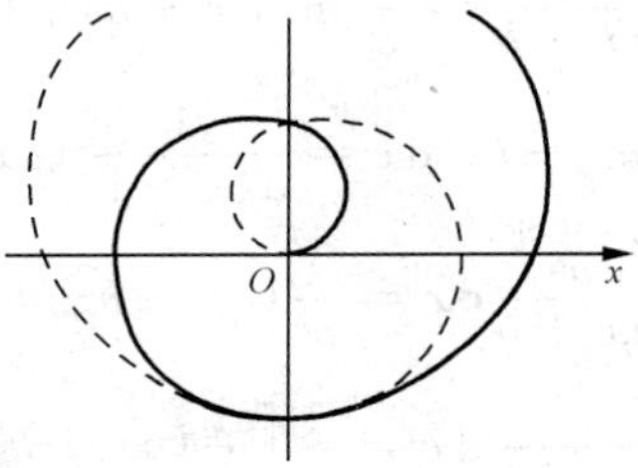

$r = a\theta \ (a > 0)$

(7) 对数螺线

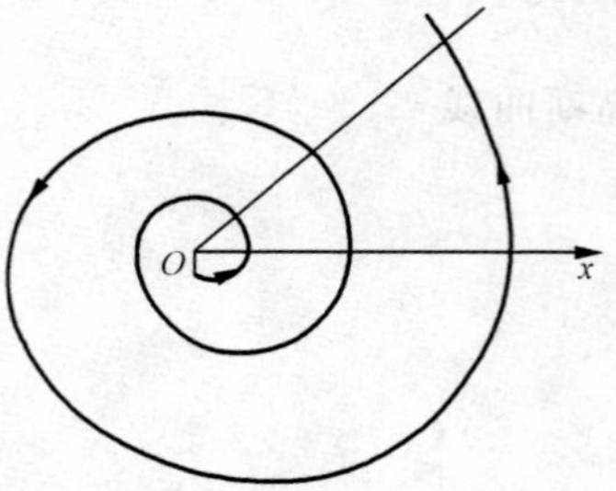

$r=e^{a\theta}(a>0)$

(8) 双曲螺线

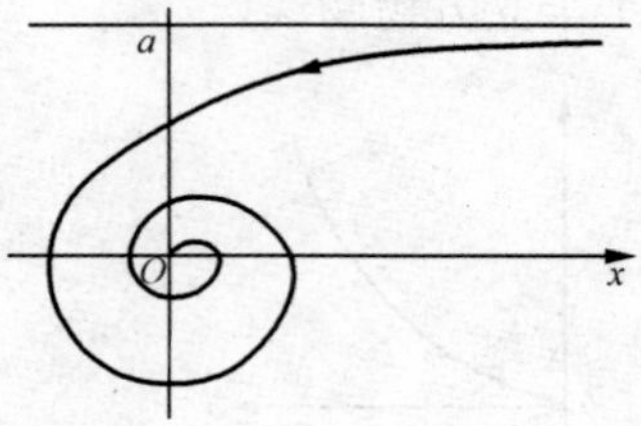

$r\theta=a$

(9) 双叶玫瑰线(双纽线)

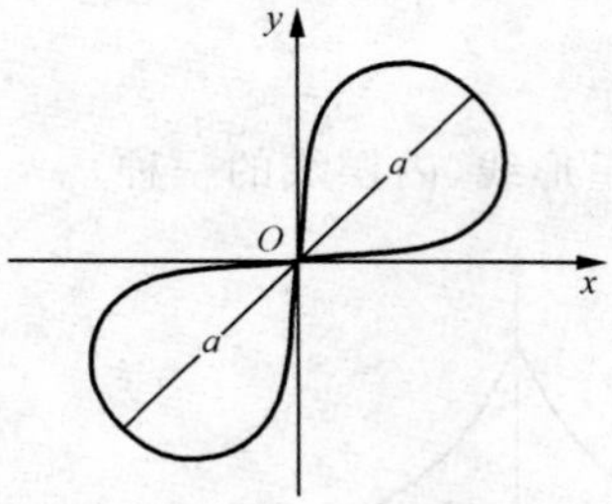

$(x^2+y^2)^2=2a^2xy$

$r^2=a^2\sin2\theta$

(10) 双纽线

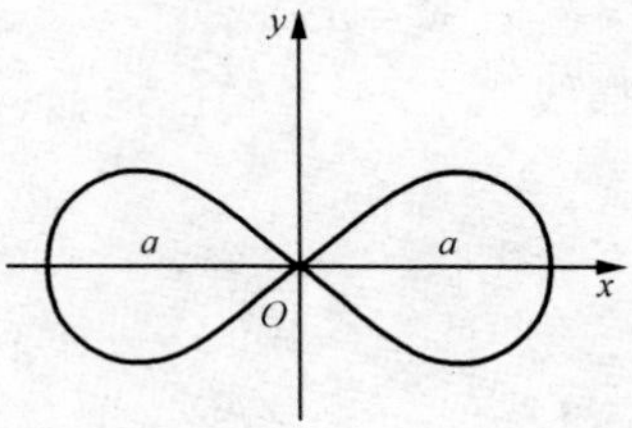

$(x^2+y^2)^2=a^2(x^2-y^2)$

$r^2=a^2\cos2\theta$

Ⅵ　积分公式

(一) 含有 $ax+b$ 的积分

1. $\int\frac{dx}{ax+b}=\frac{1}{a}\ln|ax+b|+C$ (C 为常数,下同),

2. $\int(ax+b)^{\mu}dx=\frac{1}{a(\mu+1)}(ax+b)^{\mu+1}+C\quad(\mu\neq-1)$,

3. $\int\frac{x}{ax+b}dx=\frac{1}{a^2}(ax+b-b\ln|ax+b|)+C$,

4. $\int\frac{x^2}{ax+b}dx=\frac{1}{a^3}\left[\frac{1}{2}(ax+b)^2-2b(ax+b)+b^2\ln|ax+b|\right]+C$,

5. $\int\frac{dx}{x(ax+b)}=-\frac{1}{b}\ln\left|\frac{ax+b}{x}\right|+C$,

6. $\int \frac{dx}{x^2(ax+b)} = -\frac{1}{bx} + \frac{a}{b^2}\ln\left|\frac{ax+b}{x}\right| + C$,

7. $\int \frac{x}{(ax+b)^2}dx = \frac{1}{a^2}\left(\ln|ax+b| + \frac{b}{ax+b}\right) + C$,

8. $\int \frac{x^2}{(ax+b)^2}dx = \frac{1}{a^3}\left(ax+b-2b\ln|ax+b| - \frac{b^2}{ax+b}\right) + C$,

9. $\int \frac{dx}{x(ax+b)^2} = \frac{1}{b(ax+b)} - \frac{1}{b^2}\ln\left|\frac{ax+b}{x}\right| + C$.

（二）含有 $\sqrt{ax+b}$ 的积分

10. $\int \sqrt{ax+b}\,dx = \frac{2}{3a}\sqrt{(ax+b)^3} + C$,

11. $\int x\sqrt{ax+b}\,dx = \frac{2}{15a^2}(3ax-2b)\sqrt{(ax+b)^3} + C$,

12. $\int x^2\sqrt{ax+b}\,dx = \frac{2}{105a^3}(15a^2x^2 - 12abx + 8b^2)\sqrt{(ax+b)^3} + C$,

13. $\int \frac{x}{\sqrt{ax+b}}dx = \frac{2}{3a^2}(ax-2b)\sqrt{ax+b} + C$,

14. $\int \frac{x^2}{\sqrt{ax+b}}dx = \frac{2}{15a^3}(3a^2x^2 - 4abx + 8b^2)\sqrt{ax+b} + C$.

15. $\int \frac{dx}{x\sqrt{ax+b}} = \begin{cases} \frac{1}{\sqrt{b}}\ln\left|\frac{\sqrt{ax+b}-\sqrt{b}}{\sqrt{ax+b}+\sqrt{b}}\right| + C & (b>0), \\ \frac{2}{\sqrt{-b}}\arctan\sqrt{\frac{ax+b}{-b}} + C & (b<0), \end{cases}$

16. $\int \frac{dx}{x^2\sqrt{ax+b}} = -\frac{\sqrt{ax+b}}{bx} - \frac{a}{2b}\int \frac{dx}{x\sqrt{ax+b}}$,

17. $\int \frac{\sqrt{ax+b}}{x}dx = 2\sqrt{ax+b} + b\int \frac{dx}{x\sqrt{ax+b}}$,

18. $\int \frac{\sqrt{ax+b}}{x^2}dx = -\frac{\sqrt{(ax+b)^3}}{bx} + \frac{a}{2b}\int \frac{\sqrt{ax+b}}{x}dx$.

（三）含有 $x^2 \pm a^2$ 的积分

19. $\int \frac{dx}{x^2+a^2} = \frac{1}{a}\arctan\frac{x}{a} + C$,

20. $\int \frac{dx}{(x^2+a^2)^n} = \frac{x}{2(n-1)a^2(x^2+a^2)^{n-1}} + \frac{2n-3}{2(n-1)a^2}\int \frac{dx}{(x^2+a^2)^{n-1}}$,

21. $\int \frac{dx}{x^2-a^2} = \frac{1}{2a}\ln\left|\frac{x-a}{x+a}\right| + C$.

(四) 含有 $ax^2+b\ (a>0)$ 的积分

22. $\int \frac{dx}{ax^2+b} = \begin{cases} \frac{1}{\sqrt{ab}}\arctan\sqrt{\frac{a}{b}}x + C & (b>0), \\ \frac{1}{2\sqrt{-ab}}\ln\left|\frac{\sqrt{a}x-\sqrt{-b}}{\sqrt{a}x+\sqrt{-b}}\right| + C & (b<0), \end{cases}$

23. $\int \frac{x}{ax^2+b}dx = \frac{1}{2a}\ln|ax^2+b| + C$,

24. $\int \frac{x^2}{ax^2+b}dx = \frac{x}{a} - \frac{b}{a}\int \frac{dx}{ax^2+b}$,

25. $\int \frac{dx}{x(ax^2+b)} = \frac{1}{2b}\ln\frac{x^2}{|ax^2+b|} + C$,

26. $\int \frac{dx}{x^2(ax^2+b)} = -\frac{1}{bx} - \frac{a}{b}\int \frac{dx}{ax^2+b}$,

27. $\int \frac{dx}{x^3(ax^2+b)} = \frac{a}{2b^2}\ln\frac{|ax^2+b|}{x^2} - \frac{1}{2bx^2} + C$,

28. $\int \frac{dx}{(ax^2+b)^2} = \frac{x}{2b(ax^2+b)} + \frac{1}{2b}\int \frac{dx}{ax^2+b}$.

(五) 含有 $ax^2+bx+c\ (a>0)$ 的积分

29. $\int \frac{dx}{ax^2+bx+c} = \begin{cases} \frac{2}{\sqrt{4ac-b^2}}\arctan\frac{2ax+b}{\sqrt{4ac-b^2}} + C & (b^2<4ac), \\ \frac{1}{\sqrt{b^2-4ac}}\ln\left|\frac{2ax+b-\sqrt{b^2-4ac}}{2ax+b+\sqrt{b^2-4ac}}\right| + C & (b^2>4ac), \\ -\frac{2}{2ax+b} + C & (b^2=4ac), \end{cases}$

30. $\int \frac{x}{ax^2+bx+c}dx = \frac{1}{2a}\ln|ax^2+bx+c| - \frac{b}{2a}\int \frac{dx}{ax^2+bx+c}$.

(六) 含有 $\sqrt{x^2+a^2}\ (a>0)$ 的积分

31. $\int \frac{dx}{\sqrt{x^2+a^2}} = \ln(x+\sqrt{x^2+a^2}) + C$,

32. $\int \frac{dx}{\sqrt{(x^2+a^2)^3}} = \frac{x}{a^2\sqrt{x^2+a^2}} + C,$

33. $\int \frac{x}{\sqrt{x^2+a^2}}dx = \sqrt{x^2+a^2} + C,$

34. $\int \frac{x}{\sqrt{(x^2+a^2)^3}}dx = -\frac{1}{\sqrt{x^2+a^2}} + C,$

35. $\int \frac{x^2}{\sqrt{x^2+a^2}}dx = \frac{x}{2}\sqrt{x^2+a^2} - \frac{a^2}{2}\ln(x+\sqrt{x^2+a^2}) + C,$

36. $\int \frac{x^2}{\sqrt{(x^2+a^2)^3}}dx = -\frac{x}{\sqrt{x^2+a^2}} + \ln(x+\sqrt{x^2+a^2}) + C,$

37. $\int \frac{dx}{x\sqrt{x^2+a^2}} = \frac{1}{a}\ln\frac{\sqrt{x^2+a^2}-a}{|x|} + C,$

38. $\int \frac{dx}{x^2\sqrt{x^2+a^2}} = -\frac{\sqrt{x^2+a^2}}{a^2x} + C,$

39. $\int \sqrt{x^2+a^2}\,dx = \frac{x}{2}\sqrt{x^2+a^2} + \frac{a^2}{2}\ln(x+\sqrt{x^2+a^2}) + C,$

40. $\int \sqrt{(x^2+a^2)^3}\,dx = \frac{x}{8}(2x^2+5a^2)\sqrt{x^2+a^2} + \frac{3}{8}a^4\ln(x+\sqrt{x^2+a^2}) + C,$

41. $\int x\sqrt{x^2+a^2}\,dx = \frac{1}{3}\sqrt{(x^2+a^2)^3} + C,$

42. $\int x^2\sqrt{x^2+a^2}\,dx = \frac{x}{8}(2x^2+a^2)\sqrt{x^2+a^2} - \frac{a^4}{8}\ln(x+\sqrt{x^2+a^2}) + C,$

43. $\int \frac{\sqrt{x^2+a^2}}{x}dx = \sqrt{x^2+a^2} + a\ln\frac{\sqrt{x^2+a^2}-a}{|x|} + C,$

44. $\int \frac{\sqrt{x^2+a^2}}{x^2}dx = -\frac{\sqrt{x^2+a^2}}{x} + \ln(x+\sqrt{x^2+a^2}) + C.$

（七）含有 $\sqrt{x^2-a^2}$ $(a>0)$ 的积分

45. $\int \frac{dx}{\sqrt{x^2-a^2}} = \ln|x+\sqrt{x^2-a^2}| + C,$

46. $\int \frac{dx}{\sqrt{(x^2-a^2)^3}} = -\frac{x}{a^2\sqrt{x^2-a^2}} + C,$

47. $\int \frac{x}{\sqrt{x^2-a^2}}dx = \sqrt{x^2-a^2} + C,$

48. $\int \frac{x}{\sqrt{(x^2-a^2)^3}}\mathrm{d}x = -\frac{1}{\sqrt{x^2-a^2}}+C$,

49. $\int \frac{x^2}{\sqrt{x^2-a^2}}\mathrm{d}x = \frac{x}{2}\sqrt{x^2-a^2}+\frac{a^2}{2}\ln|x+\sqrt{x^2-a^2}|+C$,

50. $\int \frac{x^2}{\sqrt{(x^2-a^2)^3}}\mathrm{d}x = -\frac{x}{\sqrt{x^2-a^2}}+\ln|x+\sqrt{x^2-a^2}|+C$,

51. $\int \frac{\mathrm{d}x}{x\sqrt{x^2-a^2}} = \frac{1}{a}\arccos\frac{a}{|x|}+C$,

52. $\int \frac{\mathrm{d}x}{x^2\sqrt{x^2-a^2}} = \frac{\sqrt{x^2-a^2}}{a^2x}+C$,

53. $\int \sqrt{x^2-a^2}\,\mathrm{d}x = \frac{x}{2}\sqrt{x^2-a^2}-\frac{a^2}{2}\ln|x+\sqrt{x^2-a^2}|+C$,

54. $\int \sqrt{(x^2-a^2)^3}\,\mathrm{d}x = \frac{x}{8}(2x^2-5a^2)\sqrt{x^2-a^2}+\frac{3}{8}a^4\ln|x+\sqrt{x^2-a^2}|+C$,

55. $\int x\sqrt{x^2-a^2}\,\mathrm{d}x = \frac{1}{3}\sqrt{(x^2-a^2)^3}+C$,

56. $\int x^2\sqrt{x^2-a^2}\,\mathrm{d}x = \frac{x}{8}(2x^2-a^2)\sqrt{x^2-a^2}-\frac{a^4}{8}\ln|x-\sqrt{x^2-a^2}|+C$,

57. $\int \frac{\sqrt{x^2-a^2}}{x}\mathrm{d}x = \sqrt{x^2-a^2}-a\arccos\frac{a}{|x|}+C = \sqrt{x^2-a^2}-a\arctan\frac{\sqrt{x^2-a^2}}{a}+C$,

58. $\int \frac{\sqrt{x^2-a^2}}{x^2}\mathrm{d}x = -\frac{\sqrt{x^2-a^2}}{x}+\ln|x+\sqrt{x^2-a^2}|+C$.

(八) 含有$\sqrt{a^2-x^2}\,(a>0)$的积分

59. $\int \frac{\mathrm{d}x}{\sqrt{a^2-x^2}} = \arcsin\frac{x}{a}+C$,

60. $\int \frac{\mathrm{d}x}{\sqrt{(a^2-x^2)^3}} = \frac{x}{a^2\sqrt{a^2-x^2}}+C$,

61. $\int \frac{x}{\sqrt{a^2-x^2}}\mathrm{d}x = -\sqrt{a^2-x^2}+C$,

62. $\int \frac{x}{\sqrt{(a^2-x^2)^3}}\mathrm{d}x = \frac{1}{\sqrt{a^2-x^2}}+C$,

63. $\int \frac{x^2}{\sqrt{a^2-x^2}}\mathrm{d}x = -\frac{x}{2}\sqrt{a^2-x^2}+\frac{a^2}{2}\arcsin\frac{x}{a}+C$,

64. $\int \frac{x^2}{\sqrt{(a^2-x^2)^3}}\mathrm{d}x=\frac{x}{\sqrt{a^2-x^2}}-\arcsin\frac{x}{a}+C$,

65. $\int \frac{\mathrm{d}x}{x\sqrt{a^2-x^2}}=\frac{1}{a}\ln\frac{a-\sqrt{a^2-x^2}}{|x|}+C$,

66. $\int \frac{\mathrm{d}x}{x^2\sqrt{a^2-x^2}}=-\frac{\sqrt{a^2-x^2}}{a^2x}+C$,

67. $\int \sqrt{a^2-x^2}\,\mathrm{d}x=\frac{x}{2}\sqrt{a^2-x^2}+\frac{a^2}{2}\arcsin\frac{x}{a}+C$,

68. $\int \sqrt{(a^2-x^2)^3}\,\mathrm{d}x=\frac{x}{8}(5a^2-2x^2)\sqrt{a^2-x^2}+\frac{3}{8}a^4\arcsin\frac{x}{a}+C$,

69. $\int x\sqrt{a^2-x^2}\,\mathrm{d}x=-\frac{1}{3}\sqrt{(a^2-x^2)^3}+C$,

70. $\int x^2\sqrt{a^2-x^2}\,\mathrm{d}x=\frac{x}{8}(2x^2-a^2)\sqrt{a^2-x^2}+\frac{a^4}{8}\arcsin\frac{x}{a}+C$,

71. $\int \frac{\sqrt{a^2-x^2}}{x}\mathrm{d}x=\sqrt{a^2-x^2}+a\ln\frac{a-\sqrt{a^2-x^2}}{|x|}+C$,

72. $\int \frac{\sqrt{a^2-x^2}}{x^2}\mathrm{d}x=-\frac{\sqrt{a^2-x^2}}{x}-\arcsin\frac{x}{a}+C$.

（九）含有 $\sqrt{\pm ax^2+bx+c}$ $(a>0)$ 的积分

73. $\int \frac{\mathrm{d}x}{\sqrt{ax^2+bx+c}}=\frac{1}{\sqrt{a}}\ln|2ax+b+2\sqrt{a}\sqrt{ax^2+bx+c}|+C$,

74. $\int \sqrt{ax^2+bx+c}\,\mathrm{d}x=\frac{2ax+b}{4a}\sqrt{ax^2+bx+c}$

$$+\frac{4ac-b^2}{8\sqrt{a^3}}\ln|2ax+b+2\sqrt{a}\sqrt{ax^2+bx+c}|+C,$$

75. $\int \frac{x}{\sqrt{ax^2+bx+c}}\mathrm{d}x=\frac{1}{a}\sqrt{ax^2+bx+c}$

$$-\frac{b}{2\sqrt{a^3}}\ln|2ax+b+2\sqrt{a}\sqrt{ax^2+bx+c}|+C,$$

76. $\int \frac{\mathrm{d}x}{\sqrt{c+bx-ax^2}}=\frac{1}{\sqrt{a}}\arcsin\frac{2ax-b}{\sqrt{b^2+4ac}}+C$,

77. $\int \sqrt{c+bx-ax^2}\,\mathrm{d}x=\frac{2ax-b}{4a}\sqrt{c+bx-ax^2}+\frac{b^2+4ac}{8\sqrt{a^3}}\arcsin\frac{2ax-b}{\sqrt{b^2+4ac}}+C$,

78. $\int \frac{x}{\sqrt{c+bx-ax^2}}\mathrm{d}x = -\frac{1}{a}\sqrt{c+bx-ax^2} + \frac{b}{2\sqrt{a^3}}\arcsin\frac{2ax-b}{\sqrt{b^2+4ac}} + C.$

(十) 含有$\sqrt{\pm\frac{x-a}{x-b}}$或$\sqrt{(x-a)(b-x)}$的积分

79. $\int \sqrt{\frac{x-a}{x-b}}\mathrm{d}x = (x-b)\sqrt{\frac{x-a}{x-b}} + (b-a)\ln(\sqrt{|x-a|} + \sqrt{|x-b|}) + C,$

80. $\int \sqrt{\frac{x-a}{b-x}}\mathrm{d}x = (x-b)\sqrt{\frac{x-a}{b-x}} + (b-a)\arcsin\sqrt{\frac{x-a}{b-a}} + C,$

81. $\int \frac{\mathrm{d}x}{\sqrt{(x-a)(b-x)}} = 2\arcsin\sqrt{\frac{x-a}{b-a}} + C \quad (a<b),$

82. $\int \sqrt{(x-a)(b-x)}\mathrm{d}x = \frac{2x-a-b}{4}\sqrt{(x-a)(b-x)}$

$$+ \frac{(b-a)^2}{4}\arcsin\sqrt{\frac{x-a}{b-a}} + C \quad (a<b).$$

(十一) 含有三角函数的积分

83. $\int \sin x\mathrm{d}x = -\cos x + C,$

84. $\int \cos x\mathrm{d}x = \sin x + C,$

85. $\int \tan x\mathrm{d}x = -\ln|\cos x| + C,$

86. $\int \cot x\mathrm{d}x = \ln|\sin x| + C,$

87. $\int \sec x\mathrm{d}x = \ln\left|\tan\left(\frac{\pi}{4}+\frac{x}{2}\right)\right| + C = \ln|\sec x + \tan x| + C,$

88. $\int \csc x\mathrm{d}x = \ln\left|\tan\frac{x}{2}\right| + C = \ln|\csc x - \cot x| + C,$

89. $\int \sec^2 x\mathrm{d}x = \tan x + C,$

90. $\int \csc^2 x\mathrm{d}x = -\cot x + C,$

91. $\int \sec x\tan x\mathrm{d}x = \sec x + C,$

92. $\int \csc x\cot x\mathrm{d}x = -\csc x + C,$

93. $\int \sin^2 x \mathrm{d}x = \frac{x}{2} - \frac{1}{4}\sin 2x + C$,

94. $\int \cos^2 x \mathrm{d}x = \frac{x}{2} + \frac{1}{4}\sin 2x + C$,

95. $\int \sin^n x \mathrm{d}x = -\frac{1}{n}\sin^{n-1} x\cos x + \frac{n-1}{n}\int \sin^{n-2} x \mathrm{d}x$,

96. $\int \cos^n x \mathrm{d}x = \frac{1}{n}\cos^{n-1} x\sin x + \frac{n-1}{n}\int \cos^{n-2} x \mathrm{d}x$,

97. $\int \frac{\mathrm{d}x}{\sin^n x} = -\frac{1}{n-1}\frac{\cos x}{\sin^{n-1} x} + \frac{n-2}{n-1}\int \frac{\mathrm{d}x}{\sin^{n-2} x}$,

98. $\int \frac{\mathrm{d}x}{\cos^n x} = \frac{1}{n-1}\frac{\sin x}{\cos^{n-1} x} + \frac{n-2}{n-1}\int \frac{\mathrm{d}x}{\cos^{n-2} x}$,

99. $\int \cos^m x\sin^n x \mathrm{d}x = \frac{1}{m+n}\cos^{m-1} x\sin^{n+1} x + \frac{m-1}{m+n}\int \cos^{m-2} x\sin^n x \mathrm{d}x$

$= -\frac{1}{m+n}\cos^{m+1} x\sin^{n-1} x + \frac{n-1}{m+n}\int \cos^m x\sin^{n-2} x \mathrm{d}x$,

100. $\int \sin ax\cos bx \mathrm{d}x = -\frac{1}{2(a+b)}\cos(a+b)x - \frac{1}{2(a-b)}\cos(a-b)x + C$,

101. $\int \sin ax\sin bx \mathrm{d}x = -\frac{1}{2(a+b)}\sin(a+b)x + \frac{1}{2(a-b)}\sin(a-b)x + C$,

102. $\int \cos ax\cos bx \mathrm{d}x = \frac{1}{2(a+b)}\sin(a+b)x + \frac{1}{2(a-b)}\sin(a-b)x + C$,

103. $\int \frac{\mathrm{d}x}{a+b\sin x} = \frac{2}{\sqrt{a^2-b^2}}\arctan\frac{a\tan\frac{x}{2}+b}{\sqrt{a^2-b^2}} + C \quad (a^2 > b^2)$,

104. $\int \frac{\mathrm{d}x}{a+b\sin x} = \frac{1}{\sqrt{b^2-a^2}}\ln\left|\frac{a\tan\frac{x}{2}+b-\sqrt{b^2-a^2}}{a\tan\frac{x}{2}+b+\sqrt{b^2-a^2}}\right| + C \quad (a^2 < b^2)$,

105. $\int \frac{\mathrm{d}x}{a+b\cos x} = \frac{2}{a+b}\sqrt{\frac{a+b}{a-b}}\arctan\left(\sqrt{\frac{a-b}{a+b}}\tan\frac{x}{2}\right) + C \quad (a^2 > b^2)$,

106. $\int \frac{\mathrm{d}x}{a+b\cos x} = \frac{1}{a+b}\sqrt{\frac{a+b}{b-a}}\ln\left|\frac{\tan\frac{x}{2}+\sqrt{\frac{a+b}{b-a}}}{\tan\frac{x}{2}-\sqrt{\frac{a+b}{b-a}}}\right| + C \quad (a^2 < b^2)$,

107. $\int \frac{\mathrm{d}x}{a^2\cos^2 x + b^2\sin^2 x} = \frac{1}{ab}\arctan\left(\frac{b}{a}\tan x\right) + C$,

108. $\int \frac{dx}{a^2\cos^2 x - b^2\sin^2 x} = \frac{1}{2ab}\ln\left|\frac{b\tan x + a}{b\tan x - a}\right| + C,$

109. $\int x\sin ax\,dx = \frac{1}{a^2}\sin ax - \frac{1}{a}x\cos ax + C,$

110. $\int x^2\sin ax\,dx = -\frac{1}{a}x^2\cos ax + \frac{2}{a^2}x\sin ax + \frac{2}{a^3}\cos ax + C,$

111. $\int x\cos ax\,dx = \frac{1}{a^2}\cos ax + \frac{1}{a}x\sin ax + C,$

112. $\int x^2\cos ax\,dx = \frac{1}{a}x^2\sin ax + \frac{2}{a^2}x\cos ax - \frac{2}{a^3}\sin ax + C.$

(十二) 含有反三角函数的积分(其中 $a>0$)

113. $\int \arcsin\frac{x}{a}\,dx = x\arcsin\frac{x}{a} + \sqrt{a^2-x^2} + C,$

114. $\int x\arcsin\frac{x}{a}\,dx = \left(\frac{x^2}{2} - \frac{a^2}{4}\right)\arcsin\frac{x}{a} + \frac{x}{4}\sqrt{a^2-x^2} + C,$

115. $\int x^2\arcsin\frac{x}{a}\,dx = \frac{x^3}{3}\arcsin\frac{x}{a} + \frac{1}{9}(x^2+2a^2)\sqrt{a^2-x^2} + C,$

116. $\int \arccos\frac{x}{a}\,dx = x\arccos\frac{x}{a} - \sqrt{a^2-x^2} + C,$

117. $\int x\arccos\frac{x}{a}\,dx = \left(\frac{x^2}{2} - \frac{a^2}{4}\right)\arccos\frac{x}{a} - \frac{x}{4}\sqrt{a^2-x^2} + C,$

118. $\int x^2\arccos\frac{x}{a}\,dx = \frac{x^3}{3}\arccos\frac{x}{a} - \frac{1}{9}(x^2+2a^2)\sqrt{a^2-x^2} + C,$

119. $\int \arctan\frac{x}{a}\,dx = x\arctan\frac{x}{a} - \frac{a}{2}\ln(a^2+x^2) + C,$

120. $\int x\arctan\frac{x}{a}\,dx = \frac{1}{2}(a^2+x^2)\arctan\frac{x}{a} - \frac{a}{2}x + C,$

121. $\int x^2\arctan\frac{x}{a}\,dx = \frac{x^3}{3}\arctan\frac{x}{a} - \frac{a}{6}x^2 + \frac{a^3}{6}\ln(a^2+x^2) + C.$

(十三) 含有指数函数的积分

122. $\int a^x\,dx = \frac{1}{\ln a}a^x + C,$

123. $\int e^{ax}\,dx = \frac{1}{a}e^{ax} + C,$

124. $\int xe^{ax}\,dx = \frac{1}{a^2}(ax-1)e^{ax} + C,$

125. $\int x^n e^{ax} dx = \frac{1}{a} x^n e^{ax} - \frac{n}{a} \int x^{n-1} e^{ax} dx$,

126. $\int x a^x dx = \frac{x}{\ln a} a^x - \frac{1}{(\ln a)^2} a^x + C$,

127. $\int x^n a^x dx = \frac{1}{\ln a} x^n a^x - \frac{n}{\ln a} \int x^{n-1} a^x dx$,

128. $\int e^{ax} \sin bx\, dx = \frac{1}{a^2 + b^2} e^{ax} (a \sin bx - b \cos bx) + C$,

129. $\int e^{ax} \cos bx\, dx = \frac{1}{a^2 + b^2} e^{ax} (b \sin bx + a \cos bx) + C$,

130. $\int e^{ax} \sin^n bx\, dx = \frac{1}{a^2 + b^2 n^2} e^{ax} \sin^{n-1} bx (a \sin bx - nb \cos bx) + \frac{n(n-1)b^2}{a^2 + b^2 n^2} \int e^{ax} \sin^{n-2} bx\, dx$,

131. $\int e^{ax} \cos^n bx\, dx = \frac{1}{a^2 + b^2 n^2} e^{ax} \cos^{n-1} bx (a \cos bx + nb \sin bx) + \frac{n(n-1)b^2}{a^2 + b^2 n^2} \int e^{ax} \cos^{n-2} bx\, dx$.

（十四）含有对数函数的积分

132. $\int \ln x\, dx = x \ln x - x + C$,

133. $\int \frac{dx}{x \ln x} = \ln |\ln x| + C$,

134. $\int x^n \ln x\, dx = \frac{1}{n+1} x^{n+1} \left(\ln x - \frac{1}{n+1} \right) + C$,

135. $\int (\ln x)^n dx = x (\ln x)^n - n \int (\ln x)^{n-1} dx$,

136. $\int x^m (\ln x)^n dx = \frac{1}{m+1} x^{m+1} (\ln x)^n - \frac{n}{m+1} \int x^m (\ln x)^{n-1} dx$.

（十五）定　积　分

137. $\int_{-\pi}^{\pi} \cos nx\, dx = \int_{-\pi}^{\pi} \sin nx\, dx = 0$,

138. $\int_{-\pi}^{\pi} \cos mx \sin nx\, dx = 0$,

139. $\int_{-\pi}^{\pi} \cos mx \cos nx\, dx = \begin{cases} 0, & m \neq n, \\ \pi, & m = n, \end{cases}$

140. $\int_{-\pi}^{\pi} \sin mx \sin nx\, dx = \begin{cases} 0, & m \neq n, \\ \pi, & m = n, \end{cases}$

141. $\int_0^{\pi}\sin mx\sin nx\,\mathrm{d}x=\int_0^{\pi}\cos mx\cos nx\,\mathrm{d}x=\begin{cases}0, & m\neq n,\\ \pi/2, & m=n,\end{cases}$

142. $I_n=\int_0^{\frac{\pi}{2}}\sin^n x\,\mathrm{d}x=\int_0^{\frac{\pi}{2}}\cos^n x\,\mathrm{d}x, n\geqslant 1$

$$I_n=\frac{n-1}{n}I_{n-2}=\cdots=\begin{cases}\frac{n-1}{n}\cdot\frac{n-3}{n-2}\cdot\cdots\cdot\frac{4}{5}\cdot\frac{2}{3}\ (n\text{为正奇数}), & I_1=1,\\ \frac{n-1}{n}\cdot\frac{n-3}{n-2}\cdot\cdots\cdot\frac{3}{4}\cdot\frac{1}{2}\cdot\frac{\pi}{2}\ (n\text{为正偶数}), & I_0=\frac{\pi}{2}.\end{cases}$$

Ⅶ 概 率 论

附表 1 泊松分布表

$$P\{\xi\geqslant m\}=\sum_{k=m}^{n}\frac{\lambda^k}{k!}\mathrm{e}^{-\lambda}$$

m \ λ	0.1	0.2	0.3	0.4	0.5	0.6
1	0.095163	0.181269	0.259182	0.329680	0.393469	0.451188
2	0.004679	0.017523	0.036936	0.061552	0.090204	0.121901
3	0.000155	0.001148	0.003600	0.007626	0.014388	0.023115
4	0.000004	0.000057	0.000266	0.000776	0.001752	0.003358
5	—	0.000002	0.000016	0.000061	0.000172	0.000394
6	—	—	0.000001	0.000004	0.000014	0.000038
7	—	—	—	0.000000	0.000001	0.000003

m \ λ	0.7	0.8	0.9	1	2	3
1	0.503415	0.550671	0.593430	0.63212	0.86466	0.95021
2	0.155805	0.191208	0.227517	0.26424	0.59399	0.80085
3	0.034142	0.047423	0.062856	0.08030	0.32332	0.57681
4	0.005754	0.009080	0.011458	0.01899	0.14288	0.35277
5	0.000786	0.001411	0.002343	0.00366	0.05265	0.18474
6	0.000091	0.000184	0.000342	0.00059	0.01656	0.08392
7	0.000010	0.000020	0.000042	0.00008	0.00453	0.03351
8	0.000002	0.000001	0.000005	0.00001	0.00110	0.01191
9	—	—	—	0.00000	0.00024	0.00380
10	—	—	—	—	0.00005	0.00110
11	—	—	—	—	0.00001	0.00029
12	—	—	—	—	—	0.00007
13	—	—	—	—	—	0.00002

续附表 1

1	0.98168	0.99326	0.99752	0.99909	0.99966	0.99988	0.99996
2	0.90842	0.95957	0.98265	0.99271	0.99698	0.99877	0.99950
3	0.76190	0.87535	0.93803	0.97036	0.98625	0.99377	0.99724
4	0.56653	0.73497	0.84880	0.91823	0.95762	0.97877	0.98966
5	0.37116	0.55951	0.71494	0.82701	0.90037	0.94504	0.97075
6	0.21487	0.38404	0.55432	0.69929	0.80876	0.88431	0.93291
7	0.11067	0.23782	0.39370	0.55029	0.68663	0.79322	0.86986
8	0.05113	0.13337	0.25602	0.40129	0.54704	0.67610	0.77978
9	0.02137	0.06809	0.15276	0.27091	0.40745	0.54435	0.66719
10	0.00813	0.03183	0.08392	0.16950	0.28338	0.41259	0.54207
11	0.00284	0.01369	0.04262	0.09852	0.18412	0.29401	0.41696
12	0.00092	0.00545	0.02009	0.05335	0.11192	0.19699	0.30322
13	0.00027	0.00202	0.00883	0.02700	0.06380	0.12423	0.20844
14	0.00008	0.00070	0.00363	0.01281	0.03418	0.07385	0.13554
15	0.00002	0.00023	0.00140	0.00572	0.01726	0.04174	0.08346
16	0.00001	0.00007	0.00051	0.00241	0.00823	0.02204	0.04874
17	—	0.00002	0.00017	0.00096	0.00372	0.01111	0.02704

m \ λ	4	5	6	7	8	9	10
18	—	0.00001	0.00006	0.00036	0.00160	0.00533	0.01428
19	—	—	0.00002	0.00013	0.00065	0.00243	0.00719
20	—	—	0.00001	0.00005	0.00025	0.00106	0.00345
21	—	—	—	—	0.00010	0.00044	0.00159
22	—	—	—	—	0.00003	0.00018	0.00070
23	—	—	—	—	0.00001	0.00006	0.00030
24	—	—	—	—	—	0.00003	0.00012
25	—	—	—	—	—	—	0.00004
26	—	—	—	—	—	—	0.00001

附表 2　标准正态分布的分布函数表

$$F_{0,1}(x)=\frac{1}{\sqrt{2\pi}}\int_{-\infty}^{x} e^{-\frac{t^2}{2}}\,dt$$

x	0.00	0.01	0.02	0.03	0.04	0.05	0.06	0.07	0.08	0.09
0.0	0.5000	0.5040	0.5080	0.5120	0.5160	0.5199	0.5239	0.5279	0.5319	0.5359
0.1	0.5398	0.5438	0.5478	0.5517	0.5557	0.5596	0.5636	0.5675	0.5714	0.5753
0.2	0.5793	0.5832	0.5871	0.5910	0.5948	0.5987	0.6026	0.6064	0.6103	0.6141
0.3	0.6179	0.6217	0.6255	0.6293	0.6331	0.6368	0.6406	0.6443	0.6480	0.6517
0.4	0.6554	0.6591	0.6628	0.6664	0.6700	0.6736	0.6772	0.6808	0.6844	0.6879
0.5	0.6915	0.6950	0.6985	0.7019	0.7054	0.7088	0.7123	0.7157	0.7190	0.7224
0.6	0.7257	0.7291	0.7324	0.7357	0.7389	0.7422	0.7454	0.7486	0.7517	0.7549
0.7	0.7580	0.7611	0.7642	0.7673	0.7704	0.7734	0.7764	0.7794	0.7823	0.7852
0.8	0.7881	0.7910	0.7939	0.7967	0.7995	0.8023	0.8051	0.8078	0.8106	0.8133
0.9	0.8159	0.8186	0.8212	0.8238	0.8264	0.8289	0.8315	0.8340	0.8365	0.8389
1.0	0.8413	0.8438	0.8461	0.8485	0.8508	0.8531	0.8554	0.8577	0.8599	0.8621
1.1	0.8643	0.8665	0.8686	0.8708	0.8729	0.8749	0.8770	0.8790	0.8810	0.8830
1.2	0.8849	0.8869	0.8888	0.8907	0.8925	0.8944	0.8962	0.8980	0.8997	0.9015
1.3	0.9032	0.9049	0.9066	0.9082	0.9099	0.9115	0.9131	0.9147	0.9162	0.9177
1.4	0.9192	0.9207	0.9222	0.9236	0.9251	0.9265	0.9279	0.9292	0.9306	0.9319
1.5	0.9332	0.9345	0.9357	0.9370	0.9382	0.9394	0.9406	0.9418	0.9429	0.9441
1.6	0.9452	0.9463	0.9474	0.9484	0.9495	0.9505	0.9515	0.9525	0.9535	0.9545
1.7	0.9554	0.9564	0.9573	0.9582	0.9591	0.9599	0.9608	0.9616	0.9625	0.9633
1.8	0.9641	0.9649	0.9656	0.9664	0.9671	0.9678	0.9686	0.9693	0.9699	0.9706
1.9	0.9713	0.9719	0.9726	0.9732	0.9783	0.9744	0.9750	0.9756	0.9761	0.9767
2.0	0.9772	0.9778	0.9783	0.9788	0.9793	0.9798	0.9803	0.9808	0.9812	0.9817
2.1	0.9821	0.9826	0.9830	0.9834	0.9838	0.9842	0.9846	0.9850	0.9854	0.9857
2.2	0.9861	0.9864	0.9868	0.9871	0.9875	0.9878	0.9881	0.9884	0.9887	0.9890
2.3	0.9893	0.9896	0.9898	0.9901	0.9904	0.9906	0.9909	0.9911	0.9913	0.9916
2.4	0.9918	0.9920	0.9922	0.9925	0.9927	0.9929	0.9931	0.9932	0.9934	0.9936

续附表 2

x	0.00	0.01	0.02	0.03	0.04	0.05	0.06	0.07	0.08	0.09
2.5	0.9938	0.9940	0.9941	0.9943	0.9945	0.9946	0.9948	0.9949	0.9951	0.9952
2.6	0.9953	0.9955	0.9956	0.9957	0.9959	0.9960	0.9961	0.9962	0.9963	0.9964
2.7	0.9965	0.9966	0.9967	0.9968	0.9969	0.9970	0.9971	0.9972	0.9973	0.9974
2.8	0.9974	0.9975	0.9976	0.9977	0.9977	0.9978	0.9979	0.9979	0.9980	0.9981
2.9	0.9981	0.9982	0.9982	0.9983	0.9984	0.9984	0.9985	0.9985	0.9986	0.9986
3.0	0.9987	0.9987	0.9987	0.9988	0.9988	0.9989	0.9989	0.9989	0.9990	0.9990
3.1	0.9990	0.9991	0.9991	0.9991	0.9992	0.9992	0.9992	0.9992	0.9993	0.9993
3.2	0.9993	0.9993	0.9994	0.9994	0.9994	0.9994	0.9994	0.9995	0.9995	0.9995
3.3	0.9995	0.9995	0.9995	0.9996	0.9996	0.9996	0.9996	0.9996	0.9996	0.9997
3.4	0.9997	0.9997	0.9997	0.9997	0.9997	0.9997	0.9997	0.9997	0.9997	0.9998

x	1.282	1.645	1.960	2.326	2.576	3.090	3.291	3.891	4.417
$F_{0,1}(x)$	0.90	0.95	0.975	0.99	0.995	0.999	0.9995	0.99995	0.999995
$2[1-F_{0,1}(x)]$	0.20	0.10	0.05	0.02	0.01	0.002	0.001	0.0001	0.00001

习题答案

第一篇　一元微积分

习　题　1-1

1. (1) 不相同；　(2) 不相同；　(3) 相同.

2. (1) $\left[-\frac{1}{2},+\infty\right)$；　(2) $(-\infty,0)\cup(0,2)\cup(2,+\infty)$；　(3) $\left(-\frac{1}{3},+\infty\right)$.

3. (1) 0；　(2) 1；　(3) $\sin 1$；　(4) $\frac{2}{\pi}$.

4. (1) 偶；　(2) 奇；　(3) 非奇非偶；　(4) 偶.

5. (1) 4π；　(2) 2π；　(3) π.

6. (1) $y=\frac{x-1}{2}$；　(2) $y=\sqrt[3]{x-2}$.

7. (1) $y=u^{10},u=3x+2$；　(2) $y=\sqrt{u},u=1-x^2$；　(3) $y=10^u,u=-x$；
   (4) $y=2^u,u=x^2$；　(5) $y=\log_2 u,u=x^2+1$；　(6) $y=\sin u,u=5x$.

8. (1) $[-1,1]$；　(2) $[2n\pi,(2n+1)\pi]$　$(n=0,\pm1,\cdots)$；
   (3) $[-a,1-a]$；　(4) 若 $0<a\leqslant\frac{1}{2}$，即$[a,1-a]$；若 $a>\frac{1}{2}$，则函数无定义.

习　题　1-2

1. $\lim\limits_{x\to0^+}f(x)=1$，$\lim\limits_{x\to0^-}f(x)=1$，$\lim\limits_{x\to0}f(x)=1$；　$\lim\limits_{x\to0^-}\varphi(x)=-1$，$\lim\limits_{x\to0^+}\varphi(x)=1$，$\lim\limits_{x\to0}\varphi(x)$不存在.

2. (1) 非；　(2) 非$\left(如\left[\frac{(-1)^n}{n}\right]\right)$.

3. $x\cos x$ 在$(-\infty,+\infty)$上无界，当 $x\to+\infty$时 $x\cos x$ 不是无穷大.

习　题　1-3

1. (1) 4；　(2) 0；　(3) $2x$；　(4) 2；　(5) 0；　(6) ∞.

2. $f(0-0)=1,f(0+0)=0$，故 $\lim\limits_{x\to0}f(x)$不存在；　$f(1-0)=1,f(1+0)=1$，故 $\lim\limits_{x\to1}f(x)=1$.

3. (1) 不存在；　(2) 2；　(3) 4.

4. (1) ∞；　(2) 0；　(3) 2；　(4) $\frac{1}{5}$；　(5) n；　(6) -1.

习　题　1-4

1. (1) 3；　(2) $\frac{5}{7}$；　(3) 0.　　2. (1) 1；　(2) e^5；　(3) e^{-5}.

4. (1) x 的同阶无穷小；(2) x 的高阶无穷小；(3) x 的高阶无穷小；(4) x 的等阶无穷小.

5. (1) $\frac{5}{2}$；　(2) 2；　(3) $0(m<n$ 时$)$，$1(m=n$ 时$)$，$\infty(m>n$ 时$)$.

习　题　1-5

1. (1) 连续；(2) 不连续，$x=0$ 为第一类(可去)间断点；(3) 不连续，$x=0$ 为第二类(振荡)间断点.

2. (1) $x=1$ 为可去间断点，补充 $f(1)=-2$ 后函数在 $x=1$ 处连续；$x=2$ 为第二类(无穷)间断点.
   (2) $x=0$ 为可去间断点，补充 $f(0)=1$ 后函数在 $x=0$ 处连续；$x=-\pi$ 为第二类(无穷)间断点.
   (3) $x=1$ 为第一类(跳跃)间断点.

习　题　1-6

1. (1) 连续区间：$(-\infty,-3)$，$(-3,2)$，$(2,+\infty)$；　$\lim\limits_{x\to 0}f(x)=\frac{1}{2}$，$\lim\limits_{x\to 2}f(x)=\infty$.
   (2) 连续区间：$(-\infty,2)$；　$\lim\limits_{x\to -8}f(x)=1$.

2. (1) $f(1-0)=0$，$f(1+0)=1$，所以 $x\to 1$ 时，$f(x)$的极限不存在；
   (2) 不连续；　(3) 连续区间：$(0,1]$，$(1,3]$；　(4) $\lim\limits_{x\to 2}f(x)=0$，$\lim\limits_{x\to \frac{1}{2}}f(x)=-\frac{1}{2}$.

3. $x=1$ 时不连续，$x=\frac{1}{2}$，2 时连续，定义域为$[0,+\infty)$，连续区间为$[0,+1]$，$(1,+\infty)$.

4. (1) 0；　(2) 1；　(3) e^3；　(4) e；　(5) $-\frac{\pi}{2}$；　(6) 2.

5. $a=1$.

习　题　2-1

1. (1) $1.6x^{0.6}$；　(2) $\frac{2}{3}x^{-\frac{1}{3}}$；　(3) $\frac{16}{5}x^{\frac{11}{5}}$；　(4) $-\frac{2}{x^3}$.

2. (1) $2f'(x_0)$；　(2) $f'(0)$.

3. (1) 0；　(2) $\frac{1}{3\ln a}$；　(3) $\frac{1}{2}$.

4. 12.

5. (1) 切线方程：$y=\frac{1}{e}x$，　　法线方程：$y=-ex+e^2+1$；
   (2) 切线方程：$y=-\frac{\sqrt{2}}{2}x+\frac{\sqrt{2}}{8}\pi+\frac{\sqrt{2}}{2}$，　法线方程：$y=\sqrt{2}x-\frac{\sqrt{2}}{4}\pi+\frac{\sqrt{2}}{2}$.

习　题　2-2

1. (1) $10x^9-10^x\ln 10$；　(2) $e^x(1+x)$；　(3) $\frac{1}{x\ln 3}-\frac{1}{x\ln 5}$；　(4) $-\frac{1}{x\ln^2 x}$；

(5) $\frac{x\cos x-\sin x}{x^2}$；　(6) $\arcsin x+\frac{x}{\sqrt{1-x^2}}$.

2. (1) $\frac{7}{8}x^{-\frac{1}{8}}$；　(2) $\frac{3(x^2-6x+1)}{(x^2-1)^2}$；　(3) $\frac{1-2x\arctan x}{(1+x^2)^2}$.

3. (1) $y'\Big|_{x=\frac{\pi}{6}}=\frac{\sqrt{3}+1}{2}$，$y'\Big|_{x=\frac{\pi}{4}}=\sqrt{2}$；　(2) $f'(4)=-\frac{1}{18}$.

4. (1) $\arctan x$；　(2) $\frac{1}{2}\cos\sqrt{x}$；　(3) $2\sqrt{1-x^2}$.

5. (1) 在 $x=1$ 处连续，不可导；　(2) 在 $x=0$ 处连续，不可导.

6. (1) $y'=[f'(\sin^2 x)-f'(\cos^2 x)]\sin 2x$；　(2) $y'=n[f(x)]^{n-1}f'(x)$；　(3) $y'=nf'(x^n)x^{n-1}$.

习　题　2-3

1. $y''=-2-12x^2$，$y'''=-24x$；　　2. $y'''\Big|_{x=2}=207360$.

3. (1) $2e^{x^2}(3x+2x^3)$；　(2) $\frac{6x(2x^3-1)}{(1+x^3)^3}$；　(3) $\frac{a+3\sqrt{x}}{4x\sqrt{x}(a+\sqrt{x})^3}$；

(4) $2\arctan x+\frac{2x}{1+x^2}$；　(5) $-2\cos 2x\ln x-\frac{2}{x}\sin 2x-\frac{1}{x^2}\cos^2 x$；　(6) $e^x\left(\frac{x^2-2x+2}{x^3}\right)$.

4. (1) $(n+x)e^x$；　(2) $(-1)^n\frac{(n-2)!}{x^{n-1}}(n\geqslant 2)$；　(3) $2^{(n-1)}\sin\left(2x+\frac{n-1}{2}\pi\right)$；

(4) $(n+1)!\ \frac{1}{(1-x)^{n+2}}$.

习　题　2-4

1. (1) $y'=2x^{2x}(\ln x+1)$；　(2) $y'=\frac{y(x\ln y-y)}{x(y\ln x-x)}$；

(3) $y'=\frac{\sqrt{x+2}(3-x)^4}{(x+1)^5}\left(\frac{1}{2(x+2)}-\frac{4}{3-x}-\frac{5}{x+1}\right)$.

2. (1) 切线方程：$y=-\frac{x}{2}+1$，　法线方程：$y=2x+1$；

(2) 切线方程：$y=-2x+\frac{3}{2}$，　法线方程：$y=\frac{x}{2}+\frac{1}{4}$.

4. (1) $-\frac{1}{y^3}$；　(2) $\frac{e^{2y}(3-y)}{(2-y)^3}$；　(3) $\frac{d^2y}{dx^2}\Big|_{x=1}=e$.

5. (1) $\frac{dy}{dx}=-\tan\varphi$，$\frac{d^2y}{dx^2}=\frac{1}{3a\cos^4\varphi\sin\varphi}$；　(2) $\frac{dy}{dx}=-\frac{1}{2t}+\frac{3}{2}t$，$\frac{d^2y}{dx^2}=\frac{-1}{4t^3}-\frac{3}{4t}$.

习 题 2-5

1. 当 $\Delta x=1$ 时，$\Delta y=18$，$dy=11$；当 $\Delta x=0.1$ 时，$\Delta y=1.161$，$dy=1.1$；
当 $\Delta x=0.01$ 时，$\Delta y=0.110601$，$dy=0.11$.

2. (1) $y'\big|_{x=1}=-1$，$dy\big|_{x=1}=-dx$；(2) $y'\big|_{x=1}=1$，$dy\big|_{x=1}=dx$；(3) $y'\big|_{x=0}=0$，$dy\big|_{x=0}=0$.

3. (1) $dy=\frac{du}{v^2}-\frac{2u\,dv}{v^3}$；(2) $dy=-(u\,du+v\,dv)$；(3) $dy=\frac{v\,du-u\,dv}{u^2+v^2}$.

4. (1) $-2nx(1-x^2)^{n-1}dx$；(2) $\frac{x+\sqrt{x^2+1}}{2\sqrt{x^2+1}\sqrt{x+\sqrt{x^2+1}}}dx$；(3) $(e^x+e^{e^x}e^x+2e^{e^{2x}}e^{2x})dx$.

5. (1) $2x+C$；(2) $\frac{3}{2}x^2+C$；(3) $\sin t+C$；
(4) $-\frac{1}{\omega}\cos\omega t+C$；(5) $\ln(1+x)+C$；(6) $-\frac{1}{2}e^{-2x}+C$.

7. $dy=\frac{1-\sin 2x}{\sqrt{x-\sin^2 x}}dx$.

习 题 3-1

1. $y=\ln|x|+1$.
2. $s(t)=10-5\cos t$.
3. (1) $\frac{3}{10}x^{\frac{10}{3}}+C$；(2) $\frac{2}{5}x^{\frac{5}{2}}-4x^{\frac{3}{2}}+18x^{\frac{1}{2}}+C$；(3) $2^x/\ln 2+e^x+C$；
(4) $\frac{e^x}{10^x}\frac{1}{(1-\ln 10)}+C$；(5) $e^x-2\sqrt{x}+2\arcsin x+C$；(6) $\frac{1}{3}x^3-x+\arctan x+C$；
(7) $\frac{1}{2}x-\frac{1}{2}\sin x+C$；(8) $\sin x-\cos x+C$.

习 题 3-2

1. (1) $-\frac{1}{2}$；(2) 2；(3) -1；(4) $-\frac{1}{3}$.

2. (1) $\frac{1}{2a}F(ax^2+b)+C$；(2) $-F\left(\frac{1}{x}\right)+C$；(3) $-F(\cos x)+C$.

3. (1) $-\frac{1}{63}(1-3x)^{21}+C$；(2) $\frac{1}{2}x+\frac{1}{8}\sin 4x+C$；(3) $-2\cos\sqrt{x}+C$；
(4) $\arctan e^x+C$；(5) $\arctan(x+1)+C$；(6) $-\frac{1}{2}\cot\left(2x+\frac{\pi}{4}\right)+C$；
(7) $-\frac{1}{10}\cos 5x+\frac{1}{2}\cos x+C$；(8) $\frac{1}{3}\sin\frac{3}{2}x+\sin\frac{x}{2}+C$.

4. $f(x)=-\frac{(x-2)^3}{3}-\frac{1}{x-2}+C$.

习 题 3-3

1. (1) $-x\cos x+\sin x+C$；(2) $\frac{1}{4}e^{2x}(2x^2-6x+13)+C$；

(3) $x(\ln x-1)+C$；(4) $\frac{1}{5}e^x(\sin 2x-2\cos 2x)+C$；

(5) $\frac{x}{2}[\cos(\ln x)+\sin(\ln x)]+C$；(6) $\sqrt{1+x^2}\arctan x-\ln(x+\sqrt{1+x^2})+C$.

2. $\cos x-\frac{2\sin x}{x}+C$.

习 题 4-1

1. (1) $\sum_{i=1}^{n}\rho(\xi_i)\Delta x_i$；(2) $\int_0^l \rho(x)dx$.

2. (1) +；(2) +.

习 题 4-2

1. (1) $\int_0^1 2^x dx<\int_0^1 e^x dx$；(2) $\int_0^1 x^2 dx>\int_0^1 x^3 dx$；(3) $\int_1^2 \ln x dx>\int_1^2 (\ln x)^2 dx$.

2. (1) $\frac{2}{5}\leqslant\int_1^2 \frac{x}{x^2+1}dx\leqslant\frac{1}{2}$；(2) $\pi\leqslant\int_{\frac{\pi}{4}}^{\frac{5}{4}\pi}(1+\sin^2 x)dx\leqslant 2\pi$；

(3) $e^{-\frac{1}{2}}\leqslant\int_0^1 e^{-\frac{x^2}{2}}dx\leqslant 1$；(4) $6\leqslant\int_1^4 (x^2+1)dx\leqslant 51$.

习 题 4-3

1. $y'(0)=0$，$y'\left(\frac{\pi}{4}\right)=\frac{\sqrt{2}}{2}$.

2. (1) $1-\frac{\pi}{4}$；(2) $\frac{6}{\ln 3}$；(3) $\frac{37}{6}$.

3. (1) $\int_0^x f(t)dt+xf(x)$；(2) $2xf(x^2)\cos\int_0^{x^2} f(t)dt$.

习 题 4-4

1. (1) $-1+2\ln 2$；(2) $1-e^{-\frac{1}{2}}$；(3) $\arctan e-\frac{\pi}{4}$；(4) $\frac{\pi}{4}$；

(5) $7+\cos 1+\cos 5$；(6) $\frac{4}{3}$；(7) $\frac{\pi}{2}$.

2. (1) 2；(2) $\frac{4}{3}\sqrt{2}\ln 2-\frac{4}{9}(2\sqrt{2}-1)$；(3) $\left(\frac{1}{4}-\frac{\sqrt{3}}{9}\right)\pi+\frac{1}{2}\ln\frac{3}{2}$；

(4) $\frac{1}{2}(e\sin 1-e\cos 1+1)$.

习 题 4-5

(1) $\frac{\pi}{4}$； (2) 发散； (3) $\frac{(2n-3)!!}{(2n-2)!!}\pi$； (4) π； (5) $\frac{\pi}{4}$； (6) 发散.

第二篇 一元微积分的应用

习 题 5-1

1. (1) $-\frac{3}{5}$； (2) 1； (3) 1； (4) 2； (5) $\cos a$； (6) 1； (7) 1； (8) 0.

3. 0.

习 题 5-2

1. 单调减少.
2. (1) 在$(-\infty,0]$上单调增加，$[0,+\infty)$上单调减少；

   (2) 在$\left(-\infty,\frac{2}{3}a\right]$，$[a,+\infty)$上单调增加，在$\left[\frac{2}{3}a,a\right]$上单调减少；

   (3) 在$(-\infty,-1]$，$[0,1]$上单调减少，在$[-1,0]$，$[1,+\infty)$上单调增加；

   (4) 在$(-\infty,+\infty)$内单调增加.

习 题 5-3

1. (1) 极大值 $y\left(\frac{2}{3}\right)=\frac{32}{27}$，极小值 $y(2)=0$； (2) 极大值 $y(-1)=1$，极小值 $y(0)=0$；

   (3) 极大值 $y(\pm 1)=1$，极小值 $y(0)=0$；

   (4) 极大值 $y\left(\frac{1}{2}\right)=\frac{81}{8}\sqrt[3]{18}$，极小值 $y(-1)=0$，$y(5)=0$.

2. $a=2$，$f\left(\frac{\pi}{3}\right)=\sqrt{3}$为极大值.

3. (1) 最大值 $y(4)=80$，最小值 $y(-1)=-5$； (2) 最大值 $y(3)=11$，最小值 $y(2)=-14$；

   (3) 最大值 $y\left(\frac{3}{4}\right)=1.25$，最小值 $y(-5)=-5+\sqrt{6}$.

4. $x=1$ 时函数有最小值-2. 5. 长、宽各为 10 m、5 m. 6. $x=\frac{30}{4+\pi}$.

7. 从甲单位到输电干线作垂线，变压器设在垂足的右边 1.2 km 处.

习 题 5-4

1. (1) 在$\left(-\infty,\frac{5}{3}\right]$上凸，在$\left[\frac{5}{3},+\infty\right)$上凹，拐点$\left(\frac{5}{3},\frac{-250}{27}\right)$；

   (2) 在$(-\infty,0]$上凹，在$[0,+\infty)$上凸，拐点$(0,0)$；

(3) 在$\left(-\infty,\frac{1}{2}\right]$上凹,在$\left[\frac{1}{2},+\infty\right)$上凸,拐点$\left(\frac{1}{2},e^{\arctan\frac{1}{2}}\right)$.

2. $a=-\frac{3}{2},b=\frac{9}{2}$.　　3. $k=\pm\frac{\sqrt{2}}{8}$.

习　题　5-6

1. 2.05.　　2. 0.8643.　　3. 0.00225.

*习　题　5-7

1. 9.5 元.

2. 9075,199.5,199.

3. 250.

4. $P\ln 4$.

5. $\eta_p=\frac{1}{4}p,\eta_3=\frac{3}{4},\eta_4=1,\eta_5=\frac{5}{4}$.

6. (1) $q'(4)=-8$;　(2) $\eta_4\approx 0.45$;　(3) 增加 0.46%;　(4) 减少 0.85%;　(5) $p=5$.

习　题　6-1

1. (a) 1;(b) $\frac{32}{3}$.　　2. (1) $e+\frac{1}{e}-2$;　(2) $\frac{16}{3}$.　　3. $\frac{3}{8}\pi a^2$.

4. (1) πa^2;　(2) $18\pi a^2$.　　5. $\frac{1}{4a}(e^{2a\pi}-e^{-2a\pi})$.　　6. $\frac{5}{4}\pi-2$, $2-\frac{\pi}{4}$.

7. $\frac{\pi}{6}+\frac{1-\sqrt{3}}{2}$.

习　题　6-2

1. (1) $\frac{\pi}{5}$;　(2) $\frac{8}{5}\pi$;　(3) $\frac{3}{10}\pi$;　(4) $\frac{\pi}{2}$;　(5) $7\pi^2a^3$.　　2. $2\pi^2a^2b$.

习　题　6-3

1. $1+\frac{1}{2}\ln\frac{3}{2}$.　　2. $\left(\left(\frac{2}{3}\pi-\frac{\sqrt{3}}{2}\right)a,\frac{3}{2}a\right)$.　　3. $\frac{3}{2}a\pi$.　　4. $\frac{\sqrt{1+a^2}}{a}(e^{a\varphi}-1)$.

习　题　6-4

1. $0.18k$(J).　　2. $800\pi\ln 2$(J).　　3. $\frac{27}{7}kc^{\frac{2}{3}}a^{\frac{7}{3}}$(其中 k 为比例常数).

4. $\sqrt{2}-1$(cm).　　5. $\frac{10^3}{4}\pi r^4$(J).　　6. 14373(kN).

*习　题　6-5

1. 50 单位，100 单位.

2. $C(x)=-12x+0.2x^2$，$L(x)=32x-0.2x^2$，最大利润 $L(80)=1280$.

3. (1) 14(万元)，20(万元)；　(2) 4(百台)；

(3) $C(x)=5+6x+\frac{1}{4}x^2$，$L(x)=-5+6x-\frac{3}{4}x^2$；　(4) 减少 3(万元).

4. 579(元).

习　题　7-1

1. (1) 一阶；　(2) 一阶；　(3) 二阶；　(4) 二阶.

2. $y=e^{-3x}+e^{-2x}$.　3. $y=\frac{1}{8}x^2+2$.　4. $\frac{d^2s}{dt^2}=g-\frac{k}{m}\cdot\frac{ds}{dt}$，$\begin{cases} s|_{t=0}=0, \\ \left.\frac{ds}{dt}\right|_{t=0}=v_0. \end{cases}$

习　题　7-2

1. $y=Cx$.　2. $C(1+y^2)=\frac{x^2}{1+x^2}$.　3. $10^x+10^{-y}=11$.

4. $-x^2+2xy+y^2=C$.　5. $y=x(\ln x+1)^2$.　6. $v=\frac{mg}{k}(1-e^{-\frac{k}{m}t})$.

7. 提示：用微元分析法列方程. $t=-0.0305h^{\frac{5}{2}}+9.64$. 水流完所需的时间约为 10 s.

8. $2xy^3+y^4=\frac{2}{e}\cdot e^{\frac{2x}{y}}$.

习　题　7-3

1. (1) $y=Ce^{-4x}-\frac{5}{4}$；　(2) $y=Cx-x\cos x$；　(3) $y=Ce^{-x^2}+\frac{x^2}{2}e^{-x^2}$；　(4) $y=e^{-x}(x+C)$.

2. (1) $y=x^2(1-e^{\frac{1}{x}-1})$；　(2) $y=(x-\pi-1)\cos x$.

3. $y=2(e^x-x-1)$.　4. $N=\frac{P}{\lambda}+Ce^{-\lambda t}$.　5. $i=e^{-5t}+\sqrt{2}\sin\left(5t-\frac{\pi}{4}\right)$.

习　题　7-4

1. (1) $y=(x-3)e^x+C_1x^2+C_2x+C_3$；　(2) $y=-\frac{1}{2}(x+1)^2+C_1e^x+C_2$；

(3) $y+2\ln(y-1)=C_1x+C_2$；　(4) $y=-\ln|\cos(x+C_1)|+C_2$.

习　题　7-5

1. (1) 线性无关；　(2) 线性无关；　(3) 线性无关；

(4) 线性无关； (5) 线性相关； (6) 线性相关.

2. $y=(C_1+C_2x)e^x$. 3. $y=(C_1+C_2x)e^x+\frac{1}{4}ae^{3x}$. 5. $y=x+e^x$.

6. $y=C_1x+C_2x^2+x^3$.

习 题 7-6

1. (1) $y=C_1e^x+C_2e^{-2x}$； (2) $y=e^{-3x}(C_1\cos 2x+C_2\sin 2x)$； (3) $y=e^{2x}(C_1\cos x+C_2\sin x)$.

2. (1) $y=4e^x+2e^{3x}$； (2) $y=e^{-x}-e^{4x}$.

3. $y=\cos 3x-\frac{1}{3}\sin 3x$.

4. $Uc(t)=\frac{10}{9}(19e^{-10^3t}-e^{-1.9\times10^4t})$(V)， $i(t)=\frac{19}{18}\times10^2(-e^{-10^3t}+e^{-1.9\times10^4t})$(A).

习 题 7-7

2. (1) $y=C_1\cos x+C_2\sin x+(2x^2-7)$； (2) $y=C_2e^x+C_2e^{2x}+x\left(\frac{1}{2}x-2\right)e^{2x}$；

(3) $y=C_1e^{-x}+C_2e^{-2x}+\frac{1}{2}e^{-x}(\sin x-\cos x)$.

第三篇 多元微积分

习 题 8-1

1. $5\sqrt{2},\sqrt{41},\sqrt{34},5$. 2. 等腰. 3. $(0,1,-2)$. 4. $-\boldsymbol{a}-11\boldsymbol{b}+7\boldsymbol{c}$.

5. $|\boldsymbol{a}|=1$； $\cos\alpha=\frac{2}{3}$； $\cos\beta=\frac{2}{3}$； $\cos\gamma=-\frac{1}{3}$.

6. $\boldsymbol{F}=2\boldsymbol{j}+3\boldsymbol{k}$； $|\boldsymbol{F}|=\sqrt{13}$； $\cos\alpha=0$； $\cos\beta=\frac{2}{\sqrt{13}}$； $\cos\gamma=\frac{3}{\sqrt{13}}$.

7. $|\boldsymbol{a}|=\sqrt{3}$； $|\boldsymbol{b}|=\sqrt{38}$； $|\boldsymbol{c}|=3$； $\boldsymbol{a}=\sqrt{3}\boldsymbol{a}^0$； $\boldsymbol{b}=\sqrt{38}\boldsymbol{b}^0$； $\boldsymbol{c}=3\boldsymbol{c}^0$.

8. $\gamma=45°$ 或 $\gamma=135°$.

习 题 8-2

1. (1) $\boldsymbol{a}\perp\boldsymbol{b}$； (2) $\boldsymbol{c}/\!/\boldsymbol{d}$. 2. -1；$4\boldsymbol{i}-10\boldsymbol{j}-12\boldsymbol{k}$. 4. 14.

5. $\sqrt{17}$；$\frac{2}{63}\sqrt{357}$. 6. $\pm\frac{\sqrt{2}}{2}(\boldsymbol{j}+\boldsymbol{k})$.

习 题 8-3

1. (1) $2x-y+3z+5=0$； (2) $x+y-z-4=0$.

2. (1) $3x-y+z-3=0$； (2) $6x-3y+2z-6=0$.

3. 1.

习 题 8-4

1. $(x-3)^2+(y+1)^2+(z-1)^2=21$.　　2. $\frac{x^2}{4}+\frac{y^2}{9}=\frac{5}{9}$.

3. (1) 不是；　(2) $\begin{cases}\frac{x^2}{2}-z^2=1\\ y=0\end{cases}$或$\begin{cases}\frac{y^2}{2}-z^2=1\\ x=0\end{cases}$绕 z 轴旋转而成的旋转双曲面；

(3) $\begin{cases}\frac{y^2}{4}+z^2=1\\ x=0\end{cases}$或$\begin{cases}x^2+\frac{y^2}{4}=1\\ z=0\end{cases}$绕 y 轴旋转而成的旋转椭球面.

4. (1) $\frac{x-1}{4}=\frac{y}{2}=\frac{z+2}{-3}$；　(2) $\frac{x}{2}=\frac{y-2}{3}=\frac{z-3}{0}$；　(3) $\frac{x-2}{1}=\frac{y-3}{0}=\frac{z-1}{0}$.

5. $\frac{x-1}{-2}=\frac{y-1}{1}=\frac{z-1}{3}$，$\begin{cases}x=1-2t,\\ y=1+t,\\ z=1+3t.\end{cases}$

习 题 9-1

1. (1) $\{(x,y)\,|\,|y|\leqslant|x|$，但$(x,y)\neq(0,0)\}$；　(2) $\{(x,y)\,|\,x+y>0, x-y>0\}$.

2. (1) 函数 $z=1-\sqrt{x^2+y^2}$ 的图形为顶点在$(0,0,1)$，以 z 轴为旋转轴且开口向下的圆锥面，投影域 $D=\{(x,y)\,|\,x^2+y^2\leqslant 1\}$；

(2) 函数 $z=4-x^2-y^2$ 的图形为顶点在$(0,4)$，以 z 轴为旋转轴且开口向下的旋转抛物面，投影域 $D=\{(x,y)\,|\,x^2+y^2\leqslant 4\}$.

3. (1) 0；　(2) 2；　(3) 1.

4. $D=\{(x,y)\,|\,-\infty<x<+\infty, -\infty<y<+\infty\}$，当$(x,y)\neq(0,0)$时，$z=f(x,y)=\frac{xy}{\sqrt{(x^2+y^2)^3}}$在除原点外的任何点处连续；而在点$(0,0)$处，函数 $z=f(x,y)$不连续.

习 题 9-2

1. (1) $f'_x(2,3)=12$，$f'_y(2,3)=10$；　(2) $\left.\frac{\partial z}{\partial x}\right|_{(1,0)}=1$.

2. (1) $\frac{\partial z}{\partial x}=\frac{2y}{(x+y)^2}$，$\frac{\partial z}{\partial y}=\frac{-2x}{(x+y)^2}$；　(2) $f'_x(x,y)=\frac{x}{\sqrt{x^2-y^2}}$，$f'_y(x,y)=-\frac{y}{\sqrt{x^2-y^2}}$；

(3) $z'_x=y^2(1+xy)^{y-1}$，$z'_y=(1+xy)^y\left[\ln(1+xy)+\frac{xy}{1+xy}\right]$；

(4) $\frac{\partial z}{\partial x}=\frac{1}{x+\ln y}$，$\frac{\partial z}{\partial y}=\frac{1}{y(x+\ln y)}$；

(5) $u'_x=\frac{z(x-y)^{z-1}}{1+(x-y)^{2z}}$，$u'_y=\frac{-z(x-y)^{z-1}}{1+(x-y)^{2z}}$，$u'_z=\frac{(x-y)^z\ln(x-y)}{1+(x-y)^{2z}}$.

4. $\frac{\pi}{4}$.　　5. $\frac{\partial z}{\partial x}=\frac{1}{\sqrt{x^2+y^2}}$, $\frac{\partial^2 z}{\partial x\partial y}=\frac{-y}{(x^2+y^2)^{3/2}}$.

6. $f''_{xx}(0,0,1)=2$, $f''_{xz}(1,0,2)=2$, $f''_{yz}(0,-1,0)=0$, $f'''_{zzx}(2,0,1)=0$.

习　题　9-3

1. (1) $\mathrm{d}f=\frac{1}{x+y}\left(\mathrm{d}x-\frac{x}{y}\mathrm{d}y\right)$;　(2) $\mathrm{d}u=\frac{x\mathrm{d}x+y\mathrm{d}y+z\mathrm{d}z}{\sqrt{x^2+y^2+z^2}}$;

(3) $\mathrm{d}u=\frac{z^2}{x^2y^2+z^4}\left(y\mathrm{d}x+x\mathrm{d}y-\frac{2xy}{z}\mathrm{d}z\right)$.

2. $\mathrm{d}z|_{(1,1)}=\frac{1}{3}(\mathrm{d}x+\mathrm{d}y)$.　3. $\Delta z\Big|_{\substack{x=2,y=1\\ \Delta x=0.1,\Delta y=0.2}}=\frac{1}{14}$, $\mathrm{d}z\Big|_{\substack{x=2,y=1\\ \Delta x=0.1,\Delta y=0.2}}=\frac{3}{40}$.

4. 1.06.　5. 0.50234.　6. 7.222(cm³).

习　题　9-4

1. $\frac{\mathrm{d}z}{\mathrm{d}t}=\frac{\mathrm{e}^t(t\ln t-1)}{t\ln^2 t}$.　2. $\mathrm{d}z=\frac{u\,\mathrm{d}v-v\,\mathrm{d}u}{u^2+v^2}$.

3. $\frac{\mathrm{d}y}{\mathrm{d}x}=\frac{y^x\ln y}{1-xy^{x-1}}$.　4. $\frac{\mathrm{d}y}{\mathrm{d}x}=\frac{a^2}{(x+y)^2}$.

5. $\frac{\partial^2 z}{\partial x^2}=\frac{2y^2z\mathrm{e}^z-2xy^3z-y^2z^2\mathrm{e}^z}{(\mathrm{e}^z-xy)^3}$;　$\frac{\partial^2 z}{\partial y^2}=\frac{2x^2z\mathrm{e}^z-2x^3yz-x^2z^2\mathrm{e}^z}{(\mathrm{e}^z-xy)^3}$.

6. $\frac{\partial^2 z}{\partial x\partial y}=\frac{z(z^4-2xyz^2-x^2y^2)}{(z^2-xy)^3}$.

习　题　9-5

1. 切线方程：$\frac{x-1}{1}=\frac{y-2}{4}=\frac{z-1}{2}$；　法平面方程：$x+4y+2z-11=0$.

2. 切平面方程：$9x+y-z-27=0$；　法线方程：$\frac{x-3}{9}=\frac{y-1}{1}=\frac{z-1}{-1}$.

3. 切平面方程：$x+2y-4=0$；　法线方程：$\begin{cases}\frac{x-2}{1}=\frac{y-1}{2},\\ z=0.\end{cases}$

习　题　9-6

1. 极大值 $f(0,0)=10$.

2. 驻点$(1,0)$,$(1,2)$,$(-3,0)$,$(-3,2)$;极小值 $f(1,0)=-5$,极大值 $f(-3,2)=31$.

3. $\left(\frac{1}{\sqrt{3}},\frac{1}{\sqrt{3}},\frac{1}{\sqrt{3}}\right)$.　4. $d=\frac{7}{8}\sqrt{2}$.　5. 当两边都是$\frac{l}{\sqrt{2}}$长时,可得最大周界.

6. 盒底是边长为$\sqrt[3]{2v}$的正方形,高为$\frac{\sqrt[3]{2v}}{2}$(用料最省).

习 题 10-1

1. (1) $\iint\limits_D (x+2y+1)\mathrm{d}\sigma$; (2) $\iint\limits_D (1-x^2+y^2)\mathrm{d}\sigma$.

2. (1) $\iint\limits_D (x+y)^2\mathrm{d}\sigma \geqslant \iint\limits_D (x+y)^3\mathrm{d}\sigma$; (2) $\iint\limits_D [\ln(x+y)]^2\mathrm{d}\sigma \geqslant \iint\limits_D \ln(x+y)\mathrm{d}\sigma$.

习 题 10-2

1. (1) $\int_0^1 \mathrm{d}x\int_{x-1}^{1-x} f(x,y)\mathrm{d}y$, $\int_{-1}^0 \mathrm{d}y\int_0^{y+1} f(x,y)\mathrm{d}y+\int_0^1 \mathrm{d}y\int_0^{1-y} f(x,y)\mathrm{d}x$;

(2) $\int_0^1 \mathrm{d}x\int_0^x f(x,y)\mathrm{d}y+\int_1^2 \mathrm{d}x\int_0^{\frac{1}{x}} f(x,y)\mathrm{d}y$, $\int_0^{\frac{1}{2}} \mathrm{d}y\int_y^2 f(x,y)\mathrm{d}x+\int_{\frac{1}{2}}^1 \mathrm{d}y\int_y^{\frac{1}{y}} f(x,y)\mathrm{d}x$;

(3) $\int_{-a}^a \mathrm{d}x\int_0^{\sqrt{a^2-x^2}} f(x,y)\mathrm{d}y$, $\int_0^a \mathrm{d}y\int_{-\sqrt{a^2-y^2}}^{\sqrt{a^2-y^2}} f(x,y)\mathrm{d}x$.

2. (1) $I=\int_0^{\sqrt{2}} \mathrm{d}y\int_{-\sqrt{2-y^2}}^{\sqrt{2-y^2}} f(x,y)\mathrm{d}x$; (2) $I=\int_0^2 \mathrm{d}x\int_x^{2x} f(x,y)\mathrm{d}y$.

3. (1) $(\mathrm{e}-1)^2$; (2) $2\ln2-\ln3$; (3) -2.

5. (1) $\int_0^{2\pi} \mathrm{d}\theta\int_0^a f(r\cos\theta,r\sin\theta)r\mathrm{d}r$; (2) $\int_{-\frac{\pi}{2}}^{\frac{\pi}{2}} \mathrm{d}\theta\int_0^{a\cos\theta} f(r\cos\theta,r\sin\theta)r\mathrm{d}r$;

(3) $\int_0^{\pi} \mathrm{d}\theta\int_0^{2\sin\theta} f(r\cos\theta,r\sin\theta)r\mathrm{d}r$; (4) $\int_0^{\frac{\pi}{4}} \mathrm{d}\theta\int_0^{\tan\theta\sec\theta} f(r\cos\theta,r\sin\theta)r\mathrm{d}r$.

6. (1) $\int_0^{\frac{\pi}{2}} \mathrm{d}\theta\int_0^a f(r^2)r\mathrm{d}r$; (2) $\int_{\frac{\pi}{4}}^{\frac{\pi}{2}} \mathrm{d}\theta\int_0^1 f(r\cos\theta,r\sin\theta)r\mathrm{d}r$.

7. (1) $\frac{a^3}{3}$; (2) $\frac{\pi}{4}(2\ln2-1)$; (3) $-6\pi^2$;

习 题 10-3

1. $\frac{1}{2}\sqrt{a^2b^2+b^2c^2+c^2a^2}$, $\frac{1}{6}abc$. 2. (1) $\sqrt{2}\,\pi$; (2) $\sqrt{2}\,\pi$.

3. $(2,1)$. 4. $\left(\frac{7}{6},0\right)$.

5. $\frac{3}{16}a^2(\pi-2)$, $\frac{9}{16}a^2\left(\pi+\frac{2}{3}\right)$.

习 题 10-4

1. (1) $\frac{1}{3}$; (2) $\frac{8}{15}$. 2. 13. 3. $\frac{k}{2}\ln2$.

习　题　10-5

1. (1) $\frac{1}{30}$；　(2) 8.　　2. (1) $\frac{3}{8}\pi a^2$；　(2) 12π；　(3) πa^2.　　3. $-\pi$.

4. (1) $\frac{5}{2}$；　(2) 236；　(3) 5.　　5. (1) 12；　(2) 0.

6. (1) $x^2+4xy+y^2=C$；　(2) $x^2y=C$.

第四篇　线性代数

习　题　11-1

1. 18.　　2. 0.　　3. -60.　　4. 3.

习　题　11-2

1. (1) $abcd+cd+ab+ad+1$；　(2) x^4；　(3) $D_n=2^{n-1}(n+2)$；　(4) $D_n=n!$.

2. (1) $x=\frac{23}{57},y=\frac{28}{57}$；　(2) $x_1=-a,x_2=b,x_3=c$；

(3) $x_1=1,x_2=2,x_3=3,x_4=-1$；　(4) $x_1=1,x_2=-1,x_3=0,x_4=2$.

3. $\lambda=0,2$ 或 3.　　4. $f(x)=\frac{3}{4}x^3-\frac{5}{2}x^2+\frac{5}{4}x+\frac{9}{2}$.

习　题　12-2

1. $x=0,y=0,z=2,w=2$ 或 $x=1,y=\frac{1}{2},z=3,w=2$.

2. $\begin{bmatrix}-1 & 1 & 3\\ -5 & -7 & 11\\ -3 & 13 & -1\end{bmatrix}$.　　3. $X=\begin{bmatrix}2 & 2 & \frac{10}{3} & \frac{10}{3}\\ \frac{4}{3} & 0 & \frac{4}{3} & 0\\ 2 & 2 & \frac{2}{3} & \frac{2}{3}\end{bmatrix}$.

4. (1) $\begin{bmatrix}3 & -6 & 9\\ -2 & 4 & 6\\ 1 & 2 & -3\end{bmatrix}$；　(2) $(a_{11}x+a_{21}y)x+(a_{12}x+a_{22}y)y$；　(3) $\begin{bmatrix}1 & 0\\ 10\lambda & 1\end{bmatrix}$.

5. (1) $\begin{bmatrix}1 & 3 & 1\\ 4 & 2 & 2\\ -2 & -1 & 5\end{bmatrix}$；　(2) $\begin{bmatrix}0 & 3 & 6\\ 0 & 1 & -4\\ -6 & -5 & 5\end{bmatrix}$；　(3) $\begin{bmatrix}0 & 3 & 6\\ 0 & 1 & -4\\ -6 & -5 & 5\end{bmatrix}$.

习　题　12-3

1. (1) $\begin{bmatrix} -2 & 1 \\ \frac{3}{2} & -\frac{1}{2} \end{bmatrix}$；　(2) $\begin{bmatrix} \frac{1}{4} & \frac{1}{4} & \frac{1}{4} & \frac{1}{4} \\ \frac{1}{4} & \frac{1}{4} & -\frac{1}{4} & -\frac{1}{4} \\ \frac{1}{4} & -\frac{1}{4} & \frac{1}{4} & -\frac{1}{4} \\ \frac{1}{4} & -\frac{1}{4} & -\frac{1}{4} & \frac{1}{4} \end{bmatrix}$；　(3) $\begin{bmatrix} \frac{1}{a_{11}} & 0 & \cdots & 0 \\ 0 & \frac{1}{a_{22}} & \cdots & 0 \\ \vdots & \vdots & & \vdots \\ 0 & 0 & \cdots & \frac{1}{a_{nn}} \end{bmatrix}$.

2. (1) $\begin{bmatrix} x_1 \\ x_2 \\ x_3 \end{bmatrix} = \begin{bmatrix} -1 \\ \frac{5}{2} \\ \frac{11}{2} \end{bmatrix}$；　(2) $\begin{bmatrix} x_1 \\ x_2 \\ x_3 \end{bmatrix} = \begin{bmatrix} 5 \\ 0 \\ 3 \end{bmatrix}$.

3. (1) $\boldsymbol{X} = \begin{bmatrix} 1 & 2 & 2 \\ \frac{3}{2} & 0 & \frac{1}{2} \\ 4 & -6 & -5 \end{bmatrix}$；　(2) $\boldsymbol{X} = \begin{bmatrix} -2 & 1 \\ 10 & -4 \\ -10 & 4 \end{bmatrix}$.

习　题　12-4

1. (1) 2；　(2) 2；　(3) 5.　　2. (1) $k=8$；　(2) $k\neq 8$；　(3) 不存在.

习　题　12-5

1. (1) $\boldsymbol{A}^{-1} = \begin{bmatrix} \frac{7}{6} & \frac{2}{3} & -\frac{3}{2} \\ -1 & -1 & 2 \\ -\frac{1}{2} & 0 & \frac{1}{2} \end{bmatrix}$；　(2) $\boldsymbol{B}^{-1} = \begin{bmatrix} 1 & 1 & -2 & -4 \\ 0 & 1 & 0 & -1 \\ -1 & -1 & 3 & 6 \\ 2 & 1 & -6 & -10 \end{bmatrix}$；

(3) $\boldsymbol{C}^{-1} = \begin{bmatrix} 1 & 0 & 0 & 0 \\ -3 & 1 & 0 & 0 \\ -11 & 3 & 1 & 0 \\ 44 & -11 & -3 & 1 \end{bmatrix}$.

2. (1) $\boldsymbol{A}^{-1} = \begin{bmatrix} \frac{1}{a_1} & 0 & \cdots & 0 \\ 0 & \frac{1}{a^2} & \cdots & 0 \\ \vdots & \vdots & \ddots & \vdots \\ 0 & 0 & \cdots & \frac{1}{a_n} \end{bmatrix}$；　(2) $\boldsymbol{B}^{-1} = \begin{bmatrix} 0 & 0 & \cdots & 0 & \frac{1}{a_n} \\ \frac{1}{a_1} & 0 & \cdots & 0 & 0 \\ 0 & \frac{1}{a_2} & \cdots & 0 & 0 \\ \vdots & \vdots & \ddots & \vdots & \vdots \\ 0 & 0 & \cdots & \frac{1}{a_{n-1}} & 0 \end{bmatrix}$.

3. (1) $r(\mathbf{A})=4$；　(2) $r(\mathbf{A})=2$.　4. $\begin{bmatrix}2&0&0\\0&1&0\\0&0&2\end{bmatrix}$.

习　题　13-1

1. (1) 有唯一解，$x_1=-8,x_2=3,x_3=6,x_4=0$；　(2) 方程组无解；

(3) 方程组有无穷多解：$x_1=-\frac{1}{2}x_5,x_2=-1-\frac{1}{2}x_5,x_3=0,x_4=-1-\frac{1}{2}x_5$，$x_5$ 任意.

2. 当 $\lambda=-6$ 时，方程组无解；当 $\lambda\neq-6$ 且 $\lambda\neq3$ 时，方程组有唯一解：$x_1=\frac{6}{\lambda+6},x_2=\frac{3}{\lambda+6},x_3=\frac{2}{\lambda+6}$；

当 $\lambda=3$ 时，方程组有无穷多解，一般解：$x_1=2-2x_2-3x_3$，x_2,x_3 任意.

3. 提示：增广矩阵的前四行加到最后一行.

4. $x_1=x_2=x_3=x_4=0$.

习　题　13-2

1. (17,8,11,6).　2. (−21,7,15,13).　3. $\boldsymbol{\beta}=\boldsymbol{\alpha}_1-\boldsymbol{\alpha}_3$.

4. (1) 线性无关；　(2) 线性无关.　5. (1) $\boldsymbol{\alpha}_1,\boldsymbol{\alpha}_2$；　(2) $\boldsymbol{\alpha}_1,\boldsymbol{\alpha}_2,\boldsymbol{\alpha}_3,\boldsymbol{\alpha}_4$.

习　题　13-3

1. (1) $\boldsymbol{\xi}=(0,1,2,1)^{\mathrm{T}}$；　(2) $\boldsymbol{\xi}_1=(2,1,0,0)^{\mathrm{T}}$；$\boldsymbol{\xi}_2=\left(\frac{2}{7},0,-\frac{5}{7},1\right)^{\mathrm{T}}$.

2. (1) $(x_1,x_2,x_3,x_4)^{\mathrm{T}}=(1,0,1,0)^{\mathrm{T}}+k(3,-3,1,-2)^{\mathrm{T}}$；

(2) $$\begin{bmatrix}x_1\\x_2\\x_3\\x_4\end{bmatrix}=\begin{bmatrix}1\\-2\\0\\0\end{bmatrix}+k_1\begin{bmatrix}-9\\1\\7\\0\end{bmatrix}+k_2\begin{bmatrix}1\\-1\\0\\2\end{bmatrix}.$$

第五篇　概　率　论

习　题　14-1

2. (1) {(正,正,正),(正,正,反),(正,反,正),(反,正,正),(正,反,反),(反,正,反),(反,反,正),(反,反,反)}；　(2) {3,4,5,…,10}；　(3) {10,11,12,…}.

3. $A\cup B$ 表示必然事件，AB 表示不可能事件.

4. (1) $A_1A_2A_3A_4$；　(2) $\overline{A_1A_2A_3A_4}$；

(3) $\overline{A_1}A_2A_3A_4+A_1\overline{A_2}A_3A_4+A_1A_2\overline{A_3}A_4+A_1A_2A_3\overline{A_4}$；

(4) $\overline{A_1}A_2A_3A_4+A_1\overline{A_2}A_3A_4+A_1A_2\overline{A_3}A_4+A_1A_2A_3\overline{A_4}+A_1A_2A_3A_4$.

5. (1) {5}；　(2) {1,3,4,5,6,7,8,9,10}；　(3) {2,3,4,5}；

(4) $\{1,5,6,7,8,9,10\}$； (5) $\{1,2,5,6,7,8,9,10\}$.

习 题 14-2

1. $\frac{99}{392}$. 2. (1) 0.4； (2) 0.6. 3. (1) $\frac{1}{14}$； (2) $\frac{8}{21}$； (3) $\frac{19}{42}$.

4. (1) 0.52； (2) 0.71. 5. $\frac{1}{2}$. 6. 0.8.

7. (1) $\frac{1}{2}$； (2) $\frac{1}{6}$； (3) $\frac{3}{8}$.

习 题 14-3

1. $P(A|B)=0.7$, $P(B|A)=0.7$, $P(A\cup B)=0.52$. 2. $P(B)=\frac{4}{7}$, $P(B|A)=\frac{2}{3}$.

3. p_1p_2. 4. (1) $\frac{23}{90}$. 5. (1) 0.645； (2) 0.355. 6. 0.97.

习 题 14-4

1. $P(A\cup B)=\frac{5}{6}$, $P(A|A\cup B)=\frac{2}{5}$, $P(B|A\cup B)=\frac{9}{10}$. 2. 0.504, 0.496.

3. 0.154. 4. 0.8125. 5. 0.3125. 6. $1-0.98^{100}\approx 0.8674$.

习 题 15-1

2. $F(x)=\begin{cases}0, & x\leqslant -1,\\ \frac{1}{6}, & -1<x\leqslant 2,\\ \frac{2}{3}, & 2<x\leqslant 3,\\ 1, & 3<x.\end{cases}$ 3. $F(x)=\begin{cases}0, & x\leqslant 3,\\ \frac{2}{3}, & 3<x\leqslant 4,\\ 1, & 4<x.\end{cases}$ 4. $F(x)=\begin{cases}0, & x\leqslant 0,\\ \frac{x}{3}, & 0<x\leqslant 3,\\ 1, & 3<x.\end{cases}$

习 题 15-2

1. (1) 是； (2) 否； (3) 否. 2. $P\{\xi=k\}=\frac{C_{10}^{k}C_{90}^{5-k}}{C_{100}^{5}}$ $(k=0,1,2,3,4,5)$.

3.

ξ	-2	1	2
P	$\frac{1}{3}$	$\frac{1}{2}$	$\frac{1}{6}$

, $F(x)=\begin{cases}0, & x\leqslant -2,\\ \frac{1}{3}, & -2<x\leqslant 1,\\ \frac{5}{6}, & 1<x\leqslant 2,\\ 1, & 2<x.\end{cases}$

4. (1) $C_1=55$； (2) $C_2=\frac{27}{38}$.

5.

ξ	0	1
P	0.95	0.05

.

6. $P\{\xi=k\}=C_5^k(0.6)^k(0.4)^{5-k}(k=0,1,2,3,4,5)$.

习 题 15-3

1. (1) 是； (2) 否； (3) 否.

2. (1) $\frac{1}{2}$； (2) $F(x)=\begin{cases}\frac{1}{2}e^x, & x\leqslant 0,\\ 1-\frac{1}{2}e^{-x}, & x>0;\end{cases}$ (3) $\frac{1}{2}\left(1-\frac{1}{e}\right)\approx 0.316$.

3. (1) $a=\frac{1}{2},b=\frac{1}{\pi}$； (2) $\varphi(x)=\frac{1}{\pi(1+x^2)}$； (3) $\frac{1}{2}$. 4. 0.0272,0.0037.

习 题 15-4

1. (1) $\frac{1}{64}$； (2) $1-\left(\frac{3}{4}\right)^3=\frac{37}{64}$. 2. (1) $1-\frac{1}{e}\approx 0.632$； (2) $\frac{1}{k}\ln 2$.

3. (1) 0.9306； (2) 0.6833； (3) 0.5762； (4) 0.1336.

4. (1) 0.8051； (2) 0.5498； (3) 0.6147； (4) 0.8253.

5. 0.0456.

6. (1) 两种工艺条件均可，$P\{0<\xi\leqslant 60\}=P\{0<\eta\leqslant 60\}=0.9938$；
(2) 宜选甲种工艺条件 $P\{0<\xi\leqslant 50\}\approx 0.8944>P\{0<\eta\leqslant 50\}\approx 0.5$.

习 题 15-5

1. (1)

$\xi+2$	1	3	4	6
P	0.3	0.2	0.4	0.1

；

(2)

$-\xi+1$	−3	−1	0	2
P	0.1	0.4	0.2	0.3

；

(3)

ξ^2	1	4	16
P	0.5	0.4	0.1

.

2. (1) $\varphi_\eta(y)=\begin{cases}\frac{y}{2}, & 0<y<2,\\ 0, & \text{其他};\end{cases}$ (2) $\varphi_\eta(y)=\begin{cases}2(1-y), & 0<y<1,\\ 0, & \text{其他};\end{cases}$

(3) $\varphi_\eta(y)=\begin{cases}1, & 0<y<1,\\ 0, & \text{其他}.\end{cases}$

3. (1) $\varphi_\eta(y)=\begin{cases}\frac{1}{y}, & 1<y<e,\\ 0, & \text{其他};\end{cases}$ (2) $\varphi_\eta(y)=\begin{cases}\frac{1}{2}e^{-\frac{y}{2}}, & y>0,\\ 0, & y\leqslant 0.\end{cases}$

习 题 16-1

1. $E\xi=\frac{1}{5}$；$E(3\xi+2)=\frac{13}{5}$；$E\xi^2=\frac{4}{5}$. 2. $E\xi=1$；$E\xi^2=\frac{7}{6}$.

3. $E(\sin\xi)=2$.　　4. $E\xi=0$.

5. (1) $E\xi_1=1$, $E\xi_2=1.2$;　(2) $E\eta_1=18.6$, $E\eta_2=8.6$.

6. $E(2\xi)=2$, $E(e^{-2\xi})=\frac{1}{3}$.

习　题　16-2

1. $D\xi=\frac{19}{25}$; $D(3\xi+2)=\frac{171}{25}$.　2. $\frac{1}{6}$.　3. $D\xi=\frac{1}{2}$.　4. $E\xi=0, D\xi=2$.

5. A 好.

习　题　16-3

1. $E\xi=2$; $D\xi=1.96$.　2. $E\xi=44.64$.　3. $\frac{11}{5\sqrt{5}}$.

4. 用玻璃底板测量精确度较高(方差较小).